ユークリッド原論

訳・解説
中村幸四郎・寺阪英孝・伊東俊太郎・池田美恵

追補版

ΕΥΚΛΕΙΔΟΥ
ΣΤΟΙΧΕΙΑ

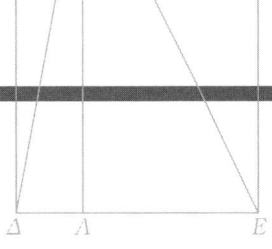

共立出版

EUCLIDIS

ELEMENTA

EDIDIT ET LATINE INTERPRETATUS EST

I. L. HEIBERG

DR. PHIL

LIPSIAE
IN AEDIBUS B.G. TEUBNERI
MDCCCLXXXIII

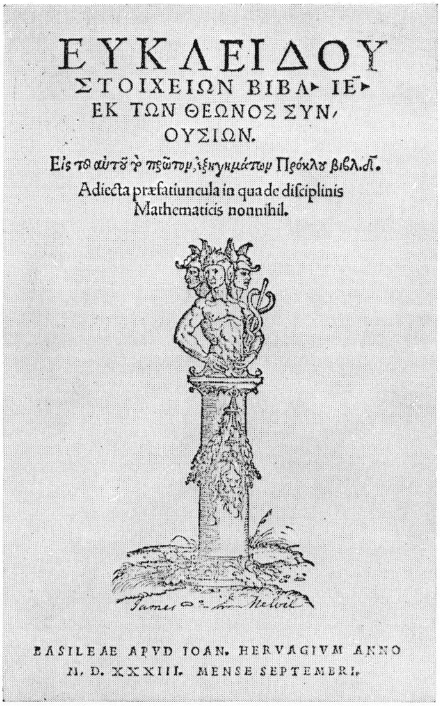

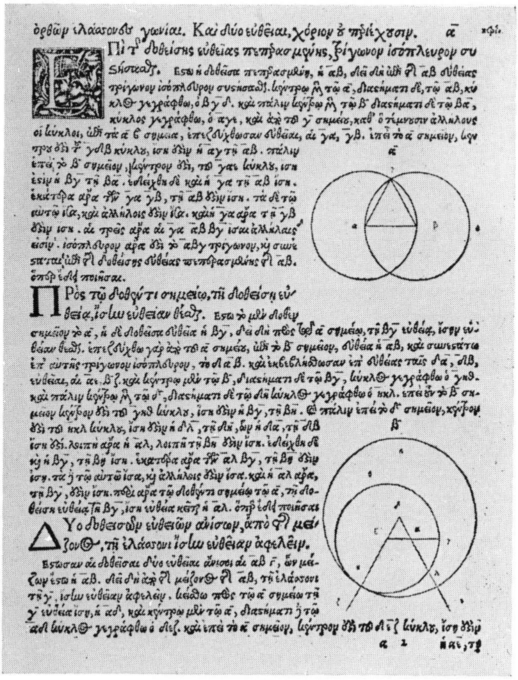

はじめてギリシァ原文の『原論』が印刷本として刊行されたもの——グリュナエウス版(1533)——editio princeps. 左はその表紙, 右は命題1および命題2の部分である. 詳細は伝承史参照のこと.

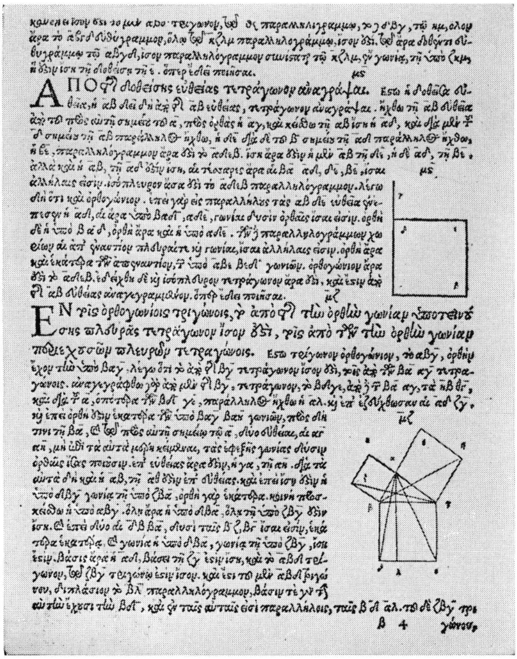

グリュナエウス版(1533)の『原論』第1巻の終わりの部分. 命題46とその図, 命題47——いわゆるピタゴラスの定理——とその現在でも用いられている図が見られる.

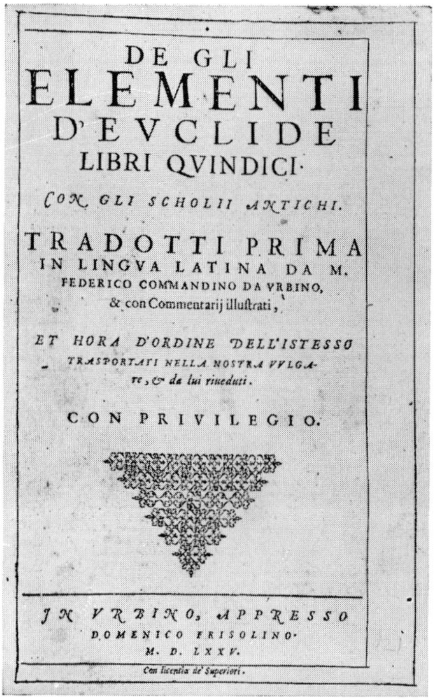

16世紀のイタリヤの数学者コンマンディノ (Federico Commandino 1509-1575) は多くのギリシァ数学の古典のラテン訳を行なった。とくにユークリッドの『原論』，アルキメデスの著作のラテン訳は有名である。この写真はコンマンディノがそのラテン訳『原論』を自らイタリア語に訳したものである。左はその表紙，下の2図は第12巻求積論のはじめの部分で，定理1と定理2の一部が見えている。

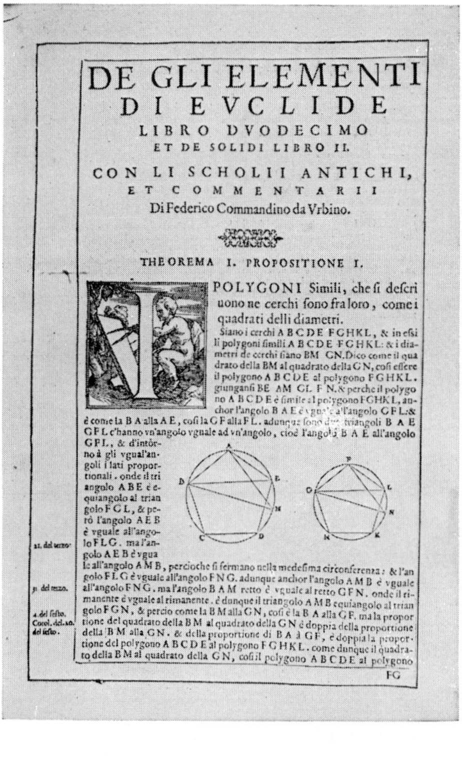

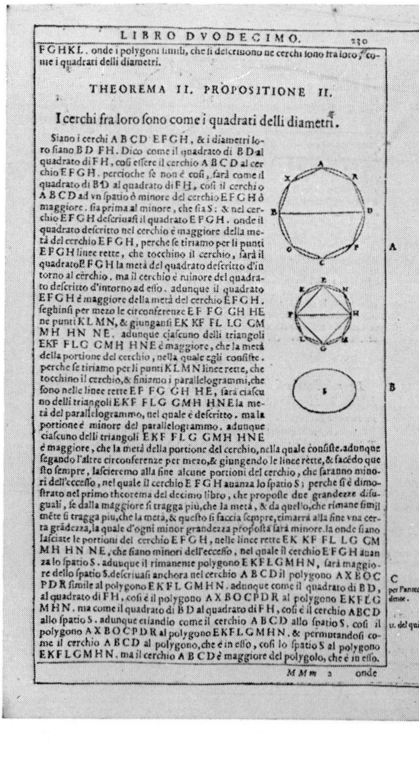

α'.

Ὅροι.

α'. Σημεῖόν ἐστιν, οὗ μέρος οὐθέν.
β'. Γραμμὴ δὲ μῆκος ἀπλατές.
γ'. Γραμμῆς δὲ πέρατα σημεῖα.
δ'. Εὐθεῖα γραμμή ἐστιν, ἥτις ἐξ ἴσου τοῖς ἐφ'
ἑαυτῆς σημείοις κεῖται.
ε'. Ἐπιφάνεια δέ ἐστιν, ὃ μῆκος καὶ πλάτος μόνον ἔχει.
ϛ'. Ἐπιφανείας δὲ πέρατα γραμμαί.
ζ'. Ἐπίπεδος ἐπιφάνειά ἐστιν, ἥτις ἐξ ἴσου ταῖς
ἐφ' ἑαυτῆς εὐθείαις κεῖται.
η'. Ἐπίπεδος δὲ γωνία ἐστὶν ἡ ἐν ἐπιπέδῳ δύο
γραμμῶν ἁπτομένων ἀλλήλων καὶ μὴ ἐπ' εὐθείας κειμένων πρὸς ἀλλήλας τῶν γραμμῶν κλίσις.
θ'. Ὅταν δὲ αἱ περιέχουσαι τὴν γωνίαν γραμμαὶ
εὐθεῖαι ὦσιν, εὐθύγραμμος καλεῖται ἡ γωνία.
ι'. Ὅταν δὲ εὐθεῖα ἐπ' εὐθεῖαν σταθεῖσα τὰς ἐφ-

I.

Definitiones.

I. Punctum est, cuius pars nulla est.
II. Linea autem sine latitudine longitudo.
III. Lineae autem extrema puncta.
IV. Recta linea est, quaecunque ex aequo punctis in ea sitis iacet.
V. Superficies autem est, quod longitudinem et latitudinem solum habet.
VI. Superficiei autem extrema lineae sunt.
VII. Plana superficies est, quaecunque ex aequo rectis in ea sitis iacet.
VIII. Planus autem angulus est duabus lineis in plano se tangentibus nec in eadem recta positis alterius lineae ad alteram inclinatio.
IX. Ubi uero lineae angulum continentes rectae sunt, rectilineus adpellatur angulus.
X. Ubi uero recta super rectam lineam erecta

ハイベルク版の『原論』(本書の底本)の第1巻の首部の定義の部分である。左はそのギリシァ原文、右はハイベルクによるラテン訳。ページの下部の注は、種々の写本などに基づく異同対照などである。

οὔτε ὀρθογώνιον· τὰ δὲ παρὰ ταῦτα τετράπλευρα
τραπέζια καλείσθω.
κγ'. Παράλληλοί εἰσιν εὐθεῖαι, αἵτινες ἐν τῷ
αὐτῷ ἐπιπέδῳ οὖσαι καὶ ἐκβαλλόμεναι εἰς ἄπειρον ἐφ'
ἑκάτερα τὰ μέρη ἐπὶ μηδέτερα συμπίπτουσιν ἀλλήλαις.

Αἰτήματα.

α'. Ἠιτήσθω ἀπὸ παντὸς σημείου ἐπὶ πᾶν σημεῖον
εὐθεῖαν γραμμὴν ἀγαγεῖν.
β'. Καὶ πεπερασμένην εὐθεῖαν κατὰ τὸ συνεχὲς
ἐπ' εὐθείας ἐκβαλεῖν.
γ'. Καὶ παντὶ κέντρῳ καὶ διαστήματι κύκλον γράφεσθαι.
δ'. Καὶ πάσας τὰς ὀρθὰς γωνίας ἴσας ἀλλήλαις
εἶναι.
ε'. Καὶ ἐὰν εἰς δύο εὐθείας εὐθεῖα ἐμπίπτουσα
τὰς ἐντὸς καὶ ἐπὶ τὰ αὐτὰ μέρη γωνίας δύο ὀρθῶν
ἐλάσσονας ποιῇ, ἐκβαλλομένας τὰς δύο εὐθείας ἐπ'
ἄπειρον συμπίπτειν, ἐφ' ἃ μέρη εἰσὶν αἱ τῶν δύο ὀρθῶν ἐλάσσονες.

---

liqua autem praeter haec quadrilatera trapezia adpellentur.

XXIII. Parallelae sunt lineae, quae in eodem plano positae et in utramque partem productae in infinitum in neutra parte concurrunt.

Postulata.

I. Postuletur, ut a quouis puncto ad quoduis punctum recta linea ducatur.
II. Et ut recta linea terminata in directum educatur in continuum.
III. Et ut quouis centro radioque circulus describatur.
IV. Et omnes rectos angulos inter se aequales esse.
V. Et, si in duas lineas rectas recta incidens angulos interiores et ad eandem partem duobus rectis minores effecerit, rectas illas in infinitum productas concurrere ad eandem partem, in qua sint anguli duobus rectis minores.

ハイベルク版『原論』第1章の首部、ここに公準が見られる。左はギリシァ原文、右はそれのハイベルクによるラテン訳。

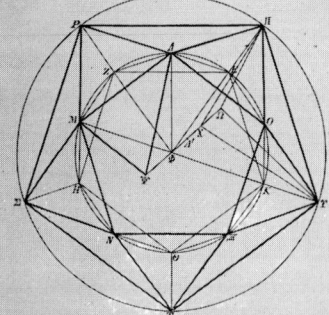

ハイベルク版『原論』(本書の底本)の第1巻の首部，ここに公理（共通概念）と命題1のはじめが見られる。左はギリシァ原文，右はそれのハイベルクによるラテン訳。

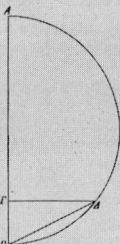

ハイベルク版『原論』第13巻 命題16「正20面体の作図」の部分。右ページの図は補助作図。

序

　この『原論』という本は全人類の宝ともいうことができる，いわゆる Great Books の一つであります。紀元前300年ごろに書かれたものですが，めずらしく原形が現在にいたるまで失われることなく，人間が理性にもとづいて，どのようにして緻密な思考をつみ重ねて組織的に考えを進め整然とした体系をつくることができるかを具体的に示しております。

　この本はデンマークのすぐれた古典言語学者で数学史家である I. L. Heiberg が編集したユークリッド全集

　　Euclidis opera omnia. Ed. I. L. Heiberg et H. Menge Lipsiae 1883–1916.

の第1巻から第4巻までに収められている『原論』($\Sigma TOIXEIA$) 全13巻を底本としたギリシァ語原典からの日本語訳であります。

　ハイベルク版の『原論』は，現在われわれが見ることのできる標準的なユークリッドの原典であって，ハイベルクによって，その深く広い古典言語学的研究の結果，種々の古写本を比較考証してできた，現在としてはもっとも確実な定本であります。

　この本の最初の訳稿は，400字詰原稿紙に書いて950枚におよぶものでありますが，共訳・解説者の一人である池田美恵氏が独力で成しとげたものであります。われわれ同学の者は，何か適当な方法によって，この労作が世に出ることを期待し，種々心をくだいたのでしたが，戦後のわが国において，このような基本的な著作を出版することは，けっして容易なことではありませんでした。

　さいわい，このたび共立出版株式会社会長の南條初五郎氏の援助を得て，ようやく同社から刊行のはこびとなりました。出版が決定したのは昭和39年初春のころでありましたが，この書物をできるだけよいものにするため，われわれ，すなわち功力金二郎，寺阪英孝，池田美恵と中村幸四郎は池田氏の原稿をもとにして，さらにそれを深く検討する共同作業をはじめることにいたしました。

　何といっても『原論』は紀元前300年ごろに書かれたものであります。したがって，現在の数学の用語とは必ずしも同じではなく，またその言いまわしも現在のものとはかなり異なったところもあり，また現在の数学の考え方をそのままあてはめ

てはいけないという点もあります。

　それゆえ、原典の真意を傷つけることなしに、言いまわしや用語もできるだけ現用のものに近づけることも試みなければなりませんでした。それに加えて、共同者がおのおの1,000枚に近い原稿の複写をもち、またハイベルク版の原典をも、ひとしく手もとにおいて参照しなければなりません。大部の資料の複写の作製も大きな仕事でありましたが、これは功力金二郎氏のご好意によってなしとげることができました。この点同氏に深く感謝する次第であります。

　われわれ共同者はしばしば会合し、十分な意見の交換を行ない、また刊行についての種々の打合せ、予定なども立てなければなりませんでした。

　さらにわれわれは、伊東俊太郎氏に共同の仲間にくわわってもらいました。同氏は著名なユークリッドの研究者であり、とくにきわめて困難な中世におけるユークリッドについて造詣の深い清新・気鋭な学者であります。本書では「ユークリッドと原論の歴史」を担当して、ハイベルクにいたるまでの伝承史を書き、かつ最終段階で訳校の検討にも加わりました。

　池田美恵氏と寺阪英孝氏は、とくに訳稿の文章の推考に当りました。また、『原論』は13巻におよぶかなり大部のものであるので、とくにその内容の集約をつける必要がありました。また原語との対照表をも加えました。これらの原案は池田美恵氏がつくりました。中村幸四郎は『原論』の数学的および数学史的内容の解説と全体のまとめとを担当しました。

　『原論』に関する数学史的研究も、最近著しく成果があがり10年以前とは面目が一変したくらいであります。できるだけ新しい研究の成果を踏まえて、『原論』の内容を解明しようと試みた次第です。

　私たちは、この貴重な文化財を、私たちの母語である日本語によって、はじめて読者諸氏の前に提出することができましたことに、長かった準備の年月のことを思うにつけても、心からのよろこびを感ずるものであります。

1970年4月

共訳・解説者の一人である

中　村　幸　四　郎

追補版の序

　本書は，デンマークのすぐれた古典言語学者で数学史家であるハイベルクが編纂したユークリッド全集に収められている『原論』を底本としたギリシァ語原典からの日本語訳で，現代的な訳注を入れて読者の便を図るとともに，その歴史ならびに解説を付し，長年にわたり多くの数学者からその定本として高評を博してきた．近年，その研究も盛んに行われ，追加改訂を必要とする事柄が生じてきたため，この機会に本文中のいくつかの誤記・誤植を訂正すると同時に，伊東執筆の「ユークリッドと『原論』の歴史」の章を一部修正して，追補版とし新たに刊行することにした．

2011 年 4 月

伊　東　俊　太　郎

目 次

口　絵

序

第 1 巻 ………………………………………………… 1
第 2 巻 ………………………………………………… 35
第 3 巻 ………………………………………………… 49
第 4 巻 ………………………………………………… 79
第 5 巻 ………………………………………………… 93
第 6 巻 ………………………………………………… 117
第 7 巻 ………………………………………………… 149
第 8 巻 ………………………………………………… 179
第 9 巻 ………………………………………………… 203
第 10 巻 ……………………………………………… 227
第 11 巻 ……………………………………………… 343
第 12 巻 ……………………………………………… 381
第 13 巻 ……………………………………………… 411
ユークリッドと『原論』の歴史 ……………………… 437
『原論』の解説 ………………………………………… 489
『原論』内容集約 ……………………………………… 523
原語解説 ……………………………………………… 545
索　引 ………………………………………………… 557

ユークリッド原論

池田美恵
寺阪英孝
中村幸四郎
伊東俊太郎

第 1 巻

定　義

1. 点とは部分をもたないものである。
2. 線とは幅のない長さである。
3. 線の端は点である。
4. 直線とはその上にある点について一様に横たわる線である。
5. 面とは長さと幅のみをもつものである。
6. 面の端は線である。
7. 平面とはその上にある直線について一様に横たわる面である。
8. 平面角とは平面上にあって互いに交わりかつ一直線をなすことのない二つの線相互のかたむきである。
9. 角をはさむ線が直線であるとき，その角は直線角とよばれる。
10. 直線が直線の上に立てられて接角を互いに等しくするとき，等しい角の双方は直角であり，上に立つ直線はその下の直線に対して垂線とよばれる。
11. 鈍角とは直角より大きい角である。
12. 鋭角とは直角より小さい角である。
13. 境界とはあるものの端である。
14. 図形とは一つまたは二つ以上の境界によってかこまれたものである。
15. 円とは一つの線にかこまれた平面図形で，その図形の内部にある1点からそれへひかれたすべての線分が互いに等しいものである。
16. この点は円の中心とよばれる。
17. 円の直径とは円の中心を通り両方向で円周によって限られた任意の線分であり，それはまた円を2等分する。
18. 半円とは直径とそれによって切り取られた弧とによってかこまれた図形である。半円の中心は円のそれと同じである。
19. 直線図形とは線分にかこまれた図形であり，三辺形とは三つの，四辺形とは四つの，多辺形とは四つより多くの線分にかこまれた図形である。

20. 三辺形のうち，等辺三角形とは三つの等しい辺をもつもの，二等辺三角形とは二つだけ等しい辺をもつもの，不等辺三角形とは三つの不等な辺をもつものである。

21. さらに三辺形のうち，直角三角形とは直角をもつもの，鈍角三角形とは鈍角をもつもの，鋭角三角形とは三つの鋭角をもつものである。

22. 四辺形のうち，正方形とは等辺でかつ角が直角のもの，矩形とは角が直角で，等辺でないもの，菱形とは等辺で，角が直角でないもの，長斜方形とは対辺と対角が等しいが，等辺でなく角が直角でないものである。これら以外の四辺形はトラペジオンとよばれるとせよ。

23. 平行線とは，同一の平面上にあって，両方向に限りなく延長しても，いずれの方向においても互いに交わらない直線である。

公　　　準（要請）

次のことが要請されているとせよ。

1. 任意の点から任意の点へ直線をひくこと。
2. および有限直線を連続して一直線に延長すること。
3. および任意の点と距離（半径）とをもって円を描くこと。
4. およびすべての直角は互いに等しいこと。
5. および1直線が2直線に交わり同じ側の内角の和を2直角より小さくするならば，この2直線は限りなく延長されると2直角より小さい角のある側において交わること。

公　　　理（共通概念）

1. 同じものに等しいものはまた互いに等しい。
2. また等しいものに等しいものが加えられれば，全体は等しい。
3. また等しいものから等しいものがひかれれば，残りは等しい。
[4. また不等なものに等しいものが加えられれば全体は不等である。
5. また同じものの2倍は互いに等しい。
6. また同じものの半分は互いに等しい。]
7. また互いに重なり合うものは互いに等しい。
8. また全体は部分より大きい。
[9. また2線分は面積をかこまない。]

～ 1 ～

与えられた有限な直線（線分）の上に等辺三角形をつくること。

与えられた線分を AB とせよ。
このとき 線分 AB 上に等辺三角形をつくらねばならぬ。
中心 A，半径 AB をもって円 $B\Gamma\varDelta$ が描かれ，また中心 B，半径 BA をもって円 $A\Gamma E$ が描かれ，そしてこれらの円が互いに交わる点 Γ から，点 A，B に線分 ΓA, ΓB が結ばれたとせよ。

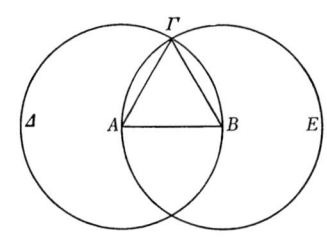

そうすれば点 A は円 $\Gamma\varDelta B$ の中心であるから，$A\Gamma$ は AB に等しい。また点 B は円 ΓAE の中心であるから，$B\Gamma$ は BA に等しい。そして ΓA が AB に等しいことも先に証明された。それゆえ ΓA, ΓB の双方は AB に等しい。ところで同じものに等しいものは互いにも等しい。ゆえに ΓA も ΓB に等しい。したがって3線分 ΓA, AB, $B\Gamma$ は互いに等しい。

よって三角形 $AB\Gamma$ は等辺である。しかも与えられた線分 AB 上につくられている。これが作図すべきものであった。

～ 2 ～

与えられた点において与えられた線分に等しい線分をつくること。

与えられた点を A，与えられた線分を $B\Gamma$ とせよ。このとき点 A において与えられた線分 $B\Gamma$ に等しい線分をつくらねばならぬ。
点 A から点 B へ線分 AB が結ばれ，その上に等辺三角形 $\varDelta AB$ がつくられ，線分 AE, BZ が $\varDelta A$, $\varDelta B$ と一直線をなして延長され，中心 B，半径 $B\Gamma$ をもって円 $\Gamma H\Theta$ が描かれ，また中心 $\varDelta$，半径 $\varDelta H$ をもって円 $HK\varLambda$ が描かれたとせよ。

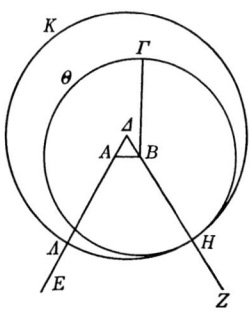

そうすれば点 B は $\Gamma H\Theta$ の中心であるから，$B\Gamma$ は

BH に等しい。また点 $\varDelta$ は円 $HK\varLambda$ の中心であるから，$\varDelta\varLambda$ は $\varDelta H$ に等しく，そのうち $\varDelta A$ は $\varDelta B$ に等しい。それゆえ残りの $A\varLambda$ は残りの BH に等しい。ところが $B\varGamma$ が BH に等しいことも先に証明された。ゆえに $A\varLambda$, $B\varGamma$ の双方は BH に等しい。そして同じものに等しいものはまた互いに等しい。したがって $A\varLambda$ も $B\varGamma$ に等しい。

よって与えられた点 A において与えられた線分 $B\varGamma$ に等しい線分 $A\varLambda$ がつくられている。これが作図すべきものであった。

〜 3 〜

二つの不等な線分が与えられたとき，大きいものから小さいものに等しい線分を切り取ること。

与えられた二つの不等な線分を AB, $\varGamma$ とし，そのうち AB が大きいとせよ。このとき大きいもの AB から小さいもの $\varGamma$ に等しい線分を切り取らねばならぬ。

点 A において線分 $\varGamma$ に等しく $A\varDelta$ がつくられたとせよ。そして中心 A，半径 $A\varDelta$ をもって円 $\varDelta EZ$ が描かれたとせよ。

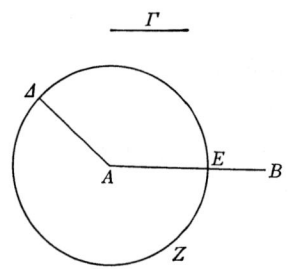

そうすれば点 A は円 $\varDelta EZ$ の中心であるから，AE は $A\varDelta$ に等しい。ところが $\varGamma$ も $A\varDelta$ に等しい。それゆえ AE, $\varGamma$ の双方は $A\varDelta$ に等しい。したがって AE も $\varGamma$ に等しい。

よって二つの不等な線分 AB, $\varGamma$ が与えられたとき，大きいもの AB から小さいもの $\varGamma$ に等しい AE が切り取られた。これが作図すべきものであった。

〜 4 〜

もし二つの三角形が2辺が2辺にそれぞれ等しく，その等しい2辺にはさまれる角が等しいならば，底辺は底辺に等しく，三角形は三角形に等しく，残りの2角は残りの2角に，すなわち等しい辺が対する角はそれぞれ等しいであろう。

$AB\Gamma$, $\varDelta EZ$ を2辺 AB, $A\Gamma$ が2辺 $\varDelta E$, $\varDelta Z$ に, すなわち AB が $\varDelta E$ に, $A\Gamma$ が $\varDelta Z$ にそれぞれ等しく, かつ角 $BA\Gamma$ が角 $E\varDelta Z$ に等しい二つの三角形とせよ。底辺 $B\Gamma$ は底辺 EZ に等しく, 三角形 $AB\Gamma$ は三角形 $\varDelta EZ$ に等しく, 残りの角は残りの角に, 等しい辺が対する角はそれぞれ等しい, すなわち角 $AB\Gamma$ は角 $\varDelta EZ$ に, 角 $A\Gamma B$ は角 $\varDelta ZE$ に等しいであろうと主張する。

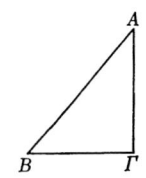

三角形 $AB\Gamma$ が三角形 $\varDelta EZ$ に重ねられ, 点 A が点 $\varDelta$ の上に, 線分 AB が $\varDelta E$ の上におかれれば, AB は $\varDelta E$ に等しいから, 点 B も E に重なるであろう。また AB が $\varDelta E$ に重なるとき, 角 $BA\Gamma$ が角 $E\varDelta Z$ に等しいから, 線分 $A\Gamma$ も $\varDelta Z$ に重なるであろ

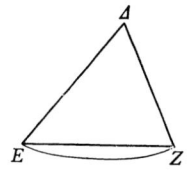

う。それゆえ, $A\Gamma$ がまた $\varDelta Z$ に等しいから, 点 Γ も点 Z に重なるであろう。ところが点 B もすでに E と重なっている。したがって底辺 $B\Gamma$ は底辺 EZ に重なるであろう。なぜならもし B が E に, Γ が Z に重なっているのに, 底辺 $B\Gamma$ が EZ に重ならないならば, 2線分が面積をかこむことになるであろう。これは不可能である。それゆえ底辺 $B\Gamma$ は EZ に重なりそれに等しくなるであろう。したがって三角形 $AB\Gamma$ 全体も三角形 $\varDelta EZ$ 全体に重なりそれと等しくなるであろう。そして残りの角も残りの角に重なりそれと等しくなるであろう, すなわち角 $AB\Gamma$ は角 $\varDelta EZ$ に, 角 $A\Gamma B$ は角 $\varDelta ZE$ に等しくなるであろう。

よってもし二つの三角形が2辺が2辺にそれぞれ等しくその等しい2辺にはさまれる角が等しいならば, 底辺は底辺に等しく, 三角形は三角形に等しく, 残りの2角は残りの2角に, すなわち等しい辺が対する角はそれぞれ等しいであろう。これが証明すべきことであった。

～ 5 ～

二等辺三角形の底辺の上にある角は互いに等しく, 等しい辺が延長されるとき, 底辺の下の角は互いに等しいであろう。

$AB\Gamma$ を辺 AB が辺 $A\Gamma$ に等しい二等辺三角形とし, 線分 $B\varDelta$, ΓE が AB, $A\Gamma$ と一直線をなして延長されたとせよ。角 $AB\Gamma$ は角 $A\Gamma B$ に, 角 $\Gamma B\varDelta$ は角 $B\Gamma E$ に等しいと主張する。

$B\varDelta$ 上に任意の点 Z がとられ, 大きい線分 AE から小さい線分 AZ に等しい AH が切り取られ, 線分 $Z\Gamma$, HB が結ばれたとせよ。

そうすれば AZ は AH に，AB は $A\Gamma$ に等しいから，2辺 $ZA, A\Gamma$ は2辺 HA, AB にそれぞれ等しい。そして共通の角 ZAH をはさむ。それゆえ底辺 $Z\Gamma$ は底辺 HB に等しく，三角形 $AZ\Gamma$ は三角形 AHB に等しく，残りの角は残りの角に，等しい辺が対する角は等しくなる，すなわち角 $A\Gamma Z$ は角 ABH に，角 $AZ\Gamma$ は角 AHB に等しいであろう。そして AZ 全体は AH 全体に等しく，そのうち AB は $A\Gamma$ に等しいから，残りの BZ は残りの ΓH に等しい。ところが $Z\Gamma$ が HB に等しいことも先に証明され

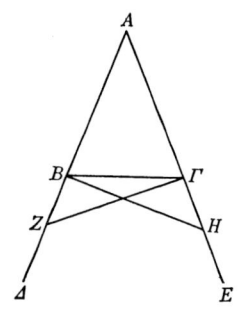

た。かくて2辺 $BZ, Z\Gamma$ は2辺 $\Gamma H, HB$ にそれぞれ等しい。しかも角 $BZ\Gamma$ は角 ΓHB に等しく，底辺 $B\Gamma$ はそれらに共通である。それゆえ三角形 $BZ\Gamma$ も三角形 ΓHB に等しく，残りの角は残りの角に，すなわち等しい辺が対する角はそれぞれ等しいであろう。したがって角 $ZB\Gamma$ は角 $H\Gamma B$ に，角 $B\Gamma Z$ は角 ΓBH に等しい。すると角 ABH 全体が角 $A\Gamma Z$ 全体に等しいことは先に証明されており，そのうち角 ΓBH は角 $B\Gamma Z$ に等しいから，残りの角 $AB\Gamma$ は残りの角 $A\Gamma B$ に等しい。そしてそれらは三角形 $AB\Gamma$ の底辺の上にある。また角 $ZB\Gamma$ が角 $H\Gamma B$ に等しいことも先に証明された。そしてこれらは底辺の下にある。

よって二等辺三角形の底辺の上にある角は互いに等しく，等しい辺が延長されるとき，底辺の下の角は互いに等しいであろう。これが証明すべきことであった。

☙ 6 ❧

もし三角形の2角が互いに等しければ，等しい角に対する辺も互いに等しいであろう。

$AB\Gamma$ を角 $AB\Gamma$ が角 $A\Gamma B$ に等しい三角形とせよ。辺 AB も辺 $A\Gamma$ に等しいと主張する。

もし AB が $A\Gamma$ に等しくないならば，そのうち一方は大きい。AB が大きいとし，大きいほう AB から小さいほう $A\Gamma$ に等しい $\varDelta B$ が切り取られ，$\varDelta \Gamma$ が結ばれたとせよ。

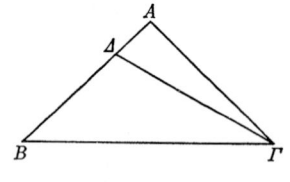

そうすれば $\varDelta B$ は $A\Gamma$ に等しく，$B\Gamma$ が共通であるから，2辺 $\varDelta B, B\Gamma$ は2辺 $A\Gamma, \Gamma B$ にそれぞれ等しく，角 $\varDelta B\Gamma$ は角 $A\Gamma B$ に等しい。したがって底辺 $\varDelta \Gamma$ は底辺 AB に等し

く，三角形 $\varDelta B\varGamma$ は三角形 $A\varGamma B$ に等しく，小さいものが大きいものに等しくなるであろう。これは不合理である。それゆえ AB は $A\varGamma$ に不等ではない。ゆえに等しい。

よってもし三角形の 2 角が互いに等しければ，等しい角に対する辺も互いに等しいであろう。これが証明すべきことであった。

7

一つの線分を底辺として，三角形をなす 2 線分にそれぞれ等しく，同じ側にことなった点で交わり，最初の 2 線分と同じ端をもつ他の 2 線分をつくることはできない。

もし可能ならば，同一の線分 AB 上に点 $\varGamma$ で交わる 2 線分 $A\varGamma$, $\varGamma B$ が与えられ，それとそれぞれ等しく同じ側に異なった点 $\varDelta$ で交わり同じ端をもつ他の 2 線分 $A\varDelta$, $\varDelta B$ がつくられ，$\varGamma A$ は $\varDelta A$ に等しく同じ端 A をもち，$\varGamma B$ は $\varDelta B$ に等しく同じ端 B をもつようにされ，$\varGamma\varDelta$ が結ばれたとせよ。

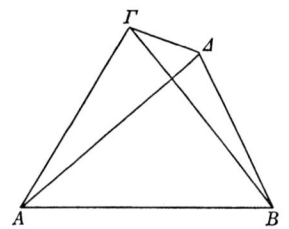

そうすれば $A\varGamma$ は $A\varDelta$ に等しいから，角 $A\varGamma\varDelta$ も角 $A\varDelta\varGamma$ に等しい。それゆえ角 $A\varDelta\varGamma$ は角 $\varDelta\varGamma B$ より大きい。したがってなおさら角 $\varGamma\varDelta B$ は角 $\varDelta\varGamma B$ より大きい。また $\varGamma B$ は $\varDelta B$ に等しいから，角 $\varGamma\varDelta B$ も角 $\varDelta\varGamma B$ に等しい。ところがそれよりなおさら大きいことも証明された。これは不可能である。

一つの線分を底辺として三角形をなす 2 線分にそれぞれ等しく，同じ側に異なった点で交わり，最初の 2 線分と同じ端をもつ他の 2 線分をつくることはできない。これが証明すべきことであった。

8

もし二つの三角形において 2 辺が 2 辺にそれぞれ等しく，底辺も底辺に等しければ，等しい辺にはさまれた角もまた等しいであろう。

$AB\Gamma$, ΔEZ を2辺 AB, $A\Gamma$ が2辺 ΔE, ΔZ に，すなわち AB が ΔE に，$A\Gamma$ が ΔZ にそれぞれ等しい二つの三角形とせよ。そして底辺 $B\Gamma$ も底辺 EZ に等しいとせよ。角 $BA\Gamma$ も角 $E\Delta Z$ に等しいと主張する。

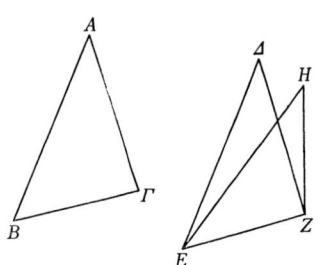

三角形 $AB\Gamma$ が三角形 ΔEZ に重ねられ，点 B が点 E の上に，線分 $B\Gamma$ が EZ の上におかれるならば，$B\Gamma$ は EZ に等しいから，点 Γ も Z に重なるであろう。すると $B\Gamma$ が EZ に重なるから，BA, $A\Gamma$ も $E\Delta$, ΔZ に重なるであろう。なぜならもし底辺 $B\Gamma$ が底辺 EZ に重なり，辺 BA, $A\Gamma$ が $E\Delta$, ΔZ に重ならず EH, HZ のようにずれるならば，同一の線分上に1点において交わる2線分が与えられ，それとそれぞれ等しく同じ側に異なった点で交わり同じ端をもつ他の2線分がつくられることになるであろう。ところがそれはつくられない。それゆえ底辺 $B\Gamma$ が底辺 EZ に重ねられると，辺 BA, $A\Gamma$ が $E\Delta$, ΔZ に重ならないことはありえない。ゆえに重なるであろう。したがって角 $BA\Gamma$ も角 $E\Delta Z$ に重なりそれに等しいであろう。

よってもし二つの三角形において2辺が2辺にそれぞれ等しく底辺も底辺に等しければ，等しい辺にはさまれた角もまた等しいであろう。これが証明すべきことであった。

～9～

与えられた直線角を2等分すること。

与えられた直線角を角 $BA\Gamma$ とせよ。このときそれを2等分しなければならぬ。

AB 上に任意の点 Δ がとられ，$A\Gamma$ から $A\Delta$ に等しく AE が切り取られ，ΔE が結ばれ，ΔE 上に等辺三角形 ΔEZ がつくられ，AZ が結ばれたとせよ。角 $BA\Gamma$ は線分 AZ によって2等分されていると主張する。

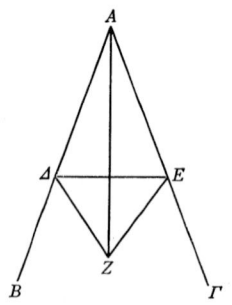

$A\Delta$ は AE に等しく，AZ は共通であるから，2辺 ΔA, AZ は2辺 EA, AZ にそれぞれ等しい。そして底辺 ΔZ は底辺 EZ に等しい。ゆえに角 ΔAZ は角 EAZ に等しい。

よって与えられた直線角 $BA\Gamma$ は線分 AZ によって2等分

されている。これが作図すべきものであった。

⌘ 10 ⌘

与えられた線分を2等分すること。

与えられた線分を AB とせよ。このとき線分 AB を2等分しなければならぬ。

その上に等辺三角形 $AB\varGamma$ がつくられ，角 $A\varGamma B$ が線分によって2等分されたとせよ。線分 AB は点 $\varDelta$ において2等分されていると主張する。

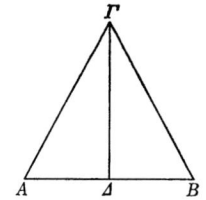

$A\varGamma$ は $\varGamma B$ に等しく，$\varGamma\varDelta$ は共通であるから，2辺 $A\varGamma$, $\varGamma\varDelta$ は2辺 $B\varGamma$, $\varGamma\varDelta$ にそれぞれ等しい。そして角 $A\varGamma\varDelta$ は角 $B\varGamma\varDelta$ に等しい。ゆえに底辺 $A\varDelta$ は底辺 $B\varDelta$ に等しい。

よって与えられた線分 AB は $\varDelta$ において2等分されている。これが作図すべきものであった。

⌘ 11 ⌘

与えられた直線にその上の与えられた点から直角に直線をひくこと。

与えられた直線を AB, その上の与えられた点を $\varGamma$ とせよ。このとき点 $\varGamma$ から直線 AB に直角に直線をひかなければならぬ。

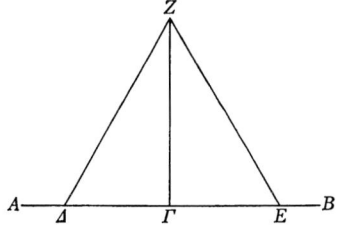

$A\varGamma$ 上に任意の点 $\varDelta$ がとられ，$\varGamma E$ が $\varGamma\varDelta$ に等しくされ，$\varDelta E$ 上に等辺三角形 $Z\varDelta E$ がつくられ，$Z\varGamma$ が結ばれたとせよ。与えられた直線 AB にその上の与えられた点 $\varGamma$ から直角に直線 $Z\varGamma$ がひかれていると主張する。

$\varDelta\varGamma$ は $\varGamma E$ に等しく，$\varGamma Z$ は共通であるから，2辺 $\varDelta\varGamma$, $\varGamma Z$ はそれぞれ2辺 $E\varGamma$, $\varGamma Z$ に等しい。そして底辺 $\varDelta Z$ は底辺 ZE に等しい。したがって角 $\varDelta\varGamma Z$ は角 $E\varGamma Z$ に等しい。しかも接角である。ところが直線が直線の上にたてられて接角を互いに等しくするとき，等しい

角の双方は直角である。それゆえ角 $\varDelta\varGamma Z$, $Z\varGamma E$ の双方は直角である。

よって与えられた直線 AB にその上の与えられた点 $\varGamma$ から直角に直線 $\varGamma Z$ がひかれている。これが作図すべきものであった。

12

与えられた無限直線にその上にない与えられた点から垂線を下すこと。

与えられた無限直線を AB とし，その上にない与えられた点を $\varGamma$ とせよ。このとき与えられた無限直線 AB にその上にない与えられた点 $\varGamma$ から垂線を下さなければならぬ。

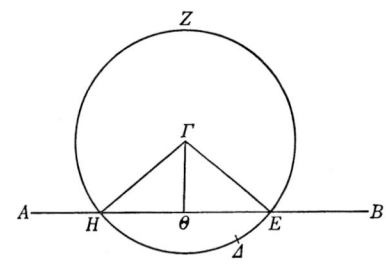

直線 AB の反対側に任意の点 $\varDelta$ がとられ，中心 $\varGamma$ 半径 $\varGamma\varDelta$ をもって円 EZH が描かれ，線分 EH が $\varTheta$ において2等分され，線分 $\varGamma H$, $\varGamma\varTheta$, $\varGamma E$ が結ばれたとせよ。与えられた無限直線 AB にその上にない与えられた点 $\varGamma$ から垂線 $\varGamma\varTheta$ がひかれていると主張する。

$H\varTheta$ は $\varTheta E$ に等しく，$\varTheta\varGamma$ は共通であるから，2辺 $H\varTheta$, $\varTheta\varGamma$ は2辺 $E\varTheta$, $\varTheta\varGamma$ にそれぞれ等しい。そして底辺 $\varGamma H$ は底辺 $\varGamma E$ に等しい。したがって角 $\varGamma\varTheta H$ は角 $E\varTheta\varGamma$ に等しい。そして接角である。ところが直線が直線の上に立てられて接角を互いに等しくするとき，等しい角の双方は直角であり，立てられた直線はその下の直線に対して垂線とよばれる。

よって与えられた無限直線 AB にその上にない与えられた点 $\varGamma$ から垂線 $\varGamma\varTheta$ が下されている。これが作図すべきものであった。

13

もし直線が直線の上に立てられて二つの角をつくるならば，二つの直角かまたはその和が2直角に等しい角をつくるであろう。

任意の直線 AB が直線 $\varGamma\varDelta$ 上に立てられて角 $\varGamma BA$, $AB\varDelta$ をつくるとせよ。角 $\varGamma BA$, $AB\varDelta$ は二つの直角であるかまたはその和が2直角に等しいと主張する。

さてもし角 $\varGamma BA$ が角 $AB\varDelta$ に等しければ，それらは二つの直角である。だがもし等しくなければ，点 B から $\varGamma\varDelta$ に直角に BE がひかれたとせよ。すると角 $\varGamma BE$, $EB\varDelta$ は二つの直角である。そして角 $\varGamma BE$ は 2 角 $\varGamma BA$, ABE の和に等しいから，双方に角 $EB\varDelta$ が加えられたとせよ。そうすれば角 $\varGamma BE$, $EB\varDelta$ の和は 3 角 $\varGamma BA$, ABE, $EB\varDelta$ の和に等しい。

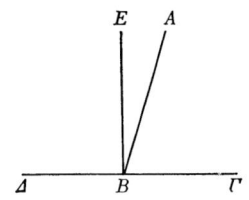

また角 $\varDelta BA$ は 2 角 $\varDelta BE$, EBA の和に等しいから，双方に角 $AB\varGamma$ が加えられたとせよ。そうすれば角 $\varDelta BA$, $AB\varGamma$ の和は 3 角 $\varDelta BE$, EBA, $AB\varGamma$ の和に等しい。ところが角 $\varGamma BE$, $EB\varDelta$ の和がこの同じ三つの角に等しいことも先に証明された。そして同じものに等しいものはまた互いに等しい。それゆえ角 $\varGamma BE$, $EB\varDelta$ の和は角 $\varDelta BA$, $AB\varGamma$ の和に等しい。ところが角 $\varGamma BE$, $EB\varDelta$ は二つの直角である。ゆえに角 $\varDelta BA$, $AB\varGamma$ の和は 2 直角に等しい。

よってもし直線が直線の上に立てられて二つの角をつくるならば，二つの直角かまたはその和が 2 直角に等しい角をつくるであろう。これが証明すべきことであった。

〜 14 〜

もし任意の直線に対してその上の点において同じ側にない 2 直線が接角の和を 2 直角に等しくするならば，この 2 直線は互いに一直線をなすであろう。

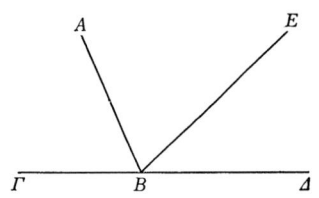

任意の直線 AB に対してその上の点 B において同じ側にない 2 直線 $B\varGamma$, $B\varDelta$ が接角 $AB\varGamma$, $AB\varDelta$ の和を 2 直角に等しくするとせよ。$B\varDelta$ は $\varGamma B$ と一直線をなすと主張する。

もし $B\varDelta$ が $B\varGamma$ と一直線をなすのでないならば，BE を $\varGamma B$ と一直線をなすとせよ。

そうすれば直線 AB は直線 $\varGamma BE$ の上に立つから，角 $AB\varGamma$, ABE の和は 2 直角に等しい。ところが角 $AB\varGamma$, $AB\varDelta$ の和も 2 直角に等しい。それゆえ角 $\varGamma BA$, ABE の和は角 $\varGamma BA$, $AB\varDelta$ の和に等しい。双方から角 $\varGamma BA$ が引き去られたとせよ。そうすれば残りの角 ABE は残りの角 $AB\varDelta$ に等しい，すなわち小さいものが大きいものに等しい。これは不可能である。それゆえ BE は $\varGamma B$ と一直線をなさない。同様にして $B\varDelta$ 以外の他のいかなる直線もそうならないことを証明しうる。ゆえに $\varGamma B$ は $B\varDelta$ と一直線をなす。

よってもし任意の直線に対してその上の点において同じ側にない2直線が接角の和を2直角に等しくするならば，この2直線は互いに一直線をなすであろう．これが証明すべきことであった．

❦ 15 ❧

もし2直線が互いに交わるならば，対頂角を互いに等しくする．

2直線 AB, $\varGamma\varDelta$ が点 E において互いに交わるとせよ．角 $AE\varGamma$ は角 $\varDelta EB$ に，角 $\varGamma EB$ は角 $AE\varDelta$ に等しいと主張する．

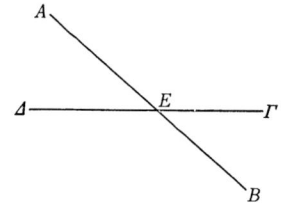

直線 AE は直線 $\varGamma\varDelta$ の上に立ち，角 $\varGamma EA$, $AE\varDelta$ をつくるから，角 $\varGamma EA$, $AE\varDelta$ の和は2直角に等しい．また直線 $\varDelta E$ は直線 AB の上に立ち角 $AE\varDelta$, $\varDelta EB$ をつくるから，角 $AE\varDelta$, $\varDelta EB$ の和は2直角に等しい．そして角 $\varGamma EA$, $AE\varDelta$ の和が2直角に等しいことも先に証明された．それゆえ角 $\varGamma EA$, $AE\varDelta$ の和は角 $AE\varDelta$, $\varDelta EB$ の和に等しい．双方から角 $AE\varDelta$ が引き去られたとせよ．そうすれば残りの角 $\varGamma EA$ は残りの角 $BE\varDelta$ に等しい．同様にして角 $\varGamma EB$, $\varDelta EA$ が等しいことも証明されうる．

よってもし2直線が互いに交わるならば，対頂角を互いに等しくする．これが証明すべきことであった．

❦ 16 ❧

すべての三角形において辺の一つが延長されるとき，外角は内対角のいずれよりも大きい．

$AB\varGamma$ を三角形とし，その1辺 $B\varGamma$ が $\varDelta$ まで延長されたとせよ．外角 $A\varGamma\varDelta$ は内対角 $\varGamma BA$, $BA\varGamma$ のいずれよりも大きいと主張する．

$A\varGamma$ が E において2等分され，BE が結ばれ，一直線をなして Z まで延長され，EZ が BE に等しくされ，$Z\varGamma$ が結ばれ，$A\varGamma$ が H まで延長されたとせよ．

そうすれば AE は $E\varGamma$ に，BE は EZ に等しいから，2辺 AE, EB は2辺 $\varGamma E$, EZ にそれぞれ等しい．そして角 AEB は角 $ZE\varGamma$ に等しい．なぜなら対頂角であるから．ゆえに

底辺 AB は底辺 $Z\Gamma$ に等しく，三角形 ABE は三角形 ΓZE に等しく，残りの2角は残りの2角に，すなわち等しい辺が対する角はそれぞれ等しい。したがって角 BAE は角 $E\Gamma Z$ に等しい。ところが角 $E\Gamma\varDelta$ は角 $E\Gamma Z$ より大きい。それゆえ角 $A\Gamma\varDelta$ は角 BAE より大きい。同様にして $B\Gamma$ が2等分されるとき，角 $B\Gamma H$ すなわち角 $A\Gamma\varDelta$ が角 $AB\Gamma$ より大きいことも証明される。

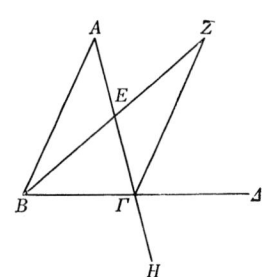

よってすべての三角形において辺の一つが延長されるとき，外角は内対角のいずれよりも大きい。これが証明すべきことであった。

～ 17 ～

すべての三角形においてどの2角をとってもその和は2直角より小さい。

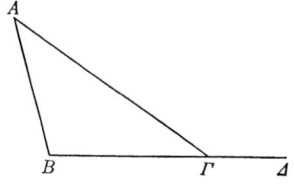

$AB\Gamma$ を三角形とせよ。三角形 $AB\Gamma$ のどの2角をとってもその和は2直角より小さいと主張する。

$B\Gamma$ が $\varDelta$ まで延長されたとせよ。

そうすれば角 $A\Gamma\varDelta$ は三角形 $AB\Gamma$ の外角であるから，内対角 $AB\Gamma$ より大きい。角 $A\Gamma B$ が双方に加えられたとせよ。そうすれば角 $A\Gamma\varDelta$，$A\Gamma B$ の和は角 $AB\Gamma$，$B\Gamma A$ の和より大きい。ところが角 $A\Gamma\varDelta$，$A\Gamma B$ の和は2直角に等しい。したがって角 $AB\Gamma$，$B\Gamma A$ の和は2直角より小さい。同様にして角 $BA\Gamma$，$A\Gamma B$ の和も，また角 ΓAB，$AB\Gamma$ の和も2直角より小さいことを証明しうる。

よってすべての三角形においてどの角をとってもその和は2直角より小さい。これが証明すべきことであった。

～ 18 ～

すべての三角形において大きい辺は大きい角に対する。

$AB\Gamma$ を辺 $A\Gamma$ が AB より大きい三角形とせよ。角 $AB\Gamma$ も角 $B\Gamma A$ より大きい

と主張する。

$A\Gamma$ は AB より大きいから，$A\varDelta$ が AB に等しくされ，$B\varDelta$ が結ばれたとせよ。

そうすれば角 $A\varDelta B$ は三角形 $B\Gamma\varDelta$ の外角であるから，内対角 $\varDelta\Gamma B$ より大きい。ところが辺 AB は辺 $A\varDelta$ に等しいから，角 $A\varDelta B$ は角 $AB\varDelta$ に等しい。ゆえに角 $AB\varDelta$ も角 $A\Gamma B$ より大きい。それゆえなおさら角 $AB\Gamma$ は角 $A\Gamma B$ より大きい。

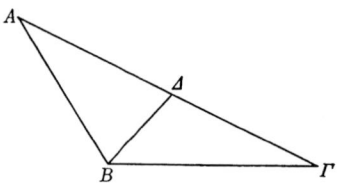

よってすべての三角形において大きい辺は大きい角に対する。これが証明すべきことであった。

☙ 19 ❧

すべての三角形において大きい角には大きい辺が対する。

$AB\Gamma$ を角 $AB\Gamma$ が角 $B\Gamma A$ より大きい三角形とせよ。辺 $A\Gamma$ も辺 AB より大きいと主張する。

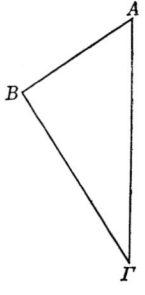

もし大きくないならば，$A\Gamma$ は AB に等しいか小さいかである。ところで $A\Gamma$ は AB に等しくはない。なぜならそうすれば角 $AB\Gamma$ も角 $A\Gamma B$ に等しくなるであろう。ところがそうではない。したがって $A\Gamma$ は AB に等しくない。また $A\Gamma$ は AB より小さくもない。なぜならそうすれば角 $AB\Gamma$ も角 $A\Gamma B$ より小さくなるであろう。ところがそうではない。したがって $A\Gamma$ は AB より小さくはない。また等しくないことも先に証明された。ゆえに $A\Gamma$ は AB より大きい。

よってすべての三角形において大きい角には大きい辺が対する。これが証明すべきことであった。

☙ 20 ❧

すべての三角形においてどの2辺をとってもその和は残りの1辺より大きい。

$AB\Gamma$ を三角形とせよ。三角形 $AB\Gamma$ のどの2辺をとってもその和は残りの1辺より

大きい，すなわち BA, $A\Gamma$ の和は $B\Gamma$ より，AB, $B\Gamma$ の和は $A\Gamma$ より，$B\Gamma$, ΓA の和は AB より大きいと主張する。

BA が点 $\varDelta$ まで延長され，$A\varDelta$ が ΓA に等しくされ，$\varDelta \Gamma$ が結ばれたとせよ。

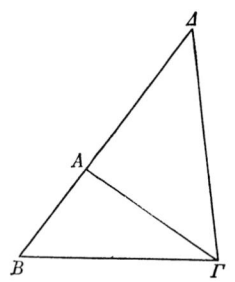

そうすれば $\varDelta A$ は $A\Gamma$ に等しいから，角 $A\varDelta\Gamma$ も角 $A\Gamma\varDelta$ に等しい。それゆえ角 $B\Gamma\varDelta$ は角 $A\varDelta\Gamma$ より大きい。そして $\varDelta\Gamma B$ は角 $B\Gamma\varDelta$ が角 $B\varDelta\Gamma$ より大きい三角形であり，大きい角には大きい辺が対するから，$\varDelta B$ は $B\Gamma$ より大きい。ところが $\varDelta A$ は $A\Gamma$ に等しい。ゆえに BA, $A\Gamma$ の和は $B\Gamma$ より大きい。同様にして AB, $B\Gamma$ の和も ΓA より，$B\Gamma$, ΓA の和も AB より大きいことを証明しうる。

よってすべての三角形においてどの2辺をとってもその和は残りの1辺より大きい。これが証明すべきことであった。

21

もし三角形の辺の一つの上にその両端から三角形の内部で交わる2線分がつくられるならば，つくられた2線分はその和が三角形の残りの2辺の和より小さいが，より大きい角をはさむであろう。

三角形 $AB\Gamma$ の辺の一つ $B\Gamma$ の上に両端 B, Γ から三角形の内部で交わる2線分 $B\varDelta$, $\varDelta\Gamma$ がつくられたとせよ。$B\varDelta$, $\varDelta\Gamma$ はその和が三角形の残りの2辺 BA, $A\Gamma$ の和より小さいが，角 $BA\Gamma$ より大きい角 $B\varDelta\Gamma$ をはさむと主張する。

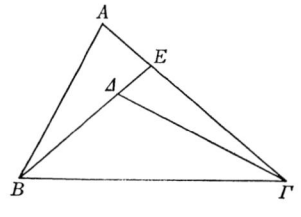

$B\varDelta$ が E まで延長されたとせよ。そうすればすべての三角形において2辺の和は残りの1辺より大きいから，三角形 ABE の2辺 AB, AE の和は BE より大きい。双方に $E\Gamma$ が加えられたとせよ。そうすれば BA, $A\Gamma$ の和は BE, $E\Gamma$ の和より大きい。また三角形 $\Gamma E\varDelta$ の2辺 ΓE, $E\varDelta$ の和は $\Gamma\varDelta$ より大きいから，双方に $\varDelta B$ が加えられたとせよ。そうすれば ΓE, EB の和は $\Gamma\varDelta$, $\varDelta B$ の和より大きい。ところが BA, $A\Gamma$ の和が BE, $E\Gamma$ の和より大きいことは先に証明された。したがってなおさら BA, $A\Gamma$ の和は $B\varDelta$, $\varDelta\Gamma$ の和より

大きい。

またすべての三角形において外角は内対角より大きいから，三角形 $\varGamma\varDelta E$ の外角 $B\varDelta\varGamma$ は角 $\varGamma E\varDelta$ より大きい。それゆえ 同じ理由で三角形 ABE の外角 $\varGamma EB$ も角 $BA\varGamma$ より大きい。ところが角 $B\varDelta\varGamma$ が角 $\varGamma EB$ より大きいことは先に証明された。したがってなおさら角 $B\varDelta\varGamma$ は角 $BA\varGamma$ より大きい。

よってもし三角形の辺の一つの上にその両端から三角形の内部で交わる2線分がつくられるならば，つくられた2線分はその和が三角形の残りの2辺の和より小さいが，より大きい角をはさむ。これが証明すべきことであった。

～ 22 ～

与えられた3線分に 等しい3線分から 三角形を つくること。ただしどの2線分をとってもその和は残りの線分より大きくなければならない。

与えられた3線分を $A, B, \varGamma$ とし，そのうちどの2線分をとってもその和は残りの線分より大きい，すなわち A, B の和は $\varGamma$ より，$A, \varGamma$ の和は B より，また $B, \varGamma$ の和は A より大きいようにせよ。このとき $A, B, \varGamma$ に等しい3線分から三角形をつくらなければならぬ。

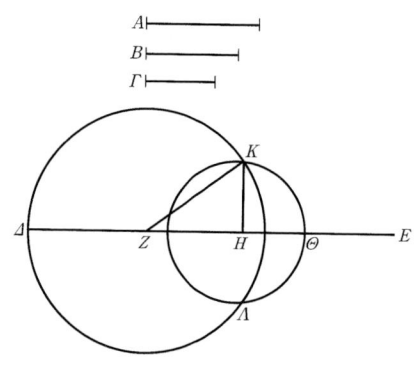

$\varDelta$ において限られ，E のほうに無限である任意の直線 $\varDelta E$ が定められ，$\varDelta Z$ を A に，ZH を B に，$H\varTheta$ を $\varGamma$ に等しくせよ。そして中心 Z, 半径 $Z\varDelta$ をもって円 $\varDelta K\varLambda$ が描かれたとせよ。また中心 H, 半径 $H\varTheta$ をもって円 $K\varLambda\varTheta$ が描かれ，KZ, KH が結ばれたとせよ。三角形 KZH は $A, B, \varGamma$ に等しい線分からつくられていると主張する。

点 Z は円 $\varDelta K\varLambda$ の中心であるから，$Z\varDelta$ は ZK に等しい。ところが $Z\varDelta$ は A に等しい。それゆえ KZ も A に等しい。また点 H は円 $\varLambda K\varTheta$ の中心であるから，$H\varTheta$ は HK に等しい。ところが $H\varTheta$ は $\varGamma$ に等しい。それゆえ KH も $\varGamma$ に等しい。しかも ZH は B に等しい。ゆえに3線分 KZ, ZH, HK は3線分 $A, B, \varGamma$ に等しい。

よって与えられた3線分 $A, B, \varGamma$ に等しい3線分 KZ, ZH, HK から三角形 KZH が

つくられた。これが作図すべきものであった。

～ 23 ～

与えられた直線上にその上の点において与えられた直線角に等しい直線角をつくること。

与えられた直線を AB, その上の点を A, 与えられた直線角を角 $\varDelta\varGamma E$ とせよ。このとき与えられた直線 AB 上にその上の点 A において与えられた直線角 $\varDelta\varGamma E$ に等しい直線角をつくらねばならぬ。

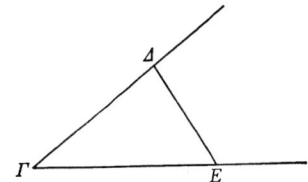

$\varGamma\varDelta$, $\varGamma E$ の双方の上に任意の点 $\varDelta$, E がとられ, $\varDelta E$ が結ばれたとせよ。そして3線分 $\varGamma\varDelta$, $\varDelta E$, $\varGamma E$ に等しい3線分から三角形 AZH がつくられ, $\varGamma\varDelta$ は AZ に, $\varGamma E$ は AH に, $\varDelta E$ は ZH に等しくなるようにせよ。

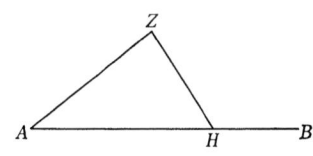

そうすれば2辺 $\varDelta\varGamma$, $\varGamma E$ は2辺 ZA, AH にそれぞれ等しく, 底辺 $\varDelta E$ は底辺 ZH に等しいから, 角 $\varDelta\varGamma E$ は角 ZAH に等しい。

よって与えられた直線 AB 上にその上の点 A において与えられた直線角 $\varDelta\varGamma E$ に等しい直線角 ZAH がつくられた。これが作図すべきものであった。

～ 24 ～

もし二つの三角形において2辺が2辺にそれぞれ等しく, 等しい線分によってはさまれる角の一方が他方より大きいならば, 底辺も底辺より大きいであろう。

$AB\varGamma$, $\varDelta EZ$ を2辺 AB, $A\varGamma$ が2辺 $\varDelta E$, $\varDelta Z$ にそれぞれ等しい, すなわち AB は $\varDelta E$ に, $A\varGamma$ は $\varDelta Z$ に等しい二つの三角形とし, A における角が $\varDelta$ における角より大きいとせよ。底辺 $B\varGamma$ も底辺 EZ より大きいと主張する。

角 $BA\varGamma$ は角 $E\varDelta Z$ より大きいから, 線分 $\varDelta E$ 上にその上の点 $\varDelta$ において角 $BA\varGamma$ に等しい角 $E\varDelta H$ がつくられ, $\varDelta H$ が $A\varGamma$, $\varDelta Z$ のどちらかに等しくされ, EH, ZH が結ばれた

とせよ。

　そうすれば AB は $\varDelta E$ に，$A\varGamma$ は $\varDelta H$ に等しいから，2辺 BA, $A\varGamma$ は2辺 $E\varDelta$, $\varDelta H$ にそれぞれ等しい。そして角 $BA\varGamma$ は角 $E\varDelta H$ に等しい。それゆえ底辺 $B\varGamma$ は底辺 EH に等しい。また $\varDelta Z$ は $\varDelta H$ に等しいから，角 $\varDelta HZ$ も角 $\varDelta ZH$ に等しい。それゆえ角 $\varDelta ZH$ は角 EHZ より大きい。ゆえになおさら角 EZH は角 EHZ より大きい。そして EZH は角 EZH が角 EHZ より

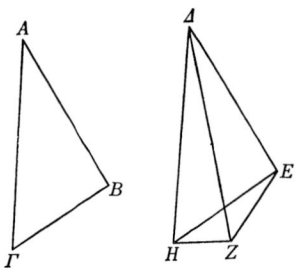

大きい三角形であり，大きい角には大きい辺が対するから，辺 EH も EZ より大きい。そして EH は $B\varGamma$ に等しい。したがって $B\varGamma$ も EZ より大きい。

　よってもし二つの三角形において2辺が2辺にそれぞれ等しく，等しい線分によってはさまれる角の一方が他方より大きいならば，底辺も底辺より大きいであろう。これが証明すべきことであった。

～ 25 ～

もし二つの三角形において2辺が2辺にそれぞれ等しく，底辺が底辺より大きいならば，等しい線分にはさまれる角も一方が他方より大きいであろう。

　$AB\varGamma$, $\varDelta EZ$ を2辺 AB, $A\varGamma$ が2辺 $\varDelta E$, $\varDelta Z$ にそれぞれ等しい，すなわち AB は $\varDelta E$ に，$A\varGamma$ は $\varDelta Z$ に等しい二つの三角形とせよ。そして底辺 $B\varGamma$ が底辺 EZ より大きいとせよ。角 $BA\varGamma$ も角 $E\varDelta Z$ より大きいと主張する。

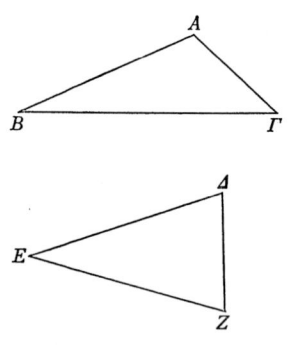

　もし大きくないならば，それに等しいか小さいかである。ところで角 $BA\varGamma$ は角 $E\varDelta Z$ に等しくはない。なぜなら底辺 $B\varGamma$ も底辺 EZ に等しくなるであろう。ところがそうではない。それゆえ角 $BA\varGamma$ は角 $E\varDelta Z$ に等しくはない。また角 $BA\varGamma$ は角 $E\varDelta Z$ より小さくもない。なぜなら底辺 $B\varGamma$ も底辺 EZ より小さくなるであろう。ところがそうではない。それゆえ角 $BA\varGamma$ は角 $E\varDelta Z$ より小さくない。また等しくないことも先に証明された。ゆえに角 $BA\varGamma$ は角 $E\varDelta Z$ より大きい。

　よってもし二つの三角形において2辺が2辺にそれぞれ等しく，底辺が底辺より大きいなら

ば，等しい線分にはさまれる角も一方が他方より大きいであろう．これが証明すべきことであった．

∽ 26 ∾

もし二つの三角形において2角が2角にそれぞれ等しく，1辺が1辺に，すなわち等しい2角にはさまれる辺かまたは等しい角の一つに対する辺が等しければ，残りの2辺も残りの2辺に等しく，残りの角も残りの角に等しいであろう．

$AB\varGamma$，$\varDelta EZ$ を2角 $AB\varGamma$，$B\varGamma A$ が2角 $\varDelta EZ$，$EZ\varDelta$ に等しい，すなわち角 $AB\varGamma$ が角 $\varDelta EZ$ に，角 $B\varGamma A$ が角 $EZ\varDelta$ にそれぞれ等しい二つの三角形とせよ．そして1辺が1辺に，まず等しい角にはさまれる辺，すなわち $B\varGamma$ が EZ に等しいとせよ．残りの2辺もそれぞれ残りの2辺に，すなわち AB は $\varDelta E$ に，$A\varGamma$ は $\varDelta Z$ に等しく，また残りの角も残りの角に，すなわち角 $BA\varGamma$ は角 $E\varDelta Z$ に等しいと主張する．

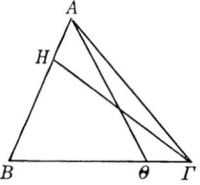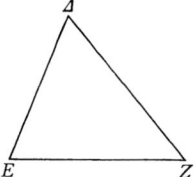

もし AB が $\varDelta E$ に等しくなければ，それらの一方は大きい．AB を大きいとし，BH が $\varDelta E$ に等しくされ，$H\varGamma$ が結ばれたとせよ．

そうすれば BH は $\varDelta E$ に等しく，$B\varGamma$ は EZ に等しいから，2辺 BH，$B\varGamma$ は2辺 $\varDelta E$，EZ にそれぞれ等しい．そして角 $HB\varGamma$ は角 $\varDelta EZ$ に等しい．それゆえ底辺 $H\varGamma$ は底辺 $\varDelta Z$ に等しく，三角形 $HB\varGamma$ は三角形 $\varDelta EZ$ に等しく，残りの角は残りの角に等しい，すなわち等しい辺が対する角は等しいであろう．ゆえに角 $H\varGamma B$ は角 $\varDelta ZE$ に等しい．ところが角 $\varDelta ZE$ は角 $B\varGamma A$ に等しいと仮定されている．したがって角 $B\varGamma H$ は角 $B\varGamma A$ に等しく，小さいものが大きいものに等しい，これは不可能である．それゆえ AB は $\varDelta E$ に不等でない．ゆえに等しい．しかも $B\varGamma$ は EZ に等しい．よって2辺 AB，$B\varGamma$ は2辺 $\varDelta E$，EZ にそれぞれ等しい．しかも角 $AB\varGamma$ は角 $\varDelta EZ$ に等しい．したがって底辺 $A\varGamma$ は底辺 $\varDelta Z$ に等しく，残りの角 $BA\varGamma$ は残りの角 $E\varDelta Z$ に等しい．

さてまた等しい角に対する辺，たとえば AB が $\varDelta E$ に等しいとせよ．このときも残りの辺

は残りの辺に，すなわち $A\Gamma$ は ΔZ に，$B\Gamma$ は EZ に等しく，また残りの角 $BA\Gamma$ は残りの角 $E\Delta Z$ に等しいと主張する。

もし $B\Gamma$ が EZ に不等であれば，それらの一方は大きい。もし可能ならば，$B\Gamma$ が大きいとし，$B\Theta$ が EZ に等しくされ，$A\Theta$ が結ばれたとせよ。$B\Theta$ は EZ に，AB は ΔE に等しいから，2辺 $AB, B\Theta$ は2辺 $\Delta E, EZ$ にそれぞれ等しい。そして等しい角をはさむ。それゆえ底辺 $A\Theta$ は底辺 ΔZ に等しく，三角形 $AB\Theta$ は三角形 ΔEZ に等しく，残りの角は残りの角に，すなわち等しい辺が対する角は等しいであろう。ゆえに角 $B\Theta A$ は角 $EZ\Delta$ に等しい。ところが角 $EZ\Delta$ は角 $B\Gamma A$ に等しい。かくて三角形 $A\Theta\Gamma$ の外角 $B\Theta A$ は内対角 $B\Gamma A$ に等しい。これは不可能である。それゆえ $B\Gamma$ は EZ に不等ではない。ゆえに等しい。しかも AB は ΔE に等しい。このとき2辺 $AB, B\Gamma$ は2辺 $\Delta E, EZ$ にそれぞれ等しい。そして等しい角をはさむ。したがって底辺 $A\Gamma$ は底辺 ΔZ に等しく，三角形 $AB\Gamma$ は三角形 ΔEZ に等しく，残りの角 $BA\Gamma$ は残りの角 $E\Delta Z$ に等しい。

よってもし二つの三角形において二つの角が二つの角にそれぞれ等しく，1辺が1辺に，すなわち等しい2角にはさまれる辺かまたは等しい角の一つに対する辺が等しければ，残りの2辺も残りの2辺に等しく，残りの角も残りの角に等しいであろう。これが証明すべきことであった。

～ 27 ～

もし1直線が2直線に交わってなす錯角が互いに等しければ，この2直線は互いに平行であろう。

直線 EZ が2直線 $AB, \Gamma\Delta$ に交わり錯角 $AEZ, EZ\Delta$ を互いに等しくするとせよ。AB は $\Gamma\Delta$ に平行であると主張する。

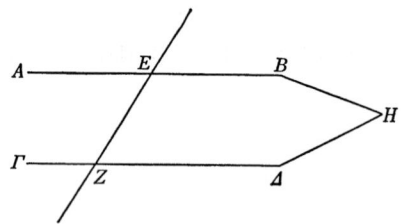

もし平行でなければ，$AB, \Gamma\Delta$ は延長されて B, Δ または A, Γ の側で交わるであろう。延長され，B, Δ の側で H において交わるとせよ。すると三角形 HEZ において外角 AEZ が内対角 EZH に等しい。これは不可能である。それゆえ $AB, \Gamma\Delta$ は延長されて B, Δ の側で交わらないであろう。同様にして A, Γ の側でも交わらないことが証明されうる。そしてどちらの側でも交わらない2直線は平行である。したがって AB は $\Gamma\Delta$ に平行である。

よってもし 1 直線が 2 直線に交わってなす錯角が互いに等しければ，この 2 直線は互いに平行であろう。これが証明すべきことであった。

∽ 28 ∾

もし 1 直線が 2 直線に交わってなす一つの外角が同じ側の内対角に等しいかまたは同側内角の和が 2 直角に等しければ，この 2 直線は互いに平行であろう。

2 直線 AB, $\varGamma\varDelta$ に直線 EZ が交わってなす外角 EHB が内対角 $H\varTheta\varDelta$ に等しいかまたは同側内角 $BH\varTheta$, $H\varTheta\varDelta$ の和が 2 直角に等しいとせよ。AB は $\varGamma\varDelta$ に平行であると主張する。

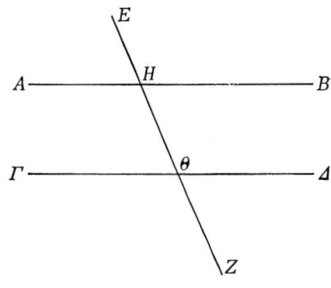

角 EHB は角 $H\varTheta\varDelta$ に等しく，また角 EHB は角 $AH\varTheta$ に等しいから，角 $AH\varTheta$ も角 $H\varTheta\varDelta$ に等しい。そして錯角である。それゆえ AB は $\varGamma\varDelta$ に平行である。

また角 $BH\varTheta$, $H\varTheta\varDelta$ の和は 2 直角に等しく，角 $AH\varTheta$, $BH\varTheta$ の和も 2 直角に等しいから，角 $AH\varTheta$, $BH\varTheta$ の和は角 $BH\varTheta$, $H\varTheta\varDelta$ の和に等しい。双方から角 $BH\varTheta$ が引き去られたとせよ。そうすれば残りの角 $AH\varTheta$ は残りの角 $H\varTheta\varDelta$ に等しい。しかも錯角である。ゆえに AB は $\varGamma\varDelta$ に平行である。

よってもし 1 直線が 2 直線に交わってなす一つの外角が同じ側の内対角に等しいかまたは同側内角の和が 2 直角に等しければ，この 2 直線は互いに平行であろう。これが証明すべきことであった。

∽ 29 ∾

一つの直線が二つの平行線に交わってなす錯角は互いに等しく，外角は内対角に等しく，同側内角の和は 2 直角に等しい。

直線 EZ が平行線 AB, $\varGamma\varDelta$ に交わるとせよ。錯角 $AH\varTheta$, $H\varTheta\varDelta$ は等しく，外角

EHB は内対角 $H\Theta\varDelta$ に等しく，同側内角 $BH\Theta$，$H\Theta\varDelta$ の和は2直角に等しいと主張する。

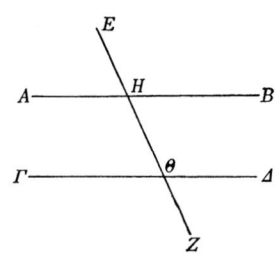

　もし角 $AH\Theta$ が角 $H\Theta\varDelta$ に等しくないならば，それらの一方が大きい。角 $AH\Theta$ が大きいとせよ。双方に角 $BH\Theta$ が加えられたとせよ。そうすれば角 $AH\Theta$, $BH\Theta$ の和は角 $BH\Theta$, $H\Theta\varDelta$ の和より大きい。ところが角 $AH\Theta$, $BH\Theta$ の和は2直角に等しい。ゆえに角 $BH\Theta$, $H\Theta\varDelta$ の和は2直角より小さい。そしてその和が2直角より小さい2角から限りなく延長された2直線は交わる。それゆえ AB, $\varGamma\varDelta$ は限りなく延長されるとき交わるであろう。ところがそれらは平行であると仮定されているから交わらない。ゆえに角 $AH\Theta$ は角 $H\Theta\varDelta$ に不等ではない。したがって等しい。また角 $AH\Theta$ は角 EHB に等しい。したがって角 EHB も $H\Theta\varDelta$ に等しい。双方に角 $BH\Theta$ が加えられたとせよ。そうすれば角 EHB, $BH\Theta$ の和は角 $BH\Theta$, $H\Theta\varDelta$ の和に等しい。ところが角 EHB, $BH\Theta$ の和は2直角に等しい。ゆえに角 $BH\Theta$, $H\Theta\varDelta$ の和も2直角に等しい。

　よって一つの直線が二つの平行線に交わってなす錯角は互いに等しく，外角は内対角に等しく，同側内角の和は2直角に等しい。これが証明すべきことであった。

~ 30 ~

同一の直線に平行な2直線はまた互いに平行である。

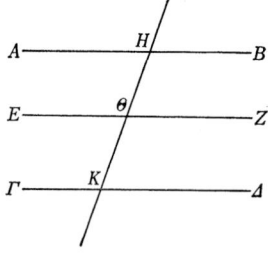

　　　直線 AB, $\varGamma\varDelta$ の双方が EZ に平行であるとせよ。AB は $\varGamma\varDelta$ に平行であると主張する。
　直線 HK がそれらに交わるとせよ。
　直線 HK が平行な2直線 AB, EZ に交わるから，角 AHK は角 $H\Theta Z$ に等しい。また直線 HK が平行な2直線 EZ, $\varGamma\varDelta$ に交わるから，角 $H\Theta Z$ は角 $HK\varDelta$ に等しい。そして角 AHK が角 $H\Theta Z$ に等しいことも証明された。ゆえに角 AHK も角 $HK\varDelta$ に等しい。そして錯角である。したがって AB は $\varGamma\varDelta$ に平行である。これが証明すべきことであった。

☙ 31 ❧

与えられた点を通り，与えられた直線に平行線をひくこと。

与えられた点を A，与えられた直線を $B\Gamma$ とせよ。このとき点 A を通り直線 $B\Gamma$ に平行線をひかねばならぬ。

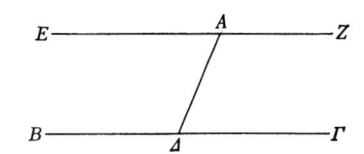

$B\Gamma$ 上に任意の点 Δ がとられ，$A\Delta$ が結ばれたとせよ。そして直線 ΔA に対してその上の点 A において角 $A\Delta\Gamma$ に等しい角 ΔAE がつくられたとせよ。そして直線 AZ が EA と一直線をなして延長されたとせよ。

そうすれば直線 $A\Delta$ が2直線 $B\Gamma$，EZ に交わり錯角 $EA\Delta$，$A\Delta\Gamma$ を互いに等しくしたから，EAZ は $B\Gamma$ に平行である。

よって与えられた点 A を通り与えられた直線 $B\Gamma$ に平行な直線 EAZ がひかれた。これが作図すべきものであった。

☙ 32 ❧

すべての三角形において1辺が延長されるとき，外角は二つの内対角の和に等しく，三角形の三つの内角の和は2直角に等しい。

$AB\Gamma$ を三角形とし，その1辺 $B\Gamma$ が Δ まで延長されたとせよ。外角 $A\Gamma\Delta$ は二つの内対角 ΓAB，$AB\Gamma$ の和に等しく，三角形の三つの内角 $AB\Gamma$，$B\Gamma A$，ΓAB の和は2直角に等しいと主張する。

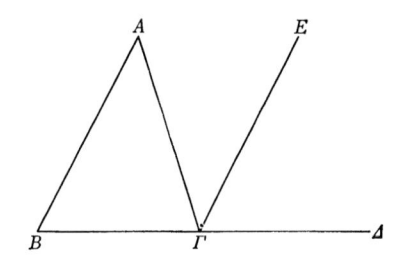

点 Γ を通り線分 AB に平行に ΓE がひかれたとせよ。

そうすれば AB は ΓE に平行であり，$A\Gamma$ がそれらに交わるから，錯角 $BA\Gamma$，$A\Gamma E$ は互いに等しい。また AB は ΓE に平行であり，線分 $B\Delta$ がそれらに交わるから，外角 $E\Gamma\Delta$ は内対角 $AB\Gamma$ に等しい。そして角 $A\Gamma E$ が角 $BA\Gamma$ に等しいことも先に証明された。ゆえに角 $A\Gamma\Delta$ 全体は二つの内対角 $BA\Gamma$，$AB\Gamma$ の和に等しい。

双方に角 $A\Gamma B$ が加えられたとせよ。そうすれば角 $A\Gamma\Delta$, $A\Gamma B$ の和は三つの角 $AB\Gamma$, $B\Gamma A$, ΓAB の和に等しい。ところが角 $A\Gamma\Delta$, $A\Gamma B$ の和は2直角に等しい。ゆえに角 $A\Gamma B$, ΓBA, ΓAB の和も2直角に等しい。

よってすべての三角形において1辺が延長されるとき，外角は二つの内対角の和に等しく，三角形の三つの内角の和は2直角に等しい。これが証明すべきことであった。

33

等しくかつ平行な2線分を同じ側で結ぶ2線分はそれ自身等しくかつ平行である。

AB, $\Gamma\Delta$ が等しくかつ平行であるとし，線分 $A\Gamma$, $B\Delta$ がそれらを同じ側で結ぶとせよ。$A\Gamma$, $B\Delta$ も等しくかつ平行であると主張する。

$B\Gamma$ が結ばれたとせよ。AB は $\Gamma\Delta$ に平行であり，$B\Gamma$ はそれらに交わるから，錯角 $AB\Gamma$, $B\Gamma\Delta$ は互いに等しい。そして AB は $\Gamma\Delta$ に等しく，$B\Gamma$ は共通であるから，2辺 AB, $B\Gamma$ は2辺 $B\Gamma$, $\Gamma\Delta$ に等しい。また角 $AB\Gamma$ は角 $B\Gamma\Delta$ に等しい。それゆえ底辺 $A\Gamma$ は底辺 $B\Delta$ に等しく，三角形 $AB\Gamma$ は三角形 $B\Gamma\Delta$ に等しく，残りの2角は残りの2角に等しい，すなわち等しい辺が対する角はそれぞれ等しいであろう。ゆえに角 $A\Gamma B$ は角 $\Gamma B\Delta$ に等しい。そして2直線 $A\Gamma$, $B\Delta$ に線分 $B\Gamma$ が交わり錯角を互いに等しくしているから，$A\Gamma$ は $B\Delta$ に平行である。そしてそれに等しいことも先に証明された。

よって等しくかつ平行な2線分を同じ側で結ぶ2線分はそれ自身等しくかつ平行である。これが証明すべきことであった。

34

平行四辺形において対辺および対角は互いに等しく，対角線はこれを2等分する。

$A\Gamma\Delta B$ を平行四辺形とし，$B\Gamma$ をその対角線とせよ。平行四辺形 $A\Gamma\Delta B$ の対辺および対角は互いに等しく，対角線 $B\Gamma$ は平行四辺形 $A\Gamma\Delta B$ を2等分すると主張する。

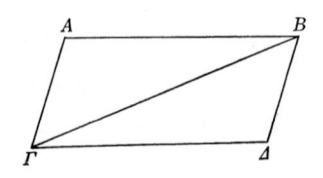

AB は $\Gamma\varDelta$ に平行であり，線分 $B\Gamma$ がそれらに交わっているから，錯角 $AB\Gamma$, $B\Gamma\varDelta$ は互いに等しい。また $A\Gamma$ は $B\varDelta$ に平行であり，$B\Gamma$ がそれらに交わっているから，錯角 $A\Gamma B$, $\Gamma B\varDelta$ は互いに等しい。このとき $AB\Gamma$, $B\Gamma\varDelta$ は 2 角 $AB\Gamma$, $B\Gamma A$ が 2 角 $B\Gamma\varDelta$, $\Gamma B\varDelta$ にそれぞれ等しく，1 辺が 1 辺に等しい，すなわち等しい角にはさまれる辺 $B\Gamma$ を共有する二つの三角形である。それゆえ残りの 2 辺も残りの 2 辺にそれぞれ等しく，残りの角も残りの角に等しいであろう。ゆえに辺 AB は $\Gamma\varDelta$ に，$A\Gamma$ は $B\varDelta$ に等しく，また角 $BA\Gamma$ は角 $\Gamma\varDelta B$ に等しい。そして角 $AB\Gamma$ は角 $B\Gamma\varDelta$ に等しく，角 $\Gamma B\varDelta$ は角 $A\Gamma B$ に等しいから，角 $AB\varDelta$ 全体は角 $A\Gamma\varDelta$ 全体に等しい。しかも角 $BA\Gamma$ が角 $\Gamma\varDelta B$ に等しいことも先に証明された。

よって平行四辺形の対辺および対角は互いに等しい。

ついで対角線が平行四辺形を 2 等分すると主張する。AB は $\Gamma\varDelta$ に等しく，$B\Gamma$ は共通なのであるから，2 辺 AB, $B\Gamma$ は 2 辺 $\Gamma\varDelta$, $B\Gamma$ にそれぞれ等しい。そして角 $AB\Gamma$ は角 $B\Gamma\varDelta$ に等しい。それゆえ底辺 $A\Gamma$ も $\varDelta B$ に等しい。そして三角形 $AB\Gamma$ は三角形 $B\Gamma\varDelta$ に等しい。

よって対角線 $B\Gamma$ は平行四辺形 $AB\Gamma\varDelta$ を 2 等分する。これが証明すべきことであった。

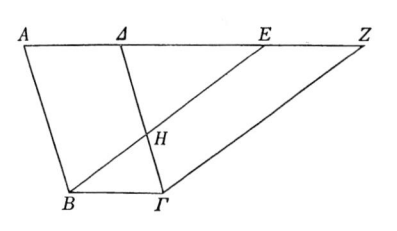

◈ 35 ◈

同じ底辺の上にありかつ同じ平行線の間にある平行四辺形は互いに等しい。

$AB\Gamma\varDelta$, $EB\Gamma Z$ を同じ底辺 $B\Gamma$ の上にありかつ同じ平行線 AZ, $B\Gamma$ の間にある平行四辺形とせよ。$AB\Gamma\varDelta$ は平行四辺形 $EB\Gamma Z$ に等しいと主張する。

$AB\Gamma\varDelta$ は平行四辺形であるから，$A\varDelta$ は $B\Gamma$ に等しい。同じ理由で EZ も $B\Gamma$ に等しい。それゆえ $A\varDelta$ はまた EZ に等しい。そして $\varDelta E$ は共通である。ゆえに AE 全体は $\varDelta Z$ 全体に等しい。しかも AB は $\varDelta \Gamma$ に等しい。かくて 2 辺 EA, AB は 2 辺 $Z\varDelta$, $\varDelta\Gamma$ にそれぞれ等しい。そして角 $Z\varDelta\Gamma$ は角 EAB に，外角は内角に等しい。ゆえに底辺 EB は底辺 $Z\Gamma$ に等しく，三角形 EAB は三角形 $Z\varDelta\Gamma$ に等しいであろう。双方から $\varDelta HE$ が引き去られたとせよ。そうすれば残りの不等辺四角形 $ABH\varDelta$ は残りの不等辺四角形 $EH Z$ に等しい。双方に三角形 $HB\Gamma$ が加えられたとせよ。そうすれば平行四辺形 $AB\Gamma\varDelta$ 全体は平行四辺形 $EB\Gamma Z$ 全体に等しい。

よって同じ底辺の上にありかつ同じ平行線の間にある平行四辺形は互いに等しい。これが証明すべきことであった。

❧ 36 ❧

等しい底辺の上にありかつ同じ平行線の間にある平行四辺形は互いに等しい。

$AB\varGamma\varDelta$, $EZH\varTheta$ を等しい底辺 $B\varGamma$, ZH の上にありかつ同じ平行線 $A\varTheta$, BH の間にある平行四辺形とせよ。平行四辺形 $AB\varGamma\varDelta$ は $EZH\varTheta$ に等しいと主張する。

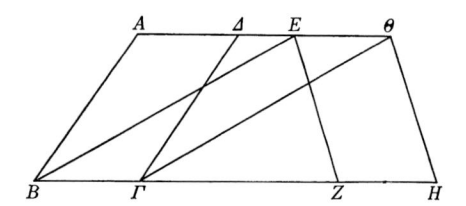

BE, $\varGamma\varTheta$ が結ばれたとせよ。そうすれば $B\varGamma$ は ZH に等しく，また ZH は $E\varTheta$ に等しいから，$B\varGamma$ も $E\varTheta$ に等しい。しかも平行である。そして EB, $\varTheta\varGamma$ がそれらを結んでいる。ところが等しくかつ平行な線分を同じ側で結ぶ2線分は等しくかつ平行である。それゆえ $EB\varGamma\varTheta$ は平行四辺形である。そして $AB\varGamma\varDelta$ に等しい。なぜならそれと同じ底辺 $B\varGamma$ をもち，それと同じ平行線 $B\varGamma$, $A\varTheta$ の間にあるから。同じ理由で $EZH\varTheta$ も同じ $EB\varGamma\varTheta$ に等しい。したがって平行四辺形 $AB\varGamma\varDelta$ も $EZH\varTheta$ に等しい。

よって等しい底辺の上にありかつ同じ平行線の間にある平行四辺形は互いに等しい。これが証明すべきことであった。

❧ 37 ❧

同じ底辺の上にありかつ同じ平行線の間にある三角形は互いに等しい。

$AB\varGamma$, $\varDelta B\varGamma$ を同じ底辺 $B\varGamma$ の上にありかつ同じ平行線 $A\varDelta$, $B\varGamma$ の間にある三角形とせよ。三角形 $AB\varGamma$ は三角形 $\varDelta B\varGamma$ に等しいと主張する。

$A\varDelta$ が両方向に E, Z まで延長され，B を通り $\varGamma A$ に平行に BE がひかれ，$\varGamma$ を通り $B\varDelta$ に平行に $\varGamma Z$ がひかれたとせよ。そうすれば $EB\varGamma A$, $\varDelta B\varGamma Z$ の双方は平行四辺形であ

る。しかも等しい。なぜなら同じ底辺 $B\Gamma$ の上にありかつ同じ平行線 $B\Gamma$, EZ の間にあるから。そして三角形 $AB\Gamma$ は平行四辺形 $EB\Gamma A$ の半分である。なぜなら対角線 AB がそれ

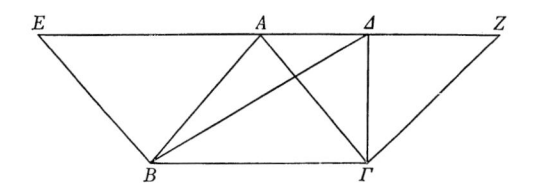

を 2 等分するから。また三角形 $\Delta B\Gamma$ は平行四辺形 $\Delta B\Gamma Z$ の半分である。なぜなら対角線 $\Delta \Gamma$ がそれを 2 等分するから。ゆえに三角形 $AB\Gamma$ は三角形 $\Delta B\Gamma$ に等しい。

よって同じ底辺の上にありかつ同じ平行線の間にある三角形は互いに等しい。これが証明すべきことであった。

∽ 38 ∾

等しい底辺の上にありかつ同じ平行線の間にある三角形は互いに等しい。

$AB\Gamma$, ΔEZ を等しい底辺 $B\Gamma$, EZ の上にありかつ同じ平行線 BZ, $A\Delta$ の間にある三角形とせよ。三角形 $AB\Gamma$ は三角形 ΔEZ に等しいと主張する。

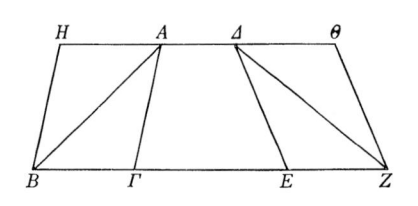

$A\Delta$ が両方向に H, Θ まで延長され, B を通り ΓA に平行に BH がひかれ, Z を通り ΔE に平行に $Z\Theta$ がひかれたとせよ。そうすれば $HB\Gamma A$, $\Delta EZ\Theta$ の双方は平行四辺形である。そして $HB\Gamma A$ は $\Delta EZ\Theta$ に等しい。なぜなら等しい底辺 $B\Gamma$, EZ の上にありかつ同じ平行線 BZ, $H\Theta$ の間にあるから。そして三角形 $AB\Gamma$ は平行四辺形 $HB\Gamma A$ の半分である。なぜなら対角線 AB がそれを 2 等分するから。また三角形 $ZE\Delta$ は平行四辺形 $\Delta EZ\Theta$ の半分である。なぜなら対角線 ΔZ がそれを 2 等分するから。ゆえに三角形 $AB\Gamma$ は三角形 ΔEZ に等しい。

よって等しい底辺の上にありかつ同じ平行線の間にある三角形は互いに等しい。これが証明すべきことであった。

39

同じ底辺の上にありかつ同じ側にある等しい三角形は同じ平行線の間にある。

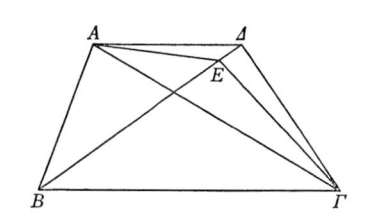

$AB\Gamma$, $\Delta B\Gamma$ を同じ底辺 $B\Gamma$ の上にありかつ同じ側にある等しい三角形とせよ。それらは同じ平行線の間にあると主張する。

$A\Delta$ が結ばれたとせよ。$A\Delta$ が $B\Gamma$ に平行であると主張する。

もし平行でなければ，点 A を通り線分 $B\Gamma$ に平行に AE がひかれ，$E\Gamma$ が結ばれたとせよ。そうすれば三角形 $AB\Gamma$ は三角形 $EB\Gamma$ に等しい。なぜなら同じ底辺 $B\Gamma$ の上にありかつ同じ平行線の間にあるから。ところが $AB\Gamma$ は $\Delta B\Gamma$ に等しい。ゆえに $\Delta B\Gamma$ も $EB\Gamma$ に等しい，すなわち大きいものが小さいものに等しい。これは不可能である。それゆえ AE は $B\Gamma$ に平行でない。同様にして $A\Delta$ 以外の他のいかなる線分もそうでないことを証明しうる。したがって $A\Delta$ は $B\Gamma$ に平行である。

よって同じ底辺の上にありかつ同じ側にある等しい三角形は同じ平行線の間にある。これが証明すべきことであった。

40

等しい底辺の上にありかつ同じ側にある等しい三角形は同じ平行線の間にある。

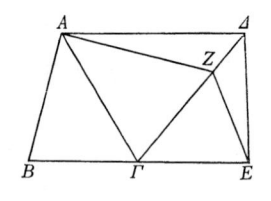

$AB\Gamma$, $\Gamma\Delta E$ を等しい底辺 $B\Gamma$, ΓE の上にありかつ同じ側にある等しい三角形とせよ。それらは同じ平行線の間にあると主張する。

$A\Delta$ が結ばれたとせよ。$A\Delta$ は BE に平行であると主張する。

もし平行でないならば，A を通り BE に平行に AZ がひかれ，ZE が結ばれたとせよ。そうすれば三角形 $AB\Gamma$ は三角形 $Z\Gamma E$ に等しい。なぜなら等しい底辺 $B\Gamma$, ΓE の上にありかつ同じ平行線 BE, AZ の間にあるから。ところが三角形 $AB\Gamma$ は $\Delta\Gamma E$ に等しい。ゆえに $\Delta\Gamma E$ は三角形 $Z\Gamma E$ に等しい，すなわち大きいものが小さいものに等しい。これは不可能である。それゆえ AZ は BE に平行でない。同様にして $A\Delta$ 以外の他のいかなる線分も

そうでないことを証明しうる。したがって $A\varDelta$ は BE に平行である。

よって等しい底辺の上にありかつ同じ側にある等しい三角形は同じ平行線の間にある。これが証明すべきことであった。

≈ 41 ≈

もし平行四辺形が三角形と同じ底辺をもちかつ同じ平行線の間にあれば，平行四辺形は三角形の 2 倍である。

平行四辺形 $AB\varGamma\varDelta$ が三角形 $EB\varGamma$ と同じ底辺 $B\varGamma$ をもちかつ同じ平行線 $B\varGamma$, AE の間にあるとせよ。平行四辺形 $AB\varGamma\varDelta$ は三角形 $EB\varGamma$ の 2 倍であると主張する。

$A\varGamma$ が結ばれたとせよ。そうすれば三角形 $AB\varGamma$ は三角形 $EB\varGamma$ に等しい。なぜならそれと同じ底辺 $B\varGamma$ の上にありかつ同じ平行線 $B\varGamma$, AE の間にあるから。ところが平行四辺形 $AB\varGamma\varDelta$ は三角形 $AB\varGamma$ の 2 倍である。なぜなら対角線 $A\varGamma$ がそれを 2 等分するから。それゆえ平行四辺形 $AB\varGamma\varDelta$ はまた三角形 $EB\varGamma$ の 2 倍でもある。

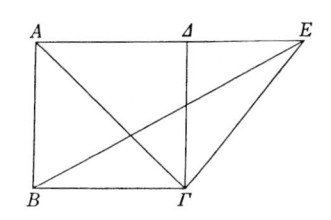

よってもし平行四辺形が三角形と同じ底辺をもちかつ同じ平行線の間にあれば，平行四辺形は三角形の 2 倍である。これが証明すべきことであった。

≈ 42 ≈

与えられた直線角の中に与えられた三角形に等しい平行四辺形をつくること。

与えられた三角形を $AB\varGamma$, 与えられた直線角を $\varDelta$ とせよ。このとき直線角 $\varDelta$ のなかに三角形 $AB\varGamma$ に等しい平行四辺形をつくらねばならぬ。

$B\varGamma$ が E において 2 等分され，AE が結ばれ，線分 $E\varGamma$ 上にその上の点 E において角 $\varDelta$ に等しい角 $\varGamma EZ$ がつくられ，A を通り $E\varGamma$ に平行に AH がひかれ，$\varGamma$ を通り EZ に平行に $\varGamma H$ がひかれたとせよ。そうすれば $ZE\varGamma H$ は平行四辺形である。そして BE は $E\varGamma$ に等しいから，三角形 ABE も三角形 $AE\varGamma$ に等しい。なぜなら等しい底辺 BE, $E\varGamma$ の上にありかつ同じ平行線 $B\varGamma$, AH の間にあるから。それゆえ三角形 $AB\varGamma$ は三角形 $AE\varGamma$ の

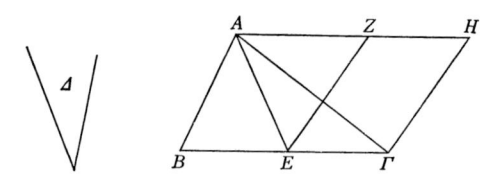

2倍である。ところが平行四辺形 $ZE\Gamma H$ も三角形 $AE\Gamma$ の2倍である。なぜならそれと同じ底辺をもちかつそれと同じ平行線の間にあるから。ゆえに平行四辺形 $ZE\Gamma H$ は三角形 $AB\Gamma$ に等しい。そして与えられた角 $\varDelta$ に等しい角 ΓEZ をもつ。

よって $\varDelta$ に等しい角 ΓEZ のなかに与えられた三角形 $AB\Gamma$ に等しい平行四辺形 $ZE\Gamma H$ がつくられた。これが作図すべきものであった。

～ 43 ～

すべての平行四辺形において対角線をはさむ二つの平行四辺形の補形は互いに等しい。

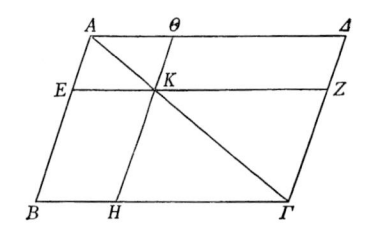

$AB\Gamma\varDelta$ を平行四辺形, $A\Gamma$ をその対角線とし, $E\Theta$, ZH を $A\Gamma$ をはさむ平行四辺形, BK, $K\varDelta$ をいわゆる補形とせよ。補形 BK は補形 $K\varDelta$ に等しいと主張する。

$AB\Gamma\varDelta$ は平行四辺形であり, $A\Gamma$ はその対角線であるから, 三角形 $AB\Gamma$ は三角形 $A\Gamma\varDelta$ に等しい。また $E\Theta$ は平行四辺形であり, AK はその対角線であるから, 三角形 AEK は三角形 $A\Theta K$ に等しい。同じ理由で三角形 $KZ\Gamma$ も $KH\Gamma$ に等しい。そこで三角形 AEK は三角形 $A\Theta K$ に, $KZ\Gamma$ は $KH\Gamma$ に等しいから, 三角形 AEK と $KH\Gamma$ の和は三角形 $A\Theta K$ と $KZ\Gamma$ の和に等しい。しかも三角形 $AB\Gamma$ 全体は三角形 $A\varDelta\Gamma$ 全体に等しい。それゆえ残りの補形 BK は残りの補形 $K\varDelta$ に等しい。

よってすべての平行四辺形において対角線をはさむ二つの平行四辺形の補形は互いに等しい。これが証明すべきことであった。

❦ 44 ❧

与えられた線分上に 与えられた 三角形に等しい 平行四辺形を 与えられた直線角に等しい角のなかにつくること。

与えられた線分を AB, 与えられた三角形を $\varGamma$, 与えられた直線角を $\varDelta$ とせよ。このとき与えられた 線分 AB 上に与えられた三角形 $\varGamma$ に等しい平行四辺形を角 $\varDelta$ に等しい角のなかにつくらねばならぬ。

角 $\varDelta$ に等しい角 EBH のなかに三角形 $\varGamma$ に等しい平行四辺形 $BEZH$ がつくられたとせよ。BE が AB と一直線をなすようにおかれ, ZH が $\varTheta$ まで延長され, A を通り BH, EZ のどちらかに平行に $A\varTheta$ がひかれ, $\varTheta B$ が結ばれたとせよ。そうすれば線分 $\varTheta Z$ が平行線 $A\varTheta$, EZ に交わるから, 角 $A\varTheta Z$, $\varTheta ZE$ の和は2直角に等しい。それゆえ角 $B\varTheta H$, HZE の和は2直角より小さい。そしてその和が2直角より小さい2角から 限りなく延長された2直線は交わる。ゆえに $\varTheta B$, ZE は延長されるとき, 交わるであろう。これらが延長され K において交わるとし, 点 K を通り EA, $Z\varTheta$ のどちらかに平行に $K\varLambda$ がひかれ, $\varTheta A$, HB が点 $\varLambda$, M まで延長されたとせよ。そうすれば $\varTheta\varLambda KZ$ は平行四辺形, $\varTheta K$ はその対角線であり, AH, ME は $\varTheta K$ をはさむ平行四辺形, $\varLambda B$, BZ はいわゆる補形である。それゆえ $\varLambda B$ は BZ に等しい。ところが BZ は三角形 $\varGamma$ に等しい。ゆえに $\varLambda B$ も $\varGamma$ に等しい。そして角 HBE は角 ABM に等しく, また角 HBE は $\varDelta$ に等しいから, 角 ABM も角 $\varDelta$ に等しい。

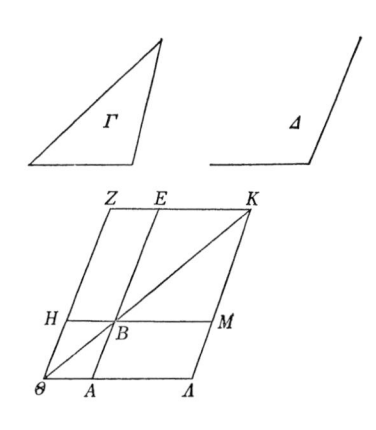

よって与えられた線分 AB 上に与えられた 三角形 $\varGamma$ に等しい 平行四辺形 $\varLambda B$ が $\varDelta$ に等しい角 ABM のなかにつくられた。これが作図すべきものであった。

❦ 45 ❧

与えられた直線角のなかに与えられた直線図形に等しい平行四辺形をつくること。

与えられた直線図形を $AB\varGamma\varDelta$, 与えられた直線角を E とせよ。このとき与えられた

角 E のなかに直線図形 $AB\varGamma\varDelta$ に等しい平行四辺形をつくらねばならぬ。

$\varDelta B$ が結ばれ，三角形 $AB\varDelta$ に等しい平行四辺形 $Z\varTheta$ が E に等しい角 $\varTheta KZ$ のなかにつくられたとせよ。そして線分 $H\varTheta$ 上に三角形 $\varDelta B\varGamma$ に等しい平行四辺形 HM が，E に等しい角 $H\varTheta M$ のなかにつくられたとせよ。そうすれば角 E は角 $\varTheta KZ$, $H\varTheta M$ の双方に等しいから，角 $\varTheta KZ$ も $H\varTheta M$ に等しい。$K\varTheta H$ が双方に加えられたとせよ。そうすれば角 $ZK\varTheta$, $K\varTheta H$ の和は角 $K\varTheta H$, $H\varTheta M$ の和に等しい。ところが角 $ZK\varTheta$, $K\varTheta H$ の和は2直角に等しい。ゆえに $K\varTheta H$, $H\varTheta M$ の和も2直角に等しい。かくて任意の線分 $H\varTheta$ に対しその上の点 $\varTheta$ において同じ側にない2線分 $K\varTheta$, $\varTheta M$ が接角の和を2直角に等しくする。ゆえに $K\varTheta$ は $\varTheta M$ と一直線をなす。そして線分 $\varTheta H$ が平行線 KM, ZH に交わるから，錯角 $M\varTheta H$, $\varTheta HZ$ は互いに等しい。双方に角 $\varTheta H\varLambda$ が加えられたとせよ。そうすれば角 $M\varTheta H$, $\varTheta H\varLambda$ の和は角 $\varTheta HZ$, $\varTheta H\varLambda$ の和に等しい。ところが角 $M\varTheta H$, $\varTheta H\varLambda$ の和は2直角に等しい。ゆえに $\varTheta HZ$, $\varTheta H\varLambda$ の和も2直角に等しい。したがって ZH は $H\varLambda$ と一直線をなす。そして ZK は $\varTheta H$ に等しくかつ平行であり，他方 $\varTheta H$ も $M\varLambda$ に等しくかつ平行であるから，KZ も $M\varLambda$ に等しくかつ平行である。そして線分 KM, $Z\varLambda$ がそれらを結ぶ。それゆえ KM, $Z\varLambda$ もまた等しくかつ平行である。ゆえに $KZ\varLambda M$ は平行四辺形である。そして三角形 $AB\varDelta$ は平行四辺形 $Z\varTheta$ に，$\varDelta B\varGamma$ は HM に等しいから，直線図形 $AB\varGamma\varDelta$ 全体は平行四辺形 $KZ\varLambda M$ 全体に等しい。

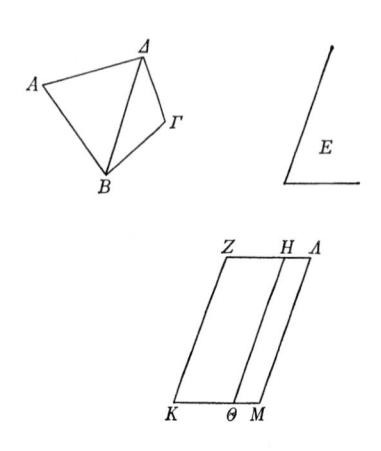

よって与えられた直線図形 $AB\varGamma\varDelta$ に等しい平行四辺形 $KZ\varLambda M$ が与えられた角 E に等しい角 ZKM のなかにつくられた。これが作図すべきものであった。

〜 46 〜

与えられた線分上に正方形を描くこと。

　　　　与えられた線分を AB とせよ。このとき線分 AB 上に正方形を描かねばならぬ。
線分 AB にその上の点 A から直角に $A\varGamma$ がひかれ，$A\varDelta$ を AB に等しくせよ。そして点 $\varDelta$ を通り AB に平行に $\varDelta E$ がひかれ，点 B を通り $A\varDelta$ に平行に BE がひかれたとせ

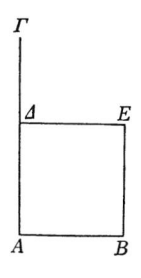

よ。そうすれば $A\varDelta EB$ は平行四辺形である。ゆえに AB は $\varDelta E$ に，$A\varDelta$ は BE に等しい。ところが AB は $A\varDelta$ に等しい。したがって4辺 BA, $A\varDelta$, $\varDelta E$, EB は互いに等しい。ゆえに平行四辺形 $A\varDelta EB$ は等辺である。ついで方形でもあると主張する。線分 $A\varDelta$ が平行線 AB, $\varDelta E$ に交わったから，角 $BA\varDelta$, $A\varDelta E$ の和は2直角に等しい。そして角 $BA\varDelta$ は直角である。それゆえ角 $A\varDelta E$ も直角である。ところが平行四辺形において対辺および対角は互いに等しい。ゆえに対角 ABE, $BE\varDelta$ の双方は直角である。したがって $A\varDelta EB$ は方形である。そして等辺であることも先に証明された。

よってそれは正方形である。そして線分 AB 上に描かれている。これが作図すべきものであった。

∽ 47 ∾

直角三角形において直角の対辺の上の正方形は直角をはさむ2辺の上の正方形の和に等しい。

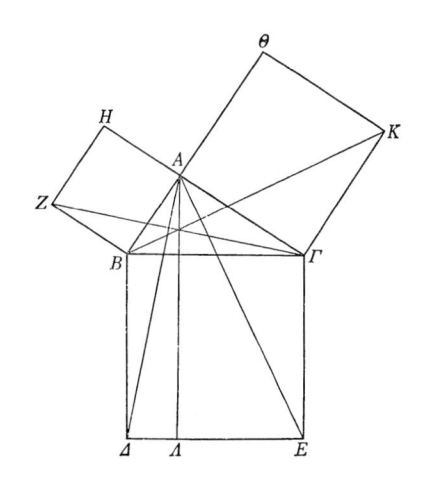

$AB\varGamma$ を角 $BA\varGamma$ を直角とする直角三角形とせよ。$B\varGamma$ 上の正方形は BA, $A\varGamma$ 上の正方形の和に等しいと主張する。

$B\varGamma$ 上に正方形 $B\varDelta E\varGamma$ が，BA, $A\varGamma$ 上に正方形 HB, $\varTheta\varGamma$ が描かれ，A を通り $B\varDelta$, $\varGamma E$ のどちらかに平行に $A\varLambda$ がひかれたとせよ。そして $A\varDelta$, $Z\varGamma$ が結ばれたとせよ。そうすれば角 $BA\varGamma$, BAH の双方は直角であるから，任意の線分 BA に対してその上の点 A において同じ側にない2線分 $A\varGamma$, AH が接角を2直角に等しくする。それゆえ $\varGamma A$ は AH と一直線をなす。同じ理由で BA も $A\varTheta$ と一直線をなす。そして角 $\varDelta B\varGamma$ は角 ZBA に，共に直角であるがゆえに等しいから，双方に角 $AB\varGamma$ が加えられたとせよ。そうすれば角 $\varDelta BA$ 全体は角 $ZB\varGamma$ 全体に等しい。そして $\varDelta B$ は $B\varGamma$ に等しく，ZB は BA に等しいから，2辺 $\varDelta B$, BA は2辺 ZB, $B\varGamma$ にそれぞれ等しい。そして角 $\varDelta BA$ は角 $ZB\varGamma$ に等しい。し

たがって底辺 $A\varDelta$ は底辺 $Z\varGamma$ に等しく，三角形 $AB\varDelta$ は三角形 $ZB\varGamma$ に等しい。そして平行四辺形 $B\varLambda$ は三角形 $AB\varDelta$ の2倍である。なぜならそれらは同じ底辺 $B\varDelta$ をもちかつ同じ平行線 $B\varDelta$, $\varLambda A$ の間にあるから。そして正方形 HB は三角形 $ZB\varGamma$ の2倍である。なぜならこれらもまた同じ底辺 ZB をもちかつ同じ平行線 ZB, $H\varGamma$ の間にあるから。それゆえ平行四辺形 $B\varLambda$ は正方形 HB に等しい。同様にして AE, BK が結ばれれば，平行四辺形 $\varGamma\varLambda$ が正方形 $\varTheta\varGamma$ に等しいことも証明されうる。ゆえに正方形 $B\varDelta E\varGamma$ 全体は二つの正方形 HB, $\varTheta\varGamma$ の和に等しい。そして正方形 $B\varDelta E\varGamma$ は $B\varGamma$ 上に描かれ，HB, $\varTheta\varGamma$ は $B\varLambda$, $\varLambda\varGamma$ 上に描かれている。したがって辺 $B\varGamma$ 上の正方形は辺 $B\varLambda$, $\varLambda\varGamma$ 上の正方形の和に等しい。

よって直角三角形において直角の対辺の上の正方形は直角をはさむ2辺の上の正方形の和に等しい。これが証明すべきことであった。

～ 48 ～

もし三角形において1辺の上の正方形が三角形の残りの2辺の上の正方形の和に等しければ，三角形の残りの2辺によってはさまれる角は直角である。

三角形 $AB\varGamma$ において1辺 $B\varGamma$ 上の正方形が辺 BA, $A\varGamma$ 上の正方形の和に等しいとせよ。角 $BA\varGamma$ は直角であると主張する。

点 A から線分 $A\varGamma$ に直角に $A\varDelta$ がひかれ，$A\varDelta$ が BA に等しくされ，$\varDelta\varGamma$ が結ばれたとせよ。$\varDelta A$ は AB に等しいから，$\varDelta A$ 上の正方形も AB 上の正方形に等しい。双方に $A\varGamma$ 上の正方形が加えられたとせよ。そうすれば $\varDelta A$, $A\varGamma$ 上の正方形の和は BA, $A\varGamma$ 上の正方形の和に等しい。ところが角 $\varDelta A\varGamma$ は直角であるから，$\varDelta\varGamma$ 上の正方形は $\varDelta A$, $A\varGamma$ 上の正方形の和に等しい。そして仮定により $B\varGamma$ 上の正方形は BA, $A\varGamma$ 上の正方形の和に等しい。ゆえに $\varDelta\varGamma$ 上の正方形は $B\varGamma$ 上の正方形に等しい。したがって辺 $\varDelta\varGamma$ も $B\varGamma$ に等しい。そして $\varDelta A$ は AB に等しく，$A\varGamma$ は共通であるから，2辺 $\varDelta A$, $A\varGamma$ は2辺 BA, $A\varGamma$ に等しい。そして底辺 $\varDelta\varGamma$ は底辺 $B\varGamma$ に等しい。それゆえ角 $\varDelta A\varGamma$ は角 $BA\varGamma$ に等しい。ところが角 $\varDelta A\varGamma$ は直角である。ゆえに角 $BA\varGamma$ も直角である。

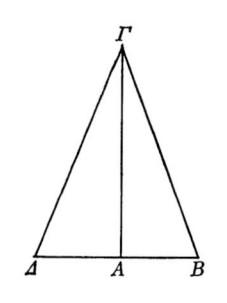

よってもし三角形において1辺の上の正方形が三角形の残りの2辺の上の正方形に等しければ，三角形の残りの2辺によってはさまれる角は直角である。これが証明すべきことであった。

第 2 巻

定　義

1. いかなる直角平行四辺形(矩形)も直角をはさむ2線分によってかこまれるといわれる。
2. いかなる平行四辺形においてもその対角線をはさむ平行四辺形のどれか一つは二つの補形と合わせてグノーモーンとよばれるとせよ。

1

もし2線分があり，その一方が任意個の部分に分けられるならば，2線分にかこまれた矩形は，分けられていない線分と分けられた部分のおのおのとにかこまれた矩形の和に等しい。

$A, B\Gamma$ を2線分とし，$B\Gamma$ が点 Δ, E において任意に分けられたとせよ。$A, B\Gamma$ にかこまれた矩形は $A, B\Delta$ にかこまれた矩形と矩形 $A, \Delta E$ および矩形 $A, E\Gamma$ との和に等しいと主張する。

B から $B\Gamma$ に直角に BZ がひかれ，BH が A に等しくされ，H を通り $B\Gamma$ に平行に $H\Theta$ がひかれ，Δ, E, Γ を通り BH に平行に $\Delta K, E\Lambda, \Gamma\Theta$ がひかれたとせよ。

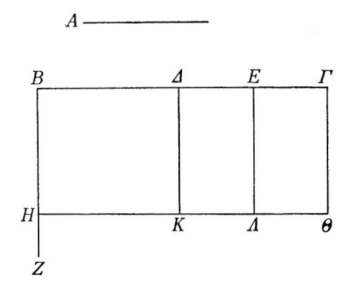

そうすれば $B\Theta$ は $BK, \Delta\Lambda, E\Theta$ の和に等しい。そして $B\Theta$ は矩形 $A, B\Gamma$ である。なぜなら $HB, B\Gamma$ にかこまれ，BH は A に等しいから。また BK は矩形 $A, B\Delta$ である。なぜなら $HB, B\Delta$ にかこまれ，BH は A に等しいから。そして $\Delta\Lambda$ は矩形 $A, \Delta E$ である。なぜなら ΔK, すなわち BH は A に等しいから。同様にしてまた $E\Theta$ は矩形 $A, E\Gamma$ である。それゆえ矩形 $A, B\Gamma$ は矩形 $A, B\Delta$, 矩形 $A, \Delta E$, 矩形 $A, E\Gamma$ の和に等しい。

よってもし2線分があり，その一方が任意個の部分に分けられるならば，2線分にかこまれた矩形は分けられていない線分と分けられた部分のおのおのとにかこまれた矩形の和に等し

い。これが証明すべきことであった*)。

〜 2 〜

もし線分が任意に2分されるならば，全体と分けられた部分のおのおのとにかこまれた矩形の和は全体の上の正方形に等しい。

線分 AB が点 Γ において任意に分けられたとせよ。$AB, B\Gamma$ にかこまれた矩形と $BA, A\Gamma$ にかこまれた矩形との和は AB 上の正方形に等しいと主張する。

AB 上に正方形 $A\Delta EB$ が描かれ，Γ を通り $A\Delta, BE$ のどちらかに平行に ΓZ がひかれたとせよ。

そうすれば AE は $AZ, \Gamma E$ の和に等しい。そして AE は AB 上の正方形であり，AZ は $BA, A\Gamma$ にかこまれた矩形である，なぜなら AZ は $\Delta A, A\Gamma$ にかこまれ，$A\Delta$ は AB に等しいから。また ΓE は矩形 $AB, B\Gamma$ である，なぜなら BE は AB に等しいから。それゆえ矩形 $BA, A\Gamma$ と矩形 $AB, B\Gamma$ の和は AB 上の正方形に等しい。

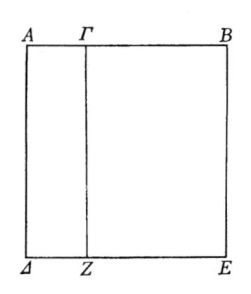

よってもし線分が任意に2分されるならば，全体と分けられた部分のおのおのとにかこまれた矩形の和は全体の上の正方形に等しい。これが証明すべきことであった**)。

〜 3 〜

もし線分が任意に2分されるならば，全体と一つの部分とにかこまれた矩形は二つの部分にかこまれた矩形と先にいわれた部分の上の正方形との和に等しい。

線分 AB が Γ において任意に分けられたとせよ。$AB, B\Gamma$ にかこまれた矩形は

---

*) 『原論』第2巻全体の内容は，前世紀の数学史では，ギリシャの数論の幾何学表現とみなされていたが，現在の知見では，バビロニヤの代数学に由来するものと解せられるようになってきた。このことについては，解説においてやや詳しく述べるが，ここでは，個々の命題の代数的内容に着目することにする。命題1については，$a, b, c, d \cdots\cdots$ を線分とするとき，
$$a(b+c+d) = ab+ac+ad$$
と書き表わすことができる。

**) すなわち，$b+c=a$ ならば，$ab+ac=a^2$.

$A\Gamma$, ΓB にかこまれた矩形と $B\Gamma$ 上の正方形との和に等しいと主張する。

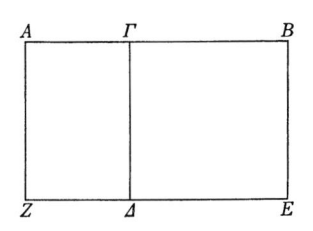

ΓB 上に正方形 $\Gamma\varDelta EB$ が描かれ, $E\varDelta$ が Z まで延長され, A を通り $\Gamma\varDelta$, BE のどちらかに平行に AZ がひかれたとせよ。そうすれば AE は $A\varDelta$, ΓE の和に等しい。そして AE は AB, $B\Gamma$ にかこまれた矩形である。なぜならそれは AB, BE にかこまれており, BE は $B\Gamma$ に等しいから。また $A\varDelta$ は矩形 $A\Gamma$, ΓB である。なぜなら $\varDelta\Gamma$ は ΓB に等しいから。そして $\varDelta B$ は ΓB 上の正方形である。それゆえ AB, $B\Gamma$ にかこまれた矩形は $A\Gamma$, ΓB にかこまれた矩形と $B\Gamma$ 上の正方形との和に等しい。

よってもし線分が任意に2分されるならば, 全体と一つの部分とにかこまれた矩形は二つの部分にかこまれた矩形と先にいわれた部分の上の正方形との和に等しい。これが証明すべきことであった[*]。

4

もし線分が任意に2分されるならば, 全体の上の正方形は, 二つの部分の上の正方形と, 二つの部分によってかこまれた矩形の2倍との和に等しい。

線分 AB が Γ において任意に分けられたとせよ。AB 上の正方形は $A\Gamma$, ΓB 上の正方形と $A\Gamma$, ΓB にかこまれた矩形の2倍との和に等しいと主張する。

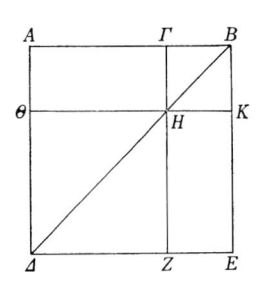

AB 上に正方形 $A\varDelta EB$ が描かれ, $B\varDelta$ が結ばれ, Γ を通り $A\varDelta$, EB のどちらかに平行に ΓZ がひかれ, H を通り AB, $\varDelta E$ のどちらかに平行に ΘK がひかれたとせよ。そうすれば ΓZ は $A\varDelta$ に平行であり, $B\varDelta$ がそれらに交わるから, 外角 ΓHB は内対角 $A\varDelta B$ に等しい。ところが辺 BA が $A\varDelta$ に等しいから, 角 $A\varDelta B$ は角 $AB\varDelta$ に等しい。それゆえ角 ΓHB は角 $HB\Gamma$ にも等しい。ゆえに辺 $B\Gamma$ も辺 ΓH に等しい。ところが ΓB は HK に, ΓH は KB に等しい。したがって HK も KB に等しい。よって ΓHKB は等辺である。ついで矩形でもあると主張する。ΓH は BK に平行であるから, 角

---

[*] すなわち, $(a+b)a = ab + a^2$, 加法の交換法則は暗々裡に認められている.

$KB\varGamma$, $H\varGamma B$ の和は2直角に等しい。また角 $KB\varGamma$ は直角である。それゆえ $B\varGamma H$ も直角である。ゆえに対角 $\varGamma HK$, HKB も直角である。したがって $\varGamma HKB$ は方形である。しかも等辺であることも先に証明された。したがって正方形である。そして $\varGamma B$ の上にある。同じ理由で $\varTheta Z$ も正方形である。そして $\varTheta H$ すなわち $A\varGamma$ の上にある。それゆえ $\varTheta Z$, $K\varGamma$ は $A\varGamma$, $\varGamma B$ 上の正方形である。そして AH は HE に等しく、また $H\varGamma$ が $\varGamma B$ に等しいゆえ、AH は矩形 $A\varGamma$, $\varGamma B$ であるから、HE も矩形 $A\varGamma$, $\varGamma B$ に等しい。それゆえ AH, HE の和は矩形 $A\varGamma$, $\varGamma B$ の2倍に等しい。また $\varTheta Z$, $\varGamma K$ は $A\varGamma$, $\varGamma B$ 上の正方形である。ゆえに $\varTheta Z$, $\varGamma K$, AH, HE の四つの和は $A\varGamma$, $\varGamma B$ 上の正方形と $A\varGamma$, $\varGamma B$ にかこまれた矩形の2倍との和に等しい。ところが $\varTheta Z$, $\varGamma K$, AH, HE の和は $A\varDelta EB$ 全体、すなわち AB 上の正方形である。したがって AB 上の正方形は $A\varGamma$, $\varGamma B$ 上の正方形と $A\varGamma$, $\varGamma B$ にかこまれた矩形の2倍との和に等しい。

よってもし線分が任意に2分されるならば、全体の上の正方形は二つの部分の上の正方形と二つの部分にかこまれた矩形の2倍との和に等しい。これが証明すべきことであった*)。

〜 5 〜

もし線分が相等および不等な部分に分けられるならば、不等部分にかこまれた矩形と二つの区分点の間の線分上の正方形との和はもとの線分の半分の上の正方形に等しい。

任意の線分 AB が $\varGamma$ において等しい部分に、$\varDelta$ において不等な部分に分けられたとせよ。$A\varDelta$, $\varDelta B$ にかこまれた矩形と $\varGamma\varDelta$ 上の正方形との和は $\varGamma B$ 上の正方形に等しいと主張する。

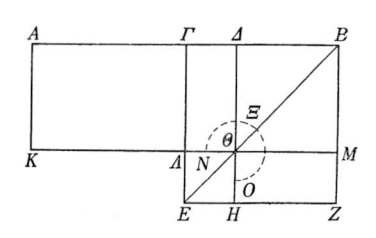

$\varGamma B$ 上に正方形 $\varGamma EZB$ が描かれ、BE が結ばれ、$\varDelta$ を通り $\varGamma E$, BZ のどちらかに平行に $\varDelta H$ がひかれ、また $\varTheta$ を通り AB, EZ のどちらかに平行に KM がひかれ、さらに A を通り $\varGamma\varDelta$, BM のどちらかに平行に AK がひかれたとせよ。そうすれば補形 $\varGamma\varTheta$ は補形 $\varTheta Z$ に等しいから、双方に $\varDelta M$ が加えられたとせよ。そうすれば $\varGamma M$ 全体は $\varDelta Z$ 全体に等しい。ところが $A\varGamma$ は $\varGamma B$ に等しいから、$\varGamma M$ は $A\varDelta$ に等しい。ゆえに $A\varDelta$ も $\varDelta Z$ に等しい。双方に $\varGamma\varTheta$ が加えられたとせよ。そうすれ

---

*) すなわち、$(a+b)^2 = a^2 + b^2 + 2ab$.

ば $A\Theta$ 全体はグノーモーン $N\Xi O$ に等しい。ところが $\Delta\Theta$ は ΔB に等しいから，$A\Theta$ は矩形 $A\Delta, \Delta B$ である。それゆえグノーモーン $N\Xi O$ も矩形 $A\Delta, \Delta B$ に等しい。$\Gamma\Delta$ 上の正方形に等しい ΛH が双方に加えられたとせよ。そうすればグノーモーン $N\Xi O$ と ΛH の和は $A\Delta, \Delta B$ にかこまれた矩形と $\Gamma\Delta$ 上の正方形との和に等しい。ところがグノーモーン $N\Xi O$ と ΛH との和は ΓB 上にある正方形 ΓEZB 全体に等しい。したがって $A\Delta, \Delta B$ にかこまれた矩形と $\Gamma\Delta$ 上の正方形との和は ΓB 上の正方形に等しい。

よってもし線分が相等および不等な部分に分けられるならば，不等な部分にかこまれた矩形と二つの区分点間の線分上の正方形との和はもとの線分の半分の上の正方形に等しい。これが証明すべきことであった[*)]。

6

もし線分が2等分され，任意の線分がそれと一直線をなして加えられるならば，加えられた線分を含んだ全体と加えられた線分とにかこまれた矩形ともとの線分の半分の上の正方形との和は，もとの線分の半分と加えられた線分とを合わせた線分上の正方形に等しい。

線分 AB が点 Γ において2等分され，線分 $B\Delta$ がそれと一直線をなして加えられたとせよ。$A\Delta, \Delta B$ にかこまれた矩形と ΓB 上の正方形との和は $\Gamma\Delta$ 上の正方形に等しいと主張する。

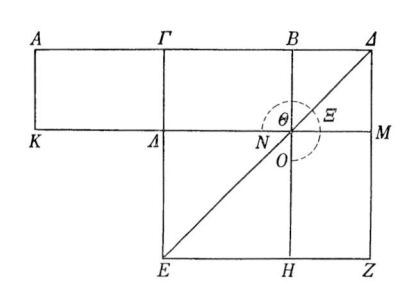

$\Gamma\Delta$ 上に正方形 $\Gamma EZ\Delta$ が描かれ，ΔE が結ばれ，また点 B を通り $E\Gamma, \Delta Z$ のどちらかに平行に BH がひかれ，点 Θ を通り AB, EZ のどちらかに平行に KM がひかれ，さらに A を通り $\Gamma\Delta, \Delta M$ のどちらかに平行に AK がひかれたとせよ。

そうすれば $A\Gamma$ は ΓB に等しいから，$A\Lambda$ も $\Gamma\Theta$ に等しい。ところが $\Gamma\Theta$ は ΘZ に等しい。それゆえ $A\Lambda$ も ΘZ に等しい。双方に ΓM が加えられたとせよ。そうすれば AM

[*)] すなわち，$ab+\left(\dfrac{a+b}{2}-b\right)^2=\left(\dfrac{a+b}{2}\right)^2$

全体はグノーモーン $N\Xi O$ に等しい。ところが $\varDelta M$ は $\varDelta B$ に等しいから，AM は矩形 $A\varDelta$, $\varDelta B$ である。したがってグノーモーン $N\Xi O$ も矩形 $A\varDelta$, $\varDelta B$ に等しい。双方に $B\varGamma$ 上の正方形に等しい $\varLambda H$ が加えられたとせよ。そうすれば $A\varDelta$, $\varDelta B$ にかこまれた矩形と $\varGamma B$ 上の正方形との和はグノーモーン $N\Xi O$ と $\varLambda H$ との和に等しい。ところがグノーモーン $N\Xi O$ と $\varLambda H$ との和は $\varGamma\varDelta$ 上の正方形 $\varGamma EZ\varDelta$ 全体である。ゆえに $A\varDelta$, $\varDelta B$ にかこまれた矩形と $\varGamma B$ 上の正方形との和は $\varGamma\varDelta$ 上の正方形に等しい。

よってもし線分が2等分され，任意の線分がそれと一直線をなして加えられるならば，加えられた線分を含んだ全体と加えられた線分とにかこまれた矩形ともとの線分の半分の上の正方形との和は，もとの線分の半分と加えられた線分とを合わせた線分上の正方形に等しい。これが証明すべきことであった[*]。

✺ 7 ✺

もし線分が任意に2分されるならば，全体の上の正方形と一つの部分の上の正方形との和は全体の線分とこの部分とにかこまれた矩形の2倍と残りの部分の上の正方形との和に等しい。

線分 AB が点 $\varGamma$ において任意に分けられたとせよ。AB, $B\varGamma$ 上の正方形の和は AB, $B\varGamma$ にかこまれた矩形の2倍と $\varGamma A$ 上の正方形との和に等しいと主張する。

AB 上に正方形 $A\varDelta EB$ が描かれたとし，そして作図がなされたとせよ。

そうすれば AH は HE に等しいから，双方に $\varGamma Z$ が加えられたとせよ。そうすれば AZ 全体は $\varGamma E$ 全体に等しい。ゆえに AZ, $\varGamma E$ の和は AZ の2倍である。ところが AZ, $\varGamma E$ の和はグノーモーン $K\varLambda M$ と正方形 $\varGamma Z$ との和である。したがってグノーモーン $K\varLambda M$ と $\varGamma Z$ との和は AZ の2倍である。ところが BZ は $B\varGamma$ に等しいから，矩形 AB, $B\varGamma$ の2倍も AZ の2倍である。それゆえグノーモーン $K\varLambda M$ と正方形 $\varGamma Z$ との和は矩形 AB, $B\varGamma$ の2倍に等しい。双方に $A\varGamma$ 上の正方形である $\varDelta H$ が加えられたとせよ。そうすればグノーモーン $K\varLambda M$ と正

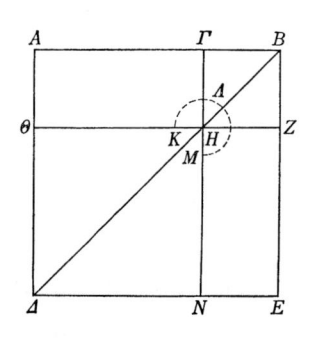

---

[*] すなわち，$(2a+b)b+a^2=(a+b)^2$

方形 BH, $H\varDelta$ との和は AB, $B\varGamma$ にかこまれた矩形の 2 倍と $A\varGamma$ 上の正方形との和に等しい。ところがグノーモーン $K\varLambda M$ と正方形 BH, $H\varDelta$ との和は $A\varDelta EB$ 全体と $\varGamma Z$ との和に等しく，これは AB, $B\varGamma$ 上の正方形の和である。したがって AB, $B\varGamma$ 上の正方形の和は AB, $B\varGamma$ にかこまれた矩形の 2 倍と $A\varGamma$ 上の正方形との和に等しい。

よってもし線分が任意に 2 分されるならば，全体の上の正方形と一つの部分の上の正方形との和は全体の線分とこの部分とにかこまれた矩形の 2 倍と残りの部分の上の正方形との和に等しい[*]。

⋄ 8 ⋄

もし線分が任意に 2 分されるならば，全体と一つの部分とにかこまれた矩形の 4 倍と残りの部分の上の正方形との和は全体の線分と先の部分とを一直線とした線分上の正方形に等しい。

線分 AB が点 $\varGamma$ で任意に分けられたとせよ。AB, $B\varGamma$ にかこまれた矩形の 4 倍と $A\varGamma$ 上の正方形との和は AB, $B\varGamma$ を一直線とした上の正方形に等しいと主張する。

$B\varDelta$ が AB と一直線をなして延長され，$B\varDelta$ が $\varGamma B$ に等しくされ，$A\varDelta$ 上に正方形 $AEZ\varDelta$ が描かれ，そして作図が二重にくりかえされたとせよ。

そうすれば $\varGamma B$ は $B\varDelta$ に等しく，他方 $\varGamma B$ は HK に，$B\varDelta$ は KN に等しいから，HK も KN に等しい。同じ理由で $\varPi P$ も PO に等しい。そして $B\varGamma$ は $B\varDelta$ に，HK は KN に等しいから，$\varGamma K$ も $K\varDelta$ に，HP も PN に等しい。ところが $\varGamma K$ は PN に等しい。なぜなら平行四辺形 $\varGamma O$ の補形であるから。それゆえ $K\varDelta$ も HP に等しい。ゆえに $\varDelta K$, $\varGamma K$, HP, PN の四つは互いに等しい。したがってこの四つの和は $\varGamma K$ の 4 倍である。また $\varGamma B$ は $B\varDelta$ に等しく，他方 $B\varDelta$ は BK すなわち $\varGamma H$ に等しく，$\varGamma B$ は HK すなわち $H\varPi$ に等しいから，$\varGamma H$ も $H\varPi$ に等しい。そして $\varGamma H$ は $H\varPi$ に，$\varPi P$ は PO に等しいから，AH も $M\varPi$ に，$\varPi\varLambda$ も PZ に等しい。ところが $M\varPi$ は $\varPi\varLambda$ に等しい。なぜなら平行四辺形 $M\varLambda$ の補形であるから。それゆえ AH も PZ に等

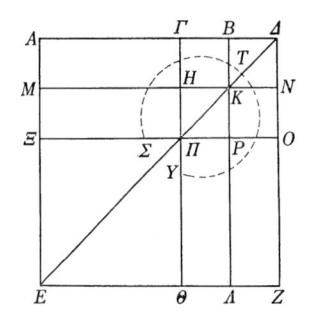

---

[*] すなわち，$(a+b)^2+a^2=2(a+b)a+b^2$.

しい。ゆえに AH, $M\varPi$, $\varPi\varLambda$, PZ の四つは互いに等しい。したがってこの四つの和は AH の4倍である。しかも $\varGamma K$, $K\varDelta$, HP, PN の四つの和が $\varGamma K$ の4倍であることも先に証明された。それゆえグノーモーン $\varSigma TY$ を構成する八つの和は AK の4倍である。そして BK が $B\varDelta$ に等しいため AK は矩形 AB, $B\varDelta$ に等しいから, 矩形 AB, $B\varDelta$ の4倍は AK の4倍である。またグノーモーン $\varSigma TY$ も AK の4倍であることが先に証明された。それゆえ矩形 AB, $B\varDelta$ の4倍はグノーモーン $\varSigma TY$ に等しい。双方に $A\varGamma$ 上の正方形に等しい $\varXi\varTheta$ が加えられたとせよ。そうすれば AB, $B\varDelta$ にかこまれた矩形の4倍と $A\varGamma$ 上の正方形との和はグノーモーン $\varSigma TY$ と $\varXi\varTheta$ との和に等しい。ところがグノーモーン $\varSigma TY$ と $\varXi\varTheta$ との和は $A\varDelta$ 上の正方形 $AEZ\varDelta$ 全体である。したがって矩形 AB, $B\varDelta$ の4倍と $A\varGamma$ 上の正方形との和は $A\varDelta$ 上の正方形に等しい。しかも $B\varDelta$ は $B\varGamma$ に等しい。それゆえ AB, $B\varGamma$ にかこまれた矩形の4倍と $A\varGamma$ 上の正方形との和は $A\varDelta$ 上の正方形, すなわち AB, $B\varGamma$ を一直線とした上の正方形に等しい。

よってもし線分が任意に2分されるならば, 全体と一つの部分とにかこまれた矩形の4倍と残りの部分の上の正方形との和は全体の線分と先の部分とを一直線とした上の正方形に等しい。これが証明すべきことであった*)。

9

もし線分が相等および不等な部分に分けられるならば, 不等な部分の上の正方形の和はもとの線分の半分の上の正方形と二つの区分点の間の線分上の正方形との和の2倍である。

線分 AB が $\varGamma$ において等しい部分に, $\varDelta$ において不等な部分に分けられたとせよ。$A\varDelta$, $\varDelta B$ 上の正方形の和は $A\varGamma$, $\varGamma\varDelta$ 上の正方形の和の2倍であると主張する。

$\varGamma$ から AB に直角に $\varGamma E$ がひかれ, $\varGamma E$ が $A\varGamma$, $\varGamma B$ の双方に等しくされ, EA, EB が結ばれ, $\varDelta$ を通り $E\varGamma$ に平行に $\varDelta Z$ がひかれ, Z を通り AB に平行に ZH がひかれ, AZ が結ばれたとせよ。そうすれば $A\varGamma$ は $\varGamma E$ に等しいから, 角 $EA\varGamma$ は角 $AE\varGamma$

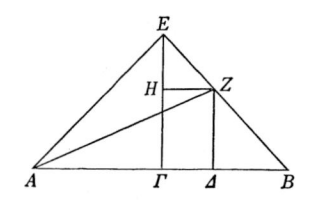

---

*) すなわち, $4(a+b)a+b^2=[(a+b)+a]^2$

に等しい。そして $\varGamma$ における角は直角であるから，残りの角 $EA\varGamma$, $AE\varGamma$ の和は直角である。しかもそれらは等しい。それゆえ角 $\varGamma EA$, $\varGamma AE$ の双方は直角の半分である。同じ理由で角 $\varGamma EB$, $EB\varGamma$ の双方も直角の半分である。ゆえに角 AEB 全体は直角である。そして角 HEZ は直角の半分であり，角 EHZ は内対角 $E\varGamma B$ に等しいため直角であるから，残りの角 EZH は直角の半分である。したがって角 HEZ は EZH に等しい。ゆえに辺 EH も HZ に等しい。また B における角は直角の半分であり，角 $Z\varDelta B$ は内対角 $E\varGamma B$ に等しいため直角であるから，残りの角 $BZ\varDelta$ は直角の半分である。それゆえ B における角は角 $\varDelta ZB$ に等しい。ゆえに辺 $Z\varDelta$ も辺 $\varDelta B$ に等しい。そして $A\varGamma$ は $\varGamma E$ に等しいから，$A\varGamma$ 上の正方形も $\varGamma E$ 上の正方形に等しい。したがって $A\varGamma$, $\varGamma E$ 上の正方形の和は $A\varGamma$ 上の正方形の2倍である。ところが角 $A\varGamma E$ は直角であるから，EA 上の正方形は $A\varGamma$, $\varGamma E$ 上の正方形の和に等しい。それゆえ EA 上の正方形は $A\varGamma$ 上の正方形の2倍である。また EH は HZ に等しいから，EH 上の正方形も HZ 上の正方形に等しい。ゆえに EH, HZ 上の正方形の和は HZ 上の正方形の2倍である。ところが EZ 上の正方形は EH, HZ 上の正方形の和に等しい。したがって EZ 上の正方形は HZ 上の正方形の2倍である。しかも HZ は $\varGamma\varDelta$ に等しい。それゆえ EZ 上の正方形は $\varGamma\varDelta$ 上の正方形の2倍である。ところが EA 上の正方形も $A\varGamma$ 上の正方形の2倍である。ゆえに AE, EZ 上の正方形の和は $A\varGamma$, $\varGamma\varDelta$ 上の正方形の和の2倍である。ところが角 AEZ は直角であるから，AZ 上の正方形は AE, EZ 上の正方形に等しい。したがって AZ 上の正方形は $A\varGamma$, $\varGamma\varDelta$ 上の正方形の和の2倍である。また $\varDelta$ における角は直角であるから，$A\varDelta$, $\varDelta Z$ 上の正方形の和は AZ 上の正方形に等しい。それゆえ $A\varDelta$, $\varDelta Z$ 上の正方形の和は $A\varGamma$, $\varGamma\varDelta$ 上の正方形の和の2倍である。そして $\varDelta Z$ は $\varDelta B$ に等しい。ゆえに $A\varDelta$, $\varDelta B$ 上の正方形の和は $A\varGamma$, $\varGamma\varDelta$ 上の正方形の和の2倍である。

よってもし線分が相等および不等な部分に分けられるならば，不等な部分の上の正方形の和はもとの線分の半分の上の正方形と二つの区分点の間の線分上の正方形との和の2倍である。これが証明すべきことであった[*)]。

～ 10 ～

もし線分が2等分され，任意の線分がそれと一直線をなして加えられるならば，加えられた線分を含んだ全体の上の正方形と加えられた線分上の正方形との和は，も

[*)] すなわち，$a^2+b^2=2\left[\left(\dfrac{a+b}{2}\right)^2+\left(\dfrac{a+b}{2}-b\right)^2\right]$

との線分の半分の上の正方形と，もとの線分の半分と加えられた線分とを一直線とした上の正方形との和の2倍である。

線分 AB が Γ において2等分され，線分 $B\varDelta$ が AB と一直線をなして加えられたとせよ。$A\varDelta$，$\varDelta B$ 上の正方形の和は $A\Gamma$，$\Gamma\varDelta$ 上の正方形の和の2倍であると主張する。

点 Γ から AB に直角に ΓE がひかれ，ΓE が $A\Gamma$，ΓB の双方に等しくされ，EA，EB が結ばれたとせよ。E を通り $A\varDelta$ に平行に EZ がひかれ，$\varDelta$ を通り ΓE に平行に $Z\varDelta$ がひかれたとせよ。そうすれば線分 EZ が平行線 $E\Gamma$，$Z\varDelta$ に交わるから，角 ΓEZ，$EZ\varDelta$ の和は2直角に等しい。それゆえ角 ZEB，$EZ\varDelta$ の和は2直角より小さい。そして2直角より小さい角から延長されるとき2線分は交わる。ゆえに EB，$Z\varDelta$ は B，$\varDelta$ の方向に延長されるとき交わるのであろう。延長され H において交わるとし，AH が結ばれたとせよ。そうすれば $A\Gamma$ は ΓE に等しいから，角 $EA\Gamma$ も角 $AE\Gamma$ に等しい。そして Γ における角は直角である。したがって角 $EA\Gamma$，$AE\Gamma$ の双方は直角の半分である。同じ理由で角 ΓEB，$EB\Gamma$ の双方も直角の半分である。それゆえ角 AEB は直角である。そして角 $EB\Gamma$ は直角の半分であるから，角 $\varDelta BH$ も直角の半分である。ところが角 $B\varDelta H$ も錯角であるため角 $\varDelta\Gamma E$ に等しいから，直角である。ゆえに残りの角 $\varDelta HB$ は直角の半分である。したがって角 $\varDelta HB$ は角 $\varDelta BH$ に等しい。ゆえに辺 $B\varDelta$ も辺 $H\varDelta$ に等しい。また角 EHZ は直角の半分であり，Z における角は対角なる Γ における角に等しいため直角であるから，残りの角 ZEH は直角の半分である。それゆえ角 EHZ は角 ZEH に等しい。ゆえに辺 HZ も辺 EZ に等しい。そして $E\Gamma$ 上の正方形は ΓA 上の正方形に等しいから，$E\Gamma$，ΓA 上の正方形の和は ΓA 上の正方形の2倍である。ところが EA 上の正方形は $E\Gamma$，ΓA 上の正方形の和に等しい。したがって EA 上の正方形は $A\Gamma$ 上の正方形の2倍である。また ZH は EZ に等しいから，ZH 上の正方形も ZE 上の正方形に等しい。それゆえ HZ，ZE 上の正方形の和は EZ 上の正方形の2倍である。ところが EH 上の正方形は HZ，ZE 上の正方形の和に等しい。ゆえに EH 上の正方形は EZ 上の正方形の2倍である。そして EZ は $\Gamma\varDelta$ に等しい。したがって EH 上の正方形は $\Gamma\varDelta$ 上の正方形の2倍である。しかも EA 上の正方形が $A\Gamma$ 上の正方形の2倍であることも先に証明された。それゆえ AE，EH 上の正方形の和は $A\Gamma$，$\Gamma\varDelta$ 上の正方形の和の2倍である。そして AH 上の正方形は AE，EH 上の正方形の和に等しい。ゆ

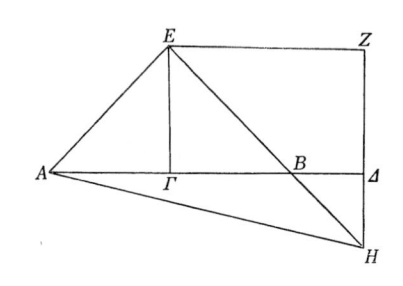

えに AH 上の正方形は $A\varGamma$, $\varGamma\varDelta$ 上の正方形の和の2倍である。ところが $A\varDelta$, $\varDelta H$ 上の正方形の和は AH 上の正方形に等しい。したがって $A\varDelta$, $\varDelta H$ 上の正方形の和は $A\varGamma$, $\varGamma\varDelta$ 上の正方形の和の2倍である。そして $\varDelta H$ は $\varDelta B$ に等しい。ゆえに $A\varDelta$, $\varDelta B$ 上の正方形の和は $A\varGamma$, $\varGamma\varDelta$ 上の正方形の和の2倍である。

よってもし線分が2等分され，任意の線分がそれと一直線をなして加えられるならば，加えられた線分を含んだ全体の上の正方形と加えられた線分上の正方形との和は，もとの線分の半分の上の正方形と，もとの線分の半分と加えられた線分とを一直線とした上の正方形との和の2倍である。これが証明すべきことであった*)。

11

与えられた線分を2分し，全体と一つの部分とにかこまれた矩形を残りの部分の上の正方形に等しくすること。

AB を与えられた線分とせよ。このとき AB を2分し，全体と一つの部分とにかこまれた矩形を残りの部分の上の正方形に等しくしなければならぬ。

AB 上に正方形 $AB\varDelta\varGamma$ が描かれ，$A\varGamma$ が点 E において2等分され，BE が結ばれ，$\varGamma A$ が Z まで延長され，EZ が BE に等しくされ，AZ 上に正方形 $Z\varTheta$ が描かれ，$H\varTheta$ が K まで延長されたとせよ。AB は $\varTheta$ において分けられ，AB, $B\varTheta$ にかこまれた矩形を $A\varTheta$ 上の正方形に等しくすると主張する。

線分 $A\varGamma$ は E で2等分され，ZA がそれに加えられるから，$\varGamma Z$, ZA にかこまれた矩形と AE 上の正方形との和は EZ 上の正方形に等しい。そして EZ は EB に等しい。それゆえ矩形 $\varGamma Z$, ZA と AE 上の正方形との和は EB 上の正方形に等しい。ところが A における角は直角であるから，BA, AE 上の正方形の和は EB 上の正方形に等しい。ゆえに矩形 $\varGamma Z$, ZA と AE 上の正方形との和は BA, AE 上の正方形の和に等しい。双方から AE 上の正方形がひかれたとせよ。そうすれば残りの $\varGamma Z$, ZA にかこまれた矩形は AB 上の正方形に等しい。そして AZ は ZH に等しいから，矩形 $\varGamma Z$, ZA は ZK である。ところが AB 上の正方形は $A\varDelta$ である。それ

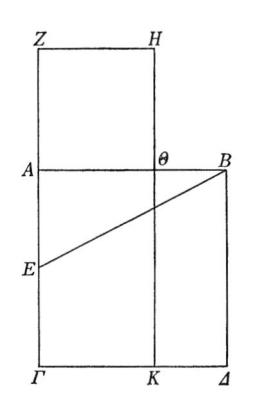

---

*) すなわち，$(2a+b)^2+b^2=2[a^2+(a+b)^2]$

ゆえ ZK は $A\varDelta$ に等しい。双方から AK がひかれたとせよ。そうすれば残りの $Z\varTheta$ は $\varTheta\varDelta$ に等しい。そして AB は $B\varDelta$ に等しいから、$\varTheta\varDelta$ は矩形 $AB, B\varTheta$ である。ところが $Z\varTheta$ は $A\varTheta$ 上の正方形である。したがって $AB, B\varTheta$ にかこまれた矩形は $\varTheta A$ 上の正方形に等しい。

よって与えられた線分 AB は $\varTheta$ において分けられ、$AB, B\varTheta$ にかこまれた矩形を $\varTheta A$ 上の正方形に等しくする。これが作図すべきものであった*)。

～ 12 ～

鈍角三角形において 鈍角の対辺の上の 正方形は 鈍角をはさむ 2 辺の上の 正方形の和より、鈍角をはさむ辺の一つと、この辺へと垂線が下され、この鈍角への 垂線によって外部に切り取られた線分とにかこまれた矩形の 2 倍だけ大きい。

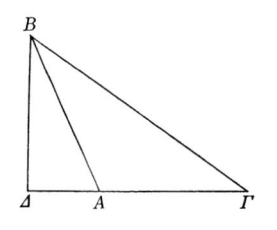

$AB\varGamma$ を鈍角 $BA\varGamma$ をもつ鈍角三角形とし、点 B から $\varGamma A$ に垂線 $B\varDelta$ がひかれたとせよ。$B\varGamma$ 上の正方形は $B\varDelta, A\varGamma$ 上の正方形の和より $\varGamma A, A\varDelta$ にかこまれた矩形の 2 倍だけ大きいと主張する。

線分 $\varGamma\varDelta$ は点 A において任意に分けられたから、$\varDelta\varGamma$ 上の正方形は $\varGamma A, A\varDelta$ 上の正方形と $\varGamma A, A\varDelta$ にかこまれた矩形の 2 倍との和に等しい。双方に $\varDelta B$ 上の正方形が加えられたとせよ。そうすれば $\varGamma\varDelta, \varDelta B$ 上の正方形の和は $\varGamma A, A\varDelta, \varDelta B$ 上の正方形と矩形 $\varGamma A, A\varDelta$ の 2 倍との和に 等しい。ところが $\varDelta$ における角は直角であるから、$\varGamma B$ 上の正方形は $\varGamma\varDelta, \varDelta B$ 上の正方形の和に等しい。そして AB 上の正方形は $A\varDelta, \varDelta B$ 上の正方形の和に等しい。ゆえに $\varGamma B$ 上の正方形は $\varGamma A, AB$ 上の正方形と $\varGamma A, A\varDelta$ によってかこまれた矩形の 2 倍との和に等しい。したがって $\varGamma B$ 上の正方形は $\varGamma A, AB$ 上の正方形の和より $\varGamma A, A\varDelta$ にかこまれた矩形の 2 倍だけ大きい。

よって鈍角三角形において鈍角の対辺の上の正方形は鈍角をはさむ 2 辺の上の正方形の和より、鈍角をはさむ辺の一つと、この辺へと垂線が下され、この鈍角への垂線によって外部に切り取られた線分とにかこまれた矩形の 2 倍だけ大きい。これが証明すべきことであった**)。

---

*) 与えられた線分を a とし、$x^2 = a(a-x)$ を満足する線分 x を求めること. この関係は $x(x+a) = a^2$ と変形できるから、差が a であり、そのつつむ面積が a である二つの線分を求める作図とも解することができる. これはバビロニヤ代数の 2 次方程式に対応する問題にほかならない.

**) すなわち、鈍角三角形の鈍角 α の対辺を a、鈍角をはさむ 2 辺を b, c とするとき、
$$a^2 = b^2 + c^2 + 2b(-c\cos\alpha)$$

~ 13 ~

鋭角三角形において鋭角の対辺の上の正方形は鋭角をはさむ 2 辺の上の正方形の和より，鋭角をはさむ辺の一つと，この辺へと垂線が下され，この鋭角への垂線によって内部に切り取られた線分とにかこまれた矩形の 2 倍だけ小さい。

$AB\Gamma$ を B における鋭角をもつ鋭角三角形とし，点 A から $B\Gamma$ に垂線 $A\varDelta$ がひかれたとせよ。$A\Gamma$ 上の正方形は ΓB, BA 上の正方形の和より ΓB, $B\varDelta$ にかこまれた矩形の 2 倍だけ小さいと主張する。

線分 ΓB は $\varDelta$ において任意に分けられたから，ΓB, $B\varDelta$ 上の正方形の和は ΓB, $B\varDelta$ にかこまれた矩形の 2 倍と $\varDelta \Gamma$ 上の正方形との和に等しい。双方に $\varDelta A$ 上の正方形が加えられたとせよ。そうすれば ΓB, $B\varDelta$, $\varDelta A$ 上の正方形の和は ΓB, $B\varDelta$ にかこまれた矩形の 2 倍と $A\varDelta$, $\varDelta \Gamma$ 上の正方形との和に等しい。ところが $\varDelta$ における角は直角であるから，AB 上の正方形は $B\varDelta$, $\varDelta A$ 上の正方形の和に等しい。そして $A\Gamma$ 上の正方形は $A\varDelta$, $\varDelta \Gamma$ 上の正方形の和に等しい。ゆえに ΓB, BA 上の正方形の和は $A\Gamma$ 上の正方形と方形 ΓB, $B\varDelta$ の 2 倍との和に等しい。したがって $A\Gamma$ 上の正方形のみでは ΓB, BA 上の正方形より ΓB, $B\varDelta$ にかこまれた矩形の 2 倍だけ小さい。

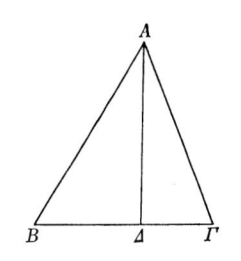

よって鋭角三角形において鋭角の対辺の上の正方形は鋭角をはさむ 2 辺の上の正方形の和より，鋭角をはさむ辺の一つと，この辺へと垂線が下され，この鋭角への垂線によって内部に切り取られた線分とにかこまれた矩形の 2 倍だけ小さい[*]。

~ 14 ~

与えられた直線図形に等しい正方形をつくること。

与えられた直線図形を A とせよ。このとき直線図形 A に等しい正方形をつくらねばならぬ。

---

[*] すなわち，鋭角三角形の鋭角 β の対辺を b, 鋭角をはさむ 2 辺を a, c とするとき，
$$b^2 = a^2 + c^2 - 2a(c\cos\beta)$$

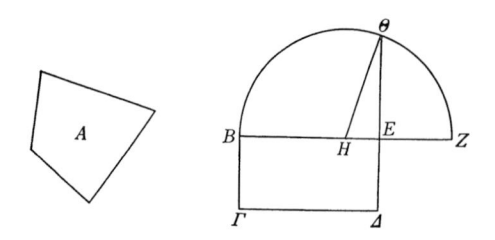

直線図形 A に等しい直角平行四辺形 $B\varDelta$ がつくられたとせよ。そうすればもし BE が $E\varDelta$ に等しければ，命じられたことはなされたことになるであろう。なぜなら正方形 $B\varDelta$ が直線図形 A に等しくつくられたから。もし等しくなければ，BE, $E\varDelta$ の一方が大きい。BE が大きいとし，BE が Z まで延長され，EZ が $E\varDelta$ に等しくされ，BZ が H で 2 等分され，H を中心とし，HB, HZ の一を半径として半円 $B\varTheta Z$ が描かれ，$\varDelta E$ が $\varTheta$ まで延長され，$H\varTheta$ が結ばれたとせよ。

　そうすれば線分 BZ は H において等しい部分に，E において不等な部分に分けられたから，BE, EZ にかこまれた矩形と EH 上の正方形との和は HZ 上の正方形に等しい。そして HZ は $H\varTheta$ に等しい。それゆえ矩形 BE, EZ と HE 上の正方形との和は $H\varTheta$ 上の正方形に等しい。ところが $\varTheta E$, EH 上の正方形の和は $H\varTheta$ 上の正方形に等しい。ゆえに矩形 BE, EZ と HE 上の正方形との和は $\varTheta E$, EH 上の正方形の和に等しい。双方から HE 上の正方形がひかれたとせよ。そうすれば残りの BE, EZ にかこまれた矩形は $E\varTheta$ 上の正方形に等しい。ところが EZ は $E\varDelta$ に等しいから，矩形 BE, EZ は $B\varDelta$ である。それゆえ平行四辺形 $B\varDelta$ は $\varTheta E$ 上の正方形に等しい。そして $B\varDelta$ は直線図形 A に等しい。ゆえに直線図形 A も $E\varTheta$ 上に描かれた正方形に等しい。

　よって与えられた直線図形 A に等しい正方形，すなわち $E\varTheta$ 上に描かれうる正方形がつくられた。これが作図すべきものであった[*)]。

　[*)]　すなわち，$x^2 = a \cdot b$ を満足する線分 x を求めることにほかならない。

第 3 巻

定　　義

1. 等しい2円とはその直径が等しいかまたはその半径が等しいものである．
2. 円と会し延長されて円を切らない直線は円に接するといわれる．
3. 相会し相交わらない円は相接するといわれる．
4. 円において弦は，中心からそれらに下す垂線が等しいとき，中心から等距離にあるといわれる．
5. 大きい垂線が下される弦は大きい距離にあるといわれる．
6. 円の切片とは弦と弧とにかこまれた図形である．
7. 切片の角とは弦と弧とにはさまれた角である．
8. 切片内の角とは切片の弧の上に1点がとられ，それから切片の底辺をなす弦の両端に線分が結ばれるとき，結ばれた2線分にはさまれた角である．
9. この切片内の角をはさむ2線分が弧を切り取るとき，角は弧の上に立つといわれる．
10. 円の扇形とは円の中心において角がつくられるとき，角をはさむ2線分とそれによって切り取られる弧とにかこまれた図形である．
11. 2円の相似な切片とは等しい角を含むか，または切片内の角が互いに等しいものである．

～ 1 ～

与えられた円の中心を見いだすこと．

　　与えられた円を $AB\Gamma$ とせよ．このとき円 $AB\Gamma$ の中心を見いださなければならぬ．
　円を通って任意に線分 AB がひかれ，点 $\varDelta$ において2等分され，$\varDelta$ から AB に直角に $\varDelta\Gamma$ がひかれ，E まで延長され，ΓE が Z において2等分されたとせよ．Z は $AB\Gamma$ の中心であると主張する．
　そうでないとすれば，もし可能ならば H を中心とし，HA, $H\varDelta$, HB が結ばれたとせよ．

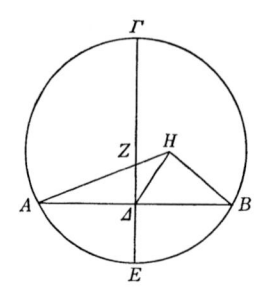

そうすれば $A\varDelta$ は $\varDelta B$ に等しく，$\varDelta H$ は共通であるから，2辺 $A\varDelta$, $\varDelta H$ は 2 辺 $H\varDelta$, $\varDelta B$ にそれぞれ等しい。そして半径であるから，底辺 HA は底辺 HB に等しい。それゆえ角 $A\varDelta H$ は角 $H\varDelta B$ に等しい。ところが直線の上に直線が立てられて接角を互いに等しくするとき，等しい角の双方は直角である。ゆえに角 $H\varDelta B$ は直角である。そして角 $Z\varDelta B$ も直角である。したがって角 $Z\varDelta B$ は角 $H\varDelta B$ に，すなわち大きいものが小さいものに等しい。これは不可能である。したがって H は円 $AB\varGamma$ の中心ではない。同様にして Z 以外の他のいかなる点も中心でないことを証明しうる。

よって点 Z は $AB\varGamma$ の中心である。

系

これから次のことが明らかである，すなわちもし円において直線が直線を直角に 2 等分するならば，円の中心は 2 等分線上にある。これが証明すべきことであった。

～ 2 ～

もし円周上に任意の 2 点がとられるならば，2 点を結ぶ線分は円の内部におちるであろう。

$AB\varGamma$ を円とし，円周上に任意の 2 点 A, B がとられたとせよ。A, B を結ぶ線分は円の内部におちるであろうと主張する。

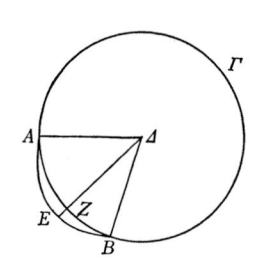

そうでないとすれば，もし可能ならば AEB のように外部におちるとし，円 $AB\varGamma$ の中心がとられ，それを $\varDelta$ とし，$\varDelta A$, $\varDelta B$ が結ばれ，$\varDelta ZE$ がひかれたとせよ。

そうすれば $\varDelta A$ は $\varDelta B$ に等しいから，角 $\varDelta AE$ は角 $\varDelta BE$ に等しい。そして三角形 $\varDelta AE$ の 1 辺 AEB が延長されたから，角 $\varDelta EB$ は角 $\varDelta AE$ より大きい。しかも角 $\varDelta AE$ は角 $\varDelta BE$ に等しい。それゆえ角 $\varDelta EB$ は角 $\varDelta BE$ より大きい。ところが大きい角には大きい辺が対する。ゆえに $\varDelta B$ は $\varDelta E$ より大きい。そして $\varDelta B$ は $\varDelta Z$ に等しい。したがって $\varDelta Z$ は $\varDelta E$ より，すなわち小さいものが大きいものより大きい。これは不可能である。ゆえに AB を結ぶ線分は円の外部におちないであろう。同様にして円周その

ものの上にもおちないことを証明しうる。したがって内部におちるであろう。

よってもし円周上に任意の 2 点がとられるならば，2 点を結ぶ線分は円の内部におちるであろう。

❦ 3 ❧

もし円において中心を通る線分が中心を通らない弦を 2 等分するならば，それをまた直角に切る。そしてもし直角に切るならば，それをまた 2 等分する。

$AB\varGamma$ を円とし，それにおいて中心を通る線分 $\varGamma\varDelta$ が中心を通らない弦 AB を点 Z において 2 等分するとせよ。それをまた直角に切ると主張する。

円 $AB\varGamma$ の中心がとられ，それを E とし，EA, EB が結ばれたとせよ。

そうすれば AZ は ZB に等しく，ZE は共通であるから，2 辺は 2 辺に等しい。そして底辺 EA も底辺 EB に等しい。それゆえ角 AZE は角 BZE に等しい。ところが直線の上に直線が立てられて接角を互いに等しくするとき，等しい角の双方は直角である。ゆえに角 AZE, BZE の双方は直角である。したがって中心を通る $\varGamma\varDelta$ が中心を通らない AB を 2 等分するならば，それをまた直角に切る。

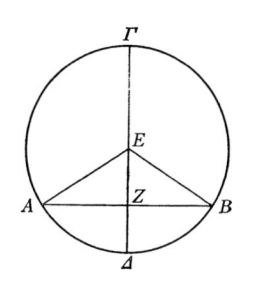

また $\varGamma\varDelta$ が AB を直角に切るとせよ。それをまた 2 等分する，すなわち AZ は ZB に等しいと主張する。

同じ作図がなされて，EA は EB に等しいから，角 EAZ も角 EBZ に等しい。ところが直角 AZE も直角 BZE に等しい。それゆえ EAZ, EZB は 2 角が 2 角に等しく，1 辺が 1 辺に等しい，すなわち等しい角の一つに対する辺 EZ を共有する二つの三角形である。ゆえに残りの辺も残りの辺に等しいであろう。したがって AZ は ZB に等しい。

よってもし円において中心を通る弦が中心を通らない弦を 2 等分するならば，それをまた直角に切る。そしてもし直角に切るならば，それをまた 2 等分する。

❦ 4 ❧

もし円において中心を通らない弦が互いに交わるならば，互いに 2 等分しない。

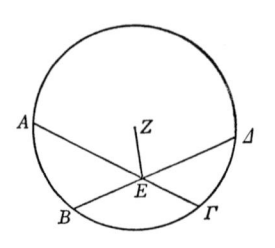

$AB\Gamma\varDelta$ を円とし，それにおいて中心を通らない二つの弦 $A\Gamma$, $B\varDelta$ が E において互いに交わるとせよ。それらは互いに2等分しないと主張する。

もし可能ならば互いに2等分し，AE は $E\Gamma$ に，BE は $E\varDelta$ に等しいとせよ。円 $AB\Gamma\varDelta$ の中心がとられ，それを Z とし，ZE が結ばれたとせよ。

そうすれば中心を通る線分 ZE が中心を通らない弦 $A\Gamma$ を2等分するから，それをまた直角に切る。それゆえ角 ZEA は直角である。また線分 ZE が弦 $B\varDelta$ を2等分するから，それをまた直角に切る。ゆえに角 ZEB は直角である。しかも角 ZEA が直角なることも先に証明された。したがって角 ZEA は角 ZEB に，すなわち小さいものが大きいものに等しい。これは不可能である。ゆえに $A\Gamma$, $B\varDelta$ は互いに2等分しない。

よってもし円において中心を通らない二つの弦が互いに交わるならば，互いに2等分しない。

~ 5 ~

もし二つの円が互いに交わるならば，それらは同じ中心をもたないであろう。

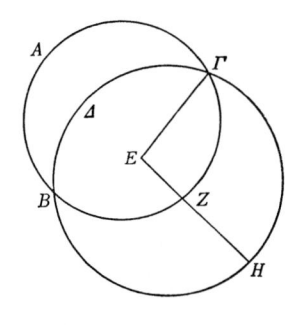

2円 $AB\Gamma$, $\Gamma\varDelta H$ が点 B, Γ において互いに交わるとせよ。それらは同じ中心をもたないであろうと主張する。

もし可能ならば，同じ中心を E とし，$E\Gamma$ が結ばれ，任意に EZH がひかれたとせよ。そうすれば点 E は円 $AB\Gamma$ の中心であるから，$E\Gamma$ は EZ に等しい。また点 E は円 $\Gamma\varDelta H$ の中心でもあるから，$E\Gamma$ は EH に等しい。しかも $E\Gamma$ が EZ に等しいことも先に証明された。それゆえ EZ も EH に，すなわち小さいものが大きいものに等しい。これは不可能である。ゆえに点 E は円 $AB\Gamma$, $\Gamma\varDelta H$ の中心ではない。

よってもし二つの円が互いに交わるならば，それらは同じ中心をもたない。これが証明すべきことであった。

6

もし二つの円が互いに接するならば，それらは同じ中心をもたないであろう．

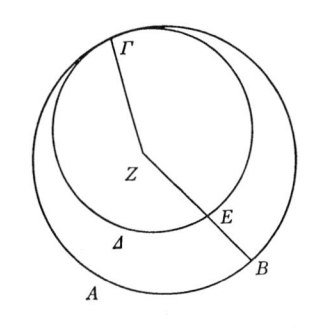

2円 $AB\Gamma$, $\Gamma\varDelta E$ が点 Γ において互いに接するとせよ．それらは同じ中心をもたないであろうと主張する．

もし可能ならば同じ中心を Z とし，$Z\Gamma$ が結ばれ，任意に ZEB がひかれたとせよ．

そうすれば点 Z は円 $AB\Gamma$ の中心であるから，$Z\Gamma$ は ZB に等しい．また点 Z は円 $\Gamma\varDelta E$ の中心でもあるから，$Z\Gamma$ は ZE に等しい．しかも $Z\Gamma$ が ZB に等しいことも先に証明された．それゆえ ZE も ZB に，すなわち小さいものが大きいものに等しい．これは不可能である．ゆえに点 Z は円 $AB\Gamma$, $\Gamma\varDelta E$ の中心ではない．

よってもし二つの円が互いに接するならば，それらは同じ中心をもたないであろう．これが証明すべきことであった．

7

もし円の直径上に円の中心でない1点がとられ，その点から円周に線分がひかれるならば，中心がその上にあるものが最も大きく，この直径の残りが最も小さく，他の線分のうち中心を通る線分に近いものが遠いものよりも常に大きく，そしてその点から円周へただ二つの等しい線分が最も小さい線分の両側にひかれるであろう．

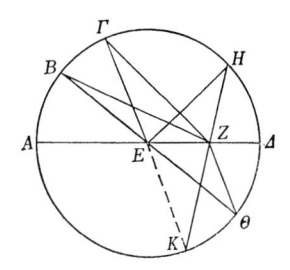

$AB\Gamma\varDelta$ を円，$A\varDelta$ をその直径とし，$A\varDelta$ 上に円の中心でない点 Z がとられ，円の中心を E とし，Z から円 $AB\Gamma\varDelta$ に線分 ZB, $Z\Gamma$, ZH がひかれたとせよ．ZA が最も大きく，$Z\varDelta$ が最も小さく，他の線分のうち ZB は $Z\Gamma$ より，$Z\Gamma$ は ZH より大きいと主張する．

BE, ΓE, HE が結ばれたとせよ．そうすればすべての三角形において2辺の和は残りの1辺より大きいから，

EB, EZ の和は BZ より大きい。しかも AE は BE に等しい。それゆえ AZ は BZ より大きい。また BE は ΓE に等しく，ZE は共通であるから，2辺 BE, EZ は 2 辺 ΓE, EZ に等しい。ところが角 BEZ も角 ΓEZ より大きい。ゆえに底辺 BZ は底辺 ΓZ より大きい。同じ理由で ΓZ も ZH より大きい。

また HZ, ZE の和は EH より大きく，EH は $E\Delta$ に等しいから，HZ, ZE の和は $E\Delta$ より大きい。双方から EZ がひかれたとせよ。そうすれば残りの HZ は残りの $Z\Delta$ より大きい。ゆえに ZA は最も大きく，$Z\Delta$ は最も小さく，ZB は $Z\Gamma$ より，$Z\Gamma$ は ZH より大きい。

また点 Z から円 $AB\Gamma\Delta$ にただ二つの等しい線分が最も小さい線分 $Z\Delta$ の両側にひかれるであろうと主張する。線分 EZ 上にその上の点 E において角 HEZ に等しく角 $ZE\Theta$ がつくられ，$Z\Theta$ が結ばれたとせよ。そうすれば HE は $E\Theta$ に等しく，EZ は共通であるから，2辺 HE, EZ は 2 辺 ΘE, EZ に等しい。そして角 HEZ は角 ΘEZ に等しい。それゆえ底辺 ZH は底辺 $Z\Theta$ に等しい。また点 Z から円周に ZH に等しい他のいかなる線分もひかれないであろうと主張する。もし可能ならば ZK がひかれたとせよ。そうすれば ZK は ZH に等しく，$Z\Theta$ は ZH に等しいから，ZK も $Z\Theta$ に等しい，すなわち中心を通る線分に近いものが遠いものに等しい。これは不可能である。それゆえ点 Z から円周に HZ に等しい他のいかなる線分もひかれないであろう。したがってただ一つである。

よってもし円の直径上に円の中心でない1点がとられ，その点から円周に線分がひかれるならば，中心がその上にあるものが最も大きく，この直径の残りが最も小さく，他の線分のうち中心を通る線分に近いものが遠いものよりも常に大きく，そしてその点から円周にただ二つの等しい線分が最も小さい線分の両側にひかれるであろう。これが証明すべきことであった。

8

もし円の外部に1点がとられ，その点から円周にいくつかの線分がひかれ，そのうち一つは中心を通り他は任意であるとすれば，凹形の弧にひかれた線分のうち中心を通るものは最も大きく，他の線分のうち中心を通るものに近いものは遠いものより常に大きい，他方凸形の弧にひかれた線分のうちその点と直径との間のものが最も小さく，他の線分のうち最も小さいものに近いものは遠いものより常に小さく，そしてその点から円周にただ二つの等しい線分が最も小さい線分の両側にひかれるであろう。

$AB\varGamma$ を円とし，円 $AB\varGamma$ の外部に点 $\varDelta$ がとられ，それから線分 $\varDelta A$, $\varDelta E$, $\varDelta Z$, $\varDelta \varGamma$ がひかれ，$\varDelta A$ は中心を通るとせよ．凹形の弧 $AEZ\varGamma$ にひかれた線分のうち中心を通る $\varDelta A$ が最も大きく，$\varDelta E$ は $\varDelta Z$ より，$\varDelta Z$ は $\varDelta \varGamma$ より大きく，他方凸形の弧 $\varTheta \varLambda K H$ にひかれた線分のうちその点と直径 AH との間の $\varDelta H$ が最も小さく，最も小さい線分 $\varDelta H$ に近いものが遠いものより常に小さい，すなわち $\varDelta K$ は $\varDelta \varLambda$ より，$\varDelta \varLambda$ は $\varDelta \varTheta$ より小さいと主張する．

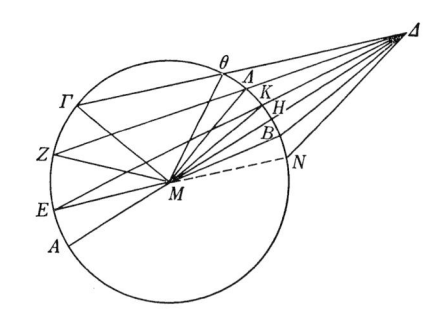

円 $AB\varGamma$ の中心がとられ，それを M とせよ．そして ME, MZ, $M\varGamma$, MK, $M\varLambda$, $M\varTheta$ が結ばれたとせよ．そうすれば AM は EM に等しいから，双方に $M\varDelta$ が加えられたとせよ．そうすれば $A\varDelta$ は EM, $M\varDelta$ の和に等しい．ところが EM, $M\varDelta$ の和は $E\varDelta$ より大きい．ゆえに $A\varDelta$ も $E\varDelta$ より大きい．また ME は MZ に等しく，$M\varDelta$ は共通であるから，EM, $M\varDelta$ の和は ZM, $M\varDelta$ の和に等しい．そして角 $EM\varDelta$ は角 $ZM\varDelta$ より大きい．それゆえ底辺 $E\varDelta$ は底辺 $Z\varDelta$ より大きい．同様にして $Z\varDelta$ が $\varGamma\varDelta$ より大きいことも証明しうる．ゆえに $\varDelta A$ は最も大きく，$\varDelta E$ は $\varDelta Z$ より，$\varDelta Z$ は$\varDelta \varGamma$ より大きい．

次に MK, $K\varDelta$ の和は $M\varDelta$ より大きく，MH は MK に等しいから，残りの $K\varDelta$ は残りの $H\varDelta$ より大きい．それゆえ $H\varDelta$ は $K\varDelta$ より小さい．そして三角形 $M\varLambda\varDelta$ の辺の一つ $M\varDelta$ の上に三角形の内部で交わる2線分 MK, $K\varDelta$ がつくられたから，MK, $K\varDelta$ の和は $M\varLambda$, $\varLambda\varDelta$ の和より小さい．ところが MK は $M\varLambda$ に等しい．ゆえに残りの $\varDelta K$ は $\varDelta \varLambda$ より小さい．同様にして $\varDelta \varLambda$ も $\varDelta \varTheta$ より小さいことを証明しうる．したがって $\varDelta H$ は最も小さく，$\varDelta K$ は $\varDelta \varLambda$ より，$\varDelta \varLambda$ は $\varDelta \varTheta$ より小さい．

また点 $\varDelta$ から円周にただ二つの等しい線分が最も小さい線分 $\varDelta H$ の両側にひかれるであろうと主張する．線分 $M\varDelta$ 上にその上の点 M において角 $KM\varDelta$ に等しい角 $\varDelta MB$ がつくられ，$\varDelta B$ が結ばれたとせよ．そうすれば MK は MB に等しく，$M\varDelta$ は共通であるから，2辺 KM, $M\varDelta$ は2辺 BM, $M\varDelta$ にそれぞれ等しい．そして角 $KM\varDelta$ は角 $BM\varDelta$ に等しい．それゆえ底辺 $\varDelta K$ は底辺 $\varDelta B$ に等しい．点 $\varDelta$ から円周に $\varDelta K$ に等しい他のいかなる線分もひかれないであろうと主張する．もし可能ならば，線分がひかれたとし，それを $\varDelta N$ とせよ．そうすれば $\varDelta K$ は $\varDelta N$ に等しく，他方 $\varDelta K$ は $\varDelta B$ に等しいから，$\varDelta B$ も $\varDelta N$ に等しい，すなわち最も小さい線分 $\varDelta H$ に近いものが遠いものに等しい．これは不可能であることが証明

された．それゆえ点 $\varDelta$ から円 $AB\varGamma$ に最も小さい $\varDelta H$ の両側に二つより多い等しい線分はひかれないであろう．

　よってもし円の外部に 1 点がとられ，その点から円周にいくつかの線分がひかれ，そのうち一つは中心を通り他は任意であるとすれば，凹形の弧にひかれた線分のうち中心を通るものは最も大きく，他の線分のうち中心を通るものに近いものは遠いものより常に大きい，他方凸形の弧にひかれた線分のうちその点と直径との間のものが最も小さく，他の線分のうち，最も小さいものに近いものは遠いものより常に小さく，そしてその点から円周にただ二つの等しい線分が最も小さい線分の両側にひかれるであろう．これが証明すべきことであった．

9

もし円の内部に 1 点がとられ，その点から円に二つより多い等しい線分がひかれるならば，とられた点は円の中心である．

　$AB\varGamma$ を円，$\varDelta$ をその内部の点とし，$\varDelta$ から円 $AB\varGamma$ に二つより多い等しい線分 $\varDelta A, \varDelta B, \varDelta \varGamma$ がひかれたとせよ．点 $\varDelta$ は円 $AB\varGamma$ の中心であると主張する．
　$AB, B\varGamma$ が結ばれ，点 E, Z において 2 等分され，$E\varDelta$, $Z\varDelta$ が結ばれ，点 $H, K, \varTheta, \varLambda$ まで延長されたとせよ．
　そうすれば AE は EB に等しく，$E\varDelta$ は共通であるから，2 辺 $AE, E\varDelta$ は 2 辺 $BE, E\varDelta$ に等しい．そして底辺 $\varDelta A$ は底辺 $\varDelta B$ に等しい．それゆえ角 $AE\varDelta$ は角 $BE\varDelta$ に等しい．ゆえに角 $AE\varDelta, BE\varDelta$ の双方は直角である．したがって HK は AB を直角に 2 等分する．そしてもし円において直線が直線を直角に 2 等分するならば，円の中心は分割する直線上にあるから，円の中心は HK の上にある．同じ理由で円 $AB\varGamma$ の中心は $\varTheta\varLambda$ の上にもある．そして弦 $HK, \varTheta\varLambda$ は点 $\varDelta$ 以外の点を共有しない．したがって点 $\varDelta$ は円 $AB\varGamma$ の中心である．

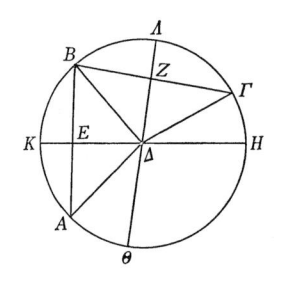

　よってもし円の内部に 1 点がとられ，その点から円に二つより多い等しい線分がひかれるならば，とられた点は円の中心である．これが証明すべきことであった．

10

円は円と二つより多くの点で交わらない．

もし可能ならば，円 $AB\Gamma$ が円 ΔEZ と二つより多くの点 B, H, Z, Θ で交わるとし，$B\Theta, BH$ が結ばれ，点 K, Λ で2等分されたとせよ。そして K, Λ から $B\Theta, BH$ に直角に $K\Gamma, \Lambda M$ がひかれ，点 A, E まで延長されたとせよ。

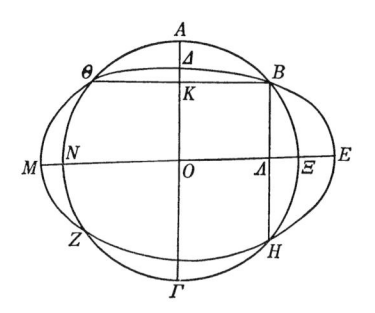

そうすれば円 $AB\Gamma$ において弦 $A\Gamma$ が弦 $B\Theta$ を直角に2等分するから，円 $AB\Gamma$ の中心は $A\Gamma$ 上にある。また同じ円 $AB\Gamma$ において弦 $N\Xi$ が弦 BH を直角に2等分するから，円 $AB\Gamma$ の中心は $N\Xi$ 上にある。ところが $A\Gamma$ 上にあることも先に証明され，しかも弦 $A\Gamma, N\Xi$ は O 以外のいかなる点でも交わらない。それゆえ点 O は円 $AB\Gamma$ の中心である。同様にして O はまた円 ΔEZ の中心であることも証明しうる。ゆえに互いに交わる二つの円 $AB\Gamma, \Delta EZ$ が同じ中心 O をもつ。これは不可能である。

よって円は円と二つより多くの点で交わらない。これが証明すべきことであった。

11

もし二つの円が内側で互いに接し，それらの中心がとられるならば，それらの中心を結ぶ線分は延長されて円の接点におちるであろう。

2円 $AB\Gamma, A\Delta E$ が内側で点 A において接するとし，円 $AB\Gamma$ の中心 Z と円 $A\Delta E$ の中心 H とがとられたとせよ。H, Z を結ぶ線分は延長されて A におちるであろうと主張する。

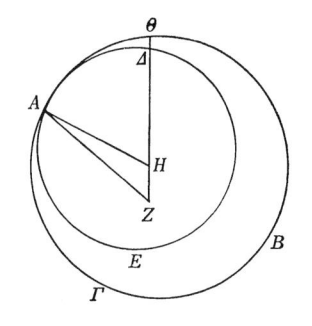

そうでないとすれば，もし可能ならば，$ZH\Theta$ のようになるとし，AZ, AH が結ばれたとせよ。

そうすれば AH, HZ の和は ZA，すなわち $Z\Theta$ より大きいから，双方から ZH が引き去られたとせよ。そうすれば残りの AH は残りの $H\Theta$ より大きい。ところが AH は $H\Delta$ に等しい。ゆえに $H\Delta$ は $H\Theta$ より大きい，すなわち小さいものが大きいものより大きい。これは不可能である。したがって Z, Θ を結ぶ線分は外部におちないであろう。ゆえに A において接点におちるであろう。

よってもし二つの円が内側で互いに接し，それらの中心がとられるならば，それらの中心を結ぶ線分は延長されて円の接点におちるであろう．これが証明すべきことであった．

12

もし二つの円が外側で互いに接するならば，それらの中心を結ぶ線分は接点を通るであろう．

2円 $AB\varGamma$, $A\varDelta E$ が外側で点 A において互いに接するとし，$AB\varGamma$ の中心 Z, $A\varDelta E$ の中心 H がとられたとせよ．Z, H を結ぶ線分は A における接点を通るであろうと主張する．

そうでないとすれば，もし可能ならば $Z\varGamma\varDelta H$ のようになるとし，AZ, AH が結ばれたとせよ．

そうすれば点 Z は円 $AB\varGamma$ の中心であるから，ZA は $Z\varGamma$ に等しい．また点 H は円 $A\varDelta E$ の中心であるから，HA は $H\varDelta$ に等しい．ところが ZA が $Z\varGamma$ に等しいことも先に証明された．それゆえ ZA, AH の和は $Z\varGamma$, $H\varDelta$ の和に等しい．ゆえに ZH 全体は ZA, AH の和より大きい．ところがまた小さくもある．これは不可能である．したがって Z, H を結ぶ線分は点 A における接点を通らないことはないであろう．ゆえにそれを通るであろう．

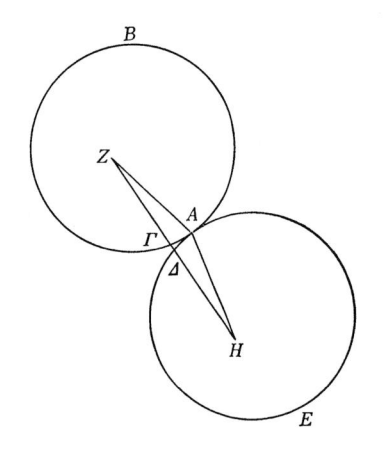

よってもし二つの円が外側で互いに接するならば，それらの中心を結ぶ線分は接点を通るであろう．これが証明すべきことであった．

13

円は円と，内側で接するにせよ外側で接するにせよ，一つより多くの点においては接しない．

もし可能ならば，円 $AB\varGamma\varDelta$ が円 $EBZ\varDelta$ とまず内側で一つより多くの点すなわち $\varDelta$, B で接するとせよ．

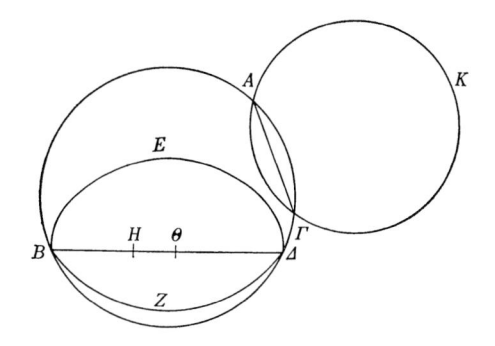

そして円 $AB\varGamma\varDelta$ の中心 H, $EBZ\varDelta$ の中心 $\varTheta$ がとられたとせよ.

そうすれば H, $\varTheta$ を結ぶ線分は B, $\varDelta$ におちるであろう. $BH\varTheta\varDelta$ のようになるとせよ. そうすれば点 H は円 $AB\varGamma\varDelta$ の中心であるから, BH は $H\varDelta$ に等しい. それゆえ BH は $\varTheta\varDelta$ より大きい. ゆえに $B\varTheta$ はなおさら $\varTheta\varDelta$ より大きい. また点 $\varTheta$ は円 $EBZ\varDelta$ の中心であるから, $B\varTheta$ は $\varTheta\varDelta$ に等しい. ところがそれよりなおさら大きいことも先に証明された. これは不可能である. したがって円は円と内側で一つより多くの点で接することはない.

さらに外側でも接しないと主張する.

もし可能ならば, 円 $A\varGamma K$ か円 $AB\varGamma\varDelta$ と外側で一つより多くの点, すなわち A, $\varGamma$ で接するとし, $A\varGamma$ が結ばれたとせよ.

そうすれば円 $AB\varGamma\varDelta$, $A\varGamma K$ の双方の円周上に任意の2点 A, $\varGamma$ がとられたから, 2点を結ぶ線分は双方の内部におちるであろう. ところがそれは $AB\varGamma\varDelta$ の内部に, $A\varGamma K$ の外部におちた. これは不合理である. したがって円は円と外側で一つより多くの点では接しない. また内側でも接しないことが先に証明された.

よって円は円と, 内側で接するにせよ外側で接するにせよ, 一つより多くの点においては接しない.

🍃 14 🍂

円において等しい弦は中心から等距離にあり, 中心から等距離にある弦はまた互いに等しい.

$AB\varGamma\varDelta$ を円, AB, $\varGamma\varDelta$ をそれにおける等しい弦とせよ. AB, $\varGamma\varDelta$ は中心から等距離にあると主張する.

円 $AB\varGamma\varDelta$ の中心がとられ，それを E とし，E から AB，$\varGamma\varDelta$ に垂線 EZ，EH がひかれ，AE，$E\varGamma$ が結ばれたとせよ。

そうすれば中心を通る線分 EZ は中心を通らない弦 AB と直角に交わり，それをまた 2 等分する。それゆえ AZ は ZB に等しい。ゆえに AB は AZ の 2 倍である。同じ理由で $\varGamma\varDelta$ も $\varGamma H$ の 2 倍である。しかも AB は $\varGamma\varDelta$ に等しい。したがって AZ も $\varGamma H$ に等しい。そして AE は $E\varGamma$ に等しいから，AE 上の正方形は $E\varGamma$ 上の正方形に等しい。ところが Z における角は直角であるから，AZ, EZ 上の正方形の和は AE 上の正方形に等しい。また H における角も直角であるから，EH, $H\varGamma$ 上の正方形の和も $E\varGamma$ 上の正方形に等しい。それゆえ AZ, ZE 上の正方形の和は $\varGamma H$, HE 上の正方形の和に等しく，AZ は $\varGamma H$ に等しいから，そのうち AZ 上の正方形は $\varGamma H$ 上の正方形に等しい。ゆえに残りの ZE 上の正方形は EH 上の正方形に等しい。したがって EZ は EH に等しい。ところが円において弦は中心からそれにひかれた垂線が等しいとき，中心から等距離にあるといわれる。よって AB, $\varGamma\varDelta$ は中心から等距離にある。

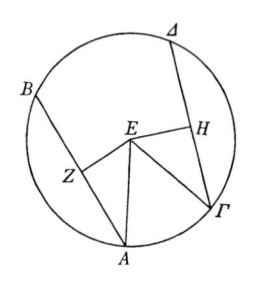

次に弦 AB, $\varGamma\varDelta$ が中心から等距離にある，すなわち EZ が EH に等しいとせよ。AB も $\varGamma\varDelta$ に等しいと主張する。

同じ作図がなされて，同様にして AB は AZ の，$\varGamma\varDelta$ は $\varGamma H$ の 2 倍であることを証明しうる。そして AE は $\varGamma E$ に等しいから，AE 上の正方形は $\varGamma E$ 上の正方形に等しい。ところが EZ, ZA 上の正方形の和は AE 上の正方形に等しく，EH, $H\varGamma$ 上の正方形の和は $\varGamma E$ 上の正方形に等しい。それゆえ EZ, ZA 上の正方形の和は EH, $H\varGamma$ 上の正方形の和に等しく，EZ は EH に等しいから，そのうち EZ 上の正方形は EH 上の正方形に等しい。ゆえに残りの AZ 上の正方形は $\varGamma H$ 上の正方形に等しい。したがって AZ は $\varGamma H$ に等しい。そして AZ は AB の 2 倍であり，$\varGamma\varDelta$ は $\varGamma H$ の 2 倍である。それゆえ AB は $\varGamma\varDelta$ に等しい。

よって円において等しい弦は中心から等距離にあり，中心から等距離にある弦はまた互いに等しい。これが証明すべきことであった。

❦ 15 ❧

円において直径は最も大きく，他の弦のうち中心に近いものは遠いものより常に大きい。

$AB\Gamma\varDelta$ を円，$A\varDelta$ をその直径，E を中心とし，$B\Gamma$ は直径 $A\varDelta$ に近く，ZH は遠いとせよ。$A\varDelta$ は最も大きく，$B\Gamma$ は ZH より大きいと主張する。

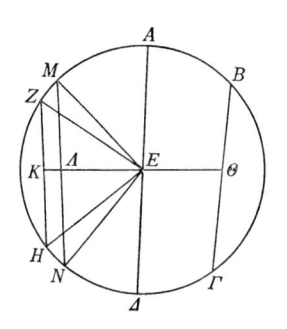

中心 E から $B\Gamma$, ZH に垂線 $E\Theta$, EK がひかれたとせよ。$B\Gamma$ は中心に近く，ZH は遠いから，EK は $E\Theta$ より大きい。$E\varLambda$ を $E\Theta$ に等しくし，$\varLambda$ を通り EK に直角に $\varLambda M$ がひかれ，N まで延長され，ME, EN, ZE, EH が結ばれたとせよ。

$E\Theta$ は $E\varLambda$ に等しいから，$B\Gamma$ も MN に等しい。また AE は EM に，$E\varDelta$ は EN に等しいから，$A\varDelta$ は ME, EN の和に等しい。ところが ME, EN の和は MN より大きく，MN は $B\Gamma$ に等しい。それゆえ $A\varDelta$ は $B\Gamma$ より大きい。そして 2 辺 ME, EN は 2 辺 ZE, EH に等しく，角 MEN は角 ZEH より大きいから，底辺 MN は底辺 ZH より大きい。ところが MN が $B\Gamma$ に等しいことは先に証明された。ゆえに直径 $A\varDelta$ は最も大きく，$B\Gamma$ は ZH より大きい。

よって円において直径は最も大きく，他の弦のうち中心に近いものは遠いものより常に大きい。これが証明すべきことであった。

⁓ 16 ⁓

円の直径にその端から直角にひかれた直線は円の外部におちるであろう。そしてこの直線と弧との間に他の直線はひかれないであろう。また半円の角はすべての鋭角の直線角より大きく，残りの角はすべての鋭角より小さい。

$AB\Gamma$ を $\varDelta$ を中心とし，AB を直径とする円とせよ。AB に対しその端 A から直角にひかれた直線は円の外部におちるであろうと主張する。

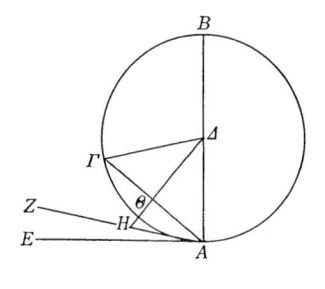

そうでないとすれば，もし可能ならば ΓA のように内部におちるとし，$\varDelta\Gamma$ が結ばれたとせよ。

$\varDelta A$ は $\varDelta\Gamma$ に等しいから，角 $\varDelta A\Gamma$ も角 $A\Gamma\varDelta$ に等しい。ところが角 $\varDelta A\Gamma$ は直角である。それゆえ角 $A\Gamma\varDelta$ も直角である。かくて三角形 $A\Gamma\varDelta$ において 2 角 $\varDelta A\Gamma$, $A\Gamma\varDelta$ の和が 2 直角に等しい。これは不可能である。ゆえに点 A から

BA に直角にひかれた直線は円の内部におちないであろう．同様にして円周上にもないことを証明しうる．したがって外部におちるであろう．

AE のようになるとせよ．このとき直線 AE と弧 $\varGamma\varTheta A$ との間に他の直線はひかれないであろうと主張する．

もし可能ならば ZA のようになるとし，そして点 $\varDelta$ から ZA に垂線 $\varDelta H$ がひかれたとせよ．そうすれば角 $AH\varDelta$ は直角であり，角 $\varDelta AH$ は直角より小さいから，$A\varDelta$ は $\varDelta H$ より大きい．ところが $\varDelta A$ は $\varDelta\varTheta$ に等しい．それゆえ $\varDelta\varTheta$ は $\varDelta H$ より大きい，すなわち小さいものが大きいものより大きい．これは不可能である．ゆえに直線と弧との間に他の直線はひかれないであろう．

また弦 BA と弧 $\varGamma\varTheta A$ とにはさまれた半円の角はすべての鋭角の直線角より大きく，弧 $\varGamma\varTheta A$ と直線 AE とにはさまれた残りの角はすべての鋭角の直線角より小さいと主張する．

もし弦 BA と弧 $\varGamma\varTheta A$ とにはさまれた角よりも大きい何らかの直線角と，弧 $\varGamma\varTheta A$ と直線 AE とにはさまれた角よりも小さい何らかの直線角とがあるならば，弧 $\varGamma\varTheta A$ と直線 AE との間に直線がひかれるであろう，そしてこの直線は弦 BA と弧 $\varGamma\varTheta A$ とにはさまれた角よりも大きい直線角と弧 $\varGamma\varTheta A$ と直線 AE とにはさまれた角よりも小さい直線角とをつくるであろう．ところがかかる直線はひかれない．それゆえ弦 BA と弧 $\varGamma\varTheta A$ とにはさまれた角より大きい鋭角の直線角はないし，また弧 $\varGamma\varTheta A$ と直線 AE とにはさまれた角よりも小さい角もないであろう．

系

これから次のことが明らかである．すなわち円の直径にその端から直角にひかれた直線は円に接する．これが証明すべきことであった．

✥ 17 ✥

与えられた点から与えられた円に接線をひくこと．

与えられた点を A, 与えられた円を $B\varGamma\varDelta$ とせよ．このとき点 A から円 $B\varGamma\varDelta$ に接線をひかなければならぬ．

円の中心 E がとられ，AE が結ばれ，E を中心とし，EA を半径として円 AZH が描かれ，$\varDelta$ から EA に直角に $\varDelta Z$ がひかれ，EZ, AB が結ばれたとせよ．点 A から円 $B\varGamma\varDelta$ に接線 AB がひかれたと主張する．

E は円 $B\varGamma\varDelta$, AZH の中心であるから，EA は EZ に，$E\varDelta$ は EB に等しい．このとき2辺 AE, EB は2辺 ZE, $E\varDelta$ に等しい．そして E における角を共通にはさむ．それゆえ底辺 $\varDelta Z$ は底辺 AB に等しく，三角形 $\varDelta EZ$ も三角形 EBA に等しく，残りの角も残りの角に等しい．ゆえに角 $E\varDelta Z$ は角 EBA に等しい．ところが角 $E\varDelta Z$ は直角である．したがって角 EBA も直角である．そして EB は半径である．円の直径にその端から直角にひかれた直線は円に接する．ゆえに AB は円に $B\varGamma\varDelta$ 接する．

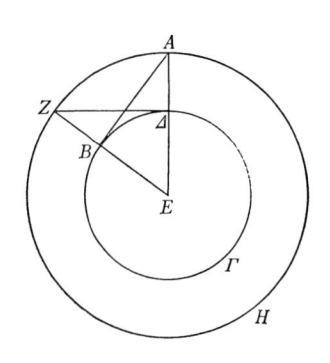

よって与えられた点 A から与えられた円 $B\varGamma\varDelta$ に接線 AB がひかれた．これが作図すべきものであった．

18

もし直線が円に接し，中心から接点に線分が結ばれるならば，結ばれた線分は接線に垂直であろう．

円 $AB\varGamma$ に直線 $\varDelta E$ が点 $\varGamma$ において接するとし，円 $AB\varGamma$ の中心 Z がとられ，Z から $\varGamma$ に $Z\varGamma$ が結ばれたとせよ．$Z\varGamma$ は $\varDelta E$ に垂直であると主張する．

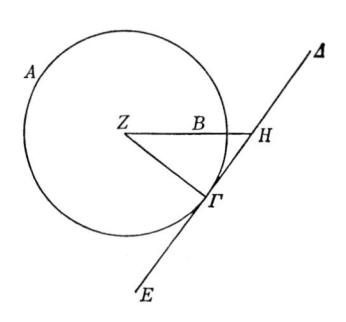

もしそうでないならば，Z から $\varDelta E$ に垂線 ZH がひかれたとせよ．

そうすれば角 $ZH\varGamma$ は直角であるから，角 $Z\varGamma H$ は鋭角である．そして大きい角には大きい辺が対する．それゆえ $Z\varGamma$ は ZH より大きい．ところが $Z\varGamma$ は ZB に等しい．ゆえに ZB は ZH より大きい，すなわち小さいものが大きいものより大きい．これは不可能である．したがって ZH は $\varDelta H$ に垂直でない．同様にして $Z\varGamma$ 以外のいかなる線分も垂直でないことを証明しうる．ゆえに $Z\varGamma$ は $\varDelta E$ に垂直である．

よってもし直線が円に接し，中心から接点に線分が結ばれるならば，結ばれた線分は接線に垂直であろう．これが証明すべきことであった．

✣ 19 ✣

もし直線が円に接し，接点から接線に直角に直線がひかれるならば，円の中心はひかれた直線上にあるであろう。

直線 $\varDelta E$ が点 $\varGamma$ において円 $AB\varGamma$ に接するとし，$\varGamma$ から $\varDelta E$ に直角に $\varGamma A$ がひかれたとせよ。円の中心は $A\varGamma$ 上にあると主張する。

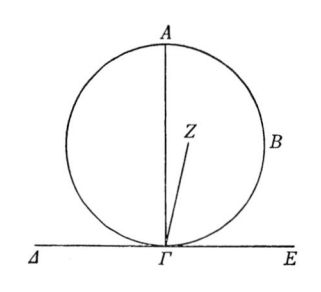

そうでないとすれば，もし可能ならば，Z を中心とし，$\varGamma Z$ が結ばれたとせよ。

直線 $\varDelta E$ は円 $AB\varGamma$ に接し，中心から接点へ $Z\varGamma$ が結ばれたから，$Z\varGamma$ は $\varDelta E$ に垂直である。それゆえ角 $Z\varGamma E$ は直角である。ところが角 $A\varGamma E$ も直角である。ゆえに角 $Z\varGamma E$ は角 $A\varGamma E$ に等しい，すなわち小さいものが大きいものに等しい。これは不可能である。したがって Z は円 $AB\varGamma$ の中心ではない。同様にして $A\varGamma$ 上以外のいかなる点もそうでないことを証明しうる。

よってもし直線が円に接し，接点から接線に直角に直線がひかれるならば，円の中心はひかれた直線上にあるであろう。これが証明すべきことであった。

✣ 20 ✣

円において角が同じ弧を底辺とするとき，中心角は円周角の2倍である。

$AB\varGamma$ を円とし，$BE\varGamma$ をその中心角，$BA\varGamma$ を円周角とし，それらが同じ弧 $B\varGamma$ を底辺とするとせよ。角 $BE\varGamma$ は角 $BA\varGamma$ の2倍であると主張する。

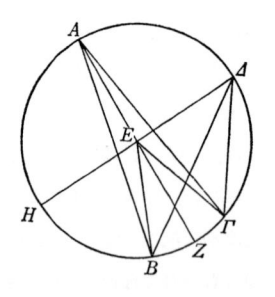

AE が結ばれ，Z まで延長されたとせよ。

そうすれば EA は EB に等しいから，角 EAB も角 EBA に等しい。それゆえ角 EAB，EBA の和は角 EAB の2倍である。ところが角 BEZ は角 EAB，EBA の和に等しい。ゆえに角 BEZ も角 EAB の2倍である。同じ理由で角 $ZE\varGamma$ も角 $EA\varGamma$ の2倍である。したがって角 $BE\varGamma$ 全体は角 $BA\varGamma$ 全体の2倍である。

もう一度線分が折りまげられたとし，別の角 $B\varDelta\varGamma$ があるとし，$\varDelta E$ が結ばれ，H まで延長されたとせよ。同様にして角 $H E\varGamma$ は角 $E\varDelta\varGamma$ の 2 倍であり，そのうち HEB は $E\varDelta B$ の 2 倍である。それゆえ残りの $BE\varGamma$ は $B\varDelta\varGamma$ の 2 倍である。

よって円において角が同じ弧を底辺とするとき，中心角は円周角の 2 倍である。これが証明すべきことであった。

21

円において同じ切片内の角は互いに等しい。

$AB\varGamma\varDelta$ を円とし，$BA\varDelta$, $BE\varDelta$ を同じ切片 $BAE\varDelta$ 内の角とせよ。角 $BA\varDelta$, $BE\varDelta$ は互いに等しいと主張する。

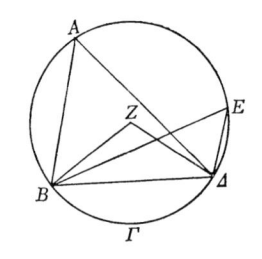

円 $AB\varGamma\varDelta$ の中心がとられ，それを Z とし，BZ, $Z\varDelta$ が結ばれたとせよ。

そうすれば角 $BZ\varDelta$ は中心角であり，角 $BA\varDelta$ は円周角であり，それらは同じ弧 $B\varGamma\varDelta$ を底辺とするから，角 $BZ\varDelta$ は角 $BA\varDelta$ の 2 倍である。同じ理由で角 $BZ\varDelta$ はまた角 $BE\varDelta$ の 2 倍である。それゆえ角 $BA\varDelta$ は角 $BE\varDelta$ に等しい。

よって円において同じ切片内の角は互いに等しい。これが証明すべきことであった。

22

円に内接する四辺形の対角の和は 2 直角に等しい。

$AB\varGamma\varDelta$ を円とし，$AB\varGamma\varDelta$ をそれに内接する四辺形とせよ。対角の和は 2 直角に等しいと主張する。

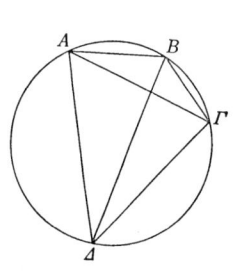

$A\varGamma$, $B\varDelta$ が結ばれたとせよ。

そうすればすべての三角形において三つの角の和は 2 直角に等しいから，三角形 $AB\varGamma$ の三つの角 $\varGamma AB$, $AB\varGamma$, $B\varGamma A$ の和は 2 直角に等しい。ところが角 $\varGamma AB$ は角 $B\varDelta\varGamma$ に等しい，なぜなら同じ切片 $BA\varDelta\varGamma$ 内にあるから。そして角 $A\varGamma B$ は角 $A\varDelta B$

に等しい，なぜなら同じ切片 $A\varDelta\varGamma B$ 内にあるから。それゆえ角 $A\varDelta\varGamma$ 全体は角 $BA\varGamma$, $A\varGamma B$ の和に等しい。双方に角 $AB\varGamma$ が加えられたとせよ。そうすれば角 $AB\varGamma$, $BA\varGamma$, $A\varGamma B$ の和は角 $AB\varGamma$, $A\varDelta\varGamma$ の和に等しい。ところが角 $AB\varGamma$, $BA\varGamma$, $A\varGamma B$ の和は2直角に等しい。したがって角 $AB\varGamma$, $A\varDelta\varGamma$ の和も2直角に等しい。同様にして角 $BA\varDelta$, $\varDelta\varGamma B$ の和が2直角に等しいことも証明しうる。

よって円に内接する四辺形の対角の和は2直角に等しい。これが証明すべきことであった。

⚘ 23 ⚘

同じ線分の上に同じ側に円の相似で不等な二つの切片はつくられ得ない。

もし可能ならば，同じ線分 AB 上に同じ側に円の相似で不等な二つの切片 $A\varGamma B$, $A\varDelta B$ がつくられたとし，$A\varGamma\varDelta$ がひかれ，$\varGamma B$, $\varDelta B$ が結ばれたとせよ。

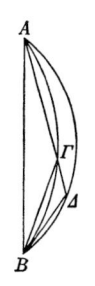

そうすれば切片 $A\varGamma B$ は切片 $A\varDelta B$ に相似であり，円の相似な切片は等しい角を含むものであるから，角 $A\varGamma B$ は角 $A\varDelta B$ に等しい，すなわち外角が内角に等しい。これは不可能である。

よって同じ線分の上に同じ側に円の相似で不等な二つの切片はつくられ得ない。これが証明すべきことであった。

⚘ 24 ⚘

等しい線分上にある，円の相似な切片は互いに等しい。

AEB, $\varGamma Z\varDelta$ を等しい線分 AB, $\varGamma\varDelta$ 上にある，円の相似な切片とせよ。切片 AEB は 切片 $\varGamma Z\varDelta$ に等しいと主張する。

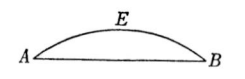

切片 AEB が $\varGamma Z\varDelta$ の上に重ねられ，点 A が $\varGamma$ の上に，線分 AB が $\varGamma\varDelta$ の上におかれるとき，AB は $\varGamma\varDelta$ に等しいから，点 B も点 $\varDelta$ の上に重なるであろう。また AB が $\varGamma\varDelta$ の上に重なるとき，切片 AEB も $\varGamma Z\varDelta$ に重なるであろう。なぜならもし線分 AB が $\varGamma\varDelta$ の上に重なるが，切片 AEB は $\varGamma Z\varDelta$ の上に重ならないならば，$\varGamma Z\varDelta$ の内部におちるか外部におちるかまたは $\varGamma H\varDelta$ のようにずれ

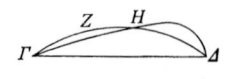

るであろう．そして円が円と二つより多くの点で交わることになる．これは不可能である．それゆえ AB が $\varGamma\varDelta$ の上に重ねられるとき，切片 AEB も $\varGamma Z\varDelta$ の上に重ならないことはないであろう．ゆえに重なり，それに等しいであろう．

よって等しい線分上にある，円の相似な切片は互いに等しい．これが証明すべきことであった．

25

円の切片が与えられたとき，その切片を含む完全な円を描くこと．

$AB\varGamma$ を円の与えられた切片とせよ．このとき切片 $AB\varGamma$ を含む完全な円を描かなければならぬ．

$A\varGamma$ が $\varDelta$ で2等分され，点 $\varDelta$ から $A\varGamma$ に直角に $\varDelta B$ がひかれ，AB が結ばれたとせよ．そうすれば角 $AB\varDelta$ は角 $BA\varDelta$ より大きいか等しいか小さいかである．

まず大きいとし，線分 AB 上にその上の点 A において角 $AB\varDelta$ に等しく角 BAE がつくられたとし，$\varDelta B$ が E まで延長され，$E\varGamma$ が結ばれたとせよ．そうすれば角 ABE は角 BAE に等しいから，線分 EB も EA に等しい．そして $A\varDelta$ は $\varDelta\varGamma$ に等しく，$\varDelta E$ は共通であるから，2辺 $A\varDelta$, $\varDelta E$ は2辺 $\varGamma\varDelta$, $\varDelta E$ にそれぞれ等しい．そして角 $A\varDelta E$ は角 $\varGamma\varDelta E$ に等しい．なぜなら双方とも直角であるから．それゆえ底辺 AE は底辺 $\varGamma E$ に等しい．ところが AE が BE に等しいことは先に証明された．ゆえに BE も $\varGamma E$ に等しい．したがって AE, EB, $B\varGamma$ の三つは互いに等しい．それゆえ E を中心とし，AE, EB, $E\varGamma$ の一つを半径として円が描かれれば，残りの点をも通り，完全な円が描かれるであろう．ゆえに円の切片が与えられたとき，完全な円が描かれた．そして中心 E が切片の外部にあることによって，切片 $AB\varGamma$ が半円より小さいことは明らかである．

同様にしてたとえ角 $AB\varDelta$ が角 $BA\varDelta$ に等しくても，$A\varDelta$ は $B\varDelta$, $\varDelta\varGamma$ の双方に等しいから，$\varDelta A$, $\varDelta B$, $\varDelta\varGamma$ の三つは互いに等しく，$\varDelta$ は完結された円の中心であり，$AB\varGamma$ は明らかに半円に

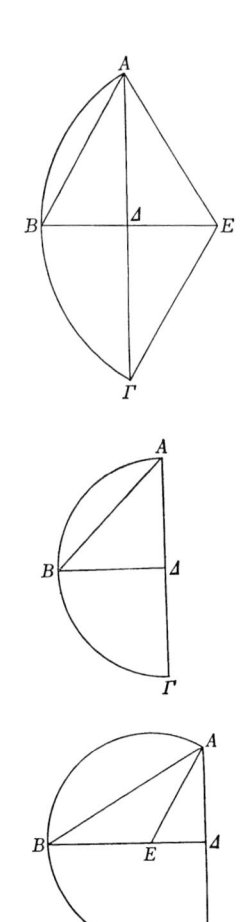

なるであろう．

ところがもし角 $AB\varDelta$ が角 $BA\varDelta$ より小さく，線分 BA 上にその上の点 A において角 $AB\varDelta$ に等しい角をつくるならば，中心は切片 $AB\varGamma$ の内部に $\varDelta B$ 上におち，切片 $AB\varGamma$ は明らかに半円より大きいであろう．

よって円の切片が与えられたとき，その切片を含む完全な円が描かれた．これが作図すべきものであった．

～ 26 ～

等しい円において等しい角は，中心角も円周角も，等しい弧の上に立つ．

$AB\varGamma$，$\varDelta EZ$ を等しい円とし，それらにおいて角 $BH\varGamma$，$E\varTheta Z$ を等しい中心角，角 $BA\varGamma$，$E\varDelta Z$ を等しい円周角とせよ．弧 $BK\varGamma$ は弧 $E\varLambda Z$ に等しいと主張する．

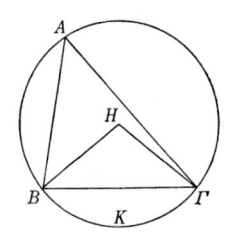

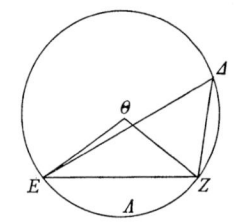

$B\varGamma$，EZ が結ばれたとせよ．

そうすれば円 $AB\varGamma$，$\varDelta EZ$ は等しいから，半径は等しい．そこで2線分 BH，$H\varGamma$ は2線分 $E\varTheta$，$\varTheta Z$ に等しい．そして H における角は $\varTheta$ における角に等しい．それゆえ底辺 $B\varGamma$ は底辺 EZ に等しい．そして A における角は $\varDelta$ における角に等しいから，切片 $BA\varGamma$ は切片 $E\varDelta Z$ に相似である．しかも等しい弦の上にある．ところが等しい弦の上にある，円の相似な切片は互いに等しい．ゆえに切片 $BA\varGamma$ は $E\varDelta Z$ に等しい．ところが円 $AB\varGamma$ 全体も円 $\varDelta EZ$ 全体に等しい．したがって残りの弧 $BK\varGamma$ は弧 $E\varLambda Z$ に等しい．

よって等しい円において等しい角は，中心角も円周角も，等しい弧の上に立つ．これが証明すべきことであった．

～ 27 ～

等しい円において等しい弧の上に立つ角は，中心角も円周角も，互いに等しい．

等しい円 $AB\Gamma$, ΔEZ において等しい弧 $B\Gamma$, EZ 上に中心 H, Θ において角 $BH\Gamma$, $E\Theta Z$ が，円周において角 $BA\Gamma$, $E\Delta Z$ が立つとせよ。角 $BH\Gamma$ は角 $E\Theta Z$ に等しく，角 $BA\Gamma$ は角 $E\Delta Z$ に等しいと主張する。

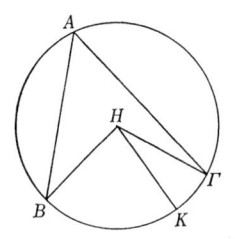

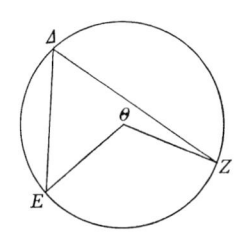

もし角 $BH\Gamma$ が角 $E\Theta Z$ に等しくないならば，それらの一方は大きい。角 $BH\Gamma$ が大きいとし，線分 BH 上にその上の点 H において角 $E\Theta Z$ に等しい角 BHK がつくられたとせよ。ところが等しい角は中心においてあるとき，等しい弧の上に立つ。それゆえ弧 BK は弧 EZ に等しい。しかるに EZ は $B\Gamma$ に等しい。ゆえに BK も $B\Gamma$ に等しい，すなわち小さいものが大きいものに等しい。これは不可能である。したがって角 $BH\Gamma$ は角 $E\Theta Z$ に不等でない。それゆえ等しい。そして A における角は角 $BH\Gamma$ の半分であり，Δ における角は角 $E\Theta Z$ の半分である。ゆえに A における角も Δ における角に等しい。

よって等しい円において等しい弧の上に立つ角は，中心角も円周角も，互いに等しい。これが証明すべきことであった。

28

等しい円において等しい弦は等しい弧を切り取る，すなわち切り取られた大きい弧は大きい弧に，小さい弧は小さい弧に等しい。

$AB\Gamma$, ΔEZ を等しい円とし，それらの円において AB, ΔE を等しい弦とし，これが大きい弧 $A\Gamma B$, ΔZE と小さい弧 AHB, $\Delta\Theta E$ を切り取るとせよ。大きい弧 $A\Gamma B$ は大きい弧 ΔEZ に，小さい弧 AHB は小さい弧 $\Delta\Theta E$ に等しいと主張する。

円の中心 K, Λ がとられ，AK, KB, $\Delta\Lambda$, ΛE が結ばれたとせよ。

そうすれば二つの円は等しいから，半径も等しい。かくて 2 辺 AK, KB は 2 辺 $\Delta\Lambda$, ΛE に等しい。そして底辺 AB は底辺 ΔE に等しい。それゆえ角 AKB は角 $\Delta\Lambda E$ に等しい。ところが等しい角は中心においてあるとき，等しい弧の上にたつ。ゆえに弧 AHB は $\Delta\Theta E$ に

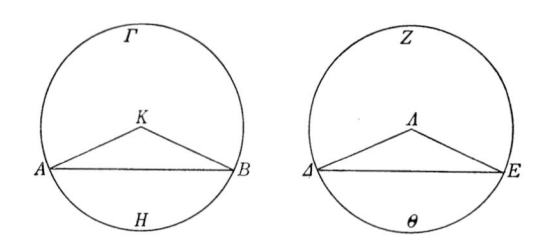

等しい。また円 $AB\varGamma$ 全体も円 $\varDelta EZ$ 全体に等しい。したがって残りの弧 $A\varGamma B$ も残りの弧 $\varDelta ZE$ に等しい。

よって等しい円において等しい弦は等しい弧を切り取る，すなわち切り取られた大きい弧は大きい弧に，小さい弧は小さい弧に等しい。これが証明すべきことであった。

〜 29 〜

等しい円において等しい弧には等しい弦が対する。

$AB\varGamma$，$\varDelta EZ$ を等しい円とし，それらにおいて等しい弧 $BH\varGamma$，$E\varTheta Z$ が切り取られ，弦 $B\varGamma$，EZ が結ばれたとせよ。$B\varGamma$ は EZ に等しいと主張する。

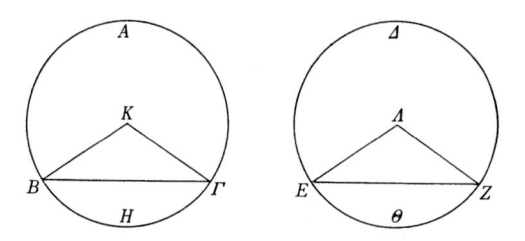

円の中心がとられ，それらを K, $\varLambda$ とし，BK, $K\varGamma$, $E\varLambda$, $\varLambda Z$ が結ばれたとせよ。

そうすれば弧 $BH\varGamma$ は弧 $E\varTheta Z$ に等しいから，角 $BK\varGamma$ も角 $E\varLambda Z$ に等しい。そして円 $AB\varGamma$，$\varDelta EZ$ は等しいから，半径も等しい。そこで2辺 BK, $K\varGamma$ は2辺 $E\varLambda$, $\varLambda Z$ に等しい。しかも等しい角をはさむ。ゆえに底辺 $B\varGamma$ は底辺 EZ に等しい。

よって等しい円において等しい弧には等しい弦が対する。これが証明すべきことであった。

〜 30 〜

与えられた弧を2等分すること。

与えられた弧を $A\varDelta B$ とせよ．このとき弧 $A\varDelta B$ を 2 等分しなければならぬ．

AB が結ばれ，$\varGamma$ において 2 等分され，点 $\varGamma$ から弦 AB に直角に $\varGamma\varDelta$ がひかれ，$A\varDelta$, $\varDelta B$ が結ばれたとせよ．

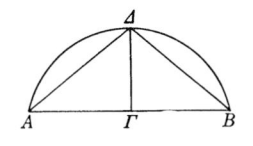

そうすれば $A\varGamma$ は $\varGamma B$ に等しく，$\varGamma\varDelta$ は共通であるから，2 辺 $A\varGamma$, $\varGamma\varDelta$ は 2 辺 $B\varGamma$, $\varGamma\varDelta$ に等しい．そして角 $A\varGamma\varDelta$ は角 $B\varGamma\varDelta$ に等しい．なぜなら双方とも直角であるから．それゆえ底辺 $A\varDelta$ は底辺 $\varDelta B$ に等しい．ところが等しい弦は等しい弧を切り取る．すなわち切り取られた大きい弧は大きい弧に，小さい弧は小さい弧に等しい．そして弧 $A\varDelta$, $\varDelta B$ の双方は半円より小さい．ゆえに弧 $A\varDelta$ は弧 $\varDelta B$ に等しい．

よって与えられた弧は点 $\varDelta$ において 2 等分された．これが作図すべきものであった．

31

円において半円内の角は直角であり，半円より大きい切片内の角は直角より小さく，より小さい切片内の角は直角より大きい．また半円より大きい切片の角は直角より大きく，より小さい切片の角は直角より小さい．

$AB\varGamma\varDelta$ を円とし，$B\varGamma$ をその直径，E を中心とし，BA, $A\varGamma$, $A\varDelta$, $\varDelta\varGamma$ が結ばれたとせよ．半円 $BA\varGamma$ 内の角 $BA\varGamma$ は直角であり，半円より大きい切片 $AB\varGamma$ 内の角 $AB\varGamma$ は直角より小さく，半円より小さい切片 $A\varDelta\varGamma$ 内の角 $A\varDelta\varGamma$ は直角より大きいと主張する．

AE が結ばれ，そして BA が Z まで延長されたとせよ．

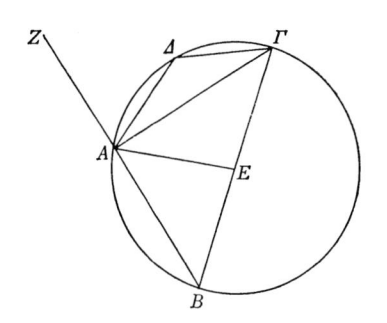

そうすれば BE は EA に等しいから，角 ABE も角 BAE に等しい．また $\varGamma E$ は EA に等しいから，角 $A\varGamma E$ も角 $\varGamma AE$ に等しい．それゆえ角 $BA\varGamma$ 全体は 2 角 $AB\varGamma$, $A\varGamma B$ の和に等しい．ところが三角形 $AB\varGamma$ の外角 $ZA\varGamma$ も 2 角 $AB\varGamma$, $A\varGamma B$ の和に等しい．ゆえに角 $BA\varGamma$ も角 $ZA\varGamma$ に等しい．したがって双方は直角である．よって半円 $BA\varGamma$ 内の角 $BA\varGamma$ は直角である．

次に三角形 $AB\varGamma$ の二つの角 $AB\varGamma$, $BA\varGamma$ の和は 2 直角より小さく，角 $BA\varGamma$ は直角で

あるから，角 $AB\varGamma$ は直角より小さい。そして半円より大きい切片 $AB\varGamma$ 内の角である。

次に $AB\varGamma\varDelta$ は円に内接する四辺形であり，円に内接する四辺形の対角の和は2直角に等しく，角 $AB\varGamma$ は直角より小さいから，残りの角 $A\varDelta\varGamma$ は直角より大きい。そして半円より小さい切片 $A\varDelta\varGamma$ 内の角である。

また半円より大きい切片の角，すなわち弧 $AB\varGamma$ と弦 $A\varGamma$ とにはさまれた角は直角より大きく，より小さい切片の角，すなわち弧 $A\varDelta\varGamma$ と弦 $A\varGamma$ とにはさまれた角は直角より小さいと主張する。これはただちに明らかである。なぜなら弦 BA, $A\varGamma$ にはさまれた角は直角であるから，弧 $AB\varGamma$ と弦 $A\varGamma$ とにはさまれた角は直角より大きい。また弦 $A\varGamma$ と線分 AZ にはさまれた角は直角であるから，弦 $\varGamma A$ と弧 $A\varDelta\varGamma$ とにはさまれた角は直角より小さい。

よって円において半円内の角は直角であり，半円より大きい切片内の角は直角より小さく，より小さい切片内の角は直角より大きい。また半円より大きい切片の角は直角より大きく，より小さい切片の角は直角より小さい。これが証明すべきことであった。

｢ 32 ｣

もし円に直線が接し，その接点から円に対し円を切る直線がひかれるならば，それが接線となす角は円の反対側の切片内の角に等しいであろう。

直線 EZ が円 $AB\varGamma\varDelta$ に点 B において接するとし，点 B から円 $AB\varGamma\varDelta$ にそれを切る直線 $B\varDelta$ がひかれたとせよ。$B\varDelta$ が接線 EZ となす角は円の反対側の切片内の角に等しいであろう，すなわち角 $ZB\varDelta$ は切片 $BA\varDelta$ 内につくられた角に等しく，角 $EB\varDelta$ は切片 $\varDelta\varGamma B$ 内につくられた角に等しいと主張する。

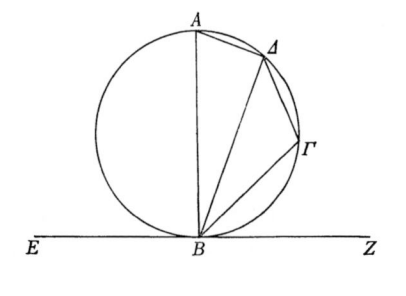

B から EZ に直角に BA がひかれたとし，弧 $B\varDelta$ 上に任意の点 $\varGamma$ がとられ，$A\varDelta$, $\varDelta\varGamma$, $\varGamma B$ が結ばれたとせよ。

そうすれば直線 EZ は円 $AB\varGamma\varDelta$ に B において接し，接点から接線に直角に BA がひかれたから，円 $AB\varGamma\varDelta$ の中心は BA 上にある。それゆえ BA は円 $AB\varGamma\varDelta$ の直径である。ゆえに角 $A\varDelta B$ は半円内にあるから直角である。したがって残りの角 $BA\varDelta$, $AB\varDelta$ の和は直角に等しい。ところが角 ABZ も直角である。それゆえ角 ABZ は角 $BA\varDelta$, $AB\varDelta$ の和に等

しい。双方から角 $AB\varDelta$ がひかれたとせよ。そうすれば残りの角 $\varDelta BZ$ は円の反対側の切片内の角 $BA\varDelta$ に等しい。そして $AB\varGamma\varDelta$ は円に内接する四辺形であるから，その対角の和は 2 直角に等しい。ところが角 $\varDelta BZ$, $\varDelta BE$ の和も 2 直角に等しい。それゆえ $\varDelta BZ$, $\varDelta BE$ の和は角 $BA\varDelta$, $B\varGamma\varDelta$ の和に等しく，そのうち角 $BA\varDelta$ は角 $\varDelta BZ$ に等しいことが証明された。ゆえに残りの角 $\varDelta BE$ は円の反対側の切片 $\varDelta\varGamma B$ 内の角 $\varDelta\varGamma B$ に等しい。

よってもし円に直線が接し，その接点から円に対して円を切る直線がひかれるならば，それが接線となす角は円の反対側の切片内の角に等しいであろう。これが証明すべきことであった。

～ 33 ～

与えられた線分上に与えられた直線角に等しい角を含む円の切片を描くこと。

与えられた線分を AB, 与えられた直線角を $\varGamma$ とせよ。このとき与えられた線分 AB 上に角 $\varGamma$ に等しい角を含む円の切片を描かねばならぬ。

角 $\varGamma$ は鋭角か直角かまたは鈍角である。まず鋭角であるとし，第 1 図のように線分 AB 上に点 A において角 $\varGamma$ に等しい角 $BA\varDelta$ がつくられたとせよ。そうすれば角 $BA\varDelta$ も鋭角である。$\varDelta A$ に直角に AE がひかれ，AB が Z において 2 等分され，点 Z から AB に直角に ZH がひかれ，HB が結ばれたとせよ。

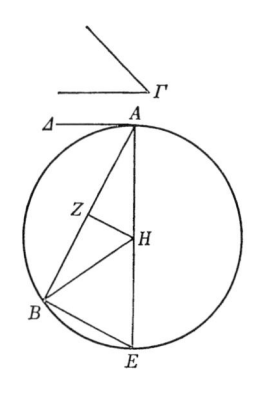

そうすれば AZ は ZB に等しく，ZH は共通であるから，2 辺 AZ, ZH は 2 辺 BZ, ZH に等しい。そして角 AZH は角 BZH に等しい。それゆえ底辺 AH は底辺 BH に等しい。ゆえに H を中心とし，HA を半径として円が描かれれば，B をも通るであろう。描かれたとし，それを ABE とし，EB が結ばれたとせよ。そうすれば $A\varDelta$ は直径 AE の端 A から AE に直角であるから，$A\varDelta$ は円 ABE に接する。そこで直線 $A\varDelta$ は円 ABE に接し，接点 A から円 ABE に弦 AB がひかれたから，角 $\varDelta AB$ は円の反対側の切片内の角 AEB に等しい。ところが角 $\varDelta AB$ は角 $\varGamma$ に等しい。したがって角 $\varGamma$ は角 AEB に等しい。

よって与えられた線分 AB 上に与えられた角 $\varGamma$ に等しい角 AEB を含む円の切片 AEB が描かれた。

次に角 $\varGamma$ が直角であるとせよ。ふたたび AB 上に $\varGamma$ における直角に等しい角を含む円の切片を描かなければならないとせよ。第2図のように $\varGamma$ における直角に等しい角 $BA\varDelta$ がつくられたとし，AB が Z において2等分され，Z を中心とし，ZA, ZB のどちらかを半径として円 AEB が描かれたとせよ。

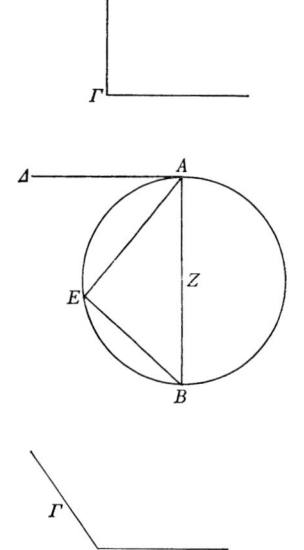

そうすれば直線 $A\varDelta$ は角 A が直角であるから，円 ABE に接する。そして角 $BA\varDelta$ は切片 AEB 内の角に等しい，なぜなら半円内の角であるためそれも直角であるから。ところがまた角 $BA\varDelta$ は角 $\varGamma$ に等しい。ゆえに AEB 内の角も角 $\varGamma$ に等しい。

よってまた AB 上に角 $\varGamma$ に等しい角を含む円の切片 AEB が描かれた。

次に角 $\varGamma$ が鈍角であるとせよ。そしてそれに等しい角 $BA\varDelta$ が線分 AB 上に点 A において第3図のようにつくられたとし，$A\varDelta$ に直角に AE がひかれ，AB がまた Z において2等分され，AB に直角に ZH がひかれ，HB が結ばれたとせよ。

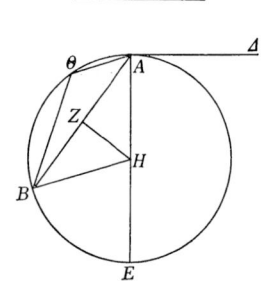

そうすればまた AZ は ZB に等しく，ZH は共通であるから，2辺 AZ, ZH は2辺 BZ, ZH に等しい。そして角 AZH は角 BZH に等しい。それゆえ底辺 AH は底辺 BH に等しい。ゆえに H を中心とし，HA を半径として円が描かれれば，B をも通るであろう。AEB のように通るとせよ。そして $A\varDelta$ は直径 AE にその端から直角であるから，$A\varDelta$ は円 AEB に接する。そして AB は接点 A からひかれた。それゆえ角 $BA\varDelta$ は円の反対側の切片 $A\varTheta B$ 内につくられた角に等しい。ところが角 $BA\varDelta$ は角 $\varGamma$ に等しい。したがって切片 $A\varTheta B$ 内の角は角 $\varGamma$ に等しい。

よって与えられた線分 AB 上に角 $\varGamma$ に等しい角を含む円の切片 $A\varTheta B$ が描かれた。これが作図すべきものであった。

❦ 34 ❧

与えられた円から与えられた直線角に等しい角を含む切片を切り取ること。

与えられた円を $AB\Gamma$ とし，与えられた直線角を角 $\varDelta$ とせよ．このとき円 $AB\Gamma$ から与えられた直線角 $\varDelta$ に等しい角を含む切片を切り取らねばならぬ．

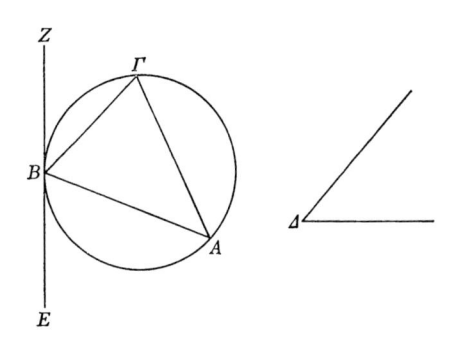

点 B において $AB\Gamma$ に接する EZ がひかれ，直線 ZB 上にその上の点 B において角 $\varDelta$ に等しい角 $ZB\Gamma$ がつくられたとせよ．

そうすれば直線 EZ は円 $AB\Gamma$ に接し，接点 B から $B\Gamma$ がひかれたから，角 $ZB\Gamma$ は反対側の切片 $BA\Gamma$ 内の角に等しい．ところが角 $ZB\Gamma$ は角 $\varDelta$ に等しい．それゆえ切片 $BA\Gamma$ 内の角も角 $\varDelta$ に等しい．

よって与えられた円 $AB\Gamma$ から与えられた直線角 $\varDelta$ に等しい角を含む切片 $BA\Gamma$ が切り取られた．これが作図すべきものであった．

✑ 35 ✑

もし円において二つの弦が互いに交わるならば，一方の弦の二つの部分にかこまれた矩形は他方の弦の二つの部分にかこまれた矩形に等しい．

円 $AB\Gamma\varDelta$ において二つの弦 $A\Gamma$, $B\varDelta$ が点 E において互いに交わるとせよ．AE, $E\Gamma$ にかこまれた矩形は $\varDelta E$, EB にかこまれた矩形に等しいと主張する．

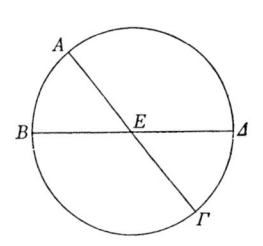

そこでもし $A\Gamma$, $B\varDelta$ が中心を通り，E が円 $AB\Gamma\varDelta$ の中心であるならば，AE, $E\Gamma$, $\varDelta E$, EB は等しいから，AE, $E\Gamma$ にかこまれた矩形も $\varDelta E$, EB にかこまれた矩形に等しいことは明らかである．

次に $A\Gamma$, $\varDelta B$ が中心を通らないとし，円 $AB\Gamma\varDelta$ の中心がとられ，それを Z とし，Z から弦 $A\Gamma$, $\varDelta B$ に垂線 ZH, $Z\Theta$

がひかれ，$ZB, Z\Gamma, ZE$ が結ばれたとせよ。

そうすれば中心を通る線分 HZ が中心を通らない弦 $A\Gamma$ を直角に切るから，それをまた2等分する。それゆえ AH は $H\Gamma$ に等しい。そこで弦 $A\Gamma$ が H において等しい部分に，E において不等な部分に分けられたから，$AE, E\Gamma$ にかこまれた矩形と EH 上の正方形との和は $H\Gamma$ 上の正方形に等しい。双方に HZ 上の正方形が加えられたとせよ。そうすれば矩形 $AE, E\Gamma$ と HE, HZ 上の正方形との和は $\Gamma H, HZ$ 上の正方形の和に等しい。ところが ZE 上の正方形は EH, HZ 上の正方形の和に等しく，$Z\Gamma$ 上の正方形は $\Gamma H, HZ$ 上の正方形の和に等しい。したがって矩形 $AE, E\Gamma$ と ZE 上の正方形との和は $Z\Gamma$ 上の正方形に等しい。ところが $Z\Gamma$ は ZB に等しい。それゆえ矩形 $AE, E\Gamma$ と EZ 上の正方形との和は ZB 上の正方形に等しい。同じ理由で矩形 $\varDelta E, EB$ と ZE 上の正方形との和も ZB 上の正方形に等しい。しかも矩形 $AE, E\Gamma$ と ZE 上の正方形との和は ZB 上の正方形に等しいことも先に証明された。ゆえに矩形 $AE, E\Gamma$ と ZE 上の正方形との和は矩形 $\varDelta E, EB$ と ZE 上の正方形との和に等しい。双方から ZE 上の正方形がひかれたとせよ。そうすれば残りの $AE, E\Gamma$ にかこまれた矩形は $\varDelta E, EB$ にかこまれた矩形に等しい。

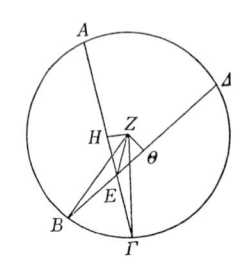

よってもし円において二つの弦が互いに交わるならば，一方の弦の二つの部分にかこまれた矩形は他方の弦の二つの部分にかこまれた矩形に等しい。これが証明すべきことであった。

〜 36 〜

もし円の外部に1点がとられ，それから円に二つの直線がひかれ，それらの一方は円を切り，他方は接するとすれば，切る線分の全体と，外部にその点と凸形の弧との間に切り取られた線分とにかこまれた矩形は接線の上の正方形に等しいであろう。

円 $AB\Gamma$ の外部に任意の点 $\varDelta$ がとられ，$\varDelta$ から円 $AB\Gamma$ に2線分 $\varDelta\Gamma A, \varDelta B$ がひかれたとせよ。そして $\varDelta\Gamma A$ は円 $AB\Gamma$ を切り，$B\varDelta$ は接するとせよ。$A\varDelta, \varDelta\Gamma$ にかこまれた矩形は $\varDelta B$ 上の正方形に等しいと主張する。

そこで $\varDelta\Gamma A$ は中心を通るか通らないかである。まず中心を通るとし，Z を円 $AB\Gamma$ の中心とし，ZB が結ばれたとせよ。そうすれば角 $ZB\varDelta$ は直角である。そして弦 $A\Gamma$ は Z において2等分され，それに $\Gamma\varDelta$ が加えられたから，矩形 $A\varDelta, \varDelta\Gamma$ と $Z\Gamma$ 上の正方形との和は $Z\varDelta$ 上の正方形に等しい。ところが $Z\Gamma$ は ZB に等しい。ゆえに矩形 $A\varDelta, \varDelta\Gamma$ と ZB 上

の正方形との和は $Z\varDelta$ 上の正方形に等しい。そして ZB, $B\varDelta$ 上の正方形の和は $Z\varDelta$ 上の正方形に等しい。したがって矩形 $A\varDelta$, $\varDelta\varGamma$ と ZB 上の正方形との和は ZB, $B\varDelta$ 上の正方形の和に等しい。双方から ZB 上の正方形がひかれたとせよ。そうすれば残りの矩形 $A\varDelta$, $\varDelta\varGamma$ は接線 $\varDelta B$ 上の正方形に等しい。

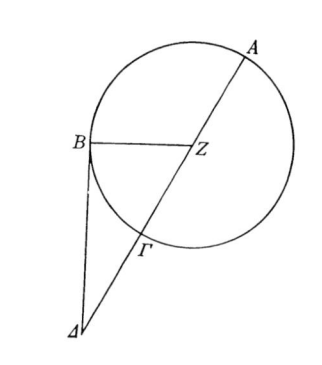

次に $\varDelta\varGamma A$ が円 $AB\varGamma$ の中心を通らないとし，中心 E がとられ，E から $A\varGamma$ に垂線 EZ がひかれ，EB, $E\varGamma$, $E\varDelta$ が結ばれたとせよ。そうすれば角 $EB\varDelta$ は直角である。そして中心を通る線分 EZ が中心を通らない弦 $A\varGamma$ を直角に切るから，それをまた 2 等分する。それゆえ AZ は $Z\varGamma$ に等しい。そして弦 $A\varGamma$ は点 Z において 2 等分され，それに $\varGamma\varDelta$ が加えられたから，矩形 $A\varDelta$, $\varDelta\varGamma$ と $Z\varGamma$ 上の正方形との和は $Z\varDelta$ 上の正方形に等しい。双方に ZE 上の正方形が加えられたとせよ。そうすれば矩形 $A\varDelta$, $\varDelta\varGamma$ と $\varGamma Z$, ZE 上の正方形との和は $Z\varDelta$, ZE 上の正方形の和に等しい。ところが角 $EZ\varGamma$ は直角であるから，$E\varGamma$ 上の正方形は $\varGamma Z$, ZE 上の正方形の和に等しい。そして $E\varDelta$ 上の正方形は $\varDelta Z$, ZE 上の正方形の和に等しい。したがって矩形 $A\varDelta$, $\varDelta\varGamma$ と $E\varGamma$ 上の正方形との和は $E\varDelta$ 上の正方形に等しい。ところが $E\varGamma$ は EB に等しい。それゆえ矩形 $A\varDelta$, $\varDelta\varGamma$ と EB 上の正方形との和は $E\varDelta$ 上の正方形に等しい。また角 $EB\varDelta$ は直角であるから，EB, $B\varDelta$ 上の正方形の和は $E\varDelta$ 上の正方形に等しい。ゆえに矩形 $A\varDelta$, $\varDelta\varGamma$ と EB 上の正方形との和は EB, $B\varDelta$ 上の正方形の和に等しい。双方から EB 上の正方形がひかれたとせよ。残りの矩形 $A\varDelta$, $\varDelta\varGamma$ は $\varDelta B$ 上の正方形に等しい。

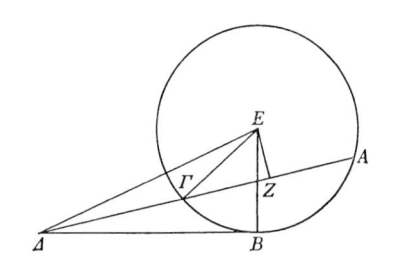

よってもし円の外部に 1 点がとられ，それから円に二つの直線がひかれ，それらの一方は円を切り，他方は接するとすれば，切る線分の全体と，外部にその点と凸形の弧との間に切り取られた線分とにかこまれた矩形は接線の上の正方形に等しいであろう。これが証明すべきことであった。

37

　もし円の外部に1点がとられ、その点から円に二つの直線がひかれ、それらの一方は円を切り、他方は円周上におち、そして切る線分の全体と、外部にその点と凸形の弧との間に切り取られた線分とにかこまれた矩形が円周上におちる線分の上の正方形に等しいならば、円周上におちる線分は円に接するであろう。

　円 $AB\varGamma$ の外部に任意の点 $\varDelta$ がとられ、$\varDelta$ から円 $AB\varGamma$ に2線分 $\varDelta\varGamma A$, $\varDelta B$ がひかれたとし、$\varDelta\varGamma A$ は円を切り、$\varDelta B$ は円周上におちるとし、矩形 $A\varDelta$, $\varDelta\varGamma$ が $\varDelta B$ 上の正方形に等しいとせよ。$\varDelta B$ は円 $AB\varGamma$ に接すると主張する。

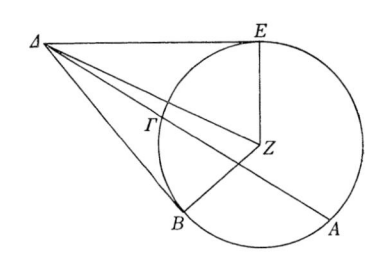

　$AB\varGamma$ に接線 $\varDelta E$ がひかれ、円 $AB\varGamma$ の中心がとられ、それを Z とし、ZE, ZB, $Z\varDelta$ が結ばれたとせよ。そうすれば角 $ZE\varDelta$ は直角である。そして $\varDelta E$ は円 $AB\varGamma$ に接し、$\varDelta\varGamma A$ はそれを切るから、矩形 $A\varDelta$, $\varDelta\varGamma$ は $\varDelta E$ 上の正方形に等しい。ところが矩形 $A\varDelta$, $\varDelta\varGamma$ は $\varDelta B$ 上の正方形にも等しかった。ゆえに $\varDelta E$ 上の正方形は $\varDelta B$ 上の正方形に等しい。したがって $\varDelta E$ は $\varDelta B$ に等しい。ところが ZE も ZB に等しい。そこで2辺 $\varDelta E$, EZ は2辺 $\varDelta B$, $B\varDelta$ に等しい。そして $Z\varDelta$ はそれらの共通な底辺である。それゆえ角 $\varDelta EZ$ は角 $\varDelta BZ$ に等しい。ところが角 $\varDelta EZ$ は直角である。ゆえに角 $\varDelta BZ$ も直角である。そして ZB が延長されれば直径である。そして円の直径にその端から直角にひかれた直線は円に接する。したがって $\varDelta B$ は円 $AB\varGamma$ に接する。中心が $A\varGamma$ 上にあっても、同様にして証明しうる。

　よってもし円の外部に1点がとられ、その点から円に二つの直線がひかれ、それらの一方は円を切り、他方は円周上におち、そして切る線分の全体と、外部にその点と凸形の弧との間に切り取られた線分とにかこまれた矩形が円周上におちる線分の上の正方形に等しいならば、円周上におちる線分は円に接するであろう。これが証明すべきことであった。

第 4 巻

定　義

1. 内接する図形のおのおのの角が，内接される図形のおのおのの辺の上にあるとき，直線図形は直線図形に内接するといわれる。
2. 同様に，外接する図形のおのおのの辺が，外接される図形のおのおのの角に接するとき，図形は図形に外接するといわれる。
3. 内接する図形のおのおのの角が円周上にあるとき，直線図形は円に内接するといわれる。
4. 外接する図形のおのおのの辺が円周に接するとき，直線図形は円に外接するといわれる。
5. 同様に，円周が，内接される図形のおのおのの辺に接するとき，円は図形に内接するといわれる。
6. 円周が外接される図形のおのおのの角に接するとき，円は図形に外接するといわれる。
7. 線分はその両端が円周上にあるとき，円に挿入されるといわれる。

〜 1 〜

与えられた円に円の直径より大きくない与えられた線分に等しい線分を挿入すること。

与えられた円を $AB\varGamma$，円の直径より大きくない与えられた線分を $\varDelta$ とせよ。このとき円 $AB\varGamma$ に線分 $\varDelta$ に等しい線分を挿入せねばならぬ。

円 $AB\varGamma$ の直径 $B\varGamma$ がひかれたとせよ。そうすればもし $B\varGamma$ が $\varDelta$ に等しければ，命じられたことはなされているであろう。なぜなら円 $AB\varGamma$ に線分 $\varDelta$ に等しい $B\varGamma$ が挿入されたから。ところが

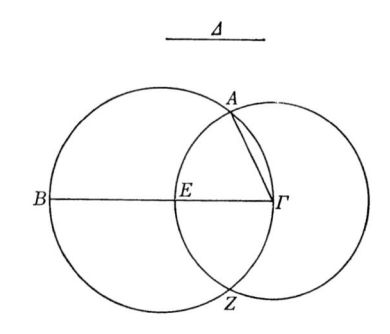

もし $B\Gamma$ が $\varDelta$ より大きければ，ΓE を $\varDelta$ に等しくし，Γ を中心に，ΓE を半径として円 EAZ が描かれ，ΓA が結ばれたとせよ。

そうすれば点 Γ は円 EAZ の中心であるから，ΓA は ΓE に等しい。ところが ΓE は $\varDelta$ に等しい。それゆえ $\varDelta$ は ΓA に等しい。

よって与えられた円 $AB\Gamma$ に与えられた線分 $\varDelta$ に等しい ΓA が挿入された。これが作図すべきものであった。

2

与えられた円に与えられた三角形に等角な三角形を内接させること。

与えられた円を $AB\Gamma$，与えられた三角形を $\varDelta EZ$ とせよ。このとき円 $AB\Gamma$ に三角形 $\varDelta EZ$ に等角な三角形を内接させねばならぬ。

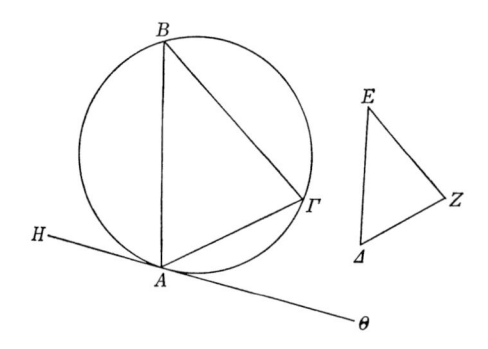

円 $AB\Gamma$ に A で接する $H\Theta$ がひかれ，直線 $A\Theta$ 上にその上の点 A において角 $\varDelta EZ$ に等しい角 $\Theta A\Gamma$ が，直線 AH 上にその上の点 A において角 $\varDelta ZE$ に等しい角 HAB がつくられたとし，$B\Gamma$ が結ばれたとせよ。

そうすれば直線 $A\Theta$ は円 $AB\Gamma$ に接し，接点 A から円に弦 $A\Gamma$ がひかれたから，角 $\Theta A\Gamma$ は円の反対側の切片内の角 $AB\Gamma$ に等しい。ところが角 $\Theta A\Gamma$ は角 $\varDelta EZ$ に等しい。それゆえ角 $AB\Gamma$ も角 $\varDelta EZ$ に等しい。同じ理由で角 $A\Gamma B$ も角 $\varDelta ZE$ に等しい。ゆえに残りの角 $BA\Gamma$ も残りの角 $E\varDelta Z$ に等しい。

よって与えられた円に与えられた三角形に等角な三角形が内接された。これが作図すべきものであった。

3

与えられた円に与えられた三角形と等角な三角形を外接させること。

与えられた円を $AB\Gamma$，与えられた三角形を ΔEZ とせよ。このとき円 $AB\Gamma$ に三角形 ΔEZ に等角な三角形を外接させねばならぬ。

EZ が両側に点 H, Θ まで延長され，円 $AB\Gamma$ の中心 K がとられ，任意に線分 KB がひかれ，線分 KB にその上の点 K において角 ΔEH に等しい角 BKA が，角 $\Delta Z\Theta$ に等しい角 $BK\Gamma$ がつくられ，点 A, B, Γ を通り円 $AB\Gamma$ に接線 ΛAM, MBN, $N\Gamma\Lambda$ がひかれたとせよ。

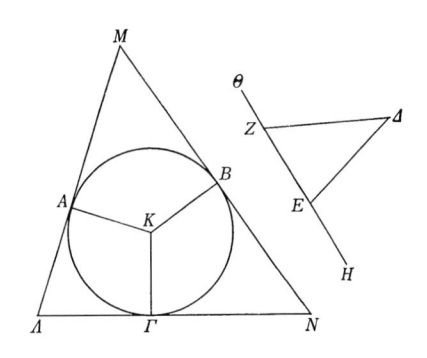

そうすれば ΛM, MN, $N\Lambda$ は点 A, B, Γ で円 $AB\Gamma$ に接し，中心 K から点 A, B, Γ に KA, KB, $K\Gamma$ が結ばれたから，点 A, B, Γ における角は直角である。そして $AMBK$ は二つの三角形に分けられるから，四辺形 $AMBK$ の四つの角の和は4直角に等しく，そして角 KAM と KBM は直角であるから，残りの角 AKB, AMB の和は2直角に等しい。ところが角 ΔEH, ΔEZ の和も2直角に等しい。それゆえ角 AKB, AMB の和は角 ΔEH, ΔEZ の和に等しく，そのうち角 AKB は角 ΔEH に等しい。ゆえに残りの角 AMB は残りの角 ΔEZ に等しい。同様にして角 ΛNB が角 ΔZE に等しいことも証明されうる。したがって残りの角 $M\Lambda N$ も角 $E\Delta Z$ に等しい。ゆえに三角形 ΛMN は三角形 ΔEZ に等角である。そして円 $AB\Gamma$ に外接されている。

よって与えられた円に与えられた三角形に等角な三角形が外接された。これが作図すべきものであった。

4

与えられた三角形に円を内接させること。

与えられた三角形を $AB\Gamma$ とせよ。このとき三角形 $AB\Gamma$ に円を内接させねばならぬ。角 $AB\Gamma$, $A\Gamma B$ が線分 $B\Delta$, $\Gamma\Delta$ によって2等分され，点 Δ において相会するとし，Δ か

ら線分 AB, $B\Gamma$, ΓA に垂線 $\varDelta E$, $\varDelta Z$, $\varDelta H$ がひかれたとせよ。

そうすれば角 $AB\varDelta$ は角 $\Gamma B\varDelta$ に等しく，直角 $BE\varDelta$ は直角 $BZ\varDelta$ に等しいから，$EB\varDelta$, $ZB\varDelta$ は2角が2角に等しく，1辺が1辺に等しい，すなわち等しい角の一つに対する辺 $B\varDelta$ を共有する二つの三角形である。それゆえ残りの辺も残りの辺に等しいであろう。ゆえに $\varDelta E$ は $\varDelta Z$ に等しい。同じ理由で $\varDelta H$ も $\varDelta Z$ に等しい。したがって3線分 $\varDelta E$, $\varDelta Z$, $\varDelta H$ は互いに等しい。それゆえ $\varDelta$ を中心とし，$\varDelta E$, $\varDelta Z$, $\varDelta H$ の一つを半径として円が描かれれば，残りの点をも通り，そして点 E, Z, H における角が直角であるから，線分 AB, $B\Gamma$, ΓA に接するであろう。なぜなら，もし交わるならば，円の直径にその端から直角にひかれた直線が円の内部におちることになるであろう。これは不合理であることが証明された。ゆえに $\varDelta$ を中心とし，$\varDelta E$, $\varDelta Z$, $\varDelta H$ の一つを半径として描かれた円は線分 AB, $B\Gamma$, ΓA と交わらないであろう。したがってそれらに接し，三角形 $AB\Gamma$ に内接された円であろう。それが ZHE のように内接されたとせよ。

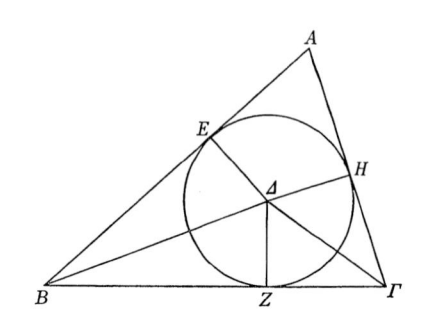

よって与えられた三角形 $AB\Gamma$ に円 EZH が内接された。これが作図すべきものであった。

5

与えられた三角形に円を外接させること。

与えられた三角形を $AB\Gamma$ とせよ。与えられた三角形 $AB\Gamma$ に円を外接させねばならぬ。

線分 AB, $A\Gamma$ が点 $\varDelta$, E において2等分され，点 $\varDelta$, E から AB, $A\Gamma$ に直角に $\varDelta Z$, EZ がひかれたとせよ。するとそれらは三角形 $AB\Gamma$ の内部か線分 $B\Gamma$ 上かまたは $B\Gamma$ の外部で相会するであろう。

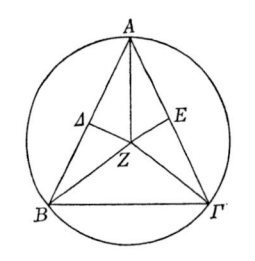

まず内部で Z において相会するとし，ZB, $Z\Gamma$, ZA が結ばれたとせよ。そうすれば $A\varDelta$ は $\varDelta B$ に等しく，$\varDelta Z$ は共通でかつ直角をなすから，底辺 AZ は底辺 ZB に等しい。同様にして ΓZ が AZ に等しいことも証明しうる。それゆえ ZB も $Z\Gamma$ に等しい。ゆえに3線分 ZA, ZB, $Z\Gamma$ は互いに等しい。したがって Z を中心とし，

ZA, ZB, $Z\Gamma$ の一つを半径として円が描かれれば，残りの点をも通り，そしてこの円は三角形 $AB\Gamma$ に外接されるであろう。$AB\Gamma$ のように外接されたとせよ。

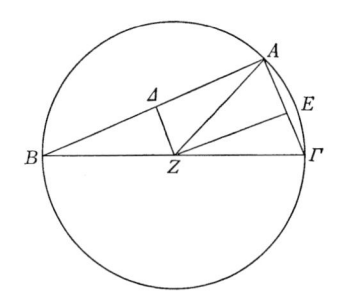

次に第2図のように $\varDelta Z$, EZ が線分 $B\Gamma$ 上で Z において相会するとし，AZ が結ばれたとせよ。同様にして点 Z は三角形 $AB\Gamma$ に外接される円の中心であることを証明しうる。

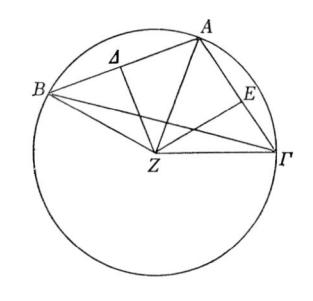

さらにまた第3図のように $\varDelta Z$, EZ が三角形 $AB\Gamma$ の外部で Z において相会するとし，AZ, BZ, ΓZ が結ばれたとせよ。そうすればまた $A\varDelta$ は $\varDelta B$ に等しく，$\varDelta Z$ は共通でかつ直角をなすから，底辺 AZ は底辺 BZ に等しい。同様にして ΓZ が AZ に等しいことも証明しうる。それゆえ BZ も $Z\Gamma$ に等しい。ゆえに Z を中心とし，ZA, ZB, $Z\Gamma$ の一つを半径として円が描かれれば，残りの点をも通り，三角形 $AB\Gamma$ に外接されているであろう。

よって与えられた三角形に円が外接された。これが作図すべきものであった。

そして次のことは明らかである，すなわち円の中心が 三角形の内部に おちるときには，角 $BA\Gamma$ は半円より大きい切片内にあるから，直角より小さく，中心が線分 $B\Gamma$ 上におちるときには，角 $BA\Gamma$ は半円内にあるから，直角である。また円の中心が三角形の外部におちるときには，角 $BA\Gamma$ は半円より小さい切片内にあるから，直角より大きい。

⚬ 6 ⚬

与えられた円に正方形を内接させること。

　　　　　与えられた円を $AB\Gamma\varDelta$ とせよ。このとき円 $AB\Gamma\varDelta$ に正方形を内接させねばならぬ。
円 $AB\Gamma\varDelta$ の二つの直径 $A\Gamma$, $B\varDelta$ が互いに直角をなすようにひかれ，AB, $B\Gamma$, $\Gamma\varDelta$, $\varDelta A$ が結ばれたとせよ。

そうすれば E は中心であるから，BE は $E\varDelta$ に等しく，EA は共通でかつ直角をなすから，底辺 AB は底辺 $A\varDelta$ に等しい。同じ理由で $B\Gamma$, $\Gamma\varDelta$ の双方も AB, $A\varDelta$ の双方に等しい。それゆえ四辺形 $AB\Gamma\varDelta$ は等辺である。次いで方形でもあると主張する。線分 $B\varDelta$ は円 $AB\Gamma\varDelta$

の直径であるから，$BA\varDelta$ は半円である。それゆえ角 $BA\varDelta$ は直角である。同じ理由で角 $AB\varGamma$, $B\varGamma\varDelta$, $\varGamma\varDelta A$ のおのおのも直角である。したがって四辺形 $AB\varGamma\varDelta$ は方形である。ところが等辺であることも先に証明された。ゆえに正方形である。そして円 $AB\varGamma\varDelta$ に内接された。

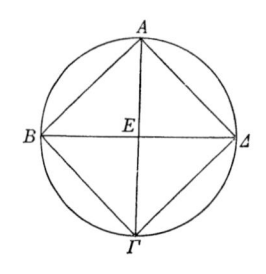

よって与えられた円に正方形 $AB\varGamma\varDelta$ が内接された。これが作図すべきものであった。

7

与えられた円に正方形を外接させること。

与えられた円を $AB\varGamma\varDelta$ とせよ。このとき円 $AB\varGamma\varDelta$ に正方形を外接させねばならぬ。

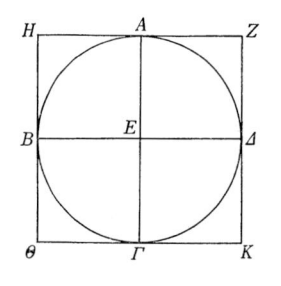

円 $AB\varGamma\varDelta$ の二つの直径 $A\varGamma$, $B\varDelta$ が互いに直角にひかれ，点 A, B, $\varGamma$, $\varDelta$ を通り，円 $AB\varGamma\varDelta$ に接線 ZH, $H\varTheta$, $\varTheta K$, KZ がひかれたとせよ。

そうすれば ZH は円 $AB\varGamma\varDelta$ に接し，中心 E から接点 A へ EA が結ばれたから，A における角は直角である。同じ理由で点 B, $\varGamma$, $\varDelta$ における角も直角である。そして角 AEB は直角であり，角 EBH も直角であるから，$H\varTheta$ は $A\varGamma$ に平行である。同じ理由で $A\varGamma$ も ZK に平行である。それゆえ $H\varTheta$ も ZK に平行である。同様にして HZ, $\varTheta K$ の双方も $BE\varDelta$ に平行であることを証明しうる。ゆえに HK, $H\varGamma$, AK, ZB, BK は平行四辺形である。したがって HZ は $\varTheta K$ に，$H\varTheta$ は ZK に等しい。そして $A\varGamma$ は $B\varDelta$ に等しく，$A\varGamma$ はまた $H\varTheta$, ZK の双方に，$B\varDelta$ は HZ, $\varTheta K$ の双方に等しいから，四辺形 $ZH\varTheta K$ は等辺である。次に方形でもあると主張する。$HBEA$ は平行四辺形であり，角 AEB は直角であるから，角 AHB も直角である。同様にして $\varTheta$, K, Z における角も直角であることを証明しうる。それゆえ $ZH\varTheta K$ は方形である。ところが等辺であることも先に証明された。ゆえに正方形である。そして円 $AB\varGamma\varDelta$ に外接された。

よって与えられた円に正方形が外接された。これが作図すべきものであった。

8

与えられた正方形に円を内接させること。

　　　　与えられた正方形を $AB\varGamma\varDelta$ とせよ。このとき正方形 $AB\varGamma\varDelta$ に円を内接させねばならぬ。
$A\varDelta$, AB の双方が点 E, Z で2等分され，E を通り AB, $\varGamma\varDelta$ のどちらかに平行に $E\varTheta$ がひかれ，Z を通り $A\varDelta$, $B\varGamma$ のどちらかに平行に ZK がひかれたとせよ。そうすれば AK, KB, $A\varTheta$, $\varTheta\varDelta$, AH, $H\varGamma$, BH, $H\varDelta$ のおのおのは平行四辺形であり，それらの対辺は明らかに等しい。そして $A\varDelta$ は AB に等しく，AE は $A\varDelta$ の半分であり，AZ は AB の半分であるから，AE は AZ に等しい。それゆえ対辺も等しい。ゆえに ZH も HE に等しい。同様にして $H\varTheta$, HK の双方は ZH, HE の双方に等しいことも証明しうる。したがって HE, HZ, $H\varTheta$, HK の四つは互いに等しい。それゆえ H を中心とし，HE, HZ, $H\varTheta$, HK の一つを半径として円が描かれれば，残りの点をも通るであろう。そして E, Z, $\varTheta$, K における角は直角であるから，AB, $B\varGamma$, $\varGamma\varDelta$, $\varDelta A$ に接するであろう。なぜならもし円が AB, $B\varGamma$, $\varGamma\varDelta$, $\varDelta A$ と交わるならば，円の直径にその端から直角にひかれた直線が円の内部におちることになるであろう。これは不合理であることが証明された。ゆえに H を中心とし，HE, HZ, $H\varTheta$, HK の一つを半径とする円が描かれれば，線分 AB, $B\varGamma$, $\varGamma\varDelta$, $\varDelta A$ と交わらないであろう。したがってそれらに接し正方形 $AB\varGamma\varDelta$ に内接されているであろう。

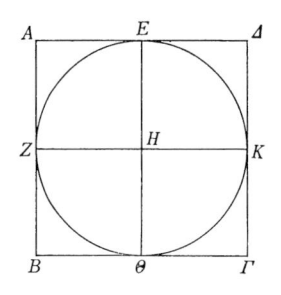

よって与えられた正方形に円が内接された。これが作図すべきものであった。

9

与えられた正方形に円を外接させること。

　　　　与えられた正方形を $AB\varGamma\varDelta$ とせよ。このとき正方形 $AB\varGamma\varDelta$ に円を外接させねばならぬ。
$A\varGamma$, $B\varDelta$ が結ばれ，E において互いに交わるとせよ。
そうすれば $\varDelta A$ は AB に等しく，$A\varGamma$ は共通であるから，2辺 $\varDelta A$, $A\varGamma$ は2辺 BA, $A\varGamma$ に等しい。そして底辺 $\varDelta\varGamma$ は底辺 $B\varGamma$ に等しい。それゆえ角 $\varDelta A\varGamma$ は角 $BA\varGamma$ に等しい。

ゆえに角 $\varDelta AB$ は $A\varGamma$ によって2等分された。同様にして角 $AB\varGamma$, $B\varGamma\varDelta$, $\varGamma\varDelta A$ のおのおのが線分 $A\varGamma$, $\varDelta B$ によって2等分されたことを証明しうる。そして角 $\varDelta AB$ は $AB\varGamma$ に等しく，角 EAB は 角 $\varDelta AB$ の半分であり，角 EBA は角 $AB\varGamma$ の半分であるから，角 EAB も角 EBA に等しい。したがって辺 EA も EB に等しい。同様にして EA, EB の双方が $E\varGamma$, $E\varDelta$ の双方に等しいことも証明しうる。

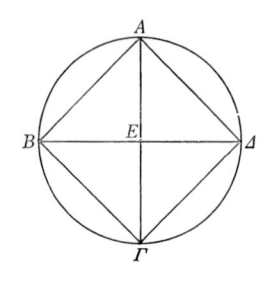

それゆえ EA, EB, $E\varGamma$, $E\varDelta$ の四つは互いに等しい。ゆえに E を中心とし，EA, EB, $E\varGamma$, $E\varDelta$ の一つを半径として円が描かれれば，残りの点をも通り，正方形 $AB\varGamma\varDelta$ に外接されているであろう。$AB\varGamma\varDelta$ のように外接されたとせよ。

よって与えられた正方形に円が外接された。これが作図すべきものであった。

❦ 10 ❧

底辺における角の双方が残りの角の2倍である二等辺三角形をつくること。

線分 AB がひかれ，点 $\varGamma$ において分けられ，AB, $B\varGamma$ にかこまれた矩形が $\varGamma A$ 上の正方形に等しくなるようにせよ。A を中心とし，AB を半径として円 $B\varDelta E$ が描かれ，円 $B\varDelta E$ に円 $B\varDelta E$ の直径より大きくない線分 $A\varGamma$ に等しい線分 $B\varDelta$ が挿入されたとせよ。そして $A\varDelta$, $\varDelta\varGamma$ が結ばれ，三角形 $A\varGamma\varDelta$ に円 $A\varGamma\varDelta$ が外接されたとせよ。

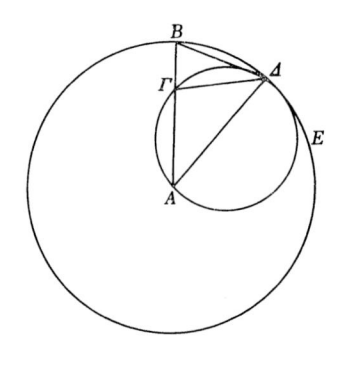

そうすれば矩形 AB, $B\varGamma$ は $A\varGamma$ 上の正方形に等しく，$A\varGamma$ は $B\varDelta$ に等しいから，矩形 AB, $B\varGamma$ は $B\varDelta$ 上の正方形に等しい。そして円 $A\varGamma\varDelta$ の外部に任意の点 B がとられ，B から円 $A\varGamma\varDelta$ に2線分 BA, $B\varDelta$ がひかれ，それらの一方が円を切り，他方が円周上におち，矩形 AB, $B\varGamma$ は $B\varDelta$ 上の正方形に等しいから，$B\varDelta$ は円 $A\varGamma\varDelta$ に接する。そこで $B\varDelta$ が接し，$\varDelta\varGamma$ が接点 $\varDelta$ からひかれたから，角 $B\varDelta\varGamma$ は円の反対側の切片内の角 $\varDelta A\varGamma$ に等しい。そこで角 $B\varDelta\varGamma$ は角 $\varDelta A\varGamma$ に等しいから，双方に角 $\varGamma\varDelta A$ が加えられたとせよ。そうすれば角 $B\varDelta A$ 全体は2角 $\varGamma\varDelta A$, $\varDelta A\varGamma$ の和に等しい。ところが外角 $B\varGamma\varDelta$ は角 $\varGamma\varDelta A$, $\varDelta A\varGamma$ の和に等しい。ゆえに角 $B\varDelta A$ も角 $B\varGamma\varDelta$ に等しい。また辺 $A\varDelta$ は AB に等しいから，角 $B\varDelta A$ は角 $\varGamma B\varDelta$ に

等しい。したがって角 $\varDelta BA$ も角 $B\varGamma\varDelta$ に等しい。それゆえ三つの角 $B\varDelta A$, $\varDelta BA$, $B\varGamma\varDelta$ は互いに等しい。そして角 $\varDelta B\varGamma$ は角 $B\varGamma\varDelta$ に等しいから，辺 $B\varDelta$ も辺 $\varDelta\varGamma$ に等しい。ところが $B\varDelta$ は $\varGamma A$ に等しいと仮定されている。ゆえに $\varGamma A$ も $\varGamma\varDelta$ に等しい。したがって角 $\varGamma\varDelta A$ も角 $\varDelta A\varGamma$ に等しい。それゆえ角 $\varGamma\varDelta A$, $\varDelta A\varGamma$ の和は角 $\varDelta A\varGamma$ の2倍である。そして角 $B\varGamma\varDelta$ は角 $\varGamma\varDelta A$, $\varDelta A\varGamma$ の和に等しい。ゆえに角 $B\varGamma\varDelta$ も角 $\varGamma A\varDelta$ の2倍である。ところが角 $B\varGamma\varDelta$ は角 $B\varDelta A$, $\varDelta BA$ の双方に等しい。したがって角 $B\varDelta A$, $\varDelta BA$ の双方は角 $\varDelta AB$ の2倍である。

よって底辺 $\varDelta B$ における角の双方が残りの角の2倍である二等辺三角形 $AB\varDelta$ がつくられた。これが作図すべきものであった。

11

与えられた円に等辺等角な五角形を内接させること。

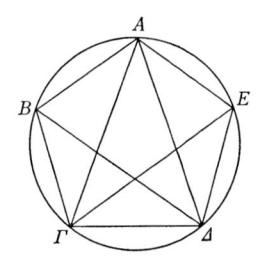

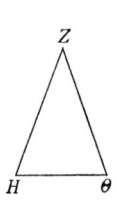

与えられた円を $AB\varGamma\varDelta E$ とせよ。このとき円 $AB\varGamma\varDelta E$ に等辺等角な五角形を内接させねばならぬ。

H, $\varTheta$ における角の双方が Z における角の2倍である二等辺三角形 $ZH\varTheta$ が定められ，円 $AB\varGamma\varDelta E$ に三角形 $ZH\varTheta$ に等角な三角形 $A\varGamma\varDelta$ が内接され，角 $\varGamma A\varDelta$ が Z における角に等しくなるようにし，角 $A\varGamma\varDelta$, $\varGamma\varDelta A$ の双方が H, $\varTheta$ における角の双方に等しくなるようにせよ。そうすれば角 $A\varGamma\varDelta$, $\varGamma\varDelta A$ の双方は角 $\varGamma A\varDelta$ の2倍である。そこで角 $A\varGamma\varDelta$, $\varGamma\varDelta A$ の双方が線分 $\varGamma E$, $\varDelta B$ の双方によって2等分され，AB, $B\varGamma$, $\varDelta E$, EA が結ばれたとせよ。

そうすれば角 $A\varGamma\varDelta$, $\varGamma\varDelta A$ の双方は角 $\varGamma A\varDelta$ の2倍であり，線分 $\varGamma E$, $\varDelta B$ によって2等分されているから，五つの角 $\varDelta A\varGamma$, $A\varGamma E$, $E\varGamma\varDelta$, $\varGamma\varDelta B$, $B\varDelta A$ は互いに等しい。ところが等しい角は等しい弧の上に立つ。それゆえ五つの弧 AB, $B\varGamma$, $\varGamma\varDelta$, $\varDelta E$, EA は互いに等しい。また等しい弧には等しい弦が対する。ゆえに五つの弦 AB, $B\varGamma$, $\varGamma\varDelta$, $\varDelta E$, EA は互いに等しい。したがって五角形 $AB\varGamma\varDelta E$ は等辺である。次に等角でもあると主張する。弧 AB は弧 $\varDelta E$ に等しいから，双方に $B\varGamma\varDelta$ が加えられたとせよ。そうすれば弧 $AB\varGamma$ 全体は弧 $E\varDelta\varGamma B$ 全体に等しい。そして角 $AE\varDelta$ は弧 $AB\varGamma\varDelta$ 上に立ち，角 BAE は弧 $E\varDelta\varGamma B$ 上に立

つ。ゆえに角 BAE も角 $AE\varDelta$ に等しい。同じ理由で角 $AB\varGamma$, $B\varGamma\varDelta$, $\varGamma\varDelta E$ のおのおのも角 BAE, $AE\varDelta$ の双方に等しい。したがって五角形 $AB\varGamma\varDelta E$ は等角である。ところが等辺であることも先に証明された。

よって与えられた円に等辺等角な五角形が内接された。これが作図すべきものであった。

❦ 12 ❧

与えられた円に等辺等角な五角形を外接させること。

与えられた円を $AB\varGamma\varDelta E$ とせよ。円 $AB\varGamma\varDelta E$ に等辺等角な五角形を外接させねばならぬ。

A, B, $\varGamma$, $\varDelta$, E が内接された五角形の角の点と考えられ、弧 AB, $B\varGamma$, $\varGamma\varDelta$, $\varDelta E$, EA が等しいとせよ。A, B, $\varGamma$, $\varDelta$, E を通って円の接線 $H\varTheta$, $\varTheta K$, $K\varLambda$, $\varLambda M$, MH がひかれ、円 $AB\varGamma\varDelta E$ の中心 Z がとられ、ZB, ZK, $Z\varGamma$, $Z\varLambda$, $Z\varDelta$ が結ばれたとせよ。

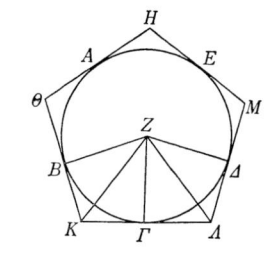

そうすれば線分 $K\varLambda$ は $AB\varGamma\varDelta E$ に $\varGamma$ において接し、中心 Z から接点 $\varGamma$ に $Z\varGamma$ が結ばれたから、$Z\varGamma$ は $K\varLambda$ に垂直である。それゆえ $\varGamma$ における角のおのおのは直角である。同じ理由で点 B, $\varDelta$ における角も直角である。そして角 $Z\varGamma K$ は直角であるから、ZK 上の正方形は $Z\varGamma$, $\varGamma K$ 上の正方形の和に等しい。同じ理由で ZK 上の正方形も ZB, BK 上の正方形の和に等しい。ゆえに $Z\varGamma$, $\varGamma K$ 上の正方形の和は ZB, BK 上の正方形の和に等しく、そのうち $Z\varGamma$ 上の正方形は ZB 上の正方形に等しい。したがって残りの $\varGamma K$ 上の正方形は BK 上の正方形に等しい。それゆえ BK は $\varGamma K$ に等しい。そして ZB は $Z\varGamma$ に等しく、ZK は共通であるから、2辺 BZ, ZK は2辺 $\varGamma Z$, ZK に等しい。そして底辺 BK は底辺 $\varGamma K$ に等しい。ゆえに角 BZK は角 $KZ\varGamma$ に等しい。ところが角 BKZ は角 $ZK\varGamma$ に等しい。したがって角 $BZ\varGamma$ は角 $KZ\varGamma$ の、角 $BK\varGamma$ は角 $ZK\varGamma$ の2倍である。同じ理由で角 $\varGamma Z\varDelta$ も角 $\varGamma Z\varLambda$ の、角 $\varDelta\varLambda\varGamma$ も角 $Z\varLambda\varGamma$ の2倍である。そして弧 $B\varGamma$ は $\varGamma\varDelta$ に等しいから、角 $BZ\varGamma$ も角 $\varGamma Z\varDelta$ に等しい。そして角 $BZ\varGamma$ は角 $KZ\varGamma$ の、角 $\varDelta Z\varGamma$ は角 $\varLambda Z\varGamma$ の2倍である。それゆえ角 $KZ\varGamma$ も角 $\varLambda Z\varGamma$ に等しい。ところが角 $Z\varGamma K$ は角 $Z\varGamma\varLambda$ に等しい。ゆえに $ZK\varGamma$, $Z\varLambda\varGamma$ は2角が2角に等しく、1辺が1辺に等しい、すなわちそれらに共通な $Z\varGamma$ をもつ二つの三角形である。したがって残りの辺も残りの辺に、残りの角も残りの角に等しいであろう。それゆえ線分 $K\varGamma$ は $\varGamma\varLambda$ に、角 $ZK\varGamma$ は角 $Z\varLambda\varGamma$ に等しい。そして $K\varGamma$

は $\varGamma\varLambda$ に等しいから，$K\varLambda$ は $K\varGamma$ の 2 倍である。同じ理由で $\varTheta K$ も BK の 2 倍であることが証明されうる。そして BK は $K\varGamma$ に等しい。ゆえに $\varTheta K$ も $K\varLambda$ に等しい。同様にして $\varTheta H$, HM, $M\varLambda$ のおのおのが $\varTheta K$, $K\varLambda$ の双方に等しいことも証明されうる。したがって五角形 $H\varTheta K\varLambda M$ は等辺である。次に等角でもあると主張する。角 $ZK\varGamma$ は角 $Z\varLambda\varGamma$ に等しく，角 $\varTheta K\varLambda$ は角 $ZK\varGamma$ の 2 倍であり，角 $K\varLambda M$ は角 $Z\varLambda\varGamma$ の 2 倍であることが証明されたから，角 $\varTheta K\varLambda$ も角 $K\varLambda M$ に等しい。同様にして角 $K\varTheta H$, $\varTheta HM$, $HM\varLambda$ のおのおのも角 $\varTheta K\varLambda$, $K\varLambda M$ の双方に等しいことが証明されうる。それゆえ五つの角 $H\varTheta K$, $\varTheta K\varLambda$, $K\varLambda M$, $\varLambda MH$, $MH\varTheta$ は互いに等しい。ゆえに五角形 $H\varTheta K\varLambda M$ は等角である。ところが等辺であることも証明され，円 $AB\varGamma\varDelta E$ に外接された。これが作図すべきものであった。

〜 13 〜

与えられた等辺等角な五角形に円を内接させること。

与えられた等辺等角な五角形を $AB\varGamma\varDelta E$ とせよ。このとき五角形 $AB\varGamma\varDelta E$ に円を内接させねばならぬ。

角 $B\varGamma\varDelta$, $\varGamma\varDelta E$ の双方が線分 $\varGamma Z$, $\varDelta Z$ の双方によって 2 等分されたとせよ。そして線分 $\varGamma Z$, $\varDelta Z$ が相会する点 Z から線分 ZB, ZA, ZE が結ばれたとせよ。そうすれば $B\varGamma$ は $\varGamma\varDelta$ に等しく，$\varGamma Z$ は共通であるから，2 辺 $B\varGamma$, $\varGamma Z$ は 2 辺 $\varDelta\varGamma$, $\varGamma Z$ に等しい。そして角 $B\varGamma Z$ は角 $\varDelta\varGamma Z$ に等しい。それゆえ底辺 BZ は底辺 $\varDelta Z$ に等しく，三角形 $B\varGamma Z$ は三角形 $\varDelta\varGamma Z$ に等しく，残りの角は残りの角に，すなわち等しい辺が対する角は等しいであろう。ゆえに角 $\varGamma BZ$ は角 $\varGamma\varDelta Z$ に等しい。そして角 $\varGamma\varDelta E$ は角 $\varGamma\varDelta Z$ の 2 倍であり，角 $\varGamma\varDelta E$ は角 $AB\varGamma$ に，角 $\varGamma\varDelta Z$ は角 $\varGamma BZ$ に等しいから，角 $\varGamma BA$ も角 $\varGamma BZ$ の 2 倍である。したがって角 ABZ は角 $ZB\varGamma$ に等しい。それゆえ角 $AB\varGamma$ は線分 BZ によって 2 等分された。同様にして角 BAE, $AE\varDelta$ の双方も線分 ZA, ZE の双方によって 2 等分されたことが証明されうる。そして点 Z から線分 AB, $B\varGamma$, $\varGamma\varDelta$, $\varDelta E$, EA に垂線 ZH, $Z\varTheta$, ZK, $Z\varLambda$, ZM がひかれたとせよ。そうすれば角 $\varTheta\varGamma Z$ は角 $K\varGamma Z$ に等しく，直角 $Z\varTheta\varGamma$ は角 $ZK\varGamma$ に等しいから，$Z\varTheta\varGamma$, $ZK\varGamma$ は 2 角が 2 角に等しく 1 辺が 1 辺に等しい，すなわち等しい角の一つに対する辺 $Z\varGamma$ を共有する二つの三角形である。それゆえ残りの辺も残りの辺に等しいであろ

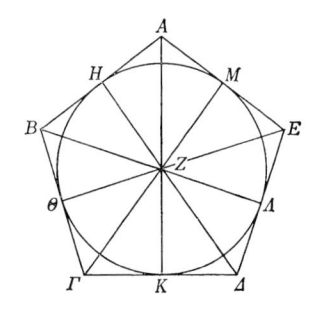

う。ゆえに垂線 $Z\Theta$ は垂線 ZK に等しい。同様にして $Z\Lambda$, ZM, ZH のおのおのが $Z\Theta$, ZK の双方に等しいことも証明されうる。したがって五つの線分 ZH, $Z\Theta$, ZK, $Z\Lambda$, ZM は互いに等しい。それゆえ Z を中心とし，ZH, $Z\Theta$, ZK, $Z\Lambda$, ZM の一つを半径として円が描かれれば，残りの点をも通り，そして点 H, Θ, K, Λ, M における角が直角であるから，線分 AB, $B\Gamma$, $\Gamma\Delta$, ΔE, EA に接するであろう。なぜならもしそれらに接しないで，それらと交わるならば，円の直径にその端から直角にひかれた直線が円の内部におちることになるであろう。これが不合理であることは先に証明された。それゆえ Z を中心とし，線分 ZH, $Z\Theta$, ZK, $Z\Lambda$, ZM の一つを半径として円が描かれれば，線分 AB, $B\Gamma$, $\Gamma\Delta$, ΔE, EA と交わらないであろう。ゆえにそれらに接するであろう。$H\Theta K\Lambda M$ のように描かれたとせよ。

よって与えられた等辺等角な五角形に円が内接された。これが作図すべきものであった。

14

与えられた等辺等角な五角形に円を外接させること。

与えられた等辺等角な五角形を $AB\Gamma\Delta E$ とせよ。このとき五角形 $AB\Gamma\Delta E$ に円を外接させねばならぬ。

角 $B\Gamma\Delta$, $\Gamma\Delta E$ の双方が線分 ΓZ, ΔZ の双方によって2等分され，2線分が相会する点 Z から，点 B, A, E に線分 ZB, ZA, ZE が結ばれたとせよ。そうすればこの前と同様にして，角 ΓBA, BAE, $AE\Delta$ のおのおのも線分 ZB, ZA, ZE のおのおのによって2等分されたことが証明されうる。そして角 $B\Gamma\Delta$ は角 $\Gamma\Delta E$ に等しく，角 $Z\Gamma\Delta$ は角 $B\Gamma\Delta$ の半分であり，角 $\Gamma\Delta Z$ は角 $\Gamma\Delta E$ の半分であるから，角 $Z\Gamma\Delta$ も角 $Z\Delta\Gamma$ に等しい。それゆえ辺 $Z\Gamma$ も辺 $Z\Delta$ に等しい。同様にして ZB, ZA, ZE のおのおのも $Z\Gamma$, $Z\Delta$ の双方に等しいことが証明されうる。ゆえに五つの線分 ZA, ZB, $Z\Gamma$, $Z\Delta$, ZE は互いに等しい。したがって Z を中心とし，ZA, ZB, $Z\Gamma$, $Z\Delta$, ZE の一つを半径として円が描かれれば，残りの点をも通り，そして外接されているであろう。外接されたとし，それを $AB\Gamma\Delta E$ とせよ。

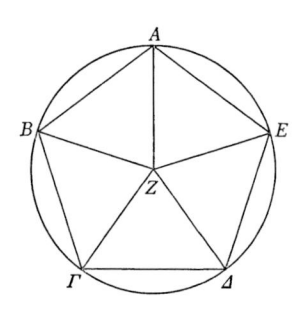

よって与えられた等辺等角な五角形に円が外接された。これが作図すべきものであった。

15

与えられた円に等辺等角な六角形を内接させること。

与えられた円を $AB\varGamma\varDelta EZ$ とせよ。このとき円 $AB\varGamma\varDelta EZ$ に等辺等角な六角形を内接させねばならぬ。

円 $AB\varGamma\varDelta EZ$ の直径 $A\varDelta$ がひかれ，円の中心 H がとられ，$\varDelta$ を中心とし，$\varDelta H$ を半径として円 $EH\varGamma\varTheta$ が描かれ，EH，$\varGamma H$ が結ばれ，点 B，Z まで延長され，AB，$B\varGamma$，$\varGamma\varDelta$，$\varDelta E$，EZ，ZA が結ばれたとせよ。六角形 $AB\varGamma\varDelta EZ$ は等辺等角であると主張する。

点 H は円 $AB\varGamma\varDelta EZ$ の中心であるから，HE は $H\varDelta$ に等しい。また点 $\varDelta$ は円 $H\varGamma\varTheta$ の中心であるから，$\varDelta E$ は $\varDelta H$ に等しい。ところが HE が $H\varDelta$ に等しいことは先に証明された。それゆえ HE も $E\varDelta$ に等しい。ゆえに三角形 $EH\varDelta$ は等辺である。したがってその三つの角 $EH\varDelta$，$H\varDelta E$，$\varDelta EH$ も互いに等しい。なぜなら二等辺三角形の底辺における角は互いに等しいから。そして三角形の三つの角の和は 2 直角に等しい。それゆえ角 $EH\varDelta$ は 2 直角の 3 分の 1 である。同様にして角 $\varDelta H\varGamma$ も 2 直角の 3 分の 1 であることが証明されうる。そして EB 上に立つ線分 $\varGamma H$ が接角 $EH\varGamma$，$\varGamma HB$ の和を 2 直角に等しくするから，残りの角 $\varGamma HB$ も 2 直角の 3 分の 1 である。ゆえに角 $EH\varDelta$，$\varDelta H\varGamma$，$\varGamma HB$ は互いに等しい。したがってそれらの対頂角 BHA，AHZ，ZHE も等しい。それゆえ六つの角 $EH\varDelta$，$\varDelta H\varGamma$，$\varGamma HB$，BHA，AHZ，ZHE は互いに等しい。ところが等しい角は等しい弧の上に立つ。ゆえに六つの弧 AB，$B\varGamma$，$\varGamma\varDelta$，$\varDelta E$，EZ，ZA は互いに等しい。そして等しい弧には等しい弦が対する。したがって六つの弦は互いに等しい。よって六角形 $AB\varGamma\varDelta EZ$ は等辺である。次に等角でもあると主張する。弧 ZA は弧 $E\varDelta$ に等しいから，双方に弧 $AB\varGamma$ が加えられたとせよ。そうすれば $ZAB\varGamma$ 全体は $E\varDelta\varGamma BA$ 全体に等しい。そして角 $ZE\varDelta$ は弧 $ZAB\varGamma$ の上に，角 AZE は弧 $E\varDelta\varGamma BA$ の上に立つ。ゆえに角 AZE は角 $\varDelta EZ$ に等しい。同様にして六角形 $AB\varGamma\varDelta EZ$ の残りの角も一つずつ角 AZE，$ZE\varDelta$ の双方に等しいことが証明されうる。したがって六角形 $AB\varGamma\varDelta EZ$ は等角である。ところが等辺であることも先に証明された。そして円 $AB\varGamma\varDelta EZ$ に内接されている。

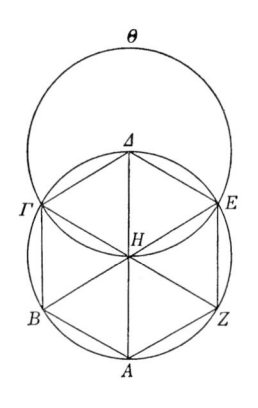

よって与えられた円に等辺等角な六角形が内接された。これが作図すべきものであった。

系

これから次のことが明らかである，すなわち六角形の辺は円の半径に等しい。

また五角形のときと同様，もし円周上の区分点を通って円の接線をひけば，五角形のときにいわれたように，等辺等角な六角形が円に外接されるであろう。そしてまた五角形のときにいわれたように，与えられた六角形に円を内接および外接させうる。これが作図すべきものであった。

16

与えられた円に等辺等角な十五角形を内接させること。

与えられた円を $AB\varGamma\varDelta$ とせよ。このとき円 $AB\varGamma\varDelta$ に等辺等角な十五角形を内接させねばならぬ。

円 $AB\varGamma\varDelta$ にそれに内接する等辺三角形の辺 $A\varGamma$ と，等辺五角形の辺 AB とが内接されたとせよ。そうすれば円周 $AB\varGamma\varDelta$ は 15 の等しい部分に分けられ，円周の 3 分の 1 である弧 $AB\varGamma$ にはそのうち五つがあり，円周の 5 分の 1 である弧 AB には三つがあるであろう。それゆえ残りの $B\varGamma$ には等しい部分のうち二つがある。$B\varGamma$ が E で 2 等分されたとせよ。そうすれば弧 BE, $E\varGamma$ の双方は円周 $AB\varGamma\varDelta$ の 15 分の 1 である。

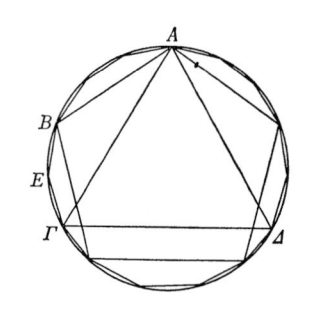

よってもし BE, $B\varGamma$ が結ばれ，それらに等しい線分を順次に円 $AB\varGamma\varDelta$ に挿入するならば，等辺等角な十五角形が円に内接されたことになるであろう。これが作図すべきものであった。

そして五角形のときと同様に，もし円周上の区分点を通って円の接線をひけば，等辺等角な十五角形が円に外接されるであろう。そしてまた五角形のときと同様な証明によって与えられた十五角形に円を内接および外接させうる。これが作図すべきものであった。

第 5 巻

定　義

1. 小さい量は，大きい量を割り切るときに，大きい量の約量である。
2. そして大きい量は，小さい量によって割り切られるときに，小さい量の倍量である。
3. 比とは同種の二つの量の間の大きさに関するある種の関係である。
4. 何倍かされて互いに他より大きくなりうる2量は相互に比をもつといわれる。
5. 第1の量と第3の量の同数倍が第2の量と第4の量の同数倍に対して，何倍されようと，同順にとられたとき，それぞれ共に大きいか，共に等しいか，または共に小さいとき，第1の量は第2の量に対して第3の量が第4の量に対すると同じ比にあるといわれる。
6. 同じ比をもつ2量は比例するといわれるとせよ。
7. 同数倍された量のうち，第1の量の倍量が第2の量の倍量より大きいが，第3の量の倍量が第4の量の倍量より大きくないとき，第1の量は第2の量に対して第3の量が第4の量に対するより大きい比をもつといわれる。
8. 比例は少なくとも三つの項をもつ。
9. 三つの量が比例するとき，第1の量は第3の量に対して第2の量に対する比の2乗の比をもつといわれる。
10. 四つの量が比例するとき，第1の量は第4の量に対して第2の量に対する比の3乗の比をもつといわれる，そして何個の量が比例しようと常につぎつぎに同様である。
11. 前項は前項に対し，後項は後項に対し対応する量とよばれる。
12. 錯比とは前項に対し前項を，後項に対し後項をとることである。
13. 逆比とは後項を前項とし，前項を後項としてとることである。
14. 比の複合とは前項と後項との和を後項そのものに対してとることである。
15. 比の分割とは前項と後項の差を後項そのものに対してとることである。
16. 比の反転とは前項を前項と後項の差に対してとることである。

17. 等間隔比とはいくつかの量と，それと同じ個数で，かつ2個ずつとられるとき，同じ比をなす他の量とがあり，第1の量において初項が末項に対するように，第2の量において初項が末項に対する場合である。いいかえれば内項をぬかして外項をとることである。

18. 乱比例とは三つの量とそれらと同じ個数の他の量とがあり，第1の量において前項が次項に対するように，第2の量において前項が次項に対し，第1の量において次項が第3項に対するように，第2の量において第3項が前項に対する場合である*⁾。

～ 1 ～

もし任意個の量があり，それと同数の他の任意個の量のそれぞれ同数倍であるならば，それらの量の一つが一つの何倍であろうと，全体も全体の同じ倍数であろう。

任意個の量 $AB, \Gamma\Delta$ がそれと同数の他の任意個の量 E, Z のそれぞれ同数倍であるとせよ。AB が E の何倍であろうと，$AB, \Gamma\Delta$ の和も E, Z の和の同じ倍数であろうと主張する。

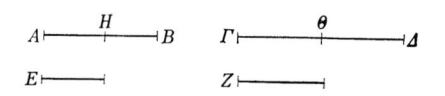

AB は E の，$\Gamma\Delta$ は Z の同数倍であるから，AB のなかにある E に等しい量と同じ個数の，Z に等しい量が $\Gamma\Delta$ のなかにある。AB が E に等しい量 AH, HB に，$\Gamma\Delta$ が Z に等しい量 $\Gamma\Theta, \Theta\Delta$ に分けられたとせよ。そうすれば AH, HB の個数は $\Gamma\Theta, \Theta\Delta$ の個数に等しいであろう。そして AH は E に，$\Gamma\Theta$ は Z に等しいから，AH は E に，$AH, \Gamma\Theta$ の和は E, Z の和に等しい。同じ理由で HB は E に，$HB, \Theta\Delta$ の和は E, Z の和に等しい。それゆえ AB のなかにある E に等しい量と同数の，E, Z の和に等しい量が $AB, \Gamma\Delta$ の和のなかにある。ゆえに AB が E の何倍であろうと $AB, \Gamma\Delta$ の和も E, Z の和の同じ倍数である。よってもし任意個の量があり，それと同数の他の任意個の量のそれぞれ同数倍であるならば，それらの量の一つが一つの何倍であろうと，全体も全体の同じ倍数であろう。これが証明すべきことであった**⁾。

---
*⁾ 命題 21, 22 によると，乱比例とは第1の量において前項が次項に対するように，第2の量において次項が第3項に対し，第1の量において次項が第3項に対するように，第2の量において前項が次項に対する場合である。

**⁾ 量を $a, b, c, \ldots$ 等であらわすとき，命題 1 の内容は現代の記号法をつかえば，M を自然数とするとき，$Ma + Mb + Mc + \cdots = M(a + b + c + \cdots)$
とかける。

❧ 2 ☙

第1の量が第2の，第3が第4の同数倍であり，第5が第2の，第6が第4の同数倍であるならば，第1と第5の和が第2の，第3と第6の和が第4の同数倍であろう。

第1の量 AB が第2の Γ の，第3の $\varDelta E$ が第4の Z の同数倍であるとし，そして第5の BH が第2の Γ の，第6の $E\Theta$ が第4の Z の同数倍であるとせよ。第1と第5の和 AH が第2の Γ の，第3と第6の和 $\varDelta\Theta$ が第4の Z の同数倍であると主張する。

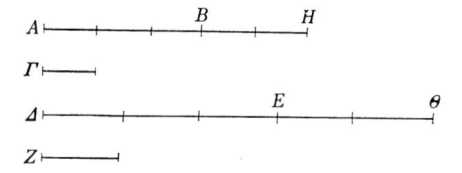

```
A ├──┼──┼──B───┼──H
Γ ├──┤
Δ ├──┼──┼──┼──E──┼──┼──Θ
Z ├──┤
```

AB が Γ の，$\varDelta E$ が Z の同数倍であるから，AB のなかにある Γ に等しい量と同数の，Z に等しい量が $\varDelta E$ のなかにある。同じ理由で BH のなかにある Γ に等しい量と同数の，Z に等しい量が $E\Theta$ のなかにある。それゆえ AH 全体のなかにある Γ に等しい量と同数の，Z に等しい量が $\varDelta\Theta$ 全体のなかにある。ゆえに AH が Γ の何倍であろうと，$\varDelta\Theta$ も Z の同じ倍数であろう。したがって第1と第5の和 AH が第2の Γ の，第3と第6の和 $\varDelta\Theta$ が第4の Z の同数倍であろう。

よってもし第1の量が第2の，第3が第4の同数倍であり，第5が第2の，第6が第4の同数倍であるならば，第1と第5の和が第2の，第3と第6の和が第4の同数倍であろう。これが証明すべきことであった[*]。

❧ 3 ☙

もし第1の量が第2の，第3が第4の同数倍であり，第1と第3の同数倍がとられるならば，等間隔比により，とられた量のうち前者は第2の，後者は第4のそれぞれ同数倍であろう。

---

[*] M, N を自然数とするとき，$\dfrac{Ma+Na}{a}=\dfrac{Mb+Nb}{b}$．

第1の量 A は第2の B の，第3の $\varGamma$ は第4の $\varDelta$ の同数倍とし，$A, \varGamma$ の同数倍 $EZ, H\varTheta$ がとられたとせよ。EZ は B の，$H\varTheta$ は $\varDelta$ の同数倍であると主張する。

EZ は A の，$H\varTheta$ は $\varGamma$ の同数倍であるから，EZ のなかによる A に等しい量と同数の，$\varGamma$ に等しい量が $H\varTheta$ のなかにある。EZ が A に等しい量 EK, KZ に，$H\varTheta$ が $\varGamma$ に等しい量 $H\varLambda, \varLambda\varTheta$ に分けられたとせよ。そうすれば EK, KZ の個数は $H\varLambda, \varLambda\varTheta$ の個数に等しいであろう。そして A は B の，$\varGamma$ は $\varDelta$ の同数倍であり，EK は A に，$H\varLambda$ は $\varGamma$ に等しいから，EK は B の，$H\varLambda$ は $\varDelta$ の同数倍である。同じ理由で KZ は B の，$\varLambda\varTheta$ は $\varDelta$ の同数倍である。そこで第1の EK は第2の B の，第3の $H\varLambda$ は第4の $\varDelta$ の同数倍であり，第5の KZ は第2の B の，第6の $\varLambda\varTheta$ は第4の $\varDelta$ の同数倍であるから，第1と第5の和 EZ は第2の B の，第3と第6の和 $H\varTheta$ は第4の $\varDelta$ の同数倍である。

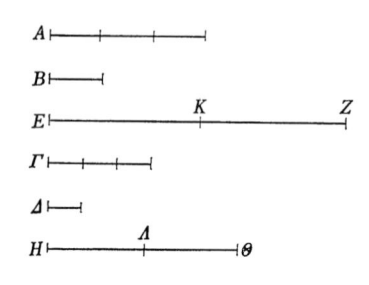

よってもし第1の量が第2の，第3が第4の同数倍であり，第1と第3の同数倍がとられるならば，等間隔比により，とられた量のうち前者は第2の，後者は第4のそれぞれ同数倍であろう。これが証明すべきことであった[*]。

～ 4 ～

もし第1の量が第2に対し，第3が第4に対すると同じ比をもつならば，第1と第3の同数倍は第2と第4の同数倍に対して，何倍されようとも同順にとられるとき，同じ比をもつであろう。

第1の量 A が第2の B に対し，第3の $\varGamma$ が第4の $\varDelta$ に対すると同じ比をもつとし，$A, \varGamma$ の同数倍 E, Z と $B, \varDelta$ の他の任意の同数倍 $H, \varTheta$ がとられたとせよ。E が H に対するように，Z が $\varTheta$ に対すると主張する。

E, Z の同数倍 $K, \varLambda$ と $H, \varTheta$ の他の任意の同数倍 M, N とがとられたとせよ。

E は A の，Z は $\varGamma$ の同数倍であり，E, Z の同数倍 $K, \varLambda$ がとられたから，K は A の，$\varLambda$ は $\varGamma$ の同数倍である。同じ理由で M は B の，N は $\varDelta$ の同数倍である。そして A

---

[*] すなわち，M, N を自然数とするとき，$\dfrac{N \cdot Ma}{a} = \dfrac{N \cdot Mb}{b}$.

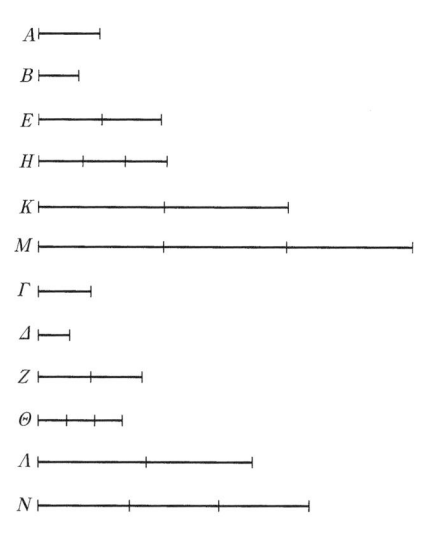

```
A ├──┤
B ├──┤
E ├──┼──┤
H ├──┼──┼──┤
K ├──┼──┼──┼──┤
M ├──┼──┼──┼──┼──┤
Γ ├──┤
Δ ├─┤
Z ├──┼──┤
Θ ├─┼─┼─┤
Λ ├──┼──┼──┤
N ├──┼──┼──┼──┤
```

が B に対するように，$Γ$ は $Δ$ に対し，しかも $A, Γ$ の同数倍 $K, Λ$ と $B, Δ$ の他の任意の同数倍 M, N がとられたから，もし K が M より大きければ，$Λ$ は N より大きく，等しければ，等しく，小さければ，小さい。そして $K, Λ$ は E, Z の同数倍であり，M, N は $H, Θ$ の他の任意の同数倍である。したがって E が H に対するように，Z が $Θ$ に対する。

よってもし第1の量が第2に対し，第3が第4に対すると同じ比をもつならば，第1と第3の同数倍は第2と第4の同数倍に対して，何倍されようとも同順にとられるとき，同じ比をもつであろう。これが証明すべきことであった[*)]。

≈ 5 ≈

もしある量がある量の，引き去られる部分が引き去られる部分の，同数倍であるならば，残りの部分は残りの部分の，全体は全体の同数倍であろう。

量 AB が量 $ΓΔ$ の，引き去られる部分 AE が引き去られる部分 $ΓZ$ の同数倍であるとせよ。残りの EB が残りの $ZΔ$ の，全体 AB が全体 $ΓΔ$

```
A ├──┼──┤ E ├──┤ B
H ├─┤ Γ ├──┤ Z ├─┤ Δ
```

[*)] すなわち，$a:b=c:d$ ならば，$Ma:Nb=Mc:Nd$. ただし M, N は自然数.

の同数倍であろうと主張する。

AE が ΓZ の何倍であろうと, EB が ΓH の同じ倍数であるとせよ。

そうすれば AE は ΓZ の, EB は $H\Gamma$ の同数倍であるから, AE は ΓZ の, AB は HZ の同数倍である。ところが AE は ΓZ の, AB は $\Gamma \varDelta$ の同数倍であるとされている。それゆえ AB は HZ, $\Gamma \varDelta$ の双方の同数倍である。ゆえに HZ は $\Gamma \varDelta$ に等しい。双方から ΓZ がひかれたとせよ。そうすれば残りの $H\Gamma$ は残りの $\varDelta Z$ に等しい。そして AE は ΓZ の, EB は $H\Gamma$ の同数倍であり, $H\Gamma$ は $\varDelta Z$ に等しいから, AE は ΓZ の, EB は $Z\varDelta$ の同数倍である。ところが AE は ΓZ の, AB は $\Gamma \varDelta$ の同数倍であると仮定されている。それゆえ EB は $Z\varDelta$ の, AB は $\Gamma \varDelta$ の同数倍である。ゆえに残りの EB は残りの $Z\varDelta$ の, 全体 AB は全体 $\Gamma \varDelta$ の同数倍であろう。

よってもしある量がある量の, 引き去られる部分が引き去られる部分の同数倍であるならば, 残りは残りの, 全体は全体の同数倍であろう。これが証明すべきことであった*)。

6

もし二つの量が二つの量の同数倍であり, 前者から引き去られる2量が後者の同数倍であるならば, 残りの2量は同じ後者に等しいかまたはそれらの同数倍である。

二つの量 AB, $\Gamma \varDelta$ が二つの量 E, Z の同数倍であるとし, 引き去られる量 AH, $\Gamma \Theta$ が同じ E, Z の同数倍とせよ。残りの HB, $\Theta \varDelta$ は E, Z に等しいかまたはそれらの同数倍であると主張する。

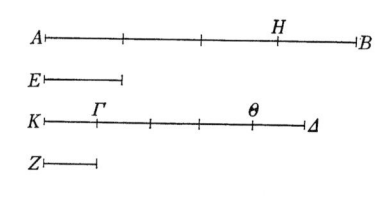

まず HB が E に等しいとせよ。$\Theta \varDelta$ も Z に等しいと主張する。

ΓK を Z に等しくせよ。AH は E の, $\Gamma \Theta$ は Z の同数倍であり, HB は E に, $K\Gamma$ は Z に等しいから, AB は E の, $K\Theta$ は Z の同数倍である。ところが AB は E の, $\Gamma \varDelta$ は Z の同数倍であることが仮定されている。それゆえ $K\Theta$ は Z の, $\Gamma \varDelta$ は Z の同数倍である。そこで $K\Theta$, $\Gamma \varDelta$ の双方は Z の同数倍であるから, $K\Theta$ は $\Gamma \varDelta$ に等しい。双方から $\Gamma \Theta$ がひかれたとせよ。そうすれば残りの $K\Gamma$ は残りの $\Theta \varDelta$ に等しい。しかも Z は $K\Gamma$ に

---

*) すなわち, M を自然数とするとき, $Ma - Mb = M(a-b)$

等しい。したがって $\varTheta\varDelta$ は Z に等しい。ゆえにもし HB が E に等しければ，$\varTheta\varDelta$ も Z に等しいであろう。

同様にしてもし HB が E の何倍かであれば，$\varTheta\varDelta$ も Z の同じ倍数であることを証明しうる。

よってもし二つの量が二つの量の同数倍であり，前者から引き去られる2量が後者の同数倍であるならば，残りの2量は同じ後者に等しいかまたはそれらの同数倍である[*]。

7

二つの等しい量は同一の量に対し，また同一の量は二つの等しい量に対し同じ比をもつ。

A, B を等しい2量とし，$\varGamma$ を別の任意の量とせよ。A, B の双方は $\varGamma$ に対し，$\varGamma$ は A, B の双方に対し，同じ比をもつと主張する。

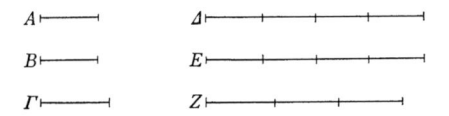

A, B の同数倍 $\varDelta, E$ と，$\varGamma$ の別の任意の倍量 Z がとられたとせよ。

そうすれば $\varDelta$ は A の，E は B の同数倍であり，A は B に等しいから，$\varDelta$ も E に等しい。ところが Z は $\varGamma$ の別の任意の倍量である。それゆえもし $\varDelta$ が Z より大きければ，E も Z より大きく，等しければ，等しく，小さければ，小さい。そして $\varDelta, E$ は A, B の同数倍であり，Z は $\varGamma$ の別の任意の倍量である。したがって A が $\varGamma$ に対するように，B が $\varGamma$ に対する。

次に $\varGamma$ は A, B の双方に対し同じ比をもつと主張する。

同じ作図がなされたとき，同様にして $\varDelta$ が E に等しいことを証明しうる。ところが Z は別の量である。それゆえもし Z が $\varDelta$ より大きければ，Z は E より大きく，等しければ，等しく，小さければ，小さい。そして Z は $\varGamma$ の倍量であり，$\varDelta, E$ は A, B の別の任意の同数倍である。ゆえに $\varGamma$ が A に対するように，$\varGamma$ が B に対する。

よって二つの等しい量は同一の量に対し，また同一の量は二つの等しい量に対し同じ比をも

---

[*] すなわち，M, N を自然数とするとき，$\dfrac{Ma-Na}{a}=\dfrac{Mb-Nb}{b}$.

つ*)。

系

これから次のことが明らかである，すなわちもし任意の量が比例するならば，逆にも比例するであろう。これが証明すべきことであった**)。

8

不等な2量のうち，大きい量は小さい量より，同一の量に対して大きい比をもち，同一の量は小さい量に対して，大きい量に対するより大きい比をもつ。

AB, $\varGamma$ を不等な2量とし，AB を大きいとし，$\varDelta$ を別の任意の量とせよ。AB は $\varDelta$ に対し，$\varGamma$ が $\varDelta$ に対するより大きい比をもち，$\varDelta$ は $\varGamma$ に対し，AB に対するより大きい比をもつと主張する。

AB は $\varGamma$ より大きいから，BE を $\varGamma$ に等しくせよ。そうすれば AE, EB のうち小さい量は何倍かされるといつか $\varDelta$ より大きくなるであろう。まず AE が EB より小さいとし，AE が何倍かされ，ZH を $\varDelta$ より大きい，AE の倍量とし，ZH が AE の何倍であろうと，$H\varTheta$ も EB の，K も $\varGamma$ の同じ倍数であるようにされたとせよ。そして $\varDelta$ の2倍 $\varLambda$, 3倍 M とつぎつぎに一つずつ多い倍量がとられ，取られたものが $\varDelta$ の倍量でしかもはじめて K より大きくなるところまでせよ。かかる量がとられたとし，それを $\varDelta$ の4倍でしかもはじめて K より大きい N とせよ。

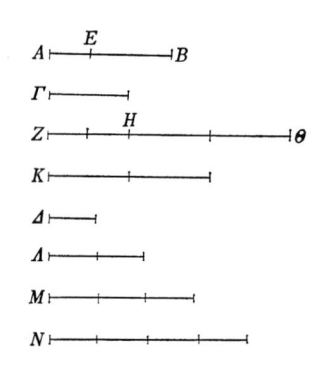

そうすれば K ははじめて N より小さいから，K は M より小さくはない。そして ZH は AE の，$H\varTheta$ は EB の同数倍であるから，ZH は AE の，$Z\varTheta$ は AB の同数倍である。ところが ZH は AE の，K は $\varGamma$ の同数倍である。それゆえ $Z\varTheta$ は AB の，K は $\varGamma$ の同数倍である。ゆえに $Z\varTheta$, K は AB, $\varGamma$ の同数倍である。また $H\varTheta$ は EB の，K は $\varGamma$ の同数倍であり，EB は $\varGamma$ に等しいから，$H\varTheta$ も K に等しい。ところが K は M より小さくない。したがって $H\varTheta$ も M より小さくない。そして ZH は $\varDelta$ より大きい。それゆえ

---

*) すなわち，$a=b$ ならば，$a:c=b:c$ かつ $c:a=c:b$.
**) $a:b=c:d$ ならば，$b:a=d:c$.

$Z\Theta$ 全体は $\varDelta, M$ の和より大きい。ところが $\varDelta, M$ の和は N に等しい，なぜなら M は $\varDelta$ の3倍であり，$M, \varDelta$ の和は $\varDelta$ の4倍であり，N も $\varDelta$ の4倍であるから。ゆえに $M, \varDelta$ の和は N に等しい。ところが $Z\Theta$ は $M, \varDelta$ の和より大きい。したがって $Z\Theta$ は N より大きい。しかも K は N より大きくない。そして $Z\Theta, K$ は $AB, \varGamma$ の同数倍であり，N は $\varDelta$ の別の任意の倍量である。ゆえに AB は $\varDelta$ に対し，$\varGamma$ が $\varDelta$ に対するより大きい比をもつ。

次に $\varDelta$ は $\varGamma$ に対し，$\varDelta$ が AB に対するより大きい比をもつと主張する。

同じ作図がなされたとき，同様にして N は K より大きく，N は $Z\Theta$ より大きくないことを証明しうる。そして N は $\varDelta$ の倍量であり，$Z\Theta, K$ は $AB, \varGamma$ の別の任意の同数倍である。したがって $\varDelta$ は $\varGamma$ に対し，$\varDelta$ が AB に対するより大きい比をもつ。

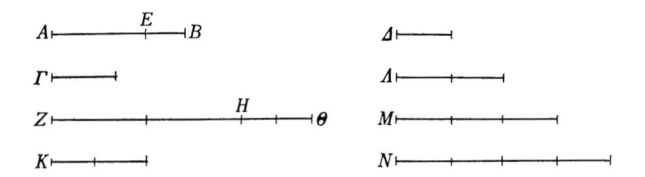

次に AE が EB より大きいとせよ。小さい EB は何倍かされるといつか $\varDelta$ より大きくなるであろう。何倍かされ，$H\Theta$ を $\varDelta$ より大きい，EB の倍量とせよ。そして $H\Theta$ が EB の何倍であろうと，ZH は AE の，K は $\varGamma$ の同じ倍数であるとせよ。同様にして $Z\Theta, K$ は $AB, \varGamma$ の同数倍であることを証明しうる。そして同様にして $\varDelta$ の倍量でありしかもはじめて ZH より大きい N がとられたとせよ。そうすれば ZH はまた M より小さくない。しかも $H\Theta$ は $\varDelta$ より大きい。ゆえに $Z\Theta$ 全体は $\varDelta, M$ の和，すなわち N より大きい。そして $H\Theta$ より，すなわち K より大きい ZH が N より大きくないから，K は N より大きくない。そして同様にして上述するところにしたがって証明を完結する。

よって不等な2量のうち大きい量は小さい量より，同一の量に対して大きい比をもち，同一の量は小さい量に対して大きい量に対するより大きい比をもつ。これが証明すべきことであった[*]。

9

同一の量に対して同じ比をもつ量は互いに等しい。そして同一の量がそれらに対し

---

[*] すなわち，$a > b$ ならば，$a : c > b : c$ かつ $c : a < c : b$.

て同じ比をもつ量は互いに等しい。

　　　A, B の双方が $\varGamma$ に対し同じ比をもつと
　　　せよ。A は B に等しいと主張する。
　もし等しくなかったら A, B の双方は $\varGamma$ に対
し同じ比をもたなかったであろう。ところがもっている。したがって A は B に等しい。
　また $\varGamma$ が A, B の双方に対し同じ比をもつとせよ。A は B に等しいと主張する。
　もし等しくなかったら，$\varGamma$ は A, B の双方に対し同じ比をもたなかったであろう。ところがもっている。したがって A は B に等しい。
　よって同一の量に対し同じ比をもつ量は互いに等しい。そして同一の量がそれらに対し同じ比をもつ量は互いに等しい。これが証明すべきことであった[*)]。

❦ 10 ❧

同一の量に対して 比をもついくつかの 量のうち， 大きい 比をもつ量は大きい。そして同一の量がそれに対して大きい比をもつ量は小さい。

　　　A が $\varGamma$ に対し，B が $\varGamma$ に対するより
　　　大きい比をもつとせよ。A は B より大き
　　　いと主張する。
　もし大きくなければ，A は B に等しいか，小さいかである。さて A は B に等しくはない。なぜなら等しければ A, B の双方は $\varGamma$ に対して同じ比をもったであろう。ところがもっていない。それゆえ A は B に等しくない。A はまた B より小さくもない。なぜなら小さければ A は $\varGamma$ に対し，B が $\varGamma$ に対するより小さい比をもったであろう。ところがもっていない。ゆえに A は B より小さくない。等しくないことも先に証明された。したがって A は B より大きい。
　また $\varGamma$ が B に対し，$\varGamma$ が A に対するより大きい比をもつとせよ。B が A より小さいと主張する。
　もし小さくないならば，等しいか，大きいかである。そこで B は A に等しくはない。なぜなら等しければ $\varGamma$ は A, B の双方に対して同じ比をもったであろう。ところがもってい

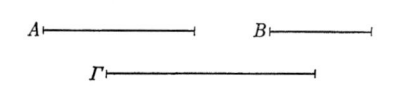

　[*)] すなわち，$a:c=b:c$ または $c:a=c:b$ ならば，$a=b$.

ない。それゆえ A は B に等しくない。また B は A より大きくもない。なぜなら大きければ Γ は B に対し, Γ が A に対するより小さい比をもったであろう。ところがもっていない。ゆえに B は A より大きくない。等しくないことも先に証明された。したがって B は A より小さい。

よって同一の量に対して比をもついくつかの量のうち，大きい比をもつ量は大きい。そして同一の量がそれに対して大きい比をもつ量は小さい。これが証明すべきことであった[*)]。

~ 11 ~

同一の比に同じ比は互いに同じである。

A が B に対するように，Γ が $\varDelta$ に対し，Γ が $\varDelta$ に対するように，E が Z に対するとせよ。A が B に対するように，E が Z に対すると主張する。

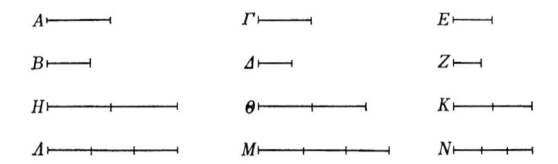

A, Γ, E の同数倍 H, Θ, K と, $B, \varDelta, Z$ の別の任意の同数倍 $\varLambda, M, N$ とがとられたとせよ。

そうすれば A が B に対するように，Γ が $\varDelta$ に対し，そして A, Γ の同数倍 H, Θ と $B, \varDelta$ の別の任意の同数倍 $\varLambda, M$ とがとられたから，もし H が $\varLambda$ より大きければ，Θ も M より大きく，等しければ，等しく，小さければ，小さい。また Γ が $\varDelta$ に対するように，E が Z に対し，そして Γ, E の同数倍 Θ, K と $\varDelta, Z$ の別の任意の同数倍 M, N とがとられたから，もし Θ が M より大きければ，K も N より大きく，等しければ，等しく，小さければ，小さい。ところがもし Θ が M より大きければ，H も $\varLambda$ より大きく，等しければ，等しく，小さければ，小さかった。それゆえもし H が $\varLambda$ より大きければ，K も N より大きく，等しければ，等しく，小さければ，小さい。そして H, K は A, E の同数倍であり，$\varLambda, N$ は B, Z の別の任意の同数倍である。ゆえに A が B に対するように，E が Z に対する。

[*)] すなわち，$a:c>b:c$ ならば，$a>b$.

よって同一の比に同じである比は互いに同じである。これが証明すべきことであった*)。

12

もし任意個の量が比例するならば，前項の一つが後項の一つに対するように，前項の総和が後項の総和に対するであろう。

任意個の量 $A, B, \Gamma, \varDelta, E, Z$ が比例し，A が B に対するように，Γ が $\varDelta$ に，E が Z に対するとせよ。A が B に対するように A, Γ, E の和が $B, \varDelta, Z$ の和に対すると主張する。

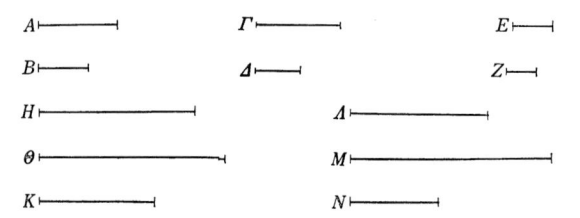

A ⊢————⊣　　Γ ⊢————⊣　　E ⊢——⊣
B ⊢————⊣　　$\varDelta$ ⊢——⊣　　Z ⊢—⊣
H ⊢——————————⊣　　　　$\varLambda$ ⊢—————————⊣
$\varTheta$ ⊢———————————⊣　　　M ⊢——————⊣
K ⊢—————⊣　　　　　　　　N ⊢———⊣

A, Γ, E の同数倍 $H, \varTheta, K$ と $B, \varDelta, Z$ の別の任意の同数倍 $\varLambda, M, N$ とがとられたとせよ。

そうすれば A が B に対するように，Γ が $\varDelta$ に，E が Z に対し，そして A, Γ, E の同数倍 $H, \varTheta, K$ と $B, \varDelta, Z$ の別の任意の同数倍 $\varLambda, M, N$ とがとられたから，もし H が $\varLambda$ より大きければ，$\varTheta$ も M より，K も N より大きく，等しければ，等しく，小さければ，小さい。それゆえもし H が $\varLambda$ より大きければ，$H, \varTheta, K$ の和は $\varLambda, M, N$ の和より大きく，等しければ，等しく，小さければ，小さい。そしてもし任意個の量があり，それらと同数の別の任意個の量のそれぞれ同数倍であるならば，それらの量の一つが一つの何倍であろうと，全体も全体の同じ倍数であろうから，H は A の，$H, \varTheta, K$ の和は A, Γ, E の和の同数倍である。同じ理由で $\varLambda$ は B の，$\varLambda, M, N$ の和は $B, \varDelta, Z$ の和の同数倍である。ゆえに A が B に対するように，A, Γ, E の和が $B, \varDelta, Z$ の和に対する。

よってもし任意個の量が比例するならば，前項の一つが後項の一つに対するように，前項の総和が後項の総和に対するであろう。これが証明すべきことであった**)。

---

*) 命題の意味そのままならば，むしろ $a:b=c:d$ かつ $a':b'=c:d$ ならば，$a:b=a':b'$ と記すべきであろう。しかし，原証明を見れば $a:b=c:d$ かつ $c:d=e:f$ ならば，$a:b=e:f$ と記さなければならない。比の相等における対称性が暗に仮定されている。

**) すなわち，$a:a'=b:b'=c:c'\cdots\cdots$ ならば，$a:a'=(a+b+c+\cdots\cdots):(a'+b'+c'+\cdots\cdots)$

≫ 13 ≪

もし第1の量が第2に対し，第3が第4に対すると同じ比をもち，第3が第4に対し，第5が第6に対するより大きい比をもつならば，第1は第2に対し，第5が第6に対するより大きい比をもつであろう。

第1の量 A が第2の B に対し，第3の Γ が第4の Δ に対すると同じ比をもち，第3の Γ が第4の Δ に対し，第5の E が第6の Z に対するより大きい比をもつようにせよ。第1の A が第2の B に対し，第5の E が第6の Z に対するより大きい比をもつであろうと主張する。

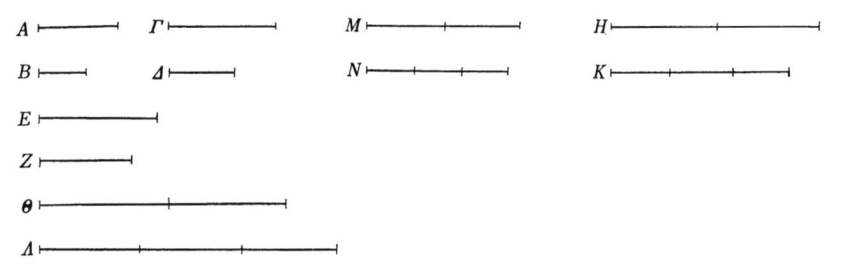

A ⊢――┤ Γ ⊢―――┤ M ⊢―――――┤ H ⊢―――――――┤
B ⊢―┤ Δ ⊢――――┤ N ⊢――――┤ K ⊢―――――――┤
E ⊢―――――┤
Z ⊢―――┤
Θ ⊢―――――┤
Λ ⊢―――――――┤

Γ, E の任意の同数倍と Δ, Z の別の任意の同数倍とがあり，Γ の倍量が Δ の倍量より大きく，E の倍量が Z の倍量大きくないようにすることができるから，そのような倍量がとられたとし，Γ, E の同数倍を H, Θ とし，Δ, Z の別の任意の同数倍を K, Λ とし，H が K より大きく，Θ が Λ より大きくないとせよ。そして H が Γ の何倍であろうと，M も A の同じ倍数であり，K が Δ の何倍であろうと，N も B の同じ倍数であるようにせよ。

そうすれば，A が B に対するように，Γ が Δ に対し，そして A, Γ の同数倍 M, H と B, Δ の別の任意の同数倍 N, K とがとられたから，もし M が N より大きければ，H も K より大きく，等しければ，等しく，小さければ，小さい。ところが H は K より大きい。それゆえ M も N より大きい。ところが Θ は Λ より大きくない。そして M, Θ は A, E の同数倍，N, Λ は B, Z の別の任意の同数倍である。ゆえに A は B に対し E が Z に対するより大きい比をもつ。

よってもし第1の量が第2に対し，第3が第4に対すると同じ比をもち，第3が第4に対し，第5が第6に対するより大きい比をもつならば，第1は第2に対し，第5が第6に対する

より大きい比をもつであろう。これが証明すべきことであった[*]。

14

もし第1の量が第2に対し，第3が第4に対すると同じ比をもち，第1が第3より大きければ，第2は第4より大きく，等しければ，等しく，小さければ，小さい。

第1の量 A が第2の B に対し，第3の $\varGamma$ が第4の $\varDelta$ に対すると同じ比をもち，A が $\varGamma$ より大きいとせよ。B も $\varDelta$ より大きいと主張する。

A は $\varGamma$ より大きく，B は別の任意の量であるから，A は B に対し，$\varGamma$ が B に対するより大きい比をもつ。ところが A が B に対するように，$\varGamma$ が $\varDelta$ に対する。それゆえ $\varGamma$ も $\varDelta$ に対し，$\varGamma$ が B に対するより大きい比をもつ。ところが同一の量がそれに対して大きい比をもつ量は小さい。ゆえに $\varDelta$ は B より小さい。したがって B は $\varDelta$ より大きい。

同様にしてもし A が $\varGamma$ に等しければ，B も $\varDelta$ に等しく，A が $\varGamma$ より小さければ，B も $\varDelta$ より小さいであろうことを証明しうる。

よってもし第1の量が第2に対し，第3が第4に対すると同じ比をもち，第1が第3より大きければ，第2は第4より大きく，等しければ，等しく，小さければ，小さいであろう。これが証明すべきことであった[**]。

15

約量は同順にとられたとき，それらの同数倍と同じ比をもつ。

AB は $\varGamma$ の，$\varDelta E$ は Z の同数倍とせよ。$\varGamma$ が Z に対するように，AB が $\varDelta E$ に対すると主張する。

AB は $\varGamma$ の，$\varDelta E$ は Z の同数倍であるから，AB のなかにある $\varGamma$ に等しい量と同

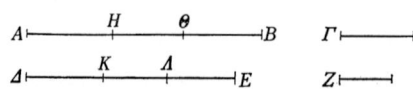

---

[*] すなわち，$a:b=c:d$ かつ $c:d>e:f$ ならば，$a:b>e:f$.
[**] すなわち，$a:b=c:d$ ならば，$a \gtreqless c$ に応じて $b \gtreqless d$.

じ個数の，Z に等しい量が $\varDelta E$ のなかにある。AB が $\varGamma$ に等しい $AH, H\varTheta, \varTheta B$ に，$\varDelta E$ が Z に等しい $\varDelta K, K\varLambda, \varLambda E$ に分けられたとせよ。そうすれば $AH, H\varTheta, \varTheta B$ と $\varDelta K, K\varLambda, \varLambda E$ とは同じ個数であろう。そして $AH, H\varTheta, \varTheta B$ は互いに等しく，$\varDelta K, K\varLambda, \varLambda E$ も互いに等しいから，AH が $\varDelta K$ に対するように，$H\varTheta$ は $K\varLambda$ に，$\varTheta B$ は $\varLambda E$ に対する。それゆえ前項の一つが後項の一つに対するように，前項の総和が後項の総和に対するであろう。ゆえに AH が $\varDelta K$ に対するように，AB が $\varDelta E$ に対する。しかも AH は $\varGamma$ に，$\varDelta K$ は Z に等しい。したがって $\varGamma$ が Z に対するように，AB が $\varDelta E$ に対する。

よって約量は同順にとられたとき，それらの同数倍と同じ比をもつ。これが証明すべきことであった[*]。

16

もし四つの量が比例するならば，いれかえても比例するであろう。

$A, B, \varGamma, \varDelta$ は四つの比例する量であり，A が B に対するように，$\varGamma$ が $\varDelta$ に対するとせよ。いれかえても比例し，A が $\varGamma$ に対するように，B が $\varDelta$ に対するであろうと主張する。

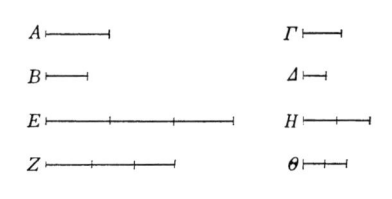

A, B の同数倍 E, Z と $\varGamma, \varDelta$ の別の任意の同数倍 $H, \varTheta$ とがとられたとせよ。

そうすれば，E は A の，Z は B の同数倍であり，約量はそれらの同数倍と同じ比をもつから，A が B に対するように，E が Z に対する。ところが A が B に対するように，$\varGamma$ が $\varDelta$ に対する。それゆえ $\varGamma$ が $\varDelta$ に対するように，E が Z に対する。また $H, \varTheta$ は $\varGamma, \varDelta$ の同数倍であるから，$\varGamma$ が $\varDelta$ に対するように，H が $\varTheta$ に対する。ところが $\varGamma$ が $\varDelta$ に対するように，E が Z に対する。ゆえに E が Z に対するように，H が $\varTheta$ に対する。ところがもし四つの量が比例し，第1の量が第3より大きければ，第2も第4より大きく，等しければ，等しく，小さければ，小さいであろう。したがってもし E が H より大きければ，Z も $\varTheta$ より大きく，等しければ，等しく，小さければ，小さい。そして E, Z は A, B の同数倍であり，$H, \varTheta$ は $\varGamma, \varDelta$ の別の任意の同数倍である。ゆえに A が $\varGamma$ に対するように，B が $\varDelta$ に対する。

---

[*] すなわち，M を自然数とするとき，$a:b=Ma:Mb$.

よってもし四つの量が比例するならば，いれかえても比例するであろう．これが証明すべきことであった*)．

✤ 17 ✤

もし量が合比によって比例するならば，分割比によっても比例するであろう．

AB, BE, $\varGamma\varDelta$, $\varDelta Z$ を合比によって比例する量とし，AB が BE に対するように，$\varGamma\varDelta$ が $\varDelta Z$ に対するとせよ．それらは分割比によっても比例し，AE が EB に対するように，$\varGamma Z$ が $\varDelta Z$ に対するであろうと主張する．

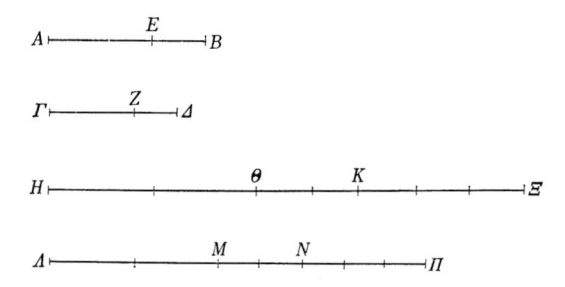

AE, EB, $\varGamma Z$, $Z\varDelta$ の同数倍 $H\varTheta$, $\varTheta K$, $\varLambda M$, MN と EB, $Z\varDelta$ の別の任意の同数倍 $K\varXi$, $N\varPi$ とがとられたとせよ．

そうすれば $H\varTheta$ は AE の，$\varTheta K$ は EB の同数倍であるから，$H\varTheta$ は AE の，HK は AB の同数倍である．ところが $H\varTheta$ は AE の，$\varLambda M$ は $\varGamma Z$ の同数倍である．それゆえ HK は AB の，$\varLambda M$ は $\varGamma Z$ の同数倍である．また $\varLambda M$ は $\varGamma Z$ の，MN は $Z\varDelta$ の同数倍であるから，$\varLambda M$ は $\varGamma Z$ の，$\varLambda N$ は $\varGamma\varDelta$ の同数倍である．ところが $\varLambda M$ は $\varGamma Z$ の，HK は AB の同数倍であった．ゆえに HK は AB の，$\varLambda N$ は $\varGamma\varDelta$ の同数倍である．したがって HK, $\varLambda N$ は AB, $\varGamma\varDelta$ の同数倍である．また $\varTheta K$ は EB の，MN は $Z\varDelta$ の同数倍であり，$K\varXi$ は EB の，$N\varPi$ は $Z\varDelta$ の同数倍であるから，和 $\varTheta\varXi$ は EB の，$M\varPi$ は $Z\varDelta$ の同数倍である．そして AB が BE に対するように，$\varGamma\varDelta$ が $\varDelta Z$ に対し，AB, $\varGamma\varDelta$ の同数倍 HK, $\varLambda N$ と EB, $Z\varDelta$ の同数倍 $\varTheta\varXi$, $M\varPi$ とがとられたから，もし HK が $\varTheta\varXi$ より大きければ，$\varLambda N$ も $M\varPi$ より大きく，等しければ，等しく，小さければ，小さい．HK が $\varTheta\varXi$ より大き

---

*) すなわち，$a:b=c:d$ ならば，$a:c=b:d$.

いとし，双方から ΘK がひかれれば，$H\Theta$ は $K\Xi$ より大きい．ところがもし HK が $\Theta\Xi$ より大きかったならば，ΛN も $M\Pi$ より大きかった．それゆえ ΛN は $M\Pi$ より大きく，双方から MN がひかれれば，ΛM も $N\Pi$ より大きい．ゆえにもし $H\Theta$ が $K\Xi$ より大きいならば，ΛM も $N\Pi$ より大きい．同様にしてもし $H\Theta$ が $K\Xi$ に等しければ，ΛM も $N\Pi$ に等しく，小さければ，小さいことを証明しうる．そして $H\Theta$, ΛM は AE, ΓZ の同数倍であり，$K\Xi$, $N\Pi$ は EB, $Z\Delta$ の別の任意の同数倍である．したがって AE が EB に対するように，ΓZ が $Z\Delta$ に対する．

よってもし量が，合比によって比例するならば，分割比によっても比例するであろう．これが証明すべきことであった*)．

18

もし量が分割比によって比例するならば，合比によっても比例するであろう．

AE, EB, ΓZ, $Z\Delta$ を分割比によって比例する量とし，AE が EB に対するように，ΓZ が $Z\Delta$ に対するとせよ．それらは合比によっても比例し，AB が BE に対するように，$\Gamma\Delta$ が $Z\Delta$ に対するであろうと主張する．

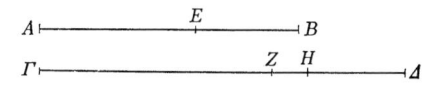

もし AB が BE に対するように，$\Gamma\Delta$ が ΔZ に対するのでなければ，AB が BE に対するように，$\Gamma\Delta$ が ΔZ より小さいものに対するか，あるいは大きいものに対するかであろう．まず小さい ΔH に対するとせよ．そうすれば AB が BE に対するように，$\Gamma\Delta$ が ΔH に対するから，それらは合比によって比例する量である．それゆえ分割比によっても比例するであろう．ゆえに AE が EB に対するように，ΓH が $H\Delta$ に対する．ところが AE が EB に対するように，ΓZ が $Z\Delta$ に対することが仮定される．ゆえに ΓH が $H\Delta$ に対するように，ΓZ が $Z\Delta$ に対する．ところが第1の ΓH は第3の ΓZ より大きい．したがって第2の $H\Delta$ も第4の $Z\Delta$ より大きい．しかも小さくもある．これは不可能である．それゆえ AB が BE に対するように，$\Gamma\Delta$ が $Z\Delta$ より小さいものに対することはない．同様にして大きいものに対することもないことを証明しうる．したがって $Z\Delta$ そのものに対する．

よってもし量が分割比によって比例するならば，合比によっても比例するであろう．これが

---

*) 現代の表現法では，$a:b=c:d$ ならば，$(a-b):b=(c-d):d$ となる．

証明すべきことであった*)。

❦ 19 ❧

全体が全体に対するように，引き去られた部分が引き去られた部分に対するならば，残りの部分も残りの部分に対し，全体が全体に対するようであろう。

AB 全体が $\varGamma\varDelta$ 全体に対するように，引き去られた部分 AE が引き去られた部分 $\varGamma Z$ に対するとせよ。

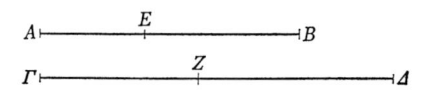

```
A────────E────────────B
Γ─────────────Z──────────────Δ
```

残りの EB も残りの $Z\varDelta$ に対し，AB 全体が $\varGamma\varDelta$ 全体に対するようであろうと主張する。

AB が $\varGamma\varDelta$ に対するように，AE が $\varGamma Z$ に対するから，いれかえて BA が AE に対するように，$\varDelta\varGamma$ が $\varGamma Z$ に対する。そして量が合比によって比例するから，分割比によっても比例し，BE が EA に対するように，$\varDelta Z$ が $\varGamma Z$ に対するであろう。そしていれかえて BE が $\varDelta Z$ に対するように，EA が $Z\varGamma$ に対する。ところが AE が $\varGamma Z$ に対するように，AB 全体が $\varGamma\varDelta$ 全体に対すると仮定されている。それゆえ残りの EB も残りの $Z\varDelta$ に対して，AB 全体が $\varGamma\varDelta$ 全体に対するようであろう。

よってもし全体が全体に対するように，引き去られた部分が引き去られた部分に対するならば，残りの部分も残りの部分に対し，全体が全体に対するようであろう**)。

系

これから次のことが明らかである，すなわちもし量が合比によって比例するならば，反転しても比例するであろう。これが証明すべきことであった***)。

❦ 20 ❧

もし三つの量とそれらと同じ個数の別の量とがあって，二つずつとられたとき同じ比をなすならば，等間隔比により第1が第3より大きいならば，第4は第6より大

---

*)　現代の表現では，$a:b=c:d$ ならば，$(a+b):b=(c+d):d$ となる。
**)　すなわち，$a:b=c:d$ ならば，$(a-c):(b-d)=a:b$.
***)　すなわち，$(a+b):b=(c+d):d$ ならば，$a:(a-b)=c:(c-d)$.

きく，等しければ等しく，小さければ，小さいであろう。

三つの量 A, B, Γ とそれらと同じ個数の別の量 $\varDelta, E, Z$ とがあり，二つずつとられたとき同じ比をなす，すなわち A が B に対するように，$\varDelta$ が E に対し，B が Γ に対するように，E が Z に対し，A が Γ より大きいとせよ。等間隔比により $\varDelta$ も Z より大きく，等しければ，等しく，小さければ，小さいであろうと主張する。

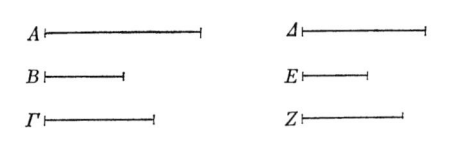

A は Γ より大きく，B は別の量であり，そして大きい量は同一の量に対し，小さい量より大きい比をもつから，A は B に対し，Γ が B に対するより大きい比をもつ。ところが A が B に対するように，$\varDelta$ が E に対し，逆に Γ が B に対するように，Z が E に対する。それゆえ $\varDelta$ は E に対し，Z が E に対するより大きい比をもつ。ところが同一の量に対し比をもついくつかの量のうち，大きい比をもつ量は大きい。ゆえに $\varDelta$ は Z より大きい。同様にしてもし A が Γ に等しければ，$\varDelta$ も Z に等しく，小さければ，小さいであろうことを証明しうる。

よってもし三つの量とそれらと同じ個数の別の量とがあって，二つずつとられたとき同じ比をなすならば，等間隔比により第1が第3より大きければ，第4は第6より大きく，等しければ，等しく，小さければ，小さいであろう。これが証明すべきことであった[*]。

◈ 21 ◈

もし三つの量とそれらと同じ個数の別の量とがあり，二つずつとられたとき同じ比をなし，それらの比例がいれかえられるならば，等間隔比により第1が第3より大きければ，第4も第6より大きく，等しければ，等しく，小さければ，小さいであろう。

三つの量 A, B, Γ とそれらと同じ個数の別の量 $\varDelta, E, Z$ とがあり，二つずつとられたとき同じ比をなすとし，それらの比例がいれかえられ，すなわち A が B に対するように，E が Z に対し，B が Γ に対するように，$\varDelta$ が E に対し，A が

---

[*] すなわち，$a:b=d:e$, $b:c=e:f$ ならば，$a \gtreqless c$ に応じて，$d \gtreqless f$.

Γ より大きいとせよ。等間隔比により $\varDelta$ も Z より大きく，等しければ，等しく，小さければ，小さいであろうと主張する。

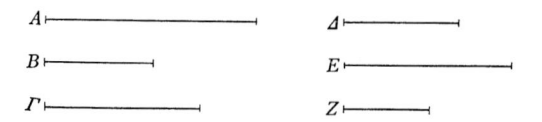

$$A \longmapsto \qquad \varDelta \longmapsto$$
$$B \longmapsto \qquad E \longmapsto$$
$$\Gamma \longmapsto \qquad Z \longmapsto$$

A は Γ より大きく，B は別の量であるから，A は B に対し，Γ が B に対するより大きい比をもつ。ところが A が B に対するように，E が Z に対し，逆に Γ が B に対するように，E が $\varDelta$ に対する。それゆえ E が Z に対し，E が $\varDelta$ に対するより大きい比をもつ。しかも同一の量がそれに対して大きい比をもつ量は小さい。ゆえに Z は $\varDelta$ より小さい。したがって $\varDelta$ は Z より大きい。同様にしてもし A が Γ に等しければ，$\varDelta$ も Z に等しく，小さければ，小さいであろうことを証明しうる。

よってもし三つの量とそれらと同じ個数の別の量とがあり，二つずつとられたとき同じ比をなし，それらの比例がいれかえられるならば，等間隔比により第1が第3より大きければ，第4も第6より大きく，等しければ，等しく，小さければ，小さいであろう。これが証明すべきことであった[*)]。

҈ 22 ҉

もし任意個の量とそれらと同じ個数の別の量とがあり，二つずつとられたとき同じ比をなすならば，等間隔比によりそれらは同じ比をなすであろう。

　　任意個の量 A, B, Γ とそれらと同じ個数の別の量 $\varDelta, E, Z$ とがあり，二つずつとられたとき同じ比をなす，すなわち A が B に対するように，$\varDelta$ が E に対し，B が Γ に対するように，E が Z に対するとせよ。等間隔比によりそれらが同じ比をなすであろうと主張する。

$A, \varDelta$ の同数倍 H, Θ と B, E の別の任意の同数倍 $K, \varLambda$ とさらに Γ, Z の別の任意の同数倍 M, N とがとられたとせよ。

そうすれば A が B に対するように，$\varDelta$ が E に対し，$A, \varDelta$ の同数倍 H, Θ と B, E の別の任意の同数倍 $K, \varLambda$ とがとられたから，H が K に対するように，Θ が $\varLambda$ に対する。

[*)] すなわち，$a:b=e:f$, $b:c=d:e$ ならば，$a \gtreqless c$ に応じて，$d \gtreqless f$.

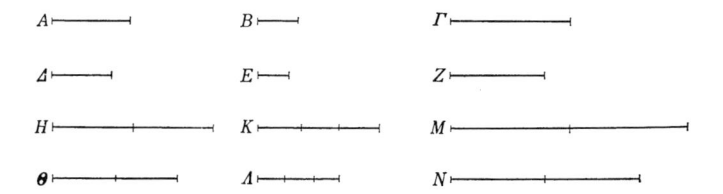

| A ⊢―――┤ | B ⊢――┤ | $\varGamma$ ⊢―――――┤ |

| $\varDelta$ ⊢――┤ | E ⊢―┤ | Z ⊢―――┤ |

H ⊢―――┼―――┤ K ⊢――┼――┤ M ⊢―――――┼―――――┤

$\varTheta$ ⊢――┼――┤ $\varLambda$ ⊢―┼―┤ N ⊢―――┼―――┤

同じ理由で K が M に対するように，$\varLambda$ が N に対する。そこで三つの量 H, K, M とそれらと同じ個数の別の量 $\varTheta$, $\varLambda$, N とがあり，二つずつとられたとき同じ比をなすから，等間隔比によりもし H が M より大きければ，$\varTheta$ も N より大きく，等しければ，等しく，小さければ，小さい。そして H, $\varTheta$ は A, $\varDelta$ の同数倍であり，M, N は $\varGamma$, Z の別の任意の同数倍である。それゆえ A が $\varGamma$ に対するように，$\varDelta$ が Z に対する。

よってもし任意個の量とそれらと同じ個数の別の量とがあり，二つずつとられたとき同じ比をなすならば，等間隔比によりそれらは同じ比をなすであろう。これが証明すべきことであった[*]。

23

もし三つの量とそれらと同じ個数の別の量とがあり，二つずつとられたとき同じ比をなし，それらの比例がいれかえられるならば，等間隔比によりそれらは同じ比をなすであろう。

三つの量 A, B, $\varGamma$ とそれらと同じ個数の別の量 $\varDelta$, E, Z とがあり，二つずつとられたとき同じ比をなすとし，それらの比例がいれかえられ，すなわち A が B に対するように，E が Z に対し，B が $\varGamma$ に対するように，$\varDelta$ が E に対するとせよ。A が $\varGamma$ に対するように，$\varDelta$ が Z に対すると主張する。

A, B, $\varDelta$ の同数倍 H, $\varTheta$, K と $\varGamma$, E, Z の別の任意の同数倍 $\varLambda$, M, N とがとられた

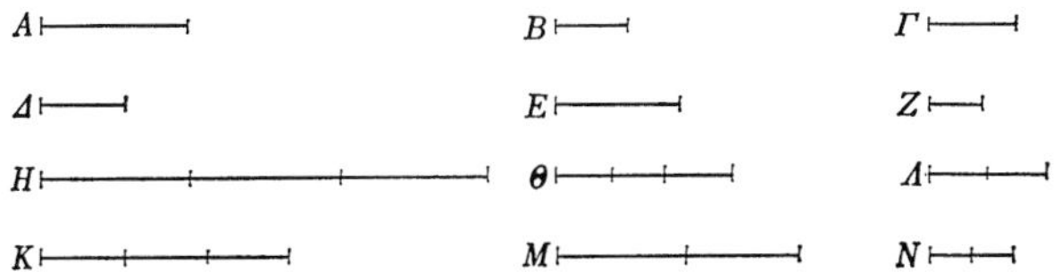

| A ⊢―┤ | B ⊢―┤ | $\varGamma$ ⊢―┤ |

| $\varDelta$ ⊢――┤ | E ⊢―┤ | Z ⊢―┤ |

H ⊢―┼―┼―┤ $\varTheta$ ⊢―┼―┼―┤ $\varLambda$ ⊢―┤

K ⊢――┼――┤ M ⊢―┼―┤ N ⊢―┤

---

[*] すなわち，$a:b=e:f$, $b:c=f:g$, $c:d=g:h$ ならば，$a:d=e:h$.

とせよ。

　そうすれば H, Θ は A, B の同数倍であり，約量はそれらの同数倍と同じ比をもつから，A が B に対するように，H が Θ に対するであろう。同じ理由で E が Z に対するように，M が N に対する。そして A が B に対するように，E が Z に対する。それゆえ H が Θ に対するように，M が N に対する。また B が Γ に対するように，$\varDelta$ が E に対するから，いれかえて B が $\varDelta$ に対するように，Γ が E に対する。そして Θ, K は B, $\varDelta$ の同数倍であり，約量はそれらの同数倍と同じ比をもつから，B が $\varDelta$ に対するように，Θ が K に対する。ところが B が $\varDelta$ に対するように，Γ が E に対する。ゆえに Θ が K に対するように，Γ が E に対する。また $\varLambda$, M は Γ, E の同数倍であるから，Γ が E に対するように，$\varLambda$ は M に対する。ところが Γ が E に対するように，Θ が K に対する。したがって Θ が K に対するように，$\varLambda$ が M に対し，そしていれかえて Θ が $\varLambda$ に対するように，K が M に対する。H が Θ に対するように，M が N に対することも先に証明された。そこで三つの量 H, Θ, $\varLambda$ とそれらと同じ個数の別の量 K, M, N とがあり，二つずつとられたとき同じ比をなし，それらの比例がいれかえられたから，等間隔比によりもし H が $\varLambda$ より大きければ，K も N より大きく，等しければ，等しく，小さければ，小さい。そして H, K は A, $\varDelta$ の同数倍であり，$\varLambda$, N は Γ, Z の同数倍である。したがって A が Γ に対するように，$\varDelta$ が Z に対する。

　よってもし三つの量とそれらと同じ個数の別の量とがあり，二つずつとられたとき同じ比をなし，それらの比例がいれかえられるならば，等間隔比によりそれらは同じ比をなすであろう。これが証明すべきことであった*)。

☙ 24 ❧

　もし第1の量が第2に対し，第3が第4に対すると同じ比をもち，第5が第2に対し，第6が第4に対すると同じ比をもつならば，第1と第5の和は第2に対し，第3と第6の和が第4に対すると同じ比をもつであろう。

　　　第1の量 AB が第2の Γ に対し，第3の $\varDelta E$ が第4の Z に対すると同じ比をもち，第5の BH が第2の Γ に対し，第6の $E\Theta$ が第4の Z に対すると同じ比をもつとせよ。第1と第5の和 AH は第2の Γ に対し，第3と第6の和 $\varDelta\Theta$ が第4

---

*) すなわち，$a:b=e:f$, $b:c=d:e$ ならば，$a:c=d:f$.

の Z に対すると同じ比をもつであろうと主張する。

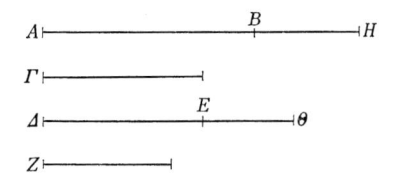

BH が Γ に対するように，$E\Theta$ が Z に対するから，逆に Γ が BH に対するように，Z が $E\Theta$ に対する。そこで AB が Γ に対するように，ΔE が Z に対し，Γ が BH に対するように，Z が $E\Theta$ に対するから，等間隔比により AB が BH に対するように，ΔE が $E\Theta$ に対する。そして量が分割比により比例するから，合比によっても比例するであろう。それゆえ AH が HB に対するように，$\Delta\Theta$ が ΘE に対する。ところが BH が Γ に対するように，$E\Theta$ が Z に対する。ゆえに等間隔比により AH が Γ に対するように，$\Delta\Theta$ が Z に対する。

よってもし第1の量が第2に対し，第3が第4に対すると同じ比をもち，第5が第2に対し，第6が第4に対すると同じ比をもつならば，第1と第5の和は第2に対し，第3と第6の和が第4に対すると同じ比をもつであろう。これが証明すべきことであった[*]。

25

もし四つの量が比例するならば，最大と最小の和は残りの二つの和より大きい。

四つの量 AB, $\Gamma\Delta$, E, Z が比例する，すなわち AB が $\Gamma\Delta$ に対するように，E が Z に対するとし，AB がそれらの最大，Z が最小とせよ。AB, Z の和は $\Gamma\Delta$, E の和より大きいと主張する。

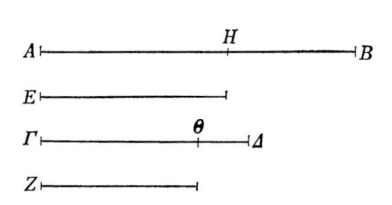

AH を E に，$\Gamma\Theta$ を Z に等しくせよ。

AB が $\Gamma\Delta$ に対するように，E が Z に対し，E は AH に，Z は $\Gamma\Theta$ に等しいから，AB が $\Gamma\Delta$ に対するように，AH が $\Gamma\Theta$ に対する。そして AB 全体が $\Gamma\Delta$ 全体に対するように，引き去られた部分 AH が引き去られた部分 $\Gamma\Theta$ に対するから，残りの HB も残りの $\Theta\Delta$ に対し，AB 全体が $\Gamma\Delta$ 全体に対するようであろう。ところが AB は $\Gamma\Delta$ より大きい。それゆえ HB も $\Theta\Delta$ より大きい。そして AH は E に，$\Gamma\Theta$ は Z に等しいから，AH, Z の和は $\Gamma\Theta$, E の和に等しい。そしてもし HB, $\Theta\Delta$ が等しくなく，HB が大きく，HB に

---

[*] すなわち，$a:b=c:d$, $e:b=f:d$ ならば，$(a+e):b=(c+f):d$.

AH, Z が加えられ, $\varTheta\varDelta$ に $\varGamma\varTheta$, E が加えられるならば, AB, Z の和は $\varGamma\varDelta$, E の和より大きい.

よってもし四つの量が比例するならば, 最大と最小の和は残りの二つの和より大きい. これが証明すべきことであった*).

---

*) すなわち, $a:b=c:d$, a が最大, d が最小ならば, $a+d>b+c$.

第 6 巻

定 義

1. 相似な直線図形とは角がそれぞれ等しくかつ等しい角をはさむ辺が比例するものである。
[2. 二つの図形の双方に前項と後項の比があるとき，二つの図形は逆比例する。]
3. 線分は，不等な部分に分けられ，全体が大きい部分に対するように，大きい部分が小さい部分に対するとき，外中比に分けられたといわれる。
4. すべての図形において高さとは頂点から底辺にひかれた垂線である。
[5. 比の大きさがかけあわされてある比をつくるとき，この比は比から合成されるといわれる。]

～ 1 ～

同じ高さの三角形と平行四辺形とは互いに底辺に比例する。

$AB\Gamma$, $A\Gamma\varDelta$ を三角形，$E\Gamma$, ΓZ をそれらと同じ高さ $A\Gamma$ の平行四辺形とせよ。底辺 $B\Gamma$ が底辺 $\Gamma\varDelta$ に対するように，三角形 $AB\Gamma$ は三角形 $A\Gamma\varDelta$ に対し，平行四辺形 $E\Gamma$ は平行四辺形 ΓZ に対すると主張する。

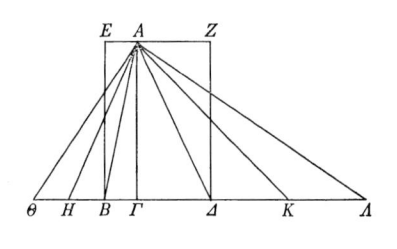

$B\varDelta$ が両方向に点 $\varTheta$, $\varLambda$ まで延長され，任意個の線分 BH, $H\varTheta$ が底辺 $B\Gamma$ に等しく，任意個の線分 $\varDelta K$, $K\varLambda$ が底辺 $\Gamma\varDelta$ に等しくされ，AH, $A\varTheta$, AK, $A\varLambda$ が結ばれたとせよ。

そうすれば ΓB, BH, $H\varTheta$ は互いに等しいから，三角形 $A\varTheta H$, AHB, $AB\Gamma$ も互いに等しい。それゆえ底辺 $\varTheta\Gamma$ が底辺 $B\Gamma$ の何倍であろうと，三角形 $A\varTheta\Gamma$ も三角形 $AB\Gamma$ の同じ倍数である。同じ理由で底辺 $\varLambda\Gamma$ が底辺 $\Gamma\varDelta$ の何倍であろうと，三角形 $A\varLambda\Gamma$ も三角形 $A\Gamma\varDelta$ の同じ倍数である。そしてもし底辺 $\varTheta\Gamma$ が底辺 $\Gamma\varLambda$ に等しければ，三角形 $A\varTheta\Gamma$ も三角形 $A\Gamma\varLambda$ に等しく，もし底辺 $\varTheta\Gamma$ が底辺 $\Gamma\varLambda$ より大きければ，三角形 $A\varTheta\Gamma$ も三角形

$A\varGamma \varDelta$ より大きく，もし小さければ，小さい。かくて四つの量，すなわち二つの底辺 $B\varGamma$，$\varGamma\varDelta$ と二つの三角形 $AB\varGamma$，$A\varGamma\varDelta$ とがあり，底辺 $B\varGamma$，三角形 $AB\varGamma$ の同数倍，すなわち底辺 $\varTheta\varGamma$，三角形 $A\varTheta\varGamma$ と，底辺 $\varGamma\varLambda$，三角形 $A\varLambda\varGamma$ の別の任意の同数倍，すなわち底辺 $\varLambda\varGamma$，三角形 $A\varLambda\varGamma$ とがとられた。そしてもし底辺 $\varTheta\varGamma$ が底辺 $\varGamma\varLambda$ より大きければ，三角形 $A\varTheta\varGamma$ も三角形 $A\varLambda\varGamma$ より大きく，等しければ，等しく，小さければ，小さいことが証明されている。それゆえ底辺 $B\varGamma$ が底辺 $\varGamma\varDelta$ に対するように，三角形 $AB\varGamma$ が三角形 $A\varGamma\varDelta$ に対する。

次に平行四辺形 $E\varGamma$ は三角形 $AB\varGamma$ の2倍であり，平行四辺形 $Z\varGamma$ は三角形 $A\varGamma\varDelta$ の2倍であり，約量はそれの同数倍と同じ比をもつから，三角形 $AB\varGamma$ が三角形 $A\varGamma\varDelta$ に対するように，平行四辺形 $E\varGamma$ が平行四辺形 $Z\varGamma$ に対する。そこで底辺 $B\varGamma$ が $\varGamma\varDelta$ に対するように，三角形 $AB\varGamma$ が三角形 $A\varGamma\varDelta$ に対し，三角形 $AB\varGamma$ が三角形 $A\varGamma\varDelta$ に対するように，平行四辺形 $E\varGamma$ が平行四辺形 $\varGamma Z$ に対することが 先に証明されたから，底辺 $B\varGamma$ が底辺 $\varGamma\varDelta$ に対するように，平行四辺形 $E\varGamma$ が平行四辺形 $Z\varGamma$ に対する。

よって同じ高さの三角形と平行四辺形とは互いに底辺に比例する。これが証明すべきことであった。

2

もし三角形の1辺に平行に直線がひかれるならば，三角形の2辺を比例するように分けるであろう。そしてもし三角形の2辺が比例するように分けられるならば，区分点を結ぶ直線は三角形の残りの1辺に平行であろう。

三角形 $AB\varGamma$ の1辺 $B\varGamma$ に平行に $\varDelta E$ がひかれたとせよ。$B\varDelta$ が $\varDelta A$ に対するように，$\varGamma E$ が EA に対すると主張する。

BE，$\varGamma\varDelta$ が結ばれたとせよ。

そうすれば三角形 $B\varDelta E$ は三角形 $\varGamma\varDelta E$ に等しい。なぜなら同じ底辺 $\varDelta E$ 上に同じ平行線 $\varDelta E$，$B\varGamma$ の間にあるから。そして三角形 $A\varDelta E$ は別ものである。ところで二つの等しいものは 同じものに対し 同じ比をもつ。それゆえ 三角形 $B\varDelta E$ が三角形 $A\varDelta E$ に対するように，三角形 $\varGamma\varDelta E$ が三角形 $A\varDelta E$ に対する。ところが三角形 $B\varDelta E$ が $A\varDelta E$ に対するように，$B\varDelta$ が $\varDelta A$ に対する。なぜなら同じ高さ，すなわち E から AB へ下された垂線をもつから，それらは互いに底辺に比例する。同じ理由で三角形 $\varGamma\varDelta E$ が $A\varDelta E$ に対するように，$\varGamma E$ が EA に対する。ゆえに $B\varDelta$

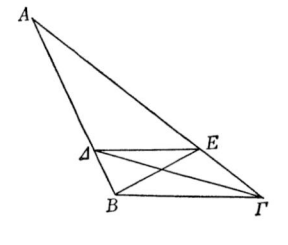

が $\varDelta A$ に対するように，$\varGamma E$ が EA に対する。

また三角形 $AB\varGamma$ の2辺 AB，$A\varGamma$ が比例するように分けられ，$B\varDelta$ が $\varDelta A$ に対するように，$\varGamma E$ が EA に対し，$\varDelta E$ が結ばれたとせよ。$\varDelta E$ は $B\varGamma$ に平行であると主張する。

同じ作図がなされたとき，$B\varDelta$ が $\varDelta A$ に対するように，$\varGamma E$ が EA に対し，$B\varDelta$ が $\varDelta A$ に対するように，三角形 $B\varDelta E$ が三角形 $A\varDelta E$ に対し，$\varGamma E$ が EA に対するように，三角形 $\varGamma \varDelta E$ が三角形 $A\varDelta E$ に対するから，三角形 $B\varDelta E$ が三角形 $A\varDelta E$ に対するように，三角形 $\varGamma \varDelta E$ が三角形 $A\varDelta E$ に対する。それゆえ三角形 $B\varDelta E$，$\varGamma \varDelta E$ の双方は $A\varDelta E$ に対して同じ比をもつ。ゆえに三角形 $B\varDelta E$ は三角形 $\varGamma \varDelta E$ に等しい。そして同じ底辺 $\varDelta E$ の上にある。ところが同じ底辺上にある等しい三角形は同じ平行線の間にある。したがって $\varDelta E$ は $B\varGamma$ に平行である。

よってもし三角形の1辺に平行に直線がひかれるならば，三角形の2辺を比例するように分けるであろう，そしてもし三角形の2辺が比例するように分けられるならば，区分点を結ぶ直線は三角形の残りの1辺に平行であろう。これが証明すべきことであった。

3

もし三角形の一つの角が2等分され，角を分ける直線が底辺をも分けるならば，底辺の2部分は三角形の残りの2辺と同じ比をもつであろう。そしてもし底辺の2部分が三角形の残りの2辺と同じ比をもつならば，頂点から区分点を結ぶ直線は三角形の角を2等分するであろう。

$AB\varGamma$ を三角形とし，角 $BA\varGamma$ が線分 $A\varDelta$ によって2等分されたとせよ。$B\varDelta$ が $\varGamma \varDelta$ に対するように，BA が $A\varGamma$ に対すると主張する。

$\varGamma$ を通り $\varDelta A$ に平行に $\varGamma E$ がひかれ，BA が延長されてそれと E において交わるとせよ。

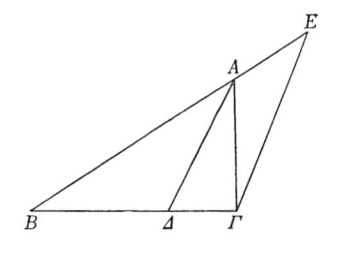

そうすれば線分 $A\varGamma$ が平行線 $\varDelta A$，$E\varGamma$ に交わるから，角 $A\varGamma E$ は角 $\varGamma A\varDelta$ に等しい。ところが角 $\varGamma A\varDelta$ は角 $BA\varDelta$ に等しいと仮定されている。それゆえ角 $BA\varDelta$ も角 $A\varGamma E$ に等しい。また線分 BAE が平行線 $A\varDelta$，$E\varGamma$ に交わるから，外角 $BA\varDelta$ は内角 $AE\varGamma$ に等しい。ところが角 $A\varGamma E$ が角 $BA\varDelta$ に等しいことも先に証明された。ゆえに角 $A\varGamma E$ は角 $AE\varGamma$ に等しい。したがって辺 AE は辺 $A\varGamma$ に等しい。そして $A\varDelta$ は三角形 $B\varGamma E$ の1辺 $E\varGamma$ に

平行にひかれたから，比例して，$B\varDelta$ が $\varDelta\varGamma$ に対するように，BA が AE に対する。ところが AE は $A\varGamma$ に等しい。したがって $B\varDelta$ が $\varDelta\varGamma$ に対するように，BA が $A\varGamma$ に対する。

また $B\varDelta$ が $\varDelta\varGamma$ に対するように，BA が $A\varGamma$ に対し，$A\varDelta$ が結ばれたとせよ。角 $BA\varGamma$ は線分 $A\varDelta$ によって2等分されていると主張する。

同じ作図がなされたとき，$B\varDelta$ が $\varDelta\varGamma$ に対するように，BA が $A\varGamma$ に対し，$A\varDelta$ は三角形 $B\varGamma E$ の1辺 $E\varGamma$ に平行にひかれたため $B\varDelta$ が $\varDelta\varGamma$ に対するように，BA が AE に対するから，BA が $A\varGamma$ に対するように，BA が AE に対する。それゆえ $A\varGamma$ は AE に等しい。ゆえに角 $AE\varGamma$ は角 $A\varGamma E$ に等しい。ところが角 $AE\varGamma$ は外角 $BA\varDelta$ に等しく，角 $A\varGamma E$ は錯角 $\varGamma A\varDelta$ に等しい。したがって角 $BA\varDelta$ も角 $\varGamma A\varDelta$ に等しい。ゆえに角 $BA\varGamma$ は線分 $A\varDelta$ によって2等分されている。

よってもし三角形の一つの角が2等分され，角を分ける直線が底辺をも分けるならば，底辺の2部分は三角形の残りの2辺と同じ比をもつであろう。そしてもし底辺の2部分が三角形の残りの2辺と同じ比をもつならば，頂点から区分点を結ぶ直線は三角形の角を2等分するであろう。これが証明すべきことであった。

4

互いに角を等しくする二つの三角形の等しい角をはさむ辺は比例し，しかも等しい角に対する辺がそれぞれ対応する。

$AB\varGamma$，$\varDelta\varGamma E$ を角 $AB\varGamma$ が角 $\varDelta\varGamma E$ に，角 $BA\varGamma$ が角 $\varGamma\varDelta E$ に，また角 $A\varGamma B$ が角 $\varGamma E\varDelta$ に等しい二つの等角な三角形とせよ。三角形 $AB\varGamma$，$\varDelta\varGamma E$ の等しい角をはさむ辺は比例し，しかも等しい角に対する辺がそれぞれ対応すると主張する。

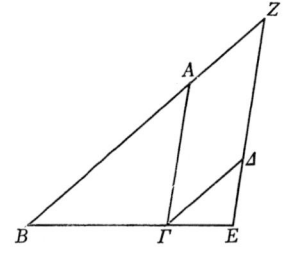

$B\varGamma$ が $\varGamma E$ と一直線をなすようにせよ。そうすれば角 $AB\varGamma$，$A\varGamma B$ の和は2直角より小さく，角 $A\varGamma B$ は角 $\varDelta E\varGamma$ に等しいから，角 $AB\varGamma$，$\varDelta E\varGamma$ の和は2直角より小さい。それゆえ BA，$E\varDelta$ は延長されれば交わるであろう。延長されて Z において交わるとせよ。

そうすれば角 $\varDelta\varGamma E$ は角 $AB\varGamma$ に等しいから，BZ は $\varGamma\varDelta$ に平行である。また角 $A\varGamma B$ は角 $\varDelta E\varGamma$ に等しいから，$A\varGamma$ は ZE に平行である。それゆえ $ZA\varGamma\varDelta$ は平行四辺形である。

ゆえに ZA は $\Delta\Gamma$ に，$A\Gamma$ は $Z\Delta$ に等しい。そして $A\Gamma$ は三角形 ZBE の 1 辺に平行にひかれたから，BA が AZ に対するように，$B\Gamma$ が ΓE に対する。ところが AZ は $\Gamma\Delta$ に等しい。したがって BA が $\Gamma\Delta$ に対するように，$B\Gamma$ が ΓE に対し，いれかえて AB が $B\Gamma$ に対するように，$\Delta\Gamma$ が ΓE に対する。また $\Gamma\Delta$ が BZ に平行であるから，$B\Gamma$ が ΓE に対するように，$Z\Delta$ が ΔE に対する。ところが $Z\Delta$ は $A\Gamma$ に等しい。それゆえ $B\Gamma$ が ΓE に対するように，$A\Gamma$ が ΔE に対し，いれかえて $B\Gamma$ が ΓA に対するように，ΓE が $E\Delta$ に対する。そこで AB が $B\Gamma$ に対するように，$\Delta\Gamma$ が ΓE に対し，$B\Gamma$ が ΓA に対するように，ΓE が $E\Delta$ に対することが証明されたから，等間隔比により BA が $A\Gamma$ に対するように，$\Gamma\Delta$ が ΔE に対する。

よって互いに角を等しくする二つの三角形の等しい角をはさむ辺は比例し，しかも等しい角に対する辺がそれぞれ対応する。これが証明すべきことであった。

5

もし二つの三角形の辺が比例するならば，二つの三角形は互いに等角であり，対応する辺に対する角は等しいであろう。

$AB\Gamma$，ΔEZ が辺が比例する二つの三角形であり，AB が $B\Gamma$ に対するように，ΔE が EZ に対し，$B\Gamma$ が ΓA に対するように，EZ が $Z\Delta$ に対し，また BA が $A\Gamma$ に対するように，$E\Delta$ が ΔZ に対するとせよ。三角形 $AB\Gamma$ は三角形 ΔEZ に等角であり，対応する辺に対する角，すなわち角 $AB\Gamma$ は角 ΔEZ に，角 $B\Gamma A$ は角 $EZ\Delta$ に，また角 $BA\Gamma$ は角 $E\Delta Z$ に等しいと主張する。

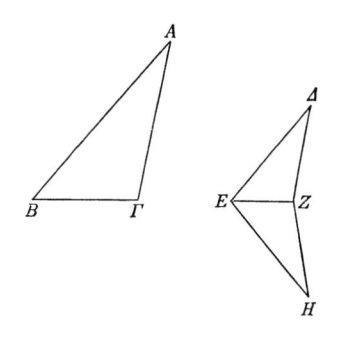

線分 EZ 上にその上の点 E, Z において角 $AB\Gamma$ に等しい角 ZEH が，角 $A\Gamma B$ に等しい角 EZH がつくられたとせよ。そうすれば残りの A における角は残りの H における角に等しい。

三角形 $AB\Gamma$ は EHZ に等角である。ゆえに三角形 $AB\Gamma$，EHZ の等しい角をはさむ辺は比例し，等しい角に対する辺がそれぞれ対応する。したがって AB が $B\Gamma$ に対するように，HE は EZ に対する。ところが AB が $B\Gamma$ に対するように，ΔE が EZ に対すること

が仮定されている。それゆえ $ΔE$ が EZ に対するように,HE が EZ に対する。ゆえに $ΔE$,HE の双方は EZ に対し同じ比をもつ。したがって $ΔE$ は HE に等しい。同じ理由で $ΔZ$ も HZ に等しい。そこで $ΔE$ は EH に等しく,EZ は共通であるから,2辺 $ΔE$,EZ は2辺 HE,EZ に等しい。そして底辺 $ΔZ$ は底辺 ZH に等しい。それゆえ角 $ΔEZ$ は角 HEZ に等しく,三角形 $ΔEZ$ は三角形 HEZ に等しく,残りの角は残りの角に等しい,すなわち等しい辺が対する角は等しい。ゆえに角 $ΔZE$ は角 HZE に,角 $EΔZ$ は角 EHZ に等しい。そして角 $ZEΔ$ は角 HEZ に,他方角 HEZ は角 $ABΓ$ に等しいから,角 $ABΓ$ も角 $ΔEZ$ に等しい。同じ理由で角 $AΓB$ も角 $ΔZE$ に,また A における角も $Δ$ における角に等しい。したがって三角形 $ABΓ$ は三角形 $ΔEZ$ に等角である。

よってもし二つの三角形の辺が比例するならば,二つの三角形は等角であり,対応する辺に対する角は等しいであろう。これが証明すべきことであった。

⁓ 6 ⁓

もし二つの三角形が一つの角が互いに等しく,等しい角をはさむ辺が比例するならば,二つの三角形は等角であり,対応する辺に対する角は等しいであろう。

$ABΓ$,$ΔEZ$ を一つの角 $BAΓ$ が $EΔZ$ に等しく,等しい角をはさむ辺が比例する,すなわち BA が $AΓ$ に対するように,$EΔ$ が $ΔZ$ に対する二つの三角形とせよ。三角形 $ABΓ$ は三角形 $ΔEZ$ に等角であり,角 $ABΓ$ は角 $ΔEZ$ に,角 $AΓB$ は角 $ΔZE$ に等しいであろうと主張する。

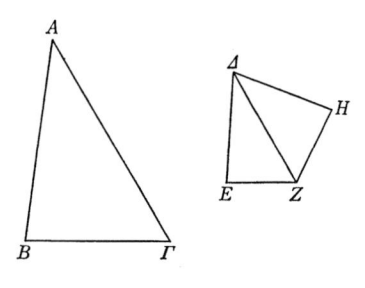

線分 $ΔZ$ 上にその上の点 $Δ$,Z において,角 $BAΓ$,$EΔZ$ のどちらかに等しく角 $ZΔH$ が,角 $AΓB$ に等しく角 $ΔZH$ がつくられたとせよ。残りの B における角は残りの H における角に等しい。

それゆえ三角形 $ABΓ$ は三角形 $ΔHZ$ に等角である。ゆえに比例し,BA が $AΓ$ に対するように,$HΔ$ が $ΔZ$ に対する。ところが BA が $AΓ$ に対するように,$EΔ$ が $ΔZ$ に対すると仮定されている。したがって $EΔ$ が $ΔZ$ に対するように,$HΔ$ が $ΔZ$ に対する。それゆえ $EΔ$ は $ΔH$ に等しい。そして $ΔZ$ は共通である。ゆえに2辺 $EΔ$,$ΔZ$ は2辺 $HΔ$,$ΔZ$ に等しい。そして角 $EΔZ$ は角 $HΔZ$ に等しい。したがって底辺 EZ は底辺 HZ に等しく,

三角形 $\varDelta EZ$ は三角形 $H\varDelta Z$ に等しく，そして残りの角は残りの角に等しい，すなわち等しい辺が対する角は等しいであろう。それゆえ角 $\varDelta ZH$ は角 $\varDelta ZE$ に，角 $\varDelta HZ$ は角 $\varDelta EZ$ に等しい。ところが角 $\varDelta ZH$ は角 $A\varGamma B$ に等しい。ゆえに角 $A\varGamma B$ は角 $\varDelta ZE$ に等しい。ところが角 $BA\varGamma$ が角 $E\varDelta Z$ に等しいことも仮定されている。したがって残りの B における角も残りの E における角に等しい。それゆえ三角形 $AB\varGamma$ は三角形 $\varDelta EZ$ に等角である。

よってもし二つの三角形が一つの角が互いに等しく，等しい角をはさむ辺が比例するならば，二つの三角形は等角であり，対応する辺に対する角は等しいであろう。これが証明すべきことであった。

～ 7 ～

もし二つの三角形が一つの角が互いに等しく，もう一つの角をはさむ辺が比例し，残りの角の双方が 共に直角より小さいか，または共に小さくないならば，二つの三角形は等角であり，比例する 2 辺にはさまれる角は等しいであろう。

$AB\varGamma$，$\varDelta EZ$ を一つの角 $BA\varGamma$ が角 $E\varDelta Z$ に等しく，もう一つの角 $AB\varGamma$，$\varDelta EZ$ をはさむ辺が比例する，すなわち AB が $B\varGamma$ に対するように，$\varDelta E$ が EZ に対し，残りの $\varGamma$，Z における角の双方がまず共に直角より小さい二つの三角形とせよ。三角形 $AB\varGamma$ は三角形 $\varDelta EZ$ に等角であり，角 $AB\varGamma$ は角 $\varDelta EZ$ に等しく，残りの $\varGamma$ における角は 明らかに残りの Z における角に等しいと主張する。

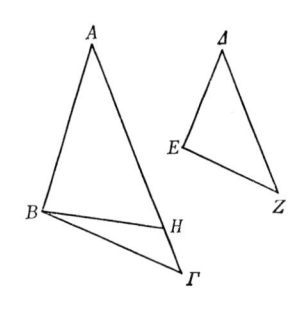

もし角 $AB\varGamma$ が角 $\varDelta EZ$ に等しくないならば，それらの一方は大きい。角 $AB\varGamma$ が大きいとせよ。そして線分 AB 上にその上の点 B において角 $\varDelta EZ$ に等しい角 ABH がつくられたとせよ。

そうすれば角 A は角 $\varDelta$ に，角 ABH は角 $\varDelta EZ$ に等しいから，残りの角 AHB は残りの角 $\varDelta ZE$ に等しい。それゆえ三角形 ABH は三角形 $\varDelta EZ$ に等角である。ゆえに AB が BH に対するように，$\varDelta E$ が EZ に対する。ところが $\varDelta E$ が EZ に対するように，AB が $B\varGamma$ に対すると仮定されている。したがって AB は $B\varGamma$，BH の双方に対し同じ比をもつ。それゆえ $B\varGamma$ は BH に等しい。ゆえに $\varGamma$ における角は角 $BH\varGamma$ に等しい。ところが $\varGamma$ に

おける角は直角より小さいと仮定されている。したがって角 $BH\varGamma$ も直角より小さい。それゆえその接角 AHB は直角より大きい。しかも Z における角に等しいことが先に証明された。ゆえに Z における角も直角より大きいことになる。ところが直角より小さいと仮定されている。これは不合理である。したがって角 $AB\varGamma$ は角 $\varDelta EZ$ に不等ではない。それゆえ等しい。ところが A における角も $\varDelta$ における角に等しい。ゆえに残りの $\varGamma$ における角も残りの Z における角に等しい。したがって三角形 $AB\varGamma$ は三角形 $\varDelta EZ$ に等角である。

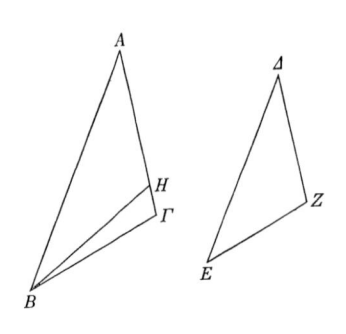

次に $\varGamma, Z$ における角の双方が 直角より小さくないと仮定されるとせよ。このときにもまた三角形 $AB\varGamma$ は三角形 $\varDelta EZ$ に等角であると主張する。

同じ作図がなされたとき, 同様にして $B\varGamma$ が BH に等しいことを証明しうる。それゆえ $\varGamma$ における角も角 $BH\varGamma$ に等しい。ところが $\varGamma$ における角は直角より小さくない。ゆえに角 $BH\varGamma$ も直角より小さくない。そこで三角形 $BH\varGamma$ の 2 角の和が 2 直角より小さくないことになる。これは不可能である。したがってまた角 $AB\varGamma$ は角 $\varDelta EZ$ に不等ではない。それゆえ等しい。ところが A における角も $\varDelta$ における角に等しい。ゆえに残りの $\varGamma$ における角は残りの Z における角に等しい。したがって三角形 $AB\varGamma$ は三角形 $\varDelta EZ$ に等角である。

よってもし二つの三角形が一つの角が互いに等しくもう一つの角をはさむ辺が比例し, 残りの角の双方が共に直角より小さいか, または共に小さくないならば, 二つの三角形は等角であり, 比例する 2 辺にはさまれる角は等しいであろう。これが証明すべきことであった。

8

もし直角三角形において 直角から底辺に 垂線が ひかれるならば, 垂線の上の三角形は全体に対しかつ互いに相似である。

$AB\varGamma$ を角 $BA\varGamma$ が直角である直角三角形とし, A から $B\varGamma$ に垂線 $A\varDelta$ が下されたとせよ。三角形 $AB\varDelta, A\varDelta\varGamma$ の双方は全体 $AB\varGamma$ に対し, また互いに相似であると主張する。

角 $BA\varGamma$ は角 $A\varDelta B$ に等しい, なぜならどちらも直角であるから。そして B における角は二つの三角形 $AB\varGamma, AB\varDelta$ に共通であるから, 残りの角 $A\varGamma B$ は残りの角 $BA\varDelta$ に等し

い。それゆえ三角形 $AB\Gamma$ は三角形 $AB\varDelta$ に等角である。ゆえに三角形 $AB\Gamma$ の直角を張る $B\Gamma$ が三角形 $AB\varDelta$ の直角を張る BA に対するように，三角形 $AB\Gamma$ の Γ における角を張る AB そのものが三角形 $AB\varDelta$ の等しい角 $BA\varDelta$ を張る $B\varDelta$ に対し，そしてまた $A\Gamma$ が二つの三角形に共通な B における角を張る $A\varDelta$ に対する。したがって三角形 $AB\Gamma$ は三角形 $AB\varDelta$ に等角であり，等しい角をはさむ辺が比例する。それゆえ三角形 $AB\Gamma$ は $AB\varDelta$ に相似である。同様にして三角形 $AB\Gamma$ は三角形 $A\varDelta\Gamma$ にも相似であることを証明しうる。ゆえに 三角形 $AB\varDelta, A\varDelta\Gamma$ の双方は全体 $AB\Gamma$ に相似である。

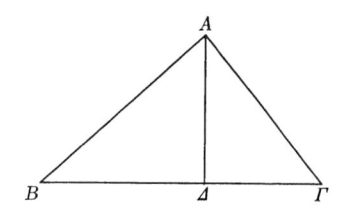

次に三角形 $AB\varDelta, A\varDelta\Gamma$ が互いに相似であると主張する。

直角 $B\varDelta A$ は直角 $A\varDelta\Gamma$ に等しく，また角 $BA\varDelta$ も Γ における角に等しいことが証明されたから，残りの B における角も角 $\varDelta A\Gamma$ に等しい。それゆえ三角形 $AB\varDelta$ は三角形 $A\varDelta\Gamma$ に等角である。ゆえに三角形 $AB\varDelta$ の角 $BA\varDelta$ を張る $B\varDelta$ が三角形 $A\varDelta\Gamma$ の，角 $BA\varDelta$ に等しい Γ における角を張る $\varDelta A$ に対するように，三角形 $AB\varDelta$ の B における角を張る $A\varDelta$ そのものが三角形 $A\varDelta\Gamma$ の，B における角に等しい角 $\varDelta A\Gamma$ を張る $\varDelta\Gamma$ に対し，また共に直角を張る BA が $A\Gamma$ に対する。したがって三角形 $AB\varDelta$ は三角形 $A\varDelta\Gamma$ に相似である。

よってもし直角三角形において直角から底辺に垂線が下されるならば，垂線の上の三角形は全体に対しかつ互いに相似である。

系

これから次のことが明らかである，すなわちもし直角三角形において直角から底辺に垂線が下されるならば，下された垂線は底辺の二つの部分の比例中項である。これが証明すべきことであった。

9

与えられた線分から指定された部分*を切りとること。

　　　与えられた線分を AB とせよ。このとき AB から指定された部分を切りとらねば

---

*) $\dfrac{1}{n}$ なる部分の意味．n は整数．

ならぬ。

　3分の1が指定されたとせよ。A から AB と任意の角をなす線分 $A\varGamma$ がひかれたとせよ。$A\varGamma$ 上に任意の点 $\varDelta$ がとられ，$\varDelta E$，$E\varGamma$ が $A\varDelta$ に等しくなるようにせよ。そして $B\varGamma$ が結ばれ，$\varDelta$ を通り，$B\varGamma$ に平行に $\varDelta Z$ がひかれたとせよ。

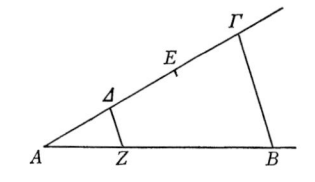

　そうすれば $Z\varDelta$ は三角形 $AB\varGamma$ の1辺 $B\varGamma$ に平行にひかれたから，比例し，$\varGamma\varDelta$ が $\varDelta A$ に対するように，BZ が ZA に対する。ところが $\varGamma\varDelta$ は $\varDelta A$ の2倍である。それゆえ BZ も ZA の2倍である。ゆえに BA は AZ の3倍である。

　よって与えられた線分 AB から指定された3分の1の部分 AZ が切り取られた。これが作図すべきものであった。

～ 10 ～

与えられた，分けられていない線分を，与えられた，分けられている線分と同様に分けること。

　与えられた，分けられていない線分を AB とし，$A\varGamma$ を点 $\varDelta$，E において分けられている線分とし，それらが任意の角をはさむようにし，$\varGamma B$ が結ばれ，$\varDelta$，E を通り $B\varGamma$ に平行に $\varDelta Z$，EH がひかれ，$\varDelta$ を通り AB に平行に $\varDelta\varTheta K$ がひかれたとせよ。

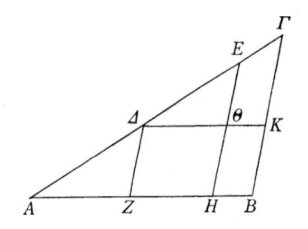

　そうすれば $Z\varTheta$，$\varTheta B$ の双方は平行四辺形である。それゆえ $\varDelta\varTheta$ は ZH に，$\varTheta K$ は HB に等しい。そして線分 $\varTheta E$ は三角形 $\varDelta K\varGamma$ の1辺 $K\varGamma$ に平行にひかれたから，比例し，$\varGamma E$ が $E\varDelta$ に対するように，$K\varTheta$ が $\varTheta\varDelta$ に対する。ところが $K\varTheta$ は BH に，$\varTheta\varDelta$ は HZ に等しい。ゆえに $\varGamma E$ が $E\varDelta$ に対するように，BH が HZ に対する。また $Z\varDelta$ は三角形 AHE の1辺 HE に平行にひかれたから，比例し，$E\varDelta$ が $\varDelta A$ に対するように，HZ が ZA に対する。ところが $\varGamma E$ が $E\varDelta$ に対するように，BH が HZ に対することが先に証明された。したがって $\varGamma E$ が $E\varDelta$ に対するように，BH が HZ に対し，$E\varDelta$ が $\varDelta A$ に対するように，HZ が ZA に対する。

　よって与えられた，分けられていない線分 AB が与えられた線分 $A\varGamma$ と同様に分けられた。これが作図すべきものであった。

11

与えられた2線分に対し第3の比例項を見いだすこと。

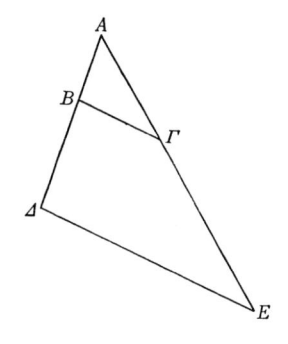

与えられた線分を BA, $A\varGamma$ とし，それらが任意の角をはさむようにせよ．このとき BA, $A\varGamma$ に対し第3の比例項を見いださねばならぬ．

点 $\varDelta$, E まで延長されたとし，$B\varDelta$ が $A\varGamma$ に等しくされ，$B\varGamma$ が結ばれ，$\varDelta$ を通り $B\varGamma$ に平行に $\varDelta E$ がひかれたとせよ．

そうすれば $B\varGamma$ は三角形 $A\varDelta E$ の1辺 $\varDelta E$ に平行にひかれたから，比例し，AB が $B\varDelta$ に対するように，$A\varGamma$ が $\varGamma E$ に対する．ところが $B\varDelta$ は $A\varGamma$ に等しい．したがって AB が $A\varGamma$ に対するように，$A\varGamma$ が $\varGamma E$ に対する．

よって2線分 AB, $A\varGamma$ が与えられたとき，それらに対し第3の比例項 $\varGamma E$ が見いだされた．これが作図すべきものであった．

12

与えられた3線分に対し第4の比例項を見いだすこと。

与えられた3線分を A, B, $\varGamma$ とせよ．このとき A, B, $\varGamma$ に対し第4の比例項を見いださねばならぬ．

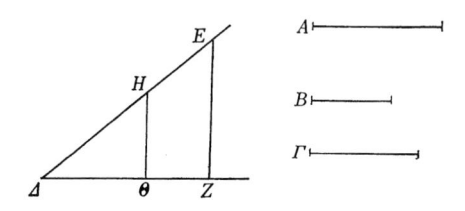

任意の角 $E\varDelta Z$ をはさむ2線分 $\varDelta E$, $\varDelta Z$ が定められたとせよ．そして $\varDelta H$ が A に，HE が B に，また $\varDelta\varTheta$ が $\varGamma$ に等しくされたとせよ．そして $H\varTheta$ が結ばれ，E を通り $H\varTheta$ に平行に EZ がひかれたとせよ．

そうすれば $H\Theta$ は三角形 ΔEZ の1辺 EZ に平行にひかれたから，ΔH が HE に対するように，$\Delta\Theta$ が ΘZ に対する。ところが ΔH は A に，HE は B に，$\Delta\Theta$ は Γ に等しい。したがって A が B に対するように，Γ が ΘZ に対する。

よって与えられた3線分 A, B, Γ に対し第4の比例項 ΘZ が見いだされた。これが作図すべきものであった。

～ 13 ～

与えられた2線分の比例中項を見いだすこと。

与えられた2線分を AB, $B\Gamma$ とせよ。このとき AB, $B\Gamma$ の比例中項を見いださねばならぬ。

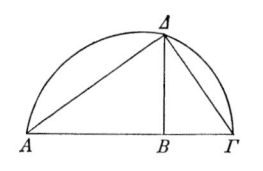

それらが一直線をなすようにおかれ，$A\Gamma$ 上に半円 $A\Delta\Gamma$ が描かれ，点 B から線分 $A\Gamma$ に直角に $B\Delta$ がひかれ，$A\Delta$, $\Delta\Gamma$ が結ばれたとせよ。

角 $A\Delta\Gamma$ は半円内の角であるから，直角である。そして直角三角形 $A\Delta\Gamma$ において直角から底辺に垂線 ΔB が下されたから，ΔB は底辺の2部分 AB, $B\Gamma$ の比例中項である。

よって与えられた2線分 AB, $B\Gamma$ の比例中項 ΔB が見いだされた。これが作図すべきものであった。

～ 14 ～

等しくかつ等角な二つの平行四辺形の等しい角をはさむ辺は逆比例する。そして等しい角をはさむ辺が逆比例する等角な二つの平行四辺形は等しい。

AB, $B\Gamma$ が等しくかつ等角で，B における角が等しい平行四辺形とし，ΔB, BE が一直線をなすようにおかれたとせよ。そうすれば ZB, BH も一直線をなす。AB, $B\Gamma$ の等しい角をはさむ辺は逆比例する，すなわち ΔB が BE に対するように，HB が BZ に対すると主張する。

平行四辺形 ZE が完結されたとせよ。そうすれば平行四辺形 AB は平行四辺形 $B\Gamma$ に等しく，ZE は別の平行四辺形であるから，AB が ZE に対するように，$B\Gamma$ が ZE に対する。

ところが AB が ZE に対するように，$\varDelta B$ が BE に対し，$B\varGamma$ が ZE に対するように，HB が BZ に対する。それゆえ $\varDelta B$ が BE に対するように，HB が BZ に対する。ゆえに平行四辺形 AB, $B\varGamma$ の等しい角をはさむ辺は逆比例する。

次に $\varDelta B$ が BE に対するように，HB が BZ に対するとせよ。平行四辺形 AB は平行四辺形 $B\varGamma$ に等しいと主張する。

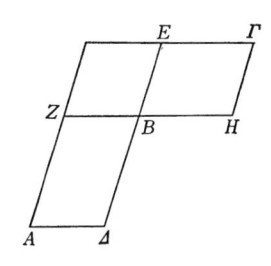

$\varDelta B$ が BE に対するように，HB が BZ に対し，他方 $\varDelta B$ が BE に対するように，平行四辺形 AB が平行四辺形 ZE に対し，HB が BZ に対するように，平行四辺形 $B\varGamma$ が平行四辺形 ZE に対するから，AB が ZE に対するように，$B\varGamma$ が ZE に対する。それゆえ平行四辺形 AB は平行四辺形 $B\varGamma$ に等しい。

よって等しくかつ等角な二つの平行四辺形の等しい角をはさむ辺は逆比例する。そして等しい角をはさむ辺が逆比例する等角な二つの平行四辺形は等しい。これが証明すべきことであった。

🍃 15 🍂

等しくかつ一つの角を互いに等しくする二つの三角形の等しい角をはさむ辺は逆比例する。そして一つの角を互いに等しくし，等角をはさむ辺が逆比例する二つの三角形は等しい。

$AB\varGamma$, $A\varDelta E$ を等しくてかつ1角が1角に，すなわち角 $BA\varGamma$ が角 $\varDelta AE$ に等しい三角形とせよ。三角形 $AB\varGamma$, $A\varDelta E$ の等しい角をはさむ辺は逆比例する，すなわち $\varGamma A$ が $A\varDelta$ に対するように，EA が AB に対すると主張する。

$\varGamma A$ が $A\varDelta$ と一直線をなすようにおかれたとせよ。そうすれば EA も AB と一直線をなす。そして $B\varDelta$ が結ばれたとせよ。

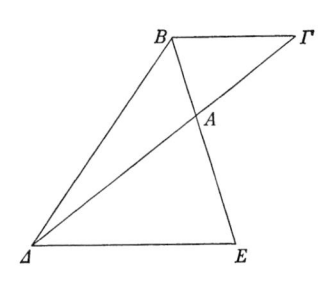

そうすれば三角形 $AB\varGamma$ は三角形 $A\varDelta E$ に等しく，$BA\varDelta$ は別の三角形であるから，三角形 $\varGamma AB$ が三角形 $BA\varDelta$ に対するように，三角形 $EA\varDelta$ が三角形 $BA\varDelta$ に対する。ところが $\varGamma AB$ が $BA\varDelta$ に対するように，$\varGamma A$ が $A\varDelta$ に対し，$EA\varDelta$ が $BA\varDelta$ に対するように，EA

が AB に対する。それゆえ $\varGamma A$ が $A\varDelta$ に対するように，EA が AB に対する。ゆえに三角形 $AB\varGamma$，$A\varDelta E$ の等しい角をはさむ辺は逆比例する。

次に三角形 $AB\varGamma$，$A\varDelta E$ の辺が逆比例するとし，$\varGamma A$ が $A\varDelta$ に対するように，EA が AB に対するとせよ。三角形 $AB\varGamma$ は三角形 $A\varDelta E$ に等しいと主張する。

ふたたび $B\varDelta$ が結ばれ，$\varGamma A$ が $A\varDelta$ に対するように，EA が AB に対し，他方 $\varGamma A$ が $A\varDelta$ に対するように，三角形 $AB\varGamma$ が三角形 $BA\varDelta$ に対し，EA が AB に対するように，三角形 $EA\varDelta$ が三角形 $BA\varDelta$ に対するから，三角形 $AB\varGamma$ が三角形 $BA\varDelta$ に対するように，三角形 $EA\varDelta$ が三角形 $BA\varDelta$ に対する。それゆえ $AB\varGamma$，$EA\varDelta$ の双方は $BA\varDelta$ に対し同じ比をもつ。ゆえに三角形 $AB\varGamma$ は三角形 $EA\varDelta$ に等しい。

よって等しくかつ一つの角を互いに等しくする二つの三角形の等しい角をはさむ辺は逆比例する。そして一つの角を等しくし，等角をはさむ辺が逆比例する二つの三角形は等しい。これが証明すべきことであった。

〜 16 〜

もし4線分が比例するならば，外項にかこまれた矩形は内項にかこまれた矩形に等しい。そしてもし外項にかこまれた矩形が内項にかこまれた矩形に等しいならば，4線分は比例するであろう。

4線分 AB，$\varGamma\varDelta$，E，Z が比例する，すなわち AB が $\varGamma\varDelta$ に対するように，E が Z に対するとせよ。AB，Z にかこまれた矩形は $\varGamma\varDelta$，E にかこまれた矩形に等しいと主張する。

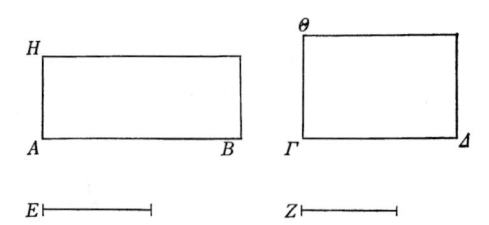

点 A，$\varGamma$ から線分 AB，$\varGamma\varDelta$ に直角に AH，$\varGamma\varTheta$ がひかれ，AH が Z に等しく，$\varGamma\varTheta$ が E に等しくされたとせよ。そして平行四辺形 BH，$\varDelta\varTheta$ が完結されたとせよ。

そうすれば AB が $\varGamma\varDelta$ に対するように，E が Z に対し，E は $\varGamma\varTheta$ に，Z は AH に等しいから，AB が $\varGamma\varDelta$ に対するように，$\varGamma\varTheta$ が AH に対する。それゆえ平行四辺形 BH，

$ΔΘ$ の等しい角をはさむ辺は反比例する。ところが等しい角をはさむ辺が反比例する等角な二つの平行四辺形は等しい。ゆえに平行四辺形 BH は平行四辺形 $ΔΘ$ に等しい。そして AH は Z に等しいから，BH は矩形 AB, Z である。そして E は $ΓΘ$ に等しいから，$ΔΘ$ は矩形 $ΓΔ, E$ である。したがって AB, Z にかこまれた矩形は $ΓΔ, E$ にかこまれた矩形に等しい。

次に AB, Z にかこまれた矩形が $ΓΔ, E$ にかこまれた矩形に等しいとせよ。4線分は比例する，すなわち AB が $ΓΔ$ に対するように，E が Z に対するであろうと主張する。

同じ作図がなされたとき，矩形 AB, Z は矩形 $ΓΔ, E$ に等しく，AH は Z に等しいから，矩形 AB, Z は BH である。そして $ΓΘ$ は E に等しいから，矩形 $ΓΔ, E$ は $ΔΘ$ である。それゆえ BH は $ΔΘ$ に等しい。しかも等角である。ところが等しくてかつ等角な二つの平行四辺形の等しい角をはさむ辺は反比例する。ゆえに AB が $ΓΔ$ に対するように，$ΓΘ$ が AH に対する。ところが $ΓΘ$ は E に，AH は Z に等しい。したがって AB が $ΓΔ$ に対するように，E が Z に対する。

よってもし4線分が比例するならば，外項にかこまれた矩形は内項にかこまれた矩形に等しい。そしてもし外項にかこまれた矩形が内項にかこまれた矩形に等しいならば，4線分は比例するであろう。これが証明すべきことであった。

～ 17 ～

もし3線分が比例するならば，外項にかこまれ矩形は中項の上に立つ正方形に等しい。そしてもし外項にかこまれた矩形が中項の上に立つ正方形に等しいならば，3線分は比例するであろう。

3線分 $A, B, Γ$ が比例する，すなわち A が B に対するように，B が $Γ$ に対するとせよ。$A, Γ$ にかこまれた矩形は B 上の正方形に等しいと主張する。

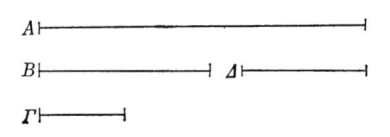

$Δ$ が B に等しいとせよ。

そうすれば A が B に対するように，B が $Γ$ に対し，B は $Δ$ に等しいから，A が B に対するように，$Δ$ が $Γ$ に対する。ところがもし4線分が比例するならば，外項にかこまれた矩形は内項にかこまれた矩形に等しい。それゆえ矩形 $A, Γ$ は矩形 $B, Δ$ に等しい。ところが B は $Δ$ に等しいから，矩形 $B, Δ$ は B 上の正方形である。ゆえに $A, Γ$ にかこまれ

た矩形は B 上の正方形に等しい。

次に矩形 A, Γ が B 上の正方形に等しいとせよ。A が B に対するように，B が Γ に対すると主張する。

同じ作図がなされたとき，矩形 A, Γ が B 上の正方形に等しく，他方 B は $\varDelta$ に等しいから，B 上の正方形は矩形 B, $\varDelta$ である。それゆえ矩形 A, Γ は矩形 B, $\varDelta$ に等しい。ところがもし外項にかこまれた矩形が内項にかこまれた矩形に等しければ，4線分は比例する。ゆえに A が B に対するように，$\varDelta$ が Γ に対する。ところが B は $\varDelta$ に等しい。したがって A が B に対するように，B が Γ に対する。

よってもし3線分が比例するならば，外項にかこまれた矩形は中項の上の正方形に等しい。そしてもし外項にかこまれた矩形が中項の上の正方形に等しければ，3線分は比例するであろう。これが証明すべきことであった。

～ 18 ～

与えられた線分上に与えられた直線図形に相似でかつ相似な位置にある直線図形を描くこと。

与えられた線分を AB, 与えられた直線図形を ΓE とせよ。このとき線分 AB 上に直線図形 ΓE に相似でかつ相似な位置にある直線図形を描かねばならぬ。

$\varDelta Z$ が結ばれたとし，線分 AB 上にその上の点 A, B において Γ における角に等しい角 HAB と，角 $\Gamma\varDelta Z$ に等しい角 ABH がつくられたとせよ。そうすれば残りの角 $\Gamma Z\varDelta$ は角 AHB に等しい。ゆえに三角形 $Z\Gamma\varDelta$ は三角形 HAB に等角である。したがって比例し，$Z\varDelta$ が HB に対するように，$Z\Gamma$ が HA に，$\Gamma\varDelta$ が AB に対する。また線分 BH 上にその上の点 B, H において角 $\varDelta ZE$ に等しい角 $BH\Theta$ と，角 $Z\varDelta E$ に等しい角 $HB\Theta$ がつくられたとせよ。そうすれば残りの E における角は残りの Θ における角に等しい。ゆえに三角形 $Z\varDelta E$ は三角形 $H\Theta B$ に等角である。したがって比例し，$Z\varDelta$ が HB に対するように，ZE が $H\Theta$ に，$E\varDelta$ が ΘB に対する。ところが $Z\varDelta$ が HB に対するように，$Z\Gamma$ が HA に，$\Gamma\varDelta$ が AB に対することが先に証明された。それゆえ $Z\Gamma$ が AH に対するように，$\Gamma\varDelta$ が AB に，ZE が $H\Theta$ に，また $E\varDelta$ が ΘB に対する。そして角 $\Gamma Z\varDelta$ が角 AHB に，角 $\varDelta ZE$ が

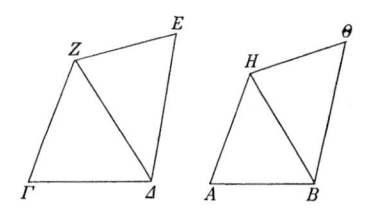

$BH\Theta$ に等しいから，角 ΓZE 全体は角 $AH\Theta$ 全体に等しい。同じ理由で角 $\Gamma\Delta E$ も角 $AB\Theta$ に等しい。ところが Γ における角も A における角に，E における角も Θ における角に等しい。ゆえに $A\Theta$ は ΓE に等角である。そしてそれらの等しい角をはさむ辺が比例する。したがって直線図形 $A\Theta$ は直線図形 ΓE に相似である。

よって与えられた線分 AB 上に与えられた直線図形 ΓE に相似でかつ相似な位置にある直線図形 $A\Theta$ が描かれた。これが作図すべきものであった。

～ 19 ～

相似な三角形は互いに対応する辺の比の 2 乗の比をもつ。

$AB\Gamma$, ΔEZ を B における角が E における角に等しく，AB が $B\Gamma$ に対するように，ΔE が EZ に対し，$B\Gamma$ が EZ に対応する相似な三角形とせよ。三角形 $AB\Gamma$ は三角形 ΔEZ に対し，$B\Gamma$ が EZ に対する比の 2 乗の比をもつと主張する。

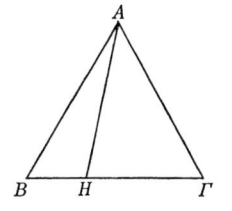

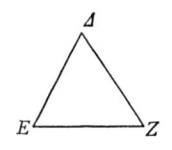

$B\Gamma$, EZ の第 3 の比例項 BH がとられ，$B\Gamma$ が EZ に対するように，EZ が BH に対するとせよ。そして AH が結ばれたとせよ。

そうすれば AB が $B\Gamma$ に対するように，ΔE が EZ に対するから，いれかえて AB が ΔE に対するように，$B\Gamma$ が EZ に対する。ところが $B\Gamma$ が EZ に対するように，EZ が BH に対する。それゆえ AB が ΔE に対するように，EZ が BH に対する。ゆえに三角形 ABH, ΔEZ の等しい角をはさむ辺は反比例する。ところが一つの角を等しくし，等角をはさむ辺が反比例する二つの三角形は等しい。したがって三角形 ABH は三角形 ΔEZ に等しい。そして $B\Gamma$ が EZ に対するように，EZ が BH に対し，しかももし 3 線分が比例するならば，第 1 は第 3 に対し，第 2 に対する比の 2 乗の比をもつから，$B\Gamma$ は BH に対し，ΓB が EZ に対する比の 2 乗の比をもつ。ところが ΓB が BH に対するように，三角形 $AB\Gamma$ が三角形 ABH に対する。それゆえ三角形 $AB\Gamma$ は ABH に対し，$B\Gamma$ が EZ に対する比の 2 乗の比をもつ。ところが三角形 ABH は三角形 ΔEZ に等しい。したがって三角形 $AB\Gamma$ は三角形 ΔEZ に対し，$B\Gamma$ が EZ に対する比の 2 乗の比をもつ。

よって相似な三角形は互いに対応する辺の比の 2 乗の比をもつ。

系

これから次のことが明らかである，すなわちもし3線分が比例するならば，第1が第3に対するように，第1の上に描かれた図形が第2の上に描かれた相似でかつ相似な位置にある図形に対する。これが証明すべきことであった。

～ 20 ～

相似な多角形は同数の，相似な，しかも全体と同じ比をもつ三角形に分けられ，そして多角形は多角形に対し，対応する辺が対応する辺に対する比の2乗の比をもつ。

$AB\Gamma\Delta E$, $ZH\Theta K\Lambda$ を相似な多角形とし，AB が ZH に対応するとせよ。多角形 $AB\Gamma\Delta E$, $ZH\Theta K\Lambda$ は同数の，相似な，しかも全体と同じ比をもつ三角形に分けられ，そして多角形 $AB\Gamma\Delta E$ は多角形 $ZH\Theta K\Lambda$ に対し，AB が ZH に対する比の2乗の比をもつと主張する。

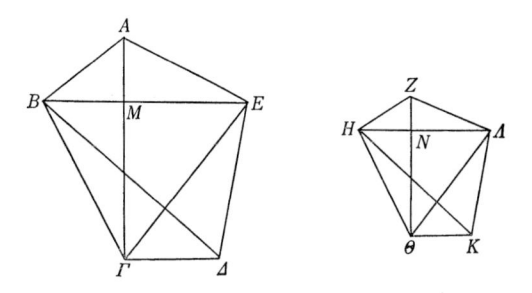

BE, $E\Gamma$, $H\Lambda$, $\Lambda\Theta$ が結ばれたとせよ。

そして多角形 $AB\Gamma\Delta E$ は多角形 $ZH\Theta K\Lambda$ に相似であるから，角 BAE は角 $HZ\Lambda$ に等しい。そして BA が AE に対するように，HZ が $Z\Lambda$ に対する。そこで ABE, $ZH\Lambda$ は一つの角を等しくし，等しい角をはさむ辺が比例する二つの三角形であるから，三角形 ABE は三角形 $ZH\Lambda$ に等角である。それゆえ相似でもある。ゆえに角 ABE は角 $ZH\Lambda$ に等しい。ところが二つの多角形が相似であるから，角 $AB\Gamma$ 全体も角 $ZH\Theta$ 全体に等しい。したがって残りの角 $EB\Gamma$ は角 $\Lambda H\Theta$ に等しい。そして三角形 ABE, $ZH\Lambda$ が相似であるため，EB が BA に対するように，ΛH が HZ に対し，また二つの多角形が相似であるため，AB が $B\Gamma$ に対するように，ZH が $H\Theta$ に対するから，等間隔比により EB が $B\Gamma$ に対するよう

に, $\varLambda H$ が $H\varTheta$ に対し, 等しい角 $EB\varGamma$, $\varLambda H\varTheta$ をはさむ辺が 比例する。それゆえ 三角形 $EB\varGamma$ は三角形 $\varLambda H\varTheta$ に等角である。ゆえに 三角形 $EB\varGamma$ は三角形 $\varLambda H\varTheta$ に相似でもある。同じ理由で 三角形 $E\varGamma\varDelta$ も三角形 $\varLambda\varTheta K$ に相似である。したがって 相似な多角形 $AB\varGamma\varDelta E$, $ZH\varTheta K\varLambda$ は同数の相似な三角形に分けられた。

それらの三角形が 全体と同じ比をもつ, すなわち三角形が比例し, ABE, $EB\varGamma$, $E\varGamma\varDelta$ が前項であり, $ZH\varLambda$, $\varLambda H\varTheta$, $\varLambda\varTheta K$ がそれらに対する 後項であること, そしてまた多角形 $AB\varGamma\varDelta E$ が多角形 $ZH\varTheta K\varLambda$ に対し, 対応する辺が対応する辺に対する比, すなわち AB が ZH に対する比の 2 乗の比をもつことを主張する。

$A\varGamma$, $Z\varTheta$ が結ばれたとせよ。そうすれば 二つの多角形が 相似であるため, 角 $AB\varGamma$ は角 $ZH\varTheta$ に等しく, AB が $B\varGamma$ に対するように, ZH が $H\varTheta$ に対するから, 三角形 $AB\varGamma$ は三角形 $ZH\varTheta$ に等角である。それゆえ角 $BA\varGamma$ は角 $HZ\varTheta$ に, 角 $B\varGamma A$ は角 $H\varTheta Z$ に等しい。そして角 BAM は角 HZN に等しく, 角 ABM も角 ZHN に等しいから, 残りの角 AMB も残りの角 ZNH に等しい, ゆえに三角形 ABM は三角形 ZHN に等角である。同様にして三角形 $BM\varGamma$ も三角形 $HN\varTheta$ に等角であることを証明しうる。したがって比例し, AM が MB に対するように, ZN が NH に対し, BM が $M\varGamma$ に対するように, HN が $N\varTheta$ に対する。したがって等間隔比により AM が $M\varGamma$ に対するように, ZN が $N\varTheta$ に対する。ところが AM が $M\varGamma$ に対するように, ABM が $MB\varGamma$ に, AME が $EM\varGamma$ に対する。なぜなら互いに底辺に比例するから。それゆえ前項の一つが後項の一つに対するように, 前項の総和が後項の総和に対する。ゆえに三角形 AMB が $BM\varGamma$ に対するように, ABE が $\varGamma BE$ に対する。ところが AMB が $BM\varGamma$ に対するように, AM が $M\varGamma$ に対する。したがって AM が $M\varGamma$ に対するように, 三角形 ABE が三角形 $EB\varGamma$ に対する。同じ理由で ZN が $N\varTheta$ に対するように, 三角形 $ZH\varLambda$ が三角形 $H\varLambda\varTheta$ に対する。そして AM が $M\varGamma$ に対するように, ZN が $N\varTheta$ に対する。それゆえ三角形 ABE が三角形 $BE\varGamma$ に対するように, 三角形 $ZH\varLambda$ が三角形 $H\varLambda\varTheta$ に対し, いれかえて三角形 ABE が三角形 $ZH\varLambda$ に対するように, 三角形 $BE\varGamma$ が三角形 $H\varLambda\varTheta$ に対する。同様にして, $B\varDelta$, HK が結ばれるとき, 三角形 $BE\varGamma$ が三角形 $\varLambda H\varTheta$ に対するように, 三角形 $E\varGamma\varDelta$ が三角形 $\varLambda\varTheta K$ に対することを証明しうる。そして三角形 ABE が三角形 $ZH\varLambda$ に対するように, $EB\varGamma$ が $\varLambda H\varTheta$ に, また $E\varGamma\varDelta$ が $\varLambda\varTheta K$ に対するから, 前項の一つが後項の一つに対するように, 前項の総和が後項の総和に対する。ゆえに三角形 ABE が三角形 $ZH\varLambda$ に対するように, 多角形 $AB\varGamma\varDelta E$ が多角形 $ZH\varTheta K\varLambda$ に対する。ところが三角形 ABE は三角形 $ZH\varLambda$ に対し, 対応する辺 AB が対応する辺 ZH に対する比の 2 乗の比をもつ。なぜなら 相似な三角形は 対応する辺の比の 2 乗の比をもつから。したがって多角形 $AB\varGamma\varDelta E$ は多角形 $ZH\varTheta K\varLambda$ に対し, 対応する辺 AB

が対応する辺 ZH に対する比の 2 乗の比をもつ．

よって相似な多角形は同数の，相似な，しかも全体と同じ比をもつ三角形に分けられ，そして多角形は多角形に対し，対応する辺が対応する辺に対する比の 2 乗の比をもつ．

系

同様にして四辺形についても，それらが対応する辺の比の 2 乗の比をもつことが証明されうる．そして三角形についても先に証明された．したがって一般に相似な直線図形は互いに対応する辺の比の 2 乗の比をもつ．これが証明すべきことであった．

～ 21 ～

同じ直線図形に相似な図形はまた互いに相似である．

直線図形 A, B の双方が $\varGamma$ に相似であるとせよ．
A はまた B に相似であると主張する．

A は $\varGamma$ に相似であるから，それと等角であり，等しい角をはさむ辺は比例する．また B は $\varGamma$ に相似であるから，それと等角であり，等しい角をはさむ辺は比例する．それゆえ A, B の双方は $\varGamma$ と等角であり，等しい角をはさむ辺は比例する．よって A は B に相似である．これが証明すべきことであった．

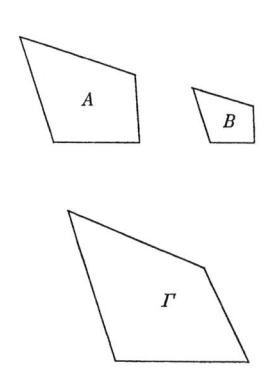

～ 22 ～

もし 4 線分が比例するならば，それらの上の相似でかつ相似な位置に描かれた直線図形は比例するであろう．そしてもし線分上の相似でかつ相似な位置に描かれた直線図形が比例するならば，それらの線分は比例するであろう．

4 線分 $AB, \varGamma\varDelta, EZ, H\varTheta$ が比例する，すなわち AB が $\varGamma\varDelta$ に対するように，EZ が $H\varTheta$ に対するとし，そして $AB, \varGamma\varDelta$ 上に相似でかつ相似な位置にある直線図形 $KAB, \varLambda\varGamma\varDelta$ が，$EZ, H\varTheta$ 上に相似でかつ相似な位置にある直線図形 $MZ, N\varTheta$ が

描かれたとせよ。KAB が $\varLambda\varGamma\varDelta$ に対するように，MZ が $N\varTheta$ に対すると主張する。AB, $\varGamma\varDelta$ の第3の比例項 $\varXi$ と EZ, $H\varTheta$ の第3の比例項 O とがとられたとせよ。そうすれば AB が $\varGamma\varDelta$ に対するように，EZ が $H\varTheta$ に対し，$\varGamma\varDelta$ が $\varXi$ に対するように，$H\varTheta$ が O に対するから，等間隔比により AB が $\varXi$ に対するように，EZ が O に対する。ところが AB が $\varXi$ に対するように，KAB が $\varLambda\varGamma\varDelta$ に対し，EZ が O に対するように，MZ が $N\varTheta$ に対する。それゆえ KAB が $\varLambda\varGamma\varDelta$ に対するように，MZ が $N\varTheta$ に対する。

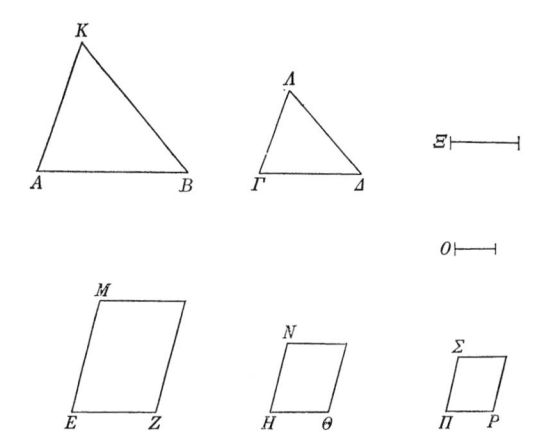

次に KAB が $\varLambda\varGamma\varDelta$ に対するように，MZ が $N\varTheta$ に対するとせよ。AB が $\varGamma\varDelta$ に対するように，EZ が $H\varTheta$ に対すると主張する。なぜならもし AB が $\varGamma\varDelta$ に対するように，EZ が $H\varTheta$ に対するのでないならば，AB が $\varGamma\varDelta$ に対するように，EZ が $\varPi P$ に対するとし，$\varPi P$ 上に MZ, $N\varTheta$ のどちらかに相似でかつ相似な位置にある直線図形 $\varSigma P$ が描かれたとせよ。

そうすれば AB が $\varGamma\varDelta$ に対するように，EZ が $\varPi P$ に対し，そして AB, $\varGamma\varDelta$ 上に相似でかつ相似な位置にある KAB, $\varLambda\varGamma\varDelta$ が，EZ, $\varPi P$ 上に相似でかつ相似な位置にある MZ, $\varSigma P$ が描かれたから，KAB が $\varLambda\varGamma\varDelta$ に対するように，MZ が $\varSigma P$ に対する。ところが KAB が $\varLambda\varGamma\varDelta$ に対するように，MZ が $N\varTheta$ に対すると仮定されている。それゆえ MZ が $\varSigma P$ に対するように，MZ が $N\varTheta$ に対する。ゆえに MZ は $N\varTheta$, $\varSigma P$ の双方に対し同じ比をもつ。したがって $N\varTheta$ は $\varSigma P$ に等しい。ところがまたそれと相似でかつ相似な位置にある。それゆえ $H\varTheta$ は $\varPi P$ に等しい。そして AB が $\varGamma\varDelta$ に対するように，EZ が $\varPi P$ に対し，$\varPi P$ が $H\varTheta$ に等しいから，AB が $\varGamma\varDelta$ に対するように，EZ が $H\varTheta$ に対する。

よってもし4線分が比例するならば，それらの上の相似でかつ相似な位置に描かれた直線図形は比例するであろう。そしてもし線分上の相似でかつ相似な位置に描かれた直線図形が比例

するならば，それらの線分は比例するであろう。これが証明すべきことであった。

23

等角な二つの平行四辺形は互いに辺の比の積の比をもつ。

$A\Gamma$, ΓZ を角 $B\Gamma\Delta$ が角 $E\Gamma H$ に等しい等角な平行四辺形とせよ。平行四辺形 $A\Gamma$ は平行四辺形 ΓZ に対し，辺の比の積の比をもつと主張する。

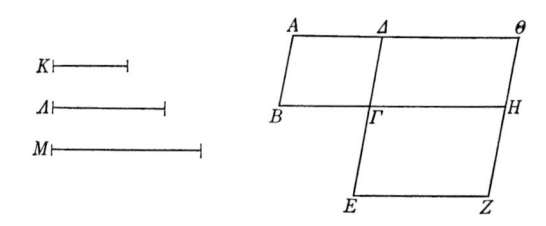

$B\Gamma$ が ΓH と一直線をなすようにおかれたとせよ。そうすれば $\Delta\Gamma$ も ΓE と一直線をなす。平行四辺形 ΔH が完結されたとし，線分 K が定められ，$B\Gamma$ が ΓH に対するように，K が Λ に対し，$\Delta\Gamma$ が ΓE に対するように，Λ が M に対するとせよ。

そうすれば K が Λ に対する比と Λ が M に対する比とは辺の比，すなわち $B\Gamma$ が ΓH に対する比と $\Delta\Gamma$ が ΓE に対する比とに同じである。ところが K が M に対する比は K が Λ に対する比と Λ が M に対する比との積である。それゆえ K は M に対し辺の比の積の比をもつ。そして $B\Gamma$ が ΓH に対するように，平行四辺形 $A\Gamma$ が $\Gamma\Theta$ に対し，他方 $B\Gamma$ が ΓH に対するように，K が Λ に対するから，K が Λ に対するように，$A\Gamma$ が $\Gamma\Theta$ に対する。また $\Delta\Gamma$ が ΓE に対するように，平行四辺形 $\Gamma\Theta$ が ΓZ に対し，他方 $\Delta\Gamma$ が ΓE に対するように，Λ が M に対するから，Λ が M に対するように，平行四辺形 $\Gamma\Theta$ が 平行四辺形 ΓZ に対する。そこで K が Λ に対するように，平行四辺形 $A\Gamma$ が平行四辺形 $\Gamma\Theta$ に対し，Λ が M に対するように，平行四辺形 $\Gamma\Theta$ が平行四辺形 ΓZ に対することが証明されたから，等間隔比により K が M に対するように，$A\Gamma$ が平行四辺形 ΓZ に対する。ところが K は M に対し，辺の比の積の比をもつ。それゆえ $A\Gamma$ は ΓZ に対し辺の比の積の比をもつ。

よって等角な二つの平行四辺形は互いに辺の比の積の比をもつ。これが証明すべきことであった。

⁓ 24 ⁓

すべての平行四辺形において対角線をはさむ二つの平行四辺形は全体に対しても互いにも相似である。

$AB\Gamma\Delta$ を平行四辺形とし，$A\Gamma$ をその対角線とし，$EH, \Theta K$ を $A\Gamma$ をはさむ平行四辺形とせよ。平行四辺形 $EH, \Theta K$ の双方は全体 $AB\Gamma\Delta$ に対して，また互いに相似であると主張する。

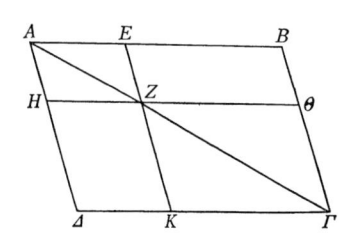

EZ は三角形 $AB\Gamma$ の1辺 $B\Gamma$ に平行にひかれたから，比例し，BE が EA に対するように，ΓZ が ZA に対する。また ZH は三角形 $A\Gamma\Delta$ の1辺 $\Gamma\Delta$ に平行にひかれたから，比例し，ΓZ が ZA に対するように，ΔH が HA に対する。ところが ΓZ が ZA に対するように，BE が EA に対することが先に証明された。それゆえ BE が EA に対するように，ΔH が HA に対し，そして合比により BA が AE に対するように，ΔA が AH に対し，またいれかえて BA が $A\Delta$ に対するように，EA が AH に対する。ゆえに平行四辺形 $AB\Gamma\Delta, EH$ の共通な角 $BA\Delta$ をはさむ辺は比例する。そして HZ は $\Delta\Gamma$ に平行であり，角 AZH は角 $A\Gamma A$ に等しく，角 $\Delta A\Gamma$ は二つの三角形 $A\Delta\Gamma, AHZ$ に共通である。したがって三角形 $A\Delta\Gamma$ は三角形 AHZ に等角である。同じ理由で三角形 $A\Gamma B$ も三角形 AZE に等角であり，平行四辺形 $AB\Gamma\Delta$ 全体は平行四辺形 EH に等角である。それゆえ比例し，$A\Delta$ が $\Delta\Gamma$ に対するように，AH が HZ に対し，$\Delta\Gamma$ が ΓA に対するように，HZ が ZA に対し，$A\Gamma$ が ΓB に対するように，AZ が ZE に対し，また ΓB が BA に対するように，ZE が EA に対する。そして $\Delta\Gamma$ が ΓA に対するように，HZ が ZA に対し，$A\Gamma$ が ΓB に対するように，AZ が ZE に対することが証明されたから，等間隔比により $\Delta\Gamma$ が ΓB に対するように，HZ が ZE に対する。ゆえに平行四辺形 $AB\Gamma\Delta, EH$ の等角をはさむ辺は比例する。したがって平行四辺形 $AB\Gamma\Delta$ は平行四辺形 EH に相似である。同じ理由で平行四辺形 $AB\Gamma\Delta$ は平行四辺形 $K\Theta$ にも相似である。それゆえ平行四辺形 $EH, \Theta K$ の双方は $AB\Gamma\Delta$ に相似である。ところが同じ直線図形に相似である図形はまた互いに相似である。ゆえに平行四辺形 EH も平行四辺形 ΘK に相似である。

よってすべての平行四辺形において，対角線をはさむ二つの平行四辺形は全体に対しても相互にも相似である。これが証明すべきことであった。

25

与えられた直線図形に相似で，別の与えられた直線図形に等しい一つの図形をつくること．

$AB\varGamma$ をそれに相似な図形をつくらなければならない与えられた直線図形とし，$\varDelta$ をそれと等しくなければならない図形とせよ．このとき $AB\varGamma$ に相似で $\varDelta$ に等しい一つの図形をつくらねばならぬ．

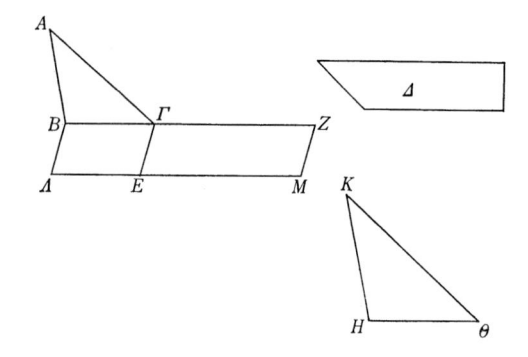

$B\varGamma$ 上に三角形 $AB\varGamma$ に等しい平行四辺形 BE が，$\varGamma E$ 上に角 $\varGamma B\varDelta$ に等しい角 $Z\varGamma E$ のなかに $\varDelta$ に等しい平行四辺形 $\varGamma M$ がつくられたとせよ．そうすれば $B\varGamma$ は $\varGamma Z$ と，$\varLambda E$ は EM と一直線をなす．そして $B\varGamma$，$\varGamma Z$ の比例中項 $H\varTheta$ がとられ，$H\varTheta$ 上に $AB\varGamma$ に相似でかつ相似な位置にある $KH\varTheta$ が描かれたとせよ．

そうすれば $B\varGamma$ が $H\varTheta$ に対するように，$H\varTheta$ が $\varGamma Z$ に対し，そしてもし3線分が比例するならば，第1の線分が第3の線分に対するように，第1の線分上の図形が第2の線分上の相似でかつ相似な位置に描かれた図形に対するから，$B\varGamma$ が $\varGamma Z$ に対するように，三角形 $AB\varGamma$ が三角形 $KH\varTheta$ に対する．ところが $B\varGamma$ が $\varGamma Z$ に対するように，平行四辺形 BE が平行四辺形 EZ に対する．それゆえ三角形 $AB\varGamma$ が三角形 $KH\varTheta$ に対するように，平行四辺形 BE が平行四辺形 EZ に対する．ゆえにいれかえて三角形 $AB\varGamma$ が平行四辺形 BE に対するように，三角形 $KH\varTheta$ が平行四辺形 EZ に対する．ところが三角形 $AB\varGamma$ は平行四辺形 BE に等しい．したがって三角形 $KH\varTheta$ も平行四辺形 EZ に等しい．ところが平行四辺形 EZ は $\varDelta$ に等しい．ゆえに $KH\varTheta$ も $\varDelta$ に等しい．そして $KH\varTheta$ はまた $AB\varGamma$ に相似である．

よって与えられた直線図形 $AB\varGamma$ に相似で，別の与えられた図形 $\varDelta$ に等しい一つの図形 $KH\varTheta$ がつくられた．これが作図すべきものであった．

26

もし平行四辺形から全体に相似でかつ相似な位置にあり，全体と共通な角をもつ平行四辺形が切りとられるならば，それは全体と同じ対角線をはさんでいる。

平行四辺形 $AB\Gamma\Delta$ から $AB\Gamma\Delta$ に相似でかつ相似な位置にあり，それと共通な角 ΔAB をもつ平行四辺形 AZ が切り取られたとせよ。$AB\Gamma\Delta$ は AZ と同じ対角線をはさんでいると主張する。

そうでないとすれば，もし可能ならば $A\Theta\Gamma$ を対角線とし，HZ が延長されて Θ までひかれ，Θ を通り $A\Delta$，$B\Gamma$ のどちらかに平行に ΘK がひかれたとせよ。

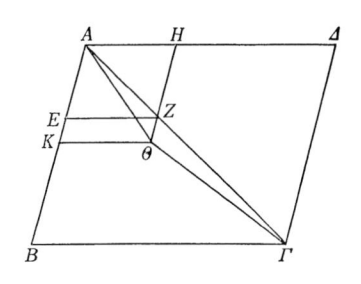

そうすれば $AB\Gamma\Delta$ は KH と同じ対角線をはさんでいるから，ΔA が AB に対するように，HA が AK に対する。ところが $AB\Gamma\Delta$，EH が相似であるため，ΔA が AB に対するように，HA が AE に対する。それゆえ HA が AK に対するように，HA が AE に対する。ゆえに HA は AK，AE の双方に対し，同じ比をもつ。したがって AE は AK に等しい，すなわち小さいものが大きいものに等しい。これは不可能である。それゆえ $AB\Gamma\Delta$ が AZ と同じ対角線をはさまないことはない。ゆえに平行四辺形 $AB\Gamma\Delta$ は平行四辺形 AZ と同じ対角線をはさんでいる。

よってもし平行四辺形から全体に相似でかつ相似な位置にあり，全体と共通な角をもつ平行四辺形が切り取られるならば，それは全体と同じ対角線をはさんでいる。これが証明すべきことであった。

27

一つの線分の半分の上に描かれた平行四辺形に相似で，かつ相似な位置にある平行四辺形だけ欠けた平行四辺形がいくつかその同じ線分上につくられるとき，それらすべてのうち最大なものは，その線分の半分の上につくられ，かつ欠けている部分に相似な平行四辺形である。

AB を線分とし，それが Γ において2等分されたとし，線分 AB 上に AB の半分，す

なわち $\varGamma B$ 上に描かれた平行四辺形 $\varDelta B$ だけ欠けている平行四辺形 $A\varDelta$ がつくられたとせよ。AB 上につくられ，$\varDelta B$ に相似でかつ相似な位置にある平行四辺形だけ欠けているすべての平行四辺形のうち，$A\varDelta$ が最大であると主張する。なぜなら線分 AB 上に $\varDelta B$ に相似でかつ相似な位置にある平行四辺形 ZB だけ欠けている平行四辺形 AZ が描かれたとせよ。$A\varDelta$ は AZ より大きいと主張する。

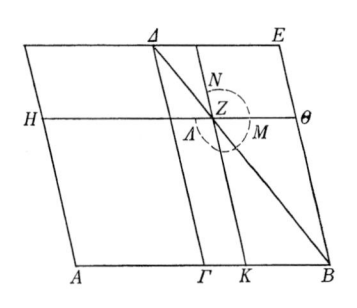

平行四辺形 $\varDelta B$ は平行四辺形 ZB に相似であるから，同じ対角線をはさんでいる。それらの対角線 $\varDelta B$ がひかれ，そして作図がなされたとせよ。

そうすれば $\varGamma Z$ は ZE に等しく，ZB は共通であるから，$\varGamma \varTheta$ 全体は KE 全体に等しい。ところが $A\varGamma$ は $\varGamma B$ に等しいから，$\varGamma \varTheta$ は $\varGamma H$ に等しい。それゆえ $H\varGamma$ も EK に等しい。双方に $\varGamma Z$ が加えられたとせよ。そうすれば AZ 全体はグノーモーン $\varLambda MN$ に等しい。したがって平行四辺形 $\varDelta B$，すなわち $A\varDelta$ は平行四辺形 AZ より大きい。

よって一つの線分の半分の上に描かれた平行四辺形に相似で，かつ相似な位置にある平行四辺形だけ欠けた平行四辺形がいくつかその同じ線分上につくられるとき，それらすべてのうち最大なものは，その線分の半分の上につくられ，かつ欠けている部分に相似な平行四辺形である。これが証明すべきことであった。

～ 28 ～

与えられた線分上に 与えられた 直線図形に 等しく，与えられた 平行四辺形に 相似な 平行四辺形だけ 欠けている 平行四辺形を つくること。ただし 与えられた 直線図形は 与えられた 線分の 半分の 上に 描かれかつ 欠けている 部分に 相似な 平行四辺形より 大きくてはならない。

　　　与えられた線分を AB とし，$\varGamma$ を AB 上にそれと等しい平行四辺形を描かなければならない与えられた直線図形とせよ。ただし $\varGamma$ は，AB の半分の上に描かれ，かつ欠けている部分に 相似な平行四辺形より大きくはない。そして $\varDelta$ を欠けている部分がそれに相似でなければならない平行四辺形とせよ。このとき与えられた線分 AB 上に与えられた直線図形 $\varGamma$ に等しく，$\varDelta$ に相似な平行四辺形だけ欠けている，平行四辺形をつくらねばならぬ。

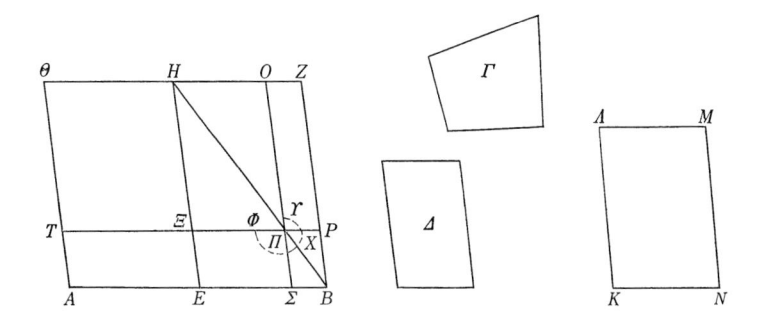

AB が点 E において 2 等分され，EB 上に $\varDelta$ に相似でかつ相似な位置にある $EBZH$ が描かれたとし，平行四辺形 AH が完結されたとせよ。

そうすればもし AH が $\varGamma$ に等しければ，命じられたことはなされているであろう。なぜなら与えられた線分 AB 上に与えられた直線図形 $\varGamma$ に等しく，$\varDelta$ に相似な平行四辺形 HB だけ欠けている，平行四辺形 AH がつくられたから。ところがもしそうでなければ，$\varTheta E$ が $\varGamma$ より大きいとせよ。ところが $\varTheta E$ は HB に等しい。それゆえ HB は $\varGamma$ より大きい。HB から $\varGamma$ を減じた差に等しく，$\varDelta$ に相似でかつ相似な位置にある，一つの図形 $K\varLambda MN$ がつくられたとせよ。ところが $\varDelta$ は HB に相似である。ゆえに KM も HB に相似である。そこで $K\varLambda$ が HE に，$\varLambda M$ が HZ に対応するとせよ。そして HB は $\varGamma$，KM の和に等しいから，HB は KM より大きい。したがって HE も $K\varLambda$ より，HZ も $\varLambda M$ より大きい。$H\varXi$ が $K\varLambda$ に，HO が $\varLambda M$ に等しくされ，そして平行四辺形 $\varXi HO\varPi$ が完結されたとせよ。そうすれば $\varXi HO\varPi$ は KM に等しく相似である。ゆえに $H\varPi$ も HB に相似である。したがって $H\varPi$ は HB と同じ対角線をはさんでいる。$H\varPi B$ をそれらの対角線とし，そして作図がなされたとせよ。

そうすれば BH は $\varGamma$，KM の和に等しく，そのうち $H\varPi$ は KM に等しいから，残りのグノーモーン $\varUpsilon X\varPhi$ は残りの $\varGamma$ に等しい。そして OP は $\varXi\varSigma$ に等しいから，双方に $\varPi B$ が加えられたとせよ。そうすれば OB 全体は $\varXi B$ 全体に等しい。ところが辺 AE は辺 EB に等しいから，$\varXi B$ は TE に等しい。ゆえに TE も OB に等しい。双方に $\varXi\varSigma$ が加えられたとせよ。そうすれば $T\varSigma$ 全体はグノーモーン $\varPhi X\varUpsilon$ 全体に等しい。ところがグノーモーン $\varPhi X\varUpsilon$ は $\varGamma$ に等しいことが証明された。ゆえに $T\varSigma$ も $\varGamma$ に等しい。

よって与えられた線分 AB 上に与えられた直線図形 $\varGamma$ に等しく，$\varDelta$ に相似な平行四辺形 $\varPi B$ だけ欠けている，平行四辺形 $\varSigma T$ が描かれた。これが作図すべきものであった。

～ 29 ～

与えられた線分上に与えられた直線図形に等しく，与えられた平行四辺形に相似な平行四辺形だけはみだす，平行四辺形を描くこと。

　　与えられた線分を AB とし，$\varGamma$ を AB 上にそれに等しい平行四辺形を描かねばならぬ与えられた直線図形とし，$\varDelta$ をそれに相似な図形だけはみださねばならぬ図形とせよ。このとき線分 AB 上に直線図形 $\varGamma$ に等しく，$\varDelta$ に相似な平行四辺形だけはみだす，平行四辺形を描かねばならぬ。

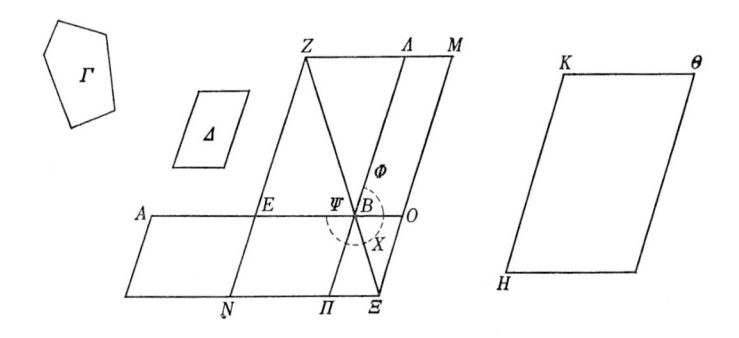

　　AB が E において 2 等分されたとし，EB 上に $\varDelta$ に相似でかつ相似な位置にある平行四辺形 BZ が描かれ，BZ，$\varGamma$ の和に等しく $\varDelta$ に相似でかつ相似な位置にある $H\varTheta$ がつくられたとせよ。そして $K\varTheta$ が $Z\varLambda$ に，KH が ZE に対応するとせよ。$H\varTheta$ は ZB より大きいから，$K\varTheta$ も $Z\varLambda$ より，KH も ZE より大きい。$Z\varLambda$，ZE が延長され，$Z\varLambda M$ が $K\varTheta$ に等しくされ，ZEN が KH に等しくされ，MN が完結されたとせよ。そうすれば MN は $H\varTheta$ に等しく，かつ相似である。ところが $H\varTheta$ は $E\varLambda$ に相似である。それゆえ MN も $E\varLambda$ に相似である。ゆえに $E\varLambda$ は MN と同じ対角線をはさんでいる。それらの対角線 $Z\varXi$ がひかれ，そして作図がなされたとせよ。

　　$H\varTheta$ は $E\varLambda$，$\varGamma$ の和に等しく，他方 $H\varTheta$ は MN に等しいから，MN も $E\varLambda$，$\varGamma$ の和に等しい。双方から $E\varLambda$ がひかれたとせよ。そうすれば残りのグノーモーン $\varPsi X \varPhi$ は $\varGamma$ に等しい。そして AE は EB に等しいから，AN も NB に，すなわち $\varLambda O$ に等しい。双方に $E\varXi$ が加えられたとせよ。そうすれば $A\varXi$ 全体はグノーモーン $\varPhi X\varPsi$ に等しい。ところがグノーモーン $\varPhi X\varPsi$ は $\varGamma$ に等しい。ゆえに $A\varXi$ も $\varGamma$ に等しい。

よって与えられた線分 AB 上に与えられた直線図形 $\varGamma$ に等しく，$\varDelta$ に相似な平行四辺形 $\varPi O$ だけはみだす平行四辺形 $A\varXi$ が描かれた，なぜなら $O\varPi$ は $E\varDelta$ にも相似であるから。これが作図すべきものであった。

～ 30 ～

与えられた線分を外中比に分けること。

与えられた線分を AB とせよ。このとき線分 AB を外中比に分けねばならぬ。

AB 上に正方形 $B\varGamma$ が描かれ，そして $A\varGamma$ 上に $B\varGamma$ に等しく，$B\varGamma$ に相似な図形 $A\varDelta$ だけはみでる平行四辺形 $\varGamma\varDelta$ がつくられたとせよ。

ところが $B\varGamma$ は正方形である。したがって $A\varDelta$ も正方形である。そして $B\varGamma$ は $\varGamma\varDelta$ に等しいから，双方から $\varGamma E$ が引き去られたとせよ。そうすれば残りの BZ は残りの $A\varDelta$ に等しい。しかも等角でもある。ゆえに BZ, $A\varDelta$ の等角をはさむ辺は逆比例する。したがって ZE が $E\varDelta$ に対するように，AE が EB に対する。そして ZE は AB に，$E\varDelta$ は AE に等しい。それゆえ BA が AE に対するように，AE が EB に対する。そして AB は AE より大きい。ゆえに AE も EB より大きい。

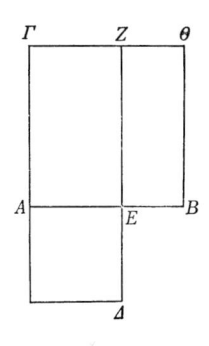

よって線分 AB は E において外中比に分けられ，そしてその大きい部分は AE である。これが作図すべきものであった。

～ 31 ～

直角三角形において直角に対する辺の上の図形は直角をはさむ 2 辺の上の相似でかつ相似な位置に描かれた図形の和に等しい。

$AB\varGamma$ を角 $BA\varGamma$ が直角である直角三角形とせよ。$B\varGamma$ 上の図形は BA, $A\varGamma$ 上の相似でかつ相似な位置に描かれた図形の和に等しいと主張する。

垂線 $A\varDelta$ が下されたとせよ。

そうすれば直角三角形 $AB\varGamma$ において A における直角から底辺 $B\varGamma$ に垂線 $A\varDelta$ が下さ

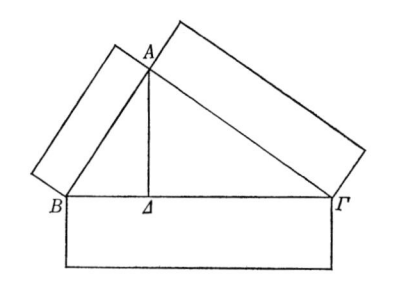

れたから，垂線上の三角形 $AB\varDelta$, $A\varDelta\varGamma$ は全体 $AB\varGamma$ に対しても互いにも相似である。そして $AB\varGamma$ は $AB\varDelta$ に相似であるから，$\varGamma B$ が BA に対するように，AB が $B\varDelta$ に対する。そして 3 線分が比例するから，第 1 の線分が第 3 に対するように，第 1 の上の図形が第 2 の上の相似でかつ相似な位置に描かれた図形に対する。それゆえ $\varGamma B$ が $B\varDelta$ に対するように，$\varGamma B$ 上の図形が BA 上の相似でかつ相似な位置に描かれた図形に対する。同じ理由で $B\varGamma$ が $\varGamma\varDelta$ に対するように，$B\varGamma$ 上の図形が $\varGamma A$ 上の図形に対する。ゆえに $B\varGamma$ が $B\varDelta$, $\varDelta\varGamma$ の和に対するように，$B\varGamma$ 上の図形が BA, $A\varGamma$ 上の相似でかつ相似な位置に描かれた図形の和に対する。ところが $B\varGamma$ は $B\varDelta$, $\varDelta\varGamma$ の和に等しい。したがって $B\varGamma$ 上の図形も BA, $A\varGamma$ 上の相似でかつ相似な位置に描かれた図形の和に等しい。

よって直角三角形において直角に対する辺の上の図形は直角をはさむ 2 辺の上の相似でかつ相似な位置に描かれた図形の和に等しい。これが証明すべきことであった。

☙ 32 ❧

もし 2 辺が 2 辺に比例する二つの三角形が一つの角によって結ばれ，それらの対応する辺が平行であるならば，三角形の残りの辺は一直線をなすであろう。

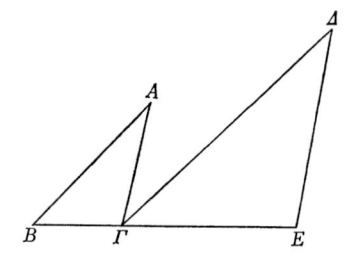

二つの三角形 $AB\varGamma$, $\varDelta\varGamma E$ が 2 辺 BA, $A\varGamma$ が 2 辺 $\varDelta\varGamma$, $\varDelta E$ に比例し，AB が $A\varGamma$ に対するように，$\varDelta\varGamma$ が $\varDelta E$ に対し，AB が $\varDelta\varGamma$ に，$A\varGamma$ が $\varDelta E$ に平行であるとせよ。$B\varGamma$ は $\varGamma E$ と一直線をなすと主張する。

AB は $\varDelta\varGamma$ に平行であり，線分 $A\varGamma$ がそれらに会するから，錯角 $BA\varGamma$, $A\varGamma\varDelta$ は互いに等しい。同じ理由で角 $\varGamma\varDelta E$ も角 $A\varGamma\varDelta$ に等しい。それゆえ角 $BA\varGamma$ も角 $\varGamma\varDelta E$ に等しい。そして $AB\varGamma$, $\varDelta\varGamma E$ は一つの角，すなわち角 A が一つの角，すなわち角 $\varDelta$ に等しく，等しい角をはさむ辺が比例し，BA が $A\varGamma$ に対するように，$\varGamma\varDelta$ が $\varDelta E$ に対する二つの三角形であるから，三角形 $AB\varGamma$ は三角形 $\varDelta\varGamma E$ に等角である。ゆえに角 $AB\varGamma$ は角 $\varDelta\varGamma E$ に等しい。ところが角 $A\varGamma\varDelta$ も角 $BA\varGamma$ に等しいことが先に証明された。したがって角 $A\varGamma E$ 全体は 2 角 $AB\varGamma$,

$B A \Gamma$ の和に等しい．双方に角 $A \Gamma B$ が加えられたとせよ．そうすれば角 $A \Gamma E$, $A \Gamma B$ の和は角 $B A \Gamma$, $A \Gamma B$, $\Gamma B A$ の和に等しい．ところが角 $B A \Gamma$, $A B \Gamma$, $A \Gamma B$ の和は2直角に等しい．それゆえ角 $A \Gamma E$, $A \Gamma B$ の和も2直角に等しい．ゆえに線分 $A \Gamma$ に対してその上の点 Γ において同じ側にない2直線 $B \Gamma$, ΓE が接角 $A \Gamma E$, $A \Gamma B$ の和を2直角に等しくする．したがって $B \Gamma$ は ΓE と一直線をなす．

よってもし2辺が2辺に比例する二つの三角形が一つの角によって結ばれ，それらの対応する辺が平行であるならば，三角形の残りの辺は一直線をなすであろう．これが証明すべきことであった．

33

等しい2円において角は中心角も円周角もそれらが立つ弧と同じ比をもつ．

$A B \Gamma$, $\Delta E Z$ を等しい円とし，角 $B H \Gamma$, $E \Theta Z$ をそれらの中心 H, Θ における角とし，角 $B A \Gamma$, $E \Delta Z$ を円周における角とせよ．弧 $B \Gamma$ が弧 $E Z$ に対するように，角 $B H \Gamma$ が角 $E \Theta Z$ に，角 $B A \Gamma$ が角 $E \Delta Z$ に対すると主張する．

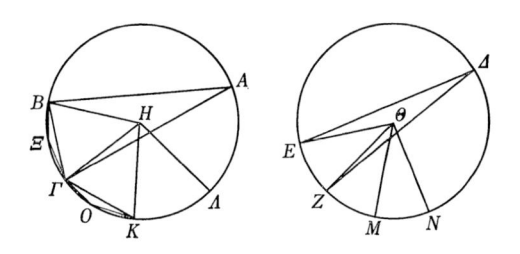

任意個の ΓK, $K \Lambda$ が次々に弧 $B \Gamma$ に等しくされ，任意個の $Z M$, $M N$ が弧 $E Z$ に等しくされ，$H K$, $H \Lambda$, ΘM, ΘN が結ばれたとせよ．

そうすれば弧 $B \Gamma$, ΓK, $K \Lambda$ は互いに等しいから，角 $B H \Gamma$, $\Gamma H K$, $K H \Lambda$ は互いに等しい．それゆえ弧 $B \Lambda$ が $B \Gamma$ の何倍であろうと，角 $B H \Lambda$ は角 $B H \Gamma$ の同じ倍数である．同じ理由で弧 $N E$ が弧 $E Z$ の何倍であろうと，角 $N \Theta E$ は角 $E \Theta Z$ の同じ倍数である．ゆえにもし弧 $B \Lambda$ が弧 $E N$ に等しければ，角 $B H \Lambda$ も角 $E \Theta N$ に等しく，もし弧 $B \Lambda$ が弧 $E N$ より大きければ，角 $B H \Lambda$ も角 $E \Theta N$ より大きく，もし小さければ，小さい．そこで四つの量，二つは弧 $B \Gamma$, $E Z$, 二つは角 $B H \Gamma$, $E \Theta Z$ があり，弧 $B \Gamma$, 角 $B H \Gamma$ の同数倍なる弧 $B \Lambda$, 角 $B H \Lambda$ と，弧 $E Z$, 角 $E \Theta Z$ の同数倍なる弧 $E N$, 角 $E \Theta N$ とがとられている．

そしてもし弧 BA が弧 EN より大きければ，角 BHA も角 $E\Theta N$ より大きく，等しければ，等しく，小さければ，小さいことが証明された。したがって弧 $B\Gamma$ が EZ に対するように，角 $BH\Gamma$ が角 $E\Theta Z$ に対する。ところが角 $BH\Gamma$ が角 $E\Theta Z$ に対するように，角 $BA\Gamma$ が角 $E\Delta Z$ に対する，なぜならどちらも2倍であるから。それゆえ弧 $B\Gamma$ が弧 EZ に対するように，角 $BH\Gamma$ が角 $E\Theta Z$ に，角 $BA\Gamma$ が角 $E\Delta Z$ に対する。

よって等しい2円において角は中心角も円周角もそれらが立つ弧と同じ比をもつ。これが証明すべきことであった。

第 7 巻

定　義

1. 単位とは存在するもののおのおのがそれによって 1 とよばれるものである。
2. 数とは単位から成る多である。
3. 小さい数が大きい数を割り切るとき，小さい数は大きい数の約数である。
4. 割り切らないときには約数和である。
5. そして大きい数が小さい数によって割り切られるとき，大きい数は小さい数の倍数である。
6. 偶数とは 2 等分される数である。
7. 奇数とは 2 等分されない数，または偶数と単位だけ異なる数である。
8. 偶数倍の偶数とは偶数で割られて商が偶数になる数である。
9. 偶数倍の奇数とは偶数で割られて商が奇数になる数である。
[10. 奇数倍の偶数とは奇数で割られて商が偶数になる数である。]
11. 奇数倍の奇数とは奇数で割られて商が奇数になる数である。
12. 素数とは単位によってのみ割り切られる数である。
13. 互いに素である数とは 共通の尺度としての単位によってのみ割り切られる数である。
14. 合成数とは何らかの数によって割り切られる数である。
15. 互いに合成的な(素でない)数とは 共通な尺度としての何らかの数によって割り切られる数である。
16. 数を数にかけるといわれるのは 先の数のなかにある単位の数と同じ回数だけかけられる数が加え合わされて何らかの数が生ずるときである。
17. 二つの数が互いにかけあわせて何らかの数をつくるとき，その積は平面数であり，その辺は互いにかけあわせた数である。
18. 三つの数が互いにかけあわせて何らかの数をつくるとき，その積は立体数であり，その辺は互いにかけあわせた数である。

19. 平方数とは等しい数に等しい数をかけたもの，すなわち二つの等しい数の積である．

20. 立方数とは等しい数に等しい数をかけ，さらに等しい数をかけたもの，すなわち三つの等しい数の積である．

21. 第 1 の数が第 2 の数の，第 3 の数が第 4 の数の同じ倍数であるか，同じ約数であるか，または同じ約数和であるとき，それらの数は比例する．

22. 相似な平面数および立体数とは比例する辺をもつ数である．

23. 完全数とは自分自身の約数の和に等しい数である．

1

二つの不等な数が定められ，常に大きい数から小さい数が引き去られるとき，もし単位が残されるまで，残された数が自分の前の数を割り切らないならば，最初の 2 数は互いに素であろう．

二つの不等な数 $AB, \Gamma\Delta$ のうち常に大きい数から小さい数が引き去られるとき，単位が残されるまで，残された数が自分の前の数を割り切らないとせよ．$AB, \Gamma\Delta$ は互いに素である，すなわち単位のみが $AB, \Gamma\Delta$ を割り切ると主張する．

もし $AB, \Gamma\Delta$ が互いに素でないならば，何らかの数がそれらを割り切るであろう．割り切るとし，それを E とせよ．$\Gamma\Delta$ が BZ を割り切り，自分より小さい ZA を残すとし，AZ が ΔH を割り切り自分より小さい $H\Gamma$ を残すとし，$H\Gamma$ が $Z\Theta$ を割り切り単位 ΘA を残すとせよ．

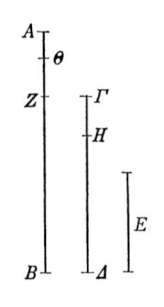

そうすれば E が $\Gamma\Delta$ を割り切り，$\Gamma\Delta$ が BZ を割り切るから，E も BZ を割り切る．ところが E は BA 全体をも割り切る．それゆえ残りの AZ をも割り切るであろう．ところが AZ は ΔH を割り切る．ゆえに E は ΔH をも割り切る．ところが E は $\Delta\Gamma$ 全体をも割り切る．したがって残りの ΓH をも割り切るであろう．ところが ΓH は $Z\Theta$ を割り切る．それゆえ E も $Z\Theta$ を割り切る．ところが ZA 全体をも割り切る．ゆえに E は数でありながら残りの単位 $A\Theta$ をも割り切るであろう．これは不可能である．したがっていかなる数も数 $AB, \Gamma\Delta$ を割り切ることはないであろう．よって $AB, \Gamma\Delta$ は互いに素である．これが証明

すべきことであった。

2

互いに素でない2数が与えられたとき，それらの最大公約数を見いだすこと。

互いに素でない二つの与えられた数を $AB, \Gamma\Delta$ とせよ。このとき $AB, \Gamma\Delta$ の最大公約数を見いださねばならぬ。

そこでもし $\Gamma\Delta$ が AB を割り切り自分自身をも割り切るならば，$\Gamma\Delta$ は $\Gamma\Delta, AB$ の公約数である。そして最大でもあることは明らかである。なぜなら $\Gamma\Delta$ より大きい数は $\Gamma\Delta$ を割り切らないであろうから。

ところがもし $\Gamma\Delta$ が AB を割り切らないならば，$AB, \Gamma\Delta$ のうち常に小さい数が大きい数から引き去られるとき，自分の前の数を割り切る何らかの数が残されるであろう。なぜなら単位が残されることはないであろう，もし単位が残されるなら，$AB, \Gamma\Delta$ は互いに素であることになり，これは仮定に反するから。それゆえ自分の前の数を割り切る何らかの数が残されるであろう。そして $\Gamma\Delta$ が BE を割り切り，自分より小さい EA を残すとし，EA が ΔZ を割り切り，自分より小さい $Z\Gamma$ を残すとし，ΓZ が AE を割り切るとせよ。そうすれば ΓZ が AE を割り切り，AE が ΔZ を割り切るから，ΓZ は ΔZ をも割り切るであろう。しかも自分自身をも割り切る。ゆえに $\Gamma\Delta$ 全体をも割り切るであろう。ところが $\Gamma\Delta$ は BE を割り切る。したがって ΓZ は BE をも割り切る。ところが EA をも割り切る。それゆえ BA 全体をも割り切るであろう。しかも $\Gamma\Delta$ をも割り切る。ゆえに ΓZ は $AB, \Gamma\Delta$ を割り切る。したがって ΓZ は $AB, \Gamma\Delta$ の公約数である。次に最大でもあると主張する。なぜならもし ΓZ が $AB, \Gamma\Delta$ の最大公約数でないならば，ΓZ より大きい何らかの数が $AB, \Gamma\Delta$ を割り切るであろう。割り切るとし，それを H とせよ。そうすれば H は $\Gamma\Delta$ を割り切り，$\Gamma\Delta$ は BE を割り切るから，H は BE をも割り切る。ところが BA 全体をも割り切る。それゆえ残りの AE をも割り切るであろう。ところが AE は ΔZ を割り切る。ゆえに H は ΔZ をも割り切るであろう。しかも $\Delta\Gamma$ 全体をも割り切る。したがって残りの ΓZ をも割り切る，すなわち大きい数が小さい数を割り切ることになるであろう。これは不可能である。それゆえ ΓZ より大きいいかなる数も数 $AB, \Gamma\Delta$ を割り切らないであろう。よって ΓZ は $AB, \Gamma\Delta$ の最大公約数である。

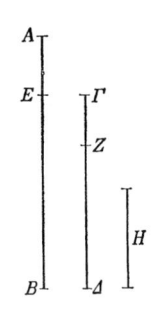

系

これから次のことが明らかである，すなわちもしある数が二つの数を割り切るならば，それらの最大公約数をも割り切るであろう。これが証明すべきことであった。

❦ 3 ❧

互いに素でない三つの数が与えられたとき，それらの最大公約数を見いだすこと。

互いに素でない三つの与えられた数を A, B, Γ とせよ。このとき A, B, Γ の最大公約数を見いださねばならぬ。

A, B の最大公約数 $\varDelta$ がとられたとせよ。そうすれば $\varDelta$ は Γ を割り切るかあるいは割り切らないかである。まず割り切るとせよ。ところが A, B をも割り切る。それゆえ $\varDelta$ は A, B, Γ を割り切る。ゆえに $\varDelta$ は A, B, Γ の公約数である。最大でもあると主張する。もし $\varDelta$ が A, B, Γ の最大公約数でないならば，$\varDelta$ より大きい何らかの数が数 A, B, Γ を割り切るであろう。割り切るとし，それを E とせよ。そうすれば E は A, B, Γ を割り切るから，A, B をも割り切るであろう。それゆえ A, B の最大公約数をも割り切るであろう。A, B の最大公約数は $\varDelta$ である。ゆえに E は $\varDelta$ を割り切る，すなわち大きい数が小さい数を割り切る。これは不可能である。したがって $\varDelta$ より大きいいかなる数も数 A, B, Γ を割り切らないであろう。よって $\varDelta$ は A, B, Γ の最大公約数である。

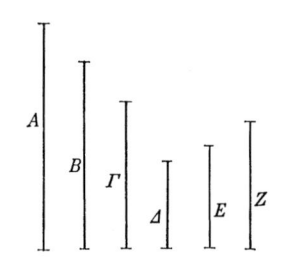

次に $\varDelta$ が Γ を割り切らないとせよ。まず $\Gamma, \varDelta$ が互いに素でないと主張する。A, B, Γ は互いに素でないから，何らかの数がそれらを割り切るであろう。そこで A, B, Γ を割り切る数は A, B をも割り切り，A, B の最大公約数 $\varDelta$ をも割り切るであろう。ところが Γ をも割り切る。それゆえ何らかの数が数 $\varDelta, \Gamma$ を割り切るであろう。ゆえに $\varDelta, \Gamma$ は互いに素ではない。そこでそれらの最大公約数 E がとられたとせよ。そうすれば E は $\varDelta$ を割り切り，$\varDelta$ は A, B を割り切るから，E は A, B をも割り切る。ところが E は Γ をも割り切る。したがって E は A, B, Γ を割り切る。よって E は A, B, Γ の公約数である。次に最大でもあると主張する。もし E が A, B, Γ の最大公約数でないならば，E より大きい何らかの数が数 A, B, Γ を割り切るであろう。割り切るとし，それを Z とせよ。そうす

れば Z は A, B, $\varGamma$ を割り切るから，A, B をも割り切る．それゆえ A, B の最大公約数をも割り切るであろう．ところが A, B の最大公約数は $\varDelta$ である．ゆえに Z は $\varDelta$ を割り切る．ところが $\varGamma$ をも割り切る．したがって Z は $\varDelta$, $\varGamma$ を割り切る．それゆえ $\varDelta$, $\varGamma$ の最大公約数をも割り切るであろう．ところが $\varDelta$, $\varGamma$ の最大公約数は E である．ゆえに Z は E を割り切る，すなわち大きい数が小さい数を割り切る．これは不可能である．したがって E より大きいいかなる数も数 A, B, $\varGamma$ を割り切らないであろう．よって E は A, B, $\varGamma$ の最大公約数である．これが証明すべきことであった．

～ 4 ～

すべて小さい数は大きい数の約数かまたは約数和である．

A, $B\varGamma$ を二つの数とし，$B\varGamma$ が小さいとせよ．$B\varGamma$ は A の約数かまたは約数和であると主張する．

A, $B\varGamma$ は互いに素であるかあるいはないかである．まず A, $B\varGamma$ が互いに素であるとせよ．そうすれば $B\varGamma$ がそのなかにある単位に分けられるとき，$B\varGamma$ のなかにあるおのおのの単位は A の約数であろう．したがって $B\varGamma$ は A の約数和である．

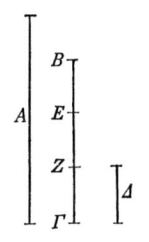

次に A, $B\varGamma$ が互いに素でないとせよ．そうすれば $B\varGamma$ は A を割り切るかあるいは割り切らないかである．そこでもし $B\varGamma$ が A を割り切るならば，$B\varGamma$ は A の約数である．ところがもし割り切らないならば，A, $B\varGamma$ の最大公約数 $\varDelta$ がとられたとし，そして $B\varGamma$ が $\varDelta$ に等しい BE, EZ, $Z\varGamma$ に分けられたとせよ．そうすれば $\varDelta$ は A を割り切るから，$\varDelta$ は A の約数である．ところが $\varDelta$ は BE, EZ, $Z\varGamma$ のおのおのに等しい．それゆえ BE, EZ, $Z\varGamma$ のおのおのも A の約数である．ゆえに $B\varGamma$ は A の約数和である．

よってすべて小さい数は大きい数の約数かまたは約数和である．これが証明すべきことであった．

～ 5 ～

もしある数があある数の約数であり，別のある数が別のある数の同じ約数であるならば，一つが一つのいかなる約数であろうと，和も和の同じ約数であろう．

数 A が $B\Gamma$ の約数であるとし，A が $B\Gamma$ のいかなる約数であろうと，別の数 $\varDelta$ が別の数 EZ の同じ約数であるとせよ．$A, \varDelta$ の和も $B\Gamma, EZ$ の和の，A が $B\Gamma$ の約数であるのと同じ約数であると主張する．

A が $B\Gamma$ のいかなる約数であろうと，$\varDelta$ も EZ の同じ約数であるから，$B\Gamma$ のなかにある A に等しい数と同じ個数の，$\varDelta$ に等しい数が EZ のなかにもある．$B\Gamma$ が A に等しい数 $BH, H\Gamma$ に，EZ が $\varDelta$ に等しい数 $E\Theta, \Theta Z$ に分けられたとせよ．そうすれば $BH, H\Gamma$ の個数は $E\Theta, \Theta Z$ の個数に等しいであろう．そして BH は A に，$E\Theta$ は $\varDelta$ に等しいから，$BH, E\Theta$ の和も $A, \varDelta$ の和に等しい．同じ理由で $H\Gamma, \Theta Z$ の和も $A, \varDelta$ の和に等しい．それゆえ $B\Gamma$ のなかにある A に等しい数と同じ個数の，$A, \varDelta$ の和に等しい数が $B\Gamma, EZ$ の和のなかにもある．ゆえに $B\Gamma$ が A の何倍であろうと，$B\Gamma, EZ$ の和も $A, \varDelta$ の和の同じ倍数である．したがって A が $B\Gamma$ のいかなる約数であろうと，$A, \varDelta$ の和も $B\Gamma, EZ$ の和の同じ約数である．これが証明すべきことであった[*]．

◈ 6 ◈

もしある数がある数の約数和であり，別のある数が別のある数の同じ約数和であるならば，一つが一つのいかなる約数和であろうと，和も和の同じ約数和であろう．

数 AB が数 Γ の約数和であるとし，AB が Γ のいかなる約数和であろうと，別の数 $\varDelta E$ が別の数 Z の同じ約数和であるとせよ．$AB, \varDelta E$ の和も Γ, Z の和の，AB が Γ の約数和であるのと同じ約数和であると主張する．

AB が Γ のいかなる約数和であろうと，$\varDelta E$ も Z の同じ約数和であるから，AB のなかにある Γ の約数と同じ個数の，Z の約数が $\varDelta E$ のなかにもある．AB が Γ の約数 AH, HB に，$\varDelta E$ が Z の約数 $\varDelta \Theta, \Theta E$ に分けられたとせよ．そうすれば AH, HB の個数は $\varDelta \Theta, \Theta E$ の個数に等しいであろう．そして AH が Γ のいかなる約数であろうと，$\varDelta \Theta$ も Z の同じ約数であるから，AH が Γ のいかなる約数であろうと，$AH, \varDelta \Theta$ の和も Γ, Z の和の同じ約数である．同じ理由で HB が Γ のいかなる約数であろうと，$HB, \Theta E$ の和も Γ, Z の和の同じ約数である．それ

---

[*] すなわち，$b=ma, d=mc$ ならば，$b+d=m(a+c)$

ゆえ AB が $\varGamma$ のいかなる約数和であろうと，AB，$\varDelta E$ の和も $\varGamma$, Z の和の同じ約数和である。これが証明すべきことであった*)。

7

もしある数がある数の約数であり，引き去られた数が引き去られた数の同じ約数であるならば，全体が全体のいかなる約数であろうと，残りの数も残りの数の同じ約数であろう。

数 AB が数 $\varGamma\varDelta$ の約数であり，引き去られた数 AE が引き去られた数 $\varGamma Z$ の同じ約数であるとせよ。AB 全体が $\varGamma\varDelta$ 全体のいかなる約数であろうと残りの数 EB も残りの数 $Z\varDelta$ の同じ約数であると主張する。

AE が $\varGamma Z$ のいかなる約数であろうと，EB も $\varGamma H$ の同じ約数であるとせよ。そうすれば AE が $\varGamma Z$ のいかなる約数であろうと，EB も $\varGamma H$ の同じ約数であろうから，AB も HZ の，AE が $\varGamma Z$ の約数であるのと同じ約数である。ところが AE が $\varGamma Z$ のいかなる約数であろうと，AB も $\varGamma\varDelta$ の同じ約数であると仮定されている。それゆえ AB が HZ のいかなる約数であろうと，AB は $\varGamma\varDelta$ の同じ約数でもある。ゆえに HZ は $\varGamma\varDelta$ に等しい。双方から $\varGamma Z$ が引かれたとせよ。そうすれば残りの $H\varGamma$ は残りの $Z\varDelta$ に等しい。そして AE が $\varGamma Z$ のいかなる約数であろうと，EB も $H\varGamma$ の同じ約数であり，$H\varGamma$ は $Z\varDelta$ に等しいから，EB も $Z\varDelta$ の，AE が $\varGamma Z$ の約数であるのと同じ約数である。ところが AE が $\varGamma Z$ のいかなる約数であろうと，AB も $\varGamma\varDelta$ の同じ約数である。よって残りの EB も残りの $Z\varDelta$ の，AB 全体が $\varGamma\varDelta$ 全体の約数であるのと同じ約数である。これが証明すべきことであった**)。

---

*) すなわち，$b=\dfrac{m}{n}a$, $d=\dfrac{m}{n}c$ ならば，$b+d=\dfrac{m}{n}(a+c)$

**) すなわち，$b=\dfrac{1}{n}a$, $d=\dfrac{1}{n}c$ ならば，$b-d=\dfrac{1}{n}(a-c)$

8

もしある数が ある数の約数和であり，引き去られた数が引き去られた数の 同じ約数和であるならば，全体が全体のいかなる約数和であろうと，残りの数も残りの数の同じ約数和であろう。

数 AB が数 $\Gamma\Delta$ の約数和であり，引き去られた数 AE が引き去られた数 ΓZ の同じ約数和であるとせよ。AB 全体が $\Gamma\Delta$ 全体のいかなる約数和であろうと，残りの EB も残りの $Z\Delta$ の同じ約数和であると主張する。

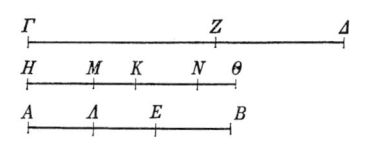

$H\Theta$ を AB に等しくせよ。$H\Theta$ が $\Gamma\Delta$ のいかなる約数和であろうと，AE も ΓZ の同じ約数和である。$H\Theta$ が $\Gamma\Delta$ の約数 HK, $K\Theta$ に，AE が ΓZ の約数 $A\Lambda$, ΛE に分けられたとせよ。そうすれば HK, $K\Theta$ の個数は $A\Lambda$, ΛE の個数に等しいであろう。そして HK が $\Gamma\Delta$ のいかなる約数であろうと，$A\Lambda$ も ΓZ の同じ約数であり，$\Gamma\Delta$ は ΓZ より大きいから，HK も $A\Lambda$ より大きい。HM を $A\Lambda$ に等しくせよ。そうすれば HK が $\Gamma\Delta$ のいかなる約数であろうと，HM も ΓZ の同じ約数である。ゆえに残りの MK も残りの $Z\Delta$ の，HK 全体が $\Gamma\Delta$ 全体の 約数であるのと同じ約数である。また $K\Theta$ が $\Gamma\Delta$ のいかなる 約数であろうと，$E\Lambda$ も ΓZ の同じ約数であり，$\Gamma\Delta$ は ΓZ より大きいから，ΘK も $E\Lambda$ より大きい。KN を $E\Lambda$ に等しくせよ。そうすれば $K\Theta$ が $\Gamma\Delta$ のいかなる約数であろうと，KN も ΓZ の同じ約数である。それゆえ残りの $N\Theta$ も残りの $Z\Delta$ の，$K\Theta$ 全体が $\Gamma\Delta$ 全体の約数であるのと同じ約数である。ところが残りの MK も残りの $Z\Delta$ の，HK 全体が $\Gamma\Delta$ 全体の約数であるのと同じ約数であることが証明された。ゆえに ΘH 全体が $\Gamma\Delta$ 全体のいかなる約数和であろうと，MK, $N\Theta$ の和も ΔZ の同じ約数和である。ところが MK, $N\Theta$ の和は EB に，ΘH は BA に等しい。したがって残りの EB は残りの $Z\Delta$ の，AB 全体が $\Gamma\Delta$ 全体の約数和であるのと同じ約数和である。これが証明すべきことであった[*)]。

[*)] すなわち，$b=\dfrac{m}{n}a$, $d=\dfrac{m}{n}c$ ならば，$b-d=\dfrac{m}{n}(a-c)$

9

もしある数が ある数の約数であり，別のある数が別のある数の同じ約数であるなら

ば，いれかえて第1の数が第3の数のいかなる約数または約数和であろうと，第2の数も第4の数の同じ約数または約数和であろう。

数 A を数 $B\varGamma$ の約数とし，A が $B\varGamma$ のいかなる約数であろうと，別の数 $\varDelta$ が別の数 EZ の同じ約数であるとせよ。いれかえて A が $\varDelta$ のいかなる約数または約数和であろうと，$B\varGamma$ も EZ の同じ約数または約数和であると主張する。

A が $B\varGamma$ のいかなる約数であろうと，$\varDelta$ も EZ の同じ約数であるから，$B\varGamma$ のなかにある A に等しい数と同じ個数の，$\varDelta$ に等しい数が EZ のなかにもある。$B\varGamma$ が A に等しい数 $BH, H\varGamma$ に，EZ が $\varDelta$ に等しい数 $E\varTheta, \varTheta Z$ に分けられたとせよ。そうすれば $BH, H\varGamma$ の個数は $E\varTheta, \varTheta Z$ の個数に等しいであろう。

そして数 $BH, H\varGamma$ は互いに等しく，数 $E\varTheta, \varTheta Z$ も互いに等しく，$BH, H\varGamma$ の個数は $E\varTheta, \varTheta Z$ の個数に等しいから，BH が $E\varTheta$ のいかなる約数または約数和であろうと，$H\varGamma$ も $\varTheta Z$ の同じ約数または約数和である。それゆえ BH が $E\varTheta$ のいかなる約数または約数和であろうと，和 $B\varGamma$ も和 EZ の同じ約数または約数和である。ところが BH は A に，$E\varTheta$ は $\varDelta$ に等しい。ゆえに A が $\varDelta$ のいかなる約数または約数和であろうと，$B\varGamma$ も EZ の同じ約数または約数和である。これが証明すべきことであった[*)]。

◆ 10 ◆

もしある数がある数の約数和であり，別のある数が別のある数の同じ約数和であるならば，いれかえて第1の数が第3の数のいかなる約数和または約数であろうと第2の数も第4の数の同じ約数和または約数であろう。

数 AB を数 $\varGamma$ の約数和とし，別の数 $\varDelta E$ を別の数 Z の同じ約数和とせよ。いれかえて AB が $\varDelta E$ のいかなる約数和または約数であろうと，$\varGamma$ も Z の同じ約数和または約数であると主張する。

AB が $\varGamma$ のいかなる約数和であろうと，$\varDelta E$ も Z の同じ約数和であるから，AB のなかに

[*)] すなわち，$b = na$, $d = nc$, $a = \dfrac{p}{q} c$ ならば，$b = \dfrac{p}{q} d$.

ある $\varGamma$ の約数と同数の, Z の約数が $\varDelta E$ のなかにもある。AB が $\varGamma$ の約数 AH, HB に, $\varDelta E$ が Z の約数 $\varDelta\varTheta$, $\varTheta E$ に分けられたとせよ。そうすれば AH, HB の個数は $\varDelta\varTheta$, $\varTheta E$ の個数に等しいであろう。そして AH が $\varGamma$ のいかなる約数であろうと, $\varDelta\varTheta$ も Z の同じ約数であり, いれかえて AH が $\varDelta\varTheta$ のいかなる約数または約数和であろうと, $\varGamma$ も Z の同じ約数または約数和である。同じ理由で HB が $\varTheta E$ のいかなる約数または約数和であろうと, $\varGamma$ も Z の同じ約数または約数和である。よって AB が $\varDelta E$ のいかなる約数和または約数であろうと, $\varGamma$ も Z の同じ約数和または約数である。これが証明すべきことであった[*)]。

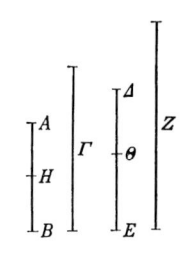

◇ 11 ◇

もし全体が全体に対するように, 引き去られた数が引き去られた数に対するならば, 残りも残りに対し, 全体が全体に対するようであろう。

AB 全体が $\varGamma\varDelta$ 全体に対するように, 引き去られた AE が引き去られた $\varGamma Z$ に対するとせよ。残りの EB も残りの $Z\varDelta$ に対し, AB 全体が $\varGamma\varDelta$ 全体に対するようであると主張する。

AB が $\varGamma\varDelta$ に対するように, AE が $\varGamma Z$ に対するから, AB が $\varGamma\varDelta$ のいかなる約数または約数和であろうと, AE も $\varGamma Z$ の同じ約数または約数和である。したがって残りの EB も残りの $Z\varDelta$ の, AB が $\varGamma\varDelta$ の約数または約数和であるのと同じ約数または約数和である。よって EB が $Z\varDelta$ に対するように, AB が $\varGamma\varDelta$ に対する。これが証明すべきことであった[**)]。

◇ 12 ◇

もし任意個の数が比例するならば, 前項の一つが後項の一つに対するように, 前項の総和が後項の総和に対するであろう。

[*)] すなわち, $a=\dfrac{p}{q}b$, $c=\dfrac{p}{q}d$, $a=\dfrac{m}{n}c$ ならば, $b=\dfrac{m}{n}d$.

[**)] すなわち, $a:b=c:d$ ならば, $(a-c):(b-d)=a:b$.

A, B, $\varGamma$, $\varDelta$ を比例する任意個の数とし，A が B に対するように，$\varGamma$ が $\varDelta$ に対するとせよ．A が B に対するように，A, $\varGamma$ の和が B, $\varDelta$ の和に対すると主張する．

A が B に対するように，$\varGamma$ が $\varDelta$ に対するから，A が B のいかなる約数または約数和であろうと，$\varGamma$ も $\varDelta$ の同じ約数または約数和である．それゆえ A, $\varGamma$ の和も B, $\varDelta$ の和の，A が B の約数または約数和であるのと同じ約数または約数和である．よって A が B に対するように，A, $\varGamma$ の和が B, $\varDelta$ の和に対する．これが証明すべきことであった[*]．

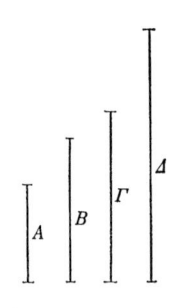

13

もし四つの数が比例するならば，いれかえても比例するであろう．

四つの数 A, B, $\varGamma$, $\varDelta$ が比例し，A が B に対するように，$\varGamma$ が $\varDelta$ に対するとせよ．いれかえても比例し，A が $\varGamma$ に対するように，B が $\varDelta$ に対するであろうと主張する．

A が B に対するように，$\varGamma$ が $\varDelta$ に対するから，A が B のいかなる約数または約数和であろうと，$\varGamma$ も $\varDelta$ の同じ約数または約数和である．それゆえいれかえて A が $\varGamma$ のいかなる約数または約数和であろうと，B も $\varDelta$ の同じ約数または約数和である．よって A が $\varGamma$ に対するように，B が $\varDelta$ に対する．これが証明すべきことであった[**]．

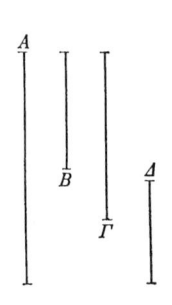

14

もし任意個の数と別のそれらと同じ個数の数とがあり，二つずつとられたとき同じ比をなすならば，等間隔をおいて同じ比をなすであろう．

任意個の数 A, B, $\varGamma$ と別のそれらと同じ個数で，二つずつとられたとき同じ比をなす数

---

[*] $a:a'=b:b'=c:c'=\cdots\cdots$ ならば，$(a+b+c+\cdots\cdots):(a'+b'+c'+\cdots\cdots)=a:a'$．
[**] すなわち，$a:b=c:d$ ならば，$a:c=b:d$．

$\varDelta$, E, Z とがあり，A が B に対するように，$\varDelta$ が E に対し，B が $\varGamma$ に対するように，E が Z に対するとせよ．等間隔比により A が $\varGamma$ に対するように，$\varDelta$ が Z に対すると主張する．

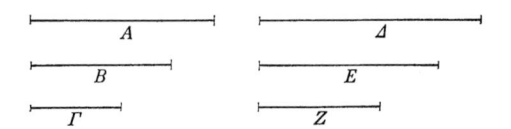

A が B に対するように，$\varDelta$ が E に対するから，いれかえて A が $\varDelta$ に対するように，B が E に対する．また B が $\varGamma$ に対するように，E が Z に対するから，いれかえて B が E に対するように，$\varGamma$ が Z に対する．ところが B が E に対するように，A が $\varDelta$ に対する．それゆえ A が $\varDelta$ に対するように，$\varGamma$ が Z に対する．よっていれかえて A が $\varGamma$ に対するように，$\varDelta$ が Z に対する．これが証明すべきことであった[*)]．

～ 15 ～

もし単位がある数を割り切り，別のある数が別のある数を割り切り，その商が等しいならば，いれかえて単位が第 3 の数を，第 2 の数が第 4 の数を割った商も等しいであろう．

単位 A が任意の数 $B\varGamma$ を割り切り，別の数 $\varDelta$ が別の任意の数 EZ を割り切り，その商が等しいとせよ．いれかえて単位 A が数 $\varDelta$ を，$B\varGamma$ が EZ を割った商も等しいと主張する．

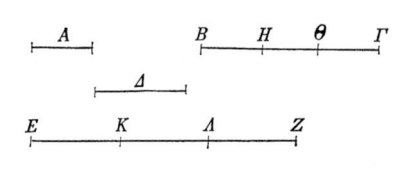

単位 A が数 $B\varGamma$ を，$\varDelta$ が EZ を割った商は等しいから，$B\varGamma$ のなかにある単位の個数と同じ個数の，$\varDelta$ に等しい数が EZ のなかにもある．$B\varGamma$ が自分自身のなかにある単位 BH，$H\varTheta$，$\varTheta\varGamma$ に，EZ が $\varDelta$ に等しい EK，$K\varLambda$，$\varLambda Z$ に分けられたとせよ．そうすれば BH，$H\varTheta$，$\varTheta\varGamma$ の個数は EK，$K\varLambda$，$\varLambda Z$ の個数に等しいであろう．そして単位 BH，$H\varTheta$，$\varTheta\varGamma$ は互いに等しく，数 EK，$K\varLambda$，$\varLambda Z$ も互いに等しく，単位 BH，$H\varTheta$，$\varTheta\varGamma$ の個数は数 EK，$K\varLambda$，$\varLambda Z$ の個数に等しいから，単位 BH が数 EK に対するように，単位 $H\varTheta$ が数 $K\varLambda$ に，単位 $\varTheta\varGamma$

[*)] すなわち，$a:b=d:e$，$b:c=e:f$ ならば，$a:c=d:f$．

が数 AZ に対するであろう。それゆえ前項の一つが後項の一つに対するように、前項の総和が後項の総和に対するであろう。ゆえに単位 BH が数 EK に対するように、$B\varGamma$ が EZ に対する。ところが単位 BH は単位 A に、数 EK は数 $\varDelta$ に等しい。したがって単位 A が数 $\varDelta$ に対するように、$B\varGamma$ が EZ に対する。よって単位 A が数 $\varDelta$ を、$B\varGamma$ が EZ を割った商は等しい。これが証明すべきことであった*)。

16

もし二つの数を互いにかけあわせて、ある数をつくるならば、これらの二つの積は互いに等しいであろう。

A, B を二つの数とし、A は B にかけて $\varGamma$ をつくり、B は A にかけて $\varDelta$ をつくるとせよ。$\varGamma$ は $\varDelta$ に等しいと主張する。

A は B にかけて $\varGamma$ をつくったから、B が $\varGamma$ を割った商は A のなかにある単位の個数である。ところが単位 E が数 A を割った商も A のなかにある単位の個数である。それゆえ単位 E が数 A を、B が $\varGamma$ を割った商は等しい。ゆえにいれかえて単位 E が数 B を、A が $\varGamma$ を割った商は等しい。また B は A にかけて $\varDelta$ をつくったから、A が $\varDelta$ を割った商は B のなかにある単位の個数である。ところが単位 E が B を割った商も B のなかにある単位の個数である。したがって単位 E が数 B を、A が $\varDelta$ を割った商は等しい。ところが単位 E が数 B を、A が $\varGamma$ を割った商は等しかった。それゆえ A が $\varGamma$, $\varDelta$ の双方を割った商は等しい。よって $\varGamma$ は $\varDelta$ に等しい。これが証明すべきことであった**)。

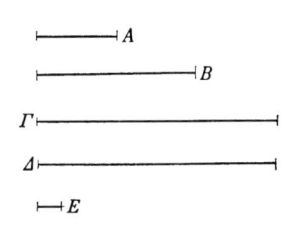

17

もしある数が二つの数にかけてそれぞれある数をつくるならば、これらの二つの積はかけられた2数と同じ比をもつであろう。

---

*) すなわち、$1:a=b:c$ ならば、$1:b=a:c$. 命題 13 VII の特別な場合.
**) すなわち、$ab=ba$ (ただし、原文に忠実に書けば $ba=c$, $ab=d$ ならば $c=d$)

数 A は2数 B, $\varGamma$ にかけて $\varDelta$, E をつくるとせよ。B が $\varGamma$ に対するように，$\varDelta$ が E に対すると主張する。

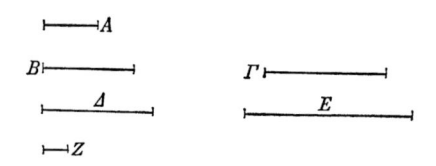

A は B にかけて $\varDelta$ をつくったから，B が $\varDelta$ を割った商は A のなかにある単位の個数である。ところが単位 Z が数 A を割った商も A のなかにある単位の個数である。それゆえ単位 Z が数 A を，B が $\varDelta$ を割った商は等しい。ゆえに単位 Z が数 A に対するように，B が $\varDelta$ に対する。同じ理由でまた単位 Z が数 A に対するように，$\varGamma$ が E に対する。したがって B が $\varDelta$ に対するように，$\varGamma$ が E に対する。よっていれかえて B が $\varGamma$ に対するように，$\varDelta$ が E に対する。これが証明すべきことであった*)。

18

もし二つの数が任意の数にかけてそれぞれある数をつくるならば，これらの二つの積はかけた2数と同じ比をもつであろう。

2数 A, B が任意の数 $\varGamma$ にかけて $\varDelta$, E をつくるとせよ。A が B に対するように，$\varDelta$ が E に対すると主張する。

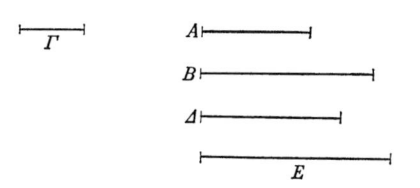

A は $\varGamma$ にかけて $\varDelta$ をつくったから，$\varGamma$ も A にかけて $\varDelta$ をつくったことになる。そうすれば同じ理由で $\varGamma$ はまた B にかけて E をつくった。そこで数 $\varGamma$ は2数 A, B にかけて $\varDelta$, E をつくった。それゆえ A が B に対するように，$\varDelta$ が E に対する。これが証明すべきことであった**)。

19

もし四つの数が比例するならば，第1と第4の積は第2と第3の積に等しいであろ

---

*) すなわち，$ba=d$, $ca=e$ ならば，$d:e=b:c$　あるいは，$b:c=ab:ac$。
**) すなわち，$a:b=ac:bc$（原文通りに書けば，$ac=d$, $bc=e$ ならば，$d:e=a:b$）

う。そしてもし第 1 と第 4 の積が第 2 と第 3 の積に等しいならば，四つの数は比例するであろう。

$A, B, \Gamma, \varDelta$ を四つの比例する数，すなわち A が B に対するように，Γ が $\varDelta$ に対するとし，A が $\varDelta$ にかけて E をつくり，B が Γ にかけて Z をつくるとせよ。E は Z に等しいと主張する。

A が Γ にかけて H をつくったとせよ。そうすれば A が Γ にかけて H をつくり，$\varDelta$ にかけて E をつくったから，数 A は二つの数 $\Gamma, \varDelta$ にかけて H, E をつくった。それゆえ Γ が $\varDelta$ に対するように，H が E に対する。ところが Γ が $\varDelta$ に対するように，A が B に対する。ゆえに A が B に対するように，H が E に対する。また A が Γ にかけて H をつくり，他方 B も Γ にかけて Z をつくったから，2 数 A, B が任意の数 Γ にかけて H, Z をつくったことになる。したがって A が B に対するように，H が Z に対する。ところが A が B に対するように，H が E に対する。それゆえ H が E に対するように，H が Z に対する。ゆえに H は E, Z の双方に対し同じ比をもつ。したがって E は Z に等しい。

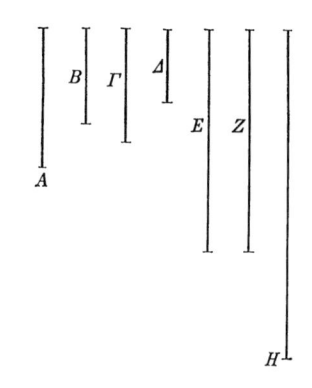

また E が Z に等しいとせよ。A が B に対するように，Γ が $\varDelta$ に対すると主張する。

同じ作図がなされたとき，E が Z に等しいから，H が E に対するように，H が Z に対する。ところが H が E に対するように，Γ が $\varDelta$ に対し，H が Z に対するように，A が B に対する。よって A が B に対するように，Γ が $\varDelta$ に対する。これが証明すべきことであった[*]。

20

同じ比をもつ 2 数のうち最小の数はそれと同じ比をもつ 2 数を，大きい数が大きい数を，小さい数が小さい数をそれぞれ割り切り，その商は等しい。

$\Gamma\varDelta, EZ$ を A, B と同じ比をもつ 2 数のうち最小とせよ。$\Gamma\varDelta$ が A を，EZ が B

---

[*] すなわち，$a:b=c:d$ ならば，$ad=bc$ およびその逆．

を割り切り，その商は等しいと主張する。

$\Gamma\varDelta$ は A の約数和ではない。もし可能ならば，約数和であるとせよ。そうすれば $\Gamma\varDelta$ が A のいかなる約数和であろうと EZ も B の同じ約数和である。ゆえに $\Gamma\varDelta$ のなかにある A の約数と同じ個数の，B の約数が EZ のなかにもある。$\Gamma\varDelta$ が A の約数 ΓH, $H\varDelta$ に，EZ が B の約数 $E\Theta$, ΘZ に分けられたとせよ。そうすれば ΓH, $H\varDelta$ の個数は $E\Theta$, ΘZ の個数に等しい。そして数 ΓH, $H\varDelta$ は互いに等しく，数 $E\Theta$, ΘZ も互いに等しく，ΓH, $H\varDelta$ の個数は $E\Theta$, ΘZ の個数に等しいから，ΓH が $E\Theta$ に対するように，$H\varDelta$ が ΘZ に対する。したがって前項の一つが後項の一つに対するように，前項の総和が後項の総和に対するであろう。それゆえ ΓH が $E\Theta$ に対するように，$\Gamma\varDelta$ が EZ に対する。ゆえに ΓH, $E\Theta$ は $\Gamma\varDelta$, EZ に対しそれらより小さくて同じ比をなすことになる。これは不可能である。なぜなら $\Gamma\varDelta$, EZ はそれらと同じ比をもつ2数のうち最小であると仮定されているから。したがって $\Gamma\varDelta$ は A の約数和ではない。ゆえに約数である。そして EZ も B の，$\Gamma\varDelta$ が A の約数であるのと同じ約数である。よって $\Gamma\varDelta$ が A を，EZ が B を割り切り，その商は等しい。これが証明すべきことであった[*)]。

～ 21 ～

互いに素である2数はそれらと同じ比をもつ2数のうち最小である。

A, B を互いに素である2数とせよ。A, B はそれらと同じ比をもつ2数のうち最小であると主張する。

もしそうでなければ，A, B より小さく，A, B と同じ比をなす何らかの数があるであろう。それを Γ, $\varDelta$ とせよ。

そうすれば同じ比をもつ2数のうち最小の数はそれらと同じ比をもつ2数を，大きい数が大きい数を，小さい数が小さい数を，すなわち前項が前項を，後項が後項を割り切り，その商は等しいから，

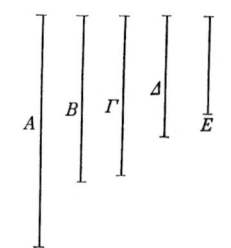

---

*) すなわち，
$a:b=c:d$ で，a, b がこの関係を満足するうちの最小の数とすれば，自然数 $n \geq 1$ があって $c = na$, $d = nb$ となる。

$\varGamma$ が A を，$\varDelta$ が B を割り切り，その商は等しい。そして $\varGamma$ が A を割った商に等しい個数の単位が E のなかにあるとせよ。そうすれば $\varDelta$ が B を割った商も E のなかにある単位の個数である。そして $\varGamma$ が A を割った商が E のなかにある単位の個数であるから，E が A を割った商も $\varGamma$ のなかにある単位の個数である。そうすれば同じ理由で E が B を割った商も $\varDelta$ のなかにある単位の個数である。それゆえ E は互いに素である A, B を割り切ることになる。これは不可能である。ゆえに A, B より小さく，A, B と同じ比をなすいかなる数もないであろう。よって A, B はそれらと同じ比をもつ2数のうち最小である。これが証明すべきことであった。

22

同じ比をもつ2数のうち最小の数は互いに素である。

A, B を同じ比をもつ2数のうち最小とせよ。
A, B は互いに素であると主張する。

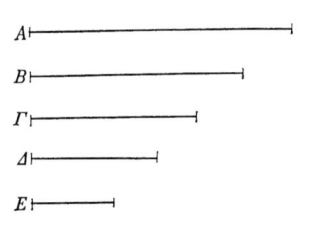

もし互いに素でないならば，何らかの数がそれらを割り切るであろう。割り切るとし，それを $\varGamma$ とせよ。そして $\varGamma$ が A を割った商に等しい個数の単位が $\varDelta$ のなかにあり，$\varGamma$ が B を割った商に等しい個数の単位が E のなかにあるとせよ。

$\varGamma$ が A を割った商は $\varDelta$ のなかにある単位の個数に等しいから，$\varGamma$ は $\varDelta$ にかけて A をつくった。同じ理由で $\varGamma$ はまた E にかけて B をつくった。そこで数 $\varGamma$ は2数 $\varDelta, E$ にかけて A, B をつくった。それゆえ $\varDelta$ が E に対するように，A が B に対する。ゆえに $\varDelta, E$ は A, B より小さくて，それらと同じ比をなす。これは不可能である。したがっていかなる数も数 A, B を割り切らないであろう。よって A, B は互いに素である。これが証明すべきことであった。

23

もし二つの数が互いに素であるならば，それらの一つを割り切る数は残りの数に対して素であろう。

A, B を互いに素である二つの数とし，何らかの数 $\varGamma$ が A を割り切るとせよ．$\varGamma, B$ も互いに素であると主張する．

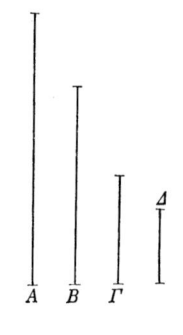

もし $\varGamma, B$ が互いに素でないならば，何らかの数が $\varGamma, B$ を割り切るであろう．割り切るとし，それを $\varDelta$ とせよ．$\varDelta$ は $\varGamma$ を割り切り，$\varGamma$ は A を割り切るから，$\varDelta$ も A を割り切る．ところが B をも割り切る．それゆえ $\varDelta$ は互いに素である A, B を割り切ることになる．これは不可能である．ゆえにいかなる数も数 $\varGamma, B$ を割り切らないであろう．よって $\varGamma, B$ は互いに素である．これが証明すべきことであった*)．

〜 24 〜

もし二つの数が任意の数に対して素であるならば，それらの積も同じ数に対して素であろう．

2数 A, B が任意の数 $\varGamma$ に対し素であるとし，A が B にかけて $\varDelta$ をつくるとせよ．$\varGamma, \varDelta$ は互いに素であると主張する．

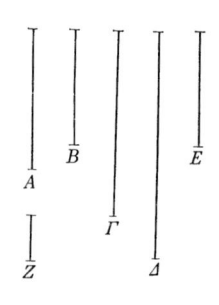

もし $\varGamma, \varDelta$ が互いに素でないならば，何らかの数が $\varGamma, \varDelta$ を割り切るであろう．割り切るとし，それを E とせよ．$\varGamma, A$ は互いに素であり，何らかの数 E が $\varGamma$ を割り切るから，A, E は互いに素である．そこで E が $\varDelta$ を割った商に等しい個数の単位が Z のなかにあるとせよ．そうすれば Z が $\varDelta$ を割った商は E のなかにある単位の個数である．ゆえに E は Z にかけて $\varDelta$ をつくった．ところが A は B にかけて $\varDelta$ をつくった．したがって E, Z の積は A, B の積に等しい．ところがもし外項の積が内項の積に等しければ，四つの数は比例する．それゆえ E が A に対するように，B が Z に対する．ところが A, E は素であり，素である数は最小であり，同じ比をもつ2数のうち最小の数はそれらと同じ比をもつ2数を，大きい数が大きい数を，小さい数が小さい数を，すなわち前項が前項を，後項が後項を割り切り，その商は等しい．ゆえに E は B を割り切る．ところが $\varGamma$ をも割り切る．したがって E は互いに素である $B, \varGamma$ を割り切ることになる．これは不可能である．ゆえにいかなる数も数 $\varGamma, \varDelta$ を割り切らないであろう．よって $\varGamma, \varDelta$ は互いに素である．これが証明

---

*) すなわち，a, mb が互いに素であれば，b, a は互いに素である．

すべきことであった*)。

25

もし二つの数が互いに素であるならば，それらの一つの2乗は残りの数に対して素であろう。

A, B を互いに素である2数とし，A が2乗して Γ をつくるとせよ。B, Γ は互いに素であると主張する。
$\varDelta$ を A に等しくせよ。A, B は互いに素であり，A は $\varDelta$ に等しいから，$\varDelta, B$ も互いに素である。それゆえ $\varDelta, A$ の双方は B に対し素である。ゆえに $\varDelta, A$ の積も B に対し素であろう。ところが $\varDelta, A$ の積は Γ である。よって Γ, B は互いに素である。これが証明すべきことであった**)。

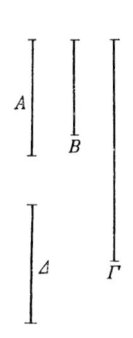

26

もし二つの数が共に別の二つの数の双方に対し素であるならば，それらの積も互いに素であろう。

2数 A, B が共に2数 $\Gamma, \varDelta$ の双方に対し素であるとし，A が B にかけて E をつくり，Γ が $\varDelta$ にかけて Z をつくるとせよ。EZ は互いに素であると主張する。

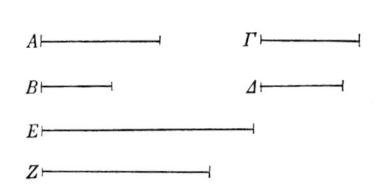

A, B の双方は Γ に対し素であるから，A, B の積も Γ に対し素であろう。ところが A, B の積は E である。それゆえ E, Γ は互いに素である。そうすれば同じ理由で $E, \varDelta$ も互いに素である。ゆえに $\Gamma, \varDelta$ の双方は E に対し素である。したがって $\Gamma, \varDelta$ の積も E に対し素であろう。ところが $\Gamma, \varDelta$ の積は Z で

---

*) a, b が共に c に対して素であれば，ab も c に素である。
**) すなわち，a, b が互いに素であれば，a^2, b は互いに素である。

ある。よって E, Z は互いに素である。これが証明すべきことであった*)。

27

もし二つの数が互いに素であり，双方が2乗してある数をつくるならば，これらの積は互いに素であろう，そしてもし最初の2数がこれらの積にかけてある数をつくるならば，それらも互いに素であろう。

A, B を互いに素である2数とし，A が2乗して $\varGamma$ をつくり，$\varGamma$ にかけて $\varDelta$ をつくるとし，B が2乗して E をつくり，E にかけて Z をつくるとせよ。$\varGamma$ は E と，$\varDelta$ は Z と互いに素であると主張する。

A, B は互いに素であり，A は2乗して $\varGamma$ をつくったから，$\varGamma, B$ は互いに素である。そこで $\varGamma, B$ は互いに素であり，B は2乗して E をつくったから，$\varGamma, E$ は互いに素である。また A, B は互いに素であり，B は2乗して E をつくったから，A, E は互いに素である。そこで2数 $A, \varGamma$ は共に2数 B, E の双方に対し素であるから，$A, \varGamma$ の積は B, E の積に対し素である。そして $A, \varGamma$ の積は $\varDelta$ であり，B, E の積は Z である。よって $\varDelta, Z$ は互いに素である。これが証明すべきことであった**)。

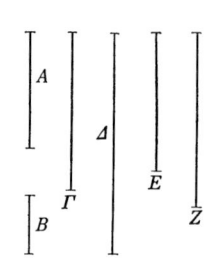

28

もし二つの数が互いに素であるならば，それらの和も2数の双方に対し素であろう。そしてもし2数の和がそれらの一つに対し素であるならば，最初の2数も互いに素であろう。

互いに素である2数 $AB, B\varGamma$ が加えられたとせよ。和 $A\varGamma$ は $AB, B\varGamma$ の双方に対し素であると主張する。

もし $\varGamma A, AB$ が互いに素でないならば，何らかの数が $\varGamma A, AB$ を割り切るであろう。

---

*) すなわち，a, b が c, d の双方に素であれば，ab, cd は互いに素である。
**) a, b が互いに素であれば，a^2, b^2，および a^3, b^3 も互いに素である。

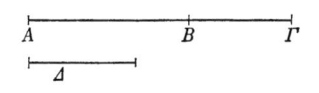

割り切るとし，それを $\varDelta$ とせよ．そうすれば $\varDelta$ は $\varGamma A$, AB を割り切るから，残りの $B\varGamma$ をも割り切るであろう．ところが BA をも割り切る．それゆえ $\varDelta$ は互いに素である AB, $B\varGamma$ を割り切ることになる．これは不可能である．ゆえにいかなる数も数 $\varGamma A$, AB を割り切らないであろう．したがって $\varGamma A$, AB は互いに素である．同じ理由で $A\varGamma$, $\varGamma B$ も互いに素である．よって $\varGamma A$ は AB, $B\varGamma$ の双方に対し素である．

また $\varGamma A$, AB が互いに素であるとせよ．AB, $B\varGamma$ も互いに素であると主張する．

もし AB, $B\varGamma$ が互いに素でないならば，何らかの数が AB, $B\varGamma$ を割り切るであろう．割り切るとし，それを $\varDelta$ とせよ．そうすれば $\varDelta$ は AB, $B\varGamma$ の双方を割り切るから，$\varGamma A$ 全体をも割り切るであろう．ところが AB をも割り切る．それゆえ $\varDelta$ は互いに素である $\varGamma A$, AB を割り切ることになる．これは不可能である．ゆえにいかなる数も数 AB, $B\varGamma$ を割り切らないであろう．よって AB, $B\varGamma$ は互いに素である．これが証明すべきことであった[*]．

～ 29 ～

すべて素数はそれが割り切らないすべての数に対して素である．

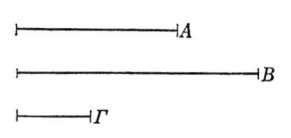

A を素数とし，A が B を割り切らないとせよ．
B, A は互いに素であると主張する．

もし B, A が互いに素でないならば，何らかの数がそれらを割り切るであろう．$\varGamma$ が割り切るとせよ．$\varGamma$ は B を割り切り，A は B を割り切らないから，$\varGamma$ は A と同じではない．そして $\varGamma$ は B, A を割り切るから，素数である A をそれと同じでないのに割り切ることになる．これは不可能である．それゆえいかなる数も B, A を割り切らないであろう．よって A, B は互いに素である．これが証明すべきことであった[**]．

～ 30 ～

もし二つの数が互いにかけあわせてある数をつくり，2数の積を何らかの素数が割り

---

[*] すなわち，a, b が互いに素であれば，$a+b$ は a, b の双方に対して素である．およびその逆．
[**] 素数はそれの倍数以外のすべての数に対して素である．

切るならば，それは最初の2数の一つをも割り切るであろう．

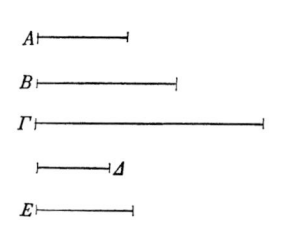

　　　2数 A, B が互いにかけあわせて Γ をつくり，何
　　らかの素数 $\varDelta$ が Γ を割り切るとせよ．$\varDelta$ は A, B
　　の一つをも割り切ると主張する．
　A を割り切らないとせよ．そして $\varDelta$ は素数である．それ
ゆえ $A, \varDelta$ は互いに素である．そして $\varDelta$ が Γ を割った商
に等しい個数の単位が E のなかにあるとせよ．そうすれば $\varDelta$
が Γ を割った商は E のなかにある単位の個数であるから，$\varDelta$ は E にかけて Γ をつくった．
ところが A も B にかけて Γ をつくった．それゆえ $\varDelta, E$ の積は A, B の積に等しい．ゆ
えに $\varDelta$ が A に対するように，B が E に対する．ところが $\varDelta, A$ は互いに素であり，素で
ある数は最小でもあり，最小の数は同じ比をもつ数を，大きい数は大きい数を，小さい数は小
さい数を，すなわち前項は前項を，後項は後項を割り切り，その商は等しい．したがって $\varDelta$
は B を割り切る．同様にしてもし B を割り切らないならば，A を割り切るであろうことを
証明しうる．よって $\varDelta$ は A, B の一つを割り切る．これが証明すべきことであった*)．

☙ 31 ❧

すべて合成数は何らかの素数に割り切られる．

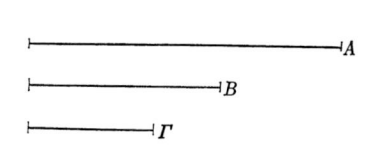

　　　A を合成数とせよ．A は何らかの素数に
　　割り切られると主張する．
　A は合成数であるから，何らかの数がそれを割
り切るであろう．割り切るとし，それを B とせよ．
そしてもし B が素数であるならば，命じられたことはなされているであろう．ところがもし
合成数ならば，何らかの数がそれを割り切るであろう．割り切るとし，それを Γ とせよ．そ
うすれば Γ は B を割り切り，B は A を割り切るから，Γ も A を割り切る．そしてもし
Γ が素数であるならば，命じられたことはなされているであろう．ところがもし合成数である
ならば，何らかの数がそれを割り切るであろう．そこで探求がこのようにして進むと，自分の
前の数をまた A をも割り切る何らかの素数がとられるにいたるであろう．なぜならもしとら

---

　*) 素数 c が ab を割り切るならば，c は a か b を割り切る．

れないならば，一つが他の一つより小さい限りなく多くの数が数 A を割り切ることになるであろう。これは数においては不可能である。したがって自分の前の数を割り切り，また A をも割り切る何らかの素数がとられるであろう。

よってすべて合成数は何らかの素数に割り切られる。これが証明すべきことであった。

๑ 32 ๑

すべての数は素数であるかまたは何らかの素数に割り切られる。

A を数とせよ。A は素数であるかまたは何らかの素数に割り切られると主張する。

そこでもし A が素数であるならば，命じられたことはなされているであろう。ところがもし合成数であるならば，何らかの素数がそれを割り切るであろう。

よってすべての数は素数であるかまたは何らかの素数に割り切られる。これが証明すべきことであった。

A

๑ 33 ๑

任意個の数が与えられたとき，それらと同じ比をもつ数のうち最小の数を見いだすこと。

$A, B, \varGamma$ を与えられた任意個の数とせよ。このとき $A, B, \varGamma$ と同じ比をもつ数のうち最小の数を見いださねばならぬ。

$A, B, \varGamma$ は互いに素であるかまたはないかである。そこでもし $A, B, \varGamma$ が互いに素であるならば，それらと同じ比をもつ数のうち最小である。

ところがもし素でないならば，$A, B, \varGamma$ の最大公約数 $\varDelta$ がとられたとし，$\varDelta$ が $A, B, \varGamma$ のおのおのを割った商に等しい個数の単位が E, Z, H のおのおののなかにあるようにせよ。そうすれば E, Z, H のおのおのが $A, B, \varGamma$ のおのおのを割った商は $\varDelta$ のなかにある単位の個数である。ゆえに E, Z, H が $A, B, \varGamma$ を割った商は等しい。したがって E, Z, H は $A, B, \varGamma$ に対し同じ比をなす。次に最小でもあると主張する。なぜならもし E, Z, H が $A, B, \varGamma$ と同じ比をもつ数のうち最小でないならば，$A, B, \varGamma$ と同じ比をなし，しかも E, Z, H より小さい数があるであろう。それを $\varTheta, K, \varLambda$ とせよ。そうすれば $\varTheta$ が A

を，K, $\varLambda$ の双方が B, $\varGamma$ の双方を割り切り，その商は等しい。そして $\varTheta$ が A を割った商に等しい個数の単位が M のなかにあるようにせよ。そうすれば K, $\varLambda$ の双方が B, $\varGamma$ の双方を割った商は M のなかにある単位の個数である。そして $\varTheta$ が A を割った商は M のなかにある単位の個数であるから，M が A を割った商も $\varTheta$ のなかにある単位の個数である。同じ理由で M が B, $\varGamma$ の双方を割った商も K, $\varLambda$ の双方のなかにある単位の個数である。したがって M は A, B, $\varGamma$ を割り切る。そして $\varTheta$ が A を割った商は M のなかにある単位の個数であるから，$\varTheta$ は M にかけて A をつくった。同じ理由で E も $\varDelta$ にかけて A をつくった。それゆえ E, $\varDelta$ の積は $\varTheta$, M の積に等しい。ゆえに E が $\varTheta$ に対するように，M が $\varDelta$ に対する。ところが E は $\varTheta$ より大きい。したがって M も $\varDelta$ より大きい。そして A, B, $\varGamma$ を割り切る。これは不可能である。なぜなら $\varDelta$ は A, B, $\varGamma$ の最大公約数であると仮定されているから。それゆえ A, B, $\varGamma$ と同じ比をなし，E, Z, H より小さいいかなる数もないであろう。よって E, Z, H は A, B, $\varGamma$ と同じ比をもつ数のうち最小である。これが証明すべきことであった。

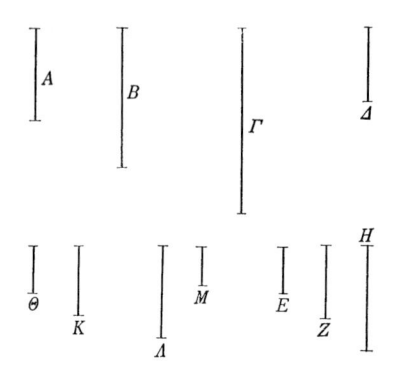

34

二つの数が与えられたとき，それらが割り切る最小数を見いだすこと。

与えられた 2 数を A, B とせよ。このときそれらが割り切る最小数を見いださねばならぬ。

A, B は互いに素であるかないかである。まず A, B が互いに素であるとし，A が B にかけて $\varGamma$ をつ

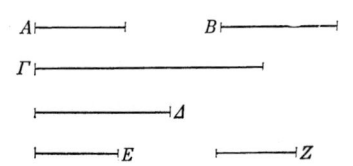

くるとせよ。そうすれば B も A にかけて $\varGamma$ をつくったことになる。ゆえに A, B は $\varGamma$ を割り切る。次に最小でもあると主張する。もし最小でないならば，A, B は $\varGamma$ より小さい何らかの数を割り切るであろう。$\varDelta$ を割り切るとせよ。そして A が $\varDelta$ を割った商に等しい個数の単位が E のなかにあるとし，B が $\varDelta$ を割った商に等しい個数の単位が Z のなかにあるとせよ。そうすれば A は E にかけて $\varDelta$ をつくり，B は Z にかけて $\varDelta$ をつくった。それゆえ A, E の積は B, Z の積に等しい。ゆえに A が B に対するように，Z が E に対する。ところが A, B は互いに素であり，素であるものは最小でもあり，最小の数は同じ比をもつ数を，大きい数が大きい数を，小さい数が小さい数を割り切り，その商は等しい。したがって後項が後項を，すなわち B が E を割り切る。そして A は B, E にかけて $\varGamma, \varDelta$ をつくったから，B が E に対するように，$\varGamma$ が $\varDelta$ に対する。ところが B は E を割り切る。それゆえ $\varGamma$ も $\varDelta$ を割り切る。すなわち大きい数が小さい数を割り切る。これは不可能である。ゆえに A, B は $\varGamma$ より小さいいかなる数をも割り切らない。よって $\varGamma$ は A, B に割り切られる最小の数である。

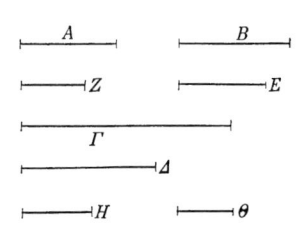

次に A, B が互いに素でないとし，A, B と同じ比をもつ2数のうち最小である Z, E がとられたとせよ。そうすれば A, E の積は B, Z の積に等しい。そして A が E にかけて $\varGamma$ をつくるとせよ。そうすれば B も Z にかけて $\varGamma$ をつくったことになる。したがって A, B は $\varGamma$ を割り切る。また最小でもあると主張する。もし最小でないならば，A, B は $\varGamma$ より小さい何らかの数を割り切るであろう。$\varDelta$ を割り切るとせよ。そして A が $\varDelta$ を割った商に等しい個数の単位が H のなかにあるとし，B が $\varDelta$ を割った商に等しい個数の単位が $\varTheta$ のなかにあるとせよ。そうすれば A は H にかけて $\varDelta$ をつくり，B は $\varTheta$ にかけて $\varDelta$ をつくった。ゆえに A, H の積は $B, \varTheta$ の積に等しい。したがって A が B に対するように，$\varTheta$ が H に対する。ところが A が B に対するように，Z が E に対する。それゆえ Z が E に対するように，$\varTheta$ が H に対する。ところが Z, E は最小であり，最小である数は同じ比をもつ数を，大きい数が大きい数を，小さい数が小さい数を割り切り，その商は等しい。ゆえに E は H を割り切る。そして A は E, H にかけて $\varGamma, \varDelta$ をつくったから，E が H に対するように，$\varGamma$ が $\varDelta$ に対する。ところが E は H を割り切る。したがって $\varGamma$ も $\varDelta$ を割り切る，すなわち大きい数が小さい数を割り切る。これは不可能である。それゆえ A, B は $\varGamma$ より小さいいかなる数をも割り切らないであろう。よって $\varGamma$ は A, B に割り切られる最小の数である。これが証明すべきことであった。

35

もし二つの数が ある数を 割り切るならば，これら 2 数に割り切られる最小の数も同じ数を割り切るであろう。

2 数 A, B がある数 $\varGamma\varDelta$ を割り切るとし，E を A, B に割り切られる最小の数とせよ。E も $\varGamma\varDelta$ を割り切ると主張する。

もし E が $\varGamma\varDelta$ を割り切らないならば，E は $\varDelta Z$ を割り切り，自分より小さい $\varGamma Z$ を残すとせよ。そうすれば A, B は E を割り切り，E は $\varDelta Z$ を割り切るから，A, B も $\varDelta Z$ を割り切るであろう。ところが $\varGamma\varDelta$ 全体をも割り切る。それゆえ E より小さい残りの $\varGamma Z$ をも割り切るであろう。これは不可能である。ゆえに E が $\varGamma\varDelta$ を割り切らないことはない。したがって割り切る。これが証明すべきことであった[*)]。

36

三つの数が与えられたとき，それらが割り切る最小の数を見いだすこと。

与えられた 3 数を $A, B, \varGamma$ とせよ。このときそれらが割り切る最小の数を見いださねばならぬ。

2 数 A, B によって割り切られる最小の数 $\varDelta$ がとられたとせよ。そうすれば $\varGamma$ は $\varDelta$ を割り切るかあるいは割り切らないかである。まず割り切るとせよ。ところが A, B も $\varDelta$ を割り切る。それゆえ $A, B, \varGamma$ は $\varDelta$ を割り切る。また最小でもあると主張する。もし最小でないならば，$A, B, \varGamma$ は $\varDelta$ より小さい数を割り切るであろう。E を割り切るとせよ。$A, B, \varGamma$ が E を割り切るから，A, B も E を割り切る。それゆえ A, B に割り切られる最小の数も E を割り切るであろう。ところが $\varDelta$ は A, B に割り切られる最小の数である。ゆえに $\varDelta$ が E を割り切る，すなわち大きい数が小さい数

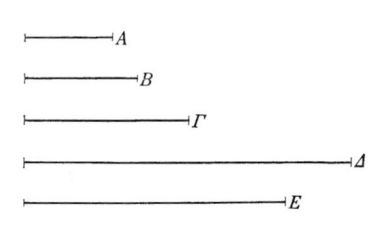

[*)] すなわち，2 数の最小公倍数は，他の公倍数を割り切る．

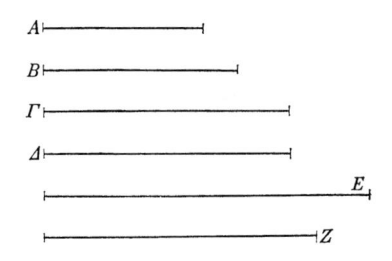

を割り切ることになるであろう。これは不可能である。したがって A, B, Γ は $\varDelta$ より小さいいかなる数をも割り切らないであろう。よって $\varDelta$ は A, B, Γ が割り切る最小の数である。

次に Γ が $\varDelta$ を割り切らないとし, $\Gamma, \varDelta$ に割り切られる最小の数 E がとられたとせよ。A, B は $\varDelta$ を割り切り, $\varDelta$ は E を割り切るから, A, B も E を割り切る。ところが Γ も E を割り切る。それゆえ A, B, Γ も E を割り切る。また最小でもあると主張する。もし最小でないならば, A, B, Γ は E より小さいある数を割り切るであろう。Z を割り切るとせよ。A, B, Γ は Z を割り切るから, A, B も Z を割り切る。ゆえに A, B に割り切られる最小の数も Z を割り切るであろう。ところが $\varDelta$ が A, B に割り切られる最小の数である。したがって $\varDelta$ は Z を割り切る。ところが Γ も Z を割り切る。それゆえ $\varDelta, \Gamma$ は Z を割り切る。ゆえに $\varDelta, \Gamma$ に割り切られる最小の数も Z を割り切るであろう。ところが E が $\Gamma, \varDelta$ に割り切られる最小の数である。したがって E は Z を割り切る, すなわち 大きい数が 小さい数を割り切る。これは 不可能である。それゆえ A, B, Γ は E より小さいいかなる 数をも割り切らないであろう。よって E は A, B, Γ に割り切られる最小の数である。これが証明すべきことであった。

37

もしある数が ある数に 割り切られるならば, 割り切られる数は 割り切る数と同名の約数*)をもつであろう。

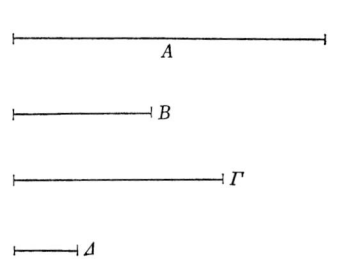

数 A が何らかの数 B に割り切られるとせよ。A は B と同名の 約数をもつと主張する。

B が A を割った商と等しい個数の単位が Γ のなかにあるとせよ。B が A を割った商は Γ のなかにある単位の個数であり, 単位 $\varDelta$ が数 Γ を割った商は

---

*) すなわち, 割り切る数を分母とする約数. b が a を割り切るならば, a は $\frac{1}{b}a$ なる約数をもつ.

Γ のなかにある単位の個数であるから，単位 $\varDelta$ が数 Γ を，B が A を割った商は等しい。それゆえいれかえて単位 $\varDelta$ が数 B を，Γ が A を割った商は等しい。ゆえに単位 $\varDelta$ が数 B のいかなる約数であろうと，Γ も A の同じ約数である。ところが単位 $\varDelta$ は数 B の，B と同名の約数である。したがって Γ は A の，B と同名の約数である。よって A は B と同名の約数 Γ をもつ。これが証明すべきことであった。

✥ 38 ✥

もしある数が何らかの約数をもつならば，その約数と同名の数に割り切られるであろう。

数 A が何らかの約数 B をもつとし，数 Γ がその約数と同名であるとせよ。Γ は A を割り切ると主張する。

B は Γ と同名の，A の約数であり，単位 $\varDelta$ も Γ と同名の Γ の約数であるから，単位 $\varDelta$ が数 Γ のいかなる約数であろうと，B も A の同じ約数である。それゆえ単位 $\varDelta$ が数 Γ を，B が A を割った商は等しい。ゆえにいれかえて単位 $\varDelta$ が数 B を，Γ が A を割った商は等しい。したがって Γ は A を割り切る。これが証明すべきことであった。

✥ 39 ✥

与えられた数個の約数をもつ最小の数を見いだすこと。

与えられた約数を A, B, Γ とせよ。このとき約数 A, B, Γ をもつ最小の数を見いださねばならぬ。

$\varDelta, E, Z$ を約数 A, B, Γ と同名の数とし，$\varDelta, E, Z$ に割り切られる最小の数 H がとられたとせよ。

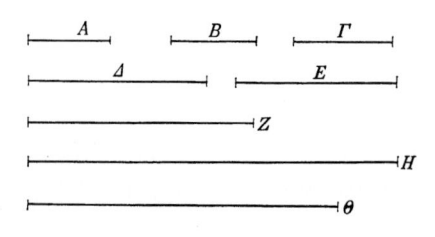

そうすれば H は $\varDelta, E, Z$ と同名の約数をもつ，ところが A, B, Γ は $\varDelta, E, Z$ と同名の約数である。ゆえに H は約数 A, B, Γ をもつ。次に最小でもあると主張する。もし最

小でないならば，約数 A, B, Γ をもつ H より小さい何らかの数があるであろう。それを Θ とせよ。Θ は約数 A, B, Γ をもつから，Θ は約数 A, B, Γ と同名の数に割り切られるであろう。ところが Δ, E, Z は約数 A, B, Γ と同名の数である。したがって Θ は Δ, E, Z に割り切られる。そして H より小さい。これは不可能である。よって H より小さくて約数 A, B, Γ をもついかなる数もないであろう。これが証明すべきことであった。

第 8 巻

1

もし順次に比例する任意個の数があり，それらの外項が互いに素であるならば，これらの数はそれらと同じ比をもつ数のうち最小である。

順次に比例する任意個の数 $A, B, \varGamma, \varDelta$ があるとし，その外項 $A, \varDelta$ が互いに素であるとせよ。$A, B, \varGamma, \varDelta$ はそれらと同じ比をもつ数のうち最小であると主張する。

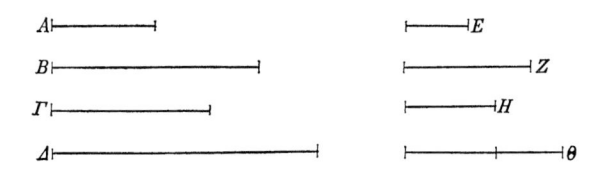

もし最小でないならば，$E, Z, H, \varTheta$ が $A, B, \varGamma, \varDelta$ より小さく，しかもそれらと同じ比をなすとせよ。そうすれば $A, B, \varGamma, \varDelta$ は $E, Z, H, \varTheta$ と同じ比をなし，$A, B, \varGamma, \varDelta$ の個数は $B, Z, H, \varTheta$ の個数に等しいから，等間隔比により A が $\varDelta$ に対するように，E が $\varTheta$ に対する。ところが $A, \varDelta$ は素であり，素であるものは最小であり，最小の数は同じ比をもつ数を割り切り，大きい数が大きい数を，小さい数が小さい数を，すなわち前項が前項を，後項が後項を割り切り，その商は等しい。それゆえ A は E を割り切る，すなわち大きい数が小さい数を割り切る。これは不可能である。ゆえに $A, B, \varGamma, \varDelta$ より小さい $E, Z, H, \varTheta$ はそれらと同じ比をなさない。したがって $A, B, \varGamma, \varDelta$ はそれらと同じ比をもつ数のうち最小である。これが証明すべきことであった。

2

順次に比例する，命じられた個数の，与えられた比をなす数のうちで最小のものを見いだすこと。

A 対 B を最小の数における与えられた比とせよ。このとき順次に比例する，命じら

れた個数の，A 対 B の比をなす数のうちで最小のものを見いださねばならぬ。

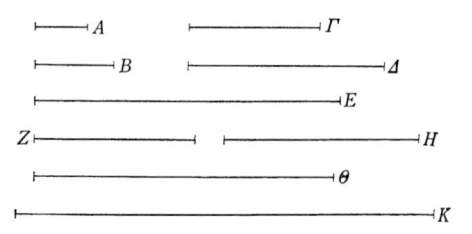

```
├────A         ├──────Γ
  ├─────B           ├──────Δ
         ├──────E
Z├───────┤   ├──────H
  ├──────────Θ
├──────────────────K
```

4を命じられた個数とし，A が2乗して Γ をつくり，B にかけて $\varDelta$ をつくり，さらに B が2乗して E をつくり，さらに A が Γ, $\varDelta$, E にかけて Z, H, Θ をつくり，B が E にかけて K をつくるとせよ。

そうすれば A が2乗して Γ をつくり，B にかけて $\varDelta$ をつくったから，A が B に対するように，Γ が $\varDelta$ に対する。また A が B にかけて $\varDelta$ をつくり，B が2乗して E をつくったから，A, B の双方は B にかけて $\varDelta$, E の双方をつくった。それゆえ A が B に対するように，$\varDelta$ が E に対する，ところが A が B に対するように，Γ が $\varDelta$ に対する。ゆえに Γ が $\varDelta$ に対するように，$\varDelta$ が E に対する。そして A が Γ, $\varDelta$ にかけて Z, H をつくったから，Γ が $\varDelta$ に対するように，Z が H に対する。ところが Γ が $\varDelta$ に対するように，A が B に対した。したがって A が B に対するように，Z が H に対する。また A が $\varDelta$, E にかけて H, Θ をつくったから，$\varDelta$ が E に対するように，H が Θ に対する。ところが $\varDelta$ が E に対するように，A が B に対する。それゆえ A が B に対するように，H が Θ に対する。そして A, B が E にかけて Θ, K をつくったから，A が B に対するように，Θ が K に対する。ところが A が B に対するように，Z が H に，H が Θ に対する。ゆえに Z が H に対するように，H が Θ に，Θ が K に対する。したがって Γ, $\varDelta$, E と Z, H, Θ, K とは A 対 B の比をなして比例する。次に最小でもあると主張する。なぜなら A, B はそれらと同じ比をもつ数のうち最小であり，同じ比をもつ数のなかで最小である数は互いに素であるから，A, B は互いに素である。そして A, B は2乗してそれぞれ Γ, E をつくり，Γ, E にかけてそれぞれ Z, K をつくった。したがって Γ は E と，Z は K と互いに素である。ところがもし順次に比例する任意個の数があり，それらの外項が互いに素であるならば，それらと同じ比をもつ数のうち最小である。それゆえ Γ, $\varDelta$ E と Z, H, Θ, K とは A, B と同じ比をもつ数のなかで最小である。これが証明すべきことであった。

系

これから次のことが明らかである，すなわちもし順次に比例する三つの数がそれらと同じ比をもつ数のうち最小であるならば，それらの外項は平方数であり，もし四つの数であるならば，立方数である*)。

～ 3 ～

もし順次に比例する任意個の数がそれらと同じ比をもつ数のうち最小であるならば，それらの外項は互いに素である。

A, B, $\varGamma$, $\varDelta$ をそれらと同じ比をもつ数のうち最小である，任意個の順次に比例する数とせよ。それらの外項 A, $\varDelta$ は互いに素であると主張する。

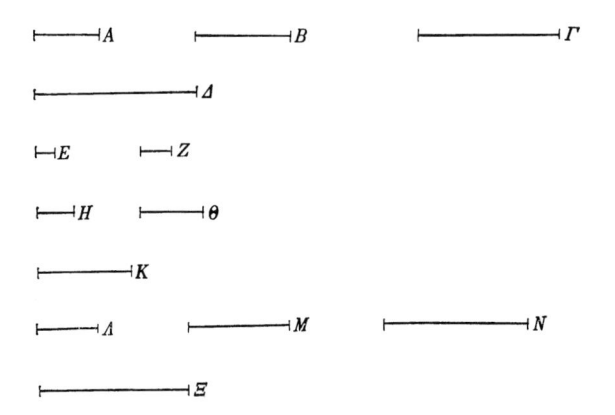

A, B, $\varGamma$, $\varDelta$ の比をなす数のうちで最小である二つの数 E, Z が，ついで三つの数 H, Θ, K がとられ，そして次々に一つずつ多くして，とられた数が A, B, $\varGamma$, $\varDelta$ と同じ個数になるようにせよ。かかる数がとられたとし，それらを $\varLambda$, M, N, $\varXi$ とせよ。

そうすれば E, Z はそれらと同じ比をもつ数のうち最小であるから，互いに素である。そして E, Z は2乗してそれぞれ H, K をつくり，H, K にかけてそれぞれ $\varLambda$, $\varXi$ をつくったから，H は K と，$\varLambda$ は $\varXi$ と互いに素である。そして A, B, $\varGamma$, $\varDelta$ はそれらと同じ比をもつ数のうち最小であり，$\varLambda$, M, N, $\varXi$ は A, B, $\varGamma$, $\varDelta$ と同じ比をなす数のうちで

---

*) すなわち，a, b 2数から a^2, ab, b^2；a^3, a^2b, ab^2, b^3 [以下同様] の列をつくることにほかならない。

最小であり，A, B, $\varGamma$, $\varDelta$ の個数は $\varLambda$, M, N, $\varXi$ の個数に等しいから，A, B, $\varGamma$, $\varDelta$ のおのおのは $\varLambda$, M, N, $\varXi$ のおのおのに等しい。それゆえ A は $\varLambda$ に，$\varDelta$ は $\varXi$ に等しい。そして $\varLambda$, $\varXi$ は互いに素である。したがって A, $\varDelta$ も互いに素である。これが証明すべきことであった。

4

任意個の比がそれぞれの最小数において与えられたとき，与えられた比をなして順次に比例する最小の数を見いだすこと。

最小数における与えられた比を A 対 B, $\varGamma$ 対 $\varDelta$, E 対 Z とせよ。このとき A 対 B, $\varGamma$ 対 $\varDelta$, E 対 Z なる比をなして順次に比例する最小の数を見いださねばならぬ。

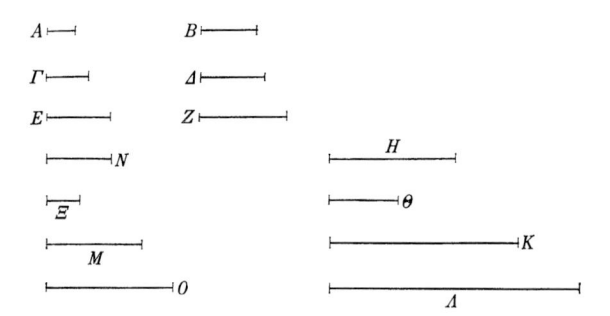

B, $\varGamma$ に割り切られる最小数 H がとられたとせよ。そして B が H を割った商が A が $\varTheta$ を割った商に等しく，$\varGamma$ が H を割った商が $\varDelta$ が K を割った商に等しいようにせよ。ところが E は K を割り切るか割り切らないかである。まず割り切るとせよ。そして E が K を割った商が Z が $\varLambda$ を割った商に等しいようにせよ。そうすれば A が $\varTheta$ を，B が H を割った商は等しいから，A が B に対するように，$\varTheta$ が H に対する。同じ理由で $\varGamma$ が $\varDelta$ に対するように，H が K に対し，さらに E が Z に対するように，K が $\varLambda$ に対する。それゆえ $\varTheta$, H, K, $\varLambda$ は A 対 B, $\varGamma$ 対 $\varDelta$, E 対 Z の比をなして順次に比例する。次に最小でもあると主張する。もし $\varTheta$, H, K, $\varLambda$ が A 対 B, $\varGamma$ 対 $\varDelta$, E 対 Z の比をなして順次に比例する最小の数でないならば，それらを N, $\varXi$, M, O とせよ。そうすれば A が B に対するように，N が $\varXi$ に対し，A, B は最小であり，最小の数は同じ比をもつ数を割り切り，大きい数が大きい数を，小さい数が小さい数を，すなわち前項が前項を，後項が後項を割

り切り，その商は等しいから，B は Ξ を割り切る．同じ理由で Γ も Ξ を割り切る．ゆえに B, Γ は Ξ を割り切る．したがって B, Γ に割り切られる最小数も Ξ を割り切るであろう．ところが H は B, Γ に割り切られる最小数である．それゆえ H は Ξ を割り切る，すなわち大きい数が小さい数を割り切る．これは不可能である．ゆえに Θ, H, K, Λ より小さくて順次に A 対 B, Γ 対 Δ, E 対 Z の比をなすいかなる数も存在しないであろう．

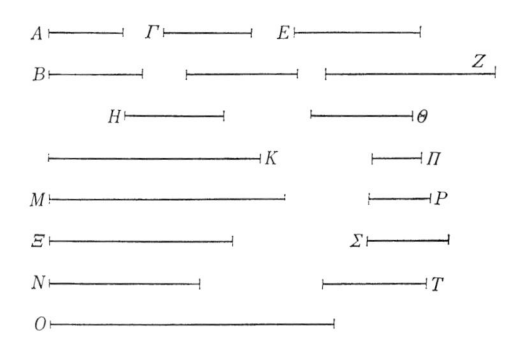

```
A├───┤  Γ├────┤    E├─────┤
B├─────────┤      ├────┤        Z├──┤
        H├──────┤     ├────┤Θ
                ├──────┤K  ├──┤Π
M├──────────────┤         ├──┤P
Ξ├────────┤              ├──┤Σ
N├──────────┤          ├─────┤T
O├────────────────┤
```

次に E が K を割り切らないとせよ．E, K に割り切られる最小数 M がとられたとせよ．そして K が M を割った商が Θ, H の双方が N, Ξ の双方を割った商に等しいとし，E が M を割った商が Z が O を割った商に等しいとせよ．Θ が N を，H が Ξ を割った商は等しいから，Θ が H に対するように，N が Ξ に対する．ところが Θ が H に対するように，A が B に対する．それゆえ A が B に対するように，N が Ξ に対する．同じ理由で Γ が Δ に対するように，Ξ が M に対する．また E が M を，Z が O を割った商は等しいから，E が Z に対するように，M が O に対する．ゆえに N, Ξ, M, O は A 対 B, Γ 対 Δ, E 対 Z の比をなして順次に比例する．次に A 対 B, Γ 対 Δ, E 対 Z の比をなす数のうち最小でもあると主張する．もし最小でないならば，N, Ξ, M, O より小さくて，A, B, Γ, Δ の比をなして順次に比例する何らかの数があるであろう．それらを Π, P, Σ, T とせよ．そうすれば Π が P に対するように，A が B に対し，A, B は最小であり，最小の数はそれらと同じ比をもつ数を割り切り，前項が前項を，後項が後項を割り切り，その商は等しいから，B は P を割り切る．同じ理由で Γ も P を割り切る．それゆえ B, Γ は P を割り切る．ゆえに B, Γ に割り切られる最小の数も P を割り切るであろう．ところが H は B, Γ に割り切られる最小の数である．したがって H は P を割り切る．そして H が P に対するように，K が Σ に対する．それゆえ K も Σ を割り切る．ところが E も Σ を割り切る．ゆえに E, K は Σ を割り切る．したがって E, K に割り切られる最小の数も Σ を割り切るであろう．ところが M は E, K に割り切られる最小の数である．それゆえ M

は $\varSigma$ を割り切る，すなわち大きい数が小さい数を割り切る。これは不可能である。ゆえに $N, \varXi, M, O$ より小さくて順次に A 対 B, $\varGamma$ 対 $\varDelta$, E 対 Z の比をなすいかなる数もないであろう。したがって $N, \varXi, M, O$ は順次に A 対 B, $\varGamma$ 対 $\varDelta$, E 対 Z の比をなす最小の数である。これが証明すべきことであった[*)]。

❦ 5 ❧

平面数は互いに辺の比の積の比をもつ。

A, B を平面数とし，数 $\varGamma, \varDelta$ を A の辺，E, Z を B の辺とせよ。A は B に対し辺の比の積の比をもつと主張する。

$\varGamma$ が E に，$\varDelta$ が Z に対する比が与えられ，順次に $\varGamma$ 対 E, $\varDelta$ 対 Z の比をなす最小数 $H, \varTheta, K$ がとられ，$\varGamma$ が E に対するように，H が $\varTheta$ に対し，$\varDelta$ が Z に対するように，$\varTheta$ が K に対するとせよ。そして $\varDelta$ が E にかけて $\varLambda$ をつくるとせよ。

そうすれば $\varDelta$ は $\varGamma$ にかけて A をつくり，E にかけて $\varLambda$ をつくったから，$\varGamma$ が E に対するように，A が $\varLambda$ に対する。ところが $\varGamma$ が E に対するように，H が $\varTheta$ に対する。それゆえ H が $\varTheta$ に対するように，A が $\varLambda$ に対する。また E が $\varDelta$ にかけて $\varLambda$ をつくり，他方 Z にかけて B をつくったから，$\varDelta$ が Z に対するように，$\varLambda$ が B に対する。ところが $\varDelta$ が Z に対するように，$\varTheta$ が K に対する。ゆえに $\varTheta$ が K に対するように，$\varLambda$ が B に対する。ところが H が $\varTheta$ に対するように，A が $\varLambda$ に対することが先に証明された。したがって等間隔比により H が K に対するように，A が B に対する。ところが H は K に対し，辺の比の積の比をもつ。したがって A は B に対し辺の比の積の比をもつ。これが証明すべきことであった[**)]。

❦ 6 ❧

もし順次に比例する任意個の数があり，第1の数が第2の数を割り切らないならば，

[*)] すなわち，$a:b$, $c:d$, $e:f$ なる比で，順次に比例する最小の数を見いだすこと。
[**)] すなわち，$a=cd$, $b=ef$ ならば，$a:b=(c:e)\times(d:f)$

他のどの数もどの数をも割り切らないであろう。

順次に比例する任意個の数 $A, B, \Gamma,$ Δ, E があり，A が B を割り切らないとせよ。他のどの数もどの数をも割り切らないであろうと主張する。

そこで A は B を割り切らないから，$A, B,$ Γ, Δ, E が順次にお互いを割り切らないことは明らかである。次に他のどの数もどの数をも割り切らないであろうと主張する。もし可能ならば A が Γ を割り切るとせよ。そして A, B, Γ がいくつあろうと，それと同じ個数の，A, B, Γ と同じ比をもつ数のなかで最小である Z, H, Θ がとられたとせよ。そうすれば Z, H, Θ は A, B, Γ と同じ比をなし，A, B, Γ は Z, H, Θ と同じ個数であるから，等間隔比により A が Γ に対するように，Z が Θ に対する。そして A が B に対するように，Z が H に対し，A は B を割り切らないから，Z も H を割り切らない。それゆえ Z は単位ではない。なぜなら単位はすべての数を割り切るから。そして Z, Θ は互いに素である。そして Z が Θ に対するように，A が Γ に対する。ゆえに A は Γ を割り切らない。同様にして他のどの数もどの数をも割り切らないであろうことを証明しうる。これが証明すべきことであった[*)]。

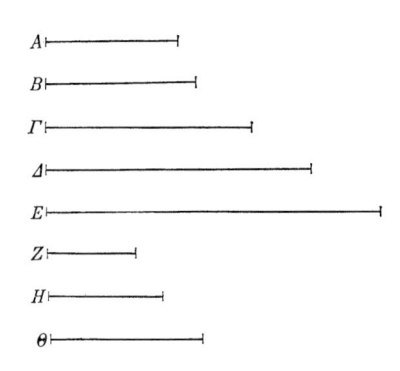

～ 7 ⌒

もし順次に比例する任意個の数があり，初項が末項を割り切るならば，第 2 項をも割り切るであろう。

順次に比例する任意個の数 A, B, Γ, Δ があるとし，A が Δ を割り切るとせよ。A は B をも割り切ると主張する。

もし A が B を割り切らないならば，他のどの数もどの数をも割り切らないであろう。ところが A は Δ を割り切る。したがって A は B をも割り切る。

[*)] すなわち，$a:b=b:c=c:d=\cdots\cdots$ で，a が b を割り切らなければ，どの数もどの数をも割り切らない。

これが証明すべきことであった*)。

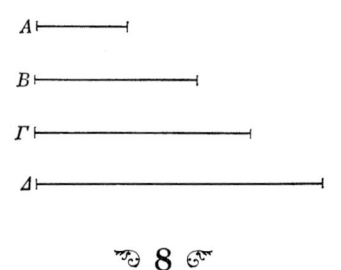

$$A \vdash\!\!\!—\!\!\!\dashv$$
$$B \vdash\!\!\!—\!\!\!—\!\!\!—\!\!\!\dashv$$
$$\varGamma \vdash\!\!\!—\!\!\!—\!\!\!—\!\!\!\dashv$$
$$\varDelta \vdash\!\!\!—\!\!\!—\!\!\!—\!\!\!—\!\!\!—\!\!\!\dashv$$

〜 8 〜

もし二つの数の間に順次に比例する数が入るならば，いくつの数が順次に比例してそれらの間に入ろうとも，同じ個数の数が順次に比例してもとの二つの数と同じ比をもつ数の間にも入るであろう。

2数 A, B の間に順次に比例する数 $\varGamma$, $\varDelta$ が入るとし，A が B に対するように，E が Z に対するとされたとせよ。いくつの数が順次に比例して A, B の間に入ろうと，同じ個数の数が順次に比例して E, Z の間に入るであろうと主張する。

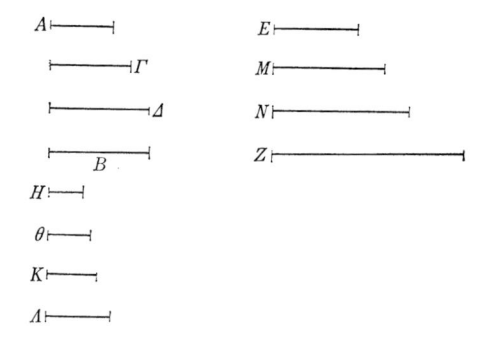

A, B, $\varGamma$, $\varDelta$ の個数がいくつであろうと，それと同じ個数の，A, B, $\varGamma$, $\varDelta$ と同じ比をもつ数のうち最小である H, $\varTheta$, K, $\varLambda$ がとられたとせよ。そうすればそれらの外項 H, $\varLambda$ は互いに素である。そして A, B, $\varGamma$, $\varDelta$ は H, $\varTheta$, K, $\varLambda$ と同じ比をなし，A, B, $\varGamma$, $\varDelta$ は H, $\varTheta$, K, $\varLambda$ と同じ個数であるから，等間隔比により A が B に対するように，H が $\varLambda$ に対する。ところが A が B に対するように，E が Z に対する。ゆえに H が $\varLambda$ に対するように，E が Z に対する。ところが H, $\varLambda$ は素であり，素である数は最小であり，最小で

---

*) すなわち，$a:b=b:c=c:d$ で，a が d を割り切るならば，a は b をも割り切る。

ある数は同じ比をもつ数を割り切り，大きい数が大きい数を，小さい数が小さい数を，すなわち前項が前項を，後項が後項を割り切り，その商は等しい。したがって H が E を，$\varLambda$ が Z を割った商は等しい。次に H が E を割った商が $\varTheta, K$ の双方が M, N の双方を割った商に等しいとせよ。そうすれば $H, \varTheta, K, \varLambda$ がそれぞれ E, M, N, Z を割り切り，その商は等しい。ゆえに $H, \varTheta, K, \varLambda$ は E, M, NZ と同じ比をなす。ところが $H, \varTheta, K, \varLambda$ は $A, \varGamma, \varDelta, B$ と同じ比をなす。したがって $A, \varGamma, \varDelta, B$ は E, M, N, Z と同じ比をなす。ところが $A, \varGamma, \varDelta, B$ は順次に比例する。ゆえに E, M, N, Z も順次に比例する。したがっていくつの数が順次に比例して A, B の間に入ろうと，同じ個数の数が順次に比例して E, Z の間にも入った。これが証明すべきことであった[*]。

9

もし二つの数が互いに素であり，それらの間に順次に比例する数が入るならば，いくつの数が順次に比例してそれらの間に入ろうと，同じ個数の数が順次に比例してもとの2数の双方と単位との間にも入るであろう。

A, B を互いに素である2数とし，それらの間に順次に比例する $\varGamma, \varDelta$ が入るとし，そして単位 E が定められたとせよ。いくつの数が順次に比例して A, B の間に入ろうと，同じ個数の数が順次に比例して A, B の双方と単位との間にも入るであろうと主張する。

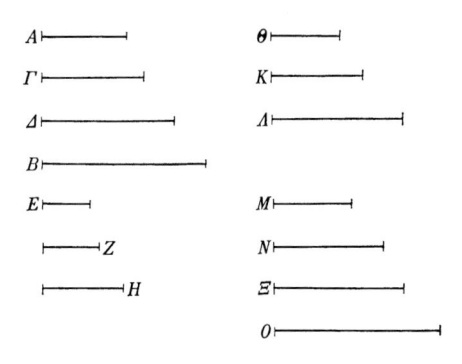

$A, \varGamma, \varDelta, B$ の比をなす最小である二つの数 Z, H が，三つの数 $\varTheta, K, \varLambda$ がとられ，そして次々に一つずつ多くして，$A, \varGamma, \varDelta, B$ と同じ個数になるまでせよ。かかる数がとられたとし，それらを $M, N, \varXi, O$ とせよ。そうすれば Z が2乗して $\varTheta$ をつくり，$\varTheta$ にかけて M をつくり，H が2乗して $\varLambda$ をつくり，$\varLambda$ にかけて O をつくったことは明らかである。そして $M, N, \varXi, O$ は Z, H と同じ比をもつ数のうちで最小であり，$A, \varGamma, \varDelta, B$ も Z, H と同じ比をもつ数のうちで最小で

---

[*] すなわち，$a:b=e:f$ であり，c,d があって $a:c=c:d=d:b$ ならば，$e:m=m:n=n:f$ となるような数 m, n が存在する．

あり，M, N, Ξ, O は $A, \Gamma, \varDelta, B$ と同じ個数であるから，M, N, Ξ, O のおのおのは $A, \Gamma, \varDelta, B$ のおのおのに等しい．それゆえ M は A に，O は B に等しい．そして Z は 2 乗して Θ をつくったから，Z が Θ を割った商は Z のなかにある単位の個数である．ところが単位 E が Z を割った商も Z のなかにある単位の個数である．ゆえに単位 E が数 Z を，Z が Θ を割った商は等しい．したがって単位 E が数 Z に対するように，Z が Θ に対する．また Z が Θ にかけて M をつくったから，Θ が M を割った商は Z のなかにある単位の個数である．ところが単位 E が数 Z をもった商も Z のなかにある単位の個数である．それゆえ単位 E が数 Z を，Θ が M を割った商は等しい．ゆえに単位 E が数 Z に対するように，Θ が M に対する．ところが単位 E が数 Z に対するように，Z が Θ に対することが先に証明された．したがって単位 E が数 Z に対するように，Z が Θ に，Θ が M に対する．しかも M は A に等しい．それゆえ単位 E が数 Z に対するように，Z が Θ に，Θ が A に対する．同じ理由で単位 E が数 H に対するように，H が $\varLambda$ に，$\varLambda$ が B に対する．ゆえにいくつの数が順次に比例して A, B の間に入ろうと，同じ個数の数が順次に比例して A, B の双方と単位 E の間にも入るであろう．これが証明すべきことであった[*]．

☙ 10 ❧

もし二つの数の双方と単位との間に順次に比例する数が入るならば，いくつの数が順次に比例してそれらの双方と単位との間に入ろうと，同じ個数の数が順次に比例してもとの 2 数の間にも入るであろう．

2 数 A, B と単位 Γ との間に順次に比例する数 $\varDelta, E$ と Z, H とが入るとせよ．いくつの数が順次に比例して A, B の双方と単位 Γ との間に入ろうと，同じ個数の数が順次に比例して A, B の間にも入るであろうと主張する．

$\varDelta$ が Z にかけて Θ をつくり，$\varDelta, Z$ の双方が Θ にかけて $K, \varLambda$ の双方をつくるとせよ．

そうすれば単位 Γ が数 $\varDelta$ に対するように，$\varDelta$

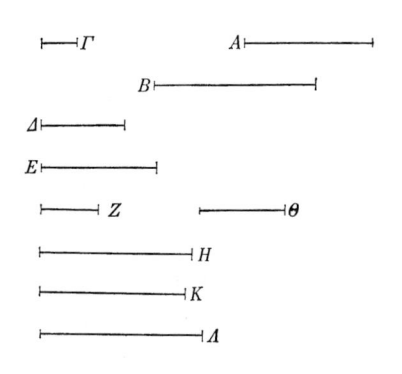

---

[*] すなわち，a が b に素であり，かつ $a:c=c:d=d:b$ ならば，同じ個数の数が 1 と a，および 1 と b との間に入る．

がEに対するから，単位Γが数Δを，ΔがEを割った商は等しい。ところが単位Γが数Δを割った商はΔのなかにある単位の数である。それゆえ数ΔがEを割った商もΔのなかにある単位の数である。ゆえにΔは2乗してEをつくった。また単位Γが数Δに対するように，EはAに対するから，単位Γが数Δを，EがAを割った商は等しい。ところが単位Γが数Δを割った商はΔのなかにある単位の個数である。したがってEがAを割った商もΔのなかにある単位の個数である。それゆえΔはEにかけてAをつくった。同じ理由でZは2乗してHをつくり，HにかけてBをつくった。そしてΔは2乗してEをつくり，ZにかけてΘをつくったから，ΔがZに対するように，EがΘに対する。同じ理由でΔがZに対するように，ΘがHに対する。ゆえにEがΘに対するように，ΘがHに対する。またΔはE, Θにかけてそれぞれ A, Kをつくったから，EがΘに対するように，AがKに対する。ところがEがΘに対するように，ΔがZに対する。したがってΔがZに対するように，AがKに対する。またΔ, ZはΘにかけてそれぞれK, Λをつくったから，ΔがZに対するように，KがΛに対する。ところがΔがZに対するように，AがKに対する。それゆえAがKに対するように，KがΛに対する。またZはΘ, Hにかけてそれぞれ Λ, Bをつくったから，ΘがHに対するように，ΛがBに対する。ところがΘがHに対するように，ΔがZに対する。ゆえにΔがZに対するように，ΛがBに対する。しかもΔがZに対するように，AがKに，KがΛに対することが先に証明された。したがってAがKに対するように，KがΛに，ΛがBに対する。ゆえにA, K, Λ, Bは順次に比例する。よっていくつの数が順次に比例してA, Bの双方と単位Γとの間に入ろうと，同じ個数の数が順次に比例してA, Bの間にも入るであろう。これが証明すべきことであった。

11

二つの平方数の間には一つの比例中項数があり，そして平方数は平方数に対し，辺が辺に対する比の2乗の比をもつ。

A, Bを平方数とし，ΓをAの辺，ΔをBの辺とせよ。A, Bの間には一つの比例中項数があり，そしてAはBに対しΓがΔに対する比の2乗の比をもつと主張する。

ΓがΔにかけてEをつくるとせよ。そうすればA

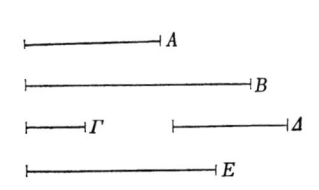

は平方数であり，$\varGamma$ はその辺であるから，$\varGamma$ は2乗して A をつくった。同じ理由で $\varDelta$ も2乗して B をつくった。そこで $\varGamma$ は $\varGamma$，$\varDelta$ にかけてそれぞれ A, E をつくったから，$\varGamma$ が $\varDelta$ に対するように，A が E に対する。同じ理由で $\varGamma$ が $\varDelta$ に対するように，E が B に対する。ゆえに A が E に対するように，E が B に対する。したがって A, B の間には一つの比例中項数がある。

次に A は B に対し，$\varGamma$ が $\varDelta$ に対する比の2乗の比をもつと主張する。A, E, B は比例する三つの数であるから，A は B に対し，A が E に対する比の2乗の比をもつ。ところが A が E に対するように，$\varGamma$ が $\varDelta$ に対する。よって A は B に対し，辺 $\varGamma$ が $\varDelta$ に対する比の2乗の比をもつ。これが証明すべきことであった*)。

12

二つの立方数の間には 二つの比例中項数があり，そして立方数は立方数に対し辺が辺に対する比の3乗の比をもつ。

A, B を立方数とし，$\varGamma$ を A の辺，$\varDelta$ を B の辺とせよ。A, B の間には二つの比例中項数があり，そして A は B に対し，$\varGamma$ が $\varDelta$ に対する比の3乗の比をもつと主張する。

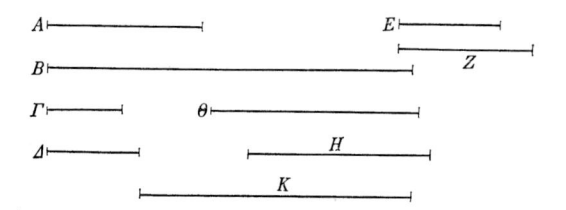

$\varGamma$ が2乗して E をつくり，$\varDelta$ をかけて Z をつくり，$\varDelta$ が2乗して H をつくり，$\varGamma$, $\varDelta$ が Z にかけてそれぞれ $\varTheta$, K をつくるとせよ。

そうすれば A は立方数であり，$\varGamma$ はその辺であり，$\varGamma$ は2乗して E をつくったから，$\varGamma$ は2乗して E をつくり，E にかけて A をつくった。同じ理由で $\varDelta$ も2乗して H をつくり，H にかけて B をつくった。そして $\varGamma$ は $\varGamma$, $\varDelta$ にかけてそれぞれ E, Z をつくったから，$\varGamma$ が $\varDelta$ に対するように，E が Z に対する。同じ理由で $\varGamma$ が $\varDelta$ に対するように，Z が H に対する。また $\varGamma$ が E, Z にかけてそれぞれ A, $\varTheta$ をつくったから，E が Z に対

---

*) すなわち，$a^2 : ab = ab : b^2$ であり，$a^2 : b^2 = (a:b)^2$ である。

するように, A が $\varTheta$ に対する。ところが E が Z に対するように, $\varGamma$ が $\varDelta$ に対する。それゆえ $\varGamma$ が $\varDelta$ に対するように, A が $\varTheta$ に対する。また $\varGamma$, $\varDelta$ は Z にかけてそれぞれ $\varTheta$, K をつくったから, $\varGamma$ が $\varDelta$ に対するように, $\varTheta$ が K に対する。また $\varDelta$ が Z, H にかけてそれぞれ K, B をつくったから, Z が H に対するように, K が B に対する。ところが Z が H に対するように, $\varGamma$ が $\varDelta$ に対する。ゆえに $\varGamma$ が $\varDelta$ に対するように, A が $\varTheta$ に, $\varTheta$ が K に, K が B に対する。したがって $\varTheta$, K は A, B の二つの比例中項である。

次に A は B に対し, $\varGamma$ が $\varDelta$ に対する比の3乗の比をもつと主張する。A, $\varTheta$, K, B は四つの比例する数であるから, A は B に対し, A が $\varTheta$ に対する比の3乗の比をもつ。ところが A が $\varTheta$ に対するように, $\varGamma$ が $\varDelta$ に対する。したがって A は B に対し, $\varGamma$ が $\varDelta$ に対する比の3乗の比をもつ。これが証明すべきことであった[*)]。

〜 13 〜

もし順次に比例する任意個の数があり, おのおのが2乗してある数をつくるならば, それらからできた数は比例するであろう。そして もし最初の数が これらの数に かけてある数をつくるならば, それらもまた比例するであろう。

順次に比例する任意個の数 A, B, $\varGamma$ があり, A が B に対するように, B が $\varGamma$ に対し, A, B, $\varGamma$ が2乗して $\varDelta$, E, Z をつくり, $\varDelta$, E, Z にかけて H, $\varTheta$, K をつくるとせよ。$\varDelta$, E, Z と H, $\varTheta$, K とは順次に比例すると主張する。

A は B にかけて $\varLambda$ をつくり, A, B は $\varLambda$ にかけてそれぞれ M, N をつくるとせよ。そ

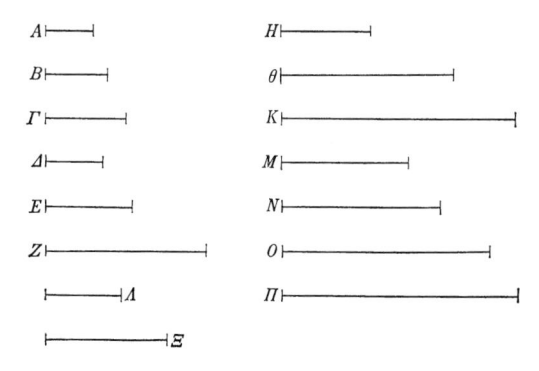

[*)] すなわち, $a^3 : a^2b = a^2b : ab^2 = ab^2 : b^3$ であり, かつ $a^3 : b^3 = (a:b)^3$ である.

してまた B は Γ にかけて Ξ をつくり, B, Γ は Ξ にかけてそれぞれ O, Π をつくるとせよ。

そうすれば前と同様にして $\varDelta, \varLambda, E$ と, $H, M, N, \varTheta$ とが A 対 B の比をなして順次に比例し, また E, Ξ, Z と $\varTheta, O, \Pi, K$ とが B 対 Γ の比をなして順次に比例することを証明しうる。そして A が B に対するように, B が Γ に対する。それゆえ $\varDelta, \varLambda, E$ は E, Ξ, Z と同じ比をなし, また $H, M, N, \varTheta$ も $\varTheta, O, \Pi, K$ と同じ比をなす。そして $\varDelta, \varLambda, E$ は E, Ξ, Z と同じ個数であり, $H, M, N, \varTheta$ は $\varTheta, O, \Pi, K$ と同じ個数である。ゆえに等間隔比により $\varDelta$ が E に対するように, E が Z に対し, H が $\varTheta$ に対するように, $\varTheta$ が K に対する。これが証明すべきことであった[*]。

14

もし平方数が平方数を割り切るならば, 辺も辺を割り切るであろう。そしてもし辺が辺を割り切るならば, 平方数も平方数を割り切るであろう。

A, B を平方数とし, $\Gamma, \varDelta$ をそれらの辺とし, A が B を割り切るとせよ。Γ も $\varDelta$ を割り切ると主張する。

Γ が $\varDelta$ にかけて E をつくるとせよ。そうすれば A, E, B は Γ 対 $\varDelta$ の比をなして順次に比例する。そして A, E, B は順次に比例し, A が B を割り切るから, A はまた E を割り切る。そして A が E に対するように, Γ が $\varDelta$ に対する。ゆえに Γ も $\varDelta$ を割り切る。

また Γ が $\varDelta$ を割り切るとせよ。A も B を割り切ると主張する。

同じ作図がなされたとき, 同様にして A, E, B が Γ 対 $\varDelta$ の比をなして順次に比例することを証明しうる。そして Γ が $\varDelta$ に対するように, A が E に対し, Γ は $\varDelta$ を割り切るから, A も E を割り切る。そして A, E, B は順次に比例する。したがって A も B を割り切る。

よってもし平方数が平方数を割り切るならば, 辺も辺を割り切るであろう。そしてもし辺が辺を割り切るならば, 平方数も平方数を割り切るであろう。これが証明すべきことであった。

---

[*] すなわち, $a:b=b:c$ ならば $a^2:b^2=b^2:c^2$, かつ $a^3:b^3=b^3:c^3$ である.

🦚 15 🦚

もし立方数が立方数を割り切るならば，辺も辺を割り切るであろう。そしてもし辺が辺を割り切るならば，立方数も立方数を割り切るであろう。

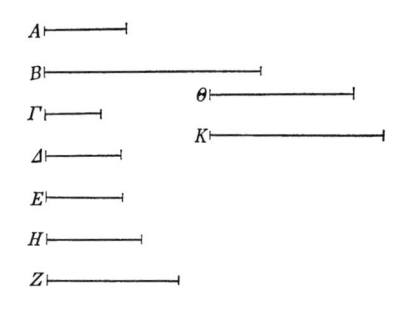

立方数 A が立方数 B を割り切るとし，Γ を A の，$\varDelta$ を B の辺とせよ。Γ は $\varDelta$ を割り切ると主張する。

Γ が2乗して E をつくり，$\varDelta$ が2乗して H をつくり，さらに Γ が $\varDelta$ にかけて Z をつくり，Γ, $\varDelta$ が Z にかけてそれぞれ Θ, K をつくるとせよ。そうすれば E, Z, H と A, Θ, K, B は Γ 対 $\varDelta$ の比をなして順次に比例することは明らかである。そして A, Θ, K, B は順次に比例し，A は B を割り切るから，Θ をも割り切る。そして A が Θ に対するように，Γ が $\varDelta$ に対する。したがって Γ も $\varDelta$ を割り切る。

次に Γ が $\varDelta$ を割り切るとせよ。A も B を割り切るであろうと主張する。

同じ作図がなされたとき，同様にして A, Θ, K, B が Γ 対 $\varDelta$ の比をなして順次に比例することを証明しうる。そして Γ が $\varDelta$ を割り切り，Γ が $\varDelta$ に対するように，A が Θ に対するから，A も Θ を割り切る。したがって A は B を割り切る。これが証明すべきことであった。

🦚 16 🦚

もし平方数が平方数を割り切らないならば，辺も辺を割り切らないであろう。そしてもし辺が辺を割り切らないならば，平方数も平方数を割り切らないであろう。

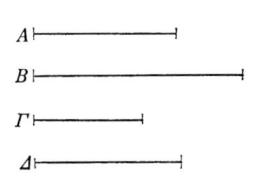

A, B を平方数とし，Γ, $\varDelta$ をそれらの辺とし，A が B を割り切らないとせよ。Γ も $\varDelta$ を割り切らないであろうと主張する。

もし Γ が $\varDelta$ を割り切るならば，A も B を割り切るであろう。ところが A は B を割り切らない。したがって Γ は $\varDelta$ を割り切らないであろう。

また $\varGamma$ が $\varDelta$ を割り切らないとせよ。A も B を割り切らないであろうと主張する。

もし A が B を割り切らないならば，$\varGamma$ も $\varDelta$ を割り切らないであろう。ところが $\varGamma$ は $\varDelta$ を割り切らない。したがって A は B を割り切らないであろう。これが証明すべきことであった。

17

もし立方数が立方数を割り切らないならば，辺も辺を割り切らないであろう。そしてもし辺が辺を割り切らないならば，立方数も立方数を割り切らないであろう。

立方数 A が立方数 B を割り切らないとし，$\varGamma$ を A の，$\varDelta$ を B の辺とせよ。$\varGamma$ も $\varDelta$ を割り切らないであろうと主張する。

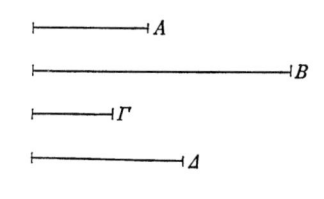

$\varGamma$ が $\varDelta$ を割り切るならば，A も B を割り切るであろう。ところが A は B を割り切らない。したがって $\varGamma$ は $\varDelta$ を割り切らない。

また $\varGamma$ が $\varDelta$ を割り切らないとせよ。A も B を割り切らないであろうと主張する。

もし A が B を割り切るならば，$\varGamma$ も $\varDelta$ を割り切るであろう。ところが $\varGamma$ は $\varDelta$ を割り切らない。したがって A は B を割り切らないであろう。これが証明すべきことであった。

18

二つの相似な平面数の間には一つの比例中項数がある。そして平面数は平面数に対し対応する辺が対応する辺に対する比の 2 乗の比をもつ。

二つの相似な平面数を A, B とし，数 $\varGamma$, $\varDelta$ を A の，E, Z を B の辺とせよ。そうすれば相似な平面数は比例する辺をもつから，$\varGamma$ が $\varDelta$ に対するように，E が Z に対する。そこで A, B の間には一つの比例中項数があり，そして A は B に対し，$\varGamma$ が E にまたは $\varDelta$ が Z に対する比，すなわち対応する辺が対応する辺に対する比の 2 乗の比をもつと主張する。

そこで $\varGamma$ が $\varDelta$ に対するように，E が Z に対するから，いれかえて $\varGamma$ が E に対するように，$\varDelta$ が Z に対する。そして A は平面数であり，$\varGamma$, $\varDelta$ はその辺であるから，$\varDelta$ は $\varGamma$ に

```
A ├─────────────┤           ├────┤ Γ
B ├──────────────────┤   ├─────────┤ Δ
H ├──────────────────┤   ├──────┤ E
                         Z ├──────────┤
```

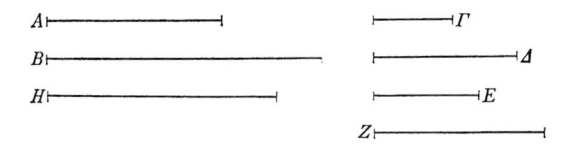

かけて A をつくった。同じ理由で E も Z にかけて B をつくった。そこで $\varDelta$ が E にかけて H をつくるとせよ。そうすれば $\varDelta$ は $\varGamma$ にかけて A をつくり，E にかけて H をつくったから，$\varGamma$ が E に対するように，A が H に対する。ところが $\varGamma$ が E に対するように，$\varDelta$ が Z に対する。それゆえ $\varDelta$ が Z に対するように，A が H に対する。また E は $\varDelta$ にかけて H をつくり，Z にかけて B をつくったから，$\varDelta$ が Z に対するように，H が B に対する。ところが $\varDelta$ が Z に対するように，A が H に対することは証明された。ゆえに A が H に対するように，H が B に対する。したがって A, H, B は順次に比例する。よって A, B の間には一つの比例中項数がある。

次に A は B に対し対応する辺が対応する辺に対する比，すなわち $\varGamma$ が E にまたは $\varDelta$ が Z に対する比の2乗の比をもつと主張する。A, H, B は順次に比例し，A は B に対し，H に対する比の2乗の比をもつ。そして A が H に対するように，$\varGamma$ が E に，$\varDelta$ が Z に対する。したがって A は B に対し，$\varGamma$ が E にまたは $\varDelta$ が Z に対する比の2乗の比をもつ。これが証明すべきことであった[*]。

☙ 19 ❧

二つの相似な立体数の間には二つの比例中項数が入る。そして立体数は相似な立体数に対し対応する辺が対応する辺に対する比の3乗の比をもつ。

A, B を二つの相似な立体数とし，$\varGamma, \varDelta, E$ を A の，$Z, H, \varTheta$ を B の辺とせよ。そうすれば相似な立体数は比例する辺をもつから，$\varGamma$ が $\varDelta$ に対するように，Z が H に対し，$\varDelta$ が E に対するように，H が $\varTheta$ に対する。A, B の間には二つの比例中項数が入り，A は B に対し，$\varGamma$ が Z に，$\varDelta$ が H に，さらに E が $\varTheta$ に対する比の3乗の比をもつと主張する。

$\varGamma$ が $\varDelta$ にかけて K をつくり，Z が H にかけて $\varLambda$ をつくるとせよ。そうすれば $\varGamma, \varDelta$

---

[*] すなわち，$a:b=c:d$ ならば，ab, cd の間には $ab:G=G:cd$ なる数 G がある．そして $ab:cd = (a:c)^2$

```
A ┣━━━━━━━━━━━━━┫                    N ┣━━━━━━━━━━━━━┫
B ┣━━━━━━━━━━━━━━━━┫                         Ξ ┣━━━━━━━━━━━┫
  Γ ┣━━━━━┫        ┣━━━━┫Z
  Δ ┣━━━━━┫        ┣━━━━━━┫H
  E ┣━━━━━━━┫      ┣━━━━━━━━┫Θ
  K ┣━━━━━━━┫
  Λ ┣━━━━━━━━━━━┫
  M ┣━━━━━━━┫
```

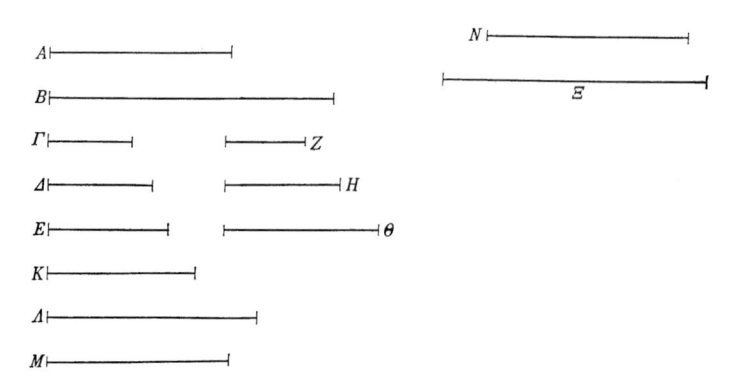

は Z, H と同じ比をなし，K は $Γ$, $Δ$ の積，$Λ$ は Z, H の積であるから，K, $Λ$ は相似な平面数である．それゆえ K, $Λ$ の間には一つの比例中項数がある．それを M とせよ．そうすれば前の定理で証明されたように，M は $Δ$, Z の積である．そして $Δ$ が $Γ$ にかけて K をつくり，Z にかけて M をつくったから，$Γ$ が Z に対するように，K が M に対する．ところが K が M に対するように，M が $Λ$ に対する．したがって K, M, $Λ$ は $Γ$ 対 Z の比をなして順次に比例する．そして $Γ$ が $Δ$ に対するように，Z が H に対するから，いれかえて $Γ$ が Z に対するように，$Δ$ が H に対する．同じ理由で $Δ$ が H に対するように，E が $Θ$ に対する．それゆえ K, M, $Λ$ は $Γ$ 対 Z, $Δ$ 対 H, E 対 $Θ$ の比をなして順次に比例する．次に E, $Θ$ は M にかけてそれぞれ N, $Ξ$ をつくるとせよ．そうすれば A は立体数であり，$Γ$, $Δ$, E はその辺であるから，E は $Γ$, $Δ$ の積にかけて A をつくった．ところが $Γ$, $Δ$ の積は K である．ゆえに E は K にかけて A をつくった．同じ理由で $Θ$ も $Λ$ にかけて B をつくった．そして E は K にかけて A をつくり，M にかけて N をつくったから，K が M に対するように，A が N に対する．ところが K が M に対するように，$Γ$ が Z に，$Δ$ が H に，さらに E が $Θ$ に対する．したがって $Γ$ が Z に対するように，$Δ$ も H に，E も $Θ$ に，A も N に対する．また E, $Θ$ は M にかけてそれぞれ N, $Ξ$ をつくったから，E が $Θ$ に対するように，N も $Ξ$ に対する．ところが E が $Θ$ に対するように，$Γ$ が Z に，$Δ$ が H に対する．それゆえ $Γ$ が Z に対するように，$Δ$ が H に，E が $Θ$ に，A が N に，N が $Ξ$ に対する．また $Θ$ は M にかけて $Ξ$ をつくり，他方 $Λ$ にかけて B をつくったから，M が $Λ$ に対するように，$Ξ$ が B に対する．ところが M が $Λ$ に対するように，$Γ$ が Z に，$Δ$ が H に，E が $Θ$ に対する．ゆえに $Γ$ が Z に，$Δ$ が H に，E が $Θ$ に対するように，$Ξ$ が B に対するだけでなく，A も N に，N も $Ξ$ に対する．したがって A, N, $Ξ$, B は上述の辺の比をなして順次に比例する．

A はまた B に対し対応する辺が対応する辺に対する比，すなわち数 $Γ$ が Z に，$Δ$ が H

に，E が Θ に対する比の3乗の比をもつと主張する。A, N, Ξ, B は四つの順次に比例する数であるから，A は B に対し，A が N に対する比の3乗の比をもつ。ところが A が N に対するように，Γ が Z に，$\varDelta$ が H に，さらに E が Θ に対することが先に証明された。それゆえ A は B に対し，対応する辺が対応する辺に対する比，すなわち数 Γ が Z に，$\varDelta$ が H に，さらに E が Θ に対する比の3乗の比をもつ。これが証明すべきことであった[*)]。

20

もし二つの数の間に一つの比例中項数が入るならば，それらの数は相似な平面数であろう。

2数 A, B の間に一つの比例中項数 Γ が入るとせよ。A, B は相似な平面数であると主張する。

A, Γ と同じ比をもつ数のうちで最小な数 $\varDelta, E$ がとられたとせよ。そうすれば $\varDelta$ が A を，E が Γ を割った商は等しい。そこで $\varDelta$ が A を割った商に等しい個数の単位が Z のなかにあるとせよ。そうすれば Z は $\varDelta$ にかけて A をつくった。したがって A は平面数であり，$\varDelta, Z$ がその辺である。また $\varDelta, E$ は Γ, B と同じ比をもつ数のうち最小であるから，$\varDelta$ が Γ を，E が B を割った商は等しい。そこで E が B を割った商に等しい個数の単位が H のなかにあるとせよ。そうすれば E が B を割った商は H のなかにある単位の個数である。ゆえに H は E にかけて B をつくった。したがって B は平面数であり，E, H はその辺である。それゆえ A, B は平面数である。次に相似でもあると主張する。なぜなら Z は $\varDelta$ にかけて A をつくり，E にかけて Γ をつくったから，$\varDelta$ が E に対するように，A が Γ に，すなわち Γ が B に対する。また E は Z, H にかけてそれぞれ Γ, B をつくったから，Z が H に対するように，Γ が B に対する。ところが Γ が B に対するように，$\varDelta$ が E に対する。したがって $\varDelta$ が E に対するように，Z が H に対する。そしていれかえて $\varDelta$ が Z に対するように，E が H に対する。よって A, B は相似な平面数である。なぜならそれらの辺は比例するから。これが証明すべきことであった。

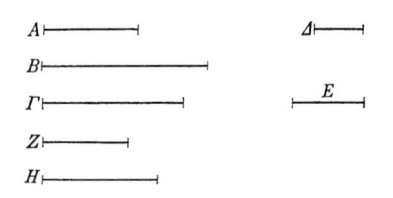

[*)] すなわち，$A=abc, B=def$; $a:b=d:e$, $b:c=e:f$ ならば，A, B の間に二つの数 M, N があって，$A:M=M:N=N:B=a:d$ かつ $abc:def=(a:d)^3$ となる．

❦ 21 ❧

もし二つの数の間に二つの比例中項数が入るならば，それらは相似な立体数である。

2数 A, B の間に二つの比例中項数 $\Gamma, \varDelta$ が入るとせよ。A, B は相似な立体数であると主張する。

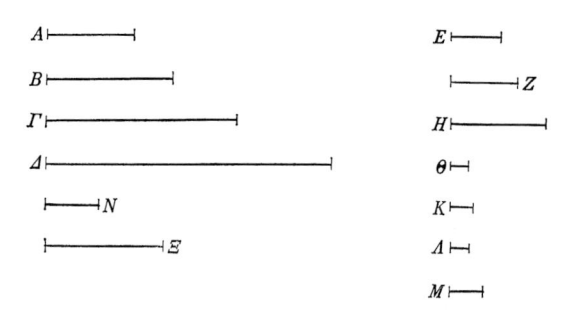

```
A ├──────┤                    E ├──┤
B ├────────┤                     ├────┤ Z
Γ ├──────────────┤            H ├─────┤
Δ ├──────────────────────┤    Θ ├─┤
      ├──┤ N                  K ├─┤
  ├───────┤ Ξ                 Λ ├─┤
                              M ├─┤
```

$A, \Gamma, \varDelta$ と同じ比をもつ数のうちで最小である三つの数 E, Z, H がとられたとせよ。そうすればそれらの外項 E, H は互いに素である。そして E, H の間には一つの比例中項数 Z が入っているから，E, H は相似な平面数である。そこで Θ, K を E の，Λ, M を H の辺とせよ。そうすれば この前の 定理から，E, Z, H が Θ 対 Λ, K 対 M の比をなして順次に比例することは明らかである。そして E, Z, H は $A, \Gamma, \varDelta$ と同じ比をもつ数のうちで最小であり，E, Z, H は $A, \Gamma, \varDelta$ と同じ個数であるから，等間隔比により E が H に対するように，A が $\varDelta$ に対する。ところが E, H は素であり，素である数は 最小であり，最小である数は それらと同じ比をもつ数を割り切り，大きい数が 大きい数を，小さい数が 小さい数を，すなわち前項が前項を，後項が後項を割った商は等しい。ゆえに E が A を，H が $\varDelta$ を割った商は等しい。そこで E が A を割った商に等しい個数の単位が N のなかにあるとせよ。そうすれば N は E にかけて A をつくった。ところが E は Θ, K の積である。それゆえ N は Θ, K の積にかけて A をつくった。ゆえに A は立体数であり，Θ, K, N はその辺である。また E, Z, H は $\Gamma, \varDelta, B$ と同じ比をもつ数のうちで最小であるから，E が Γ を，H が B を割った商は等しい。そこで E が Γ を割った商に等しい個数の単位が Ξ のなかにあるとせよ。そうすれば H が B を割った商は Ξ のなかにある単位の個数である。それゆえ Ξ は H にかけて B をつくった。ところが H は Λ, M の積である。ゆえに Ξ は Λ, M の積にかけて B をつくった。したがって B は立体数であり，Λ, M, Ξ はその辺である。よって A, B は立体数である。

相似でもあると主張する．$N, \varXi$ は E にかけて $A, \varGamma$ をつくったから，N が $\varXi$ に対するように，A が $\varGamma$ に，すなわち E が Z に対する．ところが E が Z に対するように，$\varTheta$ が $\varLambda$ に，K が M に対する．それゆえ $\varTheta$ が $\varLambda$ に対するように，K が M に，N が $\varXi$ に対する．そして $\varTheta, K, N$ は A の辺であり，$\varXi, \varLambda, M$ は B の辺である．したがって A, B は相似な立体数である．これが証明すべきことであった．

～ 22 ～

もし三つの数が順次に比例し，第1の数が平方数であるならば，第3の数も平方数であろう．

$A, B, \varGamma$ を三つの順次に比例する数とし，第1の数 A が平方数であるとせよ．第3の数 $\varGamma$ も平方数であると主張する．

$A, \varGamma$ の間には一つの比例中項数 B があるから，$A, \varGamma$ は相似な平面数である．ところが A は平方数である．したがって $\varGamma$ も平方数である．これが証明すべきことであった[*]．

～ 23 ～

もし四つの数が順次に比例し，第1の数が立方数であるならば，第4の数も立方数であろう．

$A, B, \varGamma, \varDelta$ を四つの順次に比例する数とし，A が立方数であるとせよ．$\varDelta$ も立方数であると主張する．

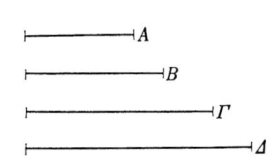

$A, \varDelta$ の間には二つの比例中項数 $B, \varGamma$ があるから，$A, \varDelta$ は相似な立体数である．ところが A は立方数である．したがって $\varDelta$ も立方数である．これが証明すべきことであった[**]．

---

[*] すなわち，$a:b=b:c$ かつ a が平方数ならば，c も平方数である．
[**] すなわち，$a:b=b:c=c:d$ かつ a が立方数ならば，d も立方数である．

24

もし二つの数が互いに平方数が平方数に対する比をもち，第 1 の数が平方数であるならば，第 2 の数も平方数であろう．

2数 A, B が互いに平方数 $\varGamma$ が平方数 $\varDelta$ に対する比をもち，A が平方数であるとせよ．B も平方数であると主張する．

$\varGamma, \varDelta$ は平方数であるから，$\varGamma, \varDelta$ は相似な平面数である．それゆえ $\varGamma, \varDelta$ の間には一つの比例中項数が入る．そして $\varGamma$ が $\varDelta$ に対するように，A が B に対する．ゆえに A, B の間にも一つの比例中項数が入る．そして A は平方数である．したがって B も平方数である．これが証明すべきことであった*)．

25

もし二つの数が互いに立方数が立方数に対する比をもち，第 1 の数が立方数であるならば，第 2 の数も立方数であろう．

2数 A, B が互いに立方数 $\varGamma$ が立方数 $\varDelta$ に対する比をもち，A が立方数であるとせよ．B も立方数であると主張する．

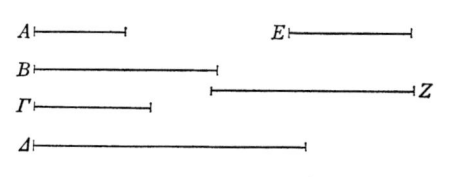

$\varGamma, \varDelta$ は立方数であるから，$\varGamma, \varDelta$ は相似な立体数である．それゆえ $\varGamma, \varDelta$ の間には二つの比例中項数が入る．そしていくつかの数が順次に比例して $\varGamma, \varDelta$ の間に入ろうと，同じ個数の数が $\varGamma, \varDelta$ と同じ比をもつ数の間に入る．ゆえに A, B の間には二つの比例中項数が入る．E, Z が入るとせよ．そうすれば四つの数 A, E, Z, B が順次に比例し，A は立方数であるから，B も立方数である．これが証明すべきことであった**)．

---

*) すなわち，$a:b=c^2:d^2$ で，a が平方数ならば，b も平方数である．
**) $a:b=c^3:d^3$ で a が立方数ならば，b も立方数である．

26

相似な平面数は互いに平方数が平方数に対する比をもつ。

A, B を相似な平面数とせよ。A は B に対し，平方数が平方数に対する比をもつと主張する。

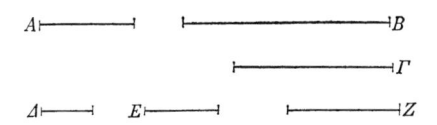

A, B は相似な平面数であるから，A, B の間には一つの比例中項数が入る。入るとし，それを $\varGamma$ とし，$A, \varGamma, B$ と同じ比をもつ数のうちで最小の数 $\varDelta, E, Z$ がとられたとせよ。そうすればそれらの外項 $\varDelta, Z$ は平方数である。そして $\varDelta$ が Z に対するように，A が B に対し，$\varDelta, Z$ は平方数であるから，A は B に対し，平方数が平方数に対する比をもつ。これが証明すべきことであった[*]。

27

相似な立体数は互いに立方数が立方数に対する比をもつ。

A, B を相似な立体数とせよ。A は B に対し立方数が立方数に対する比をもつと主張する。

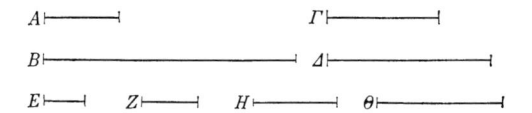

A, B は相似な立体数であるから，A, B の間には二つの比例中項数が入る。$\varGamma, \varDelta$ が入るとし，$A, \varGamma, \varDelta, B$ と同じ比をもつもののうち最小であり，それらと同じ個数の $E, Z, H, \varTheta$ がとられたとせよ。それらの外項 $E, \varTheta$ は立方数である。そして E が $\varTheta$ に対するように，A が B に対する。したがって A は B に対し，立方数が立方数に対する比をもつ。これが証明すべきことであった[**]。

---

[*] a, b が相似な平面数ならば，$a : b = c^2 : d^2$.
[**] a, b が相似な立体数ならば，$a : b = c^3 : d^3$.

第 9 巻

1

もし二つの相似な平面数が互いにかけあわせてある数をつくるならば，その積は平方数であろう。

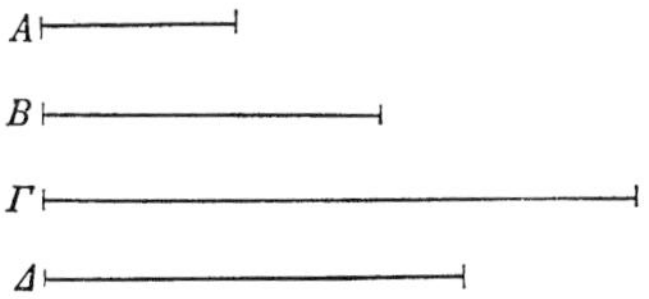

A, B を二つの相似な平面数とし，A が B にかけて $\varGamma$ をつくるとせよ。$\varGamma$ は平方数であると主張する。

A が 2 乗して $\varDelta$ をつくるとせよ。そうすれば $\varDelta$ は平方数である。そこで A が A にかけて $\varDelta$ をつくり，B にかけて $\varGamma$ をつくったから，A が B に対するように，$\varDelta$ が $\varGamma$ に対する。そして A, B は相似な平面数であるから，A, B の間には一つの比例中項数が入る。なぜならばもし二つの数の間に順次に比例する数が入るならば，いくつの数がその間に入ろうと，同じ個数の数がもとの数と同じ比をもつ 2 数の間にも入る。それゆえ $\varDelta, \varGamma$ の間にも一つの比例中項数が入る。そして $\varDelta$ は平方数である。ゆえに $\varGamma$ も平方数である。これが証明すべきことであった[*)]。

2

もし二つの数が互いにかけあわせて平方数をつくるならば，それらは相似な平面数である。

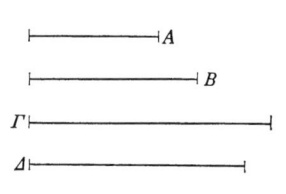

A, B を二つの数とし，A が B にかけて平方数 $\varGamma$ をつくるとせよ。A, B は相似な平面数であると主張する。

A が 2 乗して $\varDelta$ をつくるとせよ。そうすれば $\varDelta$ は平方数である。そして A が 2 乗して $\varDelta$ をつくり，B にかけて $\varGamma$ をつくったから，A が B に対するように，$\varDelta$ が $\varGamma$ に対する。そして $\varDelta$ は平方数であり，$\varGamma$ もそうであるから，$\varDelta, \varGamma$ は相似な平面数である。それゆえ $\varDelta, \varGamma$ の間には一つの

[*)] a, b が相似な平面数であり，$ab = c$ ならば，c は平方数である.

比例中項数が入る。そして $\varDelta$ が $\varGamma$ に対するように, A が B に対する。ゆえに A, B の間にも一つの比例中項数が入る。ところがもし二つの数の間に一つの比例中項数が入るならば,それらの 2 数は相似な平面数である。したがって A, B は相似な平面数である。これが証明すべきことであった。

~~ 3 ~~

もし立方数が 2 乗してある数をつくるならば, その積は立方数であろう。

立方数 A が 2 乗して B をつくるとせよ。B も立方数であると主張する。

A の辺 $\varGamma$ がとられ, $\varGamma$ が 2 乗して $\varDelta$ をつくるとせよ。そうすれば $\varGamma$ は $\varDelta$ にかけて A をつくったことは明らかである。そして $\varGamma$ は 2 乗して $\varDelta$ をつくったから, $\varGamma$ が $\varDelta$ を割った商は $\varGamma$ のなかにある単位の個数である。ところが単位が $\varGamma$ を割った商も $\varGamma$ のなかにある単位の個数である。それゆえ単位が $\varGamma$ に対するように, $\varGamma$ が $\varDelta$ に対する。また $\varGamma$ が $\varDelta$ にかけて A をつくったから, $\varDelta$ が A を割った商は $\varGamma$ のなかにある単位の個数である。ところが単位が $\varGamma$ を割った商も $\varGamma$ のなかにある単位の個数である。ゆえに単位が $\varGamma$ に対するように, $\varDelta$ が A に対する。ところが単位が $\varGamma$ に対するように, $\varGamma$ が $\varDelta$ に対する。したがって単位が $\varGamma$ に対するように, $\varGamma$ が $\varDelta$ に, $\varDelta$ が A に対する。それゆえ単位と数 A との間には順次に比例する二つの比例中項数 $\varGamma, \varDelta$ が入っている。また A は 2 乗して B をつくったから, A が B を割った商は A のなかにある単位の個数である。ところが単位が A を割った商も A のなかにある単位の個数である。ゆえに単位が A に対するように, A が B に対する。ところが単位と A との間には二つの比例中項数が入っている。したがって A, B の間にも二つの比例中項数が入るであろう。ところがもし二つの数の間に二つの比例中項数が入り, 第 1 の数が立方数であるならば, 第 2 の数も立方数であろう。そして A は立方数である。よって B も立方数である。これが証明すべきことであった*)。

~~ 4 ~~

もし立方数が立方数にかけてある数をつくるならば, その積は立方数であろう。

---

*) すなわち, $a^3 \cdot a^3$ は立方数である.

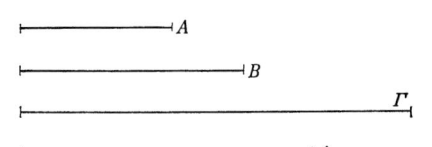

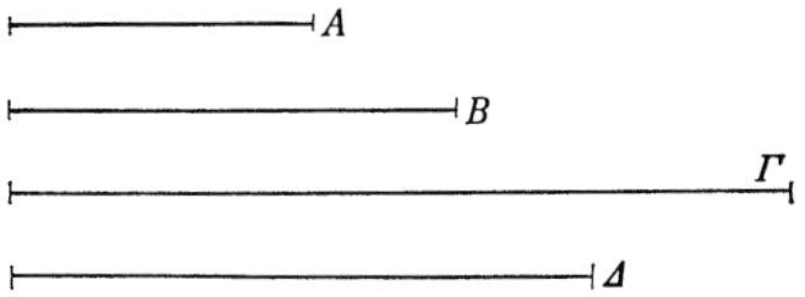

立方数 A が立方数 B にかけて $\varGamma$ をつくるとせよ。$\varGamma$ は立方数である と主張する。

A が2乗して $\varDelta$ をつくるとせよ。そうすれば $\varDelta$ は立方数である。そして A が2乗して $\varDelta$ をつくり，B にかけて $\varGamma$ をつくったから，A が B に対するように，$\varDelta$ が $\varGamma$ に対する。そして A, B は立方数であるから，A, B は相似な立体数である。それゆえ A, B の間には二つの比例中項数が入る。ゆえに $\varDelta, \varGamma$ の間にも二つの比例中項数が入るであろう。そして $\varDelta$ は立方数である。よって $\varGamma$ も立方数である。これが証明すべきことであった[*)]。

5

もし立方数がある数にかけて立方数をつくるならば，かけられた数も立方数であろう。

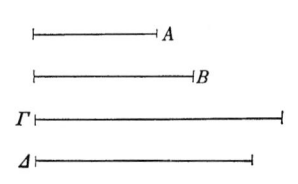

立方数 A がある数 B にかけて立方数 $\varGamma$ をつくるとせよ。B は立方数であると主張する。

A が2乗して $\varDelta$ をつくるとせよ。そうすれば $\varDelta$ は立方数である。そして A が2乗して $\varDelta$ をつくり，B にかけて $\varGamma$ をつくったから，A が B に対するように，$\varDelta$ が $\varGamma$ に対する。そして $\varDelta, \varGamma$ は立方数であるから，相似な立体数である。それゆえ $\varDelta, \varGamma$ の間には二つの比例中項数が入る。そして $\varDelta$ が $\varGamma$ に対するように，A が B に対する。ゆえに A, B の間にも二つの比例中項数が入る。そして A は立方数である。よって B も立方数である。これが証明すべきことであった[**)]。

6

もしある数が2乗して立方数をつくるならば，それ自身も立方数であろう。

数 A が2乗して立方数 B をつくるとせよ。A も立方数であると主張する。

[*)] すなわち, $a^3 \cdot b^3$ は立方数である.
[**)] すなわち, 積 $a^3 \cdot b$ が立方数ならば, b は立方数である.

A が B にかけて Γ をつくるとせよ。そうすれば A は 2 乗して B をつくり，B にかけて Γ をつくったから，Γ は立方数である。そして A は 2 乗して B をつくったから，A が B を割った商は A のなかにある単位の個数である。ところが単位が A を割った商も A のなかにある単位の個数である。それゆえ単位が A に対するように，A が B に対する。そして A は B にかけて Γ をつくったから，B が Γ を割った商は A のなかにある単位の個数である。ところが単位が A を割った商も A のなかにある単位の個数である。ゆえに単位が A に対するように，B が Γ に対する。ところが単位が A に対するように，A が B に対する。したがって A が B に対するように，B が Γ に対する。そして B, Γ は立方数であるから，相似な立体数である。それゆえ B, Γ の間には二つの比例中項数が入る。そして B が Γ に対するように，A が B に対する。ゆえに A, B の間にも二つの比例中項数が入る。そして B は立方数である。したがって A も立方数である。これが証明すべきことであった[*]。

๛ 7 ๛

もし合成数がある数にかけてある数をつくるならば，その積は立体数であろう。

合成数 A がある数 B にかけて Γ をつくるとせよ。Γ は立体数であると主張する。

A は合成数であるから，何らかの数に割り切られるであろう。$\varDelta$ に割り切られるとし，$\varDelta$ が A を割った商に等しい個数の単位が E のなかにあるとせよ。そうすれば $\varDelta$ が A を割った商は E のなかにある単位の個数であるから，E は $\varDelta$ にかけて A をつくった。そして A は B にかけて Γ をつくり，A は $\varDelta, E$ の積であるから，$\varDelta, E$ の積は B にかけて Γ をつくった。したがって Γ は立体数であり，$\varDelta, E, B$ はその辺である。これが証明すべきことであった[**]。

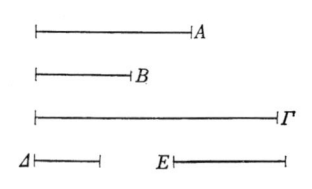

๛ 8 ๛

もし任意個の数が単位から始まり順次に比例するならば，単位から数えて 3 番目は

---

[*] a^2 が立方数ならば，a は立方数である.
[**] a が合成数 $ab=c$ ならば，c は立体数である.

平方数であり，一つおきにすべてそうであろう。また 4 番目は立方数であり，二つおきにすべてそうであろう。そして 7 番目は立方数で同時に平方数であり，五つおきにすべてそうであろう。

単位から始まり順次に比例する任意個の数 $A, B, \Gamma, \varDelta, E, Z$ があるとせよ。単位から数えて 3 番目の B は平方数であり，一つおきにすべてそうであり，4 番目の Γ は立方数であり，二つおきにすべてそうであり，7 番目の Z は立方数で同時に平方数であり，五つおきにすべてそうであると主張する。

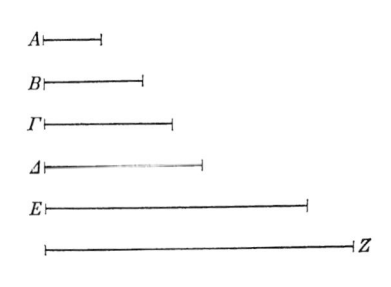

単位が A に対するように，A が B に対するから，単位が数 A を，A が B を割った商は等しい。ところが単位が数 A を割った商は A のなかにある単位の個数である。それゆえ A が B を割った商も A のなかにある単位の個数である。ゆえに A は 2 乗して B をつくった。したがって B は平方数である。そして $B, \Gamma, \varDelta$ は順次に比例し，B は平方数であるから，$\varDelta$ も平方数である。同じ理由で Z も平方数である。同様にして一つおきにすべて平方数であることを証明しうる。次に単位から数えて 4 番目の Γ は立方数であり，二つおきにすべて立方数であると主張する。単位が A に対するように，B が Γ に対するから，単位が数 A を，B が Γ を割った商は等しい。ところが単位が数 A を割った商は A のなかにある単位の個数である。それゆえ B が Γ を割った商も A のなかにある単位の個数である。ゆえに A は B にかけて Γ をつくった。そこで A は 2 乗して B をつくり，B にかけて Γ をつくったから，Γ は立方数である。そして $\Gamma, \varDelta, E, Z$ は順次に比例し，Γ は立方数であるから，Z も立方数である。ところが平方数であることも証明された。したがって単位から数えて 7 番目は立方数でかつ平方数である。同様にして五つおきにすべて立方数でかつ平方数であることを証明しうる。これが証明すべきことであった[*]。

〜 9 〜

もし任意個の数が単位から始まり順次に比例し，単位の次の数が平方数ならば，残

---

[*] すなわち，$1, a_1, a_2, a_3, \ldots\ldots$ が連比例するならば，$a_2, a_4, a_6, \ldots\ldots$ は平方数であり，$a_3, a_6, a_9, \ldots\ldots$ は立方数であり，$a_6, a_{12}, \ldots\ldots$ は平方数でかつ立方数である．

りのすべても平方数であろう。そしてもし単位の次の数が立方数ならば，残りのすべても立方数であろう。

単位から始まり順次に比例する任意個の数 A, B, $\varGamma$, $\varDelta$, E, Z があるとし，単位の次の数 A が平方数であるとせよ。残りのすべても平方数であろうと主張する。

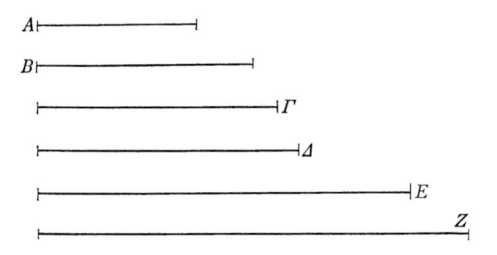

```
A ├─────────────┤
B ├──────────────────┤
   ├──────────────────────┤ Γ
   ├──────────────────────────┤ Δ
       ├──────────────────────────────┤ E
       ├──────────────────────────────────┤ Z
```

さて単位から数えて 3 番目の B が平方数であり，一つおきにすべてそうであることは証明されている。そこで残りのすべても平方数であると主張する。A, B, $\varGamma$ は順次に比例し，A は平方数であるから，$\varGamma$ も平方数である。また B, $\varGamma$, $\varDelta$ は順次に比例し，B は平方数であるから，$\varDelta$ も平方数である。同様にして残りのすべても平方数であることを証明しうる。

次に A を立方数とせよ。残りのすべても立方数であると主張する。

さて単位から数えて 4 番目の $\varGamma$ は立方数であり，二つおきにすべてそうであることは証明されている。そこで残りのすべても立方数であると主張する。単位が A に対するように，A が B に対するから，単位が A を，A が B を割った商は等しい。ところが単位が A を割った商は A のなかにある単位の個数である。それゆえ A が B を割った商も A のなかにある単位の個数である。ゆえに A は 2 乗して B をつくった。そして A は立方数である。ところがもし立方数が 2 乗してある数をつくるならば，その積は立方数である。したがって B も立方数である。そして四つの数 A, B, $\varGamma$, $\varDelta$ は順次に比例し，A は立方数であるから，$\varDelta$ も立方数である。同じ理由で E も立方数であり，同様にして残りのすべても立方数である。これが証明すべきことであった[*]。

〜 10 〜

もし任意個の数が単位から始まり順次に比例し，単位の次の数が平方数でないなら

---

[*] $1, a_1, a_2, a_3, \cdots\cdots$ が連比例し，a_1 が平方数ならば，$a_2, a_3, \cdots\cdots$ は平方数であり，a_1 が立方数ならば，これらは立方数である。

ば，単位から数えて3番目と一つおきのすべての数とを除いて他のいずれも平方数でないであろう。そしてもし単位の次が立方数でないならば，単位から数えて4番目と二つおきのすべての数とを除いて他のいずれも立方数でないであろう。

単位から始まり順次に比例する任意個の数 A, B, Γ, $\varDelta$, E, Z があり，単位の次の数 A が平方数でないとせよ。単位から数えて3番目と一つおきのすべての数とを除いて他のいずれも平方数でないであろうと主張する。

もし可能ならば Γ が平方数であるとせよ。ところが B も平方数である。それゆえ B, Γ は互いに平方数が平方数に対する比をもつ。そして B が Γ に対するように，A が B に対する。ゆえに A, B は互いに平方数が平方数に対する比をもつ。したがって A, B は相似な平面数である。そして B は平方数である。それゆえ A も平方数である。これは仮定に反する。ゆえに Γ は平方数でない。同様にして単位から数えて3番目と一つおきの数を除いて他のいずれも平方数でないことを証明しうる。

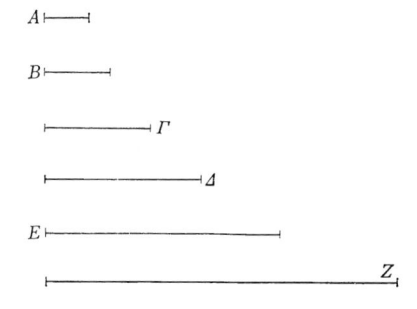

次に A が立方数でないとせよ。単位から数えて4番目と二つおきの数を除いて他のいずれも立方数でないと主張する。

もし可能ならば $\varDelta$ を立方数とせよ。ところが Γ も立方数である，なぜなら単位から数えて4番目であるから。そして Γ が $\varDelta$ に対するように，B が Γ に対する。それゆえ B は Γ に対し立方数が立方数に対する比をもつ。そして Γ は立方数である。ゆえに B も立方数である。そして単位が A に対するように，A が B に対し，単位が A を割った商は A のなかにある単位の個数であるから，A が B を割った商も A のなかにある単位の数である。したがって A は2乗して立方数 B をつくった。ところがもしある数が2乗して立方数をつくるならば，それ自身立方数であろう。それゆえ A は立方数である。これは仮定に反する。ゆえに $\varDelta$ は立方数でない。同様にして単位から始まり4番目と二つおきの数を除いて他のいずれも立方数でないことを証明しうる。これが証明すべきことであった[*)]。

[*)] 1, a_1, a_2, a_3, …… が連比例をなし，a_1 が平方数でないならば，a_2, a_4, a_6, …… 以外は平方数でなく，a_1 が立方数でないならば，a_3, a_6, a_9, …… 以外は立方数でない。

☙ 11 ❧

もし任意個の数が単位から始まり順次に比例するならば，それらの数のうち小さい数が大きい数を割った商はこれらの比例する数のどれか一つである．

単位 A から始まり順次に比例する数 $B, \varGamma$, $\varDelta, E$ があるとせよ．$B, \varGamma, \varDelta, E$ のうち最小である数 B が E を割った商は $\varGamma, \varDelta$ のどちらかであると主張する．

単位 A が B に対するように，$\varDelta$ が E に対するから，単位 A が数 B を，$\varDelta$ が E を割った商は等しい．それゆえいれかえて単位 A が $\varDelta$ を，B が E を割った商は等しい．ところが単位 A が $\varDelta$ を割った商は $\varDelta$ のなかにある単位の個数である．ゆえに B が E を割った商も $\varDelta$ のなかにある単位の個数である．したがって小さい数 B が大きい数 E を割った商は比例する数のどれかである*)．

系

そして次のことは明らかである，割る数が単位から数えて何番目であろうと，その商は割られた数から前の方向に数えて同じ位置にある**)．

☙ 12 ❧

もし任意個の数が単位から始まり順次に比例するならば，最後の数がいくつの素数に割り切られようと，その同じ素数によって単位の次の数も割り切られるであろう．

単位から始まり順次に比例する任意個の数 $A, B, \varGamma, \varDelta$ があるとせよ．$\varDelta$ がいくつの素数に割り切られようと，A も同じ素数に割り切られるであろうと主張する．

$\varDelta$ がある素数 E によって割り切られるとせよ．E は A を割り切ると主張する．割り切ら

---

*) すなわち，$1, a_1, a_2, \cdots\cdots$ が連比例をなせば，$\dfrac{a_n}{a_m}$ $(m<n)$ に対して，適当な数 a_k がこのうちにあって，$\dfrac{a_n}{a_m} = a_k$ となる．

**) すなわち，$\dfrac{a_n}{a_m} = a_k$ において，$k = n-m$ である．

```
A ┣━━━━━━┫              Z ┣━━━━━━━━━━━┫
B ┣━━━━━━━━━━━┫            ┣━━━━━━━┫ H
Γ ┣━━━━━━━━━━━━━━┫          ┣━━━┫ Θ
Δ ┣━━━━━━━━━━━━━━━━━━━┫
E ┣━━━┫
```

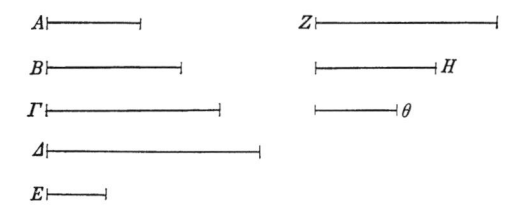

ないとせよ。そうすれば E は素数であり，すべての素数はそれが割り切らないすべての数に対して素である。それゆえ E, A は互いに素である。そして E は $Δ$ を割り切るから，その商を Z とせよ。そうすれば E は Z にかけて $Δ$ をつくった。また A が $Δ$ を割った商は $Γ$ のなかにある単位の個数であるから，A は $Γ$ にかけて $Δ$ をつくった。ところが E は Z にかけて $Δ$ をつくった。したがって $A, Γ$ の積は，E, Z の積に等しい。それゆえ A が E に対するように，Z が $Γ$ に対する。ところが A, E は素であり，素である数は最小であり，最小の数は 同じ比をもつ数を割り切り，前項が前項を，後項が後項を割り切り，その商は等しい。ゆえに E は $Γ$ を割り切る。その商を H とせよ。そうすれば E は H にかけて $Γ$ をつくった。ところがこの前の定理により A も B にかけて $Γ$ をつくった。それゆえ A, B の積は E, H の積に等しい。ゆえに A が E に対するように，H が B に対する。ところが A, E は素であり，素である数は最小であり，最小の数は それらと同じ比をもつ数を割り切り，前項が前項を，後項が後項を割り切り，その商は等しい。したがって E は B を割り切る。その商を $Θ$ とせよ。そうすれば E は $Θ$ にかけて B をつくった。ところが A も 2 乗して B をつくった。ゆえに $E, Θ$ の積は A の平方数に等しい。したがって E が A に対するように，A が $Θ$ に対する。ところが A, E は素であり，素である数は最小であり，最小の数は 同じ比をもつ数を割り切り，前項が前項を，後項が後項を割り切り，その商は等しい。それゆえ 前項が前項を，すなわち E が A を割り切る。ところがまた割り切らなくもある。これは不可能である。ゆえに E, A は互いに素でない。したがって公約数をもつ。ところが公約数をもつ 2 数は何らかの数によって割り切られる。そして E は素数であると仮定され，素数は自分自身以外の他の数に割り切られないから，E は A, E を割り切る。したがって E は A を割り切る。ところが $Δ$ をも割り切る。よって E は $A, Δ$ を割り切る。同様にして $Δ$ がいくつの素数に割り切られようと，A も同じ素数に割り切られるであろうことを証明しうる。これが証明すべきことであった[*]。

---

[*] すなわち，$1, a_1, a_2, \ldots, a_n$ が連比例し，a_n が素数 p で割り切られるならば，a_1 もまた p に割り切られる。

13

もし任意個の数が単位から始まり順次に比例し,単位の次の数が素数であるならば,最大の数は 比例する数のなかにある数以外の いかなる数にも割り切られないであろう。

単位から始まり順次に比例する数 $A, B, \Gamma, \varDelta$ があるとし,単位の次の数 A が素数であるとせよ。それらのうちで最大の数 $\varDelta$ は A, B, Γ 以外の他のいかなる数にも割り切られないであろうと主張する。

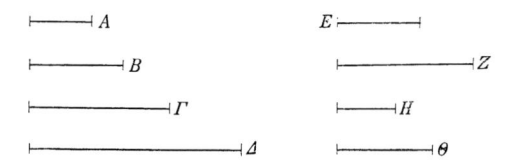

```
├─── A         E ────────┤
├────── B              ──┤ Z
├────────── Γ      ├── H
├──────────── Δ    ├──── θ
```

もし可能ならば E によって割り切られるとし,E が A, B, Γ のいずれとも同じでないとせよ。そうすれば E が素数でないことは明らかである。なぜならもし E が素数であり,$\varDelta$ を割り切るならば,素数である A をもそれと同じでないのに割り切ることになるであろう。これは不可能である。それゆえ E は素数でない。ゆえに合成数である。 ところがすべての合成数は何らかの素数に割り切られる。したがって E は何らかの素数に割り切られる。次に A 以外のいかなる素数にも割り切られないであろうと主張する。なぜならもし E が他の数に割り切られ,E が $\varDelta$ を割り切るならば,その他の数も $\varDelta$ を割り切るであろう。したがって素数である A をもそれと同じでないのに割り切るであろう。これは不可能である。ゆえに A は E を割り切る。そして E は $\varDelta$ を割り切るから,その商を Z とせよ。Z は A, B, Γ のいずれとも同じでないと主張する。もし Z が A, B, Γ の一つと同じであり,$\varDelta$ を割った商が E であるならば,A, B, Γ の一つが $\varDelta$ を割った商も E である。ところが A, B, Γ の一つが $\varDelta$ を割った商は A, B, Γ のいずれかである。したがって E は A, B, Γ の一つと同じである。これは仮定に反する。それゆえ Z は A, B, Γ の一つと同じではない。同様にして Z が素数でないことを証明することによって Z が A に割り切られることを証明しうる。なぜならもし Z が素数であり,$\varDelta$ を割り切るならば,素数である A をもそれと同じでないのに割り切るであろう。これは不可能である。ゆえに Z は素数でない。したがって合成数である。ところがすべての合成数は何らかの素数に割り切られる。それゆえ Z は何らかの素数に割り切られる。次に A 以外のいかなる素数にも割り切られないであろうと主張する。なぜなら何らかの他の素数が Z を割り切り,Z が $\varDelta$ を割り切るならば,その他の素数も $\varDelta$ を割

り切るであろう。ゆえに素数である A をもそれと同じでないのに割り切るであろう。これは不可能である。したがって A は Z を割り切る。そして E が $\varDelta$ を割った商は Z であるから，E は Z にかけて $\varDelta$ をつくった。ところが A も $\varGamma$ にかけて $\varDelta$ をつくった。したがって $A, \varGamma$ の積は E, Z の積に等しい。ゆえに比例し，A が E に対するように，Z が $\varGamma$ に対する。ところが A は E を割り切る。それゆえ Z も $\varGamma$ を割り切る。その商を H とせよ。同様にして H が A, B のどちらとも同じでなく，A に割り切れることを証明しうる。そして Z が $\varGamma$ を割った商は H であるから，Z は H にかけて $\varGamma$ をつくった。ところが A も B にかけて $\varGamma$ をつくった。したがって A, B の積は Z, H の積に等しい。それゆえ比例し，A が Z に対するように，H が B に対する。ところが A は Z を割り切る。ゆえに H も B を割り切る。その商を $\varTheta$ とせよ。同様にして $\varTheta$ は A と同じでないことを証明しうる。そして H が B を割った商は $\varTheta$ であるから，H は $\varTheta$ にかけて B をつくった。ところが A は2乗して B をつくった。したがって $\varTheta, H$ の積は A の平方数に等しい。ゆえに $\varTheta$ が A に対するように，A が H に対する。ところが A は H を割り切る。それゆえ $\varTheta$ も素数である A をそれと同じでないのに割り切ることになる。これは不合理である。したがって最大の数 $\varDelta$ は $A, B, \varGamma$ 以外の他のいかなる数にも割り切られないであろう。これが証明すべきことであった*)。

～ 14 ～

もしある数があるいくつかの素数に割り切られる最小の数であるならば，最初からそれを割り切る素数以外の他のいかなる素数にも割り切られないであろう。

A を素数 $B, \varGamma, \varDelta$ に割り切られる最小の数とせよ。A は $B, \varGamma, \varDelta$ 以外の他のいかなる素数にも割り切れないであろうと主張する。

もし可能ならば素数 E に割り切られるとし，E が $B, \varGamma, \varDelta$ のいずれとも同じでないとせよ。そうすれば E は A を割り切るから，その商を Z とせよ。そうすれば E は Z にかけて A をつくった。そして A は素数 $B, \varGamma, \varDelta$ に割り切られる。ところがもし二つの数が互いにかけあわせてある数をつくり，その積をある素数が割り切るならば，それは最初の2数の

---

*) すなわち，$1, a_1, a_2, \ldots, a_n$ が連比例し，a_1 が素数ならば，a_n はこの数の列以外の数では割り切れない．

一つをも割り切るであろう。ゆえに B, $\varGamma$, $\varDelta$ は E, Z の一つを割り切るであろう。さて E を割り切りはしないであろう。なぜなら E は素数であり, B, $\varGamma$, $\varDelta$ のいずれとも同じでないから。したがって A より小さい Z を割り切る。これは不可能である。なぜなら A は B, $\varGamma$, $\varDelta$ に割り切られる最小の数であると仮定されるから。よって B, $\varGamma$, $\varDelta$ 以外の他のいかなる素数も A を割り切らないであろう。これが証明すべきことであった[*]。

15

もし順次に比例する三つの数がそれらと同じ比をもつ数のうち最小であるならば、どの2数をとっても，その和は残りの数に対して素であろう。

A, B, $\varGamma$ を順次に比例し，それらと同じ比をもつ数のうち最小である三つの数とせよ。A, B, $\varGamma$ のうち任意の2数の和は残りの数に対し素である，すなわち A, B の和は $\varGamma$ に，B, $\varGamma$ の和は A に，さらに A, $\varGamma$ の和は B に対し素であると主張する。

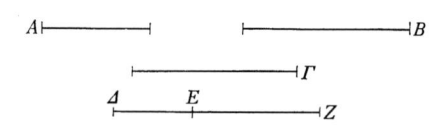

A, B, $\varGamma$ と同じ比をもつ数のうち最小である2数 $\varDelta E$, EZ がとられたとせよ。そうすれば $\varDelta E$ は2乗して A をつくり，EZ にかけて B をつくり，さらに EZ は2乗して $\varGamma$ をつくったことは明らかである。そして $\varDelta E$, EZ は最小であるから，互いに素である。ところがもし二つの数が互いに素であるならば，その和も双方に対して素である。それゆえ $\varDelta Z$ は $\varDelta E$, EZ の双方に対して素である。ところが $\varDelta E$ も EZ に対し素である。ゆえに $\varDelta Z$, $\varDelta E$ は EZ に対して素である。ところがもし2数がある数に対して素であるならば，それらの積も残りの数に対して素である。したがって $Z\varDelta$, $\varDelta E$ の積は EZ に対し素である。それゆえ $Z\varDelta$, $\varDelta E$ の積も EZ の平方数に対し素である。ところが $Z\varDelta$, $\varDelta E$ の積は $\varDelta E$ の平方数と $\varDelta E$, EZ の積との和である。ゆえに $\varDelta E$ の平方数と $\varDelta E$, EZ の積との和は EZ の平方数に対し素である。そして $\varDelta E$ の平方数は A であり，$\varDelta E$, EZ の積は B であり，EZ の平方数は $\varGamma$ である。したがって A, B の和は $\varGamma$ に対し素である。同様にして B, $\varGamma$ の和が A に対し素であることを証明しうる。次に A, $\varGamma$ の和も B に対し素であると主張する。$\varDelta Z$ は $\varDelta E$, EZ の双方に対し素であるから，$\varDelta Z$ の平方数も $\varDelta E$, EZ の積に対し素である。ところが $\varDelta E$,

---

[*] すなわち，a が素数 $b, c, \ldots, k$ で割り切れる最小数ならば，a はこれ以外の素数では割り切れない．

EZ の平方数と $\varDelta E, EZ$ の積の2倍との和は $\varDelta Z$ の平方数に等しい。それゆえ $\varDelta E, EZ$ の平方数と $\varDelta E, EZ$ の積の2倍との和は $\varDelta E, EZ$ の積に対し素である。分割比により $\varDelta E,$ EZ の平方数と $\varDelta E, EZ$ の積を一度だけ加えた和は $\varDelta E, EZ$ の積に対し素である。ゆえにさらに分割比により $\varDelta E, EZ$ の平方数は $\varDelta E, EZ$ の積に対し素である。そして $\varDelta E$ の平方数は A であり, $\varDelta E, EZ$ の積は B であり, EZ の平方数は $\varGamma$ である。よって $A, \varGamma$ の和は B に対し素である。これが証明すべきことであった*)。

❧ 16 ❧

もし2数が互いに素であるならば,第1の数が第2の数に対するように,第2の数は他のいかなる数にも対さないであろう。

2数 A, B が互いに素であるとせよ。A が B に対するように,B が他のいかなる数にも対さないと主張する。

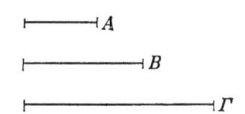

もし可能ならば A が B に対するように,B が $\varGamma$ に対するとせよ。ところが A, B は素であり,素であるものは最小であり,最小である数は同じ比をもつ数を割り切り,前項が前項を,後項が後項を割り切り,その商は等しい。それゆえ前項が前項を,すなわち A が B を割り切る。しかも A は自分自身をも割り切る。ゆえに A は互いに素である A, B を割り切る。これは不合理である。したがって A が B に対するように,B が $\varGamma$ に対することはないであろう。これが証明すべきことであった**)。

❧ 17 ❧

もし順次に比例する任意個の数があり,その外項が互いに素であるならば,第1の数が第2の数に対するように,末項が他のいかなる数にも対さないであろう。

順次に比例する任意個の数 $A, B, \varGamma, \varDelta$ があるとし,それらの外項 $A, \varDelta$ が互いに素であるとせよ。A が B に対するように,$\varDelta$ は他のいかなる数にも対さないと主

---

*) すなわち,a, b, c が連比例し,同じ比をもつ数のうちで最小であれば,$a+b$ は c と,$b+c$ は a と,$c+a$ は b と互いに素である。

**) すなわち,a, b が互いに素であれば,$a:b=b:x$ となる数 x は存在しない。

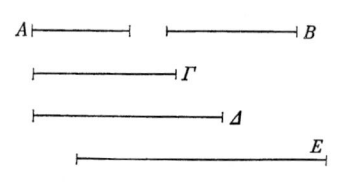

張する。

　もし可能ならば，A が B に対するように，$\varDelta$ が E に対するとせよ。。そうすればいれかえて A が $\varDelta$ に対するように，B が E に対する。ところが $A, \varDelta$ は素であり，素であるものは最小であり，最小である数は同じ比をもつ数を割り切り，前項が前項を，後項が後項を割り切り，その商は等しい。ゆえに A は B を割り切る。そして A が B に対するように，B が $\varGamma$ に対する。ゆえに B も $\varGamma$ を割り切る。したがって A も $\varGamma$ を割り切る。そして B が $\varGamma$ に対するように，$\varGamma$ が $\varDelta$ に対し，B が $\varGamma$ を割り切るから，$\varGamma$ も $\varDelta$ を割り切る。ところが A は $\varGamma$ を割り切った。それゆえ A は $\varDelta$ をも割り切る。しかも自分自身をも割り切る。ゆえに A は互いに素である $A, \varDelta$ を割り切る。これは不可能である。したがって A が B に対するように，$\varDelta$ は他のいかなる数にも対さないであろう。これが証明すべきことであった*)。

✤ 18 ✥

二つの数が与えられたとき，それらに対し第3の比例項を見いだすことが可能であるかどうかを吟味すること。

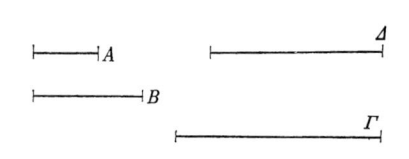

　与えられた2数を A, B とし，それらに対し第3の比例項を見いだすことが可能であるかどうかを吟味せねばならぬ。
　さて A, B は互いに素であるかないかである。もし互いに素であれば，それらに対し第3の比例項を見いだすことは不可能であることが証明された。
　次に A, B が互いに素でないとし，B は2乗して $\varGamma$ をつくるとせよ。そうすれば A は $\varGamma$ を割り切るか割り切らないかである。まず割り切るとし，その商を $\varDelta$ とせよ。そうすれば A は $\varDelta$ にかけて $\varGamma$ をつくった。ところが B も2乗して $\varGamma$ をつくった。ゆえに $A, \varDelta$ の積は B の平方数に等しい。したがって A が B に対するように，B が $\varDelta$ に対する。よって A, B に対し第3の比例項 $\varDelta$ が見いだされた。
　次に A が $\varGamma$ を割り切らないとせよ。A, B に対し第3の比例項を見いだすことは不可能

---

*) すなわち，$a_1, a_2, a_3, \ldots\ldots, a_n$ が連比例し，a_1, a_n が互いに素ならば，$a_1 : a_2 = a_n : x$ となる x は存在しない。

であると主張する。もし可能ならば $\varDelta$ が見いだされたとせよ。そうすれば $A, \varDelta$ の積は B の平方数に等しい。ところが B の平方数は $\varGamma$ である。ゆえに $A, \varDelta$ の積は $\varGamma$ に等しい。したがって A は $\varDelta$ にかけて $\varGamma$ をつくった。それゆえ A が $\varGamma$ を割った商は $\varDelta$ である。ところが割り切らないと仮定されている。これは不合理である。ゆえに A が $\varGamma$ を割り切らないとき，A, B に対し第3の比例項を見いだすことは不可能である。これが証明すべきことであった。

19

三つの数が与えられたとき，いつそれらに対し第4の比例項を見いだすことができるかを吟味すること。

与えられた3数を $A, B, \varGamma$ とし，いつそれらに対し第4の比例項を見いだすことができるかを吟味せねばならぬ。

さてそれらは順次に比例せず，外項が互いに素であるか，または順次に比例し，外項が互いに素でないか，または順次に比例せず，外項が互いに素でないか，または順次に比例し，外項が互いに素であるかである。

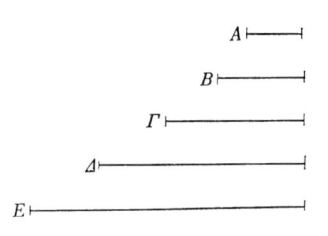

```
A ├───┤
B ├─────┤
Γ ├────────┤
Δ ├──────────────┤
E ├────────────────┤
```

そこでもし $A, B, \varGamma$ が順次に比例し，外項 $A, \varGamma$ が互いに素であるならば，それらに対し第4の比例項数を見いだすことは不可能であることは先に証明された。次に $A, B, \varGamma$ が順次に比例せず，外項がふたたび互いに素であるとせよ。この場合にもそれらに対し第4の比例項を見いだすことはできないと主張する。もし可能ならば，$\varDelta$ が見いだされ，A が B に対するように，$\varGamma$ が $\varDelta$ に対するとし，B が $\varGamma$ が対するように，$\varDelta$ が E に対するとせよ。そうすれば A が B に対するように，$\varGamma$ が $\varDelta$ に対し，B が $\varGamma$ に対するように，$\varDelta$ が E に対するから，等間隔比により A が $\varGamma$ に対するように，$\varGamma$ が E に対する。ところが $A, \varGamma$ は素であり，素である数は最小であり，最小である数は同じ比をもつ数を割り切り，前項が前項を，後項が後項を割り切り，その商は等しい。それゆえ前項が前項を，すなわち A が $\varGamma$ を割り切る。しかも A は自分自身をも割り切る。したがって A は互いに素である $A, \varGamma$ を割り切る。これは不可能である。よって $A, B, \varGamma$ に対し第4の比例項を見いだすことはできない。

次にまた $A, B, \varGamma$ が順次に比例し，$A, \varGamma$ が互いに素でないとせよ。それらに対し第4の比例項を見いだすことができると主張する。B は $\varGamma$ にかけて $\varDelta$ をつくるとせよ。そうす

れば A は $\varDelta$ を割り切るかまたは割り切らないかである。まず割り切るとし，その商を E とせよ。そうすれば A は E にかけて $\varDelta$ をつくった。ところが B も $\varGamma$ にかけて $\varDelta$ をつくった。したがって A, E の積は $B, \varGamma$ の積に等しい。それゆえ比例し，A が B に対するように，$\varGamma$ が E に対する。したがって $A, B, \varGamma$ に対し第 4 の比例項 E が見いだされた。

次に A が $\varDelta$ を割り切らないとせよ。$A, B, \varGamma$ に対し第 4 の比例項数を見いだすことはできないと主張する。もし可能ならば E が見いだされとせよ。そうすれば A, E の積は $B, \varGamma$ の積に等しい。ところが $B, \varGamma$ の積は $\varDelta$ である。ゆえに A, E の積も $\varDelta$ に等しい。したがって A は E にかけて $\varDelta$ をつくった。それゆえ A が $\varDelta$ を割った商は E である。ゆえに A は $\varDelta$ を割り切る。ところがまた割り切らなくもある。これは不合理である。したがって A が $\varDelta$ を割り切らないとき，$A, B, \varGamma$ に対し第 4 の比例項を見いだすことはできない。次に $A, B, \varGamma$ が順次に比例せず，外項が互いに素でないとせよ。B が $\varGamma$ にかけて $\varDelta$ をつくるとせよ。同様にしてもし A が $\varDelta$ を割り切れば，それらに対し第 4 の比例項を見いだすことができ，もし割り切らなければ，できないことが証明されうる。これが証明すべきことであった。

20

素数の個数はいかなる定められた素数の個数よりも多い。

定められた個数の素数を $A, B, \varGamma$ とせよ。$A, B, \varGamma$ より多い個数の素数があると主張する。

$A, B, \varGamma$ に割り切られる最小数がとられたとし，それを $\varDelta E$ とし，$\varDelta E$ に単位 $\varDelta Z$ が加えられたとせよ。そうすれば EZ は素数であるかないかである。まず素数であるとせよ。そうすれば $A, B, \varGamma$ より多い素数 $A, B, \varGamma, EZ$ が見いだされた。

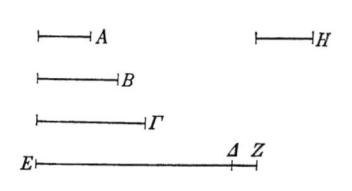

次に EZ が素数でないとせよ。そうすればそれは何らかの素数に割り切られる。素数 H に割り切られるとせよ。H は $A, B, \varGamma$ のいずれとも同じではないと主張する。もし可能ならば，同じであるとせよ。ところが $A, B, \varGamma$ は $\varDelta E$ を割り切る。したがって H も $\varDelta E$ を割り切るであろう。ところが EZ をも割り切る。それゆえ H は数であって残りの単位 $\varDelta Z$ を割り切るであろう。これは不合理である。ゆえに H は $A, B, \varGamma$ の一つと同じではない。そして素数であると仮定されている。したがって定められた個数の $A, B, \varGamma$ より多い個数の素数 $A, B, \varGamma, H$ が見いだされた。これが証明すべきことであった。

◈ 21 ◈

もし任意個の偶数が加えられるならば，全体は偶数である。

任意個の偶数 AB, $B\Gamma$, $\Gamma\varDelta$, $\varDelta E$ が加えられたとせよ。全体 AE は偶数であると主張する。

AB, $B\Gamma$, $\Gamma\varDelta$, $\varDelta E$ のおのおのは偶数であるから，半分の部分をもつ。それゆえ全体 AE も半分の部分をもつ。ところが 2 等分される数は偶数である。したがって AE は偶数である。これが証明すべきことであった。

◈ 22 ◈

もし任意個の奇数が加えられ，その個数が偶数ならば，全体は偶数であろう。

任意個の偶数個の奇数 AB, $B\Gamma$, $\Gamma\varDelta$, $\varDelta E$ が加えられたとせよ。全体 AE は偶数であると主張する。

AB, $B\Gamma$, $\Gamma\varDelta$, $\varDelta E$ のおのおのは奇数であるから，おのおのから単位が引き去られるとき，残りのおのおのは偶数であろう。それゆえそれらの和は偶数であろう。ところが単位の個数も偶数である。したがって全体 AE は偶数である。これが証明すべきことであった。

◈ 23 ◈

もし任意個の奇数が加えられ，それらの個数が奇数であるならば，全体も奇数であろう。

任意個の奇数個の奇数 AB, $B\Gamma$, $\Gamma\varDelta$ が加えられたとせよ。全体 $A\varDelta$ も奇数であると主張する。

$\Gamma\varDelta$ から単位 $\varDelta E$ が引き去られたとせよ。そうすれば残りの ΓE は偶数である。ところが ΓA も偶数である。ゆえに全体 AE も偶数である。そして $\varDelta E$ は単位である。したがって $A\varDelta$ は奇数である。これが証明すべきことであった。

❦ 24 ❧

もし偶数から偶数が引き去られるならば，残りは偶数であろう。

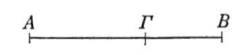

　　　偶数 AB から偶数 $B\Gamma$ が引き去られたとせよ。残
　　　りの ΓA は偶数であると主張する。
　AB は偶数であるから，半分の部分をもつ。同じ理由で $B\Gamma$ も半分の部分をもつ。したがって残りの $A\Gamma$ は偶数である。これが証明すべきことであった。

❦ 25 ❧

もし偶数から奇数が引き去られるならば，残りは奇数であろう。

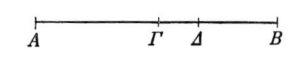

　　　偶数 AB から奇数 $B\Gamma$ が引き去られたとせよ。残
　　　りの ΓA は奇数であると主張する。
　$B\Gamma$ から単位 $\Gamma\varDelta$ が引き去られたとせよ。そうすれば $\varDelta B$ は偶数である。ところが AB も偶数である。ゆえに残りの $A\varDelta$ も偶数である。そして $\Gamma\varDelta$ は単位である。したがって ΓA は奇数である。これが証明すべきことであった。

❦ 26 ❧

もし奇数から奇数が引き去られるならば，残りは偶数であろう。

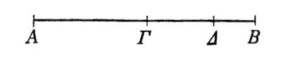

　　　奇数 AB から奇数 $B\Gamma$ が引き去られたとせよ。残
　　　りの ΓA は偶数であると主張する。
　AB は奇数であるから，単位 $B\varDelta$ が引き去られたとせよ。そうすれば残りの $A\varDelta$ は偶数である。同じ理由で $\Gamma\varDelta$ も偶数である。したがって残りの ΓA は偶数である。これが証明すべきことであった。

❦ 27 ❧

もし奇数から偶数が引き去られるならば，残りは奇数であろう。

奇数 AB から偶数 $B\varGamma$ が引き去られたとせよ。残りの $\varGamma A$ は奇数であると主張する。

単位 $A\varDelta$ が引き去られたとせよ。そうすれば $\varDelta B$ は偶数である。ところが $B\varGamma$ も偶数である。ゆえに残りの $\varGamma\varDelta$ は偶数である。したがって $\varGamma A$ は奇数である。これが証明すべきことであった。

28

もし奇数が偶数にかけてある数をつくるならば、その積は偶数であろう。

奇数 A が偶数 B にかけて $\varGamma$ をつくるとせよ。$\varGamma$ は偶数であると主張する。

A は B にかけて $\varGamma$ をつくったから、$\varGamma$ は A のなかにある単位と同じ個数の、B に等しい数から成る。そして B は偶数である。それゆえ $\varGamma$ は偶数から成る。ところがもし任意個の偶数が加えられるならば、全体は偶数である。したがって $\varGamma$ は偶数である。これが証明すべきことであった。

29

もし奇数が奇数にかけてある数をつくるならば、その積は奇数であろう。

奇数 A が奇数 B にかけて $\varGamma$ をつくるとせよ。$\varGamma$ は奇数であると主張する。

A は B にかけて $\varGamma$ をつくったから、$\varGamma$ は A のなかにある単位と同じ個数の、B に等しい数から成る。そして A, B の双方は奇数である。それゆえ $\varGamma$ は奇数個の奇数から成る。したがって $\varGamma$ は奇数である。これが証明すべきことであった。

30

もし奇数が偶数を割り切るならば、その半分をも割り切るであろう。

奇数 A が偶数 B を割り切るとせよ。その半分をも割り切るであろうと主張する。

A が B を割り切るから，その商を Γ とせよ。Γ は奇数でないと主張する。もし可能ならば，奇数であるとせよ。そうすれば A が B を割った商は Γ であるから，A は Γ にかけて B をつくった。それゆえ B は奇数個の奇数からなる。ゆえに B は奇数である。これは不合理である。なぜなら偶数であると仮定されているから。したがって Γ は奇数ではない。ゆえに Γ は偶数である。よって A が B を割った商は偶数である。このゆえにその半分をも割り切るであろう。これが証明すべきことであった[*)]。

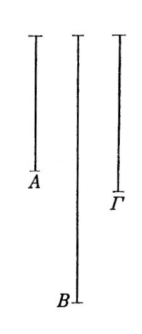

❧ 31 ☙

もし奇数がある数に対し素であるならば，その2倍に対しても素であろう。

奇数 A がある数 B に対し素であるとし，Γ を B の2倍とせよ。A は Γ に対し素であると主張する。

もし素でないならば，何らかの数がそれらを割り切るであろう。割り切るとし，それを $\varDelta$ とせよ。そうすれば A は奇数である。それゆえ $\varDelta$ も奇数である。そして $\varDelta$ は奇数であって Γ を割り切り，Γ は偶数であるから，$\varDelta$ は Γ の半分をも割り切るであろう。ところが B は Γ の半分である。ゆえに $\varDelta$ は B を割り切る。しかも A をも割り切る。したがって $\varDelta$ は互いに素である A, B を割り切る。これは不可能である。したがって A は Γ に対し素でなくはない。よって A, Γ は互いに素である。これが証明すべきことであった[**)]。

❧ 32 ☙

2から始まり順次に2倍された数のおのおのは偶数倍の偶数のみである。

[*)] すなわち，a が奇数，b が偶数で，a が b を割り切るならば，a は $\dfrac{b}{2}$ をも割り切る．

[**)] すなわち，a が奇数で，a, b が互いに素であれば，$a, 2b$ も互いに素である．

任意個の数 B, $\varGamma$, $\varDelta$ が 2 である A から始まり順次に 2 倍されたとせよ．B, $\varGamma$, $\varDelta$ は偶数倍の偶数のみであると主張する．

さて B, $\varGamma$, $\varDelta$ のおのおのが偶数倍の偶数であることは明らかである，なぜなら 2 から始まり順次に 2 倍されたから．それのみであることをも主張する．単位が措定されたとせよ．そうすれば任意個の数が単位から始まり順次に比例し，単位の次の数 A が素数であるから，A, B, $\varGamma$, $\varDelta$ のうち最大な数 $\varDelta$ は A, B, $\varGamma$ 以外の他のいかなる数にも割り切られないであろう．そして A, B, $\varGamma$ のおのおのは偶数である．したがって $\varDelta$ は偶数倍の偶数のみである．同様にして B, $\varGamma$ の双方も偶数倍の偶数のみであることを証明しうる．これが証明すべきことであった[*]．

❦ 33 ❧

もし数がその半分として奇数をもつならば，それは偶数倍の奇数のみである．

数 A がその半分として奇数をもつとせよ．A は偶数倍の奇数のみであると主張する．

さて A が偶数倍の奇数であることは明らかである，なぜなら A の半分は奇数であり，それが A を割った商は偶数であるから．それのみであることをも主張する．もし A が偶数倍の偶数でもあるならば，偶数に割られた商は偶数になるであろう．それゆえ A の半分は奇数でありながら偶数に割り切られることになるであろう．これは不合理である．したがって A は偶数倍の奇数のみである．これが証明すべきことであった[**]．

❦ 34 ❧

もしある数が 2 から始まり順次に 2 倍された数の一つでもなく，またその半分が奇数でもないならば，それは偶数倍の偶数であると共に偶数倍の奇数でもある．

数 A が 2 から始まり順次に 2 倍された数の一つでもなく，またその半分が奇数でも

---

[*] $2, 2^2, 2^3, \ldots\ldots$ はすべて偶数倍の偶数である．

[**] すなわち，$\dfrac{a}{2}$ が奇数ならば，a は偶数倍の奇数である．

ないとせよ。A は偶数倍の偶数であると共に偶数倍の奇数でもあると主張する。

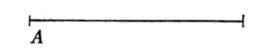

さて A が偶数倍の偶数であることは明らかである，なぜならその半分として奇数をもたないから。次に偶数倍の奇数でもあると主張する。もし A を2等分し，さらにその半分を2等分し，これをくりかえし行なうならば，A を割った商を偶数とする何らかの奇数に到達するであろう。なぜならもしそうでなければ，2に到達し，A は2から始まり順次に2倍された数の一つになるであろう。これは仮定に反する。それゆえ A は偶数倍の奇数である。ところが偶数倍の偶数であることも先に証明された。したがって A は偶数倍の偶数であると共に偶数倍の奇数でもある。これが証明すべきことであった*)。

❦ 35 ❧

もし任意個の数が順次に比例し，第2項と末項からそれぞれ初項に等しい数が引き去られるならば，第2項と初項との差が初項に対するように，末項と初項との差が末項より前のすべての項の和に対するであろう。

最小である数 A から始まり，順次に比例する任意個の数 $A, B\Gamma, \Delta, EZ$ があるとし，$B\Gamma, EZ$ から A に等しい $BH, Z\Theta$ がそれぞれ引き去られたとせよ。$H\Gamma$ が A に対するように，$E\Theta$ が $A, B\Gamma, \Delta$ の和に対すると主張する。

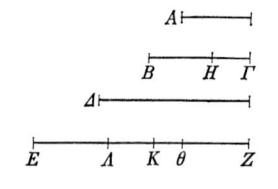

ZK を $B\Gamma$ に等しく，$Z\Lambda$ を Δ に等しくせよ。そうすれば ZK は $B\Gamma$ に等しく，そのうち $Z\Theta$ は BH に等しいから，残りの ΘK は残りの $H\Gamma$ に等しい。そして EZ が Δ に対するように，Δ が $B\Gamma$ に，$B\Gamma$ が A に対し，Δ は $Z\Lambda$ に，$B\Gamma$ は ZK に，A は $Z\Theta$ に等しいから，EZ が $Z\Lambda$ に対するように，ΛZ が ZK に，ZK が $Z\Theta$ に対する。分割比により $E\Lambda$ が ΛZ に対するように，ΛK が ZK に，$K\Theta$ が $Z\Theta$ に対する。それゆえ前項の一つが後項の一つに対するように，前項の総和が後項の総和に対する。ゆえに $K\Theta$ が $Z\Theta$ に対するように，$E\Lambda, \Lambda K, K\Theta$ の和が $\Lambda Z, ZK, \Theta Z$ の和に対する。ところが $K\Theta$ は ΓH に，$Z\Theta$ は A に，$\Lambda Z, ZK, \Theta Z$ の和は $\Delta, B\Gamma, A$ の和に等しい。したがって ΓH が A に対

---

*) すなわち，a が $2, 2^2, 2^3, \ldots\ldots$ の一つでなく，かつ $\dfrac{a}{2}$ が奇数でもなければ，a は偶数倍の偶数であると共に，偶数倍の奇数である。

するように，$E\Theta$ が $\varDelta$, $B\varGamma$, A の和に対する．それゆえ第 2 項と初項との差が初項に対するように，末項と初項との差が末項より前のすべての項の和に対する．これが証明すべきことであった*)．

36

もし単位から始まり順次に 1 対 2 の比をなす任意個の数が定められ，それらの総和が素数になるようにされ，そして全体が最後の数にかけられてある数をつくるならば，その積は完全数であろう．

単位から始まり 1 対 2 の比をなす任意個の数 A, B, $\varGamma$, $\varDelta$ が定められ，それらの総和が素数になるようにし，そして E を全体に等しくし，E が $\varDelta$ にかけて ZH をつくるとせよ．ZH は完全数であると主張する．

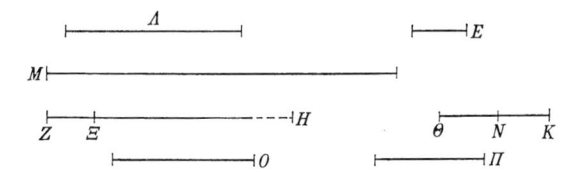

A, B, $\varGamma$, $\varDelta$ の個数がいくつであろうと，同じ個数の，E から始まり 1 対 2 の比をなす E, ΘK, $\varLambda$, M がとられたとせよ．等間隔比により A が $\varDelta$ に対するように，E が M に対する．それゆえ E, $\varDelta$ の積は A, M の積に等しい．そして E, $\varDelta$ の積は ZH である．ゆえに A, M の積も ZH である．したがって A は M にかけて ZH をつくった．それゆえ M が ZH を割った商は A のなかにある単位の個数である．そして A は 2 である．ゆえに ZH は M の 2 倍である．ところが M, $\varLambda$, ΘK, E も順次に互いの 2 倍である．したがって E, ΘK, $\varLambda$, M, ZH は順次に 1 対 2 の比をなして比例する．そこで第 2 項 ΘK と末項 ZH から初項に等しい ΘN, $Z\varXi$ がそれぞれ引き去られたとせよ．そうすれば第 2 項と初項との差が初項に対するように，末項と初項との差が末項の前のすべての項の和に対する．ゆえに NK が E に対するように，$\varXi H$ が M, $\varLambda$, $K\Theta$, E の和に対する．そして NK は E に等しい．したがって $\varXi H$ は M, $\varLambda$, ΘK, E の和に等しい．ところが $Z\varXi$ は E に，E は A,

---

*) すなわち，$a_1, a_2, \ldots\ldots, a_n, a_{n+1}$ が連比例すれば，
$$(a_2-a_1):a_1 = (a_{n+1}-a_1):(a_1+a_2+\cdots\cdots a_n)$$

B, $\varGamma$, $\varDelta$ と単位との和に等しい。それゆえ全体 ZH は E, $\varTheta K$, $\varLambda$, M と A, B, $\varGamma$, $\varDelta$ と単位との和に等しい。そしてそれらに割り切られる。ZH はまた A, B, $\varGamma$, $\varDelta$, E, $\varTheta K$, $\varLambda$, M と単位以外の他のいかなる数にも 割り切られないであろうと主張する。もし可能ならば, 何らかの数 O が ZH を割り切るとし, そして O が A, B, $\varGamma$, $\varDelta$, E, $\varTheta K$, $\varLambda$, M のいずれとも同じでないとせよ。そして O が ZH を割った商に等しい個数の単位が $\varPi$ のなかにあるとせよ。そうすれば $\varPi$ は O にかけて ZH をつくった。ところが E も $\varDelta$ にかけて ZH をつくった。ゆえに E が $\varPi$ に対するように, O が $\varDelta$ に対する。そして A, B, $\varGamma$, $\varDelta$ は単位から始まり順次に比例するから, $\varDelta$ は A, B, $\varGamma$ 以外の他のいかなる数にも割り切られないであろう。そして O は A, B, $\varGamma$ のいずれとも同じでないと仮定されている。したがって O は $\varDelta$ を割り切らないであろう。ところが O が $\varDelta$ に対するように, E が $\varPi$ に対する。それゆえ E は $\varPi$ を割り切らない。そして E は素数である。ところがすべての素数はそれが割り切らないすべての数に対して素である。ゆえに E, $\varPi$ は互いに素である。ところが素である数は最小であり, 最小である数は同じ比をもつ数を割り切り, 前項が前項を, 後項が後項を割った商は等しい。そして E が $\varPi$ に対するように, O が $\varDelta$ に対する。したがって E が O を, $\varPi$ が $\varDelta$ を割った商は等しい。ところが $\varDelta$ は A, B, $\varGamma$ 以外の他のいかなる数にも割り切られない。それゆえ A, B, $\varGamma$ の一つと同じである。B と同じであるとせよ。そして B, $\varGamma$, $\varDelta$ の個数がいくつであろうと, E から始まり同じ個数の E, $\varTheta K$, $\varLambda$ がとられたとせよ。E, $\varTheta K$, $\varLambda$ は B, $\varGamma$, $\varDelta$ と同じ比をなす。ゆえに等間隔比により B が $\varDelta$ に対するように, E が $\varLambda$ に対する。したがって B, $\varLambda$ の積は $\varDelta$, E の積に等しい。ところが $\varDelta$, E の積は $\varPi$, O の積に等しい。したがって $\varPi$, O の積は B, $\varLambda$ の積に等しい。それゆえ $\varPi$ が B に対するように, $\varLambda$ が O に対する。そして $\varPi$ は B と同じである。ゆえに $\varLambda$ も O と同じである。これは不可能である。なぜなら O は定められた数のいずれとも同じでないと仮定されているから。したがって A, B, $\varGamma$, $\varDelta$, E, $\varTheta K$, $\varLambda$, M と単位以外の他のいかなる数も ZH を割り切らないであろう。そして ZH は A, B, $\varGamma$, $\varDelta$, E, $\varTheta K$, $\varLambda$, M と単位との和に等しいことが証明された。ところが完全数とは自分自身の約数の和に等しい数である。よって ZH は完全数である。これが証明すべきことであった[*)]。

[*)] すなわち, $1+2^2+2^3+\cdots\cdots+2^{n-1}(=S_n)$ が素数ならば, $S_n 2^{n-1}$ は完全数である。

第 10 巻

定 義 I

1. 同じ尺度によって割り切られる量は 通約できる量といわれ，いかなる共通な尺度ももちえない量は通約できない量といわれる。

2. 二つの線分は それらの上の正方形が 同じ面積によって 割り切られるときには，平方において通約でき，それらの上の正方形が共通な尺度としていかなる面積をももちえないときには通約できない。

3. これらのことが仮定されると次のことが証明される，すなわち定められた線分と長さにおいてのみ，あるいは平方においても通約できるおよび通約できない無数の線分がある。そこで定められた線分が有理とよばれるとし，それと長さと平方において，あるいは平方においてのみ通約できる線分が有理，それと通約できない線分が無理とよばれるとせよ。

4. そして定められた線分上の正方形が有理，それと通約できる面積が有理，それと通約できない面積が無理とよばれ，そしてこれら無理面積に等しい正方形の辺が無理とよばれるとせよ，すなわち無理面積が正方形であるならば，辺そのものが，また何か他の直線図形であるならば，それに等しい正方形の辺が，無理線分である。

ꙮ 1 ꙮ

二つの不等な量が 定められ，もし大きいほうの量から その半分より大きい量がひかれ，残りからまたその半分より大きい量がひかれ，これがたえずくりかえされるならば，最初に定められた小さいほうの量よりも小さい何らかの量が 残されるに至るであろう。

AB, $\varGamma$ を二つの不等な量とし，そのうち AB が大きいとせよ。もし AB からその半分より大きい量がひかれ，残りからまた

その半分より大きい量がひかれ，これがたえずくりかえされると，量 $\varGamma$ より小さい何らかの量が残されるにいたるであろうと主張する。

$\varGamma$ は何倍かされていつか AB より大きくなるであろう。倍されたとし，$\varDelta E$ が $\varGamma$ の倍量で，AB より大きいとし，また $\varDelta E$ が $\varGamma$ に等しい $\varDelta Z, ZH, HE$ に分けられたとし，そして AB からその半分より大きい $B\varTheta$ が，$A\varTheta$ からその半分より大きい $\varTheta K$ がひかれ，これがたえずくりかえされ，AB が $\varDelta E$ と等しい個数に分けられるまでせよ。

そこで $AK, K\varTheta, \varTheta B$ が $\varDelta Z, ZH, HE$ と等しい個数に分けられたものとせよ。そうすれば $\varDelta E$ は AB より大きく，$\varDelta E$ からその半分より小さい EH が，AB からその半分より大きい $B\varTheta$ がひかれているから，残りの $H\varDelta$ は残りの $\varTheta A$ より大きい。そして $H\varDelta$ は $\varTheta A$ より大きく，$H\varDelta$ からその半分 HZ が，$\varTheta A$ からその半分より大きい $\varTheta K$ がひかれているから，残りの $\varDelta Z$ は残りの AK より大きい。そして $\varDelta Z$ は $\varGamma$ に等しい。それゆえ $\varGamma$ は AK より大きい。したがって AK は $\varGamma$ より小さい。

よって最初に定められた小さいほうの量 $\varGamma$ より小さい量 AK が量 AB から残されている。これが証明すべきことであった。そしてもしひかれる部分が半分であっても，同様にして証明されうる。

2

もし二つの不等な量のうち，つぎつぎに小さいほうが大きいほうからひかれ，残された量がけっして自分の前の量を割り切ることがないならば，それらの2量は通約できないであろう。

二つの不等な量 $AB, \varGamma\varDelta$ があり，そのうち AB が小さく，つぎつぎに小さいほうが大きいほうからひかれ，残された量がけっして自分の前の量を割り切ることがないとせよ。量 $AB, \varGamma\varDelta$ は通約できないと主張する。

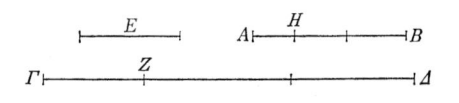

もし通約できるならば，何らかの量がそれらを割り切るであろう。もし可能ならば割り切るとし，それを E とせよ。AB が $Z\varDelta$ を割り切り，自分より小さい $\varGamma Z$ を残すとし，$\varGamma Z$ が BH を割り切り，自分より小さい AH を残すとし，そしてこれがたえずくりかえされ，E より小さい何らかの量が残されるまでせよ。そうなったとし，E より小さい AH が残されたとせよ。そうすれば E は AB を割り切り，他方 AB は $\varDelta Z$ を割り切るから，E は $Z\varDelta$ をも

割り切るであろう。そして E は $\Gamma\varDelta$ 全体を割り切る。したがって残りの ΓZ をも割り切るであろう。ところが ΓZ は BH を割り切る。それゆえ E は BH をも割り切る。そして AB 全体をも割り切る。したがって残りの AH をも割り切るであろう，すなわち大きい量が小さい量を割り切るであろう。これは不可能である。したがっていかなる量も量 AB, $\Gamma\varDelta$ を割り切らないであろう。ゆえに量 AB, $\Gamma\varDelta$ は通約できない。

よってもし二つの不等な量のうち云々

～ 3 ～

二つの通約できる量が与えられたとき，それらの最大公約量を見いだすこと。

二つの与えられた通約できる量を AB, $\Gamma\varDelta$ とし，そのうち AB が小さいとせよ。このとき AB, $\Gamma\varDelta$ の最大公約量を見いださねばならぬ。

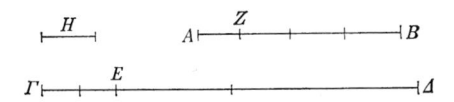

量 AB は $\Gamma\varDelta$ を割り切るかあるいは割り切らないかである。そこでもし割り切るならば，自分自身をも割り切るから，AB は AB, $\Gamma\varDelta$ の公約量である。そして最大でもあることは明らかである。なぜなら量 AB より大きい量は AB を割り切らないであろうから。

次に AB が $\Gamma\varDelta$ を割り切らないとせよ。そうすればつぎつぎに小さいほうが大きいほうからひかれるならば，AB, $\Gamma\varDelta$ は通約不可能ではないから，いつか残された量が自分の前の量を割り切ることになるであろう。AB が $E\varDelta$ を割り切り，自分より小さい $E\Gamma$ を残すとし，$E\Gamma$ が ZB を割り切り，自分より小さい AZ を残すとし，AZ が ΓE を割り切るとせよ。そうすれば AZ は ΓE を割り切り，他方 ΓE は ZB を割り切るから，AZ も ZB を割り切るであろう。そして自分自身をも割り切る。したがって AZ は AB 全体をも割り切るであろう。ところが AB は $\varDelta E$ を割り切る。それゆえ AZ は $E\varDelta$ をも割り切るであろう。そして ΓE をも割り切る。したがって $\Gamma\varDelta$ 全体をも割り切る。したがって AZ は AB, $\Gamma\varDelta$ の公約量である。次に最大でもあると主張する。もし最大でないならば，AZ より大きく，AB, $\Gamma\varDelta$ を割り切る何らかの量があるであろう。それを H とせよ。そうすれば H は AB を割り切り，他方 AB は $E\varDelta$ を割り切るから，H は $E\varDelta$ をも割り切るであろう。そして $\Gamma\varDelta$ 全体をも割り切る。したがって H は残りの ΓE をも割り切るであろう。ところが ΓE は ZB を

割り切る。したがって H は ZB をも割り切るであろう。そして AB 全体をも割り切り，残りの AZ をも割り切るであろう，すなわち大きい量が小さい量を割り切るであろう。これは不可能である。それゆえ AZ より大きいいかなる量も AB, $\Gamma\varDelta$ を割り切らないであろう。したがって AZ は AB, $\Gamma\varDelta$ の最大公約量である。

よって二つの通約できる量 AB, $\Gamma\varDelta$ が与えられたとき，それらの最大公約量が見いだされた。これが証明すべきことであった。

系

これから次のことが明らかであろう，すなわちもし一つの量が二つの量を割り切るならば，それらの最大公約量をも割り切るであろう。

❦ 4 ❧

三つの通約できる量が与えられたとき，それらの最大公約量を見いだすこと。

三つの与えられた通約できる量を A, B, Γ とせよ。このとき A, B, Γ の最大公約量を見いださねばならぬ。

二つの量 A, B の最大公約量がとられたとし，それを $\varDelta$ とせよ。そうすれば $\varDelta$ は Γ を割り切るかあるいは割り切らないかである。まず割り切るとせよ。そうすれば $\varDelta$ は Γ を割り切り，A, B をも割り切るから，$\varDelta$ は A, B, Γ を割り切る。したがって $\varDelta$ は A, B, Γ の公約量である。そして最大でもあることは明らかである。なぜなら量 $\varDelta$ より大きい量は A, B を割り切らないから。

次に $\varDelta$ が Γ を割り切らないとせよ。まず Γ, $\varDelta$ が通約できると主張する。なぜなら A, B, Γ は通約できるから，何らかの量がそれらを割り切り，それはもちろん A, B を割り切るであろう。したがって A, B の最大公約量 $\varDelta$ をも割り切るであろう。そしてそれは Γ をも割り切る。したがってこの量は Γ, $\varDelta$ を割り切るであろう。ゆえに Γ, $\varDelta$ は通約できる。そこでそれらの最大公約量がとられたとし，それを E とせよ。そうすれば E は $\varDelta$ を割り切り，他方 $\varDelta$ は A, B を割り切るから，E も A, B を割り切るであろう。そしてそれは Γ をも割り切る。したがって E は A, B, Γ を割り切る。それゆえ E は A, B, Γ の公約量である。次に最大でもあると主張する。なぜならもし可能ならば E より大きい何らかの量 Z

があるとし，それが $A, B, \varGamma$ を割り切るとせよ。そうすれば Z は $A, B, \varGamma$ を割り切るから，A, B をも割り切り，A, B の最大公約量をも割り切るであろう。そして A, B の最大公約量は $\varDelta$ である。したがって Z は $\varDelta$ を割り切る。そして $\varGamma$ をも割り切る。したがって Z は $\varGamma, \varDelta$ を割り切る。それゆえ Z は $\varGamma, \varDelta$ の最大公約量をも割り切るであろう。それは E である。したがって Z は E を割り切るであろう，すなわち大きい量が小さい量を割り切るであろう。これは不可能である。したがって量 E より大きいいかなる量も $A, B, \varGamma$ を割り切らない。ゆえにもし $\varDelta$ が $\varGamma$ を割り切らないならば，E が $A, B, \varGamma$ の最大公約量であり，もし割り切るならば，$\varDelta$ 自身がそうである。

よって三つの通約できる量が与えられたとき，それらの最大公約量が見いだされた。

系

これから次のことが明らかである，すなわちもし一つの量が三つの量を割り切るならば，それらの最大公約量をも割り切るであろう。

同様にしてもっと多くの量についても最大公約量がとられるであろう，そしてこの系が通用するであろう。これが証明すべきことであった。

～ 5 ～

通約できる量は互いに数が数に対する比をもつ。

A, B を通約できる量とせよ。A は B に対し数が数に対する比をもつと主張する。

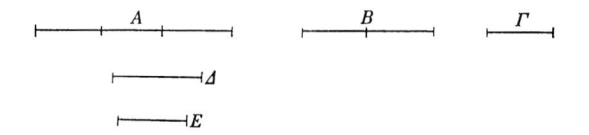

A, B は通約できるから，何らかの量がそれらを割り切るであろう。割り切るとし，それを $\varGamma$ とせよ。そして $\varGamma$ で A を割った商と同じ個数の単位が $\varDelta$ のうちにあるとし，$\varGamma$ で B を割った商と同じ個数の単位が E のなかにあるとせよ。

そうすれば $\varGamma$ で A を割った商は $\varDelta$ のなかにある単位の個数であり，単位で $\varDelta$ を割った商は $\varDelta$ のなかにある単位の個数であるから，単位で数 $\varDelta$ を割った商は量 $\varGamma$ で量 A を割った商に等しい。したがって $\varGamma$ が A に対するように，単位が $\varDelta$ に対する。ゆえに逆に，A が $\varGamma$ に対するように，$\varDelta$ が単位に対する。また $\varGamma$ で B を割った商は E のなかにある単位の個数

であり，単位で E を割った商も E のなかにある単位の個数であるから，単位で E を割った商は $\varGamma$ で B を割った商に等しい。したがって $\varGamma$ が B に対するように，単位が E に対する。そして A が $\varGamma$ に対するように，$\varDelta$ が単位に対することが先に証明された。したがって等間隔比により量 A が量 B に対するように，数 $\varDelta$ が数 E に対する。

よって通約できる量 A, B は互いに数 $\varDelta$ が数 E に対する比をもつ。これが証明すべきことであった[*]。

❦ 6 ❧

もし二つの量が互いに数が数に対する比をもつならば，それらの量は通約できるであろう。

二つの量 A, B が互いに数 $\varDelta$ が数 E に対する比をもつとせよ。量 A, B は通約できると主張する。

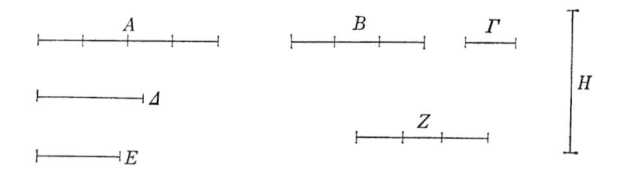

A が $\varDelta$ のなかにある単位の個数と同数の，等しい部分に分けられ，$\varGamma$ がそれらの一つに等しいとせよ。そして Z が E のなかにある単位の個数と同数の，$\varGamma$ に等しい量から成るとせよ。

そうすれば $\varDelta$ のなかにある単位の数と同数の，$\varGamma$ に等しい量が A のなかにあるから，単位が $\varDelta$ のいかなる部分であろうと，$\varGamma$ も A の同じ部分である。したがって $\varGamma$ が A に対するように，単位が $\varDelta$ に対する。そして単位は数 $\varDelta$ を割り切る。したがって $\varGamma$ も A を割り切る。そして $\varGamma$ が A に対するように，単位が $\varDelta$ に対するから，逆に A が $\varGamma$ に対するように，数 $\varDelta$ が単位に対する。また E のなかにある単位の個数と同数の，$\varGamma$ に等しい量が Z のうちにあるから，$\varGamma$ が Z に対するように，単位が E に対する。そして A が $\varGamma$ に対するように $\varDelta$ が単位に対することが先に証明された。したがって等間隔比により A が Z に対するように，$\varDelta$ が E に対する。ところが $\varDelta$ が E に対するように，A が B に対する。した

---

[*] a, b が通約可能な量とするとき，これを記号 $a \cap b$ で表わす（通約不可能のとき記号 $a \pitchfork b$ で表わす）とすれば，命題5は次のように言い表わされる．
$$a \cap b \text{ ならば，} a:b = \text{整数}:\text{整数}$$

がって A は B に対するように，Z にも対する。それゆえ A は B, Z の双方に対し同じ比をもつ。したがって B は Z に等しい。そして Γ は Z を割り切る。ゆえに B をも割り切る。ところがまた A をも割り切る。それゆえ Γ は A, B を割り切る。したがって A は B と通約できる。

よって二つの量が互いに云々

系

これから次のことが明らかである。すなわちもし二つの数，たとえば $\varDelta, E$ と，一つの線分たとえば A があるとすれば，数 $\varDelta$ が数 E に対するように，与えられた線分が他の線分に対するようにすることができる。そしてもし A, Z の比例中項，たとえば B がとられたとすれば，A が Z に対するように，A 上の正方形が B 上の正方形に対するであろう，すなわち第1の線分が第3の線分に対するように，第1の線分上の図形が第2の線分上の相似でかつ相似な位置に描かれた図形に対するであろう。ところが A が Z に対するように，数 $\varDelta$ が数 E に対する。したがって数 $\varDelta$ が数 E に対するように，線分 A 上の図形が線分 B 上の図形に対することになっている。これが証明すべきことであった。

～ 7 ～

通約できない量は互いに数が数に対する比をもたない。

A, B を通約できない量とせよ。A は B に対し数が数に対する比をもたないと主張する。

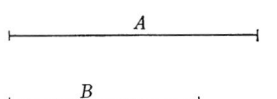

もし A が B に対し数が数に対する比をもつならば，A は B と通約できるであろう。ところがそうでない。したがって A は B に対し数が数に対する比をもたない。

よって通約できない量は互いに云々[*]

～ 8 ～

もし二つの量が互いに数が数に対する比をもたないならば，それらの量は通約でき

---

[*] 記号で $a ⫫ b$ ならば $a:b \neq$ 整数：整数．

ないであろう。

二つの量 A, B が互いに数が数に対する比をもたないとせよ。量 A, B は通約できないと主張する。

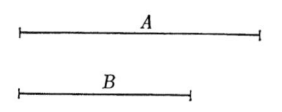

もし通約できるならば，A は B に対し数が数に対する比をもつであろう。ところがそうでない。したがって量 A, B は通約できない。

よってもし二つの量が互いに云々

9

長さにおいて通約できる線分上の正方形は互いに平方数が平方数に対する比をもつ。そして互いに平方数が平方数に対する比をもつ正方形は長さにおいて通約できる辺をもつであろう。しかし長さにおいて通約できない線分上の正方形は互いに平方数が平方数に対する比をもたない。そして互いに平方数が平方数に対する比をもたない正方形は長さにおいて通約できる辺をもたないであろう。

A, B が長さにおいて通約できるとせよ。A 上の正方形は B 上の正方形に対し平方数が平方数に対する比をもつと主張する。

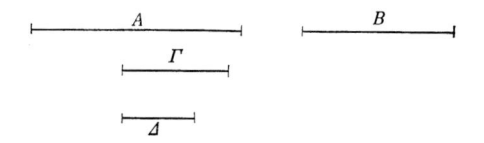

A は B と長さにおいて通約できるから，A は B に対し数が数に対する比をもつ。$\varGamma$ が $\varDelta$ に対する比をもつとせよ。そうすれば A が B に対するように，$\varGamma$ が $\varDelta$ に対し，他方 A 上の正方形が B 上の正方形に対する比は A が B に対する比の 2 乗である。なぜなら相似の図形は対応する辺の比の 2 乗の比をもつから。そして $\varGamma$ 上の正方形が $\varDelta$ 上の正方形に対する比は $\varGamma$ が $\varDelta$ に対する比の 2 乗である。なぜなら二つの平方数の間には一つの比例中項数があり，平方数は平方数に対し辺が辺に対する 2 乗の比をもつから。したがって A 上の正方形が B 上の正方形に対するように，$\varGamma$ 上の平方数が $\varDelta$ 上の平方数に対する。

次に A 上の正方形が B 上の正方形に対するように，$\varGamma$ 上の平方数が $\varDelta$ 上の平方数に対するとせよ。A は B と長さにおいて通約できると主張する。

A 上の正方形が B 上の正方形に対するように，$\varGamma$ 上の平方数が $\varDelta$ 上の平方数に対し，他方 A 上の正方形が B 上の正方形に対する比は A の B に対する比の2乗であり，$\varGamma$ 上の平方数が $\varDelta$ 上の平方数に対する比は $\varGamma$ の $\varDelta$ に対する比の2乗であるから，A が B に対するように，$\varGamma$ が $\varDelta$ に対する。したがって A は B に対し数 $\varGamma$ が数 $\varDelta$ に対する比をもつ。それゆえ A は B と長さにおいて通約できる。

次に A が B と長さにおいて通約できないとせよ。A 上の正方形は B 上の正方形に対し平方数が平方数に対する比をもたないと主張する。

もし A 上の正方形が B 上の正方形に対し平方数が平方数に対する比をもつならば，A は B と通約できるであろう。ところがそうではない。したがって A 上の正方形は B 上の正方形に対し，平方数が平方数に対する比をもたない。

また A 上の正方形が B 上の正方形に対し，平方数が平方数に対する比をもたないとせよ。A は B と長さにおいて通約できないと主張する。

もし A が B と通約できるならば，A 上の正方形は B 上の正方形に対し，平方数が平方数に対する比をもつであろう。ところがもたない。したがって A は B と長さにおいて通約できない。

よって長さにおいて通約できる線分上の正方形は云々[*]

系

すでに証明されたことから次のことが明らかであろう，すなわち長さにおいて通約できる線分は必ず平方においても通約できるが，平方において通約できる線分は必ずしも長さにおいても通約できるとは限らない。

補助定理

算数に関する個所で，相似な平面数は互いに平方数が平方数に対する比をもつこと，そしてもし二つの数が互いに平方数が平方数に対する比をもつならば，それらは相似な平面数であることが証明された。そしてこれから相似でない平面数，すなわち辺が比例しない平面数は，互いに平方数が平方数に対する比をもたないことが明らかである。なぜならもしもつとすれば，それらは相似な平面数になるであろう。これは仮定に反する。したがって相似でない平面数は互いに平方数が平方数に対する比をもたない。

---

[*] 記号で $a \cap b$ ならば $a^2 : b^2 =$ 平方数：平方数およびその逆。

～ 10 ～

定められた線分に対し二つの，一方は長さにおいてのみ，他方は平方においても通約できない線分を見いだすこと。

定められた線分を A とせよ。このとき A と一方は長さにおいてのみ，他方は平方においても通約できない2線分を見いださねばならぬ。

互いに平方数が平方数に対する比をもたない，すなわち相似な平面数でない2数 $B, \varGamma$ が定められ，B が $\varGamma$ に対するように，A 上の正方形が $\varDelta$ 上の正方形に対するようにされているとせよ。この仕方はすでに学んだ。そうすれば A 上の正方形は $\varDelta$ 上の正方形と通約できる。そして B は $\varGamma$ に対し，平方数が平方数に対する比をもたないから，A 上の正方形は $\varDelta$ 上の正方形に対し，平方数が平方数に対する比をもたない。ゆえに A は $\varDelta$ と長さにおいて通約できない。$A, \varDelta$ の比例中項 E がとられたとせよ。そうすれば A が $\varDelta$ に対するように，A 上の正方形が E 上の正方形に対する。そして A は $\varDelta$ と長さにおいて通約できない。したがって A 上の正方形は E 上の正方形と通約できない。ゆえに A は E と平方において通約できない。

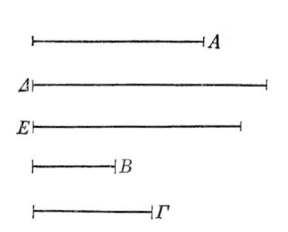

よって定められた線分 A と通約できない2線分 $\varDelta, E$ が見いだされた，$\varDelta$ は長さにおいてのみ，E は平方において，そしてもちろん長さにおいても通約できない*)。

～ 11 ～

もし四つの量が比例し，第1が第2と通約できるならば，第3も第4と通約できるであろう。そしてもし第1が第2と通約できないならば，第3も第4と通約できないであろう。

$A, B, \varGamma, \varDelta$ を比例する四つの量とし，A が B に対するように，$\varGamma$ が $\varDelta$ に対す

---

*) 線分 a, b が平方において通約可能のとき，これを記号 $a \cap^2 b$ で表わし，平方において通約不可能を，記号 $a \pitchfork^2 b$ で表わすこととすれば，命題10は
  a を与えられた線分とするとき，$a \pitchfork b$ および $a \pitchfork^2 e$ である線分 b, e を求めることとして言い表わされる．

るとし，A が B と通約できるとせよ。Γ も $\varDelta$ と通約できるであろうと主張する。

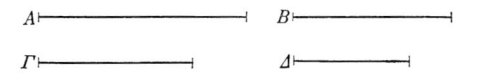

```
A├────────┤        B├──────────┤
Γ├────────┤        Δ├──────────┤
```

A は B と通約できるから，A は B に対し数が数に対する比をもつ。そして A が B に対するように，Γ が $\varDelta$ に対する。したがって Γ は $\varDelta$ に対し，数が数に対する比をもつ。ゆえに Γ は $\varDelta$ と通約できる。

次に A が B と通約できないとせよ。Γ も $\varDelta$ と通約できないであろうと主張する。なぜなら A は B と通約できないから，A は B に対し，数が数に対する比をもたない。そして A が B に対するように，Γ が $\varDelta$ に対する。したがって Γ は $\varDelta$ に対し，数が数に対する比をもたない。ゆえに Γ は $\varDelta$ と通約できない。

よってもし四つの量が云々[*)]

～ 12 ～

同一の量と通約できる量は相互にも通約できる。

A, B の双方が Γ と通約できるとせよ。A と B も通約できると主張する。

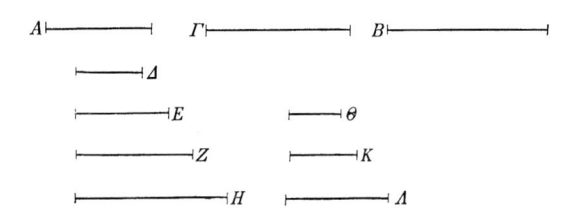

```
A├────┤   Γ├──────┤   B├────────┤
       ├──┤Δ
       ├────┤E        ├──┤Θ
       ├──────┤Z      ├────┤K
       ├────────┤H    ├──────┤Λ
```

A は Γ と通約できるから，A は Γ に対し，数が数に対する比をもつ。$\varDelta$ が E に対する比をもつとせよ。また Γ は B と通約できるから，Γ は B に対し，数が数に対する比をもつ。Z が H に対する比をもつとせよ。そして任意個の比，すなわち $\varDelta$ が E に対する比，Z が H に対する比が与えられ，順次にこれらの与えられた比をなす数 $\Theta, K, \varLambda$ がとられたとせよ。そうすれば $\varDelta$ が E に対するように，Θ が K に対し，Z が H に対するように，K

[*)] すなわち：a, b, c, d を四つの量とするとき，
$\quad a:b = c:d$ で $a \cap b$ ならば，$c \cap d$
$\quad a:b = c:d$ で $a \pitchfork b$ ならば，$c \pitchfork d$

が $\varLambda$ に対する。

そこで A が $\varGamma$ に対するように，$\varDelta$ が E に対し，他方 $\varDelta$ が E に対するように，$\varTheta$ が K に対するから，A が $\varGamma$ に対するように，$\varTheta$ が K に対する。また $\varGamma$ が B に対するように，Z が H に対し，他方 Z が H に対するように，K が $\varLambda$ に対するから，$\varGamma$ が B に対するように，K が $\varLambda$ に対する。そして A が $\varGamma$ に対するように，$\varTheta$ が K に対する。したがって等間隔比により A が B に対するように，$\varTheta$ が $\varLambda$ に対する。ゆえに A は B に対し，数 $\varTheta$ が数 $\varLambda$ に対する比をもつ。したがって A は B と通約できる。

よって同一の量と通約できる量は相互にも通約できる。これが証明すべきことであった*)。

～ 13 ～

もし二つの量が通約でき，それらの一方が何らかの量と通約できないならば，残りも同じ量と通約できないであろう。

A, B を二つの通約できる量とし，それらの一方 A が他の何らかの量 $\varGamma$ と通約できないとせよ。残りの B も $\varGamma$ と通約できないと主張する。

もし B が $\varGamma$ と通約でき，他方 A が B と通約できるならば，A と $\varGamma$ も通約できる。ところが通約できなくもある。これは不可能である。したがって B は $\varGamma$ と通約できるのではない。ゆえに通約できない。

よってもし二つの量が通約でき云々**)。

補 助 定 理

二つの不等な線分が与えられたとき，大きい線分上の正方形が小さい線分上の正方形よりいかなる正方形だけ大きいかを見いだすこと。

与えられた不等な2線分を $AB, \varGamma$ とし，そのうち AB が大きいとせよ。このとき AB 上の正方形は $\varGamma$ 上の正方形よりいかなる正方形だけ大きいかを見いださねばならぬ。

AB 上に半円 $A\varDelta B$ が描かれたとし，それに $\varGamma$ に等しい $A\varDelta$ が挿入され，$\varDelta B$ が結ばれたとせよ。そうすれば角 $A\varDelta B$ が直角であること，AB 上の正方形が $A\varDelta$, すなわち $\varGamma$ 上の

---

*) すなわち，$a \cap c$, $b \cap c$ ならば，$a \cap b$.
**) すなわち：$a \cap b$ で $a \mathrel{\,\!\pitchfork\!\,} c$ ならば，$b \mathrel{\,\!\pitchfork\!\,} c$.

正方形より，$\varDelta B$ 上の正方形だけ大きいことは明らかである。

同様にして 2 線分が与えられたとき，それらの上の正方形の和に等しい正方形の辺もこのようにして見いだされる。

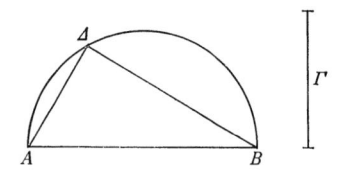

与えられた 2 線分を $A\varDelta$, $\varDelta B$ とし，それらの上の正方形の和に等しい正方形の辺を見いださねばならぬとせよ。それらの 2 線分が定められ，直角 $A\varDelta$, $\varDelta B$ をかこむとし，AB が結ばれたとせよ。$A\varDelta$, $\varDelta B$ 上の正方形の和に等しい正方形の辺が AB であることは明らかである。これが証明すべきことであった。

14

もし四つの線分が 比例し，第 1 の 上の正方形が 第 2 の 上の正方形より 第 1 と通約できる線分上の 正方形だけ 大きいならば，第 3 の 上の 正方形も 第 4 の 上の正方形より 第 3 と通約できる線分上の 正方形だけ 大きいであろう。そしてもし 第 1 の 上の正方形が 第 2 の 上の正方形より 第 1 と通約できない線分上の 正方形だけ大きいならば，第 3 の 上の 正方形も 第 4 の 上の正方形より 第 3 と通約 できない 線分上の 正方形だけ 大きいであろう。

A, B, $\varGamma$, $\varDelta$ を四つの比例する量とし，A が B に対するように，$\varGamma$ が $\varDelta$ に対するとし，A 上の正方形が B 上の正方形より E 上の正方形だけ 大きく，$\varGamma$ 上の正方形が $\varDelta$ 上の正方形より Z 上の正方形だけ 大きいとせよ。もし A が E と通約できるならば，$\varGamma$ も Z と通約でき，もし A が E と通約できないならば，$\varGamma$ も Z と通約できないと主張する。

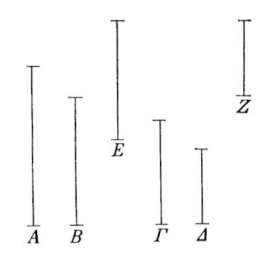

A が B に対するように，$\varGamma$ が $\varDelta$ に対するから，A 上の正方形が B 上の正方形に対するように，$\varGamma$ 上の正方形が $\varDelta$ 上の正方形に対する。ところが E, B 上の正方形の和は A 上の正方形に等しく，$\varDelta$, Z 上の正方形の和は $\varGamma$ 上の正方形に等しい。したがって E, B 上の正方形の和が B 上の正方形に対するように，$\varDelta$, Z 上の正方形の和が $\varDelta$ 上の正方形に対する。それゆえ分割比により E 上の正方形が B 上の正方形に対するように，Z 上の正方形が $\varDelta$ 上の正方形に対する。したがって E が B に対するように，Z が $\varDelta$ に対する。ゆえに逆に B

が E に対するように，$\varDelta$ が Z に対する。そして A が B に対するように，$\varGamma$ が $\varDelta$ に対する。したがって等間隔比により A が E に対するように，$\varGamma$ が Z に対する。それゆえもし A が E と通約できるならば，$\varGamma$ も Z と通約でき，A が E と通約できないならば，$\varGamma$ も Z と通約できない。

よってもし云々*⁾

15

もし二つの通約できる量が加えられるならば，全体もそれらの双方と通約できるであろう。そしてもし全体がそれらの一方と通約できるならば，最初の2量も通約できるであろう。

二つの通約できる量 AB, $B\varGamma$ が加えられたとせよ。$A\varGamma$ 全体も AB, $B\varGamma$ の双方と通約できると主張する。

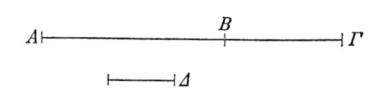

AB, $B\varGamma$ は通約できるから，何らかの量がそれらを割り切るであろう。割り切るとし，それを $\varDelta$ とせよ。そうすれば $\varDelta$ は AB, $B\varGamma$ を割り切るから，$A\varGamma$ 全体をも割り切るであろう。そして AB, $B\varGamma$ をも割り切る。したがって $\varDelta$ は AB, $B\varGamma$, $A\varGamma$ を割り切る。ゆえに $A\varGamma$ は AB, $B\varGamma$ の双方と通約できる。

次に $A\varGamma$ が AB と通約できるとせよ。AB, $B\varGamma$ も通約できると主張する。

$A\varGamma$, AB は通約できるから，何らかの量がそれらを割り切るであろう。割り切るとし，それを $\varDelta$ とせよ。そうすれば $\varDelta$ は $\varGamma A$, AB を割り切るから，残りの $B\varGamma$ をも割り切るであろう。そして AB をも割り切る。したがって $\varDelta$ は AB, $B\varGamma$ を割り切るであろう。それゆえ AB, $B\varGamma$ は通約できる。

よってもし二つの量が云々**⁾

16

もし二つの通約できない量が加えられるならば，全体もそれらの双方と通約できな

---

*⁾　すなわち，$a:b=c:d$ で $\sqrt{a^2-b^2} \cap a$ ならば，$\sqrt{c^2-d^2} \cap c$.
　　　また　　$a:b=c:d$ で $\sqrt{a^2-b^2} \not\cap a$ ならば，$\sqrt{c^2-d^2} \not\cap c$.
**⁾　すなわち，$a \cap b$ ならば，$a+b \cap a$, $a+b \cap b$ およびその逆。

いであろう。そしてもし全体がそれらの一方と通約できないならば，最初の2量も通約できないであろう。

二つの通約できない量 AB, $B\varGamma$ が加えられたとせよ。$A\varGamma$ 全体も AB, $B\varGamma$ の双方と通約できないと主張する。

もし $\varGamma A$, AB が通約できなくないならば，何らかの量がそれらを割り切るであろう。もし可能ならば，割り切るとし，それを $\varDelta$ とせよ。そうすれば $\varDelta$ は $\varGamma A$, AB を割り切るから，残りの $B\varGamma$ をも割り切るであろう。そして AB をも割り切る。したがって $\varDelta$ は AB, $B\varGamma$ を割り切る。それゆえ AB, $B\varGamma$ は通約できる。ところが通約できないと仮定された。これは不可能である。したがっていかなる量も $\varGamma A$, AB を割り切らないであろう。ゆえに $\varGamma A$, AB は通約できない。同様にして $A\varGamma$, $\varGamma B$ も通約できないことを証明しうる。したがって $A\varGamma$ は AB, $B\varGamma$ の双方と通約できない。

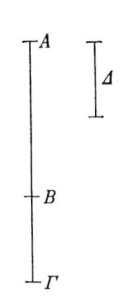

次に $A\varGamma$ が AB, $B\varGamma$ の一方と通約できないとせよ。まず AB と通約できないとせよ。AB, $B\varGamma$ も通約できないと主張する。もし通約できるならば，何らかの量がそれらを割り切るであろう。割り切るとし，それを $\varDelta$ とせよ。そうすれば $\varDelta$ は AB, $B\varGamma$ を割り切るから，$A\varGamma$ 全体をも割り切るであろう。そして AB をも割り切る。したがって $\varDelta$ は $\varGamma A$, AB を割り切る。それゆえ $\varGamma A$, AB は通約できる。ところが通約できないと仮定された。これは不可能である。したがっていかなる量も AB, $B\varGamma$ を割り切らないであろう。ゆえに AB, $B\varGamma$ は通約できない。

よってもし二つの量が云々*)

補　助　定　理

もしある線分上に正方形だけ欠けている平行四辺形がつくられるならば，つくられた平行四辺形はその結果生ずる線分の二つの部分によってかこまれた矩形に等しい。

線分 AB 上に正方形 $\varDelta B$ だけ欠けている平行四辺形 $A\varDelta$ がつくられたとせよ。$A\varDelta$ は矩形 $A\varGamma$, $\varGamma B$ に等しいと主張する。

これは直ちに明らかである。なぜなら $\varDelta B$ は正方形であるから，$\varDelta\varGamma$ は $\varGamma B$ に等しく，$A\varDelta$ は矩形 $A\varGamma$, $\varGamma\varDelta$, すなわち矩形 $A\varGamma$, $\varGamma B$ であるから。

---

*) すなわち，$a \pitchfork b$ ならば，$a+b \pitchfork a$, $a+b \pitchfork b$ およびその逆．

よってもしある線分上に云々

17

もし不等な 2 線分があり，小さい線分上の正方形の 4 分の 1 に等しくて，正方形だけ欠けている平行四辺形が 大きい線分上につくられ，それを長さにおいて通約できる二つの部分に分けるならば，大きい線分上の正方形は小さい線分上の正方形より，大きい線分と通約できる線分上の正方形だけ 大きいであろう。そしてもし 大きい線分上の正方形が 小さい線分上の正方形より大きい線分と 通約できる 線分上の正方形だけ大きく，小さい線分上の正方形の 4 分の 1 に等しくて正方形だけ 欠けている平行四辺形が 大きい線分上に つくられるならば，それを長さにおいて 通約できる二つの部分に分ける。

A, $B\Gamma$ を不等な 2 線分とし，$B\Gamma$ のほうが大きいとし，小さい線分 A 上の正方形の 4 分の 1，すなわち A の半分の上の正方形に等しくて正方形だけ欠けている平行四辺形が $B\Gamma$ 上につくられたとし，

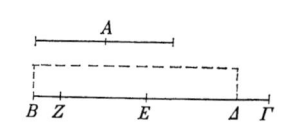

それを矩形 $B\varDelta$, $\varDelta\Gamma$ とし，$B\varDelta$ は $\varDelta\Gamma$ と長さにおいて通約できるとせよ。$B\Gamma$ 上の正方形は A 上の正方形より $B\Gamma$ と通約できる線分上の正方形だけ 大きいと主張する。

$B\Gamma$ が点 E で 2 等分されたとし，EZ を $\varDelta E$ に等しくせよ。そうすれば残りの $\varDelta\Gamma$ は BZ に等しい。そして線分 $B\Gamma$ は E で等しい二つの部分に，$\varDelta$ で不等な二つの部分に分けられたから，$B\varDelta$, $\varDelta\Gamma$ によってかこまれる 矩形と $E\varDelta$ 上の正方形の 和は $E\Gamma$ 上の正方形に等しい。4 倍についても同じことがいえる。したがって矩形 $B\varDelta$, $\varDelta\Gamma$ の 4 倍と $\varDelta E$ 上の正方形の 4 倍との和は $E\Gamma$ 上の正方形の 4 倍に等しい。ところが A 上の正方形は矩形 $B\varDelta$, $\varDelta\Gamma$ の 4 倍に等しく，$\varDelta Z$ は $\varDelta E$ の 2 倍であるから，$\varDelta Z$ 上の正方形は $\varDelta E$ 上の正方形の 4 倍に等しい。そして $B\Gamma$ は ΓE の 2 倍であるから，$B\Gamma$ 上の正方形は $E\Gamma$ 上の正方形の 4 倍に等しい。それゆえ A, $\varDelta Z$ 上の二つの正方形の和は $B\Gamma$ 上の正方形に等しい。したがって $B\Gamma$ 上の正方形は A 上の正方形より $\varDelta Z$ 上の正方形だけ大きい。したがって $B\Gamma$ は A よりその上の正方形が $\varDelta Z$ 上の正方形だけ大きい。$B\Gamma$ が $\varDelta Z$ と通約できるということも証明されなければならない。$B\varDelta$ は $\varDelta\Gamma$ と長さにおいて通約できるから，$B\Gamma$ も $\Gamma\varDelta$ と長さにおいて通約できる。ところが $\Gamma\varDelta$ は BZ に等しいから，$\Gamma\varDelta$ は $\Gamma\varDelta$, BZ と長さにおいて通約できる。

したがって $B\varGamma$ は BZ, $\varGamma\varDelta$ と長さにおいて通約できる。それゆえ $B\varGamma$ は残りの $Z\varDelta$ と長さにおいて通約できる。したがって $B\varGamma$ 上の正方形は A 上の正方形より $B\varGamma$ と通約できる線分上の正方形だけ大きい。

次に $B\varGamma$ 上の正方形が A 上の正方形より $B\varGamma$ と通約できる線分上の正方形だけ大きいとし, A 上の正方形の4分の1に等しくて正方形だけ欠けている平行四辺形が $B\varGamma$ 上につくられたとし, それを矩形 $B\varDelta$, $\varDelta\varGamma$ とせよ。$B\varDelta$ が $\varDelta\varGamma$ と長さにおいて通約できることを証明しなければならぬ。

同じ作図がなされたとき, 同様にして $B\varGamma$ 上の正方形が A 上の正方形より $Z\varDelta$ 上の正方形だけ大きいことを証明しうる。そして $B\varGamma$ 上の正方形は A 上の正方形より $B\varGamma$ と通約できる線分上の正方形だけ大きい。ゆえに $B\varGamma$ は $Z\varDelta$ と長さにおいて通約できる。したがって $B\varGamma$ は残りの BZ, $\varDelta\varGamma$ の和と長さにおいて通約できる。ところが BZ, $\varDelta\varGamma$ の和は $\varDelta\varGamma$ と通約できる。それゆえ $B\varGamma$ も $\varGamma\varDelta$ と長さにおいて通約できる。したがって分割比により $B\varDelta$ は $\varDelta\varGamma$ と長さにおいて通約できる。

よってもし不等な2線分があり云々[*]

18

もし不等な2線分があり, 小さい線分上の正方形の4分の1に等しくて正方形だけ欠けている平行四辺形が 大きい線分上につくられ, それを通約できない2部分に分けるならば, 大きい線分上の正方形は小さい線分上の正方形より, 大きい線分と通約できない線分上の正方形だけ大きいであろう。そしてもし大きい線分上の正方形が小さい線分上の正方形より, 大きい線分と通約できない線分上の正方形だけ大きく, 小さい線分上の正方形の4分の1に等しくて正方形だけ欠けている平行四辺形が大きい線分上につくられるならば, それを通約できない2部分に分ける。

A, $B\varGamma$ を不等な2線分とし, $B\varGamma$ のほうが大きいとし, 小さい A 上の正方形の4分の1に等しくて正方形だけ欠けている平行四辺形が $B\varGamma$ 上につくられたとし, そ

---

[*] すなわち, $a>b$ とするとき,

$$x(a-x)=\frac{b^2}{4} \text{ かつ } x\cap(a-x) \text{ ならば, } \sqrt{a^2-b^2}\cap a.$$

逆に $x(a-x)=\frac{b^2}{4}$ で, $\sqrt{a^2-b^2}\cap a$ ならば, $x\cap(a-x)$

れを矩形 $B\varDelta\varGamma$ とし，$B\varDelta$ が $\varDelta\varGamma$ と長さにおいて通約できないとせよ。$B\varGamma$ 上の正方形は A 上の正方形より $B\varGamma$ と通約できない線分上の正方形だけ大きいと主張する。

前と同じ作図がなされたとき，同様にして $B\varGamma$ 上の正方形が A 上の正方形より $Z\varDelta$ 上の正方形だけ大きいことを証明しうる。$B\varGamma$ が $\varDelta Z$ と長さにおいて通約できないことが証明されなければならない。$B\varDelta$ は $\varDelta\varGamma$ と長さにおいて通約できないから，$B\varGamma$ も $\varGamma\varDelta$ と長さにおいて通約できない。ところが $\varDelta\varGamma$ は BZ, $\varDelta\varGamma$ の和と通約できる。したがって $B\varGamma$ も BZ, $\varDelta\varGamma$ の和と通約できない。ゆえに $B\varGamma$ は残りの $Z\varDelta$ と長さにおいて通約できない。そして $B\varGamma$ 上の正方形は A 上の正方形よりも $Z\varDelta$ 上の正方形だけ大きい。したがって $B\varGamma$ 上の正方形は A 上の正方形より $B\varGamma$ と通約できない線分上の正方形だけ大きい。

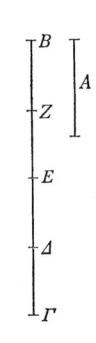

また $B\varGamma$ 上の正方形が A 上の正方形より $B\varGamma$ と通約できない線分上の正方形だけ大きいとし，A 上の正方形の4分の1に等しくて正方形だけ欠けている平行四辺形が $B\varGamma$ 上につくられたとし，それを矩形 $B\varDelta$, $\varDelta\varGamma$ とせよ。$B\varDelta$ は $\varDelta\varGamma$ と長さにおいて通約できないことを証明しなければならない。

同じ作図がなされたとき，同様にして $B\varGamma$ 上の正方形が A 上の正方形より $Z\varDelta$ 上の正方形だけ大きいことを証明しうる。ところが $B\varGamma$ 上の正方形は A 上の正方形より $B\varGamma$ と通約できない線分上の正方形だけ大きい。したがって $B\varGamma$ は $Z\varDelta$ と長さにおいて通約できない。ゆえに $B\varGamma$ は残りの BZ, $\varDelta\varGamma$ の和とも通約できない。ところが BZ, $\varDelta\varGamma$ の和は $\varDelta\varGamma$ と長さにおいて通約できる。それゆえ $B\varGamma$ は $\varDelta\varGamma$ と長さにおいて通約できない。したがって分割比により $B\varDelta$ は $\varDelta\varGamma$ と長さにおいて通約できない。

よってもし2線分があり云々[*]

補 助 定 理

長さにおいて通約できる線分は必ず平方においても通約できるが，平方において通約できる線分は必ずしも長さにおいて通約できるとはかぎらず，長さにおいて通約できる場合とできない場合とあることはすでに証明されたから，次のことが明らかである。すなわちもし何らかの

---

[*] すなわち，$a>b$ とするとき，

$x(a-x) = \dfrac{b^2}{4}$ かつ $x \pitchfork (a-x)$ ならば， $\sqrt{a^2-b^2} \pitchfork a$.

逆に $x(a-x) = \dfrac{b^2}{4}$ で，$\sqrt{a^2-b^2} \pitchfork a$ ならば，$x \pitchfork (a-x)$

線分が定められた有理線分と長さにおいて通約できるならば，それは有理であり長さにおいてだけでなく平方においてももとの有理線分と通約できるといわれる，なぜなら長さにおいて通約できる線分は必ず平方においても通約できるから。ところがもし何らかの線分が定められた有理線分と平方において通約できるならば，それが長さにおいても通約できる場合には，有理であり長さと平方においてもとの有理線分と通約できるといわれる。しかしもし何らかの線分が定められた有理線分と平方において通約できるが長さにおいては通約できない場合には，それは有理であり平方においてのみ通約できるといわれる。

～ 19 ～

長さにおいて通約できる有理線分にかこまれる矩形は有理面積である。

矩形 $A\varGamma$ が長さにおいて通約できる有理線分 AB, $B\varGamma$ によってかこまれるとせよ。$A\varGamma$ は有理面積であると主張する。

AB 上に正方形 $A\varDelta$ が描かれたとせよ。そうすれば $A\varDelta$ は有理面積である。そして AB は $B\varGamma$ と長さにおいて通約でき，AB は $B\varDelta$ に等しいから，$B\varDelta$ は $B\varGamma$ と長さにおいて通約できる。そして $B\varDelta$ が $B\varGamma$ に対するように，$\varDelta A$ が $A\varGamma$ に対する。それゆえ $\varDelta A$ は $A\varGamma$ と通約できる。そして $\varDelta A$ は有理面積である。したがって $A\varGamma$ も有理面積である。

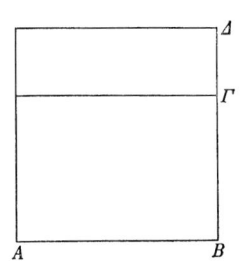

よって長さにおいて通約できる有理線分に云々[*]

～ 20 ～

もし有理面積の矩形が有理線分上につくられるならば，有理でかつ矩形の底辺と長さにおいて通約できる線分を幅とする。

有理面積の矩形 $A\varGamma$ が先に述べられたいずれかの意味で有理である線分 AB 上に $B\varGamma$ を幅としてつくられたとせよ。$B\varGamma$ は有理線分であり，BA と長さにおいて通

---

[*] すなわち a, b を $a \cap b$ である有理線分とすれば，方形 $a \cdot b$ の面積は有理面積である．次の命題20はこの逆である．

約できると主張する。

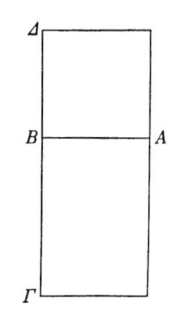

　AB 上に正方形 $A\varDelta$ が描かれたとせよ。そうすれば $A\varDelta$ は有理面積である。そして $A\varGamma$ も有理面積である。それゆえ $\varDelta A$ は $A\varGamma$ と通約できる。そして $\varDelta A$ が $A\varGamma$ に対するように，$\varDelta B$ が $B\varGamma$ に対する。したがって $\varDelta B$ も $B\varGamma$ と通約できる。そして $\varDelta B$ は BA に等しい。それゆえ AB も $B\varGamma$ と通約できる。そして AB は有理線分である。したがって $B\varGamma$ も有理線分であり，AB と長さにおいて通約できる。

　よってもし有理面積の矩形が有理線分上につくられるならば云々。

～ 21 ～

　平方においてのみ通約できる有理線分によってかこまれる矩形は無理面積であり，それに等しい正方形の辺も無理線分であり，これを中項線分とよぶ。

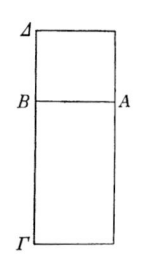

　矩形 $A\varGamma$ が平方においてのみ通約できる有理線分 AB, $B\varGamma$ によってかこまれるとせよ。$A\varGamma$ は無理面積であり，それに等しい正方形の辺も無理線分であると主張する。そしてこれを中項線分とよぶ。

　AB 上に正方形 $A\varDelta$ が描かれたとせよ。そうすれば $A\varDelta$ は有理面積である。そして AB は $B\varGamma$ と長さにおいて通約できない，なぜなら平方においてのみ通約できると仮定されているから。そして AB は $B\varDelta$ に等しいから，$\varDelta B$ も $B\varGamma$ と長さにおいて通約できない。そして $\varDelta B$ が $B\varGamma$ に対するように，$A\varDelta$ が $A\varGamma$ に対する。したがって $\varDelta A$ は $A\varGamma$ と通約できない。そして $\varDelta A$ は有理面積である。したがって $A\varGamma$ は無理面積である。ゆえに $A\varGamma$ に等しい正方形の辺は無理線分であり，それを中項線分とよぶ。これが証明すべきことであった[*]。

補　助　定　理

　もし二つの線分があるならば，第 1 が第 2 に対するように，第 1 の上の正方形がこれらの 2 線分によってかこまれる矩形に対する。

　2 線分 ZE, EH があるとせよ。ZE が EH に対するように，ZE 上の正方形が矩形 ZE, EH に対すると主張する。

---

[*] a, b を $a \cap^2 b$ である有理線分とするとき，方形 $a \cdot b$ の面積は無理面積である．また $x^2 = a \cdot b$ から定められる線分 x は無理線分であり，この線分 x を**中項線分**という．

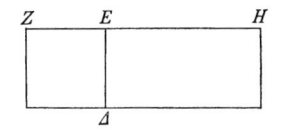

ZE 上に正方形 $\varDelta Z$ が描かれ, $H\varDelta$ が完結されたとせよ。そうすれば ZE が EH に対するように, $Z\varDelta$ が $\varDelta H$ に対し, $Z\varDelta$ は ZE 上の正方形であり, $\varDelta H$ は矩形 $\varDelta E$, EH, すなわち矩形 ZE, EH であるから, ZE が EH に対するように, ZE 上の正方形が矩形 ZE, EH に対する。同様にして矩形 HE, EZ が EZ 上の正方形に対する, すなわち $H\varDelta$ が $Z\varDelta$ に対するように, HE が EZ に対する。これが証明すべきことであった。

22

中項線分上の正方形に等しい矩形が有理線分上につくられると, 有理でかつ矩形の底辺と長さにおいて通約できない線分を幅とする。

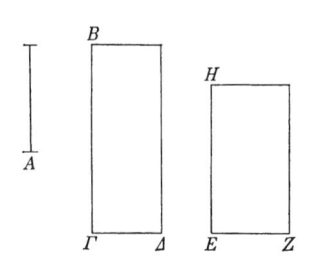

A を中項線分, $\varGamma B$ を有理線分とし, $B\varGamma$ 上に A 上の正方形に等しくて $\varGamma\varDelta$ を幅とする矩形 $B\varDelta$ がつくられたとせよ。$\varGamma\varDelta$ は有理線分でかつ $\varGamma B$ と長さにおいて通約できないと主張する。

A は中項線分であるから, その上の正方形は平方においてのみ通約できる有理線分にかこまれた面積に等しい。その上の正方形が HZ に等しいとせよ。ところがその上の正方形は $B\varDelta$ とも等しい。したがって $B\varDelta$ は HZ に等しい。しかもそれと等角でもある。ところで等しくてかつ互いに等角な平行四辺形の等しい角をはさむ辺は反比例する。したがって $B\varGamma$ が EH に対するように, EZ が $\varGamma\varDelta$ に対する。それゆえ $B\varGamma$ 上の正方形が EH 上の正方形に対するように, EZ 上の正方形が $\varGamma\varDelta$ 上の正方形に対する。ところが $\varGamma B$ 上の正方形は EH 上の正方形と通約できる, なぜならそれらの双方は有理線分であるから。したがって EZ 上の正方形も $\varGamma\varDelta$ 上の正方形と通約できる。ところが EZ 上の正方形は有理面積である。ゆえに $\varGamma\varDelta$ 上の正方形も有理面積である。したがって $\varGamma\varDelta$ は有理線分である。そして EZ は EH と平方においてのみ通約できるから, 長さにおいては通約できない。そして EZ が EH に対するように, EZ 上の正方形が矩形 ZE, EH に対するから, EZ 上の正方形は矩形 ZE, EH と通約できない。ところが $\varGamma\varDelta$ 上の正方形は EZ 上の正方形と通約できる, なぜなら平方において有理な線分であるから。そして矩形 $\varDelta\varGamma$, $\varGamma B$ は矩形 ZE, EH と通約できる, 共に A 上の正方形に等しいから。したがって $\varGamma\varDelta$ 上の正方形も矩形 $\varDelta\varGamma$, $\varGamma B$

と通約できない。ところが $\varGamma\varDelta$ 上の正方形が矩形 $\varDelta\varGamma$, $\varGamma B$ に対するように, $\varDelta\varGamma$ が $\varGamma B$ に対する。したがって $\varDelta\varGamma$ は $\varGamma B$ と長さにおいて通約できない。それゆえ $\varGamma\varDelta$ は有理線分でかつ $\varGamma B$ と長さにおいて通約できない。これが証明すべきことであった[*)]。

❦ 23 ❧

中項線分と通約できる線分は中項線分である。

A を中項線分とし, B を A と通約できるとせよ。B も中項線分であると主張する。

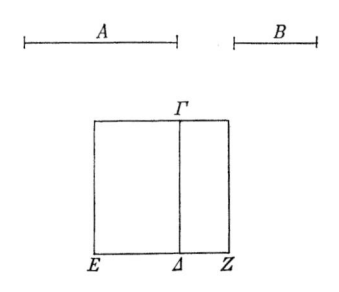

有理線分 $\varGamma\varDelta$ が定められ, A 上の正方形に等しくて $E\varDelta$ を幅とする矩形 $\varGamma E$ が $\varGamma\varDelta$ 上につくられたとせよ。そうすれば $E\varDelta$ は有理線分であり, $\varGamma\varDelta$ と長さにおいて通約できない。そして B 上の正方形に等しくて $\varDelta Z$ を幅とする矩形 $\varGamma Z$ が $\varGamma\varDelta$ 上につくられたとせよ。そうすれば A は B と通約できるから, A 上の正方形も B 上の正方形と通約できる。ところが $E\varGamma$ は A 上の正方形に等しく, $\varGamma Z$ は B 上の正方形に等しい。したがって $E\varGamma$ は $\varGamma Z$ と通約できる。そして $E\varGamma$ が $\varGamma Z$ に対するように, $E\varDelta$ が $\varDelta Z$ に対する。したがって $E\varDelta$ は $\varDelta Z$ と長さにおいて通約できる。ところが $E\varDelta$ は有理線分であり, $\varDelta\varGamma$ と長さにおいて通約できない。したがって $\varDelta Z$ も有理線分であり, $\varDelta\varGamma$ と長さにおいて通約できない。それゆえ $\varGamma\varDelta$, $\varDelta Z$ は有理線分であり平方においてのみ通約できる。ところで平方においてのみ通約できる有理線分によってかこまれる矩形に等しい正方形の辺は中項線分である。したがって矩形 $\varGamma\varDelta$, $\varDelta Z$ に等しい正方形の辺は中項線分である。そして B は矩形 $\varGamma\varDelta$, $\varDelta Z$ に等しい正方形の辺である。したがって B は中項線分である。

系

これから次のことが明らかである, すなわち中項面積と通約できる面積は中項面積である。
そして有理線分についていわれたことと同様に中項線分についても, 中項線分と長さにおいて通約できる線分は中項線分であり, それと長さにおいてのみでなく平方においても通約でき

[*)] すなわち,
m を中項線分, a を有理線分とする. $a \cdot x = m^2$ によって定められる線分 x は有理線分であり, かつ $a \not\frown x$ である.

るといわれる，なぜなら一般に長さにおいて通約できる線分は必ず平方においても通約できるから。しかしもし何らかの線分が中項線分と平方において通約できるならば，それが長さにおいても通約できる場合には，これらは中項線分であり，長さと平方において通約できるといわれるが，平方においてのみ通約できる場合には，これらは平方においてのみ通約できる中項線分といわれる。

24

長さにおいて通約できる中項線分によってかこまれる矩形は中項面積である。

矩形 $A\Gamma$ が長さにおいて通約できる中項線分 $AB, B\Gamma$ によってかこまれたとせよ。$A\Gamma$ は中項面積であると主張する。

AB 上に正方形 $A\varDelta$ が描かれたとせよ。そうすれば $A\varDelta$ は中項面積である。そして AB は $B\Gamma$ と長さにおいて通約でき，AB は BA に等しいから，$\varDelta B$ も $B\Gamma$ と長さにおいて通約できる。したがって $\varDelta A$ も $A\Gamma$ と通約できる。そして $\varDelta A$ は中項面積である。ゆえに $A\Gamma$ も中項面積である。これが証明すべきことであった。

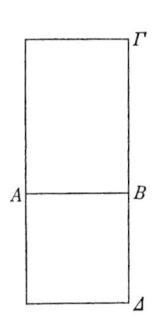

25

平方においてのみ通約できる中項線分によってかこまれる矩形は有理面積かまたは中項面積である。

矩形 $A\Gamma$ が平方においてのみ通約できる中項線分 $AB, B\Gamma$ によってかこまれたとせよ。$A\Gamma$ は有理面積かまたは中項面積であると主張する。

$AB, B\Gamma$ 上に正方形 $A\varDelta, BE$ が描かれたとせよ。そうすれば $A\varDelta, BE$ の双方は中項面積である。有理線分 ZH が定められ，$A\varDelta$ に等しくて $Z\Theta$ を幅とする直角平行四辺形 $H\Theta$ が ZH

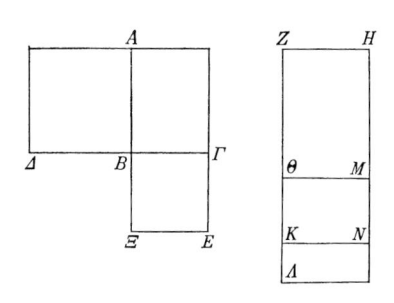

上につくられ，$A\Gamma$ に等しくて ΘK を幅とする直角平行四辺形 MK が ΘM 上につくられたとし，さらに同様にして BE に等しくて $K\Lambda$ を幅とする $N\Lambda$ が KN 上につくられたとせよ。そうすれば $Z\Theta, \Theta K, K\Lambda$ は一直線をなす。そこで $A\varDelta, BE$ の双方は中項面積であり，$A\varDelta$ は $H\Theta$ に，BE は $N\Lambda$ に等しいから，$H\Theta, N\Lambda$ の双方も中項面積である。そして有理線分 ZH 上につくられている。したがって $Z\Theta, K\Lambda$ の双方は有理線分であり，ZH と長さにおいて通約できない。そして $A\varDelta$ は BE と通約できるから，$H\Theta$ も $N\Lambda$ と通約できる。そして $H\Theta$ が $N\Lambda$ に対するように，$Z\Theta$ が $K\Lambda$ に対する。したがって $Z\Theta$ は $K\Lambda$ と長さにおいて通約できる。ゆえに $Z\Theta, K\Lambda$ は長さにおいて通約できる有理線分である。したがって矩形 $Z\Theta, K\Lambda$ は有理面積である。そして $\varDelta B$ は BA に，ΞB は $B\Gamma$ に等しいから，$\varDelta B$ が $B\Gamma$ に対するように，AB が $B\Xi$ に対する。ところが $\varDelta B$ が $B\Gamma$ に対するように，$\varDelta A$ が $A\Gamma$ に対する。そして AB が $B\Xi$ に対するように，$A\Gamma$ が $\Gamma\Xi$ に対する。したがって $\varDelta A$ が $A\Gamma$ に対するように，$A\Gamma$ が $\Gamma\Xi$ に対する。そして $A\varDelta$ は $H\Theta$ に，$A\Gamma$ は MK に，$\Gamma\Xi$ は $N\Lambda$ に等しい。したがって $H\Theta$ が MK に対するように，MK は $N\Lambda$ に対する。したがって $Z\Theta$ が ΘK に対するように，ΘK が $K\Lambda$ に対する。それゆえ矩形 $Z\Theta, K\Lambda$ は ΘK 上の正方形に等しい。ところが矩形 $Z\Theta, K\Lambda$ は有理面積である。したがって ΘK 上の正方形も有理面積である。ゆえに ΘK は有理線分である。そしてもし ΘK が ZH と長さにおいて通約できるならば，ΘN は有理面積である。ところがもし ZH と長さにおいて通約できないならば，$K\Theta, \Theta M$ は平方においてのみ通約できる有理線分である。ゆえに ΘN は中項面積である。したがって ΘN は有理面積かまたは中項面積である。そして ΘN は $A\Gamma$ に等しい。したがって $A\Gamma$ は有理面積かまたは中項面積である。

よって平方においてのみ通約できる中項線分によってかこまれる矩形云々。

～ 26 ～

中項面積と中項面積の差は有理面積ではない。

もし可能ならば，中項面積 AB が中項面積 $A\Gamma$ より有理面積 $\varDelta B$ だけ大きいとし，有理線分 EZ が定められ，AB に等しくて $E\Theta$ を幅とする直角平行四辺形 $Z\Theta$ が EZ 上につくられ，それから $A\Gamma$ に等しい ZH がひかれたとせよ。そうすれば残りの $B\varDelta$ は残りの $K\Theta$ に等しい。そして $\varDelta B$ は有理面積である。したがって $K\Theta$ も有理面積である。そこで $AB, A\Gamma$ の双方は中項面積であり，AB は $Z\Theta$ に，$A\Gamma$ は ZH に等しいから，$Z\Theta, ZH$ の双方も中項面積である。そして有理線分 EZ 上につくられている。したがって $\Theta E, EH$ の双方

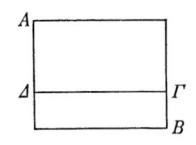

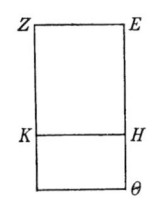

は有理線分であり，EZ と長さにおいて通約できない。そして $\varDelta B$ は有理面積であり，$K\Theta$ に等しいから，$K\Theta$ も有理面積である。そして有理線分 EZ 上につくられている。したがって $H\Theta$ は有理線分であり，EZ と長さにおいて通約できる。ところが EH も有理線分であり，EZ と長さにおいて通約できない。したがって EH は $H\Theta$ と長さにおいて通約できない。そして EH が $H\Theta$ に対するように，EH 上の正方形が矩形 $EH, H\Theta$ に対する。したがって EH 上の正方形は矩形 $EH, H\Theta$ と通約できない。ところが $EH, H\Theta$ 上の正方形の和は EH 上の正方形と通約できる，なぜなら共に有理面積であるから。そして矩形 $EH, H\Theta$ の 2 倍は矩形 $EH, H\Theta$ と通約できる，なぜならそれの 2 倍であるから。したがって $EH, H\Theta$ 上の正方形の和は矩形 $EH, H\Theta$ の 2 倍と通約できない。それゆえ $EH, H\Theta$ 上の二つの正方形と矩形 $EH, H\Theta$ の 2 倍との和，すなわち $E\Theta$ 上の正方形も $EH, H\Theta$ 上の正方形の和と通約できない。そして $EH, H\Theta$ 上の正方形の和は有理面積である。したがって $E\Theta$ 上の正方形は無理面積である。ゆえに $E\Theta$ は無理線分である。ところが有理線分でもある。これは不可能である。

よって中項面積と中項面積の差は有理面積ではない。これが証明すべきことであった。

❦ 27 ❧

有理面積をかこみ，平方においてのみ通約できる二つの中項線分を見いだすこと。

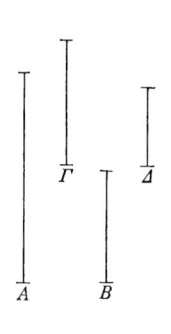

平方においてのみ通約できる二つの有理線分 A, B が定められ，A, B の比例中項 $\varGamma$ がとられ，A が B に対するように，$\varGamma$ が $\varDelta$ に対するようになっているとせよ。

そうすれば A, B は平方においてのみ通約できる有理線分であるから，矩形 AB，すなわち $\varGamma$ 上の正方形は中項面積である。したがって $\varGamma$ は中項線分である。そして A が B に対するように，$\varGamma$ が $\varDelta$ に対し，A, B は平方においてのみ通約できるから，$\varGamma, \varDelta$ も平方においてのみ通約できる。そして $\varGamma$ は中項線分である。したがって $\varDelta$ も中項線分である。ゆえに $\varGamma, \varDelta$ は平方においてのみ通約できる中項線分である。また $\varGamma, \varDelta$ は有理面積をかこむと主張する。A が B に対するように，$\varGamma$ が $\varDelta$ に対するから，いれかえて A が $\varGamma$ に対するように，B が $\varDelta$ に対する。ところが A が $\varGamma$ に対するように，$\varGamma$ が B に

対する．したがって $\varGamma$ が B に対するように，B が $\varDelta$ に対する．ゆえに矩形 $\varGamma, \varDelta$ は B 上の正方形に等しい．そして B 上の正方形は有理面積である．したがって矩形 $\varGamma, \varDelta$ も有理面積である．

よって有理面積をかこみ，平方においてのみ通約できる中項線分が見いだされた．これが証明すべきことであった[*]．

∽ 28 ͡

中項面積をかこみ，平方においてのみ通約できる二つの中項線分を見いだすこと．

平方においてのみ通約できる有理線分 $A, B, \varGamma$ が定められ，A, B の比例中項 $\varDelta$ がとられ，B が $\varGamma$ に対するように，$\varDelta$ が E に対するようになっているとせよ．

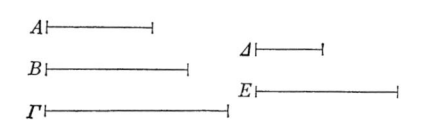

A, B は平方においてのみ通約できる有理線分であるから，矩形 A, B, すなわち $\varDelta$ 上の正方形は中項面積である．したがって $\varDelta$ は中項線分である．そして $B, \varGamma$ は平方においてのみ通約でき，B が $\varGamma$ に対するように，$\varDelta$ が E に対するから，$\varDelta, E$ も平方においてのみ通約できる．そして $\varDelta$ は中項線分である．したがって E も中項線分である．それゆえ $\varDelta, E$ は平方においてのみ通約できる中項線分である．次にそれらは中項面積をかこむと主張する．B が $\varGamma$ に対するように，$\varDelta$ が E に対するから，いれかえて B が $\varDelta$ に対するように，$\varGamma$ が E に対する．ところが B が $\varDelta$ に対するように，$\varDelta$ が A に対する．したがって $\varDelta$ が A に対するように，$\varGamma$ が E に対する．それゆえ矩形 $A, \varGamma$ は矩形 $\varDelta, E$ に等しい．そして矩形 $A, \varGamma$ は中項面積である．したがって矩形 $\varDelta, E$ も中項面積である．

よって中項面積をかこみ，平方においてのみ通約できる二つの中項線分が見いだされた．これが証明すべきことであった．

補 助 定 理 I

和も平方数である二つの平方数を見いだすこと．

2数 $AB, B\varGamma$ が定められ，共に偶数であるか共に奇数であるとせよ．そうすれば偶数から

---

[*] 条件：$a \cap^2 b$, ab = 有理面積をかこむ中項線分 a, b を見いだすこと．

偶数がひかれても，奇数から奇数がひかれても，残りは偶数であるから，残りの $A\varGamma$ は偶数である。$A\varGamma$ が $\varDelta$ において2等分されたとせよ。そして AB, $B\varGamma$ が相似な平面数かまたは平方数であるとせよ，平方数はそれ自身相似な平面数である。したがって AB, $B\varGamma$ の積と $\varGamma\varDelta$ の平方数の和は $B\varDelta$ の平方数に等しい。そして AB, $B\varGamma$ の積は平方数である，なぜならもし二つの相似な平面数を互いにかけあわせてある数をつくるならば，その積は平方数であることが先に証明されたから。したがって二つの平方数，すなわち AB, $B\varGamma$ の積と $\varGamma\varDelta$ の平方数が見いだされ，それらは加えられて $B\varDelta$ の平方数をつくる。

そして二つの平方数，すなわち $B\varDelta$ の平方数と $\varGamma\varDelta$ の平方数が見いだされ，それらの差，すなわち AB, $B\varGamma$ の積は，AB, $B\varGamma$ が相似な平面数である場合には，平方数であることは明らかである。ところがそれらが相似な平面数でない場合には，二つの平方数，すなわち $B\varDelta$ の平方数と $\varDelta\varGamma$ の平方数とが見いだされ，それらの差，すなわち AB, $B\varGamma$ の積は平方数ではない。これが証明すべきことであった。

補 助 定 理 II

和が平方数でない二つの平方数を見いだすこと。

先に述べたように AB, $B\varGamma$ の積が平方数，$\varGamma A$ が偶数であるとし，$\varGamma A$ が $\varDelta$ において2等分されたとせよ。そうすれば AB, $B\varGamma$ の積である平方数と $\varGamma\varDelta$ の平方数の和は $B\varDelta$ の平方数に等しいことは明らかである。単位 $\varDelta E$ がひかれたとせよ。そうすれば AB, $B\varGamma$ の積と $\varGamma E$ の平方数の和は $B\varDelta$ の平方数より小さい。そこで AB, $B\varGamma$ の積である平方数と $\varGamma E$ の平方数の和は平方数でないであろうと主張する。

もし平方数であるならば，単位が分けられることがないためには，それは BE の平方数に等しいかまたは BE の平方数より小さいかであり，大きくはあり得ない。もし可能ならば，まず AB, $B\varGamma$ と積と $\varGamma E$ の平方数の和が BE の平方数に等しいとし，HA が単位 $\varDelta E$ の2倍であるとせよ。そうすれば $A\varGamma$ 全体は $\varGamma\varDelta$ 全体の2倍であり，そのうち AH は $\varDelta E$ の2倍であるから，残りの $H\varGamma$ も残りの $E\varGamma$ の2倍である。したがって $H\varGamma$ は E で2等分された。したがって HB, $B\varGamma$ の積と $\varGamma E$ の平方数の和は BE の平方数に等しい。ところが AB, $B\varGamma$ の積と $\varGamma E$ の平方数の和も BE の平方数に等しいことが仮定される。したがって HB, $B\varGamma$ の積と $\varGamma E$ の平方数の和は AB, $B\varGamma$ の積と $\varGamma E$ の平方数の和に等しい。そして双方から $\varGamma E$ の平方数がひかれると，AB は HB に

等しくなる。これは不合理である。したがって AB, $B\Gamma$ の積と ΓE の平方数の和は BE の平方数に等しくない。次に BE の平方数より小さくもないと主張する。もし可能ならば BZ の平方数に等しいとし，ΘA を ΔZ の2倍とせよ。$\Theta \Gamma$ も ΓZ の2倍となるであろう。したがって $\Gamma\Theta$ は Z において2等分され，それゆえ ΘB, $B\Gamma$ の積と $Z\Gamma$ の平方数の和は BZ の平方数に等しい。ところが AB, $B\Gamma$ の積と ΓE の平方数の和は BZ の平方数に等しいことが仮定される。したがって ΘB, $B\Gamma$ の積と ΓZ の平方数の和は AB, $B\Gamma$ の積と ΓE の平方数の和に等しいであろう。これは不合理である。したがって AB, $B\Gamma$ の積と ΓE の平方数の和は BE の平方数より小さいものに等しくはない。そして BE の平方数に等しくないことは先に証明された。したがって AB, $B\Gamma$ の積と ΓE の平方数の和は平方数ではない。これが証明すべきことであった。

29

平方においてのみ通約でき，大きい線分上の正方形が小さい線分上の正方形より，大きい線分と長さにおいて通約できる線分上の正方形だけ大きい二つの有理線分を見いだすこと。

ある有理線分 AB と，その差 ΓE が平方数でない二つの平方数 $\Gamma\Delta$, ΔE とが定められ，AB 上に半円 AZB が描かれ，$\Delta\Gamma$ が ΓE に対するように，BA 上の正方形が AZ 上の正方形に対するようにされ，ZB が結ばれたとせよ。

BA 上の正方形が AZ 上の正方形に対するように，$\Delta\Gamma$ が ΓE に対するから，BA 上の正方形は AZ 上の正方形に対し，数 $\Delta\Gamma$ が数 ΓE に対する比をもつ。したがって BA 上の正方形は AZ 上の正方形と通約できる。ところが AB 上の正方形は有理面積である。したがって AZ 上の正方形も有理面積である。ゆえに AZ も有理線分である。そして $\Delta\Gamma$ は ΓE に対し，平方数が平方数に対する比をもたないから，BA 上の正方形も AZ 上の正方形に対し，平方数が平方数に対する比をもたない。したがって AB は AZ と長さにおいて通約できない。それゆえ BA, AZ は平方においてのみ通約できる有理線分である。そして $\Delta\Gamma$ が ΓE に対するように，BA 上の正方形が AZ 上の正方形に対するから，反転比により $\Gamma\Delta$ が ΔE に対するように，AB 上

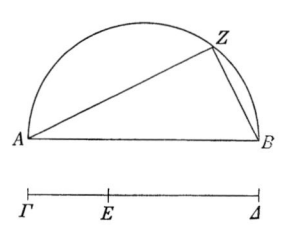

の正方形が BZ 上の正方形に対する。ところが $\Gamma\Delta$ は ΔE に対し，平方数が平方数に対する比をもつ。したがって AB 上の正方形も BZ 上の正方形に対し，平方数が平方数に対する比をもつ。それゆえ AB は BZ と長さにおいて通約できる。そして AB 上の正方形は AZ, ZB 上の正方形の和に等しい。したがって AB 上の正方形は AZ 上の正方形より AB と長さにおいて通約できる BZ 上の正方形だけ大きい。

よって平方においてのみ通約でき，大きい線分 AB 上の正方形が小さい線分 AZ 上の正方形より AB と長さにおいて通約できる線分 BZ 上の正方形だけ大きい二つの有理線分 BA, AZ が見いだされた。これが証明すべきことであった*)。

～ 30 ～

平方においてのみ通約でき，大きい線分上の正方形が小さい線分上の正方形より，大きい線分と長さにおいて通約できない線分上の正方形だけ大きい二つの有理線分を見いだすこと。

有理線分 AB と，和 $\Gamma\Delta$ が平方数でない二つの平方数 ΓE, $E\Delta$ とが定められ，AB 上に半円 AZB が描かれ，$\Delta\Gamma$ が ΓE に対するように，BA 上の正方形が AZ 上の正方形に対するようにされ，ZB が結ばれたとせよ。

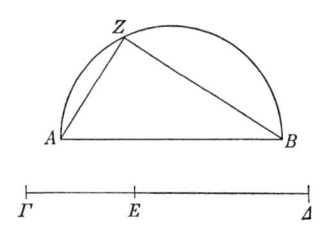

前と同様にして，BA, AZ が平方においてのみ通約できる有理線分であることを証明しうる。そして $\Delta\Gamma$ が ΓE に対するように，BA 上の正方形が AZ 上の正方形に対するから，反転比により $\Gamma\Delta$ が ΔE に対するように，AB 上の正方形が BZ 上の正方形に対する。ところが $\Gamma\Delta$ は ΔE に対し，平方数が平方数に対する比をもたない。したがって AB 上の正方形は BZ 上の正方形に対し，平方数が平方数に対する比をもたない。それゆえ AB は BZ と長さにおいて通約できない。そして AB 上の正方形は AZ 上の正方形より AB と通約できない ZB 上の正方形だけ大きい。

よって AB, AZ は平方においてのみ通約できる有理線分であり，AB 上の正方形は AZ 上の正方形より AB と長さにおいて通約できない ZB 上の正方形だけ大きい。これが証明す

---

*) 条件：$a > b$, $a \cap^2 b$, $a \cap \sqrt{a^2 - b^2}$ を満たす有理線分 a, b を見いだすこと．

べきことであった*)。

🥀 31 🥀

平方においてのみ通約でき，有理面積をかこみ，大きい線分上の正方形が小さい線分上の正方形より，大きい線分と長さにおいて通約できる線分上の正方形だけ大きい二つの中項線分を見いだすこと。

　平方においてのみ通約できる二つの有理線分 A, B が定められ，大きい線分 A 上の正方形が小さい線分 B 上の正方形より，大きい線分と長さにおいて通約できる線分上の正方形だけ大きくされたとせよ。そして $\varGamma$ 上の正方形が矩形 A, B に等しいとせよ。ところで矩形 A, B は中項面積である。したがって $\varGamma$ 上の正方形も中項面積である。ゆえに $\varGamma$ も中項線分である。矩形 $\varGamma, \varDelta$ が B 上の正方形に等しいとせよ。ところが B 上の正方形は有理面積である。したがって矩形 $\varGamma, \varDelta$ も有理面積である。そして A が B に対するように，矩形 A, B が B 上の正方形に対し，他方 $\varGamma$ 上の正方形は矩形 A, B に等しく，矩形 $\varGamma, \varDelta$ は B 上の正方形に等しいから，A が B に対するように，$\varGamma$ 上の正方形が矩形 $\varGamma, \varDelta$ に対する。ところが $\varGamma$ 上の正方形が矩形 $\varGamma, \varDelta$ に対するように，$\varGamma$ が $\varDelta$ に対する。したがって A が B に対するように，$\varGamma$ が $\varDelta$ に対する。そして A は B と平方においてのみ通約できる。したがって $\varGamma$ も $\varDelta$ と平方においてのみ通約できる。そして $\varGamma$ は中項線分である。したがって $\varDelta$ も中項線分である。そして A が B に対するように，$\varGamma$ が $\varDelta$ に対し，A 上の正方形が B 上の正方形より A と通約できる線分上の正方形だけ大きいから，$\varGamma$ 上の正方形も $\varDelta$ 上の正方形より $\varGamma$ と通約できる線分上の正方形だけ大きい。

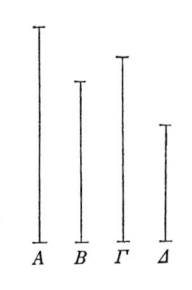

　よって平方においてのみ通約でき，有理面積をかこむ二つの中項線分 $\varGamma, \varDelta$ が見いだされ，$\varGamma$ 上の正方形は $\varDelta$ 上の正方形よりも $\varGamma$ と長さにおいて通約できる線分上の正方形だけ大きい。

　同様にして A 上の正方形が B 上の正方形より A と通約できない線分上の正方形だけ大きいならば，$\varGamma$ 上の正方形も $\varDelta$ 上の正方形より $\varGamma$ と通約できない線分上の正方形だけ大きいことが証明され得る**)。

---

　*)　条件：$a>b$, $a \cap {}^2 b$, $a \pitchfork \sqrt{a^2-b^2}$ を満たす有理線分 a, b を見いだすこと。
　**)　条件：$a>b$, $a \cap {}^2 b$, $ab=$有理面積, $a \cap \sqrt{a^2-b^2}$ を満たす中項線分 a, b を見いだすこと．

☙ 32 ❧

平方においてのみ通約でき，中項面積をかこみ，大きい線分上の正方形が小さい線分上の正方形より，大きい線分と通約できる線分上の正方形だけ大きい二つの中項線分を見いだすこと。

平方においてのみ通約できる三つの有理線分 $A, B, \varGamma$ が定められ，A 上の正方形が $\varGamma$ 上の正方形より A と通約できる線分上の正方形だけ大きく，$\varDelta$ 上の正方形が矩形 A, B に等しいとせよ。そうすれば $\varDelta$ 上の正方形は中項面積である。したがって $\varDelta$ も中項線分である。矩形 $\varDelta, E$ が矩形 $B, \varGamma$ に等しいとせよ。そうすれば矩形 A, B が矩形 $B, \varGamma$ に対するように，A が $\varGamma$ に対し，他方 $\varDelta$ 上の正方形が矩形 A, B に等しく，矩形 $\varDelta, E$ が矩形 $B, \varGamma$ に等しいから，A が $\varGamma$ に対するように，$\varDelta$ 上の正方形が矩形 $\varDelta, E$ に対する。ところが $\varDelta$ 上の正方形が矩形 $\varDelta, E$ に対するように，$\varDelta$ が E に対する。そして A は $\varGamma$ と平方においてのみ通約できる。したがって $\varDelta$ も E と平方においてのみ通約できる。ところが $\varDelta$ は中項線分である。したがって E も中項線分である。そして A が $\varGamma$ に対するように，$\varDelta$ が E に対し，A 上の正方形は $\varGamma$ 上の正方形より A と通約できる線分上の正方形だけ大きいから，$\varDelta$ 上の正方形も E 上の正方形より $\varDelta$ と通約できる線分上の正方形だけ大きいであろう。次に矩形 $\varDelta, E$ が中項面積であると主張する。なぜなら矩形 $B, \varGamma$ は矩形 $\varDelta, E$ に等しく，矩形 $B, \varGamma$ は中項面積であるから，矩形 $\varDelta, E$ も中項面積である。

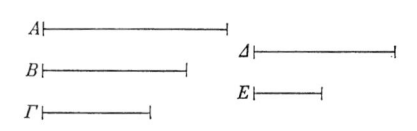

よって平方においてのみ通約でき，中項面積をかこみ，大きい線分上の正方形が小さい線分上の正方形より，大きい線分と通約できる線分上の正方形だけ大きい，二つの中項線分 $\varDelta, E$ が見いだされた。

また同様にして A 上の正方形が $\varGamma$ 上の正方形より A と通約できない線分上の正方形だけ大きいならば，$\varDelta$ 上の正方形は E 上の正方形より $\varDelta$ と通約できない線分上の正方形だけ大きいことが証明され得る[*]。

補 助 定 理

$AB\varGamma$ を直角 A をもつ直角三角形とし，垂線 $A\varDelta$ がひかれたとせよ。矩形 $\varGamma B\varDelta$

---

[*] 条件：$a > b$, $a \cap {}^2 b$, $ab =$ 中項面積, $a \cap \sqrt{a^2 - b^2}$ を満たす中項線分 a, b を見いだすこと．

は BA 上の正方形に等しく，矩形 $BΓΔ$ は $ΓA$ 上の
正方形に等しく，矩形 $BΔ, ΔΓ$ は $AΔ$ 上の正方形に
等しく，さらに矩形 $BΓ, AΔ$ は矩形 $BA, AΓ$ に等
しいと主張する。

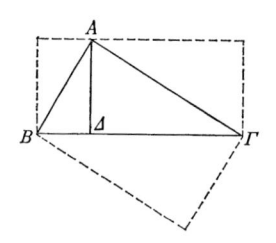

　そしてまず矩形 $ΓBΔ$ が BA 上の正方形に等しいこと。

　直角三角形において直角から底辺に垂線 $AΔ$ がひかれたか
ら，三角形 $ABΔ, AΔΓ$ は $ABΓ$ 全体に対し，また相互に相似である。そして三角形 $ABΓ$
は三角形 $ABΔ$ に相似であるから，$ΓB$ が BA に対するように，BA が $BΔ$ に対する。し
たがって矩形 $ΓBΔ$ は AB 上の正方形に等しい。

　同じ理由で矩形 $BΓΔ$ も $AΓ$ 上の正方形に等しい。

　そしてもし直角三角形において直角から底辺へ垂線がひかれるならば，ひかれた垂線は底辺
の二つの部分の比例中項であるから，$BΔ$ が $ΔA$ に対するように，$AΔ$ が $ΔΓ$ に対する。し
たがって矩形 $BΔ, ΔΓ$ は $ΔA$ 上の正方形に等しい。

　矩形 $BΓ, AΔ$ も矩形 $BA, AΓ$ に等しいと主張する。先に述べたように $ABΓ$ は $ABΔ$
に相似であるから，$BΓ$ が $ΓA$ に対するように，BA が $AΔ$ に対する。したがって矩形 $BΓ$,
$AΔ$ は矩形 $BA, AΓ$ に等しい。これが証明すべきことであった。

◈ 33 ◈

平方において通約できないで，それらの上の正方形の和を有理面積とし，それらに
よってかこまれる矩形を中項面積とする2線分を見いだすこと。

　平方においてのみ通約できる二つの有理線分
$AB, BΓ$ が定められ，大きい線分 AB 上の
正方形が小さい線分 $BΓ$ 上の正方形より AB
と通約できない線分上の正方形だけ大きいと
し，$BΓ$ が $Δ$ において2等分され，$BΔ, ΔΓ$ のいずれかの上の正方形に等しくて正方形だけ
欠けている平行四辺形が AB 上につくられ，それを矩形 AEB とし，AB 上に半円 AZB が
描かれ，AB に直角に EZ がひかれ，AZ, ZB が結ばれたとせよ。

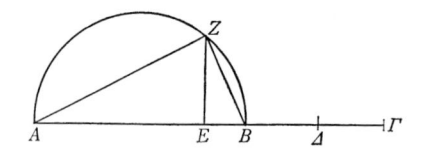

　そうすれば $AB, BΓ$ は不等な2線分であり，AB 上の正方形は $BΓ$ 上の正方形より AB
と通約できない線分上の正方形だけ大きく，$BΓ$ 上の正方形の4分の1，すなわち $BΓ$ の半

分の上の正方形に等しくて正方形だけ欠けている平行四辺形が AB 上に描かれ，それを矩形 AEB とするから，AE は EB と通約できない。そして AE が EB に対するように，矩形 BA, AE が矩形 AB, BE に対し，矩形 BA, AE は AZ 上の正方形に，矩形 AB, BE は BZ 上の正方形に等しい。したがって AZ 上の正方形は ZB 上の正方形と通約できない。したがって AZ, ZB は平方において通約できない。そして AB は有理線分であるから，AB 上の正方形も有理面積である。したがって AZ, ZB 上の正方形の和も有理面積である。そしてまた矩形 AE, EB は EZ 上の正方形に等しく，他方矩形 AE, EB も $B\varDelta$ 上の正方形に等しいと仮定されるから，ZE は $B\varDelta$ に等しい。したがって $B\varGamma$ は ZE の2倍である。したがって矩形 $AB, B\varGamma$ も矩形 AB, EZ と通約できる。ところが矩形 $AB, B\varGamma$ は中項面積である。したがって矩形 AB, EZ も中項面積である。そして矩形 AB, EZ は矩形 AZ, ZB に等しい。したがって矩形 AZ, ZB も中項面積である。そしてそれらの上の正方形の和が有理面積であることも先に証明された。

よって平方において通約できないで，それらの上の正方形の和を有理面積とし，それらによってかこまれる矩形を中項面積とする，2線分 AZ, ZB が見いだされた。これが証明すべきことであった。*)

34

平方において通約できないで，それらの上の正方形の和を中項面積とし，それらによってかこまれる矩形を有理面積とする2線分を見いだすこと。

平方においてのみ通約できる二つの中項線分 $AB, B\varGamma$ が定められ，それらによってかこまれる矩形を有理面積とし，AB 上の正方形が $B\varGamma$ 上の正方形より AB と通約できない線分上の正方形だけ大きいとせよ。そして AB 上に半円 $A\varDelta B$ が描かれ，$B\varGamma$ が E において2等分され，AB 上に BE 上の正方形に等しく，正方形だけ欠けている平行四辺形 AZ がつくられたとせよ。そうすれば AZ は ZB と長さにおいて通約できない。Z から AB に直角に $Z\varDelta$ がひかれ，$A\varDelta, \varDelta B$ が結ばれたとせよ。

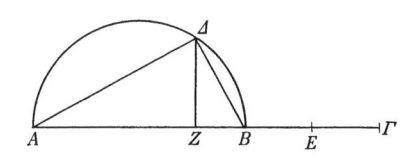

AZ は ZB と通約できないから，矩形 BA, AZ は矩形 AB, BZ と通約できない。とこ

---

*) 条件：$a \pitchfork^2 b$, a^2+b^2 有理面積, ab 中項面積を満たす線分 a, b を見いだすこと．

ろが矩形 BA, AZ は $A\varDelta$ 上の正方形に等しく，矩形 AB, BZ は $\varDelta B$ 上の正方形に等しい。したがって $A\varDelta$ 上の正方形も $\varDelta B$ 上の正方形と通約できない。そして AB 上の正方形は中項面積であるから，$A\varDelta$, $\varDelta B$ 上の正方形の和も中項面積である。そして $B\varGamma$ は $\varDelta Z$ の 2 倍であるから，矩形 AB, $B\varGamma$ も矩形 AB, $Z\varDelta$ の 2 倍である。ところが矩形 AB, $B\varGamma$ は有理面積である。したがって矩形 AB, $Z\varDelta$ も有理面積である。そして矩形 AB, $Z\varDelta$ は矩形 $A\varDelta$, $\varDelta B$ に等しい。したがって矩形 $A\varDelta$, $\varDelta B$ も有理面積である。

よって平方において通約できないで，それらの上の正方形の和を中項面積とし，それらによってかこまれる矩形を有理面積とする 2 線分 $A\varDelta$, $\varDelta B$ が見いだされた。これが証明すべきことであった[*)]。

～ 35 ～

平方において 通約できないで，それらの上の正方形の和が 中項面積で，それらによってかこまれる 矩形も 中項面積でかつそれらの上の 正方形の 和と通約できない 2 線分を見いだすこと。

平方においてのみ通約でき，中項面積をかこむ二つの中項線分 AB, $B\varGamma$ が定められ，AB 上の正方形が $B\varGamma$ 上の正方形より AB と通約できない線分上の正方形だけ大きいとし，AB 上に半円 $A\varDelta B$ が描かれ，残りの作図は前と同様になされたとせよ。

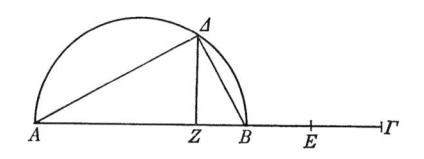

AZ は ZB と長さにおいて 通約できないから，$A\varDelta$ も $\varDelta B$ と平方において通約できない。そして AB 上の正方形は 中項面積であるから，$A\varDelta$, $\varDelta B$ 上の正方形の和も中項面積である。そして矩形 AZ, ZB は BE, $\varDelta Z$ の双方の上の正方形に等しいから，BE は $\varDelta Z$ に等しい。したがって $B\varGamma$ は $Z\varDelta$ の 2 倍である。したがって矩形 AB, $B\varGamma$ も矩形 AB, $Z\varDelta$ の 2 倍である。ところが AB, $B\varGamma$ は中項面積である。したがって矩形 AB, $Z\varDelta$ も中項面積である。そして矩形 $A\varDelta$, $\varDelta B$ に等しい。したがって矩形 $A\varDelta$, $\varDelta B$ も中項面積である。そして AB は $B\varGamma$ と長さにおいて通約できず，$\varGamma B$ は BE と通約できるから，AB も BE と長さにおいて通約できない。したがって AB 上の正方形も矩形 AB, BE と通約できない。ところが $A\varDelta$, $\varDelta B$ 上の正方形の和は AB 上の正方形に等しく，矩形 AB, $Z\varDelta$, すなわち矩形 $A\varDelta$, $\varDelta B$ は

[*)] 条件：$a \pitchfork^2 b$, a^2+b^2 中項面積，ab 有理面積を満たす線分 a, b を見いだすこと。

矩形 AB, BE に等しい。したがって $A\varDelta, \varDelta B$ 上の正方形の和は矩形 $A\varDelta, \varDelta B$ と通約できない。

よって平方において通約できないで、それらの上の正方形の和が中項面積で、それらによってかこまれる矩形が中項面積でかつそれらの上の正方形の和と通約できない2線分 $A\varDelta, \varDelta B$ が見いだされた。これが証明すべきことであった[*]。

36

もし平方においてのみ通約できる二つの有理線分が加えられるならば、全体は無理線分であり、そして二項線分とよばれる。

平方においてのみ通約できる二つの有理線分 $AB, B\varGamma$ が加えられたとせよ。$A\varGamma$ 全体は無理線分であると主張する。

AB は $B\varGamma$ と平方においてのみ通約できるから、長さにおいて通約できない。そして AB が $B\varGamma$ に対するように、矩形 $AB\varGamma$ が $B\varGamma$ 上の正方形に対するから、矩形 $AB, B\varGamma$ は $B\varGamma$ 上の正方形と通約できない。ところが矩形 $AB, B\varGamma$ の2倍は矩形 $AB, B\varGamma$ と通約でき、$AB, B\varGamma$ 上の正方形の和は $B\varGamma$ 上の正方形と通約できる、なぜなら $AB, B\varGamma$ は平方においてのみ通約できる有理線分であるから。したがって矩形 $AB, B\varGamma$ の2倍は $AB, B\varGamma$ 上の正方形の和と通約できない。そして合比により矩形 $AB, B\varGamma$ の2倍と $AB, B\varGamma$ 上の二つの正方形との和、すなわち $A\varGamma$ 上の正方形は、$AB, B\varGamma$ 上の正方形の和と通約できない。ところが $AB, B\varGamma$ 上の正方形の和は有理面積である。したがって $A\varGamma$ 上の正方形は無理面積である。よって $A\varGamma$ も無理線分であり、そして二項線分とよばれる。これが証明すべきことであった。

37

もし平方においてのみ通約でき、有理面積をかこむ二つの中項線分が加えられるならば、全体は無理線分であり、そして第1の双中項線分とよばれる。

---

[*] 条件: $a\pitchfork^2 b$, a^2+b^2 中項面積, ab 中項面積, $a^2+b^2 \pitchfork ab$ を満たす線分 a, b を見いだすこと。

平方においてのみ通約でき，有理面積をかこむ二つの中項線分 AB, $B\Gamma$ が加えられたとせよ。$A\Gamma$ 全体は無理線分であると主張する。

　AB は $B\Gamma$ と長さにおいて通約できないから，AB, $B\Gamma$ 上の正方形の和は矩形 AB, $B\Gamma$ の2倍と通約できない。そして合比により AB, $B\Gamma$ 上の二つの正方形と矩形 AB, $B\Gamma$ の2倍との和，すなわち $A\Gamma$ 上の正方形は矩形 AB, $B\Gamma$ と通約できない。ところが AB, $B\Gamma$ は有理面積をかこむ線分であると仮定されるから，矩形 AB, $B\Gamma$ は有理面積である。したがって $A\Gamma$ 上の正方形は無理面積である。よって $A\Gamma$ も無理線分であり，そして第1の双中項線分とよばれる。これが証明すべきことであった。

38

もし平方においてのみ通約でき，中項面積をかこむ二つの中項線分が加えられるならば，全体は無理線分であり，そして第2の双中項線分とよばれる。

　平方においてのみ通約でき，中項面積をかこむ二つの中項線分 AB, $B\Gamma$ が加えられたとせよ。$A\Gamma$ は無理線分であると主張する。

　有理線分 $\varDelta E$ が定められ，$A\Gamma$ 上の正方形に等しくて $\varDelta H$ を幅とする平行四辺形 $\varDelta Z$ が $\varDelta E$ 上に描かれたとせよ。そうすれば $A\Gamma$ 上の正方形は AB, $B\Gamma$ 上の二つの正方形と矩形 AB, $B\Gamma$ の2倍との和に等しいから，AB, $B\Gamma$ 上の正方形の和に等しく $\varDelta E$ 上に $E\Theta$ がつくられたとせよ。そうすれば残りの ΘZ は矩形 AB, $B\Gamma$ の2倍に等しい。そして AB, $B\Gamma$ の双方は中項線分であるから，AB, $B\Gamma$ 上の正方形の和も中項面積である。ところが矩形 AB, $B\Gamma$ の2倍も中項面積であると仮定される。そして $E\Theta$ は AB, $B\Gamma$ 上の正方形の和に等しく，$Z\Theta$ は矩形 AB, $B\Gamma$ の2倍に等しい。したがって $E\Theta$, ΘZ の双方は中項面積である。そして有理線分 $\varDelta E$ 上につくられている。したがって $\varDelta\Theta$, ΘH の双方は有理線分であり，$\varDelta E$ と長さにおいて通約できない。そこで AB は $B\Gamma$ と長さにおいて通約できず，AB が $B\Gamma$ に対するように，AB 上の正方形は矩形 AB, $B\Gamma$ に対するから，AB 上の正方形は矩形 AB, $B\Gamma$ と通約できない。ところが AB, $B\Gamma$ 上の正方形の和は AB 上の正方形と通約でき，矩形 AB, $B\Gamma$ の2倍は矩形 AB, $B\Gamma$ と通約できる。したがって AB, $B\Gamma$

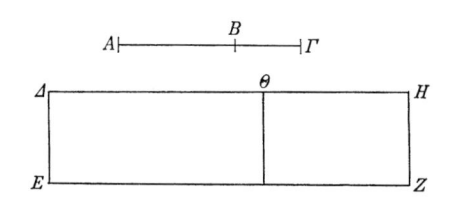

上の正方形の和は矩形 $AB, B\Gamma$ の2倍と通約できない。ところが $E\Theta$ は $AB, B\Gamma$ 上の正方形の和に等しく，ΘZ は矩形 $AB, B\Gamma$ の2倍に等しい。したがって $E\Theta$ は ΘZ と通約できない。それゆえ $\Delta\Theta, \Theta H$ は平方においてのみ通約できる有理線分である。したがって ΔH は無理線分である。ところが ΔE は有理線分である。そして無理線分と有理線分によってかこまれる矩形は無理面積である。したがって面積 ΔZ は無理面積であり，それと等しい正方形の辺は無理線分である。ところが $A\Gamma$ は ΔZ と等しい正方形の辺である。よって $A\Gamma$ は無理線分であり，そして第2の双中項線分とよばれる。これが証明すべきことであった。

39

もし平方において通約できず，それらの上の正方形の和が有理面積で，それらによってかこまれる矩形が中項面積である2線分が加えられるならば，この線分全体は無理線分であり，そして優線分とよばれる。

平方において通約できないで，与えられた条件をみたす2線分 $AB, B\Gamma$ が加えられたとせよ。$A\Gamma$ は無理線分であると主張する。

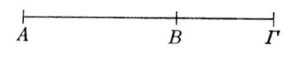

矩形 $AB, B\Gamma$ は中項面積であるから，矩形 $AB, B\Gamma$ の2倍も中項面積である。ところが $AB, B\Gamma$ 上の正方形の和は有理面積である。したがって矩形 $AB, B\Gamma$ の2倍は $AB, B\Gamma$ 上の正方形の和と通約できない。したがって $AB, B\Gamma$ 上の二つの正方形と矩形 $AB, B\Gamma$ の2倍との和，すなわち $A\Gamma$ 上の正方形は $AB, B\Gamma$ 上の正方形の和と通約できない。したがって $A\Gamma$ 上の正方形は無理面積である。よって $A\Gamma$ も無理線分であり，そして優線分とよばれる。これが証明すべきことであった。

40

もし平方において通約できず，それらの上の正方形の和が中項面積で，それらによってかこまれる矩形が有理面積である2線分が加えられるならば，この線分全体は無理線分であり，そして中項面積と有理面積の和に等しい正方形の辺とよばれる。

平方において通約できず，与えられた条件を満たす2線分 AB, $B\Gamma$ が加えられたとせよ。$A\Gamma$ は無理線分であると主張する。

AB, $B\Gamma$ 上の正方形の和は中項面積であり，矩形 AB, $B\Gamma$ の2倍は有理面積であるから，AB, $B\Gamma$ 上の正方形の和は矩形 AB, $B\Gamma$ の2倍と通約できない。したがって $A\Gamma$ 上の正方形も矩形 AB, $B\Gamma$ の2倍と通約できない。ところが矩形 AB, $B\Gamma$ の2倍は有理面積である。したがって $A\Gamma$ 上の正方形は無理面積である。よって $A\Gamma$ も無理線分であり，そして中項面積と有理面積の和に等しい正方形の辺とよばれる。これが証明すべきことであった。

41

もし平方において通約できず，それらの上の正方形の和が中項面積で，それらによってかこまれる矩形が中項面積でかつそれらの上の正方形の和と通約できないような2線分が加えられるならば，この線分全体は無理線分であり，そして二つの中項面積の和に等しい正方形の辺とよばれる。

平方において通約できないで，与えられた条件を満たす2線分 AB, $B\Gamma$ が加えられたとせよ。$A\Gamma$ は無理線分であると主張する。

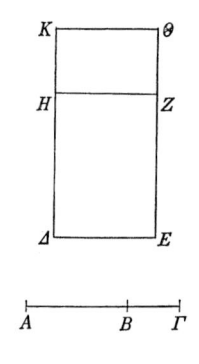

有理線分 $\varDelta E$ が定められ，$\varDelta E$ 上に AB, $B\Gamma$ 上の正方形の和に等しく，$\varDelta Z$ がつくられ，$H\Theta$ が矩形 AB, $B\Gamma$ の2倍に等しいとせよ。そうすれば $\varDelta \Theta$ 全体は $A\Gamma$ 上の正方形に等しい。そして AB, $B\Gamma$ 上の正方形の和は中項面積であり $\varDelta Z$ に等しいから，$\varDelta Z$ も中項面積である。そして有理線分 $\varDelta E$ 上につくられている。したがって $\varDelta H$ は有理線分であり $\varDelta E$ と長さにおいて通約できない。同じ理由で HK も有理線分であり，HZ すなわち $\varDelta E$ と長さにおいて通約できない。そして AB, $B\Gamma$ 上の正方形の和は矩形 AB, $B\Gamma$ の2倍と通約できないから，$\varDelta Z$ は $H\Theta$ と通約できない。したがって $\varDelta H$ も HK と通約できない。そして有理線分である。したがって $\varDelta H$, HK は平方においてのみ通約できる有理線分である。したがって $\varDelta K$ は二項線分とよばれる無理線分である。ところが $\varDelta E$ は有理線分である。したがって $\varDelta\Theta$ は無理面積であり，それに等しい正方形の辺は無理線分である。ところが $A\Gamma$ は $\Theta\varDelta$ に等しい正方形の辺である。よって $A\Gamma$ は無理線

分であり，そして二つの中項面積の和に等しい正方形の辺とよばれる*)。

補助定理

これらの無理線分が，それぞれその構成部分であり，上述の諸種類をつくり出す，2線分にただ一つの仕方で分けられることを次の補助定理を仮定して証明しうる。

線分 AB が定められ，全体が $\varGamma$, $\varDelta$ の双方において不等な部分に分けられ，$A\varGamma$ が $\varDelta B$ より大きいと仮定されるとせよ。$A\varGamma$, $\varGamma B$ 上の正方形の和は $A\varDelta$, $\varDelta B$ 上の正方形の和より大きいと主張する。

AB が E において2等分されたとせよ。そうすれば $A\varGamma$ は $\varDelta B$ より大きいから，双方から $\varDelta\varGamma$ がひかれたとせよ。そうすれば残りの $A\varDelta$ は残りの $\varGamma B$ より大きい。ところが AE は EB に等しい。したがって $\varDelta E$ は $E\varGamma$ より小さい。ゆえに点 $\varGamma$, $\varDelta$ は2等分点から等距離にない。そして矩形 $A\varGamma$, $\varGamma B$ と $E\varGamma$ 上の正方形の和は EB 上の正方形に等しく，他方矩形 $A\varDelta$, $\varDelta B$ と $\varDelta E$ 上の正方形の和は EB 上の正方形に等しいから，矩形 $A\varGamma$, $\varGamma B$ と $E\varGamma$ 上の正方形の和は矩形 $A\varDelta$, $\varDelta B$ と $\varDelta E$ 上の正方形の和に等しい。そのうち $\varDelta E$ 上の正方形は $E\varGamma$ 上の正方形より小さい。したがって残りの矩形 $A\varGamma$, $\varGamma B$ は矩形 $A\varDelta$, $\varDelta B$ より小さい。したがって矩形 $A\varGamma$, $\varGamma B$ の2倍も矩形 $A\varDelta$, $\varDelta B$ の2倍より小さい。ゆえに残りの $A\varGamma$, $\varGamma B$ 上の正方形の和も $A\varDelta$, $\varDelta B$ 上の正方形の和より大きい。これが証明すべきことであった。

～ 42 ⌒

二項線分はただ一つの点でその項に分けられる。

---

*)　命題 36-41　2線分の和 $a+b$ としての無理線分

命題	条　　　　件	$a+b$ の 名 称
36	a, b 有理線分，$a \frown^2 b$	二項線分
37	a, b 中項線分，$a \frown^2 b$，$a \cdot b$ 有理面積	第1の双中項線分
38	a, b 中項線分，$a \frown^2 b$，$a \cdot b$ 中項面積	第2の双中項線分
39	$a \pitchfork^2 b$, a^2+b^2 有理面積，$a \cdot b$ 中項面積	優線分
40	$a \pitchfork^2 b$, a^2+b^2 中項面積，$a \cdot b$ 有理面積	中項面積＋有理面積に等しい正方形の1辺
41	$a \pitchfork^2 b$, a^2+b^2 中項面積，$a \cdot b$ 中項面積 かつ $ab \pitchfork (a^2+b^2)$	二つの中項面積の和に等しい正方形の1辺

注意：命題 36-41 は 命題 73-78 に対応する．

AB が $\varGamma$ でその項に分けられる二項線分とせよ。そうすれば $A\varGamma,\ \varGamma B$ は平方においてのみ通約できる有理線分である。AB は他の点では平方においてのみ通約できる二つの有理線分に分けられないと主張する。

もし可能ならば，$A\varDelta,\ \varDelta B$ が $\varDelta$ においても平方においてのみ通約できる二つの有理線分に分けられたとせよ。そうすれば $A\varGamma$ が $\varDelta B$ と同じでないことは明らかである。もし可能ならば，同じであるとせよ。そうすれば $A\varDelta$ も $\varGamma B$ と同じであろう。そして $A\varGamma$ が $\varGamma B$ に対するように，$B\varDelta$ が $\varDelta A$ に対するであろう，そして AB は $\varGamma$ で分けられたと同じに $\varDelta$ でも分けられるであろう。これは仮定に反する。したがって $A\varGamma$ は $\varDelta B$ と同じではない。このゆえに点 $\varGamma,\ \varDelta$ は二等分点から等距離にない。したがって $A\varGamma,\ \varGamma B$ 上の二つの正方形と矩形 $A\varGamma,\ \varGamma B$ の2倍との和，および $A\varDelta,\ \varDelta B$ 上の二つの正方形と矩形 $A\varDelta,\ \varDelta B$ の2倍との和は共に AB 上の正方形に等しいから，$A\varGamma,\ \varGamma B$ 上の二つの正方形と $A\varDelta,\ \varDelta B$ 上の二つの正方形との差は 矩形 $A\varDelta,\ \varDelta B$ の2倍と矩形 $A\varGamma,\ \varGamma B$ の2倍との差に等しい。ところが $A\varGamma,\ \varGamma B$ 上の正方形の和と $A\varDelta,\ \varDelta B$ 上の正方形の和とは共に有理面積であるから，その差も有理面積である。したがって矩形 $A\varDelta,\ \varDelta B$ の2倍も矩形 $A\varGamma,\ \varGamma B$ の2倍と，共に中項面積であるのに，有理面積だけ異なる。これは不合理である，なぜなら中項面積と中項面積の差は有理面積ではないから。

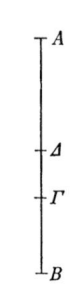

よって二項線分は異なった2点で分けられない。したがってただ一つの点で分けられる。これが証明すべきことであった。

⚘ 43 ⚘

第1の双中項線分はただ一つの点で分けられる。

AB を $\varGamma$ で分けられる 第1の 双中項線分とし，したがって $A\varGamma,\ \varGamma B$ が平方においてのみ通約でき，有理面積をかこむ中項線分であるとせよ。
AB は他の点で分けられないと主張する。

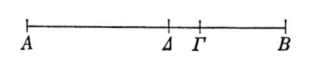

もし可能ならば，$\varDelta$ でも分けられるとし，$A\varDelta,\ \varDelta B$ が平方においてのみ通約でき，有理面積をかこむ双中項線分であるとせよ。そうすれば矩形 $A\varDelta,\ \varDelta B$ の2倍と矩形 $A\varGamma,\ \varGamma B$ の2倍との差は $A\varGamma,\ \varGamma B$ 上の正方形の和と $A\varDelta,\ \varDelta B$ 上の正方形の和との差に等しく，他方矩形 $A\varDelta,\ \varDelta B$ の2倍と矩形 $A\varGamma,\ \varGamma B$ の2倍とは共に有理面積であるから，その差も有理面積である。したがって $A\varGamma,\ \varGamma B$ 上の正方形の和と $A\varDelta,\ \varDelta B$ 上の正方形の和とは共に中項面積で

あるのに，その差が有理面積である。これは不合理である。

よって第1の双中項線分は異なった2点でその項に分けられない。したがってただ一つの点で分けられる。これが証明すべきことであった。

～ 44 ～

第2の双中項線分はただ一つの点で分けられる。

AB を Γ で分けられる第2の双中項線分とし，したがって $A\Gamma$, ΓB が平方においてのみ通約でき，中項面積をかこむ中項線分であるとせよ。そうすれば $A\Gamma$, ΓB が長さにおいて通約できないから，Γ は二等分点にないことは明らかである。AB が他の点で分けられないと主張する。

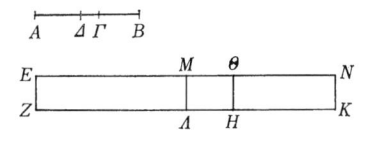

もし可能ならば，Δ でも分けられ，$A\Gamma$ が ΔB と同じでなく，$A\Gamma$ のほうが大きいと仮定されるとせよ。そうすれば $A\Delta$, ΔB 上の正方形の和も先に証明したように $A\Gamma$, ΓB 上の正方形の和より小さいことは明らかである。そして $A\Delta$, ΔB は平方においてのみ通約でき，中項面積をかこむ中項線分であるとせよ。そして有理線分 EZ が定められ，AB 上の正方形に等しく EZ 上に直角平行四辺形 EK がつくられたとし，$A\Gamma$, ΓB 上の正方形の和に等しい EH がひかれたとせよ。そうすれば残りの ΘK は矩形 $A\Gamma$, ΓB の2倍に等しい。また $A\Gamma$, ΓB 上の正方形の和より小さいことが先に証明された $A\Delta$, ΔB 上の正方形の和に等しい $E\Lambda$ がひかれたとせよ。そうすれば残りの MK は矩形 $A\Delta$, ΔB の2倍に等しい。そして $A\Gamma$, ΓB 上の正方形の和は中項面積であるから，EH も中項面積である。そして有理線分 EZ 上につくられている。したがって $E\Theta$ は有理線分であり，EZ と長さにおいて通約できない。同じ理由で ΘN も有理線分であり，EZ と長さにおいて通約できない。そして $A\Gamma$, ΓB は平方においてのみ通約できる中項線分であるから，$A\Gamma$ は ΓB と長さにおいて通約できない。ところが $A\Gamma$ が ΓB に対するように，$A\Gamma$ 上の正方形が矩形 $A\Gamma$, ΓB に対する。したがって $A\Gamma$ 上の正方形は矩形 $A\Gamma$, ΓB と通約できない。ところが $A\Gamma$, ΓB は平方において通約できるから，$A\Gamma$, ΓB 上の正方形の和は $A\Gamma$ 上の正方形と通約できる。そして矩形 $A\Gamma$, ΓB の2倍は矩形 $A\Gamma$, ΓB と通約できる。したがって $A\Gamma$, ΓB 上の正方形の和は矩形 $A\Gamma$, ΓB の2倍と通約できない。ところが EH は $A\Gamma$, ΓB 上の正方形の和に等しく，ΘK は矩形 $A\Gamma$, ΓB の2倍に等しい。したがって EH は ΘK と通約できない。したがって $E\Theta$ も ΘN

と長さにおいて通約できない。そして有理線分である。したがって $E\Theta$, ΘN は平方においてのみ通約できる有理線分である。ところがもし平方においてのみ通約できる二つの有理線分が加えられたならば、全体は二項線分とよばれる無理線分である。したがって EN は Θ で分けられた二項線分である。同じ仕方で EM, MN も平方においてのみ通約できる有理線分であることが証明されうる。そして EN は異なった2点 Θ, M で分けられた二項線分であろう。そして $E\Theta$ は MN と同じではない。なぜなら $A\Gamma$, ΓB 上の正方形の和は $A\varDelta$, $\varDelta B$ 上の正方形の和より大きい。ところが $A\varDelta$, $\varDelta B$ 上の正方形の和は矩形 $A\varDelta$, $\varDelta B$ の2倍より大きい。したがってなおさら $A\Gamma$, ΓB 上の正方形の和、すなわち EH は矩形 $A\varDelta$, $\varDelta B$ の2倍、すなわち MK より大きい。したがって $E\Theta$ は MN より大きい。よって $E\Theta$ は MN と同じではない。これが証明すべきことであった。

❦ 45 ❧

優線分はただ一つの点で分けられる。

AB を Γ で分けられた優線分とし、したがって $A\Gamma$, ΓB が平方において通約できず、$A\Gamma$, ΓB 上の正方形の和を有理面積とし、矩形 $A\Gamma$, ΓB を中項面積とするとせよ。AB は他の点で分けられないと主張する。

もし可能ならば、$\varDelta$ で分けられるとし、したがって $A\varDelta$, $\varDelta B$ が平方において通約できず、$A\varDelta$, $\varDelta B$ 上の正方形の和を有理面積とし、矩形 $A\varDelta$, $\varDelta B$ を中項面積とするとせよ。$A\Gamma$, ΓB 上の正方形と $A\varDelta$, $\varDelta B$ 上の正方形との差は矩形 $A\varDelta$, $\varDelta B$ の2倍と矩形 $A\Gamma$, ΓB の2倍との差に等しく、他方 $A\Gamma$, ΓB 上の正方形の和と $A\varDelta$, $\varDelta B$ 上の正方形の和は共に有理面積であるから、その差は有理面積である。したがって矩形 $A\varDelta$, $\varDelta B$ の2倍は矩形 $A\Gamma$, ΓB の2倍より、共に中項面積であるのに有理面積だけ大きい。これは不可能である。したがって優線分は異なった2点で分けられない。よってただ一つの点で分けられる。これが証明すべきことであった。

❦ 46 ❧

中項面積と有理面積の和に等しい正方形の辺はただ一つの点で分けられる。

AB を Γ で分けられる中項面積と有理面積の和に等しい正方形の辺とし、したが

って $A\Gamma$, ΓB が平方において通約できず，$A\Gamma$, ΓB 上の正方形の和を中項面積とし，矩形 $A\Gamma$, ΓB の2倍を有理面積とするとせよ。AB は他の点で分けられないと主張する。

もし可能ならば，$\varDelta$ でも分けられるとし，$A\varDelta$, $\varDelta B$ が平方において通約できず，$A\varDelta$, $\varDelta B$ 上の正方形の和を中項面積とし，矩形 $A\varDelta$, $\varDelta B$ の2倍を有理面積とするとせよ。そうすれば 矩形 $A\Gamma$, ΓB の2倍と矩形 $A\varDelta$, $\varDelta B$ の2倍との差は $A\varDelta$, $\varDelta B$ 上の正方形の和と $A\Gamma$, ΓB 上の正方形の和との差に等しく，矩形 $A\Gamma$, ΓB の2倍が矩形 $A\varDelta$, $\varDelta B$ の2倍より有理面積だけ大きいから，$A\varDelta$, $\varDelta B$ 上の正方形の和は $A\Gamma$, ΓB 上の正方形の和より，共に中項面積であるのに，有理面積だけ大きい。これは不可能である。したがって中項面積と有理面積の和に等しい正方形の辺は異なる2点で分けられない。よって一つの点で分けられる。これが証明すべきことであった。

～ 47 ～

二つの中項面積の和に等しい正方形の辺はただ一つの点で分けられる。

AB が Γ で分けられ，したがって $A\Gamma$, ΓB が平方において通約できず，$A\Gamma$, ΓB 上の正方形の和を中項面積とし，矩形 $A\Gamma$, ΓB を中項面積でかつそれらの上の正方形の和と通約できないとするとせよ。AB は与えられた条件を満たすように他の点では分けられないと主張する。

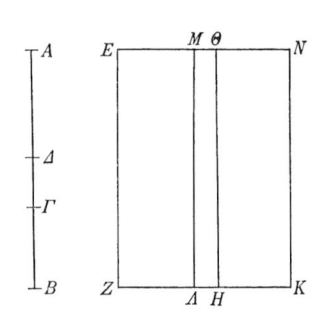

もし可能ならば，$\varDelta$ でも分けられ，したがって $A\Gamma$ はもちろん $\varDelta B$ と同じではなく，$A\Gamma$ のほうが大きいと仮定されるとし，そして有理線分 EZ が定められ，EZ 上に $A\Gamma$, ΓB 上の正方形の和に等しく，EH がつくられ，矩形 $A\Gamma$, ΓB の2倍に等しく ΘK がつくられたとせよ。そうすれば EK 全体は AB 上の正方形に等しい。また EZ 上に $A\varDelta$, $\varDelta B$ 上の正方形の和に等しく $E\varLambda$ がつくられたとせよ。そうすれば残りの矩形 $A\varDelta$, $\varDelta B$ の2倍は残りの MK に等しい。そして $A\Gamma$, ΓB 上の正方形の和は中項面積であると仮定されるから，EH も中項面積である。そして有理線分 EZ 上につくられている。したがって ΘE は有理線分であり，EZ と長さにおいて通約できない。同じ理由で ΘN も有理線分であり，EZ と長さにおいて通約できない。そして $A\Gamma$, ΓB 上の正方形

の和は矩形 $A\Gamma$, ΓB の2倍と通約できないから，EH も HN と通約できない．したがって $E\Theta$ は ΘN と通約できない．そして有理線分である．したがって $E\Theta$, ΘN は平方においてのみ通約できる有理線分である．ゆえに EN は Θ で分けられた二項線分である．同様にして M でも分けられることを証明しうる．そして $E\Theta$ は MN と同じでない．したがって二項線分が異なった2点で分けられた．これは不合理である．したがって二つの中項面積の和に等しい正方形の辺は異なった2点で分けられない．よってただ一つの点で分けられる．

定 義 II

1. 有理線分と，二つの項に分けられた二項線分とが定められ，その二項線分の大きい項の上の正方形が小さい項の上の正方形より，大きい項と長さにおいて通約できる線分上の正方形だけ大きいとき，もし大きい項が定められた有理線分と長さにおいて通約できるならば，第1の二項線分とよばれるとせよ．

2. もし小さい項が定められた有理線分と長さにおいて通約できるならば，第2の二項線分とよばれるとせよ．

3. もしいずれの項も定められた有理線分と長さにおいて通約できないならば，第3の二項線分とよばれるとせよ．

4. さらにもし大きい項の上の正方形が小さい項の上の正方形より，大きい項と長さにおいて通約できない線分上の正方形だけ大きく，もし大きい項が定められた有理線分と長さにおいて通約できるならば，第4の二項線分とよばれるとせよ．

5. もし小さい項が通約できるならば，第5の二項線分とよばれるとせよ．

6. もしいずれの項も通約できないならば，第6の二項線分とよばれるとせよ*)．

---

*) e を与えられた有理線分，$a+b$ (ただし $a>b$) を与えられた二項線分とするとき，定義 II はつぎのように，はっきりと書き表わされる．
  (1) $a \frown \sqrt{a^2-b^2}$, かつ $a \frown e$ (したがって $b \pitchfork e$) のとき，$a+b$ を第1二項線分，
  (2) $a \frown \sqrt{a^2-b^2}$, かつ $b \frown e$ (したがって $a \pitchfork e$) のとき，$a+b$ を第2二項線分，
  (3) $a \frown \sqrt{a^2-b^2}$, かつ $a \pitchfork e$, $b \pitchfork e$ のとき，$a+b$ を第3二項線分，
  (4) $a \pitchfork \sqrt{a^2-b^2}$, かつ $a \frown e$ のとき，$a+b$ を第4二項線分，
  (5) $a \pitchfork \sqrt{a^2-b^2}$, かつ $b \frown e$ のとき，$a+b$ を第5二項線分，
  (6) $a \pitchfork \sqrt{a^2-b^2}$, かつ $a \pitchfork e$, $b \pitchfork e$ のとき，$a+b$ を第6二項線分，
  という．

48

第1の二項線分を見いだすこと。

二つの数 $A\Gamma$, ΓB が定められ，それらの和 AB が $B\Gamma$ に対し，平方数が平方数に対する比をもち，ΓA に対し平方数が平方数に対する比をもたないようにし，ある有理線分 $\varDelta$ が定められ，EZ が $\varDelta$ と長さにおいて通約できるとせよ。そうすれば EZ も有理線分である。そして数 BA が $A\Gamma$ に対するように，EZ 上の正方形が ZH 上の正方形に対するとせよ。ところが AB は $A\Gamma$ に対し，数が数に対する比をもつ。したがって EZ 上の正方形は ZH 上の正方形に対し，数が数に対する比をもつ。それゆえ EZ 上の正方形は ZH 上の正方形と通約できる。そして EZ は有理線分である。したがって ZH も有理線分である。そして BA は $A\Gamma$ に対し，平方数が平方数に対する比をもたないから，EZ 上の正方形も ZH 上の正方形に対し，平方数が平方数に対する比をもたない。したがって EZ は ZH と長さにおいて通約できない。ゆえに EZ, ZH は平方においてのみ通約できる有理線分である。したがって EH は二項線分である。

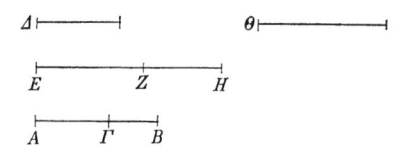

第1の二項線分でもあると主張する。

数 BA が $A\Gamma$ に対するように，EZ 上の正方形が ZH 上の正方形に対し，BA が $A\Gamma$ より大きいから，EZ 上の正方形も ZH 上の正方形より大きい。そこで ZH, Θ 上の正方形の和が EZ 上の正方形に等しいとせよ。そうすれば BA が $A\Gamma$ に対するように，EZ 上の正方形が ZH 上の正方形に対するから，反転比により AB が $B\Gamma$ に対するように，EZ 上の正方形が Θ 上の正方形に対する。ところが AB は $B\Gamma$ に対し，平方数が平方数に対する比をもつ。したがって EZ 上の正方形は Θ 上の正方形に対し，平方数が平方数に対する比をもつ。ゆえに EZ は Θ と長さにおいて通約できる。したがって EZ 上の正方形は ZH 上の正方形より EZ と通約できる線分上の正方形だけ大きい。そして EZ, ZH は有理線分であり，EZ は $\varDelta$ と長さにおいて通約できる。

よって EH は第1の二項線分である。これが証明すべきことであった。

49

第2の二項線分を見いだすこと。

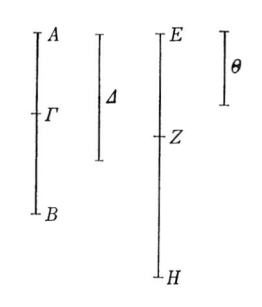

二つの数 $A\varGamma$, $\varGamma B$ が定められ，それらの和 AB が $B\varGamma$ に対し，平方数が平方数に対する比をもち，$A\varGamma$ に対し，平方数が平方数に対する比をもたないとし，有理線分 $\varDelta$ が定められ，EZ が $\varDelta$ と長さにおいて通約できるとせよ。そうすれば EZ は有理線分である。そして数 $\varGamma A$ が AB に対するように，EZ 上の正方形が ZH 上の正方形に対するようにされたとせよ。そうすれば EZ 上の正方形は ZH 上の正方形と通約できる。ゆえに ZH も有理線分である。そして数 $\varGamma A$ は AB に対し，平方数が平方数に対する比をもたず，EZ 上の正方形も ZH 上の正方形に対し，平方数が平方数に対する比をもたない。したがって EZ は ZH と長さにおいて通約できない。それゆえ EZ, ZH は平方においてのみ通約できる有理線分である。したがって EH は二項線分である。

第 2 の二項線分であることも証明しなければならない。

逆に数 BA が $A\varGamma$ に対するように，HZ 上の正方形が ZE 上の正方形に対し，他方 BA が $A\varGamma$ より大きいから，HZ 上の正方形は ZE 上の正方形より大きい。EZ, $\varTheta$ 上の正方形の和が HZ 上の正方形に等しいとせよ。そうすれば反転比により AB が $B\varGamma$ に対するように，ZH 上の正方形が $\varTheta$ 上の正方形に対する。ところが AB は $B\varGamma$ に対し，平方数が平方数に対する比をもつ。したがって ZH 上の正方形は $\varTheta$ 上の正方形に対し，平方数が平方数に対する比をもつ。それゆえ ZH は $\varTheta$ と長さにおいて通約できる。したがって ZH 上の正方形は ZE 上の正方形より ZH と通約できる線分上の正方形だけ大きい。そして ZH, ZE は平方においてのみ通約できる有理線分であり，小さい項 EZ が定められた有理線分 $\varDelta$ と長さにおいて通約できる。

よって EH は第 2 の二項線分である。これが証明すべきことであった。

～ 50 ～

第 3 の二項線分を見いだすこと。

二つの数 $A\varGamma$, $\varGamma B$ が定められ，それらの和 AB が $B\varGamma$ に対し，平方数が平方数に対する比をもち，$A\varGamma$ に対し，平方数が平方数に対する比をもたないとせよ。何らかの他の平方数でない数 $\varDelta$ が定められ，BA, $A\varGamma$ の双方に対し，平方数が平方数に対する比をもたないようにせよ。そしてある有理線分 E が定められ，$\varDelta$ が AB に対するように，E 上の正方形が ZH 上の正方形に対するようにされたとせよ。そうすれば E 上の正方形は ZH 上の正方形と通約

できる。そして E は有理線分である。ゆえに ZH も有理線分である。そして $\varDelta$ は AB に対し平方数が平方数に対する比をもたず，E 上の正方形も ZH 上の正方形に対し，平方数が平方数に対する比をもたない。したがって E は ZH と長さにおいて通約できない。次に数 BA が $A\varGamma$ に対するように，ZH 上の正方形が $H\varTheta$ 上の正方形に対するようにされたとせよ。そうすれば ZH 上の正方形は $H\varTheta$ 上の正方形と通約できる。ところが ZH は有理線分である。ゆえに $H\varTheta$ も有理線分である。そして BA は $A\varGamma$ に対し，平方数が平方数に対する比をもたず，ZH 上の正方形も $\varTheta H$ 上の正方形に対し，平方数が平方数に対する比をもたない。したがって ZH は $H\varTheta$ と長さにおいて通約できない。ゆえに $ZH, H\varTheta$ は平方においてのみ通約できる有理線分である。したがって $Z\varTheta$ は二項線分である。

第 3 の二項線分でもあると主張する。

$\varDelta$ が AB に対するように，E 上の正方形が ZH 上の正方形に対し，BA が $A\varGamma$ に対す

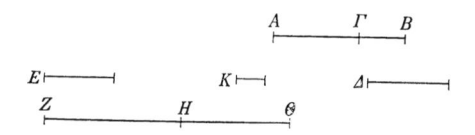

るように，ZH 上の正方形が $H\varTheta$ 上の正方形に対するから，等間隔比により $\varDelta$ が $A\varGamma$ に対するように，E 上の正方形が $H\varTheta$ 上の正方形に対する。ところが $\varDelta$ は $A\varGamma$ に対し，平方数が平方数に対する比をもたない。したがって E 上の正方形も $H\varTheta$ 上の正方形に対し，平方数が平方数に対する比をもたない。それゆえ E は $H\varTheta$ と長さにおいて通約できない。そして BA が $A\varGamma$ に対するように，ZH 上の正方形が $H\varTheta$ 上の正方形に対するから，ZH 上の正方形は $H\varTheta$ 上の正方形より大きい。そこで $H\varTheta, K$ 上の正方形の和が ZH 上の正方形に等しいとせよ。そうすれば反転比により AB が $B\varGamma$ に対するように，ZH 上の正方形が K 上の正方形に対する。ところが AB は $B\varGamma$ に対し，平方数が平方数に対する比をもつ。したがって ZH 上の正方形は K 上の正方形に対し，平方数が平方数に対する比をもつ。それゆえ ZH は K と長さにおいて通約できる。ゆえに ZH 上の正方形は $H\varTheta$ 上の正方形より ZH と通約できる線分上の正方形だけ大きい。そして $ZH, H\varTheta$ は平方においてのみ通約できる有理線分であり，それらのいずれも E と長さにおいて通約できない。

よって $Z\varTheta$ は第 3 の二項線分である。これが証明すべきことであった。

❦ 51 ❧

第 4 の二項線分を見いだすこと。

二つの数 $A\Gamma$, ΓB が定められ、AB が $B\Gamma$ に対しても $A\Gamma$ に対しても、平方数が平方数に対する比をもたないようにせよ。有理線分 $\varDelta$ が定められ、EZ が $\varDelta$ と長さにおいて通約できるとせよ。そうすれば EZ も有理線分である。そして数 BA が $A\Gamma$ に対するように、EZ 上の正方形が ZH 上の正方形に対するようにされたとせよ。そうすれば EZ 上の正方形は ZH 上の正方形と通約できる。それゆえ ZH も有理線分である。そして BA は $A\Gamma$ に対し、平方数が平方数に対する比をもたず、EZ 上の正方形は ZH 上の正方形に対し、平方数が平方数に対する比をもたないから、EZ は ZH と長さにおいて通約できない。それゆえ EZ, ZH は平方においてのみ通約できる有理線分である。したがって EH は二項線分である。

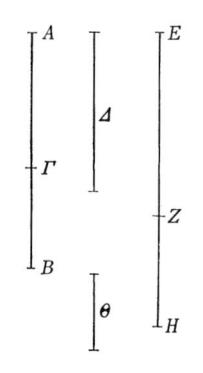

次に第4の二項線分でもあると主張する。BA が $A\Gamma$ に対するように、EZ 上の正方形が ZH 上の正方形に対するから、EZ 上の正方形は ZH 上の正方形より大きい。そこで ZH, Θ 上の正方形の和が EZ 上の正方形に等しいとせよ。そうすれば反転比により数 AB が $B\Gamma$ に対するように、EZ 上の正方形が Θ 上の正方形に対する。ところが AB は $B\Gamma$ に対し、平方数が平方数に対する比をもたない。したがって EZ 上の正方形も Θ 上の正方形に対し、平方数が平方数に対する比をもたない。ゆえに EZ は Θ と長さにおいて通約できない。したがって EZ 上の正方形は HZ 上の正方形より EZ と通約できない線分上の正方形だけ大きい。そして EZ, ZH は平方においてのみ通約できる有理線分であり、EZ は $\varDelta$ と長さにおいて通約できない。

よって EH は第4の二項線分である。これが証明すべきことであった。

～ 52 ～

第5の二項線分を見いだすこと。

二つの数 $A\Gamma$, ΓB が定められ、AB がそれらの双方に対し、平方数が平方数に対する比をもたないようにし、ある有理線分 $\varDelta$ が定められ、EZ が $\varDelta$ と通約できるとせよ。そうすれば EZ は有理線分である。そして ΓA が AB に対するように、EZ 上の正方形が ZH 上の正方形に対するようにされたとせよ。ところが ΓA は AB に対し、平方数が平方数に対する比をもたない。したがって EZ 上の正方形も ZH 上の正方形に対し、平方数が平方数に対する比をもたない。ゆえに EZ, ZH は平方においてのみ通約できる有理線分である。したが

って EH は二項線分である。

次に第5の二項線分でもあると主張する。

ΓA が AB に対するように，EZ 上の正方形が ZH 上の正方形に対するから，逆に BA が $A\Gamma$ に対するように，ZH 上の正方形が ZE 上の正方形に対する。したがって HZ 上の正方形は ZE 上の正方形より大きい。そこで EZ, Θ 上の正方形の和が HZ 上の正方形に等しいとせよ。そうすれば反転比により数 AB が $B\Gamma$ に対するように，HZ 上の正方形が Θ 上の正方形に対する。ところが AB は $B\Gamma$ に対し，平方数が平方数に対する比をもたない。したがって ZH 上の正方形も Θ 上の正方形に対し，平方数が平方数に対する比をもたない。それゆえ ZH は Θ と長さにおいて通約できない。したがって ZH 上の正方形は ZE 上の正方形より ZH と通約できない線分上の正方形だけ大きい。そして HZ, ZE は平方においてのみ通約できる有理線分であり，小さい項 EZ が定められた有理線分 $\varDelta$ と長さにおいて通約できる。

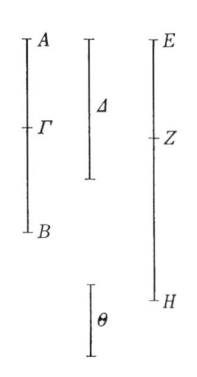

よって EH は第5の二項線分である。これが証明すべきことであった。

～ 53 ～

第6の二項線分を見いだすこと。

二つの数 $A\Gamma, \Gamma B$ が定められ，AB がそれらの双方に対し，平方数が平方数に対する比をもたないとせよ。そして平方数でない他の数 $\varDelta$ があり，$BA, A\Gamma$ のおのおのに対し，平方数が平方数に対する比をもたないとされ，ある有理線分 E が定められ，$\varDelta$ が AB に対するように，E 上の正方形が ZH 上の正方形に対するようにされたとせよ。そうすれば E 上の正方形は ZH 上の正方形と通約できる。そして E は有理線分である。したがって ZH も有理線分である。そして $\varDelta$ は AB に対し，平方数が平方数に対する比をもたないから，E 上の正方形も ZH 上の正方形に対し，平方数が平方数に対する比をもたない。したがって E は ZH と長さにおいて通約できない。また BA が $A\Gamma$ に対するように，ZH 上の正方形が $H\Theta$ 上の正方形に対するようにされたとせよ。そうすれば ZH 上の正方形は ΘH 上の正方形と通約できる。それゆえ ΘH 上の正方形は有理面積である。ゆえに ΘH は有理線分である。そして BA は $A\Gamma$ に対し，平方数が平方数に対する比をもたないから，ZH 上の正方形も $H\Theta$ 上

の正方形に対し，平方数が平方数に対する比をもたない。したがって ZH は $H\Theta$ と長さにおいて通約できない。それゆえ ZH, $H\Theta$ は平方においてのみ通約できる有理線分である。ゆえに $Z\Theta$ は二項線分である。

次に第6の二項線分であることも証明しなければならない。

Δ が AB に対するように，E 上の正方形が ZH 上の正方形に対し，BA が $A\Gamma$ に対するように，ZH 上の正方形が $H\Theta$ 上の正方形に対するから，等間隔比により Δ が $A\Gamma$ に対するように，E 上の正方形が $H\Theta$ 上の正方形に対する。ところが Δ は $A\Gamma$ に対し，平方数が平方数に対する比をもたない。したがって E 上の正方形も $H\Theta$ 上の正方形に対し，平方数が平方数に対する比をもたない。ゆえに E は $H\Theta$ と長さにおいて通約できない。ところが ZH とも通約できないことが先に証明された。したがって ZH, $H\Theta$ の双方は E と長さにおいて通約できない。そして BA が $A\Gamma$ に対するように，ZH 上の正方形が $H\Theta$ 上の正方形に対するから，ZH 上の正方形は $H\Theta$ 上の正方形より大きい。そこで $H\Theta$, K 上の正方形の和が ZH 上の正方形に等しいとせよ。そうすれば反転比により AB が $B\Gamma$ に対するように，ZH 上の正方形が K 上の正方形に対する。ところが AB は $B\Gamma$ に対し，平方数が平方数に対する比をもたない。したがって ZH 上の正方形も K 上の正方形に対し，平方数が平方数に対する比をもたない。それゆえ ZH は K と長さにおいて通約できない。ゆえに ZH 上の正方形は $H\Theta$ 上の正方形より ZH と通約できない線分上の正方形だけ大きい。そして ZH, $H\Theta$ は平方においてのみ通約できる有理線分であり，それらのいずれも定められた有理線分 E と長さにおいて通約できない。

よって $Z\Theta$ は第6の二項線分である。これが証明すべきことであった。

補助定理

二つの正方形 AB, $B\Gamma$ があり，ΔB が BE と一直線をなすようにおかれたとせよ。そうすれば ZB も BH と一直線をなす。そして平行四辺形 $A\Gamma$ が完結されたとせよ。$A\Gamma$ は正方形であり，ΔH は AB, $B\Gamma$ の比例中項であり，さらに $\Delta\Gamma$ は $A\Gamma$, ΓB の比例中項であると主張する。

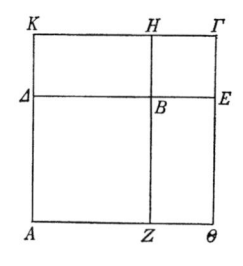

ΔB は BZ に，BE は BH に等しいから，ΔE 全体は ZH 全体に等しい。ところが ΔE は $A\Theta$, $K\Gamma$ の双方に等しく，ZH は AK, $\Theta\Gamma$ の双方に等しい。したがって $A\Theta$, $K\Gamma$ の双方は AK, $\Theta\Gamma$ の双方に等しい。それゆえ平行四辺形 $A\Gamma$ は等辺である。そして方形でも

ある。したがって $A\varGamma$ は正方形である。そして ZB が BH に対するように, $\varDelta B$ が BE に対し, 他方 ZB が BH に対するように, AB が $\varDelta H$ に対し, $\varDelta B$ が BE に対するように, $\varDelta H$ が $B\varGamma$ に対するから, AB が $\varDelta H$ に対するように, $\varDelta H$ が $B\varGamma$ に対する。したがって $\varDelta H$ は $AB, B\varGamma$ の比例中項である。

次に $\varDelta\varGamma$ は $A\varGamma, \varGamma B$ の比例中項であると主張する。

$A\varDelta$ は KH に, $\varDelta K$ は $H\varGamma$ にそれぞれ等しいから, $A\varDelta$ が $\varDelta K$ に対するように, KH が $H\varGamma$ に対し, そして合比により AK が $K\varDelta$ に対するように, $K\varGamma$ が $\varGamma H$ に対し, 他方 AK が $K\varDelta$ に対するように, $A\varGamma$ が $\varGamma\varDelta$ に対し, $K\varGamma$ が $\varGamma H$ に対するように, $\varDelta\varGamma$ が $\varGamma B$ に対するから, $A\varGamma$ が $\varDelta\varGamma$ に対するように, $\varDelta\varGamma$ が $B\varGamma$ に対する。したがって $\varDelta\varGamma$ は $A\varGamma, \varGamma B$ の比例中項である。これが証明すべく定められたことであった。

～ 54 ～

もし面積が有理線分と第1の二項線分とによってかこまれるならば, その面積に等しい正方形の辺は二項線分とよばれる無理線分である。

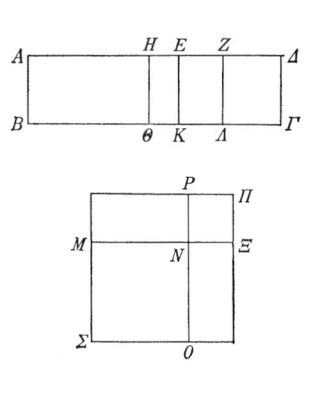

面積 $A\varGamma$ が有理線分 AB と第1の二項線分 $A\varDelta$ とによってかこまれるとせよ。面積 $A\varGamma$ に等しい正方形の辺は二項線分とよばれる無理線分であると主張する。

$A\varDelta$ は第1の二項線分であるから, E でその項に分けられ, AE が大きい項であるとせよ。そうすれば $AE, E\varDelta$ は平方においてのみ通約できる有理線分であり, AE 上の正方形は $E\varDelta$ 上の正方形より AE と通約できる線分上の正方形だけ大きく, AE は定められた有理線分 AB と長さにおいて通約できることは明らかである。$E\varDelta$ が点 Z で2等分されたとせよ。そうすれば AE 上の正方形は $E\varDelta$ 上の正方形より AE と通約できる線分上の正方形だけ大きいから, もし小さい項の上の正方形の4分の1, すなわち EZ 上の正方形に等しくて正方形だけ欠けている平行四辺形が大きい項 AE 上につくられたならば, それを通約できる部分に分ける。そこで AE 上に EZ 上の正方形に等しく矩形 AH, HE がつくられたとせよ。そうすれば AH は EH と長さにおいて通約できる。H, E, Z から $AB, \varGamma\varDelta$ のいずれかに平行に $H\varTheta, EK, Z\varLambda$ がひかれたとせよ。平行四辺形 $A\varTheta$ に等しく正方形 $\varSigma N$ が, HK に

等しく $N\varPi$ がつくられ，MN が $N\varXi$ と一直線をなすようにおかれたとせよ。そうすれば PN も NO と一直線をなす。そして平行四辺形 $\varSigma\varPi$ が完結されたとせよ。そうすれば $\varSigma\varPi$ は正方形である。そして矩形 AH, HE は EZ 上の正方形に等しいから，AH が EZ に対するように，ZE が EH に対する。したがって $A\varTheta$ が $E\varLambda$ に対するように，$E\varLambda$ が KH に対する。それゆえ $E\varLambda$ は $A\varTheta, HK$ の比例中項である。ところが $A\varTheta$ は $\varSigma N$ に等しく，HK は $N\varPi$ に等しい。したがって $E\varLambda$ は $\varSigma N, N\varPi$ の比例中項である。ところが MP も同じ $\varSigma N, N\varPi$ の比例中項である。したがって $E\varLambda$ は MP に等しい。したがって $O\varXi$ にも等しい。ところが $A\varTheta, HK$ は $\varSigma N, N\varPi$ に等しい。したがって $A\varGamma$ 全体は $\varSigma\varPi$ 全体に，すなわち $M\varXi$ 上の正方形に等しい。ゆえに $M\varXi$ は $A\varGamma$ に等しい正方形の辺である。

次に $M\varXi$ が二項線分であると主張する。

AH は HE と通約できるから，AE も AH, HE の双方と通約できる。ところが AE は AB とも通約できると仮定される。したがって AH, HE は AB と通約できる。そして AB は有理線分である。したがって AH, HE の双方も有理線分である。ゆえに $A\varTheta, HK$ の双方は有理面積であり，$A\varTheta$ は HK と通約できる。ところが $A\varTheta$ は $\varSigma N$ に，HK は $N\varPi$ に等しい。したがって $\varSigma N, N\varPi$，すなわち $MN, N\varXi$ 上の正方形は有理面積であり，通約できる。そして AE は $E\varLambda$ と長さにおいて通約できず，他方 AE は AH と通約でき，$\varDelta E$ は EZ と通約できるから，AH も EZ と通約できない。したがって $A\varTheta$ も $E\varLambda$ と通約できない。ところが $A\varTheta$ は $\varSigma N$ に，$E\varLambda$ は MP に等しい。したがって $\varSigma N$ は MP と通約できない。ところが $\varSigma N$ が MP に対するように，ON が NP に対する。したがって ON は NP と通約できない。ところが ON は MN に，NP は $N\varXi$ に等しい。したがって MN は $N\varXi$ と通約できない。そして MN 上の正方形は $N\varXi$ 上の正方形と通約でき，双方は有理面積である。したがって $MN, N\varXi$ は平方においてのみ通約できる有理線分である。

よって $M\varXi$ は二項線分であり，$A\varGamma$ に等しい正方形の辺である。これが証明すべきことであった。

～ 55 ～

もし面積が有理線分と第2の二項線分とにかこまれるならば，その面積に等しい正方形の辺は第1の双中項線分とよばれる無理線分である。

　　面積 $AB\varGamma\varDelta$ が有理線分 AB と第2の二項線分 $A\varDelta$ とによってかこまれるとせよ。
　　面積 $A\varGamma$ に等しい正方形の辺は第1の双中項線分であると主張する。

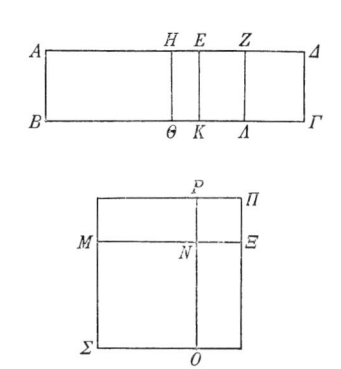

$A\varDelta$ は第2の二項線分であるから，E でその項に分けられ，AE が大きい項であるとせよ。そうすれば AE, $E\varDelta$ は平方においてのみ通約できる有理線分であり，AE 上の正方形は $E\varDelta$ 上の正方形より AE と通約できる線分上の正方形だけ大きく，小さい項 $E\varDelta$ は AB と長さにおいて通約できる。$E\varDelta$ が Z で2等分され，EZ 上の正方形に等しく AE 上に正方形だけ欠けている矩形 AHE がつくられたとせよ。そうすれば AH は HE と長さにおいて通約できる。H, E, Z を通り $AB, \varGamma\varDelta$ に平行に $H\varTheta, EK, Z\varLambda$ がひかれ，平行四辺形 $A\varTheta$ に等しい正方形 $\varSigma N$ がつくられ，正方形 $N\varPi$ が HK に等しく，MN が $N\varXi$ と一直線をなすようにおかれたとせよ。そうすれば PN も NO と一直線をなす。正方形 $\varSigma \varPi$ が完結されたとせよ。すると先の証明から MP が $\varSigma N, N\varPi$ の比例中項であり，$E\varDelta$ に等しく，そして $M\varXi$ が面積 $A\varGamma$ に等しい正方形の辺であることは明らかである。そこで $M\varXi$ が第1の双中項線分であることを証明しなければならない。AE は $E\varDelta$ と長さにおいて通約できず，$E\varDelta$ は AB と通約できるから，AE は AB と通約できない。そして AH は EH と通約できるから，AE も AH, HE の双方と通約できる。ところが AE は AB と長さにおいて通約できない。したがって AH, HE は AB と通約できない。ゆえに BA と AH, HE は平方においてのみ通約できる有理線分である。したがって $A\varTheta, HK$ の双方は中項面積である。したがって $\varSigma N, N\varPi$ の双方も中項面積である。それゆえ $MN, N\varXi$ は中項線分である。そして AH は HE と長さにおいて通約できるから，$A\varTheta$ も HK と，すなわち $\varSigma N$ は $N\varPi$ と，すなわち MN 上の正方形は $N\varXi$ 上の正方形と通約できる。そして AE は $E\varDelta$ と長さにおいて通約できず，他方 AE は AH と通約でき，$E\varDelta$ は EZ と通約できるから，AH は EZ と通約できない。したがって $A\varTheta$ も $E\varLambda$ と通約できない，すなわち $\varSigma N$ は MP と，すなわち ON は NP と，すなわち MN は $N\varXi$ と長さにおいて通約できない。ところが $MN, N\varXi$ が中項線分であり，平方において通約できることが先に証明された。したがって $MN, N\varXi$ は平方においてのみ通約できる中項線分である。次に有理面積をかこむと主張する。$\varDelta E$ は AB, EZ の双方と通約できると仮定されるから，EZ も EK と通約できる。そしてそれらの双方は有理線分である。したがって $E\varLambda$, すなわち MP は有理面積である。そして MP は矩形 $MN\varXi$ である。ところがもし面積においてのみ通約でき，有理面積をかこむ二つの中項線分が加えられるならば，全体は無理線分であり，第1の双中項線分とよばれる。

よって $M\varXi$ は第1の双中項線分である。これが証明すべきことであった。

〜 56 〜

もし面積が有理線分と第3の二項線分とによってかこまれるならば，その面積に等しい正方形の辺は第2の双中項線分とよばれる無理線分である。

面積 $AB\Gamma\Delta$ が有理線分 AB と第3の二項線分 $A\Delta$ とによってかこまれ，$A\Delta$ は E でその項に分けられ，AE が大きい項であるとせよ。面積 $A\Gamma$ に等しい正方形の辺は第2の双中項線分とよばれる無理線分であると主張する。

前と同じ作図がなされたとせよ。そうすれば $A\Delta$ は第3の二項線分であるから，$AE, E\Delta$ は平方においてのみ通約できる有理線分であり，AE 上の正方形は $E\Delta$ 上の正方形よりも AE と通約できる線分上の正方形だけ大きく，$AE, E\Delta$ のいずれも AB と長さにおいて通約できない。そこで先の証明と同様にして，$M\Xi$ が面積 $A\Gamma$ に等しい正方形の辺であり，$MN, N\Xi$ が平方においてのみ通約できる中項線分であることを証明しうる。したがって $M\Xi$ は双中項線分である。

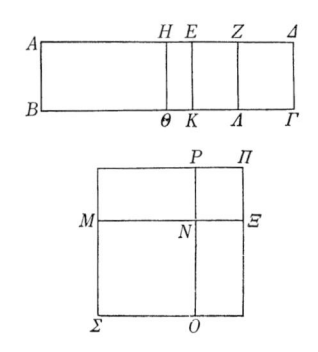

次に第2の双中項線分であることも証明しなければならない。

ΔE は AB，すなわち EK と長さにおいて通約できず，ΔE は EZ と通約できるから，EZ は EK と長さにおいて通約できない。そしてそれらは有理線分である。したがって ZE, EK は平方においてのみ通約できる有理線分である。ゆえに $E\Delta$，すなわち MP は中項面積である。そして $MN\Xi$ によってかこまれる。したがって矩形 $MN\Xi$ は中項面積である。

よって $M\Xi$ は第2の双中項線分である。これが証明すべきことであった。

〜 57 〜

もし面積が有理線分と第4の二項線分によってかこまれるならば，その面積に等しい正方形の辺は優線分とよばれる無理線分である。

面積 $A\Gamma$ が有理線分 AB と第4の二項線分 $A\Delta$ とによってかこまれ，$A\Delta$ は E でその項に分けられ，AE が大きい項であるとせよ。面積 $A\Gamma$ に等しい正方形の辺は優線分とよばれる無理線分であると主張する。

$A\varDelta$ は第4の二項線分であるから，AE，$E\varDelta$ は平方においてのみ通約できる有理線分であり，AE 上の正方形は $E\varDelta$ 上の正方形より AE と通約できない線分上の正方形だけ大きく，AE は AB と長さにおいて通約できる。$\varDelta E$ が Z で2等分され，EZ 上の正方形に等しく AE 上に平行四辺形 AH，HE がつくられたとせよ。そうすれば AH は HE と長さにおいて通約できない。AB に平行に $H\varTheta$，EK，$Z\varLambda$ がひかれ，残りの作図もこの前と同じようにされたとせよ。そうすれば $M\varXi$ が面積 $A\varGamma$ に等しい正方形の辺であることは明らかである。次に $M\varXi$ が優線分とよばれる無理線分であることを証明しなければならない。AH は EH と長さにおいて通約できないから，$A\varTheta$ は HK と，すなわち $\varSigma N$ は $N\varPi$ と通約できない。したがって MN，$N\varXi$ は平方において通約できない。そして AE は AB と長さにおいて通約でき，AK は有理面積であり，MN，$N\varXi$ 上の正方形の和に等しい。したがって MN，$N\varXi$ 上の正方形の和は有理面積である。そして $\varDelta E$ は AB と，すなわち EK と長さにおいて通約できず，他方 $\varDelta E$ は EZ と通約できるから，EZ は EK と長さにおいて通約できない。したがって EK，EZ は平方においてのみ通約できる有理線分である。ゆえに $\varLambda E$，すなわち MP は中項面積である。そして MN，$N\varXi$ によってかこまれる。したがって矩形 MN，$N\varXi$ は中項面積である。そして MN，$N\varXi$ 上の正方形の和は有理面積であり，MN，$N\varXi$ は平方において通約できない。ところがもし平方において通約できず，それらの上の正方形の和を有理面積とし，それらによってかこまれる矩形を中項面積とする2線分が加えられるならば，全体は無理線分であり，優線分とよばれる。

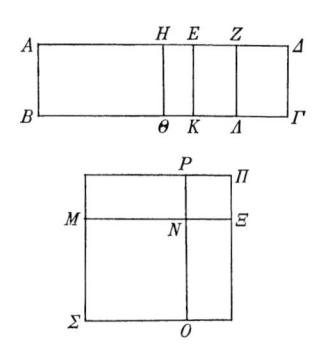

よって $M\varXi$ は優線分とよばれる無理線分であり，面積 $A\varGamma$ に等しい正方形の辺である。これが証明すべきことであった。

≈ 58 ≈

もし面積が有理線分と第5の二項線分とによってかこまれるならば，その面積に等しい正方形の辺は中項面積と有理面積の和に等しい正方形の辺とよばれる無理線分である。

面積 $A\varGamma$ が有理線分 AB と第5の二項線分 $A\varDelta$ とによってかこまれ，$A\varDelta$ は E で

その項に分けられ，AE が大きい項であるとせよ。面積 $A\Gamma$ に等しい正方形の辺は 中項面積と有理の和に等しい正方形の辺とよばれる無理線分であると主張する。

先の証明と同じ作図がなされたとせよ。そうすれば $M\Xi$ が面積 $A\Gamma$ に等しい正方形の辺であることは明らかである。そこで $M\Xi$ が中項面積と有理面積の和に等しい正方形の辺であることを証明しなければならない。AH は HE と通約できないから，$A\Theta$ は ΘE と，すなわち MN 上の正方形は $N\Xi$ 上の正方形と通約できない。したがって MN, $N\Xi$ は平方において通約できない。そして $A\Delta$ は第 5 の二項線分であり，$E\Delta$ はその小さい項であるから，$E\Delta$ は AB と長さにおいて通約できる。ところが AE は $E\Delta$ と通約できない。したがって AB も AE と長さにおいて通約できない。それゆえ AK, すなわち MN, $N\Xi$ 上の正方形の和は中項面積である。そして ΔE は AB と，すなわち EK と長さにおいて通約でき，他方 ΔE は EZ と通約できるから，EZ も EK と通約できる。そして EK は有理線分である。したがって $E\Lambda$, すなわち MP, すなわち矩形 $MN\Xi$ も有理面積である。ゆえに MN, $N\Xi$ は平方において通約できず，それらの上の正方形の和を中項面積とし，それらによってかこまれる矩形を有理面積とする線分である。

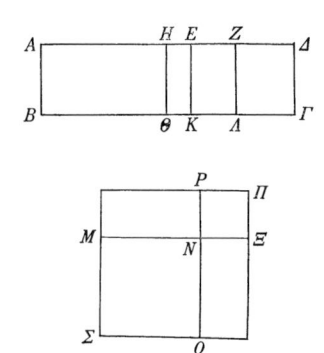

よって $M\Xi$ は中項面積と有理面積の和に等しい正方形の辺であり，面積 $A\Gamma$ に等しい正方形の辺である。これが証明すべきことであった。

～ 59 ～

もし面積が有理線分と第 6 の二項線分とによってかこまれるならば，その面積に等しい正方形の辺は二つの中項面積の和に等しい正方形の辺とよばれる無理線分である。

面積 $AB\Gamma\Delta$ が有理線分 AB と第 6 の二項線分 $A\Delta$ とによってかこまれ，$A\Delta$ は E でその項に分けられ，AE が大きい項であるとせよ。$A\Gamma$ に等しい正方形の辺は二つの中項面積の和に等しい正方形の辺であると主張する。

先の証明と同じ作図がなされたとせよ。そうすれば $M\Xi$ が $A\Gamma$ に等しい正方形の辺であり，MN が $N\Xi$ と平方において通約できないことは明らかである。そして EA は AB と長さにおいて通約できないから，EA, AB は平方においてのみ通約できる有理線分である。

したがって AK, すなわち MN, $N\Xi$ 上の正方形の和は中項面積である。また $E\varLambda$ は AB と長さにおいて通約できないから, ZE も EK と通約できない。したがって ZE, EK は平方においてのみ通約できる有理線分である。ゆえに $E\varLambda$, すなわち MP, すなわち矩形 $MN\Xi$ は中項面積である。そして AE は EZ と通約できないから, AK も $E\varLambda$ と通約できない。ところが AK は MN, $N\Xi$ 上の正方形の和であり, $E\varLambda$ は矩形 $MN\Xi$ である。したがって MN, $N\Xi$ 上の正方形の和は矩形 $MN\Xi$ と通約できない。そしてそれらの双方は中項面積であり, MN, $N\Xi$ は平方において通約できない。

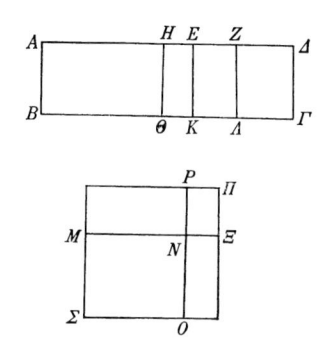

よって $M\Xi$ は二つの中項面積の和に等しい正方形の辺であり, $A\varGamma$ に等しい正方形の辺である。これが証明すべきことであった*)。

⁓ 60 ⁓

二項線分上の正方形に等しい矩形は, 有理線分上につくられると, 第1の二項線分を幅とする。

AB を $\varGamma$ でその項に分けられ, $A\varGamma$ を大きい項とする二項線分とし, 有理線分 $\varDelta E$ が定められ, AB 上の正方形に等しく $\varDelta E$ 上に $\varDelta H$ を幅とする矩形 $\varDelta EZH$ がつくられたとせよ。$\varDelta H$ は第1の二項線分であると主張する。

---

*) 定義 II において, 第1 ないし第6の二項線分が定義され, 命題 48-53 において, これらの線分が全部作図可能なことが確かめられたのち, 命題 54-59 は, これらの6種の無理線分を使って命題 36-41 で与えられる和としての無理線分を与え得ることを示す. すなわち,

命題 54 $\sqrt{\text{有理線分} \times \text{第1の二項線分}}$ は二項線分である. ここで $\sqrt{}$ は根号内の2線分の包む方形の面積をもつ正方形の1辺を表わすこととする. 以下同様の意味にこの記号をつかう.

命題 55 $\sqrt{\text{有理線分} \times \text{第2の二項線分}}$ は第1の双中項線分である.

命題 56 $\sqrt{\text{有理線分} \times \text{第3の二項線分}}$ は第2の双中項線分である.

命題 57 $\sqrt{\text{有理線分} \times \text{第4の二項線分}}$ は優線分である.

命題 58 $\sqrt{\text{有理線分} \times \text{第5の二項線分}} = \sqrt{\text{中項面積}+\text{有理面積}}$

命題 59 $\sqrt{\text{有理線分} \times \text{第6の二項線分}} = \sqrt{\text{二つの中項面積の和}}$

命題 60-65 はこの逆である.

$\varDelta E$ 上に $A\varGamma$ 上の正方形に等しく $\varDelta\varTheta$ が, $B\varGamma$ 上の正方形に等しく $K\varLambda$ がつくられたとせよ。そうすれば残りの矩形 $A\varGamma, \varGamma B$ の2倍は MZ に等しい。MH が N で2等分され, $M\varLambda, HZ$ の双方に平行に $N\varXi$ がひかれたとせよ。そうすれば $M\varXi, NZ$ の双方は矩形 $A\varGamma B$ に等しい。そして AB は $\varGamma$ でその項に分けられた二項線分であるから, $A\varGamma, \varGamma B$ は平方においてのみ通約できる有理線分である。したがって $A\varGamma, \varGamma B$ 上の正方形は有理面積であり互いに通約できる。ゆえに $A\varGamma, \varGamma B$ 上の正方形の和も有理面積である。そして $\varDelta\varLambda$ に等しい。したがって $\varDelta\varLambda$ も有理面積である。そして有理線分 $\varDelta E$ 上にある。それゆえ $\varDelta M$ は有理線分であり $\varDelta E$ と長さにおいて通約できる。また $A\varGamma, \varGamma B$ は平方においてのみ通約できる有理線分であるから, 矩形 $A\varGamma, \varGamma B$ の2倍, すなわち MZ は中項面積である。そして有理線分 $M\varLambda$ 上にある。したがって MH も有理線分であり, $M\varLambda$, すなわち $\varDelta E$ と長さにおいて通約できない。ところが $M\varDelta$ も有理線分であり, $\varDelta E$ と長さにおいて通約できる。したがって $\varDelta M$ は MH と長さにおいて通約できない。そしてそれらは有理線分である。したがって $\varDelta M, MH$ は平方においてのみ通約できる有理線分である。ゆえに $\varDelta H$ は二項線分である。

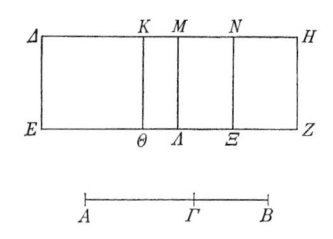

次に第1の二項線分でもあることを証明しなければならない。

矩形 $A\varGamma B$ は $A\varGamma, \varGamma B$ 上の正方形の比例中項であるから, $M\varXi$ も $\varDelta\varTheta, K\varLambda$ の比例中項である。したがって $\varDelta\varTheta$ が $M\varXi$ に対するように, $M\varXi$ が $K\varLambda$ に対する, すなわち $\varDelta K$ が MN に対するように, MN が MK に対する。したがって矩形 $\varDelta K, KM$ は MN 上の正方形に等しい。そして $A\varGamma$ 上の正方形は $\varGamma B$ 上の正方形と通約できるから, $\varDelta\varTheta$ も $K\varLambda$ と通約できる。したがって $\varDelta K$ も KM と通約できる。そして $A\varGamma, \varGamma B$ 上の正方形は矩形 $A\varGamma, \varGamma B$ の2倍より大きいから, $\varDelta\varLambda$ も MZ より大きい。したがって $\varDelta M$ も MH より大きい。そして矩形 $\varDelta K, KM$ は MN 上の正方形に, すなわち MH 上の正方形の4分の1に等しく, $\varDelta K$ は KM と通約できる。ところがもし二つの不等な線分があり, 小さい線分上の正方形の4分の1に等しくて正方形だけ欠けている平行四辺形が大きい線分上につくられ, それを通約できる部分に分けるならば, 大きい線分上の正方形は小さい線分上の正方形より大きい線分と通約できる線分上の正方形だけ大きい。したがって $\varDelta M$ 上の正方形は MH 上の正方形よりも $\varDelta M$ と通約できる線分上の正方形だけ大きい。そして $\varDelta M, MH$ は有理線分であり, 大きい項 $\varDelta M$ は定められた有理線分 $\varDelta E$ と長さにおいて通約できる。

よって $\varDelta H$ は第1の二項線分である。これが証明すべきことであった。

☙ 61 ❧

第1の双中項線分上の正方形に等しい矩形は，有理線分上につくられると，第2の二項線分を幅とする。

AB を Γ で二つの中項線分に分けられ，$A\Gamma$ を大きい部分とする第1の双中項線分とし，有理線分 $\varDelta E$ が定められ，$\varDelta E$ 上に AB 上の正方形に等しく $\varDelta H$ を幅とする矩形 $\varDelta Z$ がつくられたとせよ。$\varDelta H$ は第2の二項線分であると主張する。

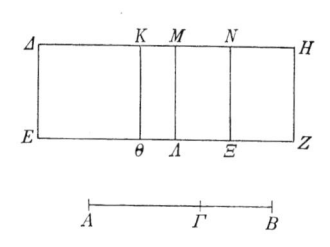

前と同じ作図がなされたとせよ。そうすれば AB は Γ で分けられた第1の双中項線分であるから，$A\Gamma$，ΓB は平方においてのみ通約でき，有理面積をかこむ中項線分である。したがって $A\Gamma$，ΓB 上の正方形の和も中項面積である。ゆえに $\varDelta \varLambda$ は中項面積である。そして有理線分 $\varDelta E$ 上につくられた。したがって $M\varDelta$ は有理線分であり $\varDelta E$ と長さにおいて通約できない。また矩形 $A\Gamma$，ΓB の2倍は有理面積であるから，MZ も有理面積である。そして有理線分 $M\varLambda$ 上にある。したがって MH も有理線分であり，$M\varLambda$，すなわち $\varDelta E$ と長さにおいて通約できる。したがって $\varDelta M$ は MH と長さにおいて通約できない。そして有理線分である。それゆえ $\varDelta M$，MH は平方においてのみ通約できる有理線分である。したがって $\varDelta H$ は二項線分である。

次に第2の二項線分でもあることを証明しなければならない。

$A\Gamma$，ΓB 上の正方形は矩形 $A\Gamma$，ΓB の2倍より大きいから，$\varDelta \varLambda$ も MZ より大きい。したがって $\varDelta M$ も MH より大きい。そして $A\Gamma$ 上の正方形は ΓB 上の正方形と通約できるから，$\varDelta \Theta$ も $K\varLambda$ と通約できる。したがって $\varDelta K$ も KM と通約できる。そして矩形 $\varDelta KM$ は MN 上の正方形に等しい。したがって $\varDelta M$ 上の正方形は MH 上の正方形より $\varDelta M$ と通約できる線分上の正方形だけ大きい。そして MH は $\varDelta E$ と長さにおいて通約できる。

よって $\varDelta H$ は第2の二項線分である。

☙ 62 ❧

第2の双中項線分上の正方形に等しい矩形は，有理線分上につくられると，第3の二項線分を幅とする。

AB を $\varGamma$ で二つの中項線分に分けられ，$A\varGamma$ を大きい部分とする第 2 の双中項線分とし，$\varDelta E$ をある有理線分とし，そして $\varDelta E$ 上に AB 上の正方形に等しく $\varDelta H$ を幅とする矩形 $\varDelta Z$ がつくられたとせよ．$\varDelta H$ は第 3 の二項線分であると主張する．

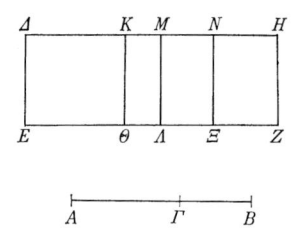

先の証明と同じ作図がなされたとせよ．そうすれば AB は $\varGamma$ で分けられた第 2 の双中項線分であるから，$A\varGamma$, $\varGamma B$ は平方においてのみ通約でき，中項面積をかこむ中項線分である．したがって $A\varGamma$, $\varGamma B$ 上の正方形の和は中項面積である．そして $\varDelta\varLambda$ に等しい．したがって $\varDelta\varLambda$ も中項面積であり，有理線分 $\varDelta E$ 上にある．それゆえ $M\varDelta$ も有理線分であり，$\varDelta E$ と長さにおいて通約できない．同じ理由で MH も有理線分であり，$M\varLambda$，すなわち $\varDelta E$ と長さにおいて通約できない．したがって $\varDelta M$, MH の双方は有理線分であり，$\varDelta E$ と長さにおいて通約できない．そして $A\varGamma$ は $\varGamma B$ と長さにおいて通約できず，$A\varGamma$ が $\varGamma B$ に対するように，$A\varGamma$ 上の正方形が矩形 $A\varGamma B$ に対するから，$A\varGamma$ 上の正方形も矩形 $A\varGamma B$ と通約できない．したがって $A\varGamma$, $\varGamma B$ 上の正方形の和は矩形 $A\varGamma B$ の 2 倍と，すなわち $\varDelta\varLambda$ は MZ と通約できない．それゆえ $\varDelta M$ も MH と通約できない．そして有理線分である．ゆえに $\varDelta H$ は二項線分である．

第 3 の二項線分でもあることを証明しなければならない．

前と同様にして $\varDelta M$ が MH より大きく，$\varDelta K$ が KM と通約できることを結論しよう．そして矩形 $\varDelta KM$ は MN 上の正方形に等しい．したがって $\varDelta M$ 上の正方形は MH 上の正方形より $\varDelta M$ と通約できる線分上の正方形だけ大きい．そして $\varDelta M$, MH のいずれも $\varDelta E$ と長さにおいて通約できない．

よって $\varDelta H$ は第 3 の二項線分である．これが証明すべきことであった．

～ 63 ～

優線分の上の正方形に等しい矩形は，有理線分上につくられると，第 4 の二項線分を幅とする．

AB を $\varGamma$ で分けられ，$A\varGamma$ が $\varGamma B$ より大きい優線分とし，$\varDelta E$ を有理線分とし，AB 上の正方形に等しく，$\varDelta E$ 上に $\varDelta H$ を幅とする矩形 $\varDelta Z$ がつくられたとせよ．$\varDelta H$ は第 4 の二項線分であると主張する．

先の証明と同じ作図がなされたとせよ。そうすれば AB は $\varGamma$ で分けられた優線分であるから，$A\varGamma$，$\varGamma B$ は平方において通約できず，それらの上の正方形の和を有理面積とし，それらによってかこまれる矩形を中項面積とする。そこで $A\varGamma$，$\varGamma B$ 上の正方形の和は有理面積であるから，$\varDelta\varLambda$ は有理面積である。したがって $\varDelta M$ も有理線分であり，$\varDelta E$ と長さにおいて通約できる。また矩形 $A\varGamma$，$\varGamma B$ の2倍，すなわち MZ は中項面積であり，有理線分 $M\varLambda$ 上にあるから，MH も有理線分であり，$\varDelta E$ と長さにおいて通約できない。したがって $\varDelta M$ も MH と長さにおいて通約できない。ゆえに $\varDelta M$，MH は平方においてのみ通約できる有理線分である。したがって $\varDelta H$ は二項線分である。

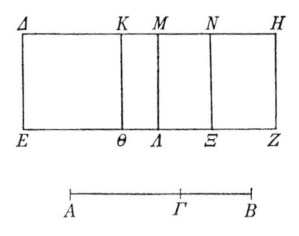

第4の二項線分でもあることを証明しなければならない。

前と同様にして，$\varDelta M$ は MH より大きく，そして矩形 $\varDelta KM$ は MN 上の正方形に等しいことを証明しうる。そうすれば $A\varGamma$ 上の正方形は $\varGamma B$ 上の正方形と通約できないから，$\varDelta\varTheta$ も $K\varLambda$ と通約できない。したがって $\varDelta K$ も KM と通約できない。ところがもし二つの不等な線分があり，小さい線分上の正方形の4分の1に等しくて正方形だけ欠けている平行四辺形が大きい線分上につくられ，それを通約できない部分に分けるならば，大きい線分上の正方形は小さい線分上の正方形より大きい線分と長さにおいて通約できない線分上の正方形だけ大きい。したがって $\varDelta M$ 上の正方形は MH 上の正方形より $\varDelta M$ と通約できない線分上の正方形だけ大きい。そして $\varDelta M$，MH は平方においてのみ通約できる有理線分であり，$\varDelta M$ は定められた有理線分 $\varDelta E$ と通約できる。

よって $\varDelta H$ は第4の二項線分である。これが証明すべきことであった。

64

中項面積と有理面積の和に等しい正方形の辺の上の正方形に等しい矩形は，有理線分上につくられると，第5の二項線分を幅とする。

AB を $\varGamma$ で二つの線分に分けられ，$A\varGamma$ を大きい部分とする中項面積と有理面積の和に等しい正方形の辺とし，有理線分 $\varDelta E$ が定められ，そして AB 上の正方形に等しく $\varDelta E$ 上に $\varDelta H$ を幅とする矩形 $\varDelta Z$ がつくられたとせよ。$\varDelta H$ は第5の二項線分であると主張する。

この前と同じ作図がなされたとせよ。そうすれば AB は $\varGamma$ で分けられた中項面積と有理

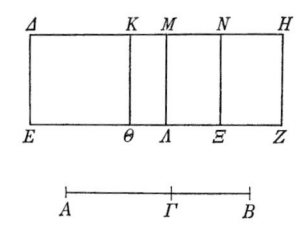

面積の和に等しい正方形の辺であるから，$AΓ$, $ΓB$ は平方において通約できず，それらの上の正方形の和を中項面積とし，それらによってかこまれる矩形を有理面積とする。そして $AΓ$, $ΓB$ 上の正方形の和は中項面積であるから，$ΔΛ$ は中項面積である。したがって $ΔM$ は有理線分であり，$ΔE$ と長さにおいて通約できない。また矩形 $AΓB$ の2倍，すなわち MZ は有理面積であるから，MH は有理線分であり $ΔE$ と通約できる。したがって $ΔM$ は MH と通約できない。ゆえに $ΔM$, MH は平方においてのみ通約できる有理線分である。それゆえ $ΔH$ は二項線分である。

次に第5の二項線分でもあると主張する。

同様にして矩形 $ΔKM$ は MN 上の正方形に等しく，$ΔK$ は KM と長さにおいて通約できないことが証明されうる。したがって $ΔM$ 上の正方形は MH 上の正方形より $ΔM$ と通約できない線分上の正方形だけ大きい。そして $ΔM$, MH は平方においてのみ通約でき，小さい MH は $ΔE$ と長さにおいて通約できる。

よって $ΔH$ は第5の二項線分である。これが証明すべきことであった。

⌘ 65 ⌘

二つの中項面積の和に等しい正方形の辺の上の正方形に等しい矩形は，有理線分上につくられると，第6の二項線分を幅とする。

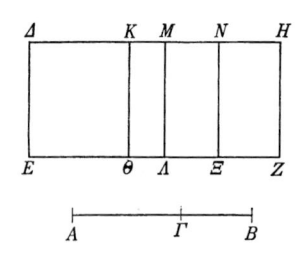

AB を $Γ$ で分けられた二つの中項面積の和に等しい正方形の辺とし，$ΔE$ を有理線分とし，$ΔE$ 上に AB 上の正方形に等しく $ΔH$ を幅とする矩形 $ΔZ$ がつくられたとせよ。$ΔH$ は第6の二項線分であると主張する。

前と同じ作図がなされたとせよ。そうすれば AB は $Γ$ で分けられた二つの中項面積の和に等しい正方形の辺であるから，$AΓ$, $ΓB$ は平方において通約できず，それらの上の正方形の和を中項面積とし，それらによってかこまれる矩形を中項面積とし，さらにそれらの上の正方形の和がそれらによってかこまれる矩形と通約できないとする。したがって先の証明にしたがい，$ΔΛ$, MZ の双方は中項面積である。そして有理線分 $ΔE$ 上にある。したがって $ΔM$, MH の双方は有理線分であり $ΔE$ と長さにおいて通約でき

ない。そして $A\varGamma$, $\varGamma B$ 上の正方形の和は矩形 $A\varGamma$, $\varGamma B$ の2倍と通約できないから，$\varDelta\varLambda$ は MZ と通約できない。それゆえ $\varDelta M$ も MH と通約できない。ゆえに $\varDelta M$, MH は平方においてのみ通約できる有理線分である。したがって $\varDelta H$ は二項線分である。

次に第6の二項線分でもあると主張する。

同様にしてまた矩形 $\varDelta KM$ は MN 上の正方形に等しく，$\varDelta K$ は KM と長さにおいて通約できないことを証明しうる。そして同じ理由で $\varDelta M$ 上の正方形は MH 上の正方形より $\varDelta M$ と長さにおいて通約できない線分上の正方形だけ大きい。そして $\varDelta M$, MH のいずれも定められた有理線分 $\varDelta E$ と長さにおいて通約できない。

よって $\varDelta H$ は第6の二項線分である。これが証明すべきことであった。

66

二項線分と長さにおいて通約できる線分はそれ自身二項線分であり，順位において同じである。

AB を二項線分とし，$\varGamma\varDelta$ を AB と長さにおいて通約できるとせよ。$\varGamma\varDelta$ は二項線分であり AB と順位において同じであると主張する。

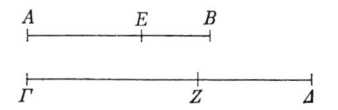

AB は二項線分であるから，E でその項に分けられたとし，AE を大きい項とせよ。そうすれば AE, EB は平方においてのみ通約できる有理線分である。AB が $\varGamma\varDelta$ に対するように，AE が $\varGamma Z$ に対するようにされたとせよ。そうすれば残りの EB が残りの $Z\varDelta$ に対するように，AB が $\varGamma\varDelta$ に対する。ところが AB は $\varGamma\varDelta$ と長さにおいて通約できる。したがって AE も $\varGamma Z$ と，EB も $Z\varDelta$ と通約できる。そして AE, EB は有理線分である。したがって $\varGamma Z$, $Z\varDelta$ も有理線分である。そして AE が $\varGamma Z$ に対するように，EB が $Z\varDelta$ に対する。それゆえいれかえて AE が EB に対するように，$\varGamma Z$ が $Z\varDelta$ に対する。ところが AE, EB は平方においてのみ通約できる。したがって $\varGamma Z$, $Z\varDelta$ も平方においてのみ通約できる。そして有理線分である。したがって $\varGamma\varDelta$ は二項線分である。

次に順位において AB と同じであると主張する。

AE 上の正方形は EB 上の正方形よりも AE と通約できる線分上の正方形かまたは AE と通約できない線分上の正方形だけ大きい。そこでもし AE 上の正方形が EB 上の正方形より AE と通約できる線分上の正方形だけ大きければ，$\varGamma Z$ 上の正方形も $Z\varDelta$ 上の正方形より

ΓZ と通約できる線分上の正方形だけ大きいであろう。そしてもし AE が定められた有理線分と通約できるならば，ΓZ もそれと通約できるであろう。そしてこのゆえに AB, $\Gamma\varDelta$ の双方は第1の二項線分である，すなわち順位において同じである。ところがもし EB が定められた有理線分と通約できるならば，$Z\varDelta$ もそれと通約でき，このゆえにまた AB と順位において同じであろう。なぜならそれらの双方は第2の二項線分であるから。ところがもし AE, EB のいずれも定められた有理線分と通約できないならば，ΓZ, $Z\varDelta$ のいずれもそれと通約できないであろう。そして双方は第3の二項線分である。そしてもし AE 上の正方形が EB 上の正方形より AE と通約できない線分上の正方形だけ大きいならば，ΓZ 上の正方形も $Z\varDelta$ 上の正方形より ΓZ と通約できない線分上の正方形だけ大きい。そしてもし AE が定められた有理線分と通約できるならば，ΓZ もそれと通約でき，双方は第4の二項線分である。ところがもし EB が通約できるならば，$Z\varDelta$ も通約でき，双方は第5の二項線分であろう。そしてもし AE, EB のいずれも通約できないならば，$\Gamma\varDelta$, $Z\varDelta$ のいずれも定められた有理線分と通約できず，双方は第6の二項線分であろう。

よって二項線分と長さにおいて通約できる線分は二項線分であり順位において同じである。これが証明すべきことであった。

～ 67 ～

双中項線分と長さにおいて通約できる線分はそれ自身双中項線分であり，順位において同じである。

AB を双中項線分とし，$\Gamma\varDelta$ を AB と長さにおいて通約できるとせよ。$\Gamma\varDelta$ は双中項線分であり AB と順位において同じであると主張する。

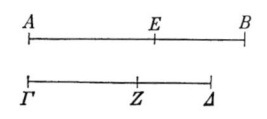

AB は双中項線分であるから，E で二つの中項線分に分けられたとせよ。そうすれば AE, EB は平方においてのみ通約できる中項線分である。そして AB が $\Gamma\varDelta$ に対するように，AE が ΓZ に対するようにされたとせよ。そうすれば残りの EB が残りの $Z\varDelta$ に対するように，AB が $\Gamma\varDelta$ に対する。ところが AB は $\Gamma\varDelta$ と長さにおいて通約できる。したがって AE, EB の双方も ΓZ, $Z\varDelta$ の双方と通約できる。そして AE, EB は中項線分である。それゆえ ΓZ, $Z\varDelta$ も中項線分である。そして AE が EB に対するように，ΓZ が $Z\varDelta$ に対し，AE, EB は平方においてのみ通約できるから，ΓZ, $Z\varDelta$ も平方においてのみ通約できる。ところが中項線分であることも証明された。したがって $\Gamma\varDelta$ は双中項線分である。

次に AB と順位において同じであると主張する。

AE が EB に対するように，ΓZ が $Z\varDelta$ に対するから，AE 上の正方形が矩形 AEB に対するように，ΓZ 上の正方形が矩形 $\Gamma Z\varDelta$ に対する。いれかえて AE 上の正方形が ΓZ 上の正方形に対するように，矩形 AEB が矩形 $\Gamma Z\varDelta$ に対する。ところが AE 上の正方形は ΓZ 上の正方形と通約できる。したがって矩形 AEB も矩形 $\Gamma Z\varDelta$ と通約できる。そこでもし矩形 AEB が有理積であるならば，矩形 $\Gamma Z\varDelta$ も有理面積である。そしてこのゆえに第1の双中項線分である。もし中項面積であるならば，中項面積であり，双方は第2の双中項線分である。

そしてこのゆえに $\Gamma\varDelta$ は AB と順位において同じである。これが証明すべきことであった。

～ 68 ～

優線分と通約できる線分はそれ自身優線分である。

AB を優線分とし，$\Gamma\varDelta$ を AB と通約できるとせよ。$\Gamma\varDelta$ は優線分であると主張する。

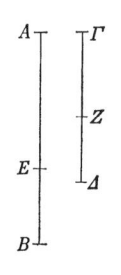

AB が E で分けられたとせよ。そうすれば AE, EB は平方において通約できず，それらの上の正方形の和を有理面積とし，それらによってかこまれる矩形を中項面積とする。前と同じ作図がなされたとせよ。そうすれば AB が $\Gamma\varDelta$ に対するように，AE が ΓZ に，EB が $Z\varDelta$ に対するから，AE が ΓZ に対するように，EB が $Z\varDelta$ に対する。ところが AB は $\Gamma\varDelta$ と通約できる。したがって AE, EB の双方も $\Gamma Z, Z\varDelta$ の双方と通約できる。そして AE が ΓZ に対するように，EB が $Z\varDelta$ に対し，いれかえて AE が EB に対するように，ΓZ が $Z\varDelta$ に対するから，合比により AB が BE に対するように，$\Gamma\varDelta$ が $\varDelta Z$ に対する。したがって AB 上の正方形が BE 上の正方形に対するように，$\Gamma\varDelta$ 上の正方形が $\varDelta Z$ 上の正方形に対する。同様にして AB 上の正方形が AE 上の正方形に対するように，$\Gamma\varDelta$ 上の正方形が ΓZ 上の正方形に対することを証明しうる。それゆえ AB 上の正方形が AE, EB 上の正方形の和に対するように，$\Gamma\varDelta$ 上の正方形が $\Gamma Z, Z\varDelta$ 上の正方形の和に対する。したがっていれかえて AB 上の正方形が $\Gamma\varDelta$ 上の正方形に対するように，AE, EB 上の正方形の和が $\Gamma Z, Z\varDelta$ 上の正方形の和に対する。ところが AB 上の正方形は $\Gamma\varDelta$ 上の正方形と通約できる。したがって AE, EB 上の正方形の和も $\Gamma Z, Z\varDelta$ 上の正方形の和と通約できる。そして AE, EB 上の正方形の和は有理面積であり，したがって $\Gamma Z, Z\varDelta$ 上の正方形の和も有理面積である。同様

にして矩形 AE, EB の2倍は矩形 $\Gamma Z, Z\Delta$ の2倍と通約できる。そして矩形 AE, EB の2倍は中項面積である。したがって矩形 $\Gamma Z, Z\Delta$ の2倍も中項面積である。ゆえに $\Gamma Z, Z\Delta$ は平方において通約できず，それらの上の正方形の和を有理面積とし，同時にそれらによってかこまれる矩形の2倍を中項面積とする。したがって全体 $\Gamma\Delta$ は優線分とよばれる無理線分である。

よって優線分と通約できる線分は優線分である。これが証明すべきことであった。

❦ 69 ❧

中項面積と有理面積の和に等しい正方形の辺と通約できる線分は中項面積と有理面積の和に等しい正方形の辺である。

AB を中項面積と有理面積の和に等しい正方形の辺とし，$\Gamma\Delta$ を AB と通約できるとせよ。$\Gamma\Delta$ も中項面積と有理面積の和に等しい正方形の辺であることを証明しなければならない。

AB が E で二つの線分に分けられたとせよ。そうすれば AE, EB は平方において通約できず，それらの上の正方形の和を中項面積とし，それらによってかこまれる矩形を有理面積とする。前と同じ作図がなされたとせよ。そうすれば同様にして $\Gamma Z, Z\Delta$ が平方において通約できず，AE, EB 上の正方形の和が $\Gamma Z, Z\Delta$ 上の正方形の和と，矩形 AE, EB が矩形 $\Gamma Z, Z\Delta$ と通約できることを証明しうる。したがって $\Gamma Z, Z\Delta$ 上の正方形の和も中項面積であり，矩形 $\Gamma Z, Z\Delta$ は有理面積である。

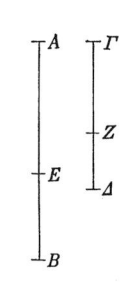

よって $\Gamma\Delta$ は中項面積と有理面積の和に等しい正方形の辺である。これが証明すべきことであった。

❦ 70 ❧

二つの中項面積の和に等しい正方形の辺と通約できる線分は二つの中項面積の和に等しい正方形の辺である。

AB を二つの中項面積の和に等しい正方形の辺とし，$\Gamma\Delta$ を AB と通約できるとせよ。$\Gamma\Delta$ も二つの中項面積の和に等しい正方形の辺であることを証明しなければなら

ない。

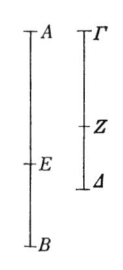

AB は二つの中項面積の和に等しい正方形の辺であるから，E で二つの線分に分けられたとせよ。そうすれば AE, EB は平方において通約できず，それらの上の正方形の和を中項面積とし，それらによってかこまれる矩形を中項面積とし，さらに AE, EB 上の正方形の和を矩形 AE, EB と通約できないとする。前と同じ作図がなされたとせよ。そうすれば同様にして $\Gamma Z, Z\Delta$ も平方において通約できず，AE, EB 上の正方形の和が $\Gamma Z, Z\Delta$ 上の正方形の和と，矩形 AE, EB が矩形 $\Gamma Z, Z\Delta$ と通約できることを証明しうる。したがって $\Gamma\Delta, Z\Delta$ 上の正方形の和も中項面積であり，矩形 $\Gamma Z, Z\Delta$ も中項面積であり，さらに $\Gamma Z, Z\Delta$ 上の正方形の和は矩形 $\Gamma Z, Z\Delta$ と通約できない。

よって $\Gamma\Delta$ は二つの中項面積の和に等しい正方形の辺である。これが証明すべきことであった。

☙ 71 ❧

有理面積と中項面積が加えられるならば，4種の無理線分，すなわち二項線分か第1の双中項線分か優線分かまたは中項面積と有理面積の和に等しい正方形の辺が生ずる。

AB を有理面積とし，$\Gamma\Delta$ を中項面積とせよ。面積 $A\Delta$ に等しい正方形の辺は二項線分か第1の双中項線分か優線分かまたは中項面積と有理面積の和に等しい正方形の辺であると主張する。

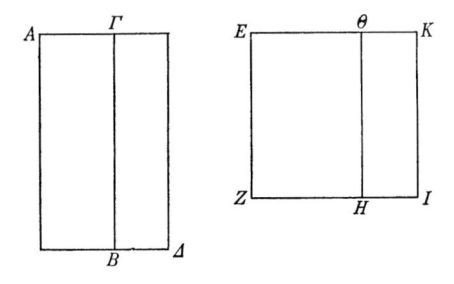

AB は $\Gamma\Delta$ より大きいかあるいは小さいかである。まず大きいとせよ。そして有理線分 EZ が定められ，EZ 上に AB に等しく $E\Theta$ を幅とする EH がつくられたとせよ。そして $\Delta\Gamma$ に等しく EZ 上に ΘK を幅とする ΘI がつくられたとせよ。そうすれば AB は有理面

積であり EH に等しいから，EH も有理面積である。そして $E\Theta$ を幅とし，EZ 上につくられた。したがって $E\Theta$ は有理線分であり EZ と長さにおいて通約できる。また $\varGamma\varDelta$ は中項面積であり ΘI に等しいから，ΘI も中項面積である。そして ΘK を幅とし EZ 上にある。したがって ΘK は有理線分であり EZ と長さにおいて通約できない。そして $\varGamma\varDelta$ は中項面積であり，AB は有理面積であるから，AB は $\varGamma\varDelta$ と通約できない。したがって EH も ΘI と通約できない。ところが EH が ΘI に対するように，$E\Theta$ が ΘK に対する。したがって $E\Theta$ も ΘK と長さにおいて通約できない。そして両方とも有理線分である。したがって $E\Theta$, ΘK は平方においてのみ通約できる有理線分である。それゆえ EK は Θ で分けられた二項線分である。そして AB は $\varGamma\varDelta$ より大きく，AB は EH に，$\varGamma\varDelta$ は ΘI に等しいから，EH も ΘI より大きい。ゆえに $E\Theta$ も ΘK より大きい。そこで $E\Theta$ 上の正方形は ΘK 上の正方形より $E\Theta$ と長さにおいて通約できる線分上の正方形だけ大きいか または通約できない線分上の正方形だけ大きい。まず $E\Theta$ と通約できる線分上の正方形だけ大きいとせよ。そして大きい線分 ΘE は定められた 有理線分 EZ と通約できる。したがって EK は第 1 の二項線分である。ところが EZ は有理線分である。そしてもし面積が有理線分と第 1 の二項線分とによってかこまれるならば，その面積に等しい正方形の辺は二項線分である。したがって EI に等しい 正方形の辺は 二項線分である。それゆえ $A\varDelta$ に等しい正方形の辺も二項線分である。次に $E\Theta$ 上の正方形が ΘK 上の正方形より $E\Theta$ と通約できない 線分上の 正方形だけ大きいとせよ。そして大きい線分 $E\Theta$ が定められた有理線分 EZ と長さにおいて通約できる。したがって EK は第 4 の二項線分である。ところが EZ は有理である。そしてもし面積が有理線分と第 4 の二項線分とによってかこまれるならば，その面積に等しい正方形の辺は優線分とよばれる無理線分である。したがって面積 EI に等しい正方形の辺は 優線分である。それゆえ $A\varDelta$ に等しい正方形の辺も優線分である。

次に AB が $\varGamma\varDelta$ より小さいとせよ。そうすれば EH も ΘI より小さい。ゆえに $E\Theta$ も ΘK より小さい。そして ΘK 上の正方形は $E\Theta$ 上の正方形より ΘK と通約できる線分上の正方形かまたは通約できない線分上の正方形だけ大きい。まず ΘK と長さにおいて 通約できる線分上の正方形だけ 大きいとせよ。そして小さい線分 $E\Theta$ は定められた 有理線分 EZ と長さに おいて通約できる。ゆえに EK は第 2 の二項線分である。ところが EZ は有理線分である。そしてもし面積が有理線分と第 2 の二項線分とによってかこまれるならば，その面積に等しい正方形の辺は第 1 の双中項線分である。したが

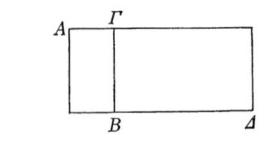

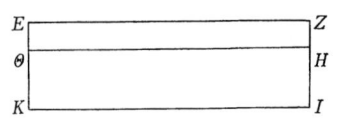

って面積 EI に等しい正方形の辺は第1の双中項線分である。それゆえ $A\varDelta$ に等しい正方形の辺も第1の双中項線分である。次に $\varTheta K$ 上の正方形が $\varTheta E$ 上の正方形より $\varTheta K$ と通約できない線分上の正方形だけ大きいとせよ。そして小さい線分 $E\varTheta$ は定められた有理線分 EZ と通約できる。したがって EK は第5の二項線分である。ところが, EZ は有理線分である。そしてもし面積が有理線分と第5の二項線分とによってかこまれるならば,その面積に等しい正方形の辺は中項面積と有理面積の和に等しい正方形の辺である。ゆえに面積 EI に等しい正方形の辺は中項面積と有理面積の和に等しい正方形の辺である。したがって面積 $A\varDelta$ に等しい正方形の辺も中項面積と有理面積の和に等しい正方形の辺である。

よって有理面積と中項面積が加えられるならば, 4種の無理線分, すなわち二項線分か第1の双中項線分か優線分かまたは中項面積と有理面積の和に等しい正方形の辺が生ずる。これが証明すべきことであった。

72

互いに通約できない二つの中項面積が加えられるならば, 残りの2種の無理線分, すなわち第2の双中項線分かまたは二つの中項面積の和に等しい正方形の辺が生ずる。

互いに通約できない二つの中項面積 AB, $\varGamma\varDelta$ が加えられたとせよ。面積 $A\varDelta$ に等しい正方形の辺は第2の双中項線分かまたは二つの中項面積の和に等しい正方形の辺であると主張する。

AB は $\varGamma\varDelta$ より大きいかあるいは小さいかである。まずたまたま AB が $\varGamma\varDelta$ より大きいとせよ。有理線分 EZ が定められ, そして AB に等しく EZ 上に $E\varTheta$ を幅とする EH が, $\varGamma\varDelta$ に等しく $\varTheta K$ を幅とする $\varTheta I$ がつくられたとせよ。そうすれば AB, $\varGamma\varDelta$ の双方は中項面積であるから, EH, $\varTheta I$ の双方も中項面積である。そして有理線分 ZE 上に $E\varTheta$, $\varTheta K$ を幅としてつくられている。したがって $E\varTheta$, $\varTheta K$ の双方は有理線分であり, EZ と長さにおいて通約できない。そして AB は $\varGamma\varDelta$ と通約できず, AB は EH に, $\varGamma\varDelta$ は $\varTheta I$ に等しいから, EH も $\varTheta I$ と通約できない。ところが EH が $\varTheta I$ に対するように, $E\varTheta$ が $\varTheta K$ に対する。したがって $E\varTheta$ は $\varTheta K$ と長さにおいて通約できない。それゆえ $E\varTheta$, $\varTheta K$ は平方においてのみ通約できる有理線分である。ゆえに EK は二項線分である。ところが $E\varTheta$ 上の正方形は $\varTheta K$ 上の

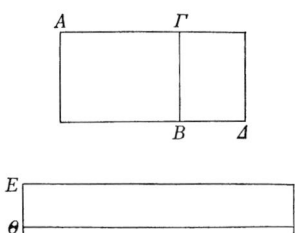

正方形より $E\Theta$ と通約できる線分上の正方形か または 通約できない線分上の正方形だけ大きい。まず $E\Theta$ と長さにおいて通約できる線分上の正方形だけ大きいとせよ。そして $E\Theta$, ΘK のいずれも定められた有理線分 EZ と長さにおいて通約できない。したがって EK は第3の二項線分である。ところが EZ は有理線分である。そして面積が有理線分と第3の二項線分とによってかこまれるならば，その面積に等しい正方形の辺は第2の双中項線分である。したがって EI，すなわち $A\varDelta$ に等しい正方形の辺は第2の双中項線分である。次に $E\Theta$ が ΘK より $E\Theta$ と長さにおいて通約できない線分上の正方形だけ大きいとせよ。そして $E\Theta$, ΘK の双方は EZ と長さにおいて通約できない。したがって EK は第6の二項線分である。そしてもし面積が有理線分と第6の二項線分とによってかこまれるならば，その面積に等しい正方形の辺は二つの 中項面積の和に等しい正方形の辺である。したがって面積 $A\varDelta$ に等しい正方形の辺も二つの中項面積の和に等しい正方形の辺である。

よって互いに通約できない二つの中項面積が加えられるならば，残りの2種の無理線分，すなわち第2の双中項線分かまたは二つの中項面積の和に等しい正方形の辺が生ずる。

二項線分とそれにつづく無理線分とは中項線分ともまた相互にも同じでない。なぜなら中項線分上の正方形に等しい矩形が有理線分上につくられるならば，有理でかつ矩形の底辺と長さにおいて通約できない線分を幅とする。ところが二項線分上の正方形に等しい矩形が有理線分上につくられるならば，第1の二項線分を幅とする。また第1の双中項線分上の正方形に等しい矩形が有理線分上につくられるならば，第2の二項線分を幅とする。そして第2の双中項線分上の正方形に等しい矩形が有理線分上につくられるならば，第3の二項線分を幅とする。優線分の上の正方形に等しい 矩形が有理線分上に つくられるならば， 第4の二項線分を 幅とする。有理面積と中項面積の和の辺上の正方形に等しい矩形が有理線分上につくられるならば第5の二項線分を幅とする。 二つの中項面積の和の辺上の正方形に等しい矩形が有理線分上につくられるならば，第6の二項線分を幅とする。そしてこれらの幅は第1のものとも，また相互にも異なる，第1のものとはそれが有理線分であるがゆえに，相互には順位において同じでないがゆえに。したがって無理線分自身も互いに異なる。

～ 73 ～

もし有理線分から全体と平方においてのみ通約できる有理線分がひかれるならば，残りは無理線分である。それを余線分とよぶ。

有理線分 AB から有理線分 $B\varGamma$ がひかれ，$B\varGamma$ は全体と平方に おいてのみ 通約で

きるとせよ．残りの $A\Gamma$ は余線分とよばれる無理線分であると主張する．

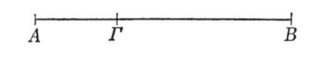

AB は $B\Gamma$ と長さにおいて通約できず，AB が $B\Gamma$ に対するように，AB 上の正方形が矩形 $AB, B\Gamma$ に対するから，AB 上の正方形は矩形 $AB, B\Gamma$ と通約できない．ところが $AB, B\Gamma$ 上の正方形の和は AB 上の正方形と通約でき，矩形 $AB, B\Gamma$ の2倍は矩形 $AB, B\Gamma$ と通約できる．そして $AB, B\Gamma$ 上の正方形の和は矩形 $AB, B\Gamma$ の2倍と ΓA 上の正方形との和に等しいから，$AB, B\Gamma$ 上の正方形の和は残りの $A\Gamma$ 上の正方形と通約できない．ところが $AB, B\Gamma$ 上の正方形の和は有理面積である．よって $A\Gamma$ は無理線分である．そして余線分とよばれる．これが証明すべきことであった．

74

もし中項線分から全体と平方においてのみ通約でき，全体とともに有理面積をかこむ中項線分がひかれるならば，残りは無理線分である．そして第1の中項余線分とよばれる．

中項線分 AB から中項線分 $B\Gamma$ がひかれ，$B\Gamma$ は AB と平方においてのみ通約でき，AB と共に有理面積である矩形 $AB, B\Gamma$ をつくるとせよ．残りの $A\Gamma$ は無理線分であると主張する．そして第1の中項余線分とよばれる．

$AB, B\Gamma$ は中項線分であるから，$AB, B\Gamma$ 上の正方形の和も中項面積である．ところが矩形 $AB, B\Gamma$ の2倍は有理面積である．したがって $AB, B\Gamma$ 上の正方形の和は矩形 $AB, B\Gamma$ の2倍と通約できない．それゆえ矩形 $AB, B\Gamma$ の2倍は残りの $A\Gamma$ 上の正方形と通約できない．なぜならもし二つの量が加えられたとき，全体がそれらの一方と通約できなければ，最初の2量も相互に通約できないであろうから．ところが矩形 $AB, B\Gamma$ の2倍は有理面積である．したがって $A\Gamma$ 上の正方形は無理面積である．よって $A\Gamma$ は無理線分である．そして第1の中項余線分とよばれる．

75

もし中項線分から全体と平方においてのみ通約でき，全体と共に中項面積をかこむ中項線分がひかれるならば，残りは無理線分である．そして第2の中項余線分とよばれる．

中項線分 AB から 中項線分 $\varGamma B$ がひかれ，$\varGamma B$ は全体 AB と平方においてのみ 通約でき，全体 AB と共に中項 面積である 矩形 $AB, B\varGamma$ をかこむとせよ。残りの $A\varGamma$ は 無理線分であると主張する。そして第2の中項余線分とよばれる。

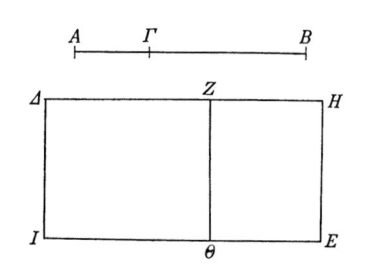

有理線分 $\varDelta I$ が定められ，$AB, B\varGamma$ 上の正方形の和に等しく，$\varDelta I$ 上に $\varDelta H$ を幅とする $\varDelta E$ がつくられ，矩形 $AB, B\varGamma$ の2倍に等しく $\varDelta I$ 上に $\varDelta Z$ を幅として $\varDelta\varTheta$ がつくられたとせよ。そうすれば残りの ZE は $A\varGamma$ 上の正方形に等しい。そして $AB, B\varGamma$ 上の二つの正方形は共に中項面積であり通約できるから，$\varDelta E$ も中項面積である。そして有理線分 $\varDelta I$ 上に $\varDelta H$ を幅としてつくられている。したがって $\varDelta H$ は有理線分であり $\varDelta I$ と長さにおいて 通約できない。また 矩形 $AB, B\varGamma$ は中項面積であるから，矩形 $AB, B\varGamma$ の2倍も中項面積である。そして $\varDelta\varTheta$ に等しい。したがって $\varDelta\varTheta$ も中項面積である。そして有理線分 $\varDelta I$ 上に $\varDelta Z$ を幅としてつくられた。したがって $\varDelta Z$ は有理線分であり $\varDelta I$ と長さにおいて通約できない。そして $AB, B\varGamma$ は平方においてのみ通約できるから，AB は $B\varGamma$ と長さにおいて通約できない。したがって AB 上の正方形も矩形 $AB, B\varGamma$ と通約できない。ところが $AB, B\varGamma$ 上の正方形の和は AB 上の正方形と通約でき，矩形 $AB, B\varGamma$ の2倍は 矩形 $AB, B\varGamma$ と通約できる。したがって 矩形 $AB, B\varGamma$ の2倍は $AB, B\varGamma$ 上の正方形の和と通約できない。ところが $\varDelta E$ は $AB, B\varGamma$ 上の正方形の和に，$\varDelta\varTheta$ は矩形 $AB, B\varGamma$ の2倍に等しい。したがって $\varDelta E$ は $\varDelta\varTheta$ と通約できない。ところが $\varDelta E$ が $\varDelta\varTheta$ に対するように，$H\varDelta$ が $\varDelta Z$ に対する。したがって $H\varDelta$ は $\varDelta Z$ と通約できない。そして両方とも有理線分である。それゆえ $H\varDelta, \varDelta Z$ は平方においてのみ通約できる有理線分である。したがって ZH は余線分である。ところが $\varDelta I$ は有理線分である。そして有理線分と無理線分によって かこまれる矩形は 無理面積であり，それに等しい正方形の辺は 無理線分である。そして $A\varGamma$ は ZE に等しい正方形の辺である。よって $A\varGamma$ は無理線分である。そして第2の中項余線分とよばれる。これが証明すべきことであった。

～ 76 ～

もし線分からその線分全体と平方において 通約できない 線分がひかれ，全体とひかれた線分との上の二つの正方形の和を 有理面積とし，それらによってかこまれる矩形の2倍を中項面積とするならば，残りは無理線分である。そして劣線分とよばれる。

線分 AB から線分 $B\Gamma$ がひかれ，$B\Gamma$ は全体と平方において通約できず与えられた条件をみたすとせよ．残りの $A\Gamma$ は劣線分とよばれる無理線分であると主張する．

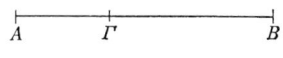

AB, $B\Gamma$ 上の正方形の和は有理面積であり，矩形 AB, $B\Gamma$ の2倍は中項面積であるから，AB, $B\Gamma$ 上の正方形の和は矩形 AB, $B\Gamma$ の2倍と通約できない．そして反転比により AB, $B\Gamma$ 上の正方形の和は残りの $A\Gamma$ 上の正方形と通約できない．ところが AB, $B\Gamma$ 上の正方形の和は有理面積である．したがって $A\Gamma$ 上の正方形は無理面積である．よって $A\Gamma$ は無理線分である．そして劣線分とよばれる．これが証明すべきことであった．

～ 77 ⌇

もし線分からその線分全体と平方において通約できない線分がひかれ，全体とひかれた線分との上の二つの正方形の和を中項面積とし，それらによってかこまれる矩形の2倍を有理面積とするならば，残りは無理線分である．そして中項面積と有理面積の差に等しい正方形の辺とよばれる．

線分 AB から線分 $B\Gamma$ がひかれ，$B\Gamma$ は AB と平方において通約できず与えられた条件をみたすとせよ．残りの $A\Gamma$ は上述の無理線分であると主張する．

AB, $B\Gamma$ 上の正方形の和は中項面積であり，矩形 AB, $B\Gamma$ の2倍は有理面積であるから，AB, $B\Gamma$ 上の正方形の和は矩形 AB, $B\Gamma$ の2倍と通約できない．したがって残りの $A\Gamma$ 上の正方形も矩形 AB, $B\Gamma$ の2倍と通約できない．そして矩形 AB, $B\Gamma$ の2倍は有理面積である．したがって $A\Gamma$ 上の正方形は無理面積である．よって $A\Gamma$ は無理線分である．そして中項面積と有理面積の差に等しい正方形の辺とよばれる．これが証明すべきことであった．

～ 78 ⌇

もし線分からその線分全体と平方において通約できない線分がひかれ，全体とひかれた線分との上の二つの正方形の和を中項面積とし，それらによってかこまれる矩形の2倍を中項面積とし，さらにそれらの上の正方形の和をそれらによってかこまれる矩形の2倍と通約できないようにするならば，残りは無理線分である．そして

二つの中項面積の差に等しい正方形の辺とよばれる。

線分 AB から線分 $B\Gamma$ がひかれ, $B\Gamma$ は AB と平方において通約できず与えられた条件を満たすとせよ。残りの $A\Gamma$ は中項面積と中項面積の差に等しい正方形の辺とよばれる無理線分である。

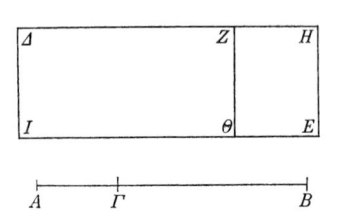

有理線分 $\varDelta I$ が定められ, $AB, B\Gamma$ 上の正方形の和に等しく, $\varDelta I$ 上に $\varDelta H$ を幅とする $\varDelta E$ がつくられたとし, 矩形 $AB, B\Gamma$ の2倍に等しい $\varDelta \Theta$ がひかれたとせよ。そうすれば残りの ZE は $A\Gamma$ 上の正方形に等しい。ゆえに $A\Gamma$ は ZE に等しい正方形の辺である。そして $AB, B\Gamma$ 上の正方形の和は中項面積であり $\varDelta E$ に等しいから, $\varDelta E$ は中項面積である。そして有理線分 $\varDelta I$ 上に $\varDelta H$ を幅としてつくられている。したがって $\varDelta H$ は有理線分であり $\varDelta I$ と長さにおいて通約できない。また矩形 $AB, B\Gamma$ の2倍は中項面積であり $\varDelta \Theta$ に等しいから, $\varDelta \Theta$ は中項面積である。そして有理線分 $\varDelta I$ 上に $\varDelta Z$ を幅としてつくられている。したがって $\varDelta Z$ も有理線分であり $\varDelta I$ と長さにおいて通約できない。そして $AB, B\Gamma$ 上の正方形の和は矩形 $AB, B\Gamma$ の2倍と通約できないから, $\varDelta E$ も $\varDelta \Theta$ と通約できない。ところが $\varDelta E$ が $\varDelta \Theta$ に対するように, $\varDelta H$ が $\varDelta Z$ に対する。したがって $\varDelta H$ は $\varDelta Z$ と通約できない。そして両方とも有理線分である。それゆえ $H\varDelta, \varDelta Z$ は平方においてのみ通約できる有理線分である。したがって ZH は余線分である。ところが $Z\Theta$ は有理線分である。そして有理線分と余線分によってかこまれる矩形は無理面積であり, それに等しい正方形の辺は無理線分である。そして $A\Gamma$ は ZE に等しい正方形の辺である。よって $A\Gamma$ は無理線分である。そして二つの中項面積の差に等しい正方形の辺とよばれる。これが証明すべきことであった*)。

---

*) 命題 73-78 2線分の差 $u-v$ としての無理線分 $a+b=u, b=v$ とし $a=u-v$ とおく.

命題	条件	$u-v$ または a の名称
73	u, v 有理線分, $u \cap^2 v$	余線分
74	u, v 中項線分 $u \cap^2 v$, uv 有理面積	第1の中項余線分
75	u, v 中項線分 $u \cap^2 v$, uv 中項面積	第2の中項余線分
76	$u \pitchfork^2 v$, u^2+v^2 有理面積, $2uv$ 中項面積	劣線分
77	$u \pitchfork^2 v$, u^2+v^2 中項面積, $2uv$ 有理面積	中項面積〜有理面積に等しい正方形の辺
78	$u \pitchfork^2 v$, u^2+v^2 中項面積, $2uv$ 中項面積 かつ $(u^2+v^2) \pitchfork 2uv$	二つの中項面積の差に等しい正方形の辺

注意: 命題 73-78 は命題 36-41 に対応する.

79

余線分にはそれに付加されて全体と平方においてのみ通約できるただ一つの有理線分がある。

AB を余線分とし，$B\Gamma$ がそれに付加されたとせよ。そうすれば $A\Gamma, \Gamma B$ は平方においてのみ通約できる有理線分である。AB には全体と平方においてのみ通約できる他のいかなる線分も付加されないと主張する。

もし可能ならば，$B\varDelta$ が付加されたとせよ。そうすれば $A\varDelta, \varDelta B$ は平方においてのみ通約できる有理線分である。そして $A\varDelta, \varDelta B$ 上の正方形の和と矩形 $A\varDelta, \varDelta B$ の2倍との差は $A\Gamma, \Gamma B$ 上の正方形の和と矩形 $A\Gamma, \Gamma B$ の2倍との差に等しい。なぜならその差は共に同じ AB 上の正方形であるから。したがっていれかえて $A\varDelta, \varDelta B$ 上の正方形の和と $A\Gamma, \Gamma B$ 上の正方形の和との差は矩形 $A\varDelta, \varDelta B$ の2倍と矩形 $A\Gamma, \Gamma B$ の2倍との差に等しい。ところが $A\varDelta, \varDelta B$ 上の正方形の和と $A\Gamma, \Gamma B$ 上の正方形の和との差は有理面積である。なぜなら両方とも有理面積であるから。したがって矩形 $A\varDelta, \varDelta B$ の2倍は矩形 $A\Gamma, \Gamma B$ の2倍より有理面積だけ大きい。これは不可能である。なぜなら両方とも中項面積であり，中項面積と中項面積の差が有理面積であることはないから。したがって AB には全体と平方においてのみ通約できる他のいかなる有理線分も付加されない。

よって余線分にはそれに付加されて全体と平方においてのみ通約できるただ一つの有理線分がある。これが証明すべきことであった。

80

第1の中項余線分にはそれに付加されて全体と平方においてのみ通約でき，全体と共に有理面積をかこむただ一つの中項線分がある。

AB を第1の中項余線分とし，AB に $B\Gamma$ が付加されたとせよ。そうすれば $A\Gamma, \Gamma B$ は平方においてのみ通約でき，有理面積である矩形 $A\Gamma, \Gamma B$ をかこむ中項線分である。AB には全体と平方においてのみ通約でき，全体と共に有理面積をかこむ他のいかなる中項線分も付加されないと主張する。

もし可能ならば，$\varDelta B$ が付加されたとせよ。そうすれば $A\varDelta, \varDelta B$ は平方においてのみ通約

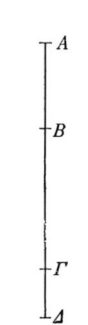

できз，有理面積である矩形 $A\varDelta$, $\varDelta B$ をかこむ中項線分である。そして $A\varDelta$, $\varDelta B$ 上の正方形の和と矩形 $A\varDelta$, $\varDelta B$ の2倍との差は $A\varGamma$, $\varGamma B$ 上の正方形の和と矩形 $A\varGamma$, $\varGamma B$ の2倍との差に等しい。なぜならその差は共に同じ AB 上の正方形であるから。したがっていれかえて $A\varDelta$, $\varDelta B$ 上の正方形の和と $A\varGamma$, $\varGamma B$ 上の正方形の和との差は矩形 $A\varDelta$, $\varDelta B$ の2倍と矩形 $A\varGamma$, $\varGamma B$ の2倍との差に等しい。ところが矩形 $A\varDelta$, $\varDelta B$ の2倍は矩形 $A\varGamma$, $\varGamma B$ の2倍より有理面積だけ大きい，なぜなら両方とも有理面積であるから。したがって $A\varDelta$, $\varDelta B$ 上の正方形の和は $A\varGamma$, $\varGamma B$ 上の正方形の和より有理面積だけ大きい。これは不可能である。なぜなら両方とも中項面積であり，中項面積と中項面積の差は有理面積でないから。

よって第1の中項余線分にはそれに付加されて全体と平方においてのみ通約でき，全体と共に有理面積をかこむただ一つの中項線分がある。これが証明すべきことであった。

❧ 81 ❧

第2の中項余線分には それに付加されて 全体と平方においてのみ 通約でき，全体と共に中項面積をかこむただ一つの中項線分がある。

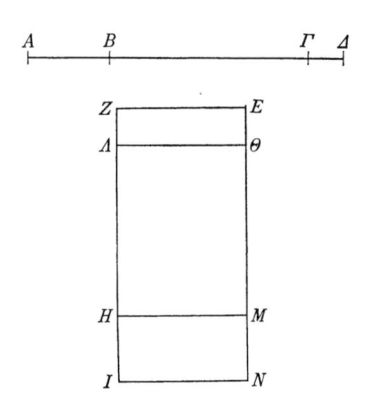

AB を第2の中項余線分とし，AB に $B\varGamma$ が付加されたとせよ。そうすれば $A\varGamma$, $\varGamma B$ は平方においてのみ通約でき，中項面積である矩形 $A\varGamma$, $\varGamma B$ をかこむ中項線分である。AB には全体と平方においてのみ通約でき，全体と共に 中項面積を かこむ 他のいかなる中項線分も付加されないと主張する。

もし可能ならば，$B\varDelta$ が付加されたとせよ。そうすれば $A\varDelta$, $\varDelta B$ は平方においてのみ通約でき，中項面積である矩形 $A\varDelta$, $\varDelta B$ をかこむ中項線分である。有理線分 EZ が定められ，$A\varGamma$, $\varGamma B$ 上の正方形の和に等しく，EZ 上に EM を幅とする EH がつくられたとせよ。そして矩形 $A\varGamma$, $\varGamma B$ の2倍に等しく $\varTheta M$ を幅とする $\varTheta H$ がひかれたとせよ。そうすれば残りの $E\varLambda$ は AB 上の正方形に等しい。ゆえに AB は $E\varLambda$ に等しい正方形の辺である。また $A\varDelta$, $\varDelta B$ 上の正方形に等しく EZ 上に EN を幅とする EI がつくられたとせよ。ところが $E\varLambda$ は AB

上の正方形に等しい。したがって残りの $\varTheta I$ は矩形 $A\varDelta$, $\varDelta B$ の2倍に等しい。そして $A\varGamma$, $\varGamma B$ は中項線分であるから，$A\varGamma$, $\varGamma B$ 上の正方形も中項面積である。そして EH に等しい。それゆえ EH も中項面積である。そして有理線分 EZ 上に EM を幅としてつくられている。したがって EM は有理線分であり EZ と長さにおいて通約できない。また矩形 $A\varGamma$, $\varGamma B$ は中項面積であるから，矩形 $A\varGamma$, $\varGamma B$ の2倍も中項面積である。そして $\varTheta H$ に等しい。したがって $\varTheta H$ も中項面積である。そして有理線分 EZ 上に $\varTheta M$ を幅としてつくられている。ゆえに $\varTheta M$ も有理線分であり EZ と長さにおいて通約できない。そして $A\varGamma$, $\varGamma B$ は平方においてのみ通約できるから，$A\varGamma$ は $\varGamma B$ と長さにおいて通約できない。ところが $A\varGamma$ が $\varGamma B$ に対するように，$A\varGamma$ 上の正方形が矩形 $A\varGamma$, $\varGamma B$ に対する。したがって $A\varGamma$ 上の正方形は矩形 $A\varGamma$, $\varGamma B$ と通約できない。ところが $A\varGamma$, $\varGamma B$ 上の正方形の和は $A\varGamma$ 上の正方形と通約でき，矩形 $A\varGamma$, $\varGamma B$ の2倍は矩形 $A\varGamma$, $\varGamma B$ と通約できる。したがって $A\varGamma$, $\varGamma B$ 上の正方形の和は矩形 $A\varGamma$, $\varGamma B$ の2倍と通約できない。そして EH は $A\varGamma$, $\varGamma B$ 上の正方形の和に等しく，$H\varTheta$ は矩形 $A\varGamma$, $\varGamma B$ の2倍に等しい。したがって EH は $\varTheta H$ と通約できない。ところが EH が $\varTheta H$ に対するように，EM が $\varTheta M$ に対する。したがって EM は $M\varTheta$ と長さにおいて通約できない。そして両方とも有理線分である。ゆえに EM, $M\varTheta$ は平方においてのみ通約できる有理線分である。したがって $E\varTheta$ は余線分であり，$\varTheta M$ がそれに付加されている。同様にして $\varTheta N$ もそれに付加されることを証明しうる。したがって余線分に全体と平方においてのみ通約できる異なった2線分が付加される。これは不可能である。

よって第2の中項余線分にはそれに付加されて全体と平方においてのみ通約でき，全体と共に中項面積をかこむただ一つの中項線分がある。これが証明すべきことであった。

～ 82 ～

劣線分にはそれに付加されて全体と平方において通約できず，それらすなわち全体と付加された線分との上の正方形の和を有理面積とし，それらによってかこまれる矩形の2倍を中項面積とするただ一つの線分がある。

AB を劣線分とし，AB に $B\varGamma$ が付加されたとせよ。そうすれば $A\varGamma$, $\varGamma B$ は平方において通約できず，それらの上の正方形の和を有理面積とし，それらによってかこまれる矩形の2倍を中項面積とする。AB には同じ条件を満たす他のいかなる線分も付加

されないと主張する。

　もし可能ならば，$B\varDelta$ が付加されたとせよ。そうすれば $A\varDelta$, $\varDelta B$ は平方において通約できず上述の条件をみたす。そして $A\varDelta$, $\varDelta B$ 上の正方形の和と $A\varGamma$, $\varGamma B$ 上の正方形の和との差は矩形 $A\varDelta$, $\varDelta B$ の2倍と矩形 $A\varGamma$, $\varGamma B$ の2倍との差に等しく，$A\varDelta$, $\varDelta B$ 上の正方形の和と $A\varGamma$, $\varGamma B$ 上の正方形の和との差は有理面積である，なぜなら両方とも有理面積であるから。したがって矩形 $A\varDelta$, $\varDelta B$ の2倍は矩形 $A\varGamma$, $\varGamma B$ の2倍より有理面積だけ大きい。これは不可能である。なぜなら両方とも中項面積であるから。

　よって劣線分にはそれに付加されて全体と平方において通約できず，それらの上の正方形の和を有理面積とし，それらによってかこまれる矩形の2倍を中項面積とするただ一つの線分がある。これが証明すべきことであった。

～ 83 ～

中項面積と有理面積との差に等しい正方形の辺にはそれに付加されて全体と平方において通約できず，それらすなわち全体と付加された線分との上の正方形の和を中項面積とし，それらによってかこまれる矩形の2倍を有理面積とするただ一つの線分がある。

　AB を中項面積と有理面積との差に等しい正方形の辺とし，AB に $B\varGamma$ が付加された

$$A \quad B \quad\quad\quad \varGamma \quad \varDelta$$

とせよ。そうすれば $A\varGamma$, $\varGamma B$ は平方において通約できず与えられた条件を満たす。AB には同じ条件を満たす他のいかなる線分も付加されないと主張する。

　もし可能ならば，$B\varDelta$ が付加されたとせよ。そうすれば $A\varDelta$, $\varDelta B$ は平方において通約できず，与えられた条件をみたす。すると前と同様 $A\varDelta$, $\varDelta B$ 上の正方形の和と $A\varGamma$, $\varGamma B$ 上の正方形の和との差は矩形 $A\varDelta$, $\varDelta B$ の2倍と矩形 $A\varGamma$, $\varGamma B$ の2倍との差に等しく，矩形 $A\varDelta$, $\varDelta B$ の2倍は矩形 $A\varGamma$, $\varGamma B$ の2倍より有理面積だけ大きい。なぜなら両方とも有理面積であるから。したがって $A\varDelta$, $\varDelta B$ 上の正方形の和は $A\varGamma$, $\varGamma B$ 上の正方形の和より有理面積だけ大きい。これは不可能である。なぜなら両方とも中項面積であるから。したがって AB には全体と平方において通約できず，全体と共に上述の条件をみたす他のいかなる線分も付加されない。よってただ一つの線分のみが付加される。これが証明すべきことであった。

～ 84 ↔

二つの中項面積の差に等しい正方形の辺にはそれに付加されて全体と平方において通約できず，それらすなわち全体と付加された線分との上の正方形の和を中項面積とし，それらによってかこまれる矩形の2倍を中項面積でかつそれらの上の正方形の和と通約できないようにするただ一つの線分がある。

AB を二つの中項面積の差に等しい正方形の辺とし，それに $B\varGamma$ が付加されたとせよ。そうすれば $A\varGamma$, $\varGamma B$ は平方において通約できず，上述の条件をみたす。AB には上述の条件をみたす他のいかなる線分も付加されないと主張する。

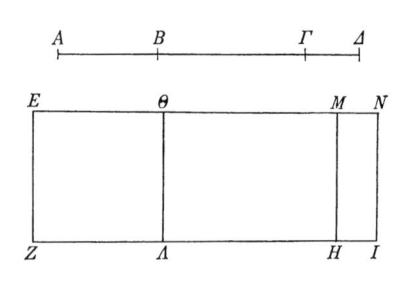

もし可能ならば，$B\varDelta$ が付加されたとし，$A\varDelta$, $\varDelta B$ が平方において通約できず，$A\varDelta$, $\varDelta B$ 上の正方形の和を中項面積とし，矩形 $A\varDelta$, $\varDelta B$ の2倍を中項面積とし，さらに $A\varDelta$, $\varDelta B$ 上の正方形の和を矩形 $A\varDelta$, $\varDelta B$ の2倍と通約できないようにせよ。有理線分 EZ が定められ，$A\varGamma$, $\varGamma B$ 上の正方形の和に等しく EZ 上に EM を幅とする EH がつくられ，矩形 $A\varGamma$, $\varGamma B$ の2倍に等しく EZ 上に $\varTheta M$ を幅とする $\varTheta H$ がつくられたとせよ。そうすれば残りの AB 上の正方形は $E\varLambda$ に等しい。ゆえに AB は $E\varLambda$ に等しい正方形の辺である。また $A\varDelta$, $\varDelta B$ 上の正方形の和に等しく EZ 上に EN を幅とする EI がつくられたとせよ。AB 上の正方形も $E\varLambda$ に等しい。したがって残りの矩形 $A\varDelta$, $\varDelta B$ の2倍は $\varTheta I$ に等しい。そして $A\varGamma$, $\varGamma B$ 上の正方形の和は中項面積であり EH に等しいから，EH も中項面積である。そして有理線分 EZ 上に EM を幅としてつくられている。したがって EM は有理線分であり EZ と長さにおいて通約できない。また矩形 $A\varGamma$, $\varGamma B$ の2倍は中項面積であり $\varTheta H$ に等しいから，$\varTheta H$ も中項面積である。そして有理線分 EZ 上に $\varTheta M$ を幅としてつくられている。したがって $\varTheta M$ は有理線分であり EZ と長さにおいて通約できない。そして $A\varGamma$, $\varGamma B$ 上の正方形の和は矩形 $A\varGamma$, $\varGamma B$ の2倍と通約できないから，EH も $\varTheta H$ と通約できない。したがって EM は $M\varTheta$ と長さにおいて通約できない。そして両方とも有理線分である。したがって EM, $M\varTheta$ は平方においてのみ通約できる有理線分である。ゆえに $E\varTheta$ は余線分であり，それに $\varTheta M$ が付加される。同様にして $E\varTheta$ もまた余線分であり，それに $\varTheta N$ が付加されることを証明しうる。したがって余線分に全体と平方においてのみ通約できる異なった二つ

の有理線分が付加される。これは不可能であることが証明された。ゆえに AB には他のいかなる線分も付加されない。

よって AB にはそれに付加されて全体と平方において通約できず，それらすなわち全体と付加された線分との上の正方形の和を中項面積とし，それらによってかこまれる矩形の 2 倍を中項面積とし，さらにそれらの上の正方形の和をそれらによってかこまれる矩形の 2 倍と通約できないようにするただ一つの線分がある。これが証明すべきことであった。

定　義　III

1. 有理線分と余線分とが与えられ，もし全体の上の正方形が付加された線分上の正方形より全体と長さにおいて通約できる線分上の正方形だけ大きく，全体が定められた有理線分と長さにおいて通約できるならば，それは第 **1** の**余線分**とよばれる。
2. もし付加された線分が定められた有理線分と長さにおいて通約でき，全体の上の正方形が付加された線分上の正方形より全体と通約できる線分上の正方形だけ大きいならば，それは第 **2** の**余線分**とよばれる。
3. もしいずれも定められた有理線分と長さにおいて通約できず，全体の上の正方形が付加された線分上の正方形より全体と通約できる線分上の正方形だけ大きいならば，それは第 **3** の**余線分**とよばれる。
4. さらにもし全体の上の正方形が付加された線分上の正方形より全体と通約できない線分上の正方形だけ大きく，もし全体が定められた有理線分と長さにおいて通約できるならば，それは第 **4** の**余線分**とよばれる。
5. もし付加された線分が通約できるならば，それは第 **5** の**余線分**とよばれる。
6. もしいずれも通約できないならば，それは第 **6** の**余線分**とよばれる*)。

---

*) e を与えられた有理線分，$a+b=u$, $b=v$ とすれば余線分 $a=u-v$ となる。これを使って定義 III はつぎのように書き表わすことができる.

(1) $\sqrt{u^2-v^2} \cap u$, $u \cap e$ のとき，$u-v$ を第 1 余線分，
(2) $\sqrt{u^2-v^2} \cap u$, $v \cap e$ のとき，$u-v$ を第 2 余線分，
(3) $\sqrt{u^2-v^2} \cap u$, $u \pitchfork e$, $v \pitchfork e$ のとき，$u-v$ を第 3 余線分，
(4) $\sqrt{u^2-v^2} \pitchfork u$, $u \cap e$ のとき，$u-v$ を第 4 余線分，
(5) $\sqrt{u^2-v^2} \pitchfork u$, $v \cap e$ のとき，$u-v$ を第 5 余線分，
(6) $\sqrt{u^2-v^2} \pitchfork u$, $u \pitchfork e$, $v \pitchfork e$ のとき，$u-v$ を第 6 余線分　　　という.

85

第1の余線分を見いだすこと。

有理線分 A が定められ，BH を A と長さにおいて通約できるようにせよ。そうすれば BH も有理線分である。二つの平方数 $\varDelta E$, EZ が定められ，その差 $Z\varDelta$ が平方数でないようにせよ。そうすれば $E\varDelta$ は $\varDelta Z$ に対し，平方数が平方数に対する比をもたない。そして $E\varDelta$ が $\varDelta Z$ に対するように，BH 上の正方形が $H\varGamma$ 上の正方形に対するようにされたとせよ。そうすれば BH 上の正方形は $H\varGamma$ 上の正方形と通約できる。ところが BH 上の正方形は有理面積である。したがって $H\varGamma$ 上の正方形も有理面積である。ゆえに $H\varGamma$ も有理線分である。そして $E\varDelta$ は $\varDelta Z$ に対し，平方数が平方数に対する比をもたないから，BH 上の正方形も $H\varGamma$ 上の正方形に対し，平方数が平方数に対する比をもたない。したがって BH は $H\varGamma$ と長さにおいて通約できない。そして両方とも有理線分である。したがって BH, $H\varGamma$ は平方においてのみ通約できる有理線分である。ゆえに $B\varGamma$ は余線分である。

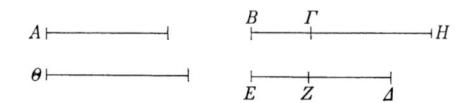

次に第1の余線分でもあると主張する。

$\varTheta$ 上の正方形を BH 上の正方形と $H\varGamma$ 上の正方形との差とせよ。そして $E\varDelta$ が $Z\varDelta$ に対するように，BH 上の正方形が $H\varGamma$ 上の正方形に対するから，反転比により $\varDelta E$ が EZ に対するように，HB 上の正方形が $\varTheta$ 上の正方形に対する。ところが $\varDelta E$ は EZ に対し，どちらも平方数であるから，平方数が平方数に対する比をもつ。したがって HB 上の正方形は $\varTheta$ 上の正方形に対し，平方数が平方数に対する比をもつ。ゆえに BH は $\varTheta$ と長さにおいて通約できる。そして BH 上の正方形は $H\varGamma$ 上の正方形より $\varTheta$ 上の正方形だけ大きい。したがって BH 上の正方形は $H\varGamma$ 上の正方形より BH と長さにおいて通約できる線分上の正方形だけ大きい。そして BH 全体は定められた有理線分 A と長さにおいて通約できる。したがって $B\varGamma$ は第1の余線分である。

よって第1の余線分 $B\varGamma$ が見いだされた。これが証明すべきことであった。

～ 86 ～

第2の余線分を見いだすこと。

有理線分 A が定められ，$H\varGamma$ が A と長さにおいて通約できるようにせよ。そうすれば $H\varGamma$ は有理線分である。二つの平方数 $\varDelta E$，EZ が定められ，その差 $\varDelta Z$ が平方数でないようにせよ。そして $Z\varDelta$ が $\varDelta E$ に対するように，$\varGamma H$ 上の正方形が HB 上の正方形に対するようにされたとせよ。そうすれば $\varGamma H$ 上の正方形は HB 上の正方形と通約できる。ところが $\varGamma H$ 上の正方形は有理面積である。したがって HB 上の正方形も有理面積である。ゆえに BH は有理線分である。そして $H\varGamma$ 上の正方形は HB 上の正方形に対し，平方数が平方数に対する比をもたないから，$\varGamma H$ は HB と長さにおいて通約できない。そして両方とも有理線分である。したがって $\varGamma H$，HB は平方においてのみ通約できる有理線分である。ゆえに $B\varGamma$ は余線分である。

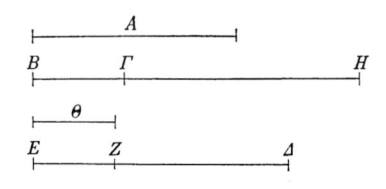

第2の余線分でもあると主張する。

$\varTheta$ 上の正方形を BH 上の正方形と $H\varGamma$ 上の正方形との差とせよ。そうすれば BH 上の正方形が $H\varGamma$ 上の正方形に対するように，数 $E\varDelta$ が数 $\varDelta Z$ に対するから，反転比により BH 上の正方形が $\varTheta$ 上の正方形に対するように，$\varDelta E$ が EZ に対する。そして $\varDelta E$，EZ の双方は平方数である。したがって BH 上の正方形は $\varTheta$ 上の正方形に対し，平方数が平方数に対する比をもつ。それゆえ BH は $\varTheta$ と長さにおいて通約できる。そして BH 上の正方形は $H\varGamma$ 上の正方形より $\varTheta$ 上の正方形だけ大きい。したがって BH 上の正方形は $H\varGamma$ 上の正方形より BH と長さにおいて通約できる線分上の正方形だけ大きい。そして付加された線分 $\varGamma H$ は定められた有理線分 A と通約できる。したがって $B\varGamma$ は第2の余線分である。

よって第2の余線分 $B\varGamma$ が見いだされた。これが証明すべきことであった。

～ 87 ～

第3の余線分を見いだすこと。

有理線分 A が定められ，互いに平方数が平方数に対する比をもたない三つの数 E，$B\varGamma$，$\varGamma\varDelta$ が定められ，$\varGamma B$ が $B\varDelta$ に対し，平方数が平方数に対する比をもつとし，E が $B\varGamma$ に対

するように，A 上の正方形が ZH 上の正方形に対し，$B\varGamma$ が $\varGamma\varDelta$ に対するように，ZH 上の正方形が $H\varTheta$ 上の正方形に対するようにされたとせよ。そうすれば E が $B\varGamma$ に対するように，A 上の正方形が ZH 上の正方形に対するから，A 上の正方形は ZH 上の正方形と通約できる。ところが A 上の正方形は有理面積である。したがって ZH 上の正方形も有理面積である。ゆえに ZH は有理線分である。そして E は $B\varGamma$ に対し，平方数が平方数に対する比をもたないから，A 上の正方形は ZH 上の正方形に対し，平方数が平方数に対する比をもたない。したがって A は ZH と長さにおいて通約できない。また $B\varGamma$ が $\varGamma\varDelta$ に対するように，ZH 上の正方形が $H\varTheta$ 上の正方形に対するから，ZH 上の正方形は $H\varTheta$ 上の正方形と通約できる。ところが ZH 上の正方形は有理面積である。したがって $H\varTheta$ 上の正方形も有理面積である。ゆえに $H\varTheta$ は有理線分である。そして $B\varGamma$ は $\varGamma\varDelta$ に対し，平方数が平方数に対する比をもたないから，ZH 上の正方形は $H\varTheta$ 上の正方形に対し，平方数が平方数に対する比をもたない。したがって ZH は $H\varTheta$ と長さにおいて通約できない。そして両方とも有理線分である。それゆえ $ZH, H\varTheta$ は平方においてのみ通約できる有理線分である。したがって $Z\varTheta$ は余線分である。

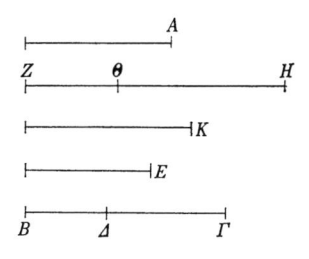

次に第3の余線分でもあると主張する。

E が $B\varGamma$ に対するように，A 上の正方形が ZH 上の正方形に対し，$B\varGamma$ が $\varGamma\varDelta$ に対するように，ZH 上の正方形が $\varTheta H$ 上の正方形に対するから，等間隔比により E が $\varGamma\varDelta$ に対するように，A 上の正方形が $\varTheta H$ 上の正方形に対する。ところが E は $\varGamma\varDelta$ に対し，平方数が平方数に対する比をもたない。したがって A 上の正方形は $H\varTheta$ 上の正方形に対し，平方数が平方数に対する比をもたない。それゆえ A は $H\varTheta$ と長さにおいて通約できない。したがって $ZH, H\varTheta$ のいずれも定められた有理線分 A と長さにおいて通約できない。そして K 上の正方形を ZH 上の正方形と $H\varTheta$ 上の正方形との差とせよ。そうすれば $B\varGamma$ が $\varGamma\varDelta$ に対するように，ZH 上の正方形が $H\varTheta$ 上の正方形に対するから，反転比により $B\varGamma$ が $B\varDelta$ に対するように，ZH 上の正方形が K 上の正方形に対する。ところが $B\varGamma$ は $B\varDelta$ に対し，平方数が平方数に対する比をもつ。したがって ZH 上の正方形は K 上の正方形に対し，平方数が平方数に対する比をもつ。それゆえ ZH は K と長さにおいて通約できる。そして ZH 上の正方形は $H\varTheta$ 上の正方形より ZH と通約できる線分上の正方形だけ大きい。そして $ZH, H\varTheta$ のいずれも定められた有理線分 A と長さにおいて通約できない。したがって $Z\varTheta$ は第3の余線分である。

よって第3の余線分 $Z\varTheta$ が見いだされた。これが証明すべきことであった。

88

第4の余線分を見いだすこと。

有理線分 A が定められ，BH が A と長さにおいて通約できるようにせよ。そうすれば BH も有理線分である。二つの数 $\varDelta Z$, ZE が定められ，$\varDelta E$ 全体が $\varDelta Z$, EZ の双方に対し，平方数が平方数に対する比をもたないようにせよ。そして $\varDelta E$ が EZ に対するように，BH 上の正方形が $H\varGamma$ 上の正方形に対するようにされたとせよ。そうすれば BH 上の正方形は $H\varGamma$ 上の正方形と通約できる。ところが BH 上の正方形は有理面積である。したがって $H\varGamma$ 上の正方形も有理面積である。それゆえ $H\varGamma$ は有理線分である。そして $\varDelta E$ は EZ に対し，平方数が平方数に対する比をもたないから，BH 上の正方形も $H\varGamma$ 上の正方形に対し，平方数が平方数に対する比をもたない。したがって BH は $H\varGamma$ と長さにおいて通約できない。そして両方とも有理線分である。ゆえに BH, $H\varGamma$ は平方においてのみ通約できる有理線分である。したがって $B\varGamma$ は余線分である。

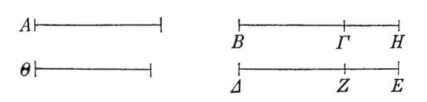

[次に第4の余線分でもあると主張する。]

そこで $\varTheta$ 上の正方形を BH 上の正方形と $H\varGamma$ 上の正方形との差とせよ。そうすれば $\varDelta E$ が EZ に対するように，BH 上の正方形が $H\varGamma$ 上の正方形に対するから，反転比により $E\varDelta$ が $\varDelta Z$ に対するように，HB 上の正方形が $\varTheta$ 上の正方形に対する。ところが $E\varDelta$ は $\varDelta Z$ に対し，平方数が平方数に対する比をもたない。したがって HB 上の正方形も $\varTheta$ 上の正方形に対し，平方数が平方数に対する比をもたない。ゆえに BH は $\varTheta$ と長さにおいて通約できない。そして BH 上の正方形は $H\varGamma$ 上の正方形より $\varTheta$ 上の正方形だけ大きい。したがって BH 上の正方形は $H\varGamma$ 上の正方形より BH と通約できない 線分上の正方形だけ大きい。そして BH 全体は定められた 有理線分と長さにおいて 通約できる。 したがって $B\varGamma$ は第4の余線分である。

よって第4の余線分が見いだされた。これが証明すべきことであった。

89

第5の余線分を見いだすこと。

有理線分 A が定められ，ΓH を A と長さにおいて通約できるようにせよ。そうすれば ΓH は有理線分である。二つの数 $\Delta Z, ZE$ が定められ，ΔE がまた $\Delta Z, ZE$ の双方に対し，平方数が平方数に対する比をもたないようにせよ。そして ZE が $E\Delta$ に対するように，ΓH 上の正方形が HB 上の正方形に対するようにされたとせよ。そうすれば HB 上の正方形も有理面積である。それゆえ BH も有理線分である。そして ΔE が EZ に対するように，BH 上の正方形が $H\Gamma$ 上の正方形に対し，ΔE は EZ に対し，平方数が平方数に対する比をもたないから，BH 上の正方形も $H\Gamma$ 上の正方形に対し，平方数が平方数に対する比をもたない。BH は $H\Gamma$ と長さにおいて通約できない。そして両方とも有理線分である。したがって $BH, H\Gamma$ は平方においてのみ通約できる有理線分である。ゆえに $B\Gamma$ は余線分である。

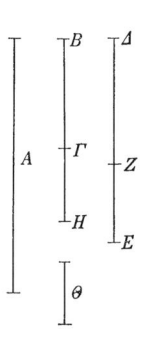

次に第 5 の余線分でもあると主張する。

Θ 上の正方形を BH 上の正方形と $H\Gamma$ 上の正方形との差とせよ。そうすれば BH 上の正方形が $H\Gamma$ 上の正方形に対するように，ΔE が EZ に対するから，反転比により $E\Delta$ が ΔZ に対するように，BH 上の正方形が Θ 上の正方形に対する。ところが $E\Delta$ は ΔZ に対し，平方数が平方数に対する比をもたない。したがって BH 上の正方形も Θ 上の正方形に対し，平方数が平方数に対する比をもたない。ゆえに BH は Θ と長さにおいて通約できない。そして BH 上の正方形は $H\Gamma$ 上の正方形より Θ 上の正方形だけ大きい。したがって HB 上の正方形は $H\Gamma$ 上の正方形より HB と長さにおいて通約できない線分上の正方形だけ大きい。そして付加された線分 ΓH は定められた有理線分 A と長さにおいて通約できる。したがって $B\Gamma$ は第 5 の余線分である。

よって第 5 の余線分 $B\Gamma$ が見いだされた。これが証明すべきことであった。

〜 90 〜

第 6 の余線分を見いだすこと。

有理線分 A と，互いに平方数が平方数に対する比をもたない三つの数 $E, B\Gamma, \Gamma\Delta$ が定められたとせよ。そしてまた ΓB が $B\Delta$ に対し，平方数が平方数に対する比をもたないようにせよ。そして E が $B\Gamma$ に対するように，A 上の正方形が ZH 上の正方形に対し，$B\Gamma$ が $\Gamma\Delta$ に対するように，ZH 上の正方形が $H\Theta$ 上の正方形に対するようにされたとせよ。

そうすれば E が $B\Gamma$ に対するように，A 上の正方形が ZH 上の正方形に対するから，A

上の正方形は ZH 上の正方形と通約できる。ところが A 上の正方形は有理面積である。したがって ZH 上の正方形も有理面積である。ゆえに ZH も有理線分である。そして E は $B\varGamma$ に対し，平方数が平方数に対する比をもたないから，A 上の正方形も ZH 上の正方形に対し，平方数が平方数に対する比をもたない。したがって A は ZH と長さにおいて通約できない。また $B\varGamma$ が $\varGamma\varDelta$ に対するように，ZH 上の正方形が $H\varTheta$ 上の正方形に対するから，ZH 上の正方形は $H\varTheta$ 上の正方形と通約できる。ところが ZH 上の正方形は有理面積である。したがって $H\varTheta$ 上の正方形も有理面積である。ゆえに $H\varTheta$ も有理線分である。そして $B\varGamma$ は $\varGamma\varDelta$ に対し，平方数が平方数に対する比をもたないから，ZH 上の正方形も $H\varTheta$ 上の正方形に対し，平方数が平方数に対する比をもたない。したがって ZH は $H\varTheta$ と長さにおいて通約できない。そして両方とも有理線分である。それゆえ ZH, $H\varTheta$ は平方においてのみ通約できる有理線分である。したがって $Z\varTheta$ は余線分である。

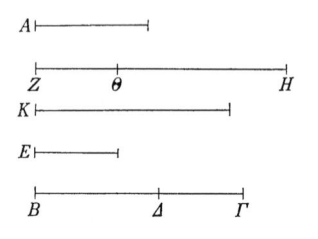

次に第6の余線分でもあると主張する。

E が $B\varGamma$ に対するように，A 上の正方形が ZH 上の正方形に対し，$B\varGamma$ が $\varGamma\varDelta$ に対するように，ZH 上の正方形が $H\varTheta$ 上の正方形に対するから，等間隔比により E が $\varGamma\varDelta$ に対するように，A 上の正方形が $H\varTheta$ 上の正方形に対する。ところが E は $\varGamma\varDelta$ に対し，平方数が平方数に対する比をもたない。したがって A 上の正方形は $H\varTheta$ 上の正方形に対し，平方数が平方数に対する比をもたない。したがって A は $H\varTheta$ と長さにおいて通約できない。ゆえに ZH, $H\varTheta$ のいずれも有理線分 A と長さにおいて通約できない。そして K 上の正方形を ZH 上の正方形と $H\varTheta$ 上の正方形の差とせよ。そうすれば $B\varGamma$ が $\varGamma\varDelta$ に対するように，ZH 上の正方形が $H\varTheta$ 上の正方形に対するから，反転比により $\varGamma B$ が $B\varDelta$ に対するように，ZH 上の正方形が K 上の正方形に対する。ところが $\varGamma B$ は $B\varDelta$ に対し，平方数が平方数に対する比をもたない。したがって ZH 上の正方形も K 上の正方形に対し，平方数が平方数に対する比をもたない。それゆえ ZH は K と長さにおいて通約できない。そして ZH 上の正方形は $H\varTheta$ 上の正方形より K 上の正方形だけ大きい。したがって ZH 上の正方形は $H\varTheta$ 上の正方形より ZH と長さにおいて通約できない線分上の正方形だけ大きい。そして ZH, $H\varTheta$ のいずれも定められた有理線分 A と通約できない。したがって $Z\varTheta$ は第6の余線分である。

よって第6の余線分 $Z\varTheta$ が見いだされた。これが証明すべきことであった。

91

もし面積が有理線分と第1の余線分によってかこまれるならば，その面積に等しい正方形の辺は余線分である。

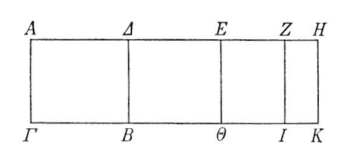

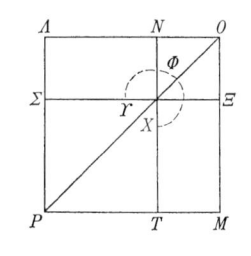

面積 AB が有理線分 $A\Gamma$ と第1の余線分 $A\varDelta$ によってかこまれるとせよ。面積 AB に等しい正方形の辺は余線分であると主張する。

$A\varDelta$ は第1の余線分であるから，$\varDelta H$ をそれへの付加とせよ。そうすれば AH, $H\varDelta$ は平方においてのみ通約できる有理線分である。そして AH 全体は定められた有理線分 $A\Gamma$ と通約でき，AH 上の正方形は $H\varDelta$ 上の正方形より AH と長さにおいて通約できる線分上の正方形だけ大きい。したがってもし $\varDelta H$ 上の正方形の4分の1に等しくて正方形だけ欠けている矩形が AH 上につくられるならば，それを通約できる二つの部分に分ける。$\varDelta H$ が E で2等分され，EH 上の正方形に等しくて正方形だけ欠けている矩形が AH 上につくられたとし，それを矩形 AZ, ZH とせよ。そうすれば AZ は ZH と通約できる。そして点 E, Z, H を通り $A\Gamma$ に平行に $E\Theta$, ZI, HK がひかれたとせよ。

そうすれば AZ は ZH と長さにおいて通約できるから，AH も AZ, ZH の双方と長さにおいて通約できる。ところが AH は $A\Gamma$ と通約できる。したがって AZ, ZH の双方は $A\Gamma$ と長さにおいて通約できる。そして $A\Gamma$ は有理線分である。したがって AZ, ZH の双方も有理線分である。ゆえに AI, ZK の双方も有理面積である。そして $\varDelta E$ は EH と長さにおいて通約できるから，$\varDelta H$ も $\varDelta E$, EH の双方と長さにおいて通約できる。ところが $\varDelta H$ は有理線分であり $A\Gamma$ と長さにおいて通約できない。したがって $\varDelta E$, EH の双方も有理線分であり $A\Gamma$ と長さにおいて通約できない。ゆえに $\varDelta\Theta$, EK の双方は中項面積である。

そこで AI に等しい正方形 $\varLambda M$ がつくられたとし，ZK に等しくて $\varLambda M$ と共通な角 $\varLambda OM$ をもつ正方形 $N\Xi$ がひかれたとせよ。そうすれば正方形 $\varLambda M$, $N\Xi$ は同じ対角線をはさんでいる。OP をそれらの対角線とし，作図がなされたとせよ。そうすれば AZ, ZH によってかこまれる矩形は EH 上の正方形に等しいから，AZ が EH に対するように，EH が ZH に対する。ところが AZ が EH に対するように，AI が EK に対し，EH が ZH に対するように，EK が KZ に対する。したがって EK は AI, KZ の比例中項である。ところ

が MN も先に証明されたように, $\varLambda M$, $N\varXi$ の比例中項であり, AI は正方形 $\varLambda M$ に, KZ は $N\varXi$ に等しい。したがって MN は EK に等しい。ところが EK は $\varDelta\varTheta$ に, MN は $\varLambda\varXi$ に等しい。したがって $\varDelta K$ はグノーモーン $\varUpsilon\varPhi X$ と $N\varXi$ の和に等しい。ところが AK は正方形 $\varLambda M$, $N\varXi$ の和に等しい。したがって残りの AB は $\varSigma T$ に等しい。ところが $\varSigma T$ は $\varLambda N$ 上の正方形である。ゆえに $\varLambda N$ 上の正方形は AB に等しい。したがって $\varLambda N$ は AB に等しい正方形の辺である。

次に $\varLambda M$ は余線分であると主張する。AI, ZK の双方は有理面積であり, $\varLambda M$, $N\varXi$ に等しいから, $\varLambda M$, $N\varXi$ の双方, すなわち $\varLambda O$, ON の双方の上の正方形も有理面積である。したがって $\varLambda O$, ON の双方も有理線分である。また $\varLambda\varTheta$ は中項面積であり $\varLambda\varXi$ に等しいから, $\varLambda\varXi$ も中項面積である。そこで $\varLambda\varXi$ が中項面積であり, $N\varXi$ が有理面積であるから, $\varLambda\varXi$ は $N\varXi$ と通約できない。ところが $\varLambda\varXi$ が $N\varXi$ に対するように, $\varLambda O$ が ON に対する。したがって $\varLambda O$ は ON と長さにおいて通約できない。そして両方とも有理線分である。したがって $\varLambda O$, ON は平方においてのみ通約できる有理線分である。ゆえに $\varLambda N$ は余線分である。そして面積 AB に等しい正方形の辺である。したがって面積 AB に等しい正方形の辺は余線分である。

よってもし面積が有理線分と第1の余線分によってかこまれるならば云々

～ 92 ～

もし面積が有理線分と第2の余線分によってかこまれるならば, その面積に等しい正方形の辺は第1の中項余線分である。

面積 AB が有理線分 $A\varGamma$ と第2の余線分 $A\varDelta$ によってかこまれるとせよ。面積 AB に等しい正方形の辺は第1の中項余線分であると主張する。

$\varDelta H$ を $A\varDelta$ への付加とせよ。そうすれば AH, $H\varDelta$ は平方においてのみ通約できる有理線分であり, 付加された線分 $\varDelta H$ は定められた有理線分 $A\varGamma$ と通約でき, AH 全体の上の正方形は付加された $\varDelta H$ 上の正方形より AH と長さにおいて通約できる線分上の正方形だけ大きい。そこで AH 上の正方形は $H\varDelta$ 上の

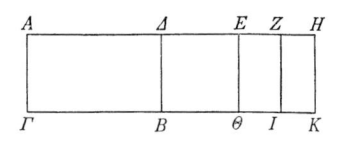

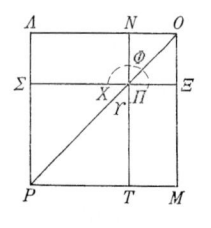

正方形より AH と通約できる 線分上の正方形だけ 大きいから，もし $H\varDelta$ 上の正方形の4分の1に等しく正方形だけ欠けている矩形が AH 上につくられるならば，それを通約できる二つの部分に分ける。そこで $\varDelta H$ が E で2等分されたとせよ。EH 上の正方形に等しく正方形だけ欠けている矩形が AH 上につくられたとし，それを矩形 AZ, ZH とせよ。そうすれば AZ は ZH と長さにおいて通約できる。ゆえに AH は AZ, ZH の双方と長さにおいて通約できる。ところが AH は有理線分であり $A\varGamma$ と長さにおいて通約できない。したがって AZ, ZH の双方も有理線分であり $A\varGamma$ と長さにおいて通約できない。ゆえに AI, ZK の双方は中項面積である。また $\varDelta E$ は EH と通約できるから，$\varDelta H$ も $\varDelta E, EH$ の双方と通約できる。ところが $\varDelta H$ は $A\varGamma$ と長さにおいて通約できる。したがって $\varDelta\varTheta, EK$ の双方は有理面積である。

そこで AI に等しい正方形 $\varLambda M$ がつくられたとし，ZK に等しくて $\varLambda M$ と同じ角，すなわち角 $\varLambda OM$ をはさむ $N\varXi$ がひかれたとせよ。正方形 $\varLambda M, N\varXi$ は同じ対角線をはさんでいる。OP をそれらの対角線とし，作図がなされたとせよ。そうすれば AI, ZK は中項面積であり $\varLambda O, ON$ 上の正方形に等しいから，$\varLambda O, ON$ 上の正方形も中項面積である。したがって $\varLambda O, ON$ も平方においてのみ通約できる中項線分である。そして矩形 AZ, ZH は EH 上の正方形に等しいから，AZ が EH に対するように，EH が ZH に対する。ところが AZ が EH に対するように，AI が EK に対する。そして EH が ZH に対するように，EK が ZK に対する。したがって EK は AI, ZK の比例中項である。ところが MN も正方形 $\varLambda M, N\varXi$ の比例中項である。そして AI は $\varLambda M$ に，ZK は $N\varXi$ に等しい。したがって MN は EK に等しい。ところが $\varDelta\varTheta$ は EK に等しく，$\varLambda\varXi$ は MN に等しい。したがって $\varDelta K$ 全体はグノーモーン $\varUpsilon\varPhi X$ と $N\varXi$ の和に等しい。そこで AK 全体は $\varLambda M, N\varXi$ の和に等しく，そのうち $\varDelta K$ はグノーモーン $\varUpsilon\varPhi X$ と $N\varXi$ の和に等しいから，残りの AB は $T\varSigma$ に等しい。ところが $T\varSigma$ は $\varLambda N$ 上の正方形である。したがって $\varLambda N$ 上の正方形は面積 AB に等しい。ゆえに $\varLambda N$ は面積 AB に等しい正方形の辺である。

$\varLambda N$ は第1の中項余線分であると主張する。

EK は有理面積であり $\varLambda\varXi$ に等しいから，$\varLambda\varXi$ すなわち矩形 $\varLambda O, ON$ は有理面積である。ところが $N\varXi$ は中項面積であることが先に証明された。したがって $\varLambda\varXi$ は $N\varXi$ と通約できない。そして $\varLambda\varXi$ が $N\varXi$ に対するように，$\varLambda O$ が ON に対する。したがって $\varLambda O, ON$ は長さにおいて通約できない。ゆえに $\varLambda O, ON$ は平方においてのみ通約でき，有理面積をかこむ中項線分である。したがって $\varLambda N$ は第1の中項余線分である。そして面積 AB に等しい正方形の辺である。

よって面積 AB に等しい正方形の辺は第1の中項余線分である。これが証明すべきことで

93

もし面積が有理線分と第3の余線分によってかこまれるならば，その面積に等しい正方形の辺は第2の中項余線分である。

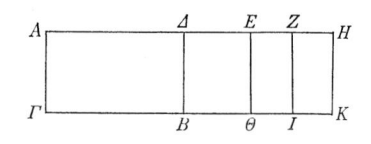

面積 AB が有理線分 $A\varGamma$ と第3の余線分 $A\varDelta$ によってかこまれるとせよ。面積 AB に等しい正方形の辺は中項線分の第2の余線分であると主張する。

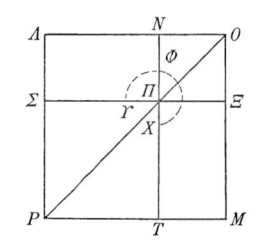

$\varDelta H$ を $A\varDelta$ への付加とせよ。そうすれば AH, $H\varDelta$ は平方においてのみ通約できる有理線分であり，AH, $H\varDelta$ のいずれも定められた有理線分 $A\varGamma$ と長さにおいて通約できず，AH 全体の上の正方形は付加された線分 $\varDelta H$ 上の正方形より AH と通約できる線分上の正方形だけ大きい。そこで AH 上の正方形は $H\varDelta$ 上の正方形より AH と通約できる線分上の正方形だけ大きいから，もし $\varDelta H$ 上の正方形の4分の1に等しくて正方形だけ欠けている矩形が AH 上につくられるならば，それを通約できる二つの部分に分けるであろう。そこで $\varDelta H$ が E で2等分されたとし，EH 上の正方形に等しくて正方形だけ欠けている矩形が AH 上につくられたとし，それを矩形 AZ, ZH とせよ。点 E, Z, H を通り $A\varGamma$ に平行に $E\varTheta$, ZI, HK がひかれたとせよ。そうすれば AZ, ZH は通約できる。ゆえに AI も ZK と通約できる。そして AZ, ZH は長さにおいて通約できるから，AH も AZ, ZH の双方と長さにおいて通約できる。ところが AH は有理線分であり $A\varGamma$ と長さにおいて通約できない。したがって AZ, ZH もそうである。したがって AI, ZK の双方は中項面積である。また $\varDelta E$ は EH と長さにおいて通約できるから，$\varDelta H$ も $\varDelta E$, EH の双方と長さにおいて通約できる。ところが $H\varDelta$ は有理線分であり $A\varGamma$ と長さにおいて通約できない。したがって $\varDelta E$, EH の双方も有理線分であり $A\varGamma$ と長さにおいて通約できない。したがって $\varDelta\varTheta$, EK の双方は中項面積である。そして AH, $H\varDelta$ は平方においてのみ通約できるから，AH は $H\varDelta$ と長さにおいて通約できない。ところが AH は AZ と，$\varDelta H$ は EH と長さにおいて通約できる。したがって AZ は EH と長さにおいて通約できない。そして AZ が EH

に対するように，AI が EK に対する．したがって AI は EK と通約できない．

そこで AI に等しい正方形 ΛM がつくられたとし，ZK に等しくて ΛM と同じ角をはさむ $N\Xi$ がひかれたとせよ．そうすれば $\Lambda M, N\Xi$ は同じ対角線をはさんでいる．OP をそれらの対角線とし，作図がなされたとせよ．そうすれば矩形 AZ, ZH は EH 上の正方形に等しいから，AZ が EH に対するように，EH が ZH に対する．ところが AZ が EH に対するように，AI が EK に対する．そして EH が ZH に対するように，EK が ZK に対する．したがって AI が EK に対するように，EK が ZK に対する．ゆえに EK は AI, ZK の比例中項である．ところが MN も正方形 $\Lambda M, N\Xi$ の比例中項である．そして AI は ΛM に，ZK は $N\Xi$ に等しい．したがって EK は MN に等しい．ところが MN は $\Lambda\Xi$ に，EK は $\Delta\Theta$ に等しい．ゆえに ΔK 全体はグノーモーン $\Upsilon\Phi X$ と $N\Xi$ の和に等しい．ところが AK も $\Lambda M, N\Xi$ の和に等しい．したがって残りの AB は ΣT に，すなわち ΛN 上の正方形に等しい．それゆえ ΛN は面積 AB に等しい正方形の辺である．

ΛN は第2の中項余線分であると主張する．

AI, ZK は中項面積であることが先に証明され，それぞれ $\Lambda O, ON$ 上の正方形に等しいから，$\Lambda O, ON$ 上の正方形の双方も中項面積である．したがって $\Lambda O, ON$ の双方は中項線分である．そして AI は ZK と通約できるから，ΛO 上の正方形も ON 上の正方形と通約できる．また AI は EK と通約できないことが証明されたから，ΛM も MN と，すなわち ΛO 上の正方形は矩形 $\Lambda O, ON$ と通約できない．したがって ΛO も ON と長さにおいて通約できない．ゆえに $\Lambda O, ON$ は平方においてのみ通約できる中項線分である．

次に中項面積をかこむことも主張する．EK は中項面積であることが先に証明され，矩形 $\Lambda O, ON$ に等しいから，矩形 $\Lambda O, ON$ も中項面積である．したがって $\Lambda O, ON$ は平方においてのみ通約でき，中項面積をかこむ中項線分である．ゆえに ΛN は第2の中項余線分である．そして面積 AB に等しい正方形の辺である．

よって面積 AB に等しい正方形の辺は第2の中項余線分である．これが証明すべきことであった．

❦ 94 ❧

もし面積が有理線分と第4の余線分によってかこまれるならば，その面積に等しい正方形の辺は劣線分である．

面積 AB が有理線分 $A\Gamma$ と第4の余線分 $A\Delta$ によってかこまれるとせよ．面積

AB に等しい正方形の辺は劣線分であると主張する。

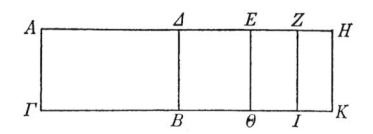

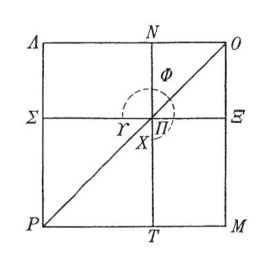

$\varDelta H$ を $A\varDelta$ への付加とせよ。そうすれば AH, $H\varDelta$ は平方においてのみ通約できる有理線分であり，AH は定められた有理線分 $A\varGamma$ と長さにおいて通約でき，AH 全体の上の正方形は付加された線分 $\varDelta H$ 上の正方形より AH と長さにおいて通約できない線分上の正方形だけ大きい。そうすれば AH 上の正方形は $H\varDelta$ 上の正方形より AH と長さにおいて通約できない線分上の正方形だけ大きいから，もし $\varDelta H$ 上の正方形の4分の1に等しくて正方形だけ欠けている矩形が AH 上につくられるならば，それを通約できない二つの部分に分けるであろう。そこで $\varDelta H$ が E で2等分されたとし，EH 上の正方形に等しくて正方形だけ欠けている矩形が AH 上につくられたとし，それを矩形 AZ, ZH とせよ。そうすれば AZ は ZH と長さにおいて通約できない。そこで E, Z, H を通り $A\varGamma$, $B\varDelta$ に平行に $E\varTheta$, ZI, HK がひかれたとせよ。そうすれば AH は有理線分であり $A\varGamma$ と長さにおいて通約できるから，AK 全体は有理面積である。また $\varDelta H$ は $A\varGamma$ と長さにおいて通約できず，両方とも有理線分であるから，$\varDelta K$ は中項面積である。また AZ は ZH と長さにおいて通約できないから，AI も ZK と通約できない。そこで AI に等しい正方形 $\varLambda M$ がつくられたとし，ZK に等しく，同一の角，すなわち角 $\varLambda OM$ をはさむ $N\varXi$ がひかれたとせよ。そうすれば正方形 $\varLambda M$, $N\varXi$ は同じ対角線をはさんでいる。OP をそれらの対角線とし，作図がなされたとせよ。そうすれば矩形 AZ, ZH は EH 上の正方形に等しいから，AZ が EH に対するように，EH が ZH に対する。ところが AZ が EH に対するように，AI が EK に対し，EH が ZH に対するように，EK が ZK に対する。したがって EK は AI, ZK の比例中項である。ところが MN も正方形 $\varLambda M$, $N\varXi$ の比例中項であり，AI は $\varLambda M$ に，ZK は $N\varXi$ に等しい。したがって EK も MN に等しい。ところが $\varDelta\varTheta$ は EK に等しく，$\varLambda\varXi$ は MN に等しい。ゆえに $\varDelta K$ 全体はグノーモーン $Y\varPhi X$ と $N\varXi$ の和に等しい。そこで AK 全体は正方形 $\varLambda M$, $N\varXi$ の和に等しく，そのうち $\varDelta K$ はグノーモーン $Y\varPhi X$ と正方形 $N\varXi$ の和に等しいから，残りの AB は $\varSigma T$ に，すなわち $\varLambda N$ 上の正方形に等しい。したがって $\varLambda N$ は面積 AB に等しい正方形の辺である。

$\varLambda N$ は劣線分とよばれる無理線分であると主張する。

AK は有理面積であり $\varLambda O$, ON 上の正方形の和に等しいから，$\varLambda O$, ON 上の正方形の

和は有理面積である。また $\varDelta K$ は中項面積であり，$\varDelta K$ は矩形 $\varLambda O$, ON の2倍に等しいから，矩形 $\varLambda O$, ON の2倍は中項面積である。そして $\varLambda I$ は ZK と通約できないことが証明されたから，$\varLambda O$ 上の正方形も ON 上の正方形と通約できない。したがって $\varLambda O$, ON は平方において通約できず，それらの上の正方形の和を有理面積とし，それらによってかこまれる矩形の2倍を中項面積とする。したがって $\varLambda N$ は劣線分とよばれる無理線分である。そして面積 AB に等しい正方形の辺である。

よって面積 AB に等しい正方形の辺は劣線分である。これが証明すべきことであった。

95

もし面積が 有理線分と 第5の余線分によってかこまれるならば，その面積に等しい正方形の辺は中項面積と有理面積の差に等しい正方形の辺である。

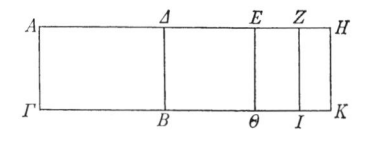

面積 AB が有理線分 $A\varGamma$ と第5の余線分 $A\varDelta$ によってかこまれるとせよ。面積 AB に等しい正方形の辺は中項面積と有理面積との差に等しい正方形の辺であると主張する。

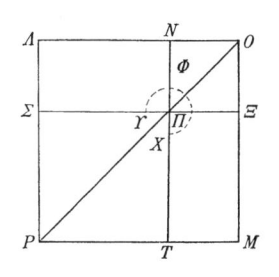

$\varDelta H$ を $A\varDelta$ への 付加とせよ。そうすれば AH, $H\varDelta$ は平方においてのみ 通約できる 有理線分であり，付加された線分 $H\varDelta$ は定められた有理線分 $A\varGamma$ と長さにおいて 通約でき，AH 全体の上の正方形は付加された線分 $\varDelta H$ 上の正方形より AH と通約できない線分上の正方形だけ大きい。したがっても し $\varDelta H$ 上の正方形の4分の1に等しくて正方形だけ欠けている 矩形が AH 上につくられるならば，それを通約できない 二つの部分に分けるであろう。そこで $\varDelta H$ が点 E で2等分され，EH 上の正方形に等しくて正方形だけ欠けている矩形が AH 上につくられたとし，それを矩形 AZ, ZH とせよ。そうすれば AZ は ZH と長さにおいて 通約できない。そして AH は $\varGamma A$ と長さにおいて 通約できず，両方とも有理線分であるから，AK は中項面積である。また $\varDelta H$ は有理線分であり，$A\varGamma$ と長さにおいて通約できるから，$\varDelta K$ は有理面積である。そこで AI に等しい正方形 $\varLambda M$ がつくられたとし，ZK に等しく，同一の角 $\varLambda OM$ をはさむ正方形 $N\varXi$ がひかれたとせよ。そうすれば正方形 $\varLambda M$, $N\varXi$ は同じ対角線をはさん

でいる。OP をそれらの対角線とし，作図がなされたとせよ。そうすれば同様にして ΛN が面積 AB に等しい正方形の辺であることを証明しうる。

ΛN は中項面積と有理面積の差に等しい正方形の辺であると主張する。

AK が中項面積であることが証明され，$\Lambda O, ON$ 上の正方形の和に等しいから，$\Lambda O, ON$ 上の正方形の和は中項面積である。また ΔK は有理面積であり矩形 $\Lambda O, ON$ の2倍に等しいから，後者自身も有理面積である。そして AI は ZK と通約できないから，ΛO 上の正方形も ON 上の正方形と通約できない。したがって $\Lambda O, ON$ は平方において通約できず，それらの上の正方形の和を中項面積とし，それらによってかこまれる矩形の2倍を有理面積とする。それゆえ残りの ΛN は中項面積と有理面積の差に等しい正方形の辺とよばれる無理線分である。そして面積 AB に等しい正方形の辺である。

よって面積 AB に等しい正方形の辺は中項面積と有理面積の差に等しい正方形の辺である。これが証明すべきことであった。

～ 96 ～

もし面積が有理線分と第6の余線分によってかこまれるならば，その面積に等しい正方形の辺は二つの中項面積の差に等しい正方形の辺である。

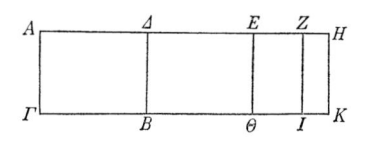

面積 AB が有理線分 $A\Gamma$ と第6の余線分 $A\Delta$ によってかこまれるとせよ。面積 AB に等しい正方形の辺は二つの中項面積の差に等しい正方形の辺であると主張する。

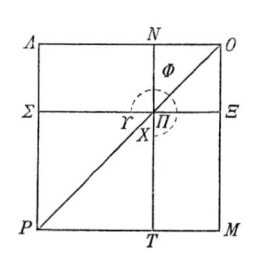

ΔH を $A\Delta$ への付加とせよ。そうすれば $AH, H\Delta$ は平方においてのみ通約できる有理線分であり，それらのいずれも定められた有理線分 $A\Gamma$ と長さにおいて通約できない。AH 全体の上の正方形は付加された線分 ΔH 上の正方形より AH と長さにおいて通約できない線分上の正方形だけ大きい。そこで AH 上の正方形は $H\Delta$ 上の正方形より AH と長さにおいて通約できない線分上の正方形だけ大きいから，もし ΔH 上の正方形の4分の1に等しくて正方形だけ欠けている矩形が AH 上につくられるならば，それを通約できない二つの部分に分けるであろう。そこで ΔH が E で2等分されたとし，EH 上の正方

形に等しくて正方形だけ欠けている矩形がつくられたとし，それを矩形 AZ, ZH とせよ。そうすれば AZ は ZH と長さにおいて通約できない。ところが AZ が ZH に対するように，AI が ZK に対する。したがって AI は ZK と通約できない。そして AH, $A\Gamma$ は平方においてのみ通約できる有理線分であるから，AK は中項面積である。また $A\Gamma$, ΔH は有理線分であり長さにおいて通約できないから，ΔK も中項面積である。そして AH, $H\Delta$ は平方においてのみ通約できるから，AH は $H\Delta$ と長さにおいて通約できない。ところが AH が $H\Delta$ に対するように，AK が $K\Delta$ に対する。したがって AK は $K\Delta$ と通約できない。そこで AI に等しい正方形 ΛM がつくられたとし，ZK に等しく，同一の角をはさむ $N\Xi$ がひかれたとせよ。そうすれば正方形 ΛM, $N\Xi$ は同じ対角線をはさんでいる。OP をそれらの対角線とし，作図がなされたとせよ。そうすれば前と同様にして ΛN が面積 AB に等しい正方形の辺であることを証明しうる。

　ΛN は二つの中項面積の差に等しい正方形の辺であると主張する。

　AK は中項面積であることが証明され，ΛO, ON 上の正方形の和に等しいから，ΛO, ON 上の正方形の和は中項面積である。また ΔK が中項面積であることが証明され，矩形 ΛO, ON の2倍に等しいから，矩形 ΛO, ON の2倍も中項面積である。そして AK が ΔK と通約できないことが証明されたから，ΛO, ON 上の正方形の和も矩形 ΛO, ON の2倍と通約できない。そして AI は ZK と通約できないから，ΛO 上の正方形は ON 上の正方形と通約できない。したがって ΛO, ON は平方において通約できず，それらの上の正方形の和を中項面積とし，それらによってかこまれる矩形の2倍を中項面積とし，さらにそれらの上の正方形の和をそれらによってかこまれる矩形の2倍と通約できないようにする。したがって ΛN は中項面積と中項面積の差に等しい正方形の辺とよばれる無理線分である。そして面積 AB に等しい正方形の辺である。

　したがってこの面積に等しい正方形の辺は二つの中項面積の差に等しい正方形の辺である。これが証明すべきことであった[*]。

---

[*] 定義 III において，第1ないし第6の余線分が定義され，命題 85-90 において，これらの線分が全部作図可能なことがたしかめられたのち，命題 91-96 は，これらの6種の無理線分を使って，命題 73-78 で与えられる差としての無理線分を与えうることを示す．すなわち

命題 91 $\sqrt{\text{有理線分} \times \text{第1の余線分}}$ は余線分である．ただし $\sqrt{\quad}$ の意味は命題 54 において注意したのと同じ意味である．

命題 92 $\sqrt{\text{有理線分} \times \text{第2の余線分}}$ は第1の中項余線分である．

命題 93 $\sqrt{\text{有理線分} \times \text{第3の余線分}}$ は第2の中項余線分である．

命題 94 $\sqrt{\text{有理線分} \times \text{第4の余線分}}$ は劣線分である．

命題 95 $\sqrt{\text{有理線分} \times \text{第5の余線分}} = \sqrt{\text{中項面積} \sim \text{有理面積}}$

命題 96 $\sqrt{\text{有理線分} \times \text{第6の余線分}} = \sqrt{\text{二つの中項面積の差}}$

これらは命題 54-59（和の場合）に対応する定理である．また**命題 97-102** はこの逆である．

97

余線分の上の正方形に等しい矩形が有理線分上につくられるならば，第1の余線分を幅とする。

AB を余線分とし，$\varGamma\varDelta$ を有理線分とし，AB 上の正方形に等しく $\varGamma\varDelta$ 上に $\varGamma Z$ を幅とする矩形 $\varGamma E$ がつくられたとせよ。$\varGamma Z$ は第1の余線分であると主張する。

BH を AB への付加とせよ。そうすれば AH, HB は平方においてのみ通約できる有理線分である。$\varGamma\varDelta$ 上に AH 上の正方形に等しく矩形 $\varGamma\varTheta$ が，BH 上の正方形に等しく矩形 $K\varLambda$ がつくられたとせよ。そうすれば $\varGamma\varLambda$ 全体は AH, HB 上の正方形の和に等しく，そのうち $\varGamma E$ は AB 上の正方形に等しい。ゆえに残りの $Z\varLambda$ は矩形 AH, HB の2倍に等しい。ZM が点 N で2等分され，N を通り $\varGamma\varDelta$ に平行に $N\varXi$ がひかれたとせよ。そうすれば $Z\varXi$, $\varLambda N$ の双方は矩形 AH, HB に等しい。そして AH, HB 上の正方形の和は有理面積であり，$\varDelta M$ は AH, HB 上の正方形の和に等しいから，$\varDelta M$ は有理面積である。そして有理線分 $\varGamma\varDelta$ 上に $\varGamma M$ を幅としてつくられた。したがって $\varGamma M$ は有理線分であり $\varGamma\varDelta$ と長さにおいて通約できる。また矩形 AH, HB の2倍は中項面積であり，$Z\varLambda$ は矩形 AH, HB の2倍に等しいから，$Z\varLambda$ は中項面積である。そして有理線分 $\varGamma\varDelta$ 上に ZM を幅としてつくられている。それゆえ ZM は有理線分であり $\varGamma\varDelta$ と長さにおいて通約できない。そして AH, HB 上の正方形の和は有理面積であり，矩形 AH, HB の2倍は中項面積であるから，AH, HB 上の正方形の和は矩形 AH, HB の2倍と通約できない。そして $\varGamma\varLambda$ は AH, HB 上の正方形の和に，$Z\varLambda$ は矩形 AH, HB の2倍に等しい。したがって $\varDelta M$ は $Z\varLambda$ と通約できない。ところが $\varDelta M$ が $Z\varLambda$ に対するように，$\varGamma M$ が ZM に対する。ゆえに $\varGamma M$ は ZM と長さにおいて通約できない。そして両方とも有理線分である。それゆえ $\varGamma M$, MZ は平方においてのみ通約できる有理線分である。したがって $\varGamma Z$ は余線分である。

次に第1の余線分でもあると主張する。

矩形 AH, HB は AH, HB 上の正方形の比例中項であり，$\varGamma\varTheta$ は AH 上の正方形に等しく，$K\varLambda$ は BH 上の正方形に等しく，$N\varLambda$ は矩形 AH, HB に等しいから，$N\varLambda$ も $\varGamma\varTheta$, $K\varLambda$ の比例中項である。したがって $\varGamma\varTheta$ が $N\varLambda$ に対するように，$N\varLambda$ が $K\varLambda$ に対する。ところが $\varGamma\varTheta$ が $N\varLambda$ に対するように，$\varGamma K$ が NM に対する。そして $N\varLambda$ が $K\varLambda$ に対するよう

に, NM が KM に対する。したがって矩形 $\Gamma K, KM$ は NM 上の正方形に, すなわち ZM 上の正方形の4分の1に等しい。そして AH 上の正方形は HB 上の正方形と通約できるから, $\Gamma\Theta$ も $K\Lambda$ と通約できる。ところが $\Gamma\Theta$ が $K\Lambda$ に対するように, ΓK が KM に対する。ゆえに ΓK は KM と通約できる。そこで $\Gamma M, MZ$ は不等な2線分であり, ZM 上の正方形の4分の1に等しくて正方形だけ欠けている矩形 $\Gamma K, KM$ が ΓM 上につくられ, ΓK は KM と通約できるから, ΓM 上の正方形は MZ 上の正方形より, ΓM と長さにおいて通約できる線分上の正方形だけ大きい。そして ΓM は定められた有理線分 $\Gamma\Delta$ と長さにおいて通約できる。ゆえに ΓZ は第1の余線分である。

よって余線分の上の正方形に等しい矩形が有理線分上につくられるならば, 第1の余線分を幅とする。

98

第1の中項余線分の上の正方形に等しい矩形が有理線分上につくられるならば, 第2の余線分を幅とする。

AB を第1の中項余線分とし, $\Gamma\Delta$ を有理線分とし, AB 上の正方形に等しく $\Gamma\Delta$ 上に ΓZ を幅とする ΓE がつくられたとせよ。ΓZ は第2の余線分であると主張する。

BH を AB への付加とせよ。そうすれば AH, HB は平方においてのみ通約でき, 有理面積をかこむ中項線分である。$\Gamma\Delta$ 上に AH 上の正方形に等しく ΓK を幅とする $\Gamma\Theta$ が, HB 上の正方形に等しく KM を幅とする $K\Lambda$ がつくられたとせよ。そうすれば $\Gamma\Lambda$ 全体は AH, HB 上の正方形の和に等しい。それゆえ $\Gamma\Lambda$ は中項面積である。そして有理線分 $\Gamma\Delta$ 上に ΓM を幅としてつくられている。したがって ΓM は有理線分であり $\Gamma\Delta$ と長さにおいて通約できない。そして $\Gamma\Lambda$ は AH, HB 上の正方形の和に等しく, そのうち AB 上の正方形は ΓE に等しいから, 残りの矩形 AH, HB の2倍は $Z\Lambda$ に等しい。ところが矩形 AH, HB の2倍は有理面積である。したがって $Z\Lambda$ は有理面積である。そして有理線分 ZE 上に ZM を幅としてつくられている。それゆえ ZM も有理線分であり $\Gamma\Delta$ と長さにおいて通約できる。そこで AH, HB 上の正方形の和, すなわち $\Gamma\Lambda$ は中項面積であり, 矩形 AH, HB の2倍, すなわち $Z\Lambda$ は有理面積であるから, $\Gamma\Lambda$ は $Z\Lambda$ と通約できない。ところが $\Gamma\Lambda$ が $Z\Lambda$ に

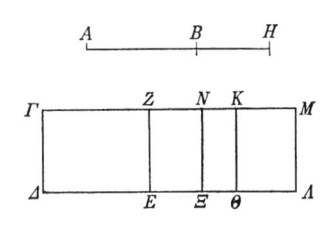

対するように，$\varGamma M$ が ZM に対する。したがって $\varGamma M$ は ZM と長さにおいて通約できない。そして両方とも有理線分である。ゆえに $\varGamma M$, MZ は平方において通約できる有理線分である。したがって $\varGamma Z$ は余線分である。

次に第2の余線分でもあると主張する。

ZM が N で2等分され，N を通り $\varGamma \varDelta$ に平行に $N\varXi$ がひかれたとせよ。そうすれば $Z\varXi$, $N\varLambda$ の双方は矩形 AH, HB に等しい。そして矩形 AH, HB は AH, HB 上の正方形の比例中項であり，AH 上の正方形は $\varGamma \varTheta$ に，矩形 AH, HB は $N\varLambda$ に，BH 上の正方形は $K\varLambda$ に等しいから，$N\varLambda$ も $\varGamma \varTheta$, $K\varLambda$ の比例中項である。したがって $\varGamma \varTheta$ が $N\varLambda$ に対するように，$N\varLambda$ が $K\varLambda$ に対する。ところが $\varGamma \varTheta$ が $N\varLambda$ に対するように，$\varGamma K$ が NM に対し，$N\varLambda$ が $K\varLambda$ に対するように，NM が MK に対する。したがって $\varGamma K$ が NM に対するように，NM が KM に対する。それゆえ矩形 $\varGamma K$, KM は NM 上の正方形に，すなわち ZM 上の正方形の4分の1に等しい。そこで $\varGamma M$, MZ は不等な2線分であり，MZ 上の正方形の4分の1に等しくて正方形だけ欠けている矩形 $\varGamma K$, KM が大きい線分 $\varGamma M$ 上につくられ，それを通約できる二つの部分に分けるから，$\varGamma M$ 上の正方形は MZ 上の正方形より $\varGamma M$ と長さにおいて通約できる線分上の正方形だけ大きい。そして付加された線分 ZM は定められた有理線分 $\varGamma \varDelta$ と長さにおいて通約できる。したがって $\varGamma Z$ は第2の余線分である。

よって第1の中項余線分の上の正方形に等しい矩形が有理線分上につくられるならば，第2の余線分を幅とする。これが証明すべきことであった。

◈ 99 ◈

第2の中項余線分の上の正方形に等しい矩形が有理線分上につくられるならば，第3の余線分を幅とする。

AB を第2の中項余線分とし，$\varGamma \varDelta$ を有理線分とし，AB 上の正方形に等しく $\varGamma \varDelta$ 上に $\varGamma Z$ を幅とする矩形 $\varGamma E$ がつくられたとせよ。$\varGamma Z$ は第3の余線分であると主張する。

BH を AB への付加とせよ。そうすれば AH, HB は中項面積をかこみ，平方においてのみ通約できる中項線分である。そして AH 上の正方形に等しく $\varGamma \varDelta$ 上に $\varGamma K$ を幅とする矩形 $\varGamma \varTheta$ がつくられ，BH 上の正方形に等しく $K\varTheta$ 上に KM を幅とする矩形 $K\varLambda$ がつくられたとせよ。そうす

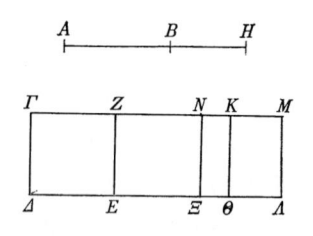

れば $\Gamma\varLambda$ 全体は AH, HB 上の正方形の和に等しい．ゆえに $\Gamma\varLambda$ も中項面積である．そして有理線分 $\Gamma\varDelta$ 上に ΓM を幅としてつくられた．したがって ΓM は有理線分であり $\Gamma\varDelta$ と長さにおいて通約できない．そして $\Gamma\varLambda$ 全体は AH, HB 上の正方形の和に等しく，そのうち ΓE は AB 上の正方形に等しいから，残りの $\varLambda Z$ は矩形 AH, HB の2倍に等しい．そこで ZM が点 N で2等分され，$\Gamma\varLambda$ に平行に $N\varXi$ がひかれたとせよ．そうすれば $Z\varXi$, $N\varLambda$ の双方は矩形 AH, HB に等しい．ところが矩形 AH, HB は中項面積である．ゆえに $Z\varLambda$ も中項面積である．そして有理線分 EZ 上に ZM を幅としてつくられている．したがって ZM も有理線分であり $\Gamma\varDelta$ と長さにおいて通約できない．そして AH, HB は平方においてのみ通約できるから，AH は HB と長さにおいて通約できない．ゆえに AH 上の正方形も矩形 AH, HB と通約できない．ところが AH, HB 上の正方形の和は AH 上の正方形と，矩形 AH, HB の2倍は矩形 AH, HB と通約できる．したがって AH, HB 上の正方形の和は矩形 AH, HB の2倍と通約できない．ところが $\Gamma\varLambda$ は AH, HB 上の正方形に等しく $Z\varLambda$ は矩形 AH, HB の2倍に等しい．それゆえ $\Gamma\varLambda$ は $Z\varLambda$ と通約できない．ところが $\Gamma\varLambda$ が $Z\varLambda$ に対するように，ΓM が ZM に対する．したがって ΓM は ZM と長さにおいて通約できない．そして両方とも有理線分である．ゆえに ΓM, MZ は平方においてのみ通約できる有理線分である．したがって ΓZ は余線分である．

次に第3の余線分でもあると主張する．

AH 上の正方形は HB 上の正方形と通約できるから，$\Gamma\varTheta$ も $K\varLambda$ と通約できる．したがって ΓK も KM と通約できる．そして矩形 AH, HB は AH, HB 上の正方形の比例中項であり，$\Gamma\varTheta$ は AH 上の正方形に等しく，$K\varLambda$ は HB 上の正方形に等しく，$N\varLambda$ は矩形 AH, HB に等しいから，$N\varLambda$ も $\Gamma\varTheta$, $K\varLambda$ の比例中項である．したがって $\Gamma\varTheta$ が $N\varLambda$ に対するように，$N\varLambda$ が $K\varLambda$ に対する．ところが $\Gamma\varTheta$ が $N\varLambda$ に対するように，ΓK が NM に対し，$N\varLambda$ が $K\varLambda$ に対するように，NM が KM に対する．それゆえ ΓK が MN に対するように，MN が KM に対する．それゆえ矩形 ΓK, KM は ZM 上の正方形の4分の1に等しい．そこで ΓM, MZ は不等な2線分であり，ZM 上の正方形の4分の1に等しくて正方形だけ欠けている矩形が ΓM 上につくられ，それを通約できる二つの部分に分けるから，ΓM 上の正方形は MZ 上の正方形より ΓM と通約できる線分上の正方形だけ大きい．そして ΓM, MZ のいずれも定められた有理線分 $\Gamma\varDelta$ と長さにおいて通約できない．それゆえ ΓZ は第3の余線分である．

よって第2の中項余線分の上の正方形に等しい矩形が有理線分上につくられるならば，第3の余線分を幅とする．これが証明すべきことであった．

～ 100 ～

劣線分の上の正方形に等しい矩形が有理線分上につくられるならば，第4の余線分を幅とする。

AB を劣線分，$\Gamma\varDelta$ を有理線分とし，AB 上の正方形に等しく有理線分 $\Gamma\varDelta$ 上に ΓZ を幅とする矩形 ΓE がつくられたとせよ。ΓZ は第4の余線分であると主張する。

BH を AB への付加とせよ。そうすれば AH, HB は平方において通約できず，AH, HB 上の正方形の和を有理面積とし，矩形 AH, HB の2倍を中項面積とする。$\Gamma\varDelta$ 上に AH 上の正方形に等しく ΓK を幅とする矩形 $\Gamma\varTheta$ が，BH 上の正方形に等しく KM を幅とする $K\varLambda$ がつくられたとせよ。そうすれば $\Gamma\varLambda$ 全体は AH, HB 上の正方形の和に等しい。そして AH, HB 上の正方形の和は有理面積である。ゆえに $\Gamma\varLambda$ も有理面積である。そして有理線分 $\Gamma\varDelta$ 上に ΓM を幅としてつくられている。したがって ΓM も有理線分であり $\Gamma\varDelta$ と長さにおいて通約できる。そして $\Gamma\varLambda$ 全体は AH, HB 上の正方形の和に等しく，そのうち ΓE は AB 上の正方形に等しいから，残りの $Z\varLambda$ は矩形 AH, HB の2倍に等しい。そこで ZM が点 N で2等分されたとし，N を通り $\Gamma\varDelta$, $M\varLambda$ のいずれかに平行に $N\varXi$ がひかれたとせよ。そうすれば $Z\varXi$, $N\varLambda$ の双方は矩形 AH, HB に等しい。そして矩形 AH, HB の2倍は中項面積であり $Z\varLambda$ に等しいから，$Z\varLambda$ も中項面積である。そして有理線分 ZE 上に ZM を幅としてつくられている。したがって ZM は有理線分であり $\Gamma\varDelta$ と長さにおいて通約できない。そして AH, HB 上の正方形の和は有理面積，矩形 AH, HB の2倍は中項面積であるから，AH, HB 上の正方形の和は矩形 AH, HB の2倍と通約できない。ところが $\Gamma\varLambda$ は AH, HB 上の正方形の和に等しく，$Z\varLambda$ は矩形 AH, HB の2倍に等しい。したがって $\Gamma\varLambda$ は $Z\varLambda$ と通約できない。ところが $\Gamma\varLambda$ が $Z\varLambda$ に対するように，ΓM が MZ に対する。ゆえに ΓM は MZ と長さにおいて通約できない。そして両方とも有理線分である。したがって ΓM, MZ は平方においてのみ通約できる有理線分である。それゆえ ΓZ は余線分である。

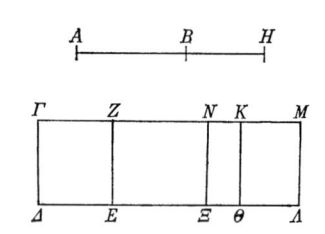

第4の余線分でもあると主張する。

AH, HB は平方において通約できないから，AH 上の正方形は HB 上の正方形と通約できない。そして $\Gamma\varTheta$ は AH 上の正方形に等しく，$K\varLambda$ は HB 上の正方形に等しい。したがって $\Gamma\varTheta$ は $K\varLambda$ と通約できない。ところが $\Gamma\varTheta$ が $K\varLambda$ に対するように，ΓK が KM に

対する。ゆえに $\varGamma K$ は KM と長さにおいて通約できない。そして矩形 AH, HB は AH, HB 上の正方形の比例中項であり，AH 上の正方形は $\varGamma\varTheta$ に，HB 上の正方形は $K\varLambda$ に，矩形 AH, HB は $N\varLambda$ に等しいから，$N\varLambda$ は $\varGamma\varTheta$, $K\varLambda$ の比例中項である。それゆえ $\varGamma\varTheta$ が $N\varLambda$ に対するように，$N\varLambda$ が $K\varLambda$ に対する。ところが $\varGamma\varTheta$ が $N\varLambda$ に対するように，$\varGamma K$ が NM に，$N\varLambda$ が $K\varLambda$ に対するように，NM が KM に対する。したがって $\varGamma K$ が MN に対するように，MN が KM に対する。ゆえに矩形 $\varGamma K$, KM は MN 上の正方形に，すなわち ZM 上の正方形の4分の1に等しい。そこで $\varGamma M$, MZ は不等な2線分であり，MZ 上の正方形の4分の1に等しく，正方形だけ欠けている矩形 $\varGamma K$, KM が $\varGamma M$ 上につくられ，それを通約できない二つの部分に分けるから $\varGamma M$ 上の正方形は MZ 上の正方形より $\varGamma M$ と通約できない線分上の正方形だけ大きい。そして $\varGamma M$ 全体は定められた有理線分 $\varGamma\varDelta$ と長さにおいて通約できる。したがって $\varGamma Z$ は第4の余線分である。

よって劣線分の上の正方形は云々

～ 101 ～

中項面積と有理面積の差に等しい正方形の辺の上の正方形に等しい矩形が有理線分上につくられるならば，第5の余線分を幅とする。

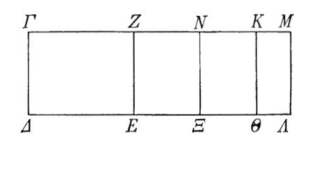

AB を中項面積と有理面積の差に等しい正方形の辺，$\varGamma\varDelta$ を有理線分とし，AB 上の正方形に等しく $\varGamma\varDelta$ 上に $\varGamma Z$ を幅とする $\varGamma E$ がつくられたとせよ。$\varGamma Z$ は第5の余線分であると主張する。

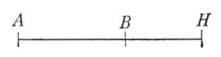

BH を AB への付加とせよ。そうすれば AH, HB は平方において通約できず，それらの上の正方形の和を中項面積とし，それらによってかこまれる矩形の2倍を有理面積とする線分である。$\varGamma\varDelta$ 上に AH 上の正方形に等しく $\varGamma\varTheta$ が，HB 上の正方形に等しく $K\varLambda$ がつくられたとせよ。そうすれば $\varGamma\varLambda$ 全体は AH, HB 上の正方形の和に等しい。ところが AH, HB 上の正方形の和は中項面積である。それゆえ $\varGamma\varLambda$ は中項面積である。そして有理線分 $\varGamma\varDelta$ 上に $\varGamma M$ を幅としてつくられている。したがって $\varGamma M$ は有理線分であり $\varGamma\varDelta$ と通約できない。そして $\varGamma\varLambda$ 全体は AH, HB 上の正方形の和に等しく，そのうち $\varGamma E$ は AB 上の正方形に等しいから，残りの $Z\varLambda$ は矩形 AH, HB の2倍に等しい。そこで ZM が N で2等分されたとし，N を通り $\varGamma\varDelta$, $M\varLambda$ のいずれかに平行に $N\varXi$ がひかれたとせよ。$Z\varXi$,

$N\varLambda$ の双方は矩形 AH, HB に等しい。そして矩形 AH, HB の2倍は有理面積であり $Z\varLambda$ に等しいから，$Z\varLambda$ は有理面積である。そして有理線分 EZ 上に ZM を幅としてつくられている。したがって ZM は有理線分であり $\varGamma\varDelta$ と長さにおいて通約できる。そして $\varGamma\varDelta$ は中項面積であり，$Z\varLambda$ は有理面積であるから，$\varGamma\varDelta$ は $Z\varLambda$ と通約できない。ところが $\varGamma\varDelta$ が $Z\varLambda$ に対するように，$\varGamma M$ が MZ に対する。したがって $\varGamma M$ は MZ と長さにおいて通約できない。そして両方とも有理線分である。ゆえに $\varGamma M$, MZ は平方においてのみ通約できる有理線分である。したがって $\varGamma Z$ は余線分である。

次に第5の余線分でもあると主張する。

同様にして矩形 $\varGamma KM$ が NM 上の正方形に，すなわち ZM 上の正方形の4分の1に等しいことを証明しうる。そして AH 上の正方形は HB 上の正方形と通約できず，AH 上の正方形は $\varGamma\varTheta$ に，HB 上の正方形は $K\varLambda$ に等しいから，$\varGamma\varTheta$ は $K\varLambda$ と通約できない。ところが $\varGamma\varTheta$ が $K\varLambda$ に対するように，$\varGamma K$ が KM に対する。したがって $\varGamma K$ は KM と長さにおいて通約できない。そこで $\varGamma M$, MZ は不等な2線分であり，ZM 上の正方形の4分の1に等しく正方形だけ欠けている矩形が $\varGamma M$ 上につくられ，それを通約できない二つの部分に分けるから，$\varGamma M$ 上の正方形は MZ 上の正方形より $\varGamma M$ と通約できない線分上の正方形だけ大きい。そして付加された線分 ZM は定められた有理線分 $\varGamma\varDelta$ と通約できる。したがって $\varGamma Z$ は第5の余線分である。これが証明すべきことであった。

〜 102 〜

二つの中項面積の差に等しい正方形の辺の上の正方形に等しい矩形が有理線分上につくられるならば，第6の余線分を幅とする。

AB を二つの中項面積の差に等しい正方形の辺，$\varGamma\varDelta$ を有理線分とし，AB 上の正方形に等しく $\varGamma\varDelta$ 上に $\varGamma Z$ を幅とする矩形 $\varGamma E$ がつくられたとせよ。$\varGamma Z$ は第6の余線分であると主張する。

BH を AB への付加とせよ。そうすれば AH, HB は平方において通約できず，それらの上の正方形の和を中項面積とし，矩形 AH, HB の2倍を中項面積とし，AH, HB 上の正方形の和を矩形 AH, HB の2倍と通約できないようにする線分である。そこで $\varGamma\varDelta$ 上に AH 上の正方形に等しく $\varGamma K$ を幅とする $\varGamma\varTheta$ が，BH 上の正方形に等しく $K\varLambda$ がつくられたとせよ。そうすれば

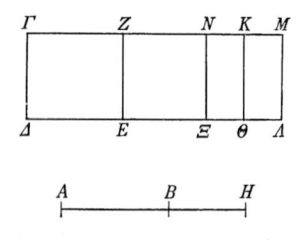

$\Gamma\Delta$ 全体は AH, HB 上の正方形の和に等しい。したがって $\Gamma\Delta$ も中項面積である。そして有理線分 $\Gamma\Delta$ 上に ΓM を幅としてつくられている。したがって ΓM は有理線分であり $\Gamma\Delta$ と長さにおいて通約できない。そこで $\Gamma\Delta$ は AH, HB 上の正方形の和に等しく，そのうち ΓE は AB 上の正方形に等しいから，残りの $Z\Delta$ は矩形 AH, HB の2倍に等しい。そして矩形 AH, HB の2倍は中項面積である。したがって $Z\Delta$ も中項面積である。そして有理線分 ZE 上に ZM を幅としてつくられている。それゆえ ZM は有理線分であり $\Gamma\Delta$ と長さにおいて通約できない。そして AH, HB 上の正方形の和は矩形 AH, HB の2倍と通約できず，$\Gamma\Delta$ は AH, HB 上の正方形の和に，$Z\Delta$ は矩形 AH, HB の2倍に等しいから，$\Gamma\Delta$ は $Z\Delta$ と通約できない。ところが $\Gamma\Delta$ が $Z\Delta$ に対するように，ΓM が MZ に対する。したがって ΓM は MZ と長さにおいて通約できない。そして両方とも有理線分である。ゆえに ΓM, MZ は平方においてのみ通約できる有理線分である。したがって ΓZ は余線分である。

次に第6の余線分でもあると主張する。

$Z\Delta$ は矩形 AH, HB の2倍に等しいから，ZM が N で2等分されたとし，N を通り $\Gamma\Delta$ に平行に $N\Xi$ がひかれたとせよ。そうすれば $Z\Xi$, $N\Lambda$ の双方は矩形 AH, HB に等しい。そして AH, HB は平方において通約できないから，AH 上の正方形は HB 上の正方形と通約できない。ところが $\Gamma\Theta$ は AH 上の正方形に等しく，$K\Lambda$ は HB 上の正方形に等しい。ゆえに $\Gamma\Theta$ は $K\Lambda$ と通約できない。ところが $\Gamma\Theta$ が $K\Lambda$ に対するように，ΓK が KM に対する。それゆえ ΓK は KM と通約できない。そして矩形 AH, HB は AH, HB 上の正方形の比例中項であり，$\Gamma\Theta$ は AH 上の正方形に等しく，$K\Lambda$ は HB 上の正方形に等しく，$N\Lambda$ は矩形 AH, HB に等しいから，$N\Lambda$ は $\Gamma\Theta$, $K\Lambda$ の比例中項である。したがって $\Gamma\Theta$ が $N\Lambda$ に対するように，$N\Lambda$ は $K\Lambda$ に対する。そして同じ理由で ΓM 上の正方形は MZ 上の正方形より ΓM と通約できない線分上の正方形だけ大きい。そしてそれらのいずれも定められた有理線分 $\Gamma\Delta$ と通約できない。したがって ΓZ は第6の余線分である。これが証明すべきことであった。

103

余線分と長さにおいて通約できる線分は余線分であり，順位においても同じである。

AB を余線分とし，$\Gamma\Delta$ を AB と長さにおいて通約できるようにせよ。$\Gamma\Delta$ も余線分であり AB と順位において同じであると主張する。

AB は余線分であるから，BE をそれへの付加とせよ。そうすれば AE, EB は平方においてのみ通約できる有理線分である。そして BE の $ΔZ$ に対する比が AB の $ΓΔ$ に対する比と同じであるようにされたとせよ。そうすれば一つの項が一つの項に対するように，全体が全体に対する。ゆえに AE 全体が $ΓZ$ 全体に対するように，AB が $ΓΔ$ に対する。ところが AB は $ΓΔ$ と長さにおいて通約できる。ゆえに AE も $ΓZ$ と，BE も $ΔZ$ と通約できる。そして AE, EB は平方においてのみ通約できる有理線分である。したがって $ΓZ$, $ZΔ$ も平方においてのみ通約できる有理線分である。

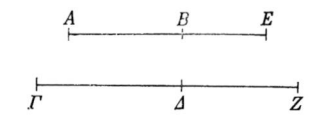

そこで AE が $ΓZ$ に対するように，BE が $ΔZ$ に対するから，いれかえて AE が EB に対するように，$ΓZ$ が $ZΔ$ に対する。そして AE 上の正方形は EB 上の正方形より AE と通約できる 線分上の正方形か または通約できない 線分上の正方形だけ大きい。そこでもし AE 上の正方形が EB 上の正方形より AE と通約できる線分上の正方形だけ 大きいならば，$ΓZ$ 上の正方形も $ZΔ$ 上の正方形より $ΓZ$ と通約できる線分上の正方形だけ大きい。そしてもし AE が定められた有理線分と長さにおいて通約できるならば，$ΓZ$ もそうであり，もし BE が通約できるならば，$ΔZ$ もそうであり，そしてもし AE, EB のいずれも通約できないならば，$ΓZ$, $ZΔ$ のいずれも通約できない。ところがもし AE 上の正方形が AE と通約できない線分上の正方形だけ大きいならば，$ΓZ$ 上の正方形も $ZΔ$ 上の正方形より $ΓZ$ と通約できない線分上の正方形だけ 大きいであろう。そしてもし AE が定められた有理線分と長さにおいて通約できるならば，$ΓZ$ もそうであり，もし BE が通約できないならば，$ΔZ$ もそうであり，もし AE, EB のいずれも通約できないならば，$ΓZ$, $ZΔ$ のいずれも通約できない。

よって $ΓΔ$ は余線分であり，AB と順位において同じである。これが証明すべきことであった。

104

中項余線分と通約できる線分は中項余線分であり，順位において同じである。

　　AB を中項余線分とし，$ΓΔ$ を AB と長さにおいて通約できるようにせよ。$ΓΔ$ も中項余線分であり AB と順位において同じであると主張する。

AB は中項余線分であるから，EB をそれへの付加とせよ。そうすれば AE, EB は平方においてのみ通約できる中項線分である。そして AB が $ΓΔ$ に対するように，BE が $ΔZ$ に

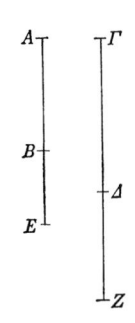

対するようにされたとせよ。そうすれば AE は $\varGamma Z$ と，BE は $\varDelta Z$ と通約できる。ところが AE, EB は平方においてのみ通約できる中項線分である。それゆえ $\varGamma Z, Z\varDelta$ は平方においてのみ通約できる中項線分である。したがって $\varGamma \varDelta$ は中項余線分である。

次に AB と順位においても同じであると主張する。

AE が EB に対するように，$\varGamma Z$ が $Z\varDelta$ に対するから，AE 上の正方形が矩形 AE, EB に対するように，$\varGamma Z$ 上の正方形が矩形 $\varGamma Z, Z\varDelta$ に対する。ところが AE 上の正方形は $\varGamma Z$ 上の正方形と通約できる。したがって矩形 AE, EB は矩形 $\varGamma Z, Z\varDelta$ と通約できる。そこでもし矩形 AE, EB が有理面積ならば，矩形 $\varGamma Z, Z\varDelta$ も有理面積であり，もし矩形 AE, EB が中項面積ならば，矩形 $\varGamma Z, Z\varDelta$ も中項面積であろう。

よって $\varGamma \varDelta$ は中項余線分であり AB と順位において同じである。これが証明すべきことであった。

～ 105 ～

劣線分と通約できる線分は劣線分である。

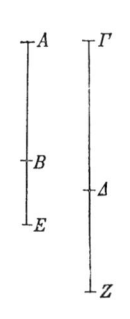

AB を劣線分とし，$\varGamma \varDelta$ を AB と通約できるようにせよ。$\varGamma \varDelta$ も劣線分であると主張する。

同じ作図がなされたとせよ。そうすれば AE, EB は平方において通約できないから，$\varGamma Z, Z\varDelta$ も平方において通約できない。そこで AE が EB に対するように，$\varGamma Z$ が $Z\varDelta$ に対するから，AE 上の正方形が EB 上の正方形に対するように，$\varGamma Z$ 上の正方形が $Z\varDelta$ 上の正方形に対する。したがって合比により AE, EB 上の正方形の和が EB 上の正方形に対するように，$\varGamma Z, Z\varDelta$ 上の正方形の和が $Z\varDelta$ 上の正方形に対する。ところが BE 上の正方形は $\varDelta Z$ 上の正方形と通約できる。したがって AE, EB 上の正方形の和も $\varGamma Z, Z\varDelta$ 上の正方形の和と通約できる。ところが AE, EB 上の正方形の和は有理面積である。したがって $\varGamma Z, Z\varDelta$ 上の正方形の和も有理面積である。また AE 上の正方形が矩形 AE, EB に対するように，$\varGamma Z$ 上の正方形が矩形 $\varGamma Z, Z\varDelta$ に対し，AE 上の正方形は $\varGamma Z$ 上の正方形と通約できるから，矩形 AE, EB も矩形 $\varGamma Z, Z\varDelta$ と通約できる。ところが矩形 AE, EB は中項面積である。それゆえ矩形 $\varGamma Z, Z\varDelta$ も中項面積である。したがって $\varGamma Z, Z\varDelta$ は平方に

において通約できず，それらの上の正方形の和を有理面積とし，それらによってかこまれる矩形を中項面積とする。

よって $\varGamma\varDelta$ は劣線分である。これが証明すべきことであった。

⁓ 106 ⁕

中項面積と有理面積の差に等しい正方形の辺と通約できる線分は中項面積と有理面積の差に等しい正方形の辺である。

AB を中項面積と有理面積の差に等しい正方形の辺とし，$\varGamma\varDelta$ を AB と通約できるようにせよ。$\varGamma\varDelta$ も中項面積と有理面積の差に等しい正方形の辺であると主張する。

BE を AB への付加とせよ。そうすれば AE, EB は平方において通約できず，AE, EB 上の正方形の和を中項面積とし，それらによってかこまれる矩形の2倍を有理面積とする。同じ作図がなされたとせよ。そうすれば前と同様にして $\varGamma Z, Z\varDelta$ は AE, EB と同じ比をなし，AE, EB 上の正方形の和は $\varGamma Z, Z\varDelta$ 上の正方形の和と，矩形 AE, EB は矩形 $\varGamma Z, Z\varDelta$ と通約できることを証明しうる。したがって $\varGamma Z, Z\varDelta$ も平方において通約できず，$\varGamma Z, Z\varDelta$ 上の正方形の和を中項面積とし，それらによってかこまれる矩形を有理面積とする。

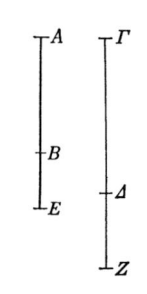

よって $\varGamma\varDelta$ は中項面積と有理面積の差に等しい正方形の辺である。これが証明すべきことであった。

⁓ 107 ⁕

二つの中項面積の差に等しい正方形の辺と通約できる線分はそれ自身二つの中項面積の差に等しい正方形の辺である。

AB を二つの中項面積の差に等しい正方形の辺とし，$\varGamma\varDelta$ を AB と通約できるようにせよ。$\varGamma\varDelta$ も二つの中項面積の差に等しい正方形の辺であると主張する。

BE を AB への付加とし，そして同じ作図がなされたとせよ。そうすれば AE, EB は平方において通約できず，それらの上の正方形の和を中項面積とし，それらによってかこまれる矩形を中項面積とし，さらにそれらの上の正方形の和をそれらによってかこまれる矩形と通約

できないようにする。そして先に証明されたように AE, EB は $\mathit{\Gamma}Z, Z\mathit{\Delta}$ と，AE, EB 上の正方形の和は $\mathit{\Gamma}Z, Z\mathit{\Delta}$ 上の正方形の和と，矩形 AE, EB は矩形 $\mathit{\Gamma}Z, Z\mathit{\Delta}$ と通約できる。したがって $\mathit{\Gamma}Z, Z\mathit{\Delta}$ は平方において通約できず，それらの上の正方形の和を中項面積とし，それらによってかこまれる矩形を中項面積とし，さらにそれらの上の正方形の和をそれらによってかこまれる矩形と通約できないようにする。

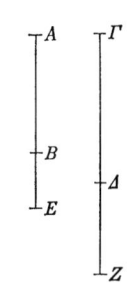

よって $\mathit{\Gamma}\mathit{\Delta}$ は二つの中項面積の差に等しい正方形の辺である。これが証明すべきことであった。

～ 108 ⌒

有理面積から中項面積がひかれるならば残りの面積に等しい正方形の辺は余線分か劣線分か2種の無理線分の一つになる。

有理面積 $B\mathit{\Gamma}$ から中項面積 $B\mathit{\Delta}$ がひかれたとせよ。残りの $E\mathit{\Gamma}$ に等しい正方形の辺は余線分か劣線分か2種の無理線分の一つになると主張する。

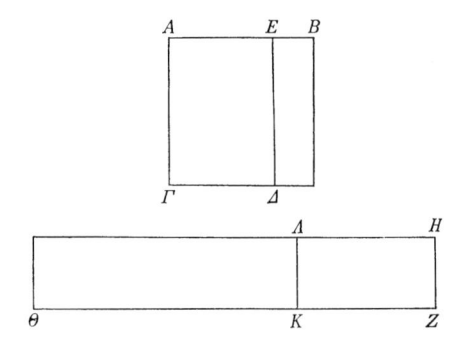

有理線分 ZH が定められ，ZH 上に $B\mathit{\Gamma}$ に等しい矩形 $H\mathit{\Theta}$ がつくられ，$\mathit{\Delta}B$ に等しい HK がひかれたとせよ。そうすれば残りの $E\mathit{\Gamma}$ は $\mathit{\Lambda}\mathit{\Theta}$ に等しい。そこで $B\mathit{\Gamma}$ は有理面積であり，$B\mathit{\Delta}$ は中項面積であり，$B\mathit{\Gamma}$ は $H\mathit{\Theta}$ に，$B\mathit{\Delta}$ は HK に等しいから，$H\mathit{\Theta}$ は有理面積，HK は中項面積である。そして有理線分 ZH 上につくられている。したがって $Z\mathit{\Theta}$ は有理線分であり ZH と長さにおいて通約でき，ZK は有理線分であり ZH と長さにおいて通約できない。ゆえに $Z\mathit{\Theta}$ は ZK と長さにおいて通約できない。したがって $Z\mathit{\Theta}, ZK$ は平方においてのみ通約できる有理線分である。それゆえ $K\mathit{\Theta}$ は余線分であり，KZ はそれへの付加

である。そこで $\varTheta Z$ 上の正方形は ZK 上の正方形より $\varTheta Z$ と通約できるかまたは通約できない線分上の正方形だけ大きい。

まず通約できる線分上の正方形だけ大きいとせよ。そして $\varTheta Z$ 全体は定められた有理線分 ZH と長さにおいて通約できる。したがって $K\varTheta$ は第1の余線分である。ところが有理線分と第1の余線分によってかこまれる面積に等しい正方形の辺は余線分である。ゆえに $\varLambda\varTheta$, すなわち $E\varGamma$ に等しい正方形の辺は余線分である。

ところがもし $\varTheta Z$ 上の正方形が ZK 上の正方形より $\varTheta Z$ と通約できない線分上の正方形だけ大きく，$Z\varTheta$ 全体が定められた有理線分 ZH と長さにおいて通約できるならば，$K\varTheta$ は第4の余線分である。ところが有理線分と第4の余線分によってかこまれる矩形に等しい正方形の辺は劣線分である。これが証明すべきことであった。

❦ 109 ❧

中項面積から有理面積がひかれるならば，他の2種の無理線分，すなわち第1の中項余線分か中項面積と有理面積の差に等しい正方形の辺が生ずる。

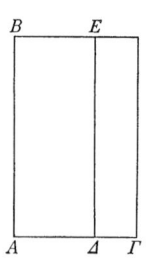

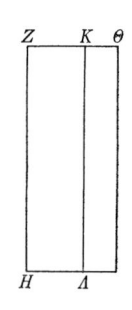

中項面積 $B\varGamma$ から有理面積 $B\varDelta$ がひかれたとせよ。残りの $E\varGamma$ に等しい正方形の辺は2種の無理線分の一，すなわち第1の中項余線分かまたは中項面積と有理面積の差に等しい正方形の辺であると主張する。

有理線分 ZH が定められ，そして同様にして矩形がつくられたとせよ。そうすればその結果 $Z\varTheta$ は有理線分であり ZH と長さにおいて通約できず，KZ は有理線分であり ZH と長さにおいて通約できる。したがって $Z\varTheta$, ZK は平方においてのみ通約できる有理線分である。それゆえ $K\varTheta$ は余線分であり，ZK はそれへの付加である。そこで $\varTheta Z$ 上の正方形は ZK 上の正方形より $\varTheta Z$ と通約できるかまたは通約できない線分上の正方形だけ大きい。

そこでもし $\varTheta Z$ 上の正方形が ZK 上の正方形より $\varTheta Z$ と通約できる線分上の正方形だけ大きく，付加された線分 ZK が定められた有理線分 ZH と長さにおいて通約できるならば，$K\varTheta$ は第2の余線分である。ところが ZH は有理線分である。したがって $\varLambda\varTheta$, すなわち $E\varGamma$ に等しい正方形の辺は第1の中項余線分である。

ところがもし ΘZ 上の正方形が ZK 上の正方形より ΘZ と通約できない線分上の正方形だけ大きく，付加された線分 ZK が定められた有理線分 ZH と長さにおいて通約できるならば，$K\Theta$ は第5の余線分である。したがって $E\Gamma$ に等しい正方形の辺は中項面積と有理面積の差に等しい正方形の辺である。これが証明すべきことであった。

𝕲 110 𝕰

中項面積から全体と通約できない中項面積がひかれるならば，残りの2種の無理線分，すなわち第2の中項余線分かまたは二つの中項面積の差に等しい正方形の辺が生ずる。

先の図形におけると同様に中項面積 $B\Gamma$ から全体と通約できない中項面積 $B\varDelta$ がひかれたとせよ。$E\Gamma$ に等しい正方形の辺は2種の無理線分の一，すなわち第2の中項余線分かまたは二つの中項面積の差に等しい正方形の辺になると主張する。

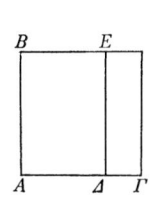

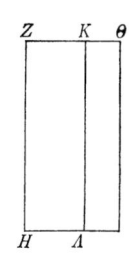

$B\Gamma$, $B\varDelta$ の双方は中項面積であり，$B\Gamma$ は $B\varDelta$ と通約できないから，その結果 $Z\Theta$, ZK の双方は有理線分であり ZH と長さにおいて通約できないであろう。そして $B\Gamma$ は $B\varDelta$ と，すなわち $H\Theta$ は HK と通約できないから，ΘZ も ZK と通約できない。したがって $Z\Theta$, ZK は平方においてのみ通約できる有理線分である。ゆえに $K\Theta$ は余線分である。

そこでもし $Z\Theta$ 上の正方形が ZK 上の正方形より $Z\Theta$ と通約できる線分上の正方形だけ大きく，$Z\Theta$, ZK のいずれも定められた有理線分 ZH と長さにおいて通約できないならば，$K\Theta$ は第3の余線分である。ところが $K\varLambda$ は有理線分であり，有理線分と第3の余線分によってかこまれる矩形は無理面積であり，それに等しい正方形の辺は無理線分であり，第2の中項余線分とよばれる。したがって $\varLambda\Theta$, すなわち $E\Gamma$ に等しい正方形の辺は第2の中項余線分である。

ところがもし $Z\Theta$ 上の正方形が ZK 上の正方形より $Z\Theta$ と通約できない線分上の正方形だけ大きく，ΘZ, ZK のいずれも ZH と長さにおいて通約できないならば，$K\Theta$ は第6の余線分である。そして有理線分と第6の余線分によってかこまれる矩形に等しい正方形の辺は二つの中項面積の差に等しい正方形の辺である。したがって $\varLambda\Theta$, すなわち $E\Gamma$ に等しい正

方形の辺は二つの中項面積の差に等しい正方形の辺である。これが証明すべきことであった。

～ 111 ～

余線分は二項線分と同じでない。

AB を余線分とせよ。AB は二項線分と同じでないと主張する。

もし可能ならば，同じであるとせよ。有理線分 $\varDelta\varGamma$ が定められ，AB 上の正方形に等しく $\varGamma\varDelta$ 上に $\varDelta E$ を幅として矩形 $\varGamma E$ がつくられたとせよ。そうすれば AB は余線分であるから，$\varDelta E$ は第1の余線分である。EZ をそれへの付加とせよ。そうすれば $\varDelta Z, ZE$ は平方においてのみ通約できる有理線分であり，$\varDelta Z$ 上の正方形は ZE 上の正方形より $\varDelta Z$ と通約できる線分上の正方形だけ大きく，$\varDelta Z$ は定められた有理線分 $\varDelta\varGamma$ と長さにおいて通約できる。また AB は二項線分であるから，$\varDelta E$ は第1の二項線分である。H においてその項に分けられたとし，$\varDelta H$ を大きい項とせよ。そうすれば $\varDelta H, HE$ は平方においてのみ通約できる有理線分であり，$\varDelta H$ 上の正方形は HE 上の正方形より $\varDelta H$ と通約できる線分上の正方形だけ大きく，大きい項 $\varDelta H$ は定められた有理線分 $\varDelta\varGamma$ と長さにおいて通約できる。したがって $\varDelta Z$ も $\varDelta H$ と長さにおいて通約できる。ゆえに残りの HZ は $\varDelta Z$ と長さにおいて通約できる。ところが $\varDelta Z$ は EZ と長さにおいて通約できない。したがって ZH も EZ と長さにおいて通約できない。ゆえに HZ, ZE は平方においてのみ通約できる有理線分である。それゆえ EH は余線分である。しかも有理線分でもある。これは不可能である。

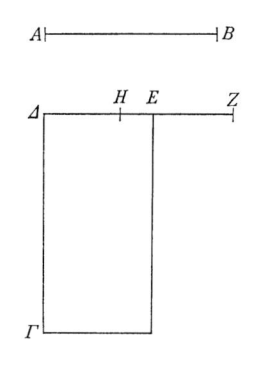

よって余線分は二項線分と同じでない。これが証明すべきことであった。

余線分とそれにつづく無理線分とは中項線分とも相互にも同じでない。

中項線分上の正方形に等しい矩形が有理線分上につくられるならば，有理でかつ底辺と長さにおいて通約できない線分を幅とし，余線分の上の正方形に等しい矩形が有理線分上につくられるならば，第1の余線分を幅とし，第1の中項余線分の上の正方形に等しい矩形が有理線分上につくられるならば，第2の余線分を幅とし，第2の中項余線分の上の正方形に等しい矩形が有理線分上につくられるならば，第3の余線分を幅とし，劣線分の上の正方形に等しい矩形が有理線分上につくられるならば，第4の余線分を幅とし，中項面積と有理面積の差に等しい

正方形の辺の上の正方形に等しい矩形が有理線分上につくられるならば，第5の余線分を幅とし，二つの中項面積の差に等しい正方形の辺の上の正方形に等しい矩形が有理線分上につくられるならば，第6の余線分を幅とする。そこでこれらの幅は第1のものとも相互にも異なる，すなわち第1のものとはそれが有理線分なるがゆえに，相互には順位において同じでないがゆえに異なるから，無理線分自身も相互に異なることは明らかである。そして余線分は二項線分と同じでないことが先に証明され，また余線分につづく無理線分の上の正方形に等しい矩形が有理線分上につくられるならば，おのおの自己の順位にしたがって余線分を幅とし，二項線分につづく無理線分はその順位にしたがって二項線分を幅とするから，余線分につづく無理線分は相互に異なっており，二項線分につづく無理線分も相互に異なっており，順次に全部で13種の無理線分がある。

中項線分

二項線分

第1の双中項線分

第2の双中項線分

優線分

中項面積と有理面積の和に等しい正方形の辺

二つの中項面積の和に等しい正方形の辺

余線分

第1の中項余線分

第2の中項余線分

劣線分

中項面積と有理面積の差に等しい正方形の辺

二つの中項面積の差に等しい正方形の辺

〔 ☙ 112 ❧

有理線分上の正方形に等しい矩形が二項線分上につくられるならば，余線分を幅とし，余線分の二つの項は二項線分の二つの項と通約できかつ同じ比をなし，さらにこのようにして生じた余線分は二項線分と同じ順位をもつであろう。

A を有理線分，$B\varGamma$ を二項線分，$\varDelta\varGamma$ をその大きい項とし，矩形 $B\varGamma$, EZ を A 上の正方形に等しくせよ。EZ は余線分であり，その二つの項は $\varGamma\varDelta$, $\varDelta B$ と通約でき，

```
A ├─────────────────┤
B ├────┼────┤Γ  H ├──────────────────┤
       Δ
K ├────────┼────┼──────────────────┤θ
           E    Z
```

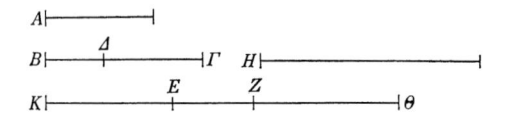

　　かつ同じ比をなし，さらに EZ は $B\varGamma$ と同じ順位をもつであろうと主張する。

　もう一度矩形 $B\varDelta$, H を A 上の正方形に等しくせよ。そうすれば矩形 $B\varGamma$, EZ は矩形 $B\varDelta$, H に等しいから，$\varGamma B$ が $B\varDelta$ に対するように，H が EZ に対する。ところが $\varGamma B$ は $B\varDelta$ より大きい。したがって H も EZ より大きい。$E\varTheta$ を H に等しくせよ。そうすれば $\varGamma B$ が $B\varDelta$ に対するように，$\varTheta E$ が EZ に対する。ゆえに分割比により，$\varGamma\varDelta$ が $B\varDelta$ に対するように，$\varTheta Z$ が ZE に対する。$\varTheta Z$ が ZE に対するように，ZK が KE に対するようにされたとせよ。そうすれば $\varTheta K$ 全体が KZ 全体に対するように，ZK が KE に対する。なぜなら前項の一つが後項の一つに対するように，前項の全体が後項の全体に対するから。ところが ZK が KE に対するように，$\varGamma\varDelta$ が $\varDelta B$ に対する。ゆえに $\varTheta K$ が KZ に対するように，$\varGamma\varDelta$ が $\varDelta B$ に対する。ところが $\varGamma\varDelta$ 上の正方形は $\varDelta B$ 上の正方形と通約できる。それゆえ $\varTheta K$ 上の正方形も KZ 上の正方形と通約できる。そして $\varTheta K$ 上の正方形が KZ 上の正方形に対するように，$\varTheta K$ が KE に対する，3 線分 $\varTheta K, KZ, KE$ は比例するから。したがって $\varTheta K$ は KE と長さにおいて通約できる。ゆえに $\varTheta E$ も EK と長さにおいて通約できる。そして A 上の正方形は矩形 $E\varTheta, B\varDelta$ に等しく，A 上の正方形は有理面積であるから，矩形 $E\varTheta, B\varDelta$ も有理面積である。そして有理線分 $B\varDelta$ 上につくられている。それゆえ $E\varTheta$ は有理線分であり $B\varDelta$ と長さにおいて通約できる。したがってそれと通約できる EK も有理線分であり $B\varDelta$ と長さにおいて通約できる。そこで $\varGamma\varDelta$ が $\varDelta B$ に対するように，ZK が KE に対するから，$\varGamma\varDelta, \varDelta B$ は平方においてのみ通約でき，ZK, KE も平方においてのみ通約できる。ところが KE は有理線分である。ゆえに ZK も有理線分である。したがって ZK, KE は面積においてのみ通約できる有理線分である。よって EZ は余線分である。

　ところで $\varGamma\varDelta$ 上の正方形は $\varDelta B$ 上の正方形より $\varGamma\varDelta$ と通約できる線分上の正方形かまたは $\varGamma\varDelta$ と通約できない線分上の正方形だけ大きい。

　そこでもし $\varGamma\varDelta$ 上の正方形が $\varDelta B$ 上の正方形より通約できる線分上の正方形だけ大きいならば，ZK 上の正方形も KE 上の正方形より ZK と通約できる線分上の正方形だけ大きい。そしてもし $\varGamma\varDelta$ が定められた有理線分と長さにおいて通約できるならば，ZK もそうである。もし $B\varDelta$ が通約できるならば，KE もそうである。ところがもし $\varGamma\varDelta, \varDelta B$ のいずれも通約できないならば，ZK, KE のいずれも通約できない。

　ところがもし $\varGamma\varDelta$ 上の正方形が $\varDelta B$ 上の正方形より $\varGamma\varDelta$ と通約できない線分上の正方形

だけ大きいならば，ZK 上の正方形も KE 上の正方形より ZK と通約できない線分上の正方形だけ大きいであろう。そしてもし $\Gamma\varDelta$ が定められた有理線分と長さにおいて通約できるならば，ZK もそうである。もし $B\varDelta$ が通約できるならば，KE もそうである。ところがもし $\Gamma\varDelta$，$\varDelta B$ のいずれも通約できないならば，ZK，KE のいずれも通約できない。したがって ZE は余線分であり，その項 ZK，KE は二項線分の項 $\Gamma\varDelta$，$\varDelta B$ と通約できかつ同じ比をなし，そして $B\Gamma$ と同じ順位をもつ。これが証明すべきことであった。

ᘛ 113 ᘚ

有理線分上の正方形に等しい矩形が余線分の上につくられるならば，二項線分を幅とし，二項線分の二つの項は余線分の二つの項と通約できかつ同じ比をなし，さらにこのようにして生じた二項線分は余線分と同じ順位をもつ。

A を有理線分，$B\varDelta$ を余線分とし，矩形 $B\varDelta$，$K\varTheta$ を A の上の正方形に等しくし，したがって有理線分 A 上の正方形に等しい矩形が余線分 $B\varDelta$ 上につくられ，$K\varTheta$ を幅とするとせよ。$K\varTheta$ は二項線分であり，その二つの項は $B\varDelta$ の二つの項と通約できかつ同じ比をなし，さらに $K\varTheta$ は $B\varDelta$ と同じ順位をもつと主張する。

$\varDelta\Gamma$ を $B\varDelta$ への付加とせよ。$B\Gamma$，$\Gamma\varDelta$ は平方においてのみ通約できる有理線分である。矩形 $B\Gamma$，H も A 上の正方形に等しくせよ。ところが A 上の正方形は有理面積である。したがって矩形 $B\Gamma$，H も有理面積である。そして有理線分 $B\Gamma$ 上につくられた。ゆえに H は有理線分であり，$B\Gamma$ と長さにおいて通約できる。そこで矩形 $B\Gamma$，H は矩形 $B\varDelta$，$K\varTheta$ に等しいから，ΓB が $B\varDelta$ に対するように，$K\varTheta$ が H に対する。ところが $B\Gamma$ は $B\varDelta$ より大きい。ゆえに $K\varTheta$ も H より大きい。KE を H に等しくせよ。そうすれば KE は $B\Gamma$ と長さにおいて通約できる。そして ΓB が $B\varDelta$ に対するように，$\varTheta K$ が KE に対するから，反転比により $B\Gamma$ が $\Gamma\varDelta$ に対するように，$K\varTheta$ が $\varTheta E$ に対する。$K\varTheta$ が $\varTheta E$ に対するように，$\varTheta Z$ が ZE に対するようにされたとせよ。そうすれば残りの KZ が $Z\varTheta$ に対するように，$K\varTheta$ が $\varTheta E$ に，すなわち $B\Gamma$ が $\Gamma\varDelta$ に対する。ところが $B\Gamma$，$\Gamma\varDelta$ は平方においてのみ通約できる。ゆえに KZ，$Z\varTheta$ も平方においてのみ通約できる。そして $K\varTheta$ が $\varTheta E$ に対するように，KZ が $Z\varTheta$ に対し，他方 $K\varTheta$ が $\varTheta E$ に対するように，$\varTheta Z$ が ZE に対するから，KZ が $Z\varTheta$ に対する

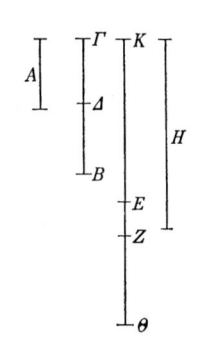

ように，$\varTheta Z$ が ZE に対する。したがって第1項が第3項に対するように，第1項の上の正方形が第2項の上の正方形に対する。それゆえ KZ が ZE に対するように，KZ 上の正方形が $Z\varTheta$ 上の正方形に対する。ところが $KZ, Z\varTheta$ は平方において通約できるから，KZ 上の正方形は $Z\varTheta$ 上の正方形と通約できる。したがって KZ も ZE と長さにおいて通約できる。ゆえに KZ は KE と長さにおいて通約できる。ところが KE は有理線分であり $B\varGamma$ と長さにおいて通約できる。したがって KZ も有理線分であり $B\varGamma$ と長さにおいて通約できる。そして $B\varGamma$ が $\varGamma \varDelta$ に対するように，KZ が $Z\varTheta$ に対するから，いれかえて $B\varGamma$ が KZ に対するように，$\varDelta \varGamma$ が $Z\varTheta$ に対する。ところが $B\varGamma$ は KZ と通約できる。したがって $Z\varTheta$ も $\varGamma \varDelta$ と長さにおいて通約できる。そして $B\varGamma, \varGamma \varDelta$ は平方においてのみ通約できる有理線分である。ゆえに $KZ, Z\varTheta$ も平方においてのみ通約できる有理線分である。よって $K\varTheta$ は二項線分である。

そこでもし $B\varGamma$ 上の正方形が $\varGamma \varDelta$ 上の正方形より $B\varGamma$ と通約できる線分上の正方形だけ大きいならば，KZ 上の正方形も $Z\varTheta$ 上の正方形より KZ と通約できる線分上の正方形だけ大きいであろう。そしてもし $B\varGamma$ が定められた有理線分と長さにおいて通約できるならば，KZ もそうであり，もし $\varGamma \varDelta$ が定められた有理線分と長さにおいて通約できるならば，$Z\varTheta$ もそうであり，もし $B\varGamma, \varGamma \varDelta$ がいずれも通約できないならば，$KZ, Z\varTheta$ のいずれも通約できない。

ところがもし $B\varGamma$ 上の正方形が $\varGamma \varDelta$ 上の正方形より $B\varGamma$ と通約できない線分上の正方形だけ大きいならば，KZ 上の正方形も $Z\varTheta$ 上の正方形より KZ と通約できない線分上の正方形だけ大きい。そしてもし $B\varGamma$ が定められた有理線分と長さにおいて通約できるならば，KZ もそうであり，もし $\varGamma \varDelta$ が通約できるならば，$Z\varTheta$ もそうであり，もし $B\varGamma, \varGamma \varDelta$ のいずれも通約できないならば，$KZ, Z\varTheta$ のいずれも通約できない。

よって $K\varTheta$ は二項線分であり，その項 $KZ, Z\varTheta$ は余線分の項 $B\varGamma, \varGamma \varDelta$ と通約でき，かつ同じ比をなし，さらに $K\varTheta$ は $B\varDelta$ と同じ順位をもつであろう。これが証明すべきことであった。

114

もし面積が余線分と二項線分とにかこまれ，二項線分の二つの項が余線分の二つの項と通約でき，かつ同じ比をなすならば，その面積に等しい正方形の辺は有理線分である。

矩形面積 $AB, \varGamma \varDelta$ が余線分 AB と二項線分 $\varGamma \varDelta$ とによってかこまれるとし，$\varGamma E$ を

$\varGamma\varDelta$ の大きい項とし，二項線分の項 $\varGamma E, E\varDelta$ が余線分の項 AZ, ZB と通約できかつ同じ比をなすようにし，矩形 $AB, \varGamma\varDelta$ に等しい正方形の辺を H とせよ。H は有理線分であると主張する。

有理線分 $\varTheta$ が定められ，$\varTheta$ 上の正方形に等しく $\varGamma\varDelta$ 上に $K\varLambda$ を幅とする矩形がつくられたとせよ。そうすれば $K\varLambda$ は余線分であり，その項 $KM, M\varLambda$ が二項線分の項 $\varGamma E, E\varDelta$ と通約できかつ同じ比をなすようにせよ。ところが $\varGamma E, E\varDelta$ も AZ, ZB と通約できかつ同じ比をなす。したがって AZ が ZB に対するように，KM が $M\varLambda$ に対する。ゆえにいれかえて AZ が KM に対するように，BZ が $\varLambda M$ に対する。したがって残りの AB が残りの $K\varLambda$ に対するように，AZ が KM に対する。ところが AZ は KM と通約できる。ゆえに AB も $K\varLambda$ と通約できる。そして AB が $K\varLambda$ に対するように，矩形 $\varGamma\varDelta, AB$ が矩形 $\varGamma\varDelta, K\varLambda$ に対する。したがって矩形 $\varGamma\varDelta, AB$ も矩形 $\varGamma\varDelta, K\varLambda$ と通約できる。ところが矩形 $\varGamma\varDelta, K\varLambda$ は $\varTheta$ 上の正方形に等しい。したがって矩形 $\varGamma\varDelta, AB$ は $\varTheta$ 上の正方形と通約できる。そして H 上の正方形は矩形 $\varGamma\varDelta, AB$ に等しい。ゆえに H 上の正方形は $\varTheta$ 上の正方形と通約できる。ところが $\varTheta$ 上の正方形は有理面積である。したがって H 上の正方形も有理面積である。それゆえ H は有理線分である。そして矩形 $\varGamma\varDelta, AB$ に等しい正方形の辺である。

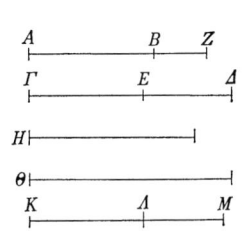

よってもし面積が余線分と二項線分とによってかこまれ，二項線分の項が余線分の項と通約できかつ同じ比をなすならば，その面積に等しい正方形の辺は有理線分である。

系

そしてこのゆえに有理面積が無理線分によってかこまれることが可能であることがわれわれに明らかになった。これが証明すべきことであった。

115

中項線分から無数の無理線分が生じ，それらのどれも前のもののどれとも同じでない。

A を中項線分とせよ。A から無数の無理線分が生じ，それらのどれも前のもののどれとも同じでないと主張する。

有理線分 B が定められ，$\varGamma$ 上の正方形を矩形 A, B に

等しくせよ。そうすれば Γ は無理線分である。なぜなら無理線分と有理線分とによってかこまれる矩形は無理面積であるから。そして前のもののどれとも同じでない。なぜなら前のもののどれの上の正方形に等しい矩形も有理線分上につくられるならば，中項線分を幅としないから。また $\varDelta$ 上の正方形を矩形 B, Γ に等しくせよ。そうすれば $\varDelta$ 上の正方形は無理面積である。ゆえに $\varDelta$ は無理線分である。そして前のもののどれとも同じでない。なぜなら前のもののどれの上の正方形に等しい矩形も有理線分上につくられるならば，Γ を幅としないから。同様にしてもしこのような操作が限りなく進めば，中項線分から無数の無理線分が生じ，それらのどれも前のもののどれとも同じでないことは明らかである。これが証明すべきことであった。〕

第 11 巻

定　義

1. 立体とは長さと幅と高さをもつものである。
2. 立体の端は面である。
3. 直線はそれと会しかつ一平面上にあるすべての直線に対し直角をなすとき，平面に対し直角である。
4. 相交わる2平面の一方において，2平面の交線に対し直角にひかれた直線が残りの平面に対して直角であるとき，それらの平面は互いに直角である。
5. 線分の平面に対する傾きとは，その線分の平面外の端から平面に垂線がひかれ，このようにして生じた点からもとの線分の平面上の端へ線分が結ばれたとき，このようにひかれた線分と平面上に立つもとの線分とによってはさまれる角である。
6. 平面の平面に対する傾きとは，平面の双方において同じ点で交線に対し直角にひかれた線分によってはさまれる鋭角である。
7. 上述の傾きの角が互いに等しいとき，平面は平面に対し，他の平面が他の平面に対するのと同じ傾きをなすといわれる。
8. 平行な平面とは交わらない平面である。
9. 相似な立体図形とは数において等しい相似な面によってかこまれる立体図形である。
10. 等しくて相似な立体図形とは数と大きさにおいて等しい相似な平面によってかこまれる立体図形である。
11. 立体角とは相会しかつ同一平面上にない二つより多くの線分のすべてが互いになす傾きである。あるいは立体角とは1点においてつくられ同一平面上にない，二つより多くの平面角によってかこまれる角である。
12. 角錐とは，数個の平面によってかこまれ，一つの平面を底面とし，一つの点を頂点としてつくられる立体である。

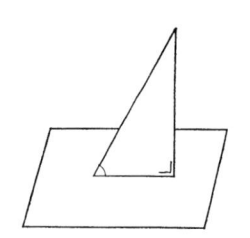

13. 角柱とは，数個の平面によってかこまれ，そのうち二つの相対する平面が等しく相似でかつ平行であり，残りの平面が平行四辺形である立体である。
14. 球とは，半円の直径が固定され，半円が回転して，その動きはじめた同じところにふたたびもどるとき，かこまれてできる図形である。
15. 球の軸とは，半円がそのまわりを回転する固定した線分である。
16. 球の中心は半円のそれと同じである。
17. 球の直径とは，中心を通ってひかれ，両側で球の表面によって限られる任意の線分である。
18. 円錐とは，直角三角形の 直角をはさむ辺の一つが 固定され，三角形が回転して，その動きはじめた同じところにふたたびもどるとき，かこまれてできる図形である。そしてもし固定された線分が，直角をはさむもう一つの回転された辺に等しいならば，その円錐は直角であり，小さいならば，鈍角であり，大きいならば，鋭角であろう。
19. 円錐の軸とは，三角形がそのまわりを回転する固定された線分である。
20. そして底面とは，回転する線分によって描かれる円である。
21. 円柱とは，矩形の直角をはさむ辺の一つが固定され，矩形が回転して，その動きはじめた同じところへふたたびもどるとき，かこまれてできる図形である。
22. 円柱の軸とは，矩形がそのまわりを回転する固定した線分である。
23. そして底面とは，相対して回転する二つの辺によって描かれる2円である。
24. 相似な円錐および円柱とはそれらの軸および底面の直径が比例するものである。
25. 立方体とは六つの等しい正方形によってかこまれた立体である。
26. 正八面体とは八つの等しい等辺三角形によってかこまれた立体である。
27. 正二十面体とは二十の等しい等辺三角形によってかこまれた立体である。
28. 正十二面体とは十二の 等しい 等辺等角な 五角形に よって かこまれた 立体である。

～ 1 ～

直線のある部分が基準平面上に，ある部分がその平面外にあることはできない。

もし可能ならば，線分 $AB\Gamma$ の任意の部分 AB が基準平面上にあり，任意の部分 $B\Gamma$ がその平面外にあるとせよ．

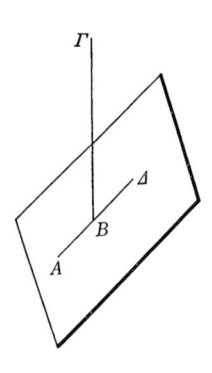

そうすれば基準平面上に AB と連続的に一直線をなす何らかの線分があるであろう．それを $B\varDelta$ とせよ．そうすれば AB は 2 線分 $AB\Gamma$，$AB\varDelta$ の共通な部分である．これは不可能である．なぜならもし B を中心に AB を半径として円を描けば，二つの直径は円の不等な弧を切りとるであろうから．

よって直線のある部分が基準平面上に，ある部分がその平面外にあることはできない．これが証明すべきことであった．

～ 2 ～

もし 2 直線が互いに交わるならば，それらは一平面上にあり，そしてすべての三角形は一平面上にある．

2 線分 AB, $\Gamma\varDelta$ が互いに点 E において交わるとせよ．AB, $\Gamma\varDelta$ は一平面上にあり，またすべての三角形は一平面上にあると主張する．

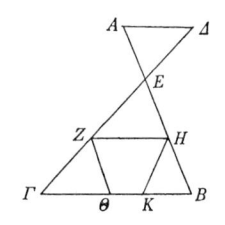

$E\Gamma$, EB 上に任意の点 Z, H がとられ，ΓB, ZH が結ばれ，$Z\Theta$, HK がひかれたとせよ．まず三角形 $E\Gamma B$ は一平面上にあると主張する．なぜならもし三角形 $E\Gamma B$ の 1 部分 $Z\Theta\Gamma$ か HBK が基準平面上に，残りが他の平面上にあるならば，線分 $E\Gamma$, EB の一方も，ある部分が基準平面上に，ある部分が他の平面上にあるであろう．ところでもし三角形 $E\Gamma B$ の部分 $Z\Gamma BH$ が基準平面上に，残りが他の平面上にあるならば，両線分 $E\Gamma$, EB も，ある部分が基準平面上に，ある部分が他の平面上にあるであろう．これは不合理なることが先に証明された．それゆえ三角形 $E\Gamma B$ は一平面上にある．ところが三角形 $E\Gamma B$ がいかなる平面上にあろうと，$E\Gamma$, EB の双方も同じ平面上にあり，$E\Gamma$, EB の双方がいかなる平面上にあろうと，AB, $\Gamma\varDelta$ も同じ平面上にある．ゆえに線分 AB, $\Gamma\varDelta$ は一平面上にあり，そしてすべての三角形は一平面上にある．これが証明すべきことであった．

3

もし 2 平面が互いに交わるならば，それらの交線は直線である。

2 平面 AB, $B\Gamma$ が互いに交わるとし，線 $\varDelta B$ をそれらの交線とせよ。線 $\varDelta B$ は直線であると主張する。

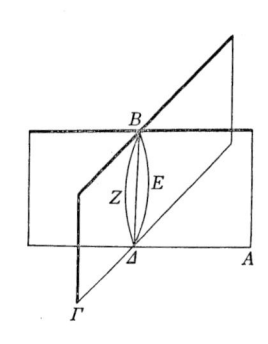

もしそうでないならば，$\varDelta$ から B へ，平面 AB 上に線分 $\varDelta EB$ が，平面 $B\Gamma$ 上に線分 $\varDelta ZB$ が結ばれたとせよ。そうすれば 2 線分 $\varDelta EB$, $\varDelta ZB$ は同じ端をもち，明らかに面積をかこむであろう。これは不合理である。それゆえ $\varDelta EB$, $\varDelta ZB$ は直線ではない。同様にして平面 AB, $B\Gamma$ の交線である $\varDelta B$ 以外に $\varDelta$ から B へ結ばれる他のいかなる直線もありえないことを証明しうる。

よってもし 2 平面が互いに交わるならば，それらの交線は直線である。これが証明すべきことであった。

4

もし一つの直線が互いに交わる 2 直線に対しそれらの交点において垂直に立てられたならば，それらを通る平面に対しても垂直であろう。

任意の線分 EZ が点 E において互いに交わる 2 線分 AB, $\Gamma \varDelta$ に対し E から垂直に立てられたとせよ。EZ は AB, $\Gamma \varDelta$ を通る平面に対しても垂直であると主張する。

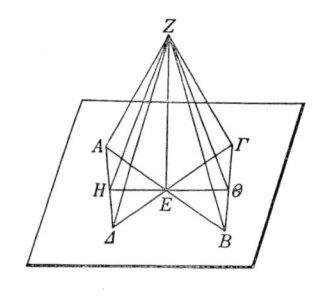

AE, EB, ΓE, $E\varDelta$ が互いに等しく切りとられ，E を通り，任意の線分 $H E \Theta$ がひかれ，$A\varDelta$, ΓB が結ばれ，さらに任意の点 Z から ZA, ZH, $Z\varDelta$, $Z\Gamma$, $Z\Theta$, ZB が結ばれたとせよ。そうすれば 2 線分 AE, $E\varDelta$ は 2 線分 ΓE, EB に等しく，等しい角をはさむから，底辺 $A\varDelta$ は底辺 ΓB に等しく，三角形 $AE\varDelta$ は三角形 ΓEB に等しいであろう。それゆえ角 $\varDelta AE$ も角 $EB\Gamma$ に等しい。ところが角 AEH も角 $BE\Theta$ に等しい。ゆえに AHE, $BE\Theta$ は 2 角が 2 角にそれぞれ等しく，1 辺が 1 辺に，すなわち等しい 2 角にはさ

まれる辺 AE が EB に等しい二つの三角形である。したがって残りの辺も残りの辺に等しいであろう。それゆえ HE は $E\Theta$ に，AH は $B\Theta$ に等しい。そして AE は EB に等しく，ZE は共通でかつ垂直であるから，底辺 ZA は底辺 ZB に等しい。同じ理由で $Z\Gamma$ も $Z\varDelta$ に等しい。そして $A\varDelta$ は ΓB に等しく，ZA も ZB に等しいから，2辺 ZA, $A\varDelta$ は2辺 ZB, $B\Gamma$ にそれぞれ等しい。そして底辺 $Z\varDelta$ が底辺 $Z\Gamma$ に等しいことは先に証明された。ゆえに角 $ZA\varDelta$ も角 $ZB\Gamma$ に等しい。そしてまた AH が $B\Theta$ に等しいことは証明され，他方 ZA は ZB に等しいから，2辺 ZA, AH は2辺 ZB, $B\Theta$ に等しい。そして角 ZAH は角 $ZB\Theta$ に等しいことが証明された。したがって底辺 ZH は底辺 $Z\Theta$ に等しい。そしてまた HE は $E\Theta$ に等しいことが証明され，EZ は共通であるから，2辺 HE, EZ は2辺 ΘE, EZ に等しい。そして底辺 ZH は底辺 $Z\Theta$ に等しい。それゆえ角 HEZ は角 ΘEZ に等しい。ゆえに角 HEZ, ΘEZ の双方は直角である。したがって ZE は E を通って任意にひかれた線分 $H\Theta$ に対し垂直である。同様にして ZE はそれと会し，かつ基準平面上にあるすべての線分に対しても垂直であることを証明しうる。ところで直線はそれと会しかつ一平面上にあるすべての直線に対し垂直であるとき，平面に対し垂直である。それゆえ ZE は基準平面に対し垂直である。ところが基準平面は線分 AB, $\Gamma\varDelta$ を通る平面である。したがって ZE は AB, $\Gamma\varDelta$ を通る平面に対し垂直である。

　よってもし一つの直線が二つの互いに交わる直線に対しそれらの交点において垂直に立てられたならば，それらを通る平面に対しても垂直であろう。これが証明すべきことであった。

5

もし直線が相会する3直線に対しそれらの交点において垂直に立てられたならば，3直線は一平面上にある。

　任意の線分 AB が3線分 $B\Gamma$, $B\varDelta$, BE に対し交点 B において垂直に立てられたとせよ。$B\Gamma$, $B\varDelta$, BE は一平面上にあると主張する。

　そうでないならば，もし可能ならば，$B\varDelta$, BE が基準平面上にあり，$B\Gamma$ は平面外にあるとし，AB, $B\Gamma$ を通る平面が延長されたとせよ。そうすれば基準平面上に交線として線分をつくるであろう。BZ をつくるとせよ。そうすれば3線分 AB, $B\Gamma$, BZ は一平面上に，

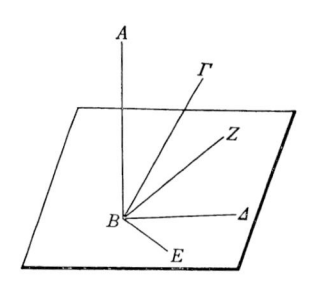

すなわち AB, $B\Gamma$ を通って延長された平面上にある。そして AB は $B\varDelta$, BE の双方に対し垂直であるから，AB は $B\varDelta$, BE を通る平面に対しても垂直である。ところが $B\varDelta$, BE を通る平面は基準平面である。ゆえに AB は基準平面に垂直である。したがって AB はそれと会しかつ基準平面上にあるすべての線分に対しても直角をなすであろう。ところが BZ は基準平面上にありそれと会する。それゆえ角 ABZ は直角である。ところが角 $AB\Gamma$ も直角であることが仮定されている。ゆえに角 ABZ は角 $AB\Gamma$ に等しい。そして一平面上にある。これは不可能である。したがって線分 $B\Gamma$ は平面外にない。ゆえに3線分 $B\Gamma$, $B\varDelta$, BE は一平面上にある。

よってもし一つの直線が相会する3直線に対しそれらの交点において垂直に立てられたならば，3直線は一平面上にある。これが証明すべきことであった。

◦ 6 ◦

もし2直線が同一平面に対し垂直であるならば，それらの2直線は平行であろう。

2直線 AB, $\Gamma\varDelta$ が基準平面に垂直であるとせよ。AB は $\Gamma\varDelta$ に平行であると主張する。

基準平面と点 B, $\varDelta$ で交わるとし，線分 $B\varDelta$ が結ばれ，$B\varDelta$ に垂直に基準平面上に $\varDelta E$ がひかれ，$\varDelta E$ が AB に等しくされ，BE, AE, $A\varDelta$ が結ばれたとせよ。

そうすれば AB は基準平面に垂直であるから，それと会しかつ基準平面上にあるすべての線分に対しても直角をなす。ところが $B\varDelta$, BE の双方は基準平面上にあり AB と会する。それゆえ角 $AB\varDelta$, ABE の双方は直角である。同じ理由で角 $\Gamma\varDelta B$, $\Gamma\varDelta E$ の双方も直角である。そして AB は $\varDelta E$ に等しく，$B\varDelta$ は共通であるから，2辺 AB, $B\varDelta$ は2辺 $E\varDelta$, $\varDelta B$ に等しい。そして直角をはさむ。ゆえに底辺 $A\varDelta$ は底辺 BE に等しい。そして AB は $\varDelta E$ に，他方 $A\varDelta$ も BE に等しいから，2辺 AB, BE は2辺 $E\varDelta$, $\varDelta A$ に等しい。そして AE はそれらの共通な底辺である。したがって角 ABE は角 $E\varDelta A$ に等しい。そして角 ABE は直角である。それゆえ角 $E\varDelta A$ も直角である。ゆえに $E\varDelta$ は $\varDelta A$ に垂直である。ところが $B\varDelta$, $\varDelta\Gamma$ の双方に対しても垂直である。したがって $E\varDelta$ は3線分 $B\varDelta$, $\varDelta A$, $\varDelta\Gamma$ に対し交点において垂直に立てられた。それゆえ3線分 $B\varDelta$, $\varDelta A$, $\varDelta\Gamma$ は一平面上にある。ところが $\varDelta B$, $\varDelta A$ がいかなる平面上にあろうと，AB も同じ平面上にある。なぜならすべての三角形は一平面上にあるから。

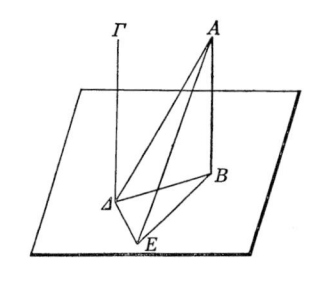

ゆえに線分 AB, $B\varDelta$, $\varDelta\varGamma$ は一平面上にある。そして角 $AB\varDelta$, $B\varDelta\varGamma$ の双方は直角である。したがって AB は $\varGamma\varDelta$ に平行である。

よってもし2直線が同一平面に対し垂直であるならば，それらの2直線は平行であろう。これが証明すべきことであった。

ᴥ 7 ɞ

もし2直線が平行であり，それらの双方の上に任意の点がとられるならば，それらの点を結ぶ直線は平行線と同じ平面上にある。

AB, $\varGamma\varDelta$ を二つの平行線とし，それらの双方の上に任意の点 E, Z がとられたとせよ。点 E, Z を結ぶ直線は平行線と同じ平面上にあると主張する。

そうでないならば，もし可能ならば，EHZ のように平面外にあるとし，EHZ を通り平面がつくられたとせよ。そうすれば基準平面上に交線として線分をつくるであろう。EZ のようにつくるとせよ。そうすれば2線分 EHZ, EZ は面積をかこむであろう。これは不可能である。ゆえに E, Z を結ぶ線分は平行線 AB, $\varGamma\varDelta$ を通る平面上にある。

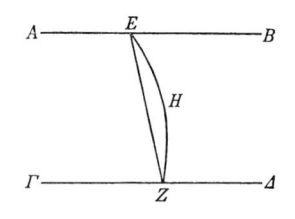

よってもし2直線が平行であり，それらの双方の上に任意の点がとられるならば，それらの点を結ぶ直線は平行線と同じ平面上にある。これが証明すべきことであった。

ᴥ 8 ɞ

もし2直線が平行であり，それらの一方がある平面に対し垂直であるならば，残りの直線も同じ平面に対し垂直であろう。

AB, $\varGamma\varDelta$ を二つの平行線とし，それらの一方 AB が基準平面に垂直であるとせよ。残りの直線 $\varGamma\varDelta$ も同じ平面に対し垂直であろうと主張する。

AB, $\varGamma\varDelta$ は基準平面に点 B, $\varDelta$ で交わるとし，$B\varDelta$ が結ばれたとせよ。そうすれば AB, $\varGamma\varDelta$, $B\varDelta$ は一平面上にある。$\varDelta E$ が基準平面上に $B\varDelta$ に対し垂直にひかれたとし，$\varDelta E$ が AB に等しくされ，BE, AE, $A\varDelta$ が結ばれたとせよ。そうすれば AB は基準平面に対し垂直であるから，AB はそれと会しかつ基準平面上にあるすべての直線に対し垂直である。それゆえ

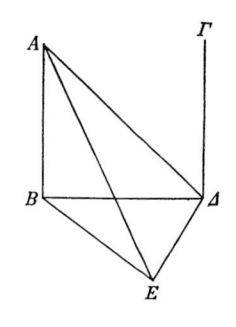

角 $AB\varDelta$, ABE の双方は直角である。そして線分 $B\varDelta$ は平行線 AB, $\varGamma\varDelta$ と交わるから、角 $AB\varDelta$, $\varGamma\varDelta B$ の和は2直角に等しい。ところが角 $AB\varDelta$ は直角である。ゆえに角 $\varGamma\varDelta B$ も直角である。したがって $\varGamma\varDelta$ は $B\varDelta$ に対し垂直である。そして AB は $\varDelta E$ に等しく、$B\varDelta$ は共通であるから、2辺 AB, $B\varDelta$ は2辺 $E\varDelta$, $\varDelta B$ に等しい。そして角 $AB\varDelta$ は角 $E\varDelta B$ に等しい。なぜなら双方は直角であるから。したがって底辺 $A\varDelta$ は底辺 BE に等しい。そして AB は $\varDelta E$ に等しく、BE は $A\varDelta$ に等しいから、2辺 AB, BE は2辺 $E\varDelta$, $\varDelta A$ にそれぞれ等しい。そして AE はそれらに共通な底辺である。それゆえ角 ABE は角 $E\varDelta A$ に等しい。ところが角 ABE は直角である。ゆえに角 $E\varDelta A$ も直角である。したがって $E\varDelta$ は $A\varDelta$ に対し垂直である。そして $\varDelta B$ にも垂直である。したがって $E\varDelta$ は $B\varDelta$, $\varDelta A$ を通る面にも垂直である。それゆえ $E\varDelta$ はそれと会しかつ $B\varDelta$, $\varDelta A$ を通る平面上にあるすべての直線に対し直角をなすであろう。ところが $\varDelta\varGamma$ は $B\varDelta$, $\varDelta A$ を通る平面上にある、なぜなら AB, $B\varDelta$ は $B\varDelta$, $\varDelta A$ を通る平面上にあり、そして AB, $B\varDelta$ がいかなる平面上にあろうと、$\varDelta\varGamma$ も同じ平面上にあるから。ゆえに $E\varDelta$ は $\varDelta\varGamma$ に対し垂直である。したがって $\varGamma\varDelta$ も $\varDelta E$ に対し垂直である。しかも $\varGamma\varDelta$ も $B\varDelta$ に対し垂直である。それゆえ $\varGamma\varDelta$ は互いに交わる2線分 $\varDelta E$, $\varDelta B$ に対し交点 $\varDelta$ から垂直に立てられた。ゆえに $\varGamma\varDelta$ は $\varDelta E$, $\varDelta B$ を通る平面に対しても垂直である。ところが $\varDelta E$, $\varDelta B$ を通る面は基準平面である。したがって $\varGamma\varDelta$ は基準平面に対し垂直である。

よってもし2直線が平行であり、それらの一方がある平面に対し垂直であるならば、残りの直線も同じ平面に対し垂直であろう。これが証明すべきことであった。

9

同一直線に平行であり、それと同一平面上にない二つの直線は互いにも平行である。

AB, $\varGamma\varDelta$ の双方が EZ に平行で、それと同一平面上にないとせよ。AB は $\varGamma\varDelta$ と平行であると主張する。

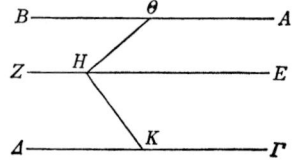

EZ 上に任意の点 H がとられ、それから EZ, AB を通る平面上に EZ に直角に $H\varTheta$ がひかれ、ZE, $\varGamma\varDelta$ を通る平面上にまた EZ に垂直に HK がひかれたとせよ。そうすれば EZ は $H\varTheta$, HK の双方に垂直であるから、

EZ は $H\Theta$, HK を通る平面に対しても垂直である．そして EZ は AB に平行である．それゆえ AB も ΘH, ΘK を通る平面に垂直である．同じ理由で $\Gamma\varDelta$ も ΘH, HK を通る平面に対し垂直である．ゆえに AB, $\Gamma\varDelta$ の双方は ΘH, HK を通る平面に対し垂直である．ところがもし2直線が同一平面に対し垂直であるならば，それらの2直線は平行である．よって AB は $\Gamma\varDelta$ に平行である．これが証明すべきことであった．

❦ 10 ❧

もし相会する2直線が，同じ平面上にない相会する2直線に平行であるならば，それらは等しい角をはさむであろう．

相会する2直線 AB, $B\Gamma$ が，同じ平面上にない相会する2直線 $\varDelta E$, EZ に平行であるとせよ．角 $AB\Gamma$ は角 $\varDelta EZ$ に等しいと主張する．

BA, $B\Gamma$, $E\varDelta$, EZ が互いに等しく切りとられ，$A\varDelta$, ΓZ, BE, $A\Gamma$, $\varDelta Z$ が結ばれたとせよ．そうすれば BA は $E\varDelta$ に等しく平行であるから，$A\varDelta$ も BE に等しく平行である．同じ理由で ΓZ も BE に等しく平行である．それゆえ $A\varDelta$, ΓZ の双方は BE に等しく平行である．ところが同一直線に平行であり，それと同じ平面上にない二つの直線は互いにも平行である．ゆえに $A\varDelta$ は ΓZ に平行で等しい．そして $A\Gamma$, $\varDelta Z$ がそれらを結ぶ．したがって $A\Gamma$ は $\varDelta Z$ に等しく平行である．そして2辺 AB, $B\Gamma$ は2辺 $\varDelta E$, EZ に等しく，底辺 $A\Gamma$ も底辺 $\varDelta Z$ に等しいから，角 $AB\Gamma$ は角 $\varDelta EZ$ に等しい．

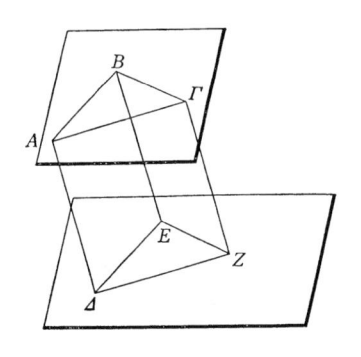

よってもし相会する2直線が，同じ平面上にない相会する2直線に平行であるならば，それらは等しい角をはさむであろう．これが証明すべきことであった．

❦ 11 ❧

面外の与えられた点から与えられた平面へ垂直な直線をひくこと．

面外の与えられた点を A とし，与えられた平面を基準平面とせよ．このとき点 A

から基準平面へ垂直な直線をひかねばならぬ。

基準平面上に任意に線分 $B\Gamma$ がひかれ、点 A から $B\Gamma$ へ垂線 $A\varDelta$ がひかれたとせよ。そうすればもし $A\varDelta$ が基準平面に対しても垂直であるならば、命じられたことはなされているであろう。ところがもしそうでないならば、点 $\varDelta$ から $B\Gamma$ に直角に基準平面上に $\varDelta E$ がひかれ、A から $\varDelta E$ に垂線 AZ が下され、点 Z を通り $B\Gamma$ に平行に $H\Theta$ がひかれたとせよ。

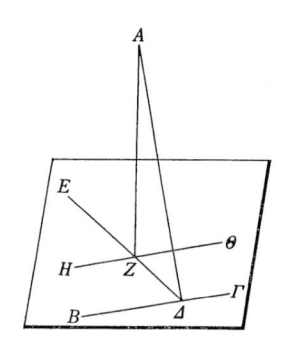

そうすれば $B\Gamma$ は $\varDelta A$, $\varDelta E$ の双方に垂直であるから、$B\Gamma$ は $E\varDelta$, $\varDelta A$ を通る平面に対しても垂直である。そして $H\Theta$ はそれに平行である。ところでもし2直線が平行であり、それらの一方がある平面に垂直であるならば、残りの直線も同じ平面に垂直であろう。それゆえ $H\Theta$ も $E\varDelta$, $\varDelta A$ を通る平面に直角である。ゆえに $H\Theta$ はそれと会しかつ $E\varDelta$, $\varDelta A$ を通る平面上のすべての直線に対しても垂直である。ところが AZ はそれと会しかつ $E\varDelta$, $\varDelta A$ を通る平面上にある。したがって $H\Theta$ は ZA に対し垂直である。それゆえ ZA も ΘH に直角である。しかも AZ は $\varDelta E$ にも垂直である。ゆえに AZ は $H\Theta$, $\varDelta E$ の双方に垂直である。ところがもし一つの直線が互いに交わる2直線に対しそれらの交点において垂直に立てられたならば、それらを通る平面に対しても垂直であろう。したがって ZA は $E\varDelta$, $H\Theta$ を通る平面に対し垂直である。ところが $E\varDelta$, $H\Theta$ を通る平面は基準平面である。ゆえに AZ は基準平面に垂直である。

よって面外の与えられた点 A から基準平面へ垂直な線分 AZ がひかれた。これが作図すべきものであった。

ꙮ 12 ꙮ

与えられた平面に対しその上の与えられた点から垂直に直線をたてること。

与えられた平面を基準平面とし、A をその上の点とせよ。このとき点 A から基準平面に垂直に直線をたてねばならぬ。

面外の任意の点 B が考えられ、B から基準平面へ垂線 $B\Gamma$ が下されたとし、そして点 A を通り $B\Gamma$ に平行に $A\varDelta$ がひかれたとせよ。

そうすれば $A\varDelta$, ΓB は二つの平行線であり、それらの一方 $B\Gamma$ は基準平面に垂直であるから、残りの線分 $A\varDelta$ も基準平面に垂直である。

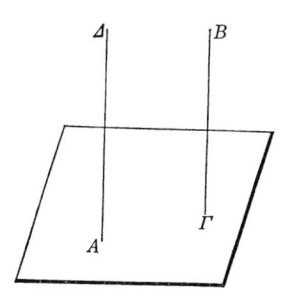

よって与えられた平面に対しその平面上の点 A から垂直に $A\varDelta$ が立てられた。これが作図すべきものであった。

~ 13 ~

二つの直線が同一の点から同一平面に対し同じ側に垂直には立てられない。

もし可能ならば，同一の点 A から基準平面に対し 2 直線 AB, $A\varGamma$ が同じ側に垂直に立てられたとし，BA, $A\varGamma$ を通る平面がつくられたとせよ。そうすればそれは A を通り基準平面上に交線として線分をつくるであろう。$\varDelta AE$ をつくるとせよ。そうすれば線分 AB, $A\varGamma$, $\varDelta AE$ は一平面上にある。そして $\varGamma A$ は基準平面に垂直であるから，それと会しかつ基準平面上にあるすべての直線に対しても垂直であろう。ところが $\varDelta AE$ はそれと会し基準平面上にある。ゆえに角 $\varGamma AE$ は直角である。同じ理由で角 BAE も直角である。したがって角 $\varGamma AE$ は角 BAE に等しい。そして一平面上にある。これは不可能である。

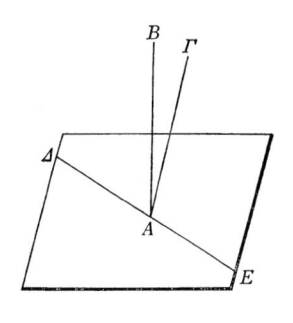

よって同一の点から同一平面に対し二つの直線が同じ側に垂直に立てられない。これが証明すべきことであった。

~ 14 ~

二つの平面に同一の直線が垂直であれば，それらの平面は平行である。

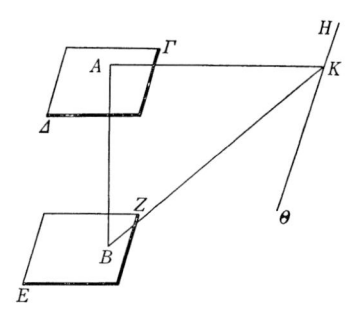

任意の直線 AB が平面 $\varGamma\varDelta$, EZ の双方に対し垂直であるとせよ。それらの平面は平行であると主張する。

もしそうでないならば，それらは延長されて交わるであろう。交わるとせよ。そうすれば交線として線分をつくるであろう。$H\varTheta$ をつくるとし，$H\varTheta$ 上に任意の点 K がとられ，AK, BK が結ばれたとせよ。そうすれば AB は平面 EZ に垂直であるから，AB は延長された面 EZ 上にある線分 BK にも垂直である。それゆえ角 ABK は直角である。同じ理由で角 BAK も直角である。したがって三角形 ABK の 2 角 ABK, BAK の和は 2 直角に等しい。これは不可能である。ゆえに平面 $\varGamma\varDelta$, EZ は延長されても交わらないであろう。したがって平面 $\varGamma\varDelta$, EZ は平行である。

よって二つの面に同一の線分が垂直であれば，それらの平面は平行である。

～ 15 ～

もし相会する 2 直線が，それらと同じ平面上にない相会する 2 直線に平行であるならば，それらを通る二つの平面も平行である。

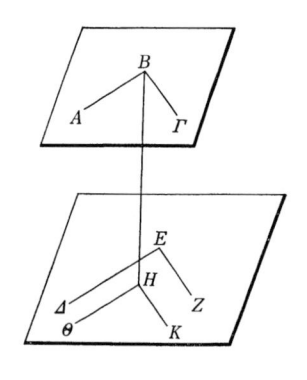

相会する 2 直線 AB, $B\varGamma$ がそれらと同じ平面上にない，相会する 2 直線 $\varDelta E$, EZ に平行であるとせよ。AB, $B\varGamma$ と $\varDelta E$, EZ を通る二つの平面は延長されても互いに交わらないであろうと主張する。

点 B から $\varDelta E$, EZ を通る平面に垂線 BH がひかれ，平面と点 H で会するとし，H を通り $E\varDelta$ に平行に $H\varTheta$ が，EZ に平行に HK がひかれたとせよ。そうすれば BH は $\varDelta E$, EZ を通る平面に垂直であるから，それと会しかつ $\varDelta E$, EZ を通る平面上にあるすべての直線に対しても直角をなすであろう。ところが $H\varTheta$, HK の双方はそれと会しかつ $\varDelta E$, EZ を通る平面上にある。それゆえ角 $BH\varTheta$, BHK の双方は直角である。そして BA は $H\varTheta$ に平行であるから，角 HBA, $BH\varTheta$ の和は 2 直角に等しい。そして角 $BH\varTheta$ は直角である。ゆえに角 HBA も直角である。したがって HB

は BA に垂直である。同じ理由で HB は $B\varGamma$ にも垂直である。そこで一つの線分 HB が互いに交わる2線分 BA, $B\varGamma$ に垂直に立てられたから，HB は BA, $B\varGamma$ を通る平面にも垂直である。二つの平面に同一の直線が垂直であれば，それらは平行である。したがって AB, $B\varGamma$ を通る平面は $\varDelta E$, EZ を通る平面に平行である。

よってもし相会する2直線がそれらと同じ平面上にない相会する2直線に平行であるならば，それらを通る二つの平面も平行である。これが証明すべきことであった。

～ 16 ～

もし二つの平行な平面が任意の平面によって切られるならば，それらの交線は平行である。

二つの平行な平面 AB, $\varGamma\varDelta$ が平面 $EZH\varTheta$ によって切られるとし，EZ, $H\varTheta$ をそれらの交線とせよ。EZ は $H\varTheta$ に平行であると主張する。

もしそうでないならば，EZ, $H\varTheta$ は延長されて Z, $\varTheta$ の方向あるいは E, H の方向で交わるであろう。それらが Z, $\varTheta$ の方向に延長されてまず K において交わるとせよ。そうすれば EZK は平面 AB 上にあるから，EZK 上のすべての点も面 AB 上にある。ところが K は線分 EZK 上の点の一つである。それゆえ K は平面 AB 上にある。同じ理由で K は平面 $\varGamma\varDelta$ 上にもある。ゆえに面 AB, $\varGamma\varDelta$ は延長されれば交わるであろう。ところが平行であると仮定されているから交わらない。したがって線分 EZ, $H\varTheta$ は延長されて Z, $\varTheta$ の方向で交わらないであろう。同様にして線分 EZ, $H\varTheta$ は延長されて E, H の方向でも交わらないことを証明しうる。ところでいずれの方向でも交わらないものは平行である。ゆえに EZ は $H\varTheta$ に平行である。

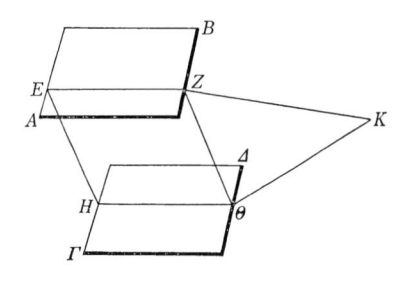

よってもし二つの平行な平面が任意の平面によって切られるならば，それらの交線は平行である。これが証明すべきことであった。

～ 17 ～

もし2直線が平行な平面によって切られるならば，同じ比に切られるであろう。

2直線 AB, $\Gamma\varDelta$ が平行な平面 $H\Theta$, $K\varLambda$, MN によって点 A, E, B, Γ, Z, $\varDelta$ において切られたとせよ。線分 AE が EB に対するように, ΓZ が $Z\varDelta$ に対すると主張する。

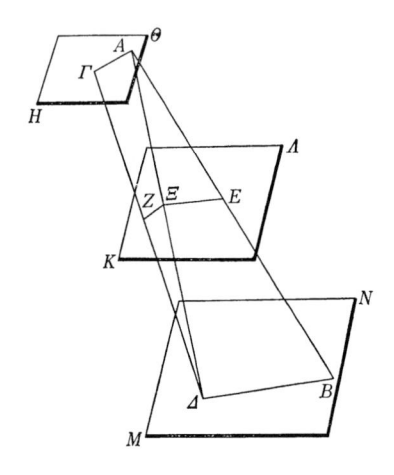

$A\Gamma$, $B\varDelta$, $A\varDelta$ が結ばれ, $A\varDelta$ が平面 $K\varLambda$ と点 $\varXi$ で交わるとし, $E\varXi$, $\varXi Z$ が結ばれたとせよ。そうすれば二つの平行な平面 $K\varLambda$, MN は平面 $EB\varDelta\varXi$ によって切られるから,それらの交線 $E\varXi$, $B\varDelta$ は平行である。同じ理由で二つの平行な平面 $H\Theta$, $K\varLambda$ は平面 $A\varXi Z\Gamma$ によって切られるから,それらの交線 $A\Gamma$, $\varXi Z$ は平行である。そして三角形 $AB\varDelta$ の1辺 $B\varDelta$ に平行に線分 $E\varXi$ がひかれたから, 比例し, AE が EB に対するように, $A\varXi$ が $\varXi\varDelta$ に対する。また三角形 $A\varDelta\Gamma$ の1辺 $A\Gamma$ に平行に線分 $\varXi Z$ がひかれたから, 比例し, $A\varXi$ が $\varXi\varDelta$ に対するように, ΓZ が $Z\varDelta$ に対する。ところが $A\varXi$ が $\varXi\varDelta$ に対するように, AE が EB に対することは先に証明された。それゆえ AE が EB に対するように, ΓZ が $Z\varDelta$ に対する。

よってもし2直線が平行な平面によって切られるならば,同じ比に切られるであろう。これが証明すべきことであった。

～ 18 ～

もし直線が任意の平面に垂直であれば,その直線を通るすべての平面も同じ平面に垂直であろう。

任意の直線 AB が基準平面に垂直であるとせよ。AB を通るすべての平面も基準平面に垂直であると主張する。

AB を通り平面 $\varDelta E$ がつくられ, ΓE を平面 $\varDelta E$ と基準平面との交線とし, ΓE 上に任意の点 Z がとられ, Z から ΓE に垂直に平面 $\varDelta E$ 上に ZH がひかれたとせよ。そうすれば AB は基準平面に垂直であるから, AB はそれと会しかつ基準平面上にあるすべての直線に対し垂直である。それ

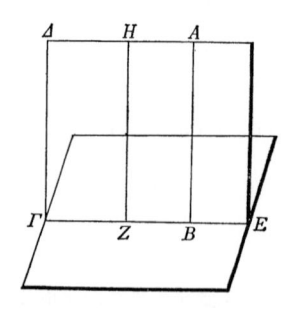

ゆえ $\varGamma E$ に対しても垂直である。ゆえに角 $AB Z$ は直角である。そして角 HZB も直角である。したがって AB は ZH に平行である。ところが AB は基準平面に垂直である。それゆえ ZH も基準平面に垂直である。そして二つの平面の一方において それらの平面の交線に垂直にひかれた線分が残りの平面に垂直であるとき，それらの2平面は互いに垂直である。そして二つの平面の交線 $\varGamma E$ に対し 平面の一つ $\varDelta E$ において 垂直にひかれた ZH が基準平面に対し垂直であることは先に証明された。ゆえに平面 $\varDelta E$ は基準平面に垂直である。同様にして AB を通るすべての平面が基準平面に垂直であることが証明されうる。

よってもし直線が任意の平面に垂直であるならば，その直線を通るすべての平面も同じ平面に垂直であろう。これが証明すべきことであった。

～ 19 ～

もし互いに交わる2平面が任意の平面に垂直であれば，それらの交線も同じ平面に垂直であろう。

2平面 AB, $B\varGamma$ が基準平面に 垂直で あるとし，$B\varDelta$ をそれらの交線とせよ。$B\varDelta$ は基準平面に垂直であると主張する。

そうでないとすれば，点 $\varDelta$ から平面 AB 上に線分 $A\varDelta$ に垂直に $\varDelta E$ が，平面 $B\varGamma$ 上に $\varGamma\varDelta$ に垂直に $\varDelta Z$ がひかれたとせよ。そうすれば平面 AB は基準平面に垂直であり，それらの交線 $A\varDelta$ に垂直に 平面 AB 上に $\varDelta E$ がひかれたから，$\varDelta E$ は基準平面に垂直である。同様にして $\varDelta Z$ も基準平面に垂直であることを証明しうる。それゆえ同じ点 $\varDelta$ から基準平面に2直線が同じ側に垂直に立てられた。これは不可能である。ゆえに平面 AB, $B\varGamma$ の交線 $\varDelta B$ 以外にいかなる直線も点 $\varDelta$ から基準平面に垂直に立てられえない。

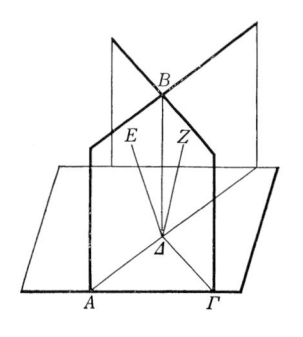

よってもし互いに交わる2平面が任意の平面に垂直であれば，それらの交線も同じ平面に垂直であろう。これが証明すべきことであった。

～ 20 ～

もし立体角が三つの平面角によってかこまれるならば，どの二つがとられても，そ

の和は残りの角より大きい。

　　　　A における立体角が 三つの平面角 $BA\varGamma$,
　　　$\varGamma A\varDelta$, $\varDelta AB$ によってかこまれたとせよ。
　　　角 $BA\varGamma$, $\varGamma A\varDelta$, $\varDelta AB$ のうちどの二つが
　　　とられても，その和は残りの角より大きい
　　　と主張する。
　　　　そこでもし角 $BA\varGamma$, $\varGamma A\varDelta$, $\varDelta AB$ が互いに等し
　　　いならば，任意の2角の和が残りの角より大きいこ
とは明らかである。ところがもし等しくないならば，角 $BA\varGamma$ が大きいとし，線分 AB 上
に，その上の点 A において，角 $\varDelta AB$ に等しく，BA, $A\varGamma$ を通る平面上に，角 BAE がつ
くられ，AE が $A\varDelta$ に等しくされ，点 E を通ってひかれた $BE\varGamma$ が線分 AB, $A\varGamma$ を点
B, $\varGamma$ で切るとし，$\varDelta B$, $\varDelta\varGamma$ が結ばれたとせよ。そうすれば $\varDelta A$ は AE に等しく，AB は
共通であるから，2辺は2辺に等しい。そして角 $\varDelta AB$ は角 BAE に等しい。それゆえ底辺
$\varDelta B$ は底辺に BE 等しい。そして2辺 $B\varDelta$, $\varDelta\varGamma$ の和は $B\varGamma$ より大きく，そのうち $\varDelta B$ は
BE に等しいことが証明されたから，残りの $\varDelta\varGamma$ は残りの $E\varGamma$ より大きい。そして $\varDelta A$ は
AE に等しく，$A\varGamma$ は共通であり，底辺 $\varDelta\varGamma$ は底辺 $E\varGamma$ より大きいから，角 $\varDelta A\varGamma$ は角 $EA\varGamma$
より大きい。ところが角 $\varDelta AB$ も角 BAE に等しいことが証明された。ゆえに角 $\varDelta AB$, $\varDelta A\varGamma$
の和は角 $BA\varGamma$ より大きい。同様にして残りの角も二つずつとられるならば，その和は残り
の角より大きいことを証明しうる。

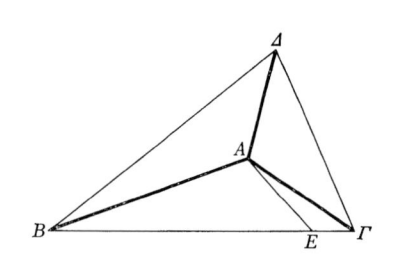

　　よってもし立体角が三つの平面角によってかこまれるならば，どの二つがとられても，その
和は残りの角より大きい。これが証明すべきことであった。

～ **21** ～

すべての立体角は4直角より小さい平面角によってかこまれる。

　　　　A における角を 平面角 $BA\varGamma$, $\varGamma A\varDelta$, $\varDelta AB$ によってかこまれる 立体角とせよ。角
　　　$BA\varGamma$, $\varGamma A\varDelta$, $\varDelta AB$ の和は4直角より小さいと主張する。
　　　　AB, $A\varGamma$, $A\varDelta$ のおのおのの上に任意の点 B, $\varGamma$, $\varDelta$ がとられ，$B\varGamma$, $\varGamma\varDelta$, $\varDelta B$ が結ばれ
たとせよ。そうすれば B における立体角は三つの平面角 $\varGamma BA$, $AB\varDelta$, $\varGamma B\varDelta$ によってかこ
まれるから，任意の2角の和は残りの角より大きい。それゆえ角 $\varGamma BA$, $AB\varDelta$ の和は角 $\varGamma B\varDelta$

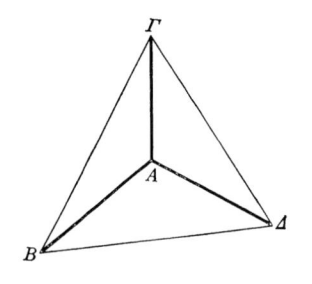

より大きい。同じ理由で角 $B\Gamma A$, $A\Gamma\Delta$ の和も角 $B\Gamma\Delta$ より大きく，角 $\Gamma\Delta A$, $A\Delta B$ の和も角 $\Gamma\Delta B$ より大きい。ゆえに六つの角 ΓBA, $AB\Delta$, $B\Gamma A$, $A\Gamma\Delta$, $\Gamma\Delta A$, $A\Delta B$ の和は三つの角 $\Gamma B\Delta$, $B\Gamma\Delta$, $\Gamma\Delta B$ の和より大きい。ところが三つの角 $\Gamma B\Delta$, $B\Delta\Gamma$, $B\Gamma\Delta$ の和は2直角に等しい。したがって六つの角 ΓBA, $AB\Delta$, $B\Gamma A$, $A\Gamma\Delta$, $\Gamma\Delta A$, $A\Delta B$ の和は2直角より大きい。そして三角形 $AB\Gamma$, $A\Gamma\Delta$, $A\Delta B$ のおのおのの三つの角の和は2直角に等しいから，三つの三角形の九つの角 ΓBA, $A\Gamma B$, $BA\Gamma$, $A\Gamma\Delta$, $\Gamma\Delta A$, $\Gamma A\Delta$, $A\Delta B$, ΔBA, $BA\Delta$ の和は6直角に等しく，そのうち $AB\Gamma$, $B\Gamma A$, $A\Gamma\Delta$, $\Gamma\Delta A$, $A\Delta B$, ΔBA の六つの角の和は2直角より大きい。したがって立体角をかこむ残りの三つの角 $BA\Gamma$, $\Gamma A\Delta$, ΔAB の和は4直角より小さい。

よってすべての立体角は4直角より小さい平面角によってかこまれる。これが証明すべきことであった。

～ 22 ～

もし三つの平面角があり，それらのうちのどの2角がとられても，その和が残りの角より大きく，それらの角をはさむ線分が等しいならば，それらの等しい線分を結ぶ線分から三角形をつくることができる。

三つの平面角 $AB\Gamma$, ΔEZ, $H\Theta K$ があるとし，そのうちのどの2角がとられても，その和は残りの角より大きい，すなわち角 $AB\Gamma$, ΔEZ の和は角 $H\Theta K$ より，角 ΔEZ, $H\Theta K$ の和は角 $AB\Gamma$ より，さらに角 $H\Theta K$, $AB\Gamma$ の和は角 ΔEZ より大きいとし，線分 AB, $B\Gamma$, ΔE, EZ, $H\Theta$, ΘK が等しくされ，$A\Gamma$, ΔZ, HK が結ばれたとせよ。$A\Gamma$, ΔZ, HK に等しい線分から三角形をつくりうること，すなわち $A\Gamma$, ΔZ, HK の任意の二つの和が残りの一つより大きいことを主張する。

そこでもし角 $AB\Gamma$, ΔEZ, $H\Theta K$ が互いに等しいならば，$A\Gamma$, ΔZ, HK も等しく，$A\Gamma$,

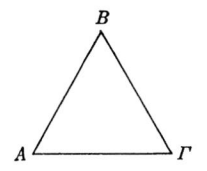

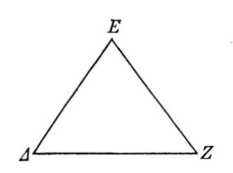

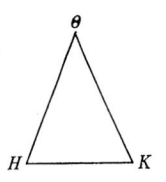

ΔZ, HK に等しい線分から三角形をつくりうることは明らかである。ところがもし等しくないならば，不等であるとし，線分 ΘK 上にその上の点 Θ において角 $AB\Gamma$ に等しく角 $K\Theta\Lambda$ がつくられたとせよ。そして $\Theta\Lambda$ が AB, $B\Gamma$, ΔE, EZ, $H\Theta$, ΘK の一つに等しくされ，$K\Lambda$, $H\Lambda$ が結ばれたとせよ。そうすれば 2 辺 AB, $B\Gamma$ は 2 辺 $K\Theta$, $\Theta\Lambda$ に等しく，B における角は角 $K\Theta\Lambda$ に等しいから，底辺 $A\Gamma$ は底辺 $K\Lambda$ に等しい。そして角 $AB\Gamma$, $H\Theta K$ の和は角 ΔEZ より大きく，角 $AB\Gamma$ は角 $K\Theta\Lambda$ に等しいから，角 $H\Theta\Lambda$ は角 ΔEZ より大きい。そして 2 辺 $H\Theta$, $\Theta\Lambda$ は 2 辺 ΔE, EZ に等しく，角 $H\Theta\Lambda$ は角 ΔEZ より大きいから，底辺 $H\Lambda$ は底辺 ΔZ より大きい。ところが HK, $K\Lambda$ の和は $H\Lambda$ より大きい。それゆえなおさら HK, $K\Lambda$ の和は ΔZ より大きい。そして $K\Lambda$ は $A\Gamma$ に等しい。ゆえに $A\Gamma$, HK の和は残りの ΔZ より大きい。同様にして $A\Gamma$, ΔZ の和も HK より大きく，さらに ΔZ, HK の和も $A\Gamma$ より大きいことを証明しうる。したがって $A\Gamma$, ΔZ, HK に等しい線分から三角形をつくることができる。これが証明すべきことであった。

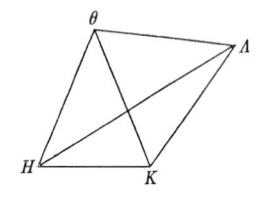

23

どの二つがとられてもその和が残りより大きい三つの平面角から立体角をつくること。ただし三つの角の和は 4 直角より小さくなければならない。

三つの与えられた平面角を $AB\Gamma$, ΔEZ, $H\Theta K$ とし，それらのうちどの二つがとられても，残りの角より大きいようにし，また三つの角の和が 4 直角より小さくせよ。このとき角 $AB\Gamma$, ΔEZ, $H\Theta K$ に等しい角から立体角をつくらねばならぬ。

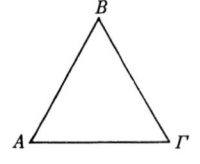

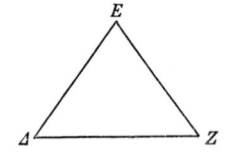

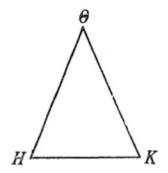

AB, $B\Gamma$, ΔE, EZ, $H\Theta$, ΘK が等しく切りとられ，$A\Gamma$, ΔZ, HK が結ばれたとせよ。そうすれば $A\Gamma$, ΔZ, HK に等しい線分から三角形をつくることができる。ΛMN がつくられたとし，$A\Gamma$ は ΛM に，ΔZ は MN に，また HK は $N\Lambda$ に等しくされ，三角形 ΛMN に円 ΛMN を外接し，その中心がとられ，それを Ξ とし，$\Lambda\Xi$, $M\Xi$, $N\Xi$ が結ばれたとせ

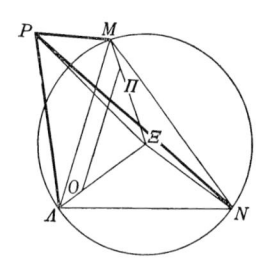

よ。AB は $\varLambda\varXi$ より大きいと主張する。もし大きくないならば，AB は $\varLambda\varXi$ に等しいかあるいは小さいかである。まず等しいとせよ。そうすれば AB は $\varLambda\varXi$ に等しく，他方 AB は $B\varGamma$ に等しく，$\varXi\varLambda$ は $\varXi M$ に等しいから，2 辺 AB, $B\varGamma$ は 2 辺 $\varLambda\varXi$, $\varXi M$ にそれぞれ等しい。そして底辺 $A\varGamma$ は底辺 $\varLambda M$ に等しいと仮定されている。それゆえ角 $AB\varGamma$ は角 $\varLambda\varXi M$ に等しい。同じ理由で角 $\varDelta EZ$ も角 $M\varXi N$ に等しく，また角 $H\varTheta K$ も角 $N\varXi\varLambda$ に等しい。ゆえに三つの角 $AB\varGamma$, $\varDelta EZ$, $H\varTheta K$ の和は三つの角 $\varLambda\varXi M$, $M\varXi N$, $N\varXi\varLambda$ の和に等しい。ところが三つの角 $\varLambda\varXi M$, $M\varXi N$, $N\varXi\varLambda$ の和は 4 直角に等しい。したがって三つの角 $AB\varGamma$, $\varDelta EZ$, $H\varTheta K$ の和は 4 直角に等しい。ところが 4 直角より小さいと仮定されている。これは不合理である。それゆえ AB は $\varLambda\varXi$ に等しくない。次に AB は $\varLambda\varXi$ より小さくないと主張する。もし可能ならば，小さいとせよ。そして $\varXi O$ が AB に等しくされ，$\varXi\varPi$ が $B\varGamma$ に等しくされ，$O\varPi$ が結ばれたとせよ。そうすれば AB は $B\varGamma$ に等しく，$\varXi O$ は $\varXi\varPi$ に等しい。それゆえ残りの $\varLambda O$ も $\varPi M$ に等しい。ゆえに $\varLambda M$ は $O\varPi$ に平行であり，$\varLambda M\varXi$ は $O\varPi\varXi$ に等角である。したがって $\varXi\varLambda$ が $\varLambda M$ に対するように，$\varXi O$ が $O\varPi$ に対する。いれかえて $\varLambda\varXi$ が $\varXi O$ に対するように，$\varLambda M$ が $O\varPi$ に対する。ところが $\varLambda\varXi$ は $\varXi O$ より大きい。それゆえ $\varLambda M$ も $O\varPi$ より大きい。ところが $\varLambda M$ は $A\varGamma$ に等しいとされている。ゆえに $A\varGamma$ は $O\varPi$ より大きい。そこで 2 辺 AB, $B\varGamma$ は 2 辺 $O\varXi$, $\varXi\varPi$ に等しく，底辺 $A\varGamma$ は底辺 $O\varPi$ より大きいから，角 $AB\varGamma$ は角 $O\varXi\varPi$ より大きい。同様にして角 $\varDelta EZ$ も角 $M\varXi N$ より大きく，角 $H\varTheta K$ も角 $N\varXi\varLambda$ より大きいことを証明しうる。したがって三つの角 $AB\varGamma$, $\varDelta EZ$, $H\varTheta K$ の和は三つの角 $\varLambda\varXi M$, $M\varXi N$, $N\varXi\varLambda$ より大きい。ところが $AB\varGamma$, $\varDelta EZ$, $H\varTheta K$ の和は 4 直角より小さいと仮定されている。それゆえなおさら $\varLambda\varXi M$, $M\varXi N$, $N\varXi\varLambda$ の和は 4 直角より小さい。しかも等しくもある。これは不合理である。ゆえに AB は $\varLambda\varXi$ より小さくない。そして等しくないことも証明された。したがって AB は $\varLambda\varXi$ より大きい。そこで点 $\varXi$ から円 $\varLambda MN$ の平面に直角に $\varXi P$ が立てられ，$\varXi P$ 上の正方形が AB 上の正方形から $\varLambda\varXi$ 上の正方形を減じた差に等しくされ，$P\varLambda$, PM, PN が結ばれたとせよ。そうすれば $P\varXi$ は円 $\varLambda MN$ の平面に直角であるから，$P\varXi$ は $\varLambda\varXi$, $M\varXi$, $N\varXi$ のおのおのに対しても直角である。そして $\varLambda\varXi$ は $\varXi M$ に等しく，$\varXi P$ は共通でかつ直角であるから，底辺 $P\varLambda$ は底辺 PM に等しい。同じ理由で PN も $P\varLambda$, PM の双方に等しい。それゆえ 3 線分 $P\varLambda$, PM, PN は互いに等しい。そして $\varXi P$ 上の正方形は AB 上の正方形から $\varLambda\varXi$ 上の正方形を減じた差に等しいと仮定されているから，AB 上の正方形は $\varLambda\varXi$, $\varXi P$ 上の正方形の和に等しい。ところが $\varLambda P$ 上の正方形は $\varLambda\varXi$, $\varXi P$ 上の正方形の和に等しい。なぜ

なら角 $\varLambda\varXi P$ は直角であるから。ゆえに AB 上の正方形は $P\varLambda$ 上の正方形に等しい。したがって AB は $P\varLambda$ に等しい。ところが $B\varGamma$, $\varDelta E$, EZ, $H\varTheta$, $\varTheta K$ のおのおのは AB に等しく, PM, PN の双方は $P\varLambda$ に等しい。それゆえ AB, $B\varGamma$, $\varDelta E$, EZ, $H\varTheta$, $\varTheta K$ のおのおのは $P\varLambda$, PM, PN のおのおのに等しい。そして2辺 $\varLambda P$, PM は2辺 AB, $B\varGamma$ に等しく, 底辺 $\varLambda M$ は底辺 $A\varGamma$ に等しいと仮定されているから, 角 $\varLambda PM$ は角 $AB\varGamma$ に等しい。同じ理由で角 MPN も角 $\varDelta EZ$ に, 角 $\varLambda PN$ は角 $H\varTheta K$ に等しい。

よって三つの与えられた角 $AB\varGamma$, $\varDelta EZ$, $H\varTheta K$ に等しい三つの平面角 $\varLambda PM$, MPN, $\varLambda PN$ から角 $\varLambda PM$, MPN, $\varLambda PN$ によってかこまれた, P における立体角がつくられた。これが作図すべきものであった。

補 助 定 理

$\varXi P$ 上の正方形を AB 上の正方形から $\varLambda\varXi$ 上の正方形を減じた差に等しくする仕方を次のようにして示しうる。線分 AB, $\varLambda\varXi$ が定められ, AB が大きいとし, その上に半円 $AB\varGamma$ が描かれ, 半円 $AB\varGamma$ 内に直径 AB より大きくない線分 $\varLambda\varXi$ に等しい $A\varGamma$ が挿入され, $\varGamma B$ が結ばれたとせよ。そうすれば角 $A\varGamma B$ は半円 $A\varGamma B$ 内の角であるから, 角 $A\varGamma B$ は直角である。それゆえ AB 上の正方形は $A\varGamma$, $\varGamma B$ 上の正方形の和に等しい。ゆえに AB 上の正方形は $A\varGamma$ 上の正方形より $\varGamma B$ 上の正方形だけ大きい。ところが $A\varGamma$ は $\varLambda\varXi$ に等しい。したがって AB 上の正方形は $\varLambda\varXi$ 上の正方形より $\varGamma B$ 上の正方形だけ大きい。そこでもし $B\varGamma$ に等しい $\varXi P$ を切りとるならば, AB 上の正方形は $\varLambda\varXi$ 上の正方形より $\varXi P$ 上の正方形だけ大きいであろう。これが作図すべく命じられたものであった。

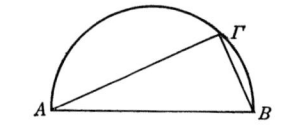

～ 24 ～

もし立体が平行な平面によってかこまれるならば, その相対する面は等しくかつ平行四辺形である。

立体 $\varGamma\varDelta\varTheta H$ が平行な平面 $A\varGamma$, HZ, $A\varTheta$, $\varDelta Z$, BZ, AE によってかこまれたとせよ。その相対する面は等しくかつ平行四辺形であると主張する。

二つの平行な平面 BH, $\varGamma E$ が平面 $A\varGamma$ によって切られるから, それらの交線は平行である。それゆえ AB は $\varDelta\varGamma$ に平行である。また二つの平行な平面 BZ, AE が平面 $A\varGamma$ によ

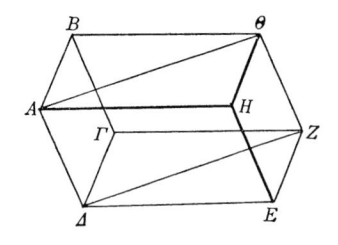

って切られるから，それらの交線は平行である。ゆえに $B\Gamma$ は $A\varDelta$ に平行である。ところが AB が $\varDelta\Gamma$ に平行であることも証明された。したがって $A\Gamma$ は平行四辺形である。同様にして $\varDelta Z$, ZH, HB, BZ, AE のおのおのも平行四辺形であることを証明しうる。

$A\Theta$, $\varDelta Z$ が結ばれたとせよ。そうすれば AB は $\varDelta\Gamma$ に，$B\Theta$ は ΓZ に平行であるから，相会する2線分 AB, $B\Theta$ は同じ平面上にない相会する2線分 $\varDelta\Gamma$, ΓZ に平行である。それゆえ等しい角をはさむであろう。ゆえに角 $AB\Theta$ は角 $\varDelta\Gamma Z$ に等しい。そして2辺 AB, $B\Theta$ は2辺 $\varDelta\Gamma$, ΓZ に等しく，角 $AB\Theta$ は角 $\varDelta\Gamma Z$ に等しいから，底辺 $A\Theta$ は底辺 $\varDelta Z$ に，三角形 $AB\Theta$ は三角形 $\varDelta\Gamma Z$ に等しい。そして平行四辺形 BH は $AB\Theta$ の2倍であり，平行四辺形 ΓE は $\varDelta\Gamma Z$ の2倍である。したがって平行四辺形 BH は平行四辺形 ΓE に等しい。同様にして $A\Gamma$ も HZ に，AE も BZ に等しいことを証明しうる。

よってもし立体が平行な平面によってかこまれるならば，その相対する面は等しくかつ平行四辺形である。これが証明すべきことであった。

～ 25 ～

平行六面体が相対する面に平行な平面によって切られるならば，底面が底面に対するように，六面体が六面体に対するであろう。

平行六面体 $AB\Gamma\varDelta$ が相対する面 PA, $\varDelta\Theta$ に平行な平面 ZH によって切られたとせよ。底面 $AEZ\varPhi$ が底面 $E\Theta\Gamma Z$ に対するように，六面体 $ABZ\varUpsilon$ が六面体 $EH\Gamma\varDelta$ に対すると主張する。

$A\Theta$ が両方向に延長され，任意個の AK, $K\varLambda$ が AE に等しく，任意個の ΘM, MN が $E\Theta$ に等しくされ，そして平行四辺形 $\varLambda O$, $K\varPhi$, ΘX, $M\varSigma$ と六面体 $\varLambda\varPi$, KP, $\varDelta M$, MT が

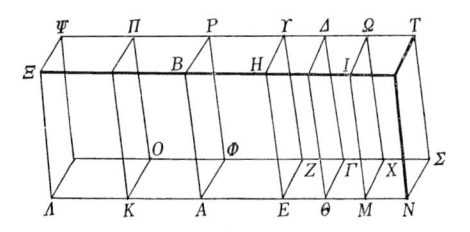

完結されたとせよ。そうすれば線分 $ΛK$, $KΛ$, $ΛE$ は互いに等しいから，平行四辺形 $ΛO$, $KΦ$, $ΛZ$ も互いに等しく，$KΞ$, KB, $ΛH$ も互いに等しく，また $ΛΨ$, $KΠ$, $ΛP$ も互いに等しい，なぜなら相対するから。同じ理由で平行四辺形 $EΓ$, $ΘX$, $MΣ$ も互いに等しく，$ΘH$, $ΘI$, IN も互いに等しく，また $ΔΘ$, $MΩ$, NT も等しい。それゆえ六面体 $ΛΠ$, KP, $ΛΥ$ は三つの面が三つの面に等しい。ところが三つの面はそれぞれその相対する三つの面に等しい。ゆえに三つの六面体 $ΛΠ$, KP, $ΛΥ$ は互いに等しい。同じ理由で三つの六面体 $EΔ$, $ΔM$, MT も互いに等しい。したがって底面 $ΛZ$ が底面 AZ の何倍であろうと，六面体 $ΛΥ$ も六面体 $AΥ$ の同じ倍数である。同じ理由で底面 NZ が底面 $ZΘ$ の何倍であろうと，六面体 $NΥ$ も六面体 $ΘΥ$ の同じ倍数である。そしてもし底面 $ΛZ$ が底面 NZ に等しいならば，六面体 $ΛΥ$ も六面体 $NΥ$ に等しく，もし底面 $ΛZ$ が底面 NZ より大きいならば，六面体 $ΛΥ$ も六面体 $NΥ$ より大きく，もし小さいならば，小さい。そこで四つの量，すなわち二つの底面 AZ, $ZΘ$ と二つの六面体 $AΥ$, $ΥΘ$ とがあり，底面 AZ と六面体 $AΥ$ の同数倍，すなわち底面 $ΛZ$ と六面体 $ΛΥ$ と，底面 $ΘZ$ と六面体 $ΘΥ$ の同数倍，すなわち底面 NZ と六面体 $NΥ$ とがとられ，そしてもし底面 $ΛZ$ が底面 ZN より大きいならば，六面体 $ΛΥ$ も六面体 $NΥ$ より大きく，等しければ，等しく，小さければ，小さいことが証明された。それゆえ底面 AZ が底面 $ZΘ$ に対するように，六面体 $AΥ$ が六面体 $ΥΘ$ に対する。これが証明すべきことであった。

～ 26 ～

与えられた直線上にその上の点において与えられた立体角に等しい立体角をつくること。

与えられた直線を AB, その上の与えられた点を A とし，与えられた立体角を $Δ$ において平面角 $EΔΓ$, $EΔZ$, $ZΔΓ$ によってかこまれた角とせよ。このとき直線 AB

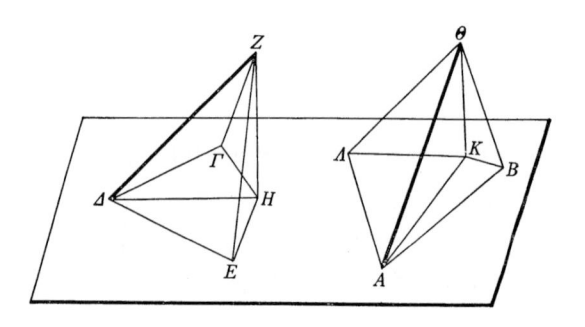

上にその上の点 A において，$\varDelta$ における立体角に 等しい 立体角をつくらねばならぬ．

$\varDelta Z$ 上に任意の点 Z がとられ，Z から $E\varDelta$, $\varDelta\varGamma$ を通る平面に垂線 ZH がひかれ，平面と H において交わるとし，$\varDelta H$ が結ばれ，直線 AB 上にその上の点 A において角 $E\varDelta\varGamma$ に等しく角 $BA\varLambda$ が，角 $E\varDelta H$ に等しく角 BAK がつくられ，AK が $\varDelta H$ に等しくされ，点 K から BA, $A\varLambda$ を通る平面に垂直に $K\varTheta$ がひかれ，$K\varTheta$ が HZ に等しくされ，$\varTheta A$ が結ばれたとせよ．A における，角 $BA\varLambda$, $BA\varTheta$, $\varTheta A\varLambda$ によってかこまれた立体角は $\varDelta$ における，角 $E\varDelta\varGamma$, $E\varDelta Z$, $Z\varDelta\varGamma$ によってかこまれた立体角に等しいと主張する．

AB, $\varDelta E$ が等しく切りとられ，$\varTheta B$, KB, ZE, HE が結ばれたとせよ．そうすれば ZH は基準平面に垂直であるから，それと会しかつ基準平面上にあるすべての直線に対しても垂直であろう．それゆえ角 $ZH\varDelta$, ZHE の双方は直角である．同じ理由で角 $\varTheta KA$, $\varTheta KB$ の双方も直角である．そして2辺 KA, AB は2辺 $H\varDelta$, $\varDelta E$ にそれぞれ 等しく，等しい角をはさむから，底辺 KB は底辺 HE に等しい．ところが $K\varTheta$ も HZ に等しい．そして直角をはさむ．ゆえに $\varTheta B$ は ZE に等しい．また2辺 AK, $K\varTheta$ は2辺 $\varDelta H$, HZ に等しく，直角をはさむから，底辺 $A\varTheta$ は底辺 $Z\varDelta$ に等しい．ところが AB も $\varDelta E$ に等しい．したがって2辺 $\varTheta A$, AB は2辺 $\varDelta Z$, $\varDelta E$ に等しい．そして底辺 $\varTheta B$ は底辺 ZE に等しい．それゆえ角 $BA\varTheta$ は角 $E\varDelta Z$ に等しい．同じ理由で 角 $\varTheta A\varLambda$ も角 $Z\varDelta\varGamma$ に等しい．ところが 角 $BA\varLambda$ も角 $E\varDelta\varGamma$ に等しい．

よって与えられた直線 AB 上にその上の点 A において，$\varDelta$ における与えられた立体角に等しい角がつくられた．これが作図すべきものであった．

～ 27 ～

与えられた直線上に 与えられた 平行六面体に相似で かつ相似な 位置にある平行六面体を描くこと．

与えられた直線を AB, 与えられた平行六面体を「$\varDelta$」とせよ．このとき 与えられた直線 AB 上に与えられた 平行六面体「$\varDelta$」と相似でかつ相似な位置にある平行六面体を描かねばならぬ．

直線 AB 上にその上の点 A において，$\varGamma$ に

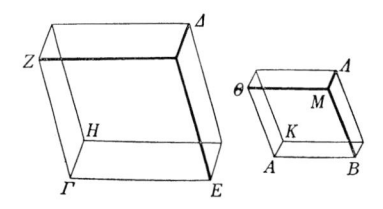

おける立体角に等しく角 $BA\varTheta$, $\varTheta AK$, KAB によってかこまれた角がつくられ, 角 $BA\varTheta$ が角 $E\varGamma Z$ に, 角 BAK が角 $E\varGamma H$ に, 角 $KA\varTheta$ が角 $H\varGamma Z$ に等しくなるようにせよ. そして $E\varGamma$ が $\varGamma H$ に対するように, BA が AK に対し, $H\varGamma$ が $\varGamma Z$ に対するように, KA が $A\varTheta$ に対するようにせよ. そうすれば 等間隔比により $E\varGamma$ が $\varGamma Z$ に対するように, BA が $A\varTheta$ に対する. そして平行四辺形 $\varTheta B$ と立体 $A\varLambda$ が完結されたとせよ.

そうすれば $E\varGamma$ が $\varGamma H$ に対するように, BA が AK に対し, 等しい角 $E\varGamma H$, BAK をはさむ辺は比例するから, 平行四辺形 HE は平行四辺形 KB に相似である. 同じ理由で平行四辺形 $K\varTheta$ も平行四辺形 HZ に, また ZE も $\varTheta B$ に相似である. それゆえ六面体 $\varGamma \varDelta$ の三つの平行四辺形は六面体 $A\varLambda$ の三つの平行四辺形に相似である. ところが前の三つは相対する三つに等しくかつ相似であり, 後の三つも相対する三つに等しくかつ相似である. ゆえに六面体 $\varGamma \varDelta$ 全体は六面体 $A\varLambda$ 全体に相似である.

よって与えられた直線 AB 上に与えられた平行六面体 $\varGamma \varDelta$ に相似でかつ相似な位置にある $A\varLambda$ が描かれた. これが作図すべきものであった.

~ 28 ~

もし平行六面体が平面によって相対する面の対角線に沿って切られるならば, 六面体はこの平面によって2等分されるであろう.

平行六面体 AB が平面 $\varGamma \varDelta EZ$ によって相対する面の対角線 $\varGamma Z$, $\varDelta E$ に沿って切られたとせよ. 六面体 AB は平面 $\varGamma \varDelta EZ$ によって2等分されるであろうと主張する.

三角形 $\varGamma HZ$ は三角形 $\varGamma ZB$ に等しく, $A\varDelta E$ は $\varDelta E\varTheta$ に等しく, 他方平行四辺形 $\varGamma A$ も EB に等しい, なぜなら相対するから. そして HE は $\varGamma \varTheta$ に等しいから, 二つの三角形 $\varGamma HZ$, $A\varDelta E$ と三つの平行四辺形 HE, $A\varGamma$, $\varGamma E$ とによってかこまれる角柱は二つの三角形 $\varGamma ZB$, $\varDelta E\varTheta$ と三つの平行四辺形 $\varGamma \varTheta$, BE, $\varGamma E$ とによってかこまれる角柱に等しい, なぜなら数と大いさにおいて等しい平面によってかこまれるから. よって六面体 AB 全体は平面 $\varGamma \varDelta EZ$ によって2等分された. これが証明すべきことであった.

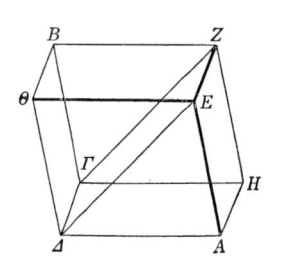

～ 29 ～

同じ底面上にあり同じ高さの二つの平行六面体は，それらの立っている辺の端が同じ直線上にあるとき，互いに等しい。

ΓM, ΓN を同じ底面 AB 上にあり同じ高さである平行六面体とし，それらの立っている辺 AH, AZ, ΛM, ΛN, $\Gamma\Delta$, ΓE, $B\Theta$, BK の端が同じ直線 ZN, ΔK 上にあるとせよ。六面体 ΓM は六面体 ΓN に等しいと主張する。

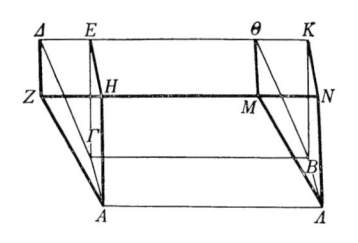

$\Gamma\Theta$, ΓK の双方は平行四辺形であるから，ΓB は $\Delta\Theta$, EK の双方に等しい。それゆえ $\Delta\Theta$ も EK に等しい。双方から $E\Theta$ がひきさられたとせよ。そうすれば残りの ΔE は残りの ΘK に等しい。したがって三角形 $\Delta\Gamma E$ も三角形 ΘBK に等しく，平行四辺形 ΔH は平行四辺形 ΘN に等しい。同じ理由で三角形 AZH も三角形 $M\Lambda N$ に等しい。ところが平行四辺形 ΓZ も平行四辺形 BM に，ΓH も BN に等しい，なぜなら相対するから。それゆえ二つの三角形 AZH, $\Delta\Gamma E$ と三つの平行四辺形 $A\Delta$, ΔH, ΓH とによってかこまれる角柱は二つの三角形 $M\Lambda N$, ΘBK と三つの平行四辺形 BM, ΘN, BN とによってかこまれる角柱に等しい。双方に平行四辺形 AB が底面であり，$HE\Theta M$ を対面とする立体が加えられたとせよ。そうすれば平行六面体 ΓM 全体は平行六面体 ΓN 全体に等しい。

よって同じ底面上にあり同じ高さの二つの平行六面体はそれらの立っている辺の端が同じ直線上にあるとき，互いに等しい。これが証明すべきことであった。

～ 30 ～

同じ底面上にあり，同じ高さの二つの平行六面体は，それらの立っている辺の端が同じ直線上になくても互いに等しい。

ΓM, ΓN を同じ底面 AB 上にあり，同じ高さの平行六面体であるとし，それらの立っている辺 AZ, AH, ΛM, ΛN, $\Gamma\Delta$, ΓE, $B\Theta$, BK の端が同じ直線上にないとせよ。六面体 ΓM は六面体 ΓN に等しいと主張する。

NK, $\Delta\Theta$ が延長され，P において互いに交わるとし，また ZM, HE が O, Π まで延長

され，AE, ΛO, $\Gamma\Pi$, BP が結ばれたとせよ。そうすれば平行四辺形 $A\Gamma B\Lambda$ を底面，$Z\Delta\Theta M$ を対面とする六面体 ΓM は平行四辺形 $A\Gamma B\Lambda$ を底面，$\Xi\Pi PO$ を対面とする六面体 ΓO に等しい。なぜならそれらは同じ底面 $A\Gamma B\Lambda$ 上にあり，同じ高さで，それらの立っている辺 AZ, $A\Xi$, ΛM, ΛO, $\Gamma\Delta$, $\Gamma\Pi$, $B\Theta$, BP の端は同じ線分 ZO, ΔP 上にあるから。ところが平行四辺形 $A\Gamma B\Lambda$ を底面，$\Xi\Pi PO$ を対面とする六面体 ΓO は平行四辺形 $A\Gamma B\Lambda$ を底面，$HEKN$ を対面とする六面体 ΓN に等しい。なぜならそれらはふたたび同じ底面 $A\Gamma B\Lambda$ 上にあり，同じ高さで，それらの立っている辺 AH, $A\Xi$, ΓE, $\Gamma\Pi$, ΛN, ΛO, BK, BP の端は同じ線分 $H\Pi$, NP 上にあるから。したがって六面体 ΓM は六面体 ΓN に等しい。

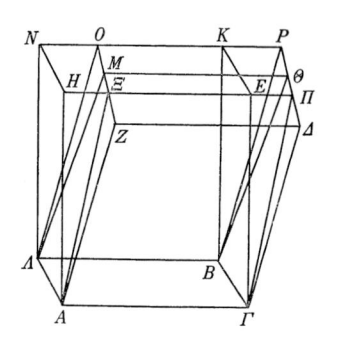

よって同じ底面上にあり，同じ高さの二つの平行六面体は，その立っている辺の端が同じ直線上になくても互いに等しい。これが証明すべきことであった。

🍂 31 🍂

等しい底面上にある同じ高さの平行六面体は互いに等しい。

平行六面体 AE, ΓZ が等しい底面 AB, $\Gamma\Delta$ 上にあり同じ高さであるとせよ。六面体 AE は六面体 ΓZ に等しいと主張する。

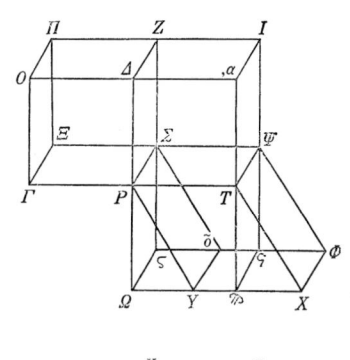

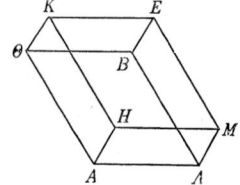

まず立っている辺 ΘK, BE, AH, ΛM, $O\Pi$, ΔZ, $\Gamma\Xi$, $P\Sigma$ が底面 AB, $\Gamma\Delta$ に垂直であるとし，線分 PT が ΓP に対し一直線をなして延長され，線分 PT 上にその上の点 P において角 $A\Lambda B$ に等しく角 $TP\Upsilon$ がつくられ，PT が $A\Lambda$ に等しく，$P\Upsilon$ が ΛB に等しくされ，底面 PX と六面体 $\Psi\Upsilon$ が完結されたとせよ。そうすれば2辺 TP, $P\Upsilon$ は2辺 $A\Lambda$, ΛB に等しく，等しい角をはさむから，平行四辺形 PX は平行四辺形 $\Theta\Lambda$ に等しく相似である。また $A\Lambda$ は PT に，ΛM は $P\Sigma$ に等しく，

直角をはさむから，平行四辺形 $P\Psi$ は平行四辺形 AM に等しく相似である．同じ理由で ΛE も $\Sigma\Upsilon$ に等しく相似である．それゆえ六面体 AE の三つの平行四辺形は六面体 $\Psi\Upsilon$ の三つの平行四辺形に等しく相似である．ところが前の三つはそれに相対する三つに，後の三つもそれに相対する三つに等しく相似である．ゆえに平行六面体 AE 全体は平行六面体 $\Psi\Upsilon$ 全体に等しい．$\Delta P, X\Upsilon$ がひかれ，Ω において互いに交わるとし，T を通り $\Delta\Omega$ に平行に，$_\alpha T\mathcal{D}$ がひかれ，$O\Delta$ が $_\alpha$ まで延長され，六面体 $\Omega\Psi, PI$ が完結されたとせよ．平行四辺形 $P\Psi$ を底面，Ω_S を対面とする六面体 $\Psi\Omega$ は平行四辺形 $P\Psi$ を底面，$\Upsilon\Phi$ を対面とする立体 $\Psi\Upsilon$ に等しい．なぜなら同じ底面 $P\Psi$ 上にあり同じ高さで，それらの立っている辺 $P\Omega, P\Upsilon, T\mathcal{D}$, $TX, \Sigma_\text{S}, \Sigma\bar{o}, \Psi_\text{S}, \Psi\Phi$ の端が同じ線分 $\Omega X, _\text{S}\Phi$ 上にあるから．ところが六面体 $\Psi\Upsilon$ は AE に等しい．したがって六面体 $\Psi\Omega$ も六面体 AE に等しい．そして同じ底辺 PT 上にあり，同じ平行線 $PT, \Omega X$ 内にあるため，平行四辺形 $P\Upsilon XT$ は平行四辺形 ΩT に等しく，他方 $P\Upsilon XT$ は AB にも等しいため，$\Gamma\Delta$ に等しいから，平行四辺形 ΩT も $\Gamma\Delta$ に等しい．ところが ΔT は別個の平行四辺形である．それゆえ底面 $\Gamma\Delta$ が ΔT に対するように，ΩT が ΔT に対する．そして平行六面体 ΓI が相対する面に平行な平面 PZ によって切られたから，底面 $\Gamma\Delta$ が底面 ΔT に対するように，六面体 ΓZ が六面体 PI に対する．同じ理由で平行六面体 ΩI は相対する面に平行な平面 $P\Psi$ によって切られたから，底面 ΩT が底面 $T\Delta$ に対するように，立体 $\Omega\Psi$ が PI に対する．ところが底面 $\Gamma\Delta$ が ΔT に対するように，ΩT が ΔT に対する．ゆえに ΓZ が立体 PI に対するように，六面体 $\Omega\Psi$ が PI に対する．したがって立体 $\Gamma Z, \Omega\Psi$ の双方は PI に対し同じ比をもつ．それゆえ六面体 ΓZ は六面体 $\Omega\Psi$ に等しい．ところが $\Omega\Psi$ は AE に等しいことが証明された．ゆえに AE も ΓZ に等しい．

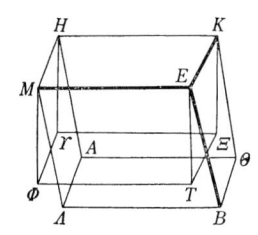

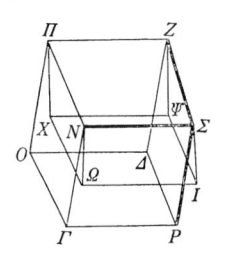

次に立っている辺 $AH, \Theta K, BE, \Lambda M, \Gamma N, O\Pi, \Delta Z, P\Sigma$ が底面 $AB, \Gamma\Delta$ に垂直でないとせよ．再び六面体 AE は六面体 ΓZ に等しいと主張する．点 K, E, H, M, Π, Z, N, Σ から基準平面に垂線 $K\Xi, ET, H\Upsilon, M\Phi, \Pi X, Z\Psi, N\Omega, \Sigma I$ が下され，点 Ξ, T, Υ, Φ, X, Ψ, Ω, I で平面と交わるとし，$\Xi T, \Xi\Upsilon, \Upsilon\Phi, T\Phi, X\Psi, X\Omega, \Omega I, I\Psi$ が結ばれたとせよ．そうすれば立体 $K\Phi$ は立体 ΠI に等しい．なぜなら等しい底面 $KM, \Pi\Sigma$ 上にあり，同じ高さで，それらの立っている辺が底面に垂直であるから．ところが六面体 $K\Phi$ は

六面体 AE に，$\varPi I$ は $\varGamma Z$ に等しい．なぜなら，それらの立っている辺の端は同じ線分上にはないが，それらは同じ底面上にあり同じ高さであるから．したがって立体 AE は立体 $\varGamma Z$ に等しい．

よって等しい底面上にある同じ高さの平行六面体は互いに等しい．これが証明すべきことであった．

～ 32 ～

同じ高さの平行六面体は互いに底面に比例する．

AB，$\varGamma\varDelta$ を同じ高さの平行六面体とせよ．平行六面体 AB，$\varGamma\varDelta$ は互いに底面に比例する，すなわち底面 AE が底面 $\varGamma Z$ に対するように，六面体 AB が六面体 $\varGamma\varDelta$ に対すると主張する．

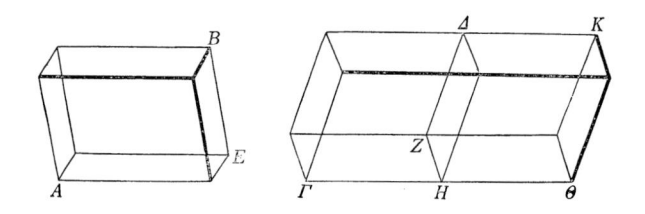

ZH 上に AE に等しく $Z\varTheta$ がつくられ，底面 $Z\varTheta$ 上に $\varGamma\varDelta$ と同じ高さの平行六面体 HK が完結されたとせよ．そうすれば六面体 AB は六面体 HK に等しい．なぜなら等しい底面 AE，$Z\varTheta$ 上にあり同じ高さであるから．そして平行六面体 $\varGamma K$ が相対する面に平行な平面 $\varDelta H$ によって切られたから，底面 $\varGamma Z$ が底面 $Z\varTheta$ に対するように，六面体 $\varGamma\varDelta$ が六面体 $\varDelta\varTheta$ に対する．ところが底面 $Z\varTheta$ は底面 AE に，六面体 HK は六面体 AB に等しい．それゆえ底面 AE が底面 $\varGamma Z$ に対するように，六面体 AB が六面体 $\varGamma\varDelta$ に対する．

よって同じ高さの平行六面体は互いに底面に比例する．これが証明すべきことであった．

～ 33 ～

相似な平行六面体は互いに対応する辺の 3 乗の比をなす．

AB，$\varGamma\varDelta$ を相似な平行六面体とし，AE が $\varGamma Z$ に対応するとせよ．六面体 AB は六面体 $\varGamma\varDelta$ に対し，AE が $\varGamma Z$ に対する比の 3 乗の比をもつと主張する．

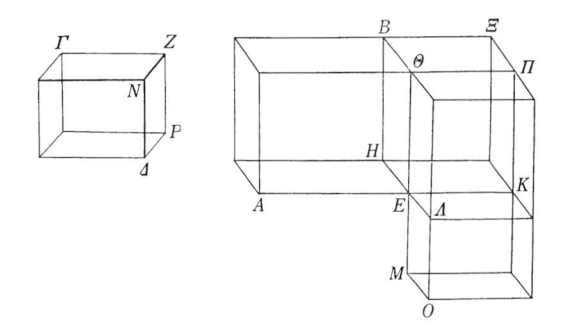

EK, $E\varLambda$, EM が AE, HE, $\varTheta E$ と一直線をなして延長され，EK が $\varGamma Z$ に，$E\varLambda$ が ZN に，また EM が ZP に等しくされ，平行四辺形 $K\varLambda$ と六面体 KO が完結されたとせよ。

そうすれば 2 辺 KE, $E\varLambda$ は 2 辺 $\varGamma Z$, ZN に等しく，他方六面体 AB, $\varGamma\varDelta$ が相似なため，角 AEH は角 $\varGamma ZN$ に等しいので，角 $KE\varLambda$ も角 $\varGamma ZN$ に等しいから，平行四辺形 $K\varLambda$ は平行四辺形 $\varGamma N$ に等しく相似である。同じ理由で平行四辺形 KM も $\varGamma P$ に，また EO も $\varDelta Z$ に等しく相似である。それゆえ六面体 KO の三つの平行四辺形は六面体 $\varGamma\varDelta$ の三つの平行四辺形に等しく相似である。ところが前の三つはその相対する三つに等しく相似であり，後の三つもその相対する三つに等しく相似である。ゆえに六面体 KO 全体は六面体 $\varGamma\varDelta$ 全体に等しく相似である。平行四辺形 HK が完結され，平行四辺形 HK, $K\varLambda$ を底面とし，AB と同じ高さの六面体 $E\varXi$, $\varLambda\varPi$ が完結されたとせよ。そうすれば六面立体 AB, $\varGamma\varDelta$ が相似なため，AE が $\varGamma Z$ に対するように，EH が ZN に，$E\varTheta$ が ZP に対し，他方 $\varGamma Z$ は EK に，ZN は $E\varLambda$ に，ZP は EM に等しいから，AE が EK に対するように，HE が $E\varLambda$ に，$\varTheta E$ が EM に対する。ところが AE が EK に対するように，AH が平行四辺形 HK に対し，HE が $E\varLambda$ に対するように，HK が $K\varLambda$ に対し，$\varTheta E$ が EM に対するように，$\varPi E$ が KM に対する。したがって平行四辺形 AH が HK に対するように，HK が $K\varLambda$ に，$\varPi E$ が KM に対する。ところが AH が HK に対するように，六面体 AB が六面体 $E\varXi$ に対し，HK が $K\varLambda$ に対するように，六面体 $\varXi E$ が六面体 $\varPi\varLambda$ に対し，$\varPi E$ が KM に対するように，六面体 $\varPi\varLambda$ が六面体 KO に対する。それゆえ六面体 AB が $E\varXi$ に対するように，$E\varXi$ が $\varPi\varLambda$ に，$\varPi\varLambda$ が KO に対する。ところがもし四つの量が順次に比例するならば，第 1 は第 4 に対し，第 2 に対する比の 3 乗の比をもつ。ゆえに六面体 AB は KO に対し AB が $E\varXi$ に対する比の 3 乗の比をもつ。ところが AB が $E\varXi$ に対するように，平行四辺形 AH が HK に対し，線分 AE が EK に対する。したがって六面体 AB は KO に対し，AE が EK に対する比の 3 乗の比をもつ。ところが六面体 KO は六面体 $\varGamma\varDelta$ に，線分 EK は $\varGamma Z$ に等しい。それゆえ六面体 AB は六面体 $\varGamma\varDelta$ に対し，その対応する辺 AE が対応する辺 $\varGamma Z$

に対する比の 3 乗の比をもつ．

よって相似な平行六面体は対応する辺の 3 乗の比をなす．これが証明すべきことであった．

系

これから次のことが明らかである，すなわちもし 4 線分が比例するならば，第 1 は第 4 に対し，第 2 に対する比の 3 乗の比をもつから，第 1 が第 4 に対するように，第 1 の上の平行六面体が第 2 の上のそれと相似で相似な位置に描かれる六面体に対する．

～ 34 ～

等しい平行六面体の底面は高さに反比例する．そして底面が高さに反比例する平行六面体は等しい．

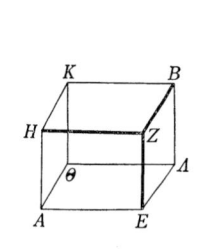

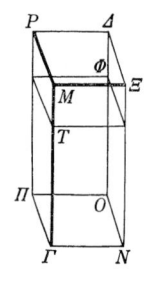

AB, $\Gamma\varDelta$ を等しい平行六面体とせよ．平行六面体 AB, $\Gamma\varDelta$ の底面は高さに反比例する，すなわち底面 $E\Theta$ が底面 $N\varPi$ に対するように，六面体 $\Gamma\varDelta$ の高さが六面体 AB の高さに対すると主張する．

まず立っている辺 AH, EZ, $\varLambda B$, $\varTheta K$, $\varGamma M$, $N\varXi$, $O\varDelta$, $\varPi P$ がそれらの底面に対し，垂直であるとせよ．底面 $E\Theta$ が底面 $N\varPi$ に対するように，$\varGamma M$ が AH に対すると主張する．

そこでもし底面 $E\Theta$ が底面 $N\varPi$ に等しく，六面体 AB が六面体 $\Gamma\varDelta$ に等しいならば，$\varGamma M$ も AH に等しいであろう．なぜなら同じ高さの平行六面体は互いに底面に比例するから．そして底面 $E\Theta$ が $N\varPi$ に対するように，$\varGamma M$ が AH に対するであろう．そして平行六面体 AB, $\Gamma\varDelta$ の底面は高さに反比例することは明らかである．

次に底面 $E\Theta$ が底面 $N\varPi$ に等しくなく，$E\Theta$ が大きいとせよ．ところが六面体 AB は六面体 $\Gamma\varDelta$ に等しい．それゆえ $\varGamma M$ も AH より大きい．そこで $\varGamma T$ が AH に等しくされ，底面 $N\varPi$ 上に高さ $\varGamma T$ の平行六面体 $\varPhi\varGamma$ が完結されたとせよ．そうすれば六面体 AB は六面体 $\Gamma\varDelta$ に等しく，$\varGamma\varPhi$ は別個のものであり，他方等しいものは同じものに対し同じ比をもつから，六面体 AB が六面体 $\Gamma\varPhi$ に対するように，六面体 $\Gamma\varDelta$ が六面体 $\Gamma\varPhi$ に対する．ところが六面体 AB が六面体 $\Gamma\varPhi$ に対するように，底面 $E\Theta$ が底面 $N\varPi$ に対する．なぜなら六面体 AB, $\Gamma\varPhi$ は等高であるから．ところが六面体 $\Gamma\varDelta$ が六面体 $\Gamma\varPhi$ に対するように，底面 $M\varPi$

が底面 $T\varPi$ に, $\varGamma M$ が $\varGamma T$ に対する. ゆえに底面 $E\varTheta$ が $N\varPi$ に対するように, $M\varGamma$ が $\varGamma T$ に対する. しかも $\varGamma T$ は AH に等しい. したがって底面 $E\varTheta$ が底面 $N\varPi$ に対するように, $M\varGamma$ が AH に対する. それゆえ平行六面体 AB, $\varGamma\varDelta$ の底面は高さに反比例する.

また平行六面体 AB, $\varGamma\varDelta$ の底面が高さに反比例する, すなわち底面 $E\varTheta$ が底面 $N\varPi$ に対するように, 六面体 $\varGamma\varDelta$ の高さが六面体 AB の高さに対するとせよ. 六面体 AB は六面体 $\varGamma\varDelta$ に等しいと主張する.

再び立っている辺が底面に垂直であるとせよ. そうすればもし底面 $E\varTheta$ が底面 $N\varPi$ に等しく, 底面 $E\varTheta$ が底面 $N\varPi$ に対するように, 六面体 $\varGamma\varDelta$ の高さが六面体 AB の高さに対するならば, 六面体 $\varGamma\varDelta$ の高さも六面体 AB の高さに等しい. ところが等しい底面上にあり同じ高さの平行六面体は互いに等しい. ゆえに六面体 AB は六面体 $\varGamma\varDelta$ に等しい.

次に底面 $E\varTheta$ が $N\varPi$ に等しくないとし, $E\varTheta$ が大きいとせよ. そうすれば六面体 $\varGamma\varDelta$ の高さは六面体 AB の高さより大きい, すなわち $\varGamma M$ は AH より大きい. また $\varGamma T$ が AH に等しくされ, 同様にして六面体 $\varGamma\varPhi$ が完結されたとせよ. 底面 $E\varTheta$ が $N\varPi$ に対するように, $M\varGamma$ が AH に対し, 他方 AH は $\varGamma T$ に等しいから, 底面 $E\varTheta$ が底面 $N\varPi$ に対するように, $\varGamma M$ が $\varGamma T$ に対する. ところが底面 $E\varTheta$ が底面 $N\varPi$ に対するように, 六面体 AB が六面体 $\varGamma\varPhi$ に対する. なぜなら六面体 AB, $\varGamma\varPhi$ は等高であるから. そして $\varGamma M$ が $\varGamma T$ に対するように, 底面 $M\varPi$ が $\varPi T$ に対し, 六面体 $\varGamma\varDelta$ が $\varGamma\varPhi$ に対する. それゆえ六面体 AB が六面体 $\varGamma\varPhi$ に対するように, 六面体 $\varGamma\varDelta$ が $\varGamma\varPhi$ に対する. ゆえに AB, $\varGamma\varDelta$ の双方は $\varGamma\varPhi$ に対し同じ比をもつ. したがって六面体 AB は六面体 $\varGamma\varDelta$ に等しい.

次に立っている辺 ZE, $B\varLambda$, HA, $\varTheta K$, $\varXi N$, $\varDelta O$, $M\varGamma$, $P\varPi$ がそれらの底面に対し垂直でないとし, 点 Z, H, B, K, $\varXi$, M, $\varDelta$, P から $E\varTheta$, $N\varPi$ を通る平面に垂線が下され, 平面と $\varSigma$, T, $\varUpsilon$, $\varPhi$, X, $\varPsi$, $\varOmega$, ς で交わるとし, 六面体 $Z\varPhi$, $\varXi\varOmega$ が完結されたとせよ. この場合にも等しい六面体 AB, $\varGamma\varDelta$ の底面は高さに反比例する, すなわち底面 $E\varTheta$ が底面 $N\varPi$ に対するように, 六面体 $\varGamma\varDelta$ の高さが六面体 AB の高さに対すると主張する.

六面体 AB は六面体 $\varGamma\varDelta$ に等しく, 他方同じ底面 ZK 上にあり同じ高さであるため AB は BT に等しく, また同じ底面 $P\varXi$ 上にあり同じ高さであるため六面体 $\varGamma\varDelta$ は $\varDelta\varPsi$ に等しいから, 六面体 BT も六面体 $\varDelta\varPsi$ に等しい. ゆえに底面 ZK が底面 $\varXi P$

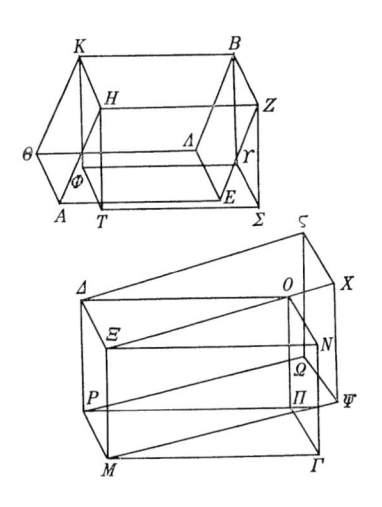

に対するように，六面体 $ΔΨ$ の高さが六面体 BT の高さに対する。ところが底面 ZK は底面 $EΘ$ に，底面 $ΞP$ は底面 $NΠ$ に等しい。したがって底面 $EΘ$ が底面 $NΠ$ に対するように，六面体 $ΔΨ$ の高さが六面体 BT の高さに対する。ところが六面体 $ΔΨ$, BT と $ΔΓ$, BA とはそれぞれ同じ高さをもつ。それゆえ底面 $EΘ$ が $NΠ$ に対するように，六面体 $ΔΓ$ の高さが六面体 AB の高さに対する。ゆえに平行六面体 AB, $ΓΔ$ の底面は高さに反比例する。

また平行六面体 AB, $ΓΔ$ の底面が高さに反比例する，すなわち底面 $EΘ$ が底面 $NΠ$ に対するように，六面体 $ΓΔ$ の高さが六面体 AB の高さに対するとせよ。六面体 AB は六面体 $ΓΔ$ に等しいと主張する。

同じ作図がなされたとき，底面 $EΘ$ が底面 $NΠ$ に対するように，六面体 $ΓΔ$ の高さが六面体 AB の高さに対し，他方底面 $EΘ$ は底面 ZK に，$NΠ$ は $ΞP$ に等しいから，底面 ZK が底面 $ΞP$ に対するように，六面体 $ΓΔ$ の高さが六面体 AB の高さに対する。ところが六面体 AB, $ΓΔ$ と BT, $ΔΨ$ とはそれぞれ同じ高さをもつ。それゆえ底面 ZK が底面 $ΞP$ に対するように，六面体 $ΔΨ$ の高さが六面体 BT の高さに対する。ゆえに平行六面体 BT, $ΔΨ$ の底面は高さに反比例する。したがって六面体 BT は六面体 $ΔΨ$ に等しい。ところが BT は BA に等しい，なぜなら同じ底面 ZK 上にあり同じ高さであるから。そして六面体 $ΔΨ$ は六面体 $ΔΓ$ に等しい。それゆえ六面体 AB も六面体 $ΓΔ$ に等しい。これが証明すべきことであった。

35

もし二つの等しい平面角があり，それらの頂点において最初の直線とそれぞれ等しい角をはさむ面外の直線が立てられ，面外の直線上に任意の点がとられ，それから，最初の角をふくむ平面へ垂線が下され，その平面上に生ずる点から最初の角の頂点へ直線が結ばれるならば，それらの直線は面外の直線と等しい角をはさむであろう。

角 $BAΓ$, $EΔZ$ を二つの等しい直線角とし，点 A, $Δ$ から最初の直線とそれぞれ等しい角をはさむ面外の直線 AH, $ΔM$ が立てられ，角 $MΔE$ が角 HAB に，角 $MΔZ$ が角 $HAΓ$ に等しくされ，AH, $ΔM$ 上に任意の点 H, M がとられ，点 H, M から $BAΓ$, $EΔZ$ を通る平面に垂線 $HΛ$, MN が下され，平面と N, $Λ$ で交わるとし，$ΛA$, $NΔ$ が結ばれたとせよ。角 $HAΛ$ は角 $MΔN$ に等しいと主張する。

$AΘ$ が $ΔM$ に等しくされ，点 $Θ$ を通り $HΛ$ に平行に $ΘK$ がひかれたとせよ。ところが $HΛ$ は $BAΓ$ を通る平面に垂直である。それゆえ $ΘK$ も $BAΓ$ を通る平面に垂直である。点

K, N から線分 AB, $A\varGamma$, $\varDelta Z$, $\varDelta E$ へ垂線 $K\varGamma$, NZ, KB, NE が下され, $\varTheta\varGamma$, $\varGamma B$, MZ, ZE が結ばれたとせよ. $\varTheta A$ 上の正方形は $\varTheta K$, KA 上の正方形の和に等しく, $K\varGamma$, $\varGamma A$ 上の正方形の和は KA 上の正方形に等しいから, $\varTheta A$ 上の正方形も $\varTheta K$, $K\varGamma$, $\varGamma A$ 上の正方形の和に等しい. ところが $\varTheta\varGamma$ 上の正方形は $\varTheta K$, $K\varGamma$ 上の正方形の和に等しい. ゆえに $\varTheta A$ 上の正方形は $\varTheta\varGamma$, $\varGamma A$ 上の正方形の和に等しい. したがって角 $\varTheta\varGamma A$ は直角である. 同じ理由で角 $\varDelta ZM$ も直角である. それゆえ角 $A\varGamma\varTheta$ は角 $\varDelta ZM$ に等しい. ところが角 $\varTheta A\varGamma$ も角 $M\varDelta Z$ に等しい. ゆえに $M\varDelta Z$, $\varTheta A\varGamma$ は2角が2角にそれぞれ等しく, 1辺が1辺に, すなわち等しい角の一つに対する辺 $\varTheta A$ が $M\varDelta$ に等しい二つの三角形である. したがって残りの辺も残りの辺にそれぞれ等しいであろう. それゆえ $A\varGamma$ は $\varDelta Z$ に等しい. 同様にして AB が $\varDelta E$ に等しいことを証明しうる. そこで $A\varGamma$ は $\varDelta Z$ に, AB は $\varDelta E$ に等しいから, 2辺 $\varGamma A$, AB は2辺 $Z\varDelta$, $\varDelta E$ に等しい. ところが角 $\varGamma AB$ は角 $Z\varDelta E$ に等しい. ゆえに底辺 $B\varGamma$ は底辺 EZ に, 三角形は三角形に, 残りの角は残りの角に等しい. したがって角 $A\varGamma B$ は角 $\varDelta ZE$ に等しい. ところが直角 $A\varGamma K$ も直角 $\varDelta ZN$ に等しい. それゆえ残りの角 $B\varGamma K$ は残りの角 EZN に等しい. 同じ理由で角 $\varGamma BK$ は角 ZEN に等しい. ゆえに $B\varGamma K$, EZN は2角が2角にそれぞれ等しく, 1辺が1辺に, すなわち等しい角にはさまれる辺 $B\varGamma$ が EZ に等しい二つの三角形である. したがって残りの辺は残りの辺に等しいであろう. それゆえ $\varGamma K$ は ZN に等しい. ところが $A\varGamma$ は $\varDelta Z$ に等しい. ゆえに2辺 $A\varGamma$, $\varGamma K$ は2辺 $\varDelta Z$, ZN に等しい. そして直角をはさむ. したがって底辺 AK は底辺 $\varDelta N$ に等しい. そして $A\varTheta$ は $\varDelta M$ に等しいから, $A\varTheta$ 上の正方形は $\varDelta M$ 上の正方形に等しい. ところが角 $AK\varTheta$ は直角であるから, AK, $K\varTheta$ 上の正方形の和は $A\varTheta$ 上の正方形に等しい. ところが角 $\varDelta NM$ は直角であるから, $\varDelta N$, NM 上の正方形の和は $\varDelta M$ 上の正方形に等しい. それゆえ AK, $K\varTheta$ 上の正方形の和は $\varDelta N$, NM 上の正方形の和に等しく, そのうち AK 上の正方形は $\varDelta N$ 上の正方形に等しい. ゆえに残りの $K\varTheta$ 上の正方形は NM 上の正方形に等しい. したがって $\varTheta K$ は MN に等しい. そして2辺 $\varTheta A$, AK は2辺 $M\varDelta$, $\varDelta N$ にそれぞれ等しく, 底辺 $\varTheta K$ は底辺 MN に等しいことが証明されたから, 角 $\varTheta AK$ は角 $M\varDelta N$ に等しい.

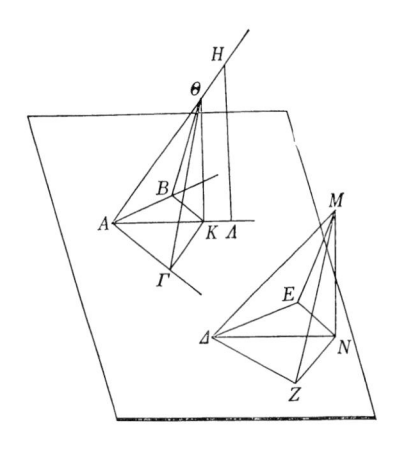

よってもし二つの等しい平面角があり云々.

系

これから次のことが明らかである，すなわちもし二つの等しい平面角があり，それらの上に最初の線分とそれぞれ等しい角をはさむ面外の等しい2線分が立てられるならば，それらから最初の角をふくむ平面に下される垂線は互いに等しい。これが証明すべきことであった。

～ 36 ～

もし3線分が比例するならば，3線分から成る平行六面体は，中項の上の等辺でこの平行六面体と等角な平行六面体に等しい。

A, B, Γ を三つの比例する線分とし，A が B に対するように，B が Γ に対するとせよ。A, B, Γ から成る六面体は B 上の等辺でかつこの六面体に等角な六面体に等しいと主張する。

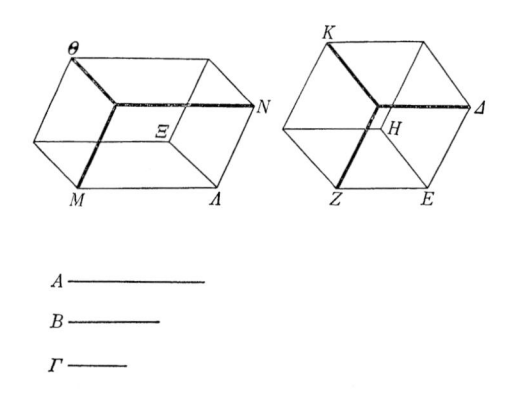

角 $\varDelta EH$, HEZ, $ZE\varDelta$ によってかこまれる，E における立体角が定められ，$\varDelta E$, HE, EZ のおのおのが B に等しくされ，平行六面体 EK が完結され，$\varLambda M$ が A に等しくされ，線分 $\varLambda M$ 上にその上の点 $\varLambda$ において E における立体角に等しく，角 $N\varLambda\varXi$, $\varXi\varLambda M$, $M\varLambda N$ によってかこまれる立体角がつくられ，$\varLambda\varXi$ が B に，$\varLambda N$ が Γ に等しくされたとせよ。そうすれば A が B に対するように，B が Γ に対し，他方 A は $\varLambda M$ に，B は $\varLambda\varXi$, $E\varDelta$ の双方に，Γ は $\varLambda N$ に等しいから，$\varLambda M$ が EZ に対するように，$\varDelta E$ が $\varLambda N$ に対する。そして等しい角 $N\varLambda M$, $\varDelta EZ$ をはさむ辺は反比例する。それゆえ平行四辺形 MN は平行四辺形 $\varDelta Z$ に等しい。そして角 $\varDelta EZ$, $N\varLambda M$ は二つの等しい平面直線角であり，その上に互いに等

しく，最初の線分とそれぞれ等しい角をはさむ面外の線分 $\Lambda\Xi$, EH が立てられたから，点 H, Ξ から $N\Lambda M$, ΔEZ を通る平面に下された垂線は互いに等しい。ゆえに六面体 $\Lambda\Theta$, EK は同じ高さである。ところで等しい底面上にあり，同じ高さの平行六面体は互いに等しい。したがって六面体 $\Theta\Lambda$ は六面体 EK に等しい。そして $\Lambda\Theta$ は A, B, Γ から成る六面体であり，EK は B 上の六面体である。それゆえ A, B, Γ から成る平行六面体は B 上の等辺でかつこの六面体に等角な六面体に等しい。これが証明すべきことであった。

37

もし4線分が比例するならば，それらの上の相似で相似な位置に描かれた平行六面体も比例するであろう。そしてもし線分の上の相似で相似な位置に描かれた平行六面体が比例するならば，線分自身も比例するであろう。

AB, $\Gamma\Delta$, EZ, $H\Theta$ を四つの比例する線分とし，AB が $\Gamma\Delta$ に対するように，EZ が $H\Theta$ に対するとし，AB, $\Gamma\Delta$, EZ, $H\Theta$ 上に相似で相似な位置にある平行六面体 $K\Lambda$, $\Lambda\Gamma$, ME, NH が描かれたとせよ。$K\Lambda$ が $\Lambda\Gamma$ に対するように，ME が NH に対すると主張する。

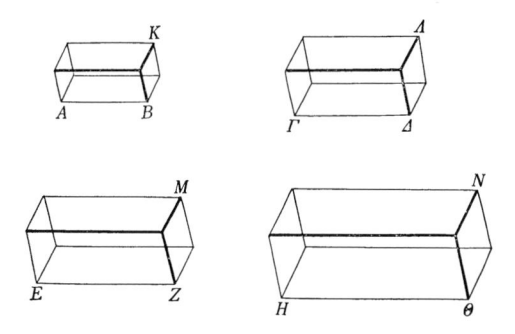

平行六面体 $K\Lambda$ は $\Lambda\Gamma$ に相似であるから，$K\Lambda$ は $\Lambda\Gamma$ に対し，AB が $\Gamma\Delta$ に対する比の3乗の比をもつ。同じ理由で ME も NH に対し，EZ が $H\Theta$ に対する比の3乗の比をもつ。そして AB が $\Gamma\Delta$ に対するように，EZ が $H\Theta$ に対する。したがって AK が $\Lambda\Gamma$ に対するように，ME が NH に対する。

次に六面体 AK が六面体 $\Lambda\Gamma$ に対するように，六面体 ME が NH に対するとせよ。線分 AB が $\Gamma\Delta$ に対するように，EZ が $H\Theta$ に対すると主張する。

ふたたび KA が $\Lambda\Gamma$ に対し，AB が $\Gamma\Delta$ に対する比の3乗の比をもち，ME も NH に対し，EZ が $H\Theta$ に対する比の3乗の比をもち，KA が $\Lambda\Gamma$ に対するように，ME が NH に対するから，AB が $\Gamma\Delta$ に対するように，EZ が $H\Theta$ に対する。

よってもし4線分が比例するならば云々。これが証明すべきことであった。

38

もし立方体の相対する面の辺が2等分され，区分点を通る二つの平面がつくられるならば，それらの2平面の交線と立方体の対角線とは互いに2等分しあう。

立方体 AZ の相対する面 ΓZ, $A\Theta$ の辺が点 K, Λ, M, N, Ξ, Π, O, P において2等分され，区分点を通る平面 KN, ΞP がつくられ，$\Upsilon\Sigma$ をそれらの平面の交線とし，ΔH を立方体 AZ の対角線とせよ。ΥT は $T\Sigma$ に，ΔT は TH に等しいと主張する。

$\Delta\Upsilon$, ΥE, $B\Sigma$, ΣH が結ばれたとせよ。そうすれば $\Delta\Xi$ は OE に平行であるから，錯角 $\Delta\Xi\Upsilon$, ΥOE は互いに等しい。そして $\Delta\Xi$ は OE に，$\Xi\Upsilon$ は ΥO に等しく，等しい角をはさむから，底辺 $\Delta\Upsilon$ は ΥE に等しく，三角形 $\Delta\Xi\Upsilon$ は三角形 $O\Upsilon E$ に等しく，残りの角は残りの角に等しい。それゆえ角 $\Xi\Upsilon\Delta$ は角 $O\Upsilon E$ に等しい。このゆえに $\Delta\Upsilon E$ は一直線をなす。同じ理由で $B\Sigma H$ も一直線をなし，$B\Sigma$ は ΣH に等しい。そして ΓA は ΔB に等しく平行であり，他方 ΓA は EH にも等しく平行であるから，ΔB も EH に等しく平行である。そして線分 ΔE, BH がそれらを結ぶ。ゆえに ΔE は BH に平行である。したがって角 $E\Delta T$ は角 BHT に等しい，なぜなら錯角であるから。そして角 $\Delta T\Upsilon$ は角 $HT\Sigma$ に等しい。それゆえ $\Delta T\Upsilon$, $HT\Sigma$ は2角が2角に等しく，1辺が1辺に，すなわち等しい角の一つに対する辺 $\Delta\Upsilon$ が $H\Sigma$ に等しい二つの三角形である。なぜなら $\Delta\Upsilon$, $H\Sigma$ は ΔE, BH の半分であるから。ゆえに残りの辺も残りの辺に等しいであろう。したがって ΔT は TH に，ΥT は $T\Sigma$ に等しい。

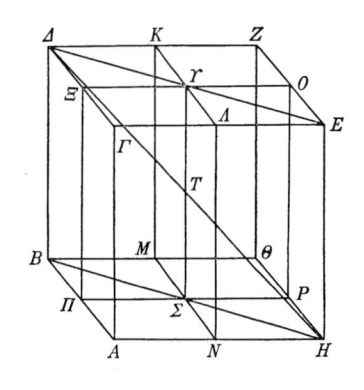

よってもし立方体の相対する面の辺が2等分され，区分点を通る二つの平面がつくられるならば，それらの2平面の交線と立方体の対角線とは互いに2等分しあう。これが証明すべきことであった。

39

もし二つの等高な角柱があり，一方が平行四辺形を底面とし，他方が三角形を底面とし，平行四辺形が三角形の2倍であるならば，それらの角柱は等しいであろう。

$AB\Gamma\Delta EZ$, $H\Theta K\Lambda MN$ を二つの等高な角柱とし，一方が平行四辺形 AZ を底面とし，他方が三角形 $H\Theta K$ を底面とし，平行四辺形 AZ が三角形 $H\Theta K$ の2倍であるとせよ。角柱 $AB\Gamma\Delta EZ$ は角柱 $H\Theta K\Lambda MN$ に等しいと主張する。

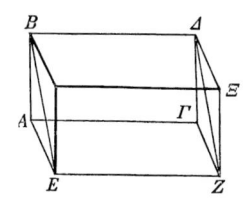

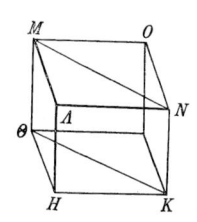

六面体 $A\Xi$, HO が完結されたとせよ。平行四辺形 AZ は三角形 $H\Theta K$ の2倍であり，他方平行四辺形 ΘK も三角形 $H\Theta K$ の2倍であるから，平行四辺形 AZ は平行四辺形 ΘK に等しい。等しい底面上にあり同じ高さの平行立体は互いに等しい。それゆえ六面体 $A\Xi$ は六面体 HO に等しい。そして角柱 $AB\Gamma\Delta EZ$ は六面体 $A\Xi$ の半分である。ゆえに角柱 $AB\Gamma\Delta EZ$ は角柱 $H\Theta K\Lambda MN$ に等しい。

よってもし二つの等高な角柱があり，一方が平行四辺形を底面とし，他方が三角形を底面とし，平行四辺形が三角形の2倍であるならば，それらの角柱は互いに等しい。これが証明すべきことであった。

第 12 巻

1

円における相似な多角形は互いに直径上の正方形に比例する。

$AB\Gamma$, $ZH\Theta$ を円とし，$AB\Gamma\Delta E$, $ZH\Theta K\Lambda$ をそのうちなる相似な多角形とし，BM, HN を円の直径とせよ。BM 上の正方形が HN 上の正方形に対するように，多角形 $AB\Gamma\Delta E$ が多角形 $ZH\Theta K\Lambda$ に対すると主張する。

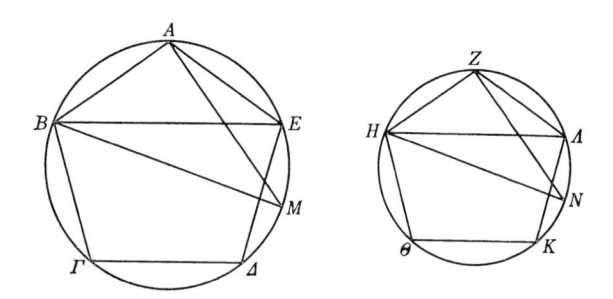

BE, AM, $H\Lambda$, ZN が結ばれたとせよ。そうすれば多角形 $AB\Gamma\Delta E$ は $ZH\Theta K\Lambda$ と相似であるから，角 BAE は角 $HZ\Lambda$ に等しく，BA が AE に対するように，HZ が $Z\Lambda$ に対する。そこで BAE, $HZ\Lambda$ は一つの角が一つの角に，すなわち角 BAE が角 $HZ\Lambda$ に等しく，等しい角をはさむ辺が比例する二つの三角形である。それゆえ三角形 ABE は三角形 $ZH\Lambda$ に等角である。ゆえに角 AEB は角 $Z\Lambda H$ に等しい。ところが角 AEB は角 AMB に等しい，なぜなら同じ弧の上に立っているから。ところが角 $Z\Lambda H$ は角 ZNH に等しい。したがって角 AMB も角 ZNH に等しい。ところが直角 BAM も直角 HZN に等しい。それゆえ残りの角も残りの角に等しい。ゆえに三角形 ABM は三角形 ZHN に等角である。したがって比例し，BM が HN に対するように，BA が HZ に対する。ところが BM 上の正方形は HN 上の正方形に対し，BM が HN に対する比の 2 乗の比をなし，多角形 $AB\Gamma\Delta E$ は多角形 $ZH\Theta K\Lambda$ に対し，BA が HZ に対する比の 2 乗の比をなす。それゆえ BM 上の正方形が HN 上の正方形に対するように，多角形 $AB\Gamma\Delta E$ が多角形 $ZH\Theta K\Lambda$ に対する。

よって円における相似な多角形は互いに直径上の正方形に比例する。これが証明すべきこと

であった。

～ 2 ～

円は互いに直径上の正方形に比例する。

$AB\varGamma\varDelta$, $EZH\varTheta$ を円とし，$B\varDelta$, $Z\varTheta$ をそれらの直径とせよ。円 $AB\varGamma\varDelta$ が円 $EZH\varTheta$ に対するように，$B\varDelta$ 上の正方形が $Z\varTheta$ 上の正方形に対すると主張する。

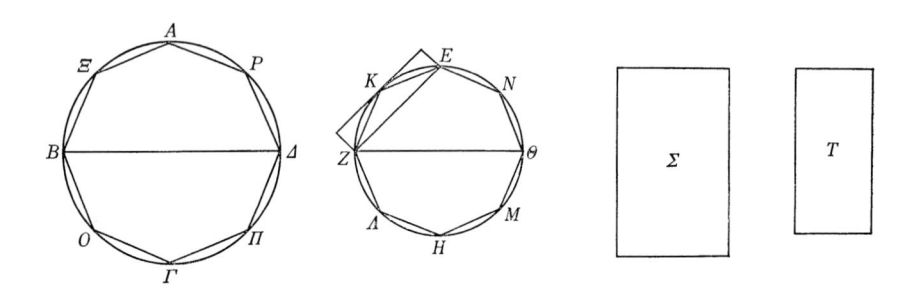

もし円 $AB\varGamma\varDelta$ が $EZH\varTheta$ に対するように，$B\varDelta$ 上の正方形が $Z\varTheta$ 上の正方形に対するのでないならば，$B\varDelta$ 上の正方形が $Z\varTheta$ 上の正方形に対するように，円 $AB\varGamma\varDelta$ が円 $EZH\varTheta$ より小さい面積かあるいは大きい面積に対するであろう。まず小さい $\varSigma$ に対するとせよ。そして円 $EZH\varTheta$ に正方形 $EZH\varTheta$ が内接するとせよ。そうすれば内接する正方形は円 $EZH\varTheta$ の半分より大きい，なぜならもし点 $E, Z, H, \varTheta$ を通り円の接線をひけば，正方形 $EZH\varTheta$ は円に外接する正方形の半分であり，円は外接する正方形より小さいから。それゆえ内接する正方形 $EZH\varTheta$ は円 $EZH\varTheta$ の半分より大きい。弧 $EZ, ZH, H\varTheta, \varTheta E$ が点 $K, \varLambda, M, N$ において2等分され，$EK, KZ, Z\varLambda, \varLambda H, HM, M\varTheta, \varTheta N, NE$ が結ばれたとせよ。そうすれば三角形 $EKZ, Z\varLambda H, HM\varTheta, \varTheta NE$ のおのおのはそれぞれをふくむ円の切片の半分より大きい，なぜなら点 $K, \varLambda, M, N$ を通り円の接線をひき，線分 $EZ, ZH, H\varTheta, \varTheta E$ 上に平行四辺形をつくれば，三角形 $EKZ, Z\varLambda H, HM\varTheta, \varTheta NE$ のおのおのはそれぞれをふくむ平行四辺形の半分であり，それぞれをふくむ切片は平行四辺形より小さいから。それゆえ三角形 $EKZ, Z\varLambda H, HM\varTheta, \varTheta NE$ のおのおのはそれぞれをふくむ円の切片の半分より大きい。そこで残りの弧を2等分し，線分を結び，これをたえずくりかえすと，円 $EZH\varTheta$ と面積 $\varSigma$ との差より小さい何らかの円の切片を残すに至るであろう。なぜなら第10巻第1定理において，二つの不等な量が定められ，もし大きいほうから半分より大きい量を引き去り，残されたも

のからその半分より大きい量を引き去り，これをたえずくりかえすと，先に定められた小さいほうの量よりも小さい何らかの量が残されるに至ることが証明された．そこで残されたものとし，円 $EZH\varTheta$ の $EK, KZ, Z\varLambda, \varLambda H, HM, M\varTheta, \varTheta N, NE$ 上の切片が，円 $EZH\varTheta$ と面積 $\varSigma$ との差より小さいものとせよ．そうすれば残りの多角形 $EKZ\varLambda HM\varTheta N$ は面積 $\varSigma$ より大きい．円 $AB\varGamma\varDelta$ にも多角形 $EKZ\varLambda HM\varTheta N$ に相似な多角形 $A\varXi BO\varGamma\varPi\varDelta P$ が内接するとせよ．そうすれば $B\varDelta$ 上の正方形が $Z\varTheta$ 上の正方形に対するように，多角形 $A\varXi BO\varGamma\varPi\varDelta P$ が多角形 $EKZ\varLambda HM\varTheta N$ に対する．ところが $B\varDelta$ 上の正方形が $Z\varTheta$ 上の正方形に対するように，円 $AB\varGamma\varDelta$ が面積 $\varSigma$ に対する．それゆえ円 $AB\varGamma\varDelta$ が面積 $\varSigma$ に対するように，多角形 $A\varXi BO\varGamma\varPi\varDelta P$ が多角形 $EKZ\varLambda HM\varTheta N$ に対する．ゆえにいれかえて円 $AB\varGamma\varDelta$ がそのうちなる多角形に対するように，面積 $\varSigma$ が多角形 $EKZ\varLambda HM\varTheta N$ に対する．ところが円 $AB\varGamma\varDelta$ はそのうちなる多角形より大きい．したがって面積 $\varSigma$ も多角形 $EKZ\varLambda HM\varTheta N$ より大きい．ところが小さくもある．これは不可能である．それゆえ $B\varDelta$ 上の正方形が $Z\varTheta$ 上の正方形に対するように，円 $AB\varGamma\varDelta$ が円 $EZH\varTheta$ より小さいある面積に対することはない．同様にして $Z\varTheta$ 上の正方形が $B\varDelta$ 上の正方形に対するように，円 $EZH\varTheta$ が円 $AB\varGamma\varDelta$ より小さいある面積に対することもないことを証明しうる．

次に $B\varDelta$ 上の正方形が $Z\varTheta$ 上の正方形に対するように，円 $AB\varGamma\varDelta$ が円 $EZH\varTheta$ より大きい面積に対することもないと主張する．

もし可能ならば，より大きい $\varSigma$ に対するとせよ．そうすれば逆にして $Z\varTheta$ 上の正方形が $\varDelta B$ 上の正方形に対するように，面積 $\varSigma$ が円 $AB\varGamma\varDelta$ に対する．ところが面積 $\varSigma$ が円 $AB\varGamma\varDelta$ に対するように，円 $EZH\varTheta$ が円 $AB\varGamma\varDelta$ より小さい面積に対する．ゆえに $Z\varTheta$ 上の正方形が $B\varDelta$ 上の正方形に対するように，円 $EZH\varTheta$ が円 $AB\varGamma\varDelta$ より小さい面積に対する．これは不可能なることが先に証明された．したがって $B\varDelta$ 上の正方形が $Z\varTheta$ 上の正方形に対するように，円 $AB\varGamma\varDelta$ が円 $EZH\varTheta$ より大きい面積に対することはない．ところがより小さい面積に対することもないことが証明された．それゆえ $B\varDelta$ 上の正方形が $Z\varTheta$ 上の正方形に対するように，円 $AB\varGamma\varDelta$ が $EZH\varTheta$ に対する．

よって円は互いに直径上の正方形に比例する．これが証明すべきことであった．

補 助 定 理

面積 $\varSigma$ が円 $EZH\varTheta$ より大きければ，面積 $\varSigma$ が円 $AB\varGamma\varDelta$ に対するように，円 $EZH\varTheta$ が円 $AB\varGamma\varDelta$ より小さい面積に対すると主張する．

面積 $\varSigma$ が円 $AB\varGamma\varDelta$ に対するように，円 $EZH\varTheta$ が面積 T に対するとせよ．面積 T が円 $AB\varGamma\varDelta$ より小さいと主張する．なぜなら面積 $\varSigma$ が円 $AB\varGamma\varDelta$ に対するように，円 $EZH\varTheta$

が面積 T に対するから，いれかえて面積 Σ が円 $EZH\Theta$ に対するように，円 $AB\Gamma\varDelta$ が面積 T に対する．ところが面積 Σ は円 $EZH\Theta$ より大きい．それゆえ円 $AB\Gamma\varDelta$ も面積 T より大きい．ゆえに面積 Σ が円 $AB\Gamma\varDelta$ に対するように，円 $EZH\Theta$ が円 $AB\Gamma\varDelta$ より小さい面積に対する．これが証明すべきことであった．

3

三角形を底面とするすべての角錐は，等しくて，相互にも全体に対しても相似である，三角形を底面とする二つの角錐と，二つの等しい角柱とに分けられる．そして二つの角柱の和は全体の角錐の半分より大きい．

三角形 $AB\Gamma$ を底面とし，点 $\varDelta$ を頂点とする角錐があるとせよ．角錐 $AB\Gamma\varDelta$ は三角形を底面とし，互いに等しく，全体と相似である二つの角錐と二つの等しい角柱とに分けられると主張する．そして二つの角柱の和は全体の角錐の半分より大きい．

AB, $B\Gamma$, ΓA, $A\varDelta$, $\varDelta B$, $\varDelta\Gamma$ が点 E, Z, H, Θ, K, $\varLambda$ で2等分されたとし，ΘE, EH, $H\Theta$, ΘK, $K\varLambda$, $\varLambda\Theta$, KZ, ZH が結ばれたとせよ．AE は EB に，$A\Theta$ は $\varDelta\Theta$ に等しいから，$E\Theta$ は $\varDelta B$ に平行である．同じ理由で ΘK も AB に平行である．それゆえ ΘEBK は平行四辺形である．ゆえに ΘK は EB に等しい．ところが EB は EA に等しい．したがって AE も ΘK に等しい．ところが $A\Theta$ も $\Theta\varDelta$ に等しい．そこで2辺 EA, $A\Theta$ は2辺 $K\Theta$, $\Theta\varDelta$ にそれぞれ等しい．そして角 $EA\Theta$ は角 $K\Theta\varDelta$ に等しい．それゆえ底面 $E\Theta$ は底辺 $K\varDelta$ に等しい．ゆえに三角形 $AE\Theta$ は三角形 $\Theta K\varDelta$ に等しく相似である．同じ理由で三角形 $A\Theta H$ も三角形 $\Theta\varDelta\varLambda$ に等しく相似である．そして相会する2線分 $E\Theta$, ΘH が同じ平面上にない相会する2線分 $K\varDelta$, $\varDelta\varLambda$ に平行であるから，それらは等しい角をはさむであろう．したがって角 $E\Theta H$ は角 $K\varDelta\varLambda$ に等しい．そして2線分 $E\Theta$, ΘH が2線分 $K\varDelta$, $\varDelta\varLambda$ にそれぞれ等しく，角 $E\Theta H$ が角 $K\varDelta\varLambda$ に等しいから，底辺 EH は底辺 $K\varLambda$ に等しい．それゆえ三角形 $E\Theta H$ は三角形 $K\varDelta\varLambda$ に等しく相似である．同じ理由で三角形 AEH も三角形 $\Theta K\varLambda$ に等しく相似である．ゆえに三角形 AEH を底面とし，点 Θ を頂点とする角錐は三角形 $\Theta K\varLambda$ を底面とし，点 $\varDelta$

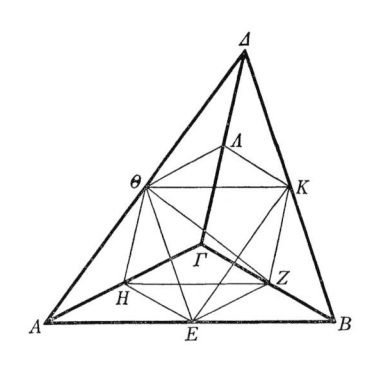

を頂点とする角錐に等しく相似である。そして三角形 $A\varDelta B$ の1辺 AB に平行に $\varTheta K$ がひかれたから，三角形 $A\varDelta B$ は三角形 $\varDelta\varTheta K$ に等角であり，比例する辺をもつ。したがって三角形 $A\varDelta B$ は三角形 $\varDelta\varTheta K$ に相似である。同じ理由で三角形 $\varDelta B\varGamma$ も三角形 $\varDelta K\varLambda$ に，$A\varDelta\varGamma$ も $\varDelta\varLambda\varTheta$ に相似である。そして相会する2線分 $BA, A\varGamma$ が，同じ平面上にない相会する2線分 $K\varTheta, \varTheta\varLambda$ に平行であるから，それらは等しい角をはさむであろう。それゆえ角 $BA\varGamma$ は角 $K\varTheta\varLambda$ に等しい。そして BA が $A\varGamma$ に対するように，$K\varTheta$ が $\varTheta\varLambda$ に対する。ゆえに三角形 $AB\varGamma$ は三角形 $\varTheta K\varLambda$ に相似である。したがって三角形 $AB\varGamma$ を底面とし，点 $\varDelta$ を頂点とする角錐は三角形 $\varTheta K\varLambda$ を底面とし，点 $\varDelta$ を頂点とする角錐に相似である。ところが三角形 $\varTheta K\varLambda$ を底面とし，点 $\varDelta$ を頂点とする角錐は三角形 AEH を底面とし，点 $\varTheta$ を頂点とする角錐に相似であることが証明された。それゆえ角錐 $AEH\varTheta, \varTheta K\varLambda\varDelta$ の双方は角錐 $AB\varGamma\varDelta$ 全体に相似である。そして BZ は $Z\varGamma$ に等しいから，平行四辺形 $EBZH$ は三角形 $HZ\varGamma$ の2倍である。そしてもし二つの等高な角柱があり，一方は平行四辺形を底面とし，他方は三角形を底面とし，平行四辺形が三角形の2倍であれば，二つの角柱は等しいから，二つの三角形 $BKZ, E\varTheta H$ と三つの平行四辺形 $EBZH, EBK\varTheta, \varTheta KZ\varGamma$ とによってかこまれる角柱は二つの三角形 $HZ\varGamma, \varTheta K\varLambda$ と三つの平行四辺形 $KZ\varGamma\varLambda, \varLambda\varGamma H\varTheta, \varTheta KZH$ とによってかこまれる角柱に等しい。そして平行四辺形 $EBZH$ を底面とし，線分 $\varTheta K$ をそれに対する辺とする角柱と，三角形 $HZ\varGamma$ を底面とし，三角形 $\varTheta K\varLambda$ をそれに対する面とする角柱との双方は，三角形 $AEH, \varTheta K\varLambda$ を底面とし，点 $\varTheta, \varDelta$ を頂点とする角錐の双方より大きいことは明らかである，なぜならもし線分 EZ, EK を結ぶならば，平行四辺形 $EBZH$ を底面とし，線分 $\varTheta K$ をそれに対する辺とする角柱は，三角形 EBZ を底面とし，点 K を頂点とする角錐より大きいから。ところが三角形 EBZ を底面とし，点 K を頂点とする角錐は，三角形 AEH を底面とし，点 $\varTheta$ を頂点とする角錐に等しい，なぜなら等しく相似な平面によってかこまれるから。ゆえに平行四辺形 $EBZH$ を底面とし，線分 $\varTheta K$ をそれに対する辺とする角柱は，三角形 AEH を底面とし，点 $\varTheta$ を頂点とする角錐より大きい。ところが平行四辺形 $EBZH$ を底面とし，線分 $\varTheta K$ をそれに対する辺とする角柱は，三角形 $HZ\varGamma$ を底面とし，三角形 $\varTheta K\varLambda$ をそれに対する面とする角柱に等しい。ところが三角形 AEH を底面とし，点 $\varTheta$ を頂点とする角錐は，三角形 $\varTheta K\varLambda$ を底面とし，点 $\varDelta$ を頂点とする角錐に等しい。したがってこの二つの角柱は三角形 $AEH, \varTheta K\varLambda$ を底面とし，点 $\varTheta, \varDelta$ を頂点とするいま述べた二つの角錐より大きい。

よって三角形 $AB\varGamma$ を底面とし，点 $\varDelta$ を頂点とする角錐は，互いに等しい二つの角錐と二つの等しい角柱とに分けられ，二つの角柱の和は全体の角錐の半分より大きい。これが証明すべきことであった。

4

もし同じ高さをもち三角形を底面とする二つの角錐があり，それらの双方が，互いに等しく全体と相似である二つの角錐と二つの等しい角柱とに分けられるならば，一方の角錐の底面が他方の角錐の底面に対するように，一方の角錐内のすべての角柱の和が他方の角錐内の同じ個数のすべての角柱の和に対するであろう。

三角形 $AB\Gamma$, ΔEZ を底面とし，H, Θ を頂点とする同じ高さの二つの角錐があるとし，それらの双方が，互いに等しく全体と相似である二つの角錐と，二つの等しい角柱とに分けられたとせよ。底面 $AB\Gamma$ が底面 ΔEZ に対するように，角錐 $AB\Gamma H$ 内のすべての角柱の和が角錐 $\Delta EZ\Theta$ 内の同じ個数の角柱の和に対すると主張する。

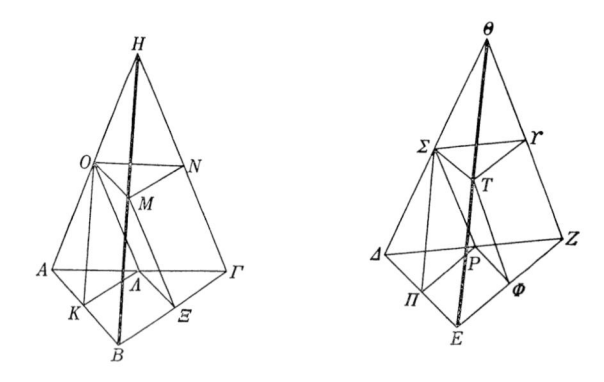

$B\Xi$ が $\Xi\Gamma$ に，$A\Lambda$ が $\Lambda\Gamma$ に等しいから，$\Lambda\Xi$ は AB に平行であり，三角形 $AB\Gamma$ は三角形 $\Lambda\Xi\Gamma$ に相似である。同じ理由で三角形 ΔEZ は $P\Phi Z$ に相似である。そして $B\Gamma$ は $\Gamma\Xi$ の，EZ は $Z\Phi$ の2倍であるから，$B\Gamma$ が $\Gamma\Xi$ に対するように，EZ が $Z\Phi$ に対する。そして $B\Gamma$, $\Gamma\Xi$ 上に相似でかつ相似な位置にある直線図形 $AB\Gamma$, $\Lambda\Xi\Gamma$ が描かれ，EZ, $Z\Phi$ 上に相似でかつ相似な位置にある ΔEZ, $P\Phi Z$ が描かれた。そうすれば三角形 $AB\Gamma$ が $\Lambda\Xi\Gamma$ に対するように，三角形 ΔEZ が $P\Phi Z$ に対する。ゆえにいれかえて三角形 $AB\Gamma$ が ΔEZ に対するように，三角形 $\Lambda\Xi\Gamma$ が $P\Phi Z$ に対する。ところが三角形 $\Lambda\Xi\Gamma$ が三角形 $P\Phi Z$ に対するように，三角形 $\Lambda\Xi\Gamma$ を底面とし，OMN を対面とする角柱が，三角形 $P\Phi Z$ を底面とし，$\Sigma T\Upsilon$ を対面とする角柱に対する。したがって三角形 $AB\Gamma$ が三角形 ΔEZ に対するように，三角形 $\Lambda\Xi\Gamma$ を底面とし，OMN を対面とする角柱が，三角形 $P\Phi Z$ を底面とし，$\Sigma T\Upsilon$ を対面とする角柱に対する。ところがこの二つの角柱が相互に対するように，平行四辺

形 $KB\varXi\varLambda$ を底面とし，線分 OM を対辺とする角柱が，平行四辺形 $\varPi E\varPhi P$ を底面とし，線分 $\varSigma T$ を対辺とする角柱に対する。そして二つの角柱，すなわち平行四辺形 $KB\varXi\varLambda$ を底面とし，OM を対辺とする角柱と，$\varLambda\varXi\varGamma$ を底面とし，OMN を対面とする角柱との和が，$\varPi E\varPhi P$ を底面とし，線分 $\varSigma T$ を対辺とする角柱と三角形 $P\varPhi Z$ を底面とし，$\varSigma T\varUpsilon$ を対面とする角柱との和に対して同じ比をなす。ゆえに底面 $AB\varGamma$ が底面 $\varDelta EZ$ に対するように，この二つの角柱の和が，いま述べたもう二つの角柱の和に対する。

同様にしてもし角錐 $OMNH$, $\varSigma T\varUpsilon\varTheta$ が二つの角柱と二つの角錐とに分けられるならば，底面 OMN が底面 $\varSigma T\varUpsilon$ に対するように，角錐 $OMNH$ 内の二つの角柱の和が角錐 $\varSigma T\varUpsilon\varTheta$ 内の二つの角柱の和に対するであろう。ところが底面 OMN が底面 $\varSigma T\varUpsilon$ に対するように，底面 $AB\varGamma$ が底面 $\varDelta EZ$ に対する。なぜなら三角形 OMN, $\varSigma T\varUpsilon$ の双方は $\varLambda\varXi\varGamma$, $P\varPhi Z$ の双方に等しいから。それゆえ底面 $AB\varGamma$ が底面 $\varDelta EZ$ に対するように，四つの角柱の和が四つの角柱の和に対する。ところが同様にしてもし残りの角錐を二つの角錐と二つの角柱とに分けるならば，底面 $AB\varGamma$ が底面 $\varDelta EZ$ に対するように，角錐 $AB\varGamma H$ 内のすべての角柱の和が角錐 $\varDelta EZ\varTheta$ 内の同じ個数のすべての角柱の和に対するであろう。これが証明すべきことであった。

補 助 定 理

三角形 $\varLambda\varXi\varGamma$ が三角形 $P\varPhi Z$ に対するように，三角形 $\varLambda\varXi\varGamma$ を底面とし，OMN を対面とする角柱が，$P\varPhi Z$ を底面とし，$\varSigma T\varUpsilon$ を対面とする角柱に対することが次のようにして証明されるべきである。

同じ作図において H, $\varTheta$ から平面 $AB\varGamma$, $\varDelta EZ$ へ垂線がひかれたと考えよ。角錐は同じ高さであると仮定されるから，これらの垂線は明らかに等しい。そして2線分 $H\varGamma$ と H からの垂線とは平行な平面 $AB\varGamma$, OMN によって切られるから，同じ比に切られるであろう。そして $H\varGamma$ は平面 OMN によって N において2等分された。それゆえ H から平面 $AB\varGamma$ への垂線も平面 OMN によって2等分されるであろう。同じ理由で $\varTheta$ から平面 $\varDelta EZ$ への垂線も 平面 $\varSigma T\varUpsilon$ によって2等分されるであろう。そして H, $\varTheta$ から平面 $AB\varGamma$, $\varDelta EZ$ への垂線は等しい。ゆえに三角形 OMN, $\varSigma T\varUpsilon$ から $AB\varGamma$, $\varDelta EZ$ への垂線も等しい。したがって三角形 $\varLambda\varXi\varGamma$, $P\varPhi Z$ を底面とし，OMN, $\varSigma T\varUpsilon$ を対面とする角柱は等高である。したがってこの角柱をふくむ平行六面体は等高であり，互いに底面に比例する。そしてそれらの半分，すなわちいま述べた角柱は互いに底面 $\varLambda\varXi\varGamma$ が底面 $P\varPhi Z$ に対するように対する。これが証明すべきことであった。

5

同じ高さをもち三角形を底面とする角錐は互いに底面に比例する。

同じ高さをもち，三角形 $AB\Gamma$, $\varDelta EZ$ を底面とし，点 H, Θ を頂点とする二つの角錐があるとせよ。底面 $AB\Gamma$ が底面 $\varDelta EZ$ に対するように，角錐 $AB\Gamma H$ が角錐 $\varDelta EZ\Theta$ に対すると主張する。

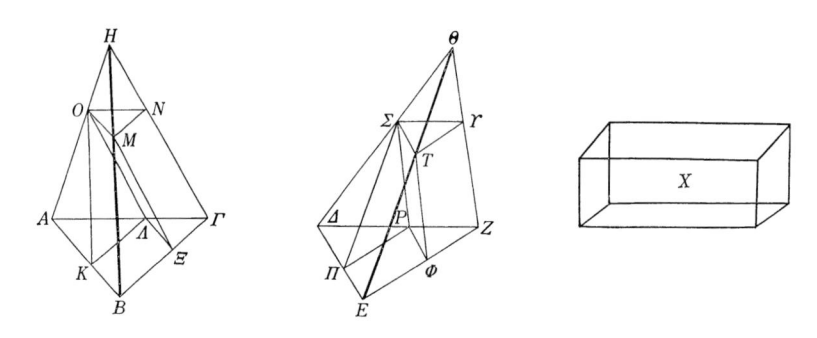

もし底面 $AB\Gamma$ が底面 $\varDelta EZ$ に対するように，角錐 $AB\Gamma H$ が角錐 $\varDelta EZ\Theta$ に対するのでないならば，底面 $AB\Gamma$ が底面 $\varDelta EZ$ に対するように，角錐 $AB\Gamma H$ が角錐 $\varDelta EZ\Theta$ より小さい立体かあるいは大きい立体に対するであろう。まず小さい X に対するとし，角錐 $\varDelta EZ\Theta$ が互いに等しく全体に相似である二つの角錐と二つの等しい角柱とに分けられたとせよ。二つの角柱の和は全体の角錐の半分より大きい。そしてさらに分割によって生ずる角錐が同様に分けられたとせよ。そしてこれがたえずくりかえされ，角錐 $\varDelta EZ\Theta$ から，角錐 $\varDelta EZ\Theta$ と立体 X との差より小さい何らかの角錐が残されるまでせよ。残されたものとし，推論の都合上それを $\varDelta \Pi P\Sigma$, $\Sigma TY\Theta$ とせよ。そうすれば残りの，角錐 $\varDelta EZ\Theta$ 内の角柱は立体 X より大きい。角錐 $AB\Gamma H$ が角錐 $\varDelta EZ\Theta$ と同様にそして同じ個数に分けられたとせよ。そうすれば底面 $AB\Gamma$ が底面 $\varDelta EZ$ に対するように，角錐 $AB\Gamma H$ 内の角柱の和が角錐 $\varDelta EZ\Theta$ 内の角柱の和に対する。ところが底面 $AB\Gamma$ が底面 $\varDelta EZ$ に対するように，角錐 $AB\Gamma H$ が立体 X に対する。したがって角錐 $AB\Gamma H$ が立体 X に対するように，角錐 $AB\Gamma H$ 内の角柱の和が角錐 $\varDelta EZ\Theta$ 内の角柱の和に対する。したがっていれかえて角錐 $AB\Gamma H$ がその内なる角柱の和に対するように，立体 X が角錐 $\varDelta EZ\Theta$ 内の角柱の和に対する。ところが角錐 $AB\Gamma H$ はその内なる角柱の和より大きい。それゆえ立体 X も角錐 $\varDelta EZ\Theta$ 内の角柱の和より大きい。ところが小さくもある。これは不可能である。ゆえに底面 $AB\Gamma$ が底面 $\varDelta EZ$ に対するように，角錐 $AB\Gamma H$ が角錐 $\varDelta EZ\Theta$ より小さい立体に対することはない。同様にして底面 $\varDelta EZ$

が底面 $AB\varGamma$ に対するように，角錐 $\varDelta EZ\varTheta$ が角錐 $AB\varGamma H$ より小さい立体に対することがないことも証明されるであろう。

次に底面 $AB\varGamma$ が底面 $\varDelta EZ$ に対するように，角錐 $AB\varGamma H$ が角錐 $\varDelta EZ\varTheta$ より大きい立体に対することがないと主張する。

もし可能ならば，大きい X に対するとせよ。そうすれば逆にして底面 $\varDelta EZ$ が底面 $AB\varGamma$ に対するように，立体 X が角錐 $AB\varGamma H$ に対する。ところが立体 X が角錐 $AB\varGamma H$ に対するように，角錐 $\varDelta EZ\varTheta$ が角錐 $AB\varGamma H$ より小さい立体に対することは先に証明された通りである。ゆえに底面 $\varDelta EZ$ が底面 $AB\varGamma$ に対するように，角錐 $\varDelta EZ\varTheta$ が角錐 $AB\varGamma H$ より小さいものに対する。これは不合理なことが証明された。したがって底面 $AB\varGamma$ が底面 $\varDelta EZ$ に対するように，角錐 $AB\varGamma H$ が角錐 $\varDelta EZ\varTheta$ より大きい立体に対することはない。ところが小さいものに対することがないことも先に証明された。よって底面 $AB\varGamma$ が底面 $\varDelta EZ$ に対するように，角錐 $AB\varGamma H$ が角錐 $\varDelta EZ\varTheta$ に対する。これが証明すべきことであった。

6

同じ高さをもち，多角形を底面とする角錐は互いに底面に比例する。

同じ高さをもち，多角形 $AB\varGamma\varDelta E$, $ZH\varTheta K\varLambda$ を底面とし，点 M, N を頂点とする二つの角錐があるとせよ。底面 $AB\varGamma\varDelta E$ が底面 $ZH\varTheta K\varLambda$ に対するように，角錐 $AB\varGamma\varDelta EM$ が角錐 $ZH\varTheta K\varLambda N$ に対すると主張する。

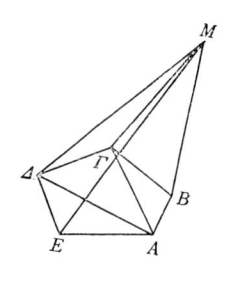

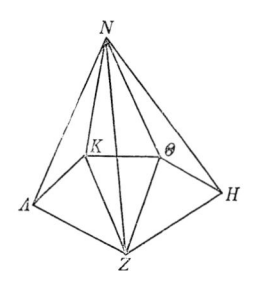

$A\varGamma$, $A\varDelta$, $Z\varTheta$, ZK が結ばれたとせよ。そうすれば $AB\varGamma M$, $A\varGamma\varDelta M$ は三角形を底面とし等しい高さの二つの角錐であるから，互いに底面に比例する。ゆえに底面 $AB\varGamma$ が底面 $A\varGamma\varDelta$ に対するように，角錐 $AB\varGamma M$ が角錐 $A\varGamma\varDelta M$ に対する。そして合比により底面 $AB\varGamma\varDelta$ が底面 $A\varGamma\varDelta$ に対するように，角錐 $AB\varGamma\varDelta M$ が角錐 $A\varGamma\varDelta M$ に対する。ところが底面 $A\varGamma\varDelta$

が底面 $A\varDelta E$ に対するように，角錐 $A\varGamma\varDelta M$ が角錐 $A\varDelta EM$ に対する。ゆえに等間隔比により底面 $AB\varGamma\varDelta$ が底面 $A\varDelta E$ に対するように，角錐 $AB\varGamma\varDelta M$ が角錐 $A\varDelta EM$ に対する。また合比により底面 $AB\varGamma\varDelta E$ が底面 $A\varDelta E$ に対するように，角錐 $AB\varGamma\varDelta EM$ が角錐 $A\varDelta EM$ に対する。同様にして底面 $ZH\Theta K\varLambda$ が底面 $ZH\Theta$ に対するように，角錐 $ZH\Theta K\varLambda N$ が角錐 $ZH\Theta N$ に対することが証明されるであろう。そして $A\varDelta EM, ZH\Theta N$ は三角形を底面とし，等しい高さをもつ二つの角錐であるから，底面 $A\varDelta E$ が底面 $ZH\Theta$ に対するように，角錐 $A\varDelta EM$ が角錐 $ZH\Theta N$ に対する。ところが底面 $A\varDelta E$ が底面 $AB\varGamma E$ に対するように，角錐 $A\varDelta EM$ が角錐 $AB\varGamma\varDelta EM$ に対する。したがって等間隔比により底面 $AB\varGamma\varDelta E$ が底面 $ZH\Theta$ に対するように，角錐 $AB\varGamma\varDelta EM$ が角錐 $ZH\Theta N$ に対する。ところが底面 $ZH\Theta$ が底面 $ZH\Theta K\varLambda$ に対するように，角錐 $ZH\Theta N$ が角錐 $ZH\Theta K\varLambda N$ に対した。それゆえ等間隔比により底面 $AB\varGamma\varDelta E$ が底面 $ZH\Theta K\varLambda$ に対するように，角錐 $AB\varGamma\varDelta EM$ が角錐 $ZH\Theta K\varLambda N$ に対する。これが証明すべきことであった。

7

三角形を底面とするすべての角柱は三角形を底面とする互いに等しい三つの角錐に分けられる。

三角形 $AB\varGamma$ を底面とし，$\varDelta EZ$ を対面とする角柱があるとせよ。角柱 $AB\varGamma\varDelta EZ$ は三角形を底面とする互いに等しい三つの角錐に分けられると主張する。

$B\varDelta, E\varGamma, \varGamma\varDelta$ が結ばれたとせよ。$ABE\varDelta$ は平行四辺形であり，$B\varDelta$ はその対角線であるから，三角形 $AB\varDelta$ は三角形 $EB\varDelta$ に等しい。それゆえ三角形 $AB\varDelta$ を底面とし，点 $\varGamma$ を頂点とする角錐も三角形 $\varDelta EB$ を底面とし，点 $\varGamma$ を頂点とする角錐に等しい。ところが三角形 $\varDelta EB$ を底面とし，点 $\varGamma$ を頂点とする角錐は三角形 $EB\varGamma$ を底面とし，点 $\varDelta$ を頂点とする角錐に同じである。なぜなら同じ平面にかこまれるから。ゆえに三角形 $AB\varDelta$ を底面とし，点 $\varGamma$ を頂点とする角錐は三角形 $EB\varGamma$ を底面とし，点 $\varDelta$ を頂点とする角錐に等しい。また $Z\varGamma BE$ は平行四辺形であり，$\varGamma E$ はその対角線であるから，三角形 $\varGamma EZ$ は三角形 $\varGamma BE$ に等しい。したがって三角形 $B\varGamma E$ を底面とし，点 $\varDelta$ を頂点とする角錐は三角形 $E\varGamma Z$ を底面とし，点 $\varDelta$ を頂点とする角錐に等しい。ところが三角形 $B\varGamma E$ を底面とし，点 $\varDelta$ を頂点とする角錐は三角形 $AB\varDelta$ を底面とし，点 $\varGamma$

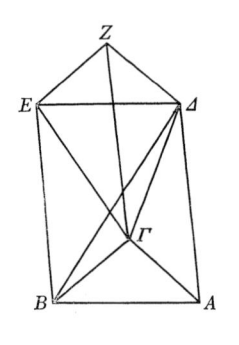

を頂点とする角錐に等しいことが証明された。それゆえ三角形 $\varGamma EZ$ を底面とし，点 $\varDelta$ を頂点とする角錐は，三角形 $AB\varDelta$ を底面とし，点 $\varGamma$ を頂点とする角錐に等しい。ゆえに角柱 $AB\varGamma\varDelta EZ$ は三角形を底面とする，互いに等しい三つの角錐に分けられた。

そして同じ平面によってかこまれるため，三角形 $AB\varDelta$ を底面とし，点 $\varGamma$ を頂点とする角錐は三角形 $\varGamma AB$ を底面とし，点 $\varDelta$ を頂点とする角錐と同じであり，他方三角形 $AB\varDelta$ を底面とし，点 $\varGamma$ を頂点とする角錐は，三角形 $AB\varGamma$ を底面とし，$\varDelta EZ$ を対面とする角柱の3分の1なることが証明されたから，三角形 $AB\varGamma$ を底面とし，点 $\varDelta$ を頂点とする角錐も同じ三角形 $AB\varGamma$ を底面とし，$\varDelta EZ$ を対面とする角柱の3分の1である。

系

これから次のことが明らかである，すなわちすべての角錐はそれと同じ底面および等しい高さをもつ角柱の3分の1である。これが証明すべきことであった。

～ 8 ～

三角形を底面とする相似な角錐は対応する辺の3乗の比をもつ。

三角形 $AB\varGamma$, $\varDelta EZ$ を底面とし，点 H, $\varTheta$ を頂点とする相似でかつ相似な位置にある角錐があるとせよ。角錐 $AB\varGamma H$ は角錐 $\varDelta EZ\varTheta$ に対し，$B\varGamma$ が EZ に対する比の3乗の比をもつと主張する。

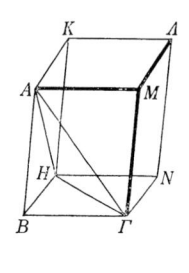

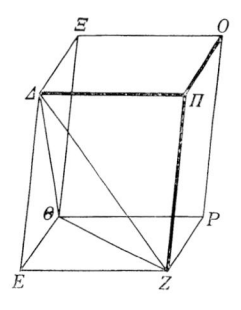

平行六面体 $BHM\varLambda$, $E\varTheta\varPi O$ が完結されたとせよ。角錐 $AB\varGamma H$ は角錐 $\varDelta EZ\varTheta$ に相似であるから，角 $AB\varGamma$ は角 $\varDelta EZ$ に，角 $HB\varGamma$ は角 $\varTheta EZ$ に，角 ABH は角 $\varDelta E\varTheta$ に等しく，AB が $\varDelta E$ に対するように，$B\varGamma$ が EZ に，BH が $E\varTheta$ に対する。そして AB が $\varDelta E$ に対するように，$B\varGamma$ が EZ に対し，等しい角をはさむ辺が比例するから，平行四辺形 BM は

平行四辺形 $E\varPi$ に相似である．同じ理由で BN は EP に，BK は $E\varXi$ に相似である．それゆえ MB, BK, BN の三つは $E\varPi$, $E\varXi$, EP の三つに相似である．ところが MB, BK, BN の三つは三つの対面に等しく相似であり，$E\varPi$, $E\varXi$, EP の三つも三つの対面に等しく相似である．ゆえに立体 $BHM\varLambda$, $E\varTheta\varPi O$ は同じ個数の相似な平面によってかこまれる．したがって立体 $BHM\varLambda$ は立体 $E\varTheta\varPi O$ に相似である．ところが相似な平行六面体は対応する辺の3乗の比をもつ．それゆえ立体 $BHM\varLambda$ は立体 $E\varTheta\varPi O$ に対し，対応する辺 $B\varGamma$ が対応する辺 EZ に対する比の3乗の比をもつ．ところが立体 $BHM\varLambda$ が立体 $E\varTheta\varPi O$ に対するように，角錐 $AB\varGamma H$ が角錐 $\varDelta EZ\varTheta$ に対する，なぜなら平行六面体の半分である角柱は角錐の3倍であるため，角錐は立体の6分の1であるから．ゆえに角錐 $AB\varGamma H$ は角錐 $\varDelta EZ\varTheta$ に対し，$B\varGamma$ が EZ に対する比の3乗をもつ．これが証明すべきことであった．

系

これから次のことが明らかである，すなわち多角形を底面とする相似な角錐は互いに対応する辺の3乗の比をなす．なぜなら底面の相似な多角形が同じ個数の，多角形全体と同じ比をなす，相似な三角形に分けられることによって，もとの角錐がそのうちにふくまれる，三角形を底面とする角錐に分けられるとき，一方の角錐にふくまれる三角形を底面とする一つの角錐が，他方の角錐にふくまれる三角形を底面とする一つの角錐に対するように，一方の角錐にふくまれる三角形を底面とするすべての角錐の和が，他方の角錐にふくまれる三角形を底面とするすべての角錐の和に対する，すなわち多角形を底面とする角錐が多角形を底面とする角錐に対する．ところが三角形を底面とする角錐は三角形を底面とする角錐に対し，対応する辺の3乗の比をもつ．よって多角形を底面とする角錐も相似な底面をもつ角錐に対し，辺が辺に対する比の3乗の比をもつ．

9

三角形を底面とする等しい角錐の底面は高さに反比例する．そして三角形を底面とする角錐の底面が高さに反比例すれば，それらは等しい．

三角形 $AB\varGamma$, $\varDelta EZ$ を底面とし，点 H, $\varTheta$ を頂点とする等しい角錐があるとせよ．角錐 $AB\varGamma H$, $\varDelta EZ\varTheta$ の底面は高さに反比例する，すなわち底面 $AB\varGamma$ が底面 $\varDelta EZ$ に対するように，角錐 $\varDelta EZ\varTheta$ の高さが角錐 $AB\varGamma H$ の高さに対すると主張する．

平行六面体 $BHM\varLambda$, $E\varTheta\varPi O$ が完結されたとせよ．角錐 $AB\varGamma H$ は角錐 $\varDelta EZ\varTheta$ に等しく，

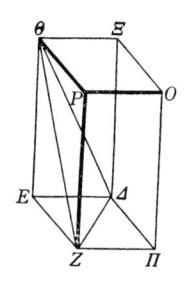

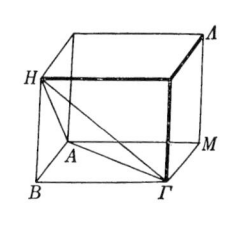

六面体 $BHM\varLambda$ は角錐 $AB\varGamma H$ の6倍であり, 六面体 $E\varTheta\varPi O$ は角錐 $\varDelta EZ\varTheta$ の6倍であるから, 六面体 $BHM\varLambda$ は六面体 $E\varTheta\varPi O$ に等しい. ところが等しい平行六面体の底面は高さに反比例する. それゆえ底面 BM が底面 $E\varPi$ に対するように, 六面体 $E\varTheta\varPi O$ の高さが六面体 $BHM\varLambda$ の高さに対する. ところが底面 BM が底面 $E\varPi$ に対するように, 三角形 $AB\varGamma$ が三角形 $\varDelta EZ$ に対する. ゆえに三角形 $AB\varGamma$ が三角形 $\varDelta EZ$ に対するように, 六面体 $E\varTheta\varPi O$ の高さが六面体 $BHM\varLambda$ の高さに対する. ところが六面体 $E\varTheta\varPi O$ の高さは角錐 $\varDelta EZ\varTheta$ の高さに同じであり, 六面体 $BHM\varLambda$ の高さは角錐 $AB\varGamma H$ の高さに同じである. したがって底面 $AB\varGamma$ が底面 $\varDelta EZ$ に対するように, 角錐 $\varDelta EZ\varTheta$ の高さが角錐 $AB\varGamma H$ の高さに対する. よって角錐 $AB\varGamma H$, $\varDelta EZ\varTheta$ の底面は高さに反比例する.

次に角錐 $AB\varGamma H$, $\varDelta EZ\varTheta$ の底面が高さに反比例し, 底面 $AB\varGamma$ が底面 $\varDelta EZ$ に対するように, 角錐 $\varDelta EZ\varTheta$ の高さが角錐 $AB\varGamma H$ の高さに対するとせよ. 角錐 $AB\varGamma H$ は角錐 $\varDelta EZ\varTheta$ に等しいと主張する.

同じ作図がなされたとき, 底面 $AB\varGamma$ が底面 $\varDelta EZ$ に対するように, 角錐 $\varDelta EZ\varTheta$ の高さが角錐 $AB\varGamma H$ の高さに対し, 他方底面 $AB\varGamma$ が底面 $\varDelta EZ$ に対するように, 平行四辺形 BM が平行四辺形 $E\varPi$ に対するから, 平行四辺形 BM が平行四辺形 $E\varPi$ に対するように, 角錐 $\varDelta EZ\varTheta$ の高さが角錐 $AB\varGamma H$ の高さに対する. ところが角錐 $\varDelta EZ\varTheta$ の高さは平行六面体 $E\varTheta\varPi O$ の高さと同じであり, 角錐 $AB\varGamma H$ の高さは平行六面体 $BHM\varLambda$ の高さと同じである. それゆえ底面 BM が底面 $E\varPi$ に対するように, 平行六面体 $E\varTheta\varPi O$ の高さは平行六面体 $BHM\varLambda$ の高さに対する. ところが平行六面体の底面が高さに反比例すれば, それらは等しい. ゆえに平行六面体 $BHM\varLambda$ は平行六面体 $E\varTheta\varPi O$ に等しい. そして角錐 $AB\varGamma H$ は $BHM\varLambda$ の6分の1であり, 角錐 $\varDelta EZ\varTheta$ は平行六面体 $E\varTheta\varPi O$ の6分の1である. したがって角錐 $AB\varGamma H$ は角錐 $\varDelta EZ\varTheta$ に等しい.

よって三角形を底面とする等しい角錐の底面は高さに反比例する. そして三角形を底面とする角錐の底面が高さに反比例すれば, それらは等しい. これが証明すべきことであった.

10

すべての円錐はそれと同じ底面，等しい高さをもつ円柱の 3 分の 1 である。

円錐が円柱と同じ底面，すなわち円 $AB\Gamma\varDelta$ と等しい高さとをもつとせよ。円錐は円柱の 3 分の 1，すなわち円柱は円錐の 3 倍であると主張する。

もし円柱が円錐の 3 倍でないならば，円柱は円錐の 3 倍より大きいかあるいは 3 倍より小さいかである。まず 3 倍より大きいとし，円 $AB\Gamma\varDelta$ に正方形 $AB\Gamma\varDelta$ が内接するとせよ。正方形 $AB\Gamma\varDelta$ は円 $AB\Gamma\varDelta$ の半分より大きい。そして正方形 $AB\Gamma\varDelta$ 上に円柱と等高な角柱が立てられたとせよ。立てられた角柱は円柱の半分より大きい，なぜならもし円 $AB\Gamma\varDelta$ に正方形が外接すれば，円 $AB\Gamma\varDelta$ に内接する正方形は外接する正方形の半分である，そしてそれらの上に立てられた平行六面体は同じ高さの角柱である。ところが同じ高さの平行六面体は互いに底面に比例する。それゆえ正方形 $AB\Gamma\varDelta$ 上の角柱は円 $AB\Gamma\varDelta$ に外接する正方形上の角柱の半分である。そして円柱は円 $AB\Gamma\varDelta$ に外接する正方形上の角柱より小さい。ゆえに正方形 $AB\Gamma\varDelta$ 上の，円柱と等高の角柱は円柱の半分より大きい。弧 $AB, B\Gamma, \Gamma\varDelta, \varDelta A$ が点 E, Z, H, Θ で 2 等分され，$AE, EB, BZ, Z\Gamma, \Gamma H, H\varDelta, \varDelta\Theta, \Theta A$ が結ばれたとせよ。そうすれば三角形 $AEB, BZ\Gamma, \Gamma H\varDelta, \varDelta\Theta A$ のおのおのは先に証明したように円 $AB\Gamma\varDelta$ の，それぞれをふくむ切片の半分より大きい。三角形 $AEB, BZ\Gamma, \Gamma H\varDelta, \varDelta\Theta A$ のおのおのの上に円柱と等高の角柱が立てられたとせよ。そうすれば立てられた角柱のおのおのは円柱の，それぞれをふくむ切片の半分より大きい，なぜならもし点 E, Z, H, Θ を通り $AB, B\Gamma, \Gamma\varDelta, \varDelta A$ に平行線をひき，$AB, B\Gamma, \Gamma\varDelta, \varDelta A$ 上の平行四辺形を完結し，それらの上に円柱と等高の平行六面体を立てるならば，三角形 $AEB, BZ\Gamma, \Gamma H\varDelta, \varDelta\Theta A$ 上の角柱は立てられた立体のおのおのの半分である。そして円柱の切片は立てられた平行六面体より小さい。ゆえに三角形 $AEB, BZ\Gamma, \Gamma H\varDelta, \varDelta\Theta A$ 上の角柱は円柱の，それぞれをふくむ切片の半分より大きい。残された弧を 2 等分し，線分を結び，三角形のおのおのの上に円柱と等高な角柱を立て，これをたえずくりかえすと，円柱と円錐の 3 倍との差より小さい，円柱の何らかの切片を残すに至るであろう。残されたものとし，それらを $AE, EB, BZ, Z\Gamma, \Gamma H, H\varDelta, \varDelta\Theta, \Theta A$ とせよ。そうすれば多角形 $AEBZ\Gamma H\varDelta\Theta$ を底面とし，円柱と同じ高さの残りの角柱は円錐の 3 倍より大きい。ところが多角形 $AEBZ\Gamma H\varDelta\Theta$

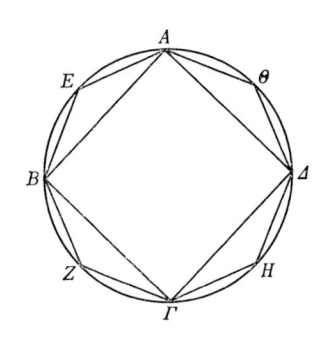

を底面とし，円柱と同じ高さの角柱は多角形 $AEBZ\Gamma H\varDelta\Theta$ を底面とし，円錐と同じ頂点の角錐の3倍である。それゆえ多角形 $AEBZ\Gamma H\varDelta\Theta$ を底面とし，円錐と同じ頂点をもつ角錐は円 $AB\Gamma\varDelta$ を底面とする円錐より大きい。ところがそれにふくまれるから，小さくもある。これは不可能である。ゆえに円柱は円錐の3倍より大きくない。

次に円柱は円錐の3倍より小さくもないと主張する。

もし可能ならば，円柱を円錐の3倍より小さいとせよ。そうすれば逆に円錐は円柱の3分の1より大きい。円 $AB\Gamma\varDelta$ に正方形 $AB\Gamma\varDelta$ が内接するとせよ。そうすれば正方形 $AB\Gamma\varDelta$ は円 $AB\Gamma\varDelta$ の半分より大きい。そして正方形 $AB\Gamma\varDelta$ 上に円錐と同じ頂点をもつ角錐がたてられたとせよ。そうすれば立てられた角錐は円錐の半分より大きい。なぜなら先に証明したように，もし円に正方形を外接すれば，正方形 $AB\Gamma\varDelta$ は円に外接する正方形の2分の1であろう。そしてもし正方形上に円錐と等高の，角柱とよばれる平行六面体を立てるならば，正方形 $AB\Gamma\varDelta$ 上の角柱は円に外接する正方形上の角柱の2分の1である，なぜなら互いに底面に比例するから。それゆえそれらの3分の1についても同じである。ゆえに正方形 $AB\Gamma\varDelta$ を底面とする角錐は円に外接する正方形上に立てられた角錐の半分である。そして円に外接する正方形上の角錐は円錐をふくむから，それより大きい。したがって正方形 $AB\Gamma\varDelta$ を底面とし，円錐と同じ頂点をもつ角錐は円錐の半分より大きい。弧 AB, $B\Gamma$, $\Gamma\varDelta$, $\varDelta A$ が点 E, Z, H, Θ で2等分され，AE, EB, BZ, $Z\Gamma$, ΓH, $H\varDelta$, $\varDelta\Theta$, ΘA が結ばれたとせよ。そうすれば三角形 AEB, $BZ\Gamma$, $\Gamma H\varDelta$, $\varDelta\Theta A$ のおのおのは円 $AB\Gamma\varDelta$ の，それぞれをふくむ切片の半分より大きい。そして三角形 AEB, $BZ\Gamma$, $\Gamma H\varDelta$, $\varDelta\Theta A$ のおのおのの上に円錐と同じ頂点をもつ角錐が立てられたとせよ。そうすれば立てられた角錐のおのおのも同じ仕方で円錐の，それぞれをふくむ切片の半分より大きい。そこで残りの弧を2等分し，線分を結び，三角形のおのおのの上に円錐と同じ頂点をもつ角錐を立て，これをたえずくりかえすと，円錐と円柱の3分の1との差より小さい何らかの円錐の切片を残すに至るであろう。残されたとし，AE, EB, BZ, $Z\Gamma$, ΓH, $H\varDelta$, $\varDelta\Theta$, ΘA 上にあるものとせよ。そうすれば多角形 $AEBZ\Gamma H\varDelta\Theta$ を底面とし，円錐と同じ頂点をもつ残りの角錐は円柱の3分の1より大きい。ところが多角形 $AEBZ\Gamma H\varDelta\Theta$ を底面とし，円錐と同じ頂点をもつ角錐は多角形 $AEBZ\Gamma H\varDelta\Theta$ を底面とし，円柱と同じ高さの角柱の3分の1である。ゆえに多角形 $AEBZ\Gamma H\varDelta\Theta$ を底面とし，円柱と同じ高さの角柱は円 $AB\Gamma\varDelta$ を底面とする円柱より大きい。ところがそれにふくまれるから，より小さくもある。これは不可能である。したがって円柱は円錐の3倍より小さくはない。ところが3倍より大きくないことも証明された。それゆえ円柱は円錐の3倍である。ゆえに円錐は円柱の3分の1である。

よってすべての円錐はそれと同じ底面，等しい高さをもつ円柱の3分の1でである。これが

証明すべきことであった。

11

同じ高さの円錐および円柱はそれぞれ互いに底面に比例する。

円 $AB\varGamma\varDelta$, $EZH\varTheta$ を底面とし, $K\varLambda$, MN を軸とし, $A\varGamma$, EH を底面の直径とする同じ高さの円錐および円柱があるとせよ。円 $AB\varGamma\varDelta$ が円 $EZH\varTheta$ に対するように, 円錐 $A\varLambda$ が円錐 EN に対すると主張する。

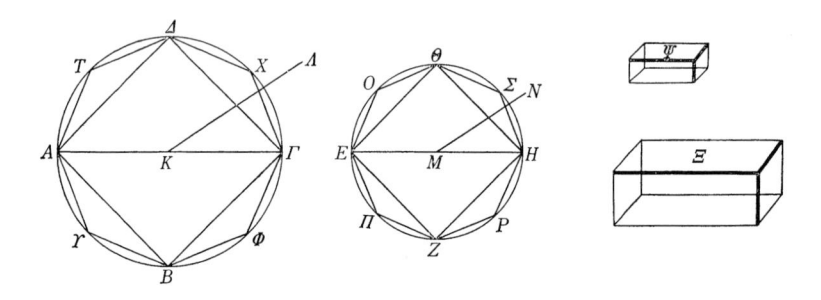

もしそうでないならば, 円 $AB\varGamma\varDelta$ が円 $EZH\varTheta$ に対するように, 円錐 $A\varLambda$ が円錐 EN より小さい立体か あるいは大きい立体に対するであろう。まず小さい $\varXi$ に対するとし, 円錐 EN から立体 $\varXi$ を減じた差に立体 $\varPsi$ を等しくせよ。そうすれば円錐 EN は立体 $\varXi$, $\varPsi$ の和に等しい。円 $EZH\varTheta$ に正方形 $EZH\varTheta$ が内接するとせよ。そうすれば正方形は円の半分より大きい。正方形 $EZH\varTheta$ 上に円錐と等高の角錐が立てられたとせよ。そうすれば立てられた角錐は円錐の半分より大きい, なぜならもし円に正方形を外接し, その上に円錐と等高の角錐をたてるならば, 互いに底面に比例するから, 内接する角錐は外接する角錐の半分である。ところが円錐は外接する角錐より小さい。弧 EZ, ZH, $H\varTheta$, $\varTheta E$ が点 O, $\varPi$, P, $\varSigma$ で2等分され, $\varTheta O$, OE, $E\varPi$, $\varPi Z$, ZP, PH, $H\varSigma$, $\varSigma\varTheta$ が結ばれたとせよ。そうすれば三角形 $\varTheta OE$, $E\varPi Z$, ZPH, $H\varSigma\varTheta$ のおのおのは円の, それぞれをふくむ切片の半分より大きい。三角形 $\varTheta OE$, $E\varPi Z$, ZPH, $H\varSigma\varTheta$ のおのおのの上に円錐と等高の角錐が立てられたとせよ。そうすれば立てられた角錐のおのおのは円錐の, それぞれをふくむ片の半分より大きい。そこで残された弧を2等分し, 線分を結び, 三角形のおのおのの上に円錐と等高な角錐を立て, これをたえずくりかえすと, 立体 $\varPsi$ より小さい, 円錐の何らかの切片を残すに至るであろう。残されたとし, $\varTheta O$, OE, $E\varPi$, $\varPi Z$, ZP, PH, $H\varSigma$, $\varSigma\varTheta$ 上のものとせよ。そうすれば多角形

$\Theta OE\Pi Z PH\Sigma$ を底面とし，円錐と同じ高さの残りの角錐は立体 Ξ より大きい．円 $AB\Gamma\Delta$ に多角形 $\Theta OE\Pi Z PH\Sigma$ と相似でかつ相似な位置にある多角形 $\Delta TA\Upsilon B\Phi\Gamma X$ が内接し，その上に円錐 $A\Lambda$ と等高な角錐が立てられたとせよ．そうすれば $A\Gamma$ 上の正方形が EH 上の正方形に対するように，多角形 $\Delta TA\Upsilon B\Phi\Gamma X$ が多角形 $\Theta OE\Pi Z PH\Sigma$ に対し，他方 $A\Gamma$ 上の正方形が EH 上の正方形に対するように，円 $AB\Gamma\Delta$ が円 $EZH\Theta$ に対するから，円 $AB\Gamma\Delta$ が円 $EZH\Theta$ に対するように，多角形 $\Delta TA\Upsilon B\Phi\Gamma X$ が多角形 $\Theta OE\Pi Z PH\Sigma$ に対する．ところが円 $AB\Gamma\Delta$ が円 $EZH\Theta$ に対するように，円錐 $A\Lambda$ が立体 Ξ に対し，多角形 $\Delta TA\Upsilon B\Phi\Gamma X$ が多角形 $\Theta OE\Pi Z PH\Sigma$ に対するように，多角形 $\Delta TA\Upsilon B\Phi\Gamma X$ を底面とし，点 Λ を頂点とする角錐が，多角形 $\Theta OE\Pi Z PH\Sigma$ を底面とし，点 N を頂点とする角錐に対する．したがって円錐 $A\Lambda$ が立体 Ξ に対するように，多角形 $\Delta TA\Upsilon B\Phi\Gamma X$ を底面とし，点 Λ を頂点とする角錐が，多角形 $\Theta OE\Pi Z PH\Sigma$ を底面とし，点 N を頂点とする角錐に対する．それゆえいれかえて円錐 $A\Lambda$ がその内なる角錐に対するように，立体 Ξ が円錐 EN 内の角錐に対する．ところが円錐 $A\Lambda$ はその内なる角錐より大きい．ゆえに立体 Ξ も円錐 EN 内の角錐より大きい．ところが小さくもある．これは不合理である．したがって円 $AB\Gamma\Delta$ が円 $EZH\Theta$ に対するように，円錐 $A\Lambda$ が円錐 EN より小さい立体に対することはない．同様にして円 $EZH\Theta$ が円 $AB\Gamma\Delta$ に対するように，円錐 EN が円錐 $A\Lambda$ より小さい立体に対することもないことを証明しうる．

次に円 $AB\Gamma\Delta$ が円 $EZH\Theta$ に対するように，円錐 $A\Lambda$ が円錐 EN より大きい立体に対することもないと主張する．

もし可能ならば，大きい Ξ に対するとせよ．そうすれば逆にして円 $EZH\Theta$ が円 $AB\Gamma\Delta$ に対するように，立体 Ξ が円錐 $A\Lambda$ に対する．ところが立体 Ξ が円錐 $A\Lambda$ に対するように，円錐 EN が円錐 $A\Lambda$ より小さい立体に対する．ゆえに円 $EZH\Theta$ が円 $AB\Gamma\Delta$ に対するように，円錐 EN が円錐 $A\Lambda$ より小さい立体に対する．これは不可能なることが証明された．したがって円 $AB\Gamma\Delta$ が円 $EZH\Theta$ に対するように，円錐 $A\Lambda$ が円錐 EN より大きい立体に対することはない．ところが小さいものに対することもないことが証明された．それゆえ円 $AB\Gamma\Delta$ が円 $EZH\Theta$ に対するように，円錐 $A\Lambda$ が円錐 EN に対する．

次に円錐が円錐に対するように，円柱が円柱に対する．なぜならそれぞれ 3 倍であるから．それゆえ円 $AB\Gamma\Delta$ が円 $EZH\Theta$ に対するように，それらの上の等高な円柱が互いに対する．

よって同じ高さの円錐および円柱はそれぞれ互いに底面に比例する．これが証明すべきことであった．

12

相似な円錐および円柱は互いに底面の直径の3乗の比をなす。

円 $AB\Gamma\Delta$, $EZH\Theta$ を底面とし，$B\Delta$, $Z\Theta$ を底面の直径とし，$K\Lambda$, MN を円錐および円柱の軸とする円錐および円柱があるとせよ。円 $AB\Gamma\Delta$ を底面とし，点 Λ を頂点とする円錐は，円 $EZH\Theta$ を底面とし，点 N を頂点とする円錐に対し，$B\Delta$ が $Z\Theta$ に対する比の3乗の比をもつと主張する。

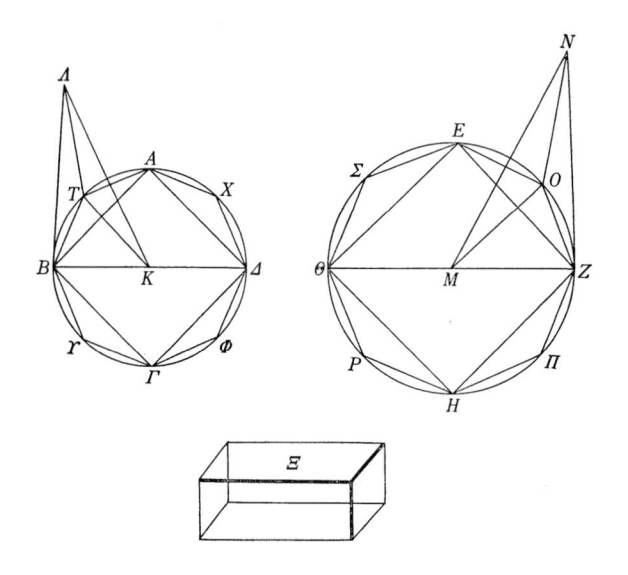

もし円錐 $AB\Gamma\Delta\Lambda$ が円錐 $EZH\Theta N$ に対し，$B\Delta$ が $Z\Theta$ に対する比の3乗の比をもたないならば，円錐 $AB\Gamma\Delta\Lambda$ は円錐 $EZH\Theta N$ より小さい立体に対しあるいは大きい立体に対し3乗の比をもつであろう。まず小さい Ξ に対してもつとし，円 $EZH\Theta$ に正方形 $EZH\Theta$ が内接するとせよ。そうすれば正方形 $EZH\Theta$ は円 $EZH\Theta$ の半分より大きい。そして正方形 $EZH\Theta$ 上に円錐と同じ頂点をもつ角錐が立てられたとせよ。そうすれば立てられた角錐は円錐の半分より大きい。弧 EZ, ZH, $H\Theta$, ΘE が点 O, Π, P, Σ で2等分され，EO, OZ, $Z\Pi$, ΠH, HP, $P\Theta$, $\Theta\Sigma$, ΣE が結ばれたとせよ。そうすれば三角形 EOZ, $Z\Pi H$, $HP\Theta$, $\Theta\Sigma E$ のおのおのは円 $EZH\Theta$ の，それぞれをふくむ切片の半分より大きい。そして三角形 EOZ, $Z\Pi H$, $HP\Theta$, $\Theta\Sigma E$ のおのおのの上に円錐と同じ頂点をもつ角錐が立てられたとせよ。そうすれば立てられた角錐のおのおのは円錐の，それぞれをふくむ切片の半分より大きい。そ

こで残りの弧を2等分し，線分を結び，三角形のおのおのの上に円錐と同じ頂点をもつ角錐を立て，これをたえずくりかえすと，円錐 $EZH\Theta N$ から立体 Ξ を減じた差より小さい，円錐の何らかの切片を残すに至るであろう。残されたとし，それを EO, OZ, $Z\Pi$, ΠH, HP, $P\Theta$, $\Theta\Sigma$, ΣE 上のものとせよ。そうすれば多角形 $EOZ\Pi HP\Theta\Sigma$ を底面とし，点 N を頂点とする残りの角錐は立体 Ξ より大きい。円 $AB\Gamma\Delta$ に多角形 $EOZ\Pi HP\Theta\Sigma$ に相似でかつ相似な位置にある多角形 $ATB\Upsilon\Gamma\Phi\Delta X$ が内接するとし，多角形 $ATB\Upsilon\Gamma\Phi\Delta X$ 上に円錐と同じ頂点をもつ角錐が立てられ，多角形 $ATB\Upsilon\Gamma\Phi\Delta X$ を底面とし，点 Λ を頂点とする角錐をかこむ三角形の一つを ΛBT とし，多角形 $EOZ\Pi HP\Theta\Sigma$ を底面とし，点 N を頂点とする角錐をかこむ三角形の一つを NZO とし，KT, MO が結ばれたとせよ。そして円錐 $AB\Gamma\Delta A$ は円錐 $EZH\Theta N$ に相似であるから，$B\Delta$ が $Z\Theta$ に対するように，軸 $K\Lambda$ が軸 MN に対する。ところが $B\Delta$ が $Z\Theta$ に対するように，BK が ZM に対する。したがって BK が ZM に対するように，$K\Lambda$ が MN に対する。そこでいれかえて BK が $K\Lambda$ に対するように，ZM が MN に対する。そして等しい角 $BK\Lambda$, ZMN をはさむ辺は比例する。それゆえ三角形 $BK\Lambda$ は三角形 ZMN に相似である。また BK が KT に対するように，ZM が MO に対し，等しい角 BKT, ZMO をはさむ，なぜなら角 BKT が中心 K における4直角のいかなる部分であろうと，角 ZMO も中心 M における4直角の同じ部分であるから。そこで等しい角をはさむ辺は比例するから，三角形 BKT は三角形 ZMO に相似である。また BK が $K\Lambda$ に対するように，ZM が MN に対し，BK は KT に，ZM は OM に等しいことが証明されたから，TK が $K\Lambda$ に対するように，OM は MN に対する。そして直角であるから等しい角 $TK\Lambda$, OMN をはさむ辺が比例する。ゆえに三角形 ΛKT は三角形 NMO に相似である。そして三角形 ΛKB, NMZ の相似により ΛB が BK に対するように，NZ が ZM に対し，三角形 BKT, ZMO の相似により KB が BT に対するように，MZ が ZO に対するから，等間隔比により ΛB が BT に対するように，NZ が ZO に対する。また三角形 ΛTK, NOM の相似により ΛT が TK に対するように，NO が OM に対し，三角形 TKB, OMZ の相似により KT が TB に対するように，MO が OZ に対するから，等間隔比により ΛT が TB に対するように，NO が OZ に対する。ところが TB が $B\Lambda$ に対するように，OZ が ZN に対することも先に証明された。したがって等間隔比により $T\Lambda$ が ΛB に対するように，ON が NZ に対する。それゆえ三角形 ΛTB, NOZ の辺は比例する。ゆえに三角形 ΛTB, NOZ は等角である。したがって相似でもある。それゆえ三角形 BKT を底面とし，点 Λ を頂点とする角錐は三角形 ZMO を底面とし，点 N を頂点とする角錐に相似である。なぜなら同じ個数の相似な平面によってかこまれるから。ところが三角形を底面とする相似な角錐は対応する辺の3乗の比をなす。ゆえに角錐 $BKT\Lambda$ は

角錐 $ZMON$ に対し，BK が ZM に対する比の 3 乗の比をもつ。同様にして A, X, $\varDelta$, $\varPhi$, $\varGamma$, $\varUpsilon$ から K へ，E, $\varSigma$, $\varTheta$, P, H, $\varPi$ から M へ線分を結び，三角形のおのおのの上に円錐と同じ頂点をもつ角錐を立てれば，相似な位置にある角錐のおのおのが相似な位置にある角錐のおのおのに対し，対応する辺 BK が対応する辺 ZM に対する，すなわち $B\varDelta$ が $Z\varTheta$ に対する比の 3 乗の比をもつであろうことを証明しうる。そして前項の一つが後項の一つに対するように，前項の総和が後項の総和に対する。したがって角錐 $BKT\varDelta$ が角錐 $ZMON$ に対するように，多角形 $AT B\varUpsilon \varGamma \varPhi \varDelta X$ を底面とし，点 $\varLambda$ を頂点とする角錐全体が，多角形 $EOZ\varPi HP\varTheta \varSigma$ を底面とし，点 N を頂点とする角錐全体に対する。それゆえ $AT B\varUpsilon \varGamma \varPhi \varDelta X$ を底面とし，$\varLambda$ を頂点とする角錐は，多角形 $EOZ\varPi HP\varTheta \varSigma$ を底面とし，点 N を頂点とする角錐に対し，$B\varDelta$ が $Z\varTheta$ に対する比の 3 乗の比をもつ。ところが円 $AB\varGamma \varDelta$ を底面とし，点 $\varLambda$ を頂点とする円錐も立体 $\varXi$ に対し，$B\varDelta$ が $Z\varTheta$ に対する比の 3 乗の比をもつと仮定されている。ゆえに円 $AB\varGamma \varDelta$ を底面とし，$\varLambda$ を頂点とする円錐が立体 $\varXi$ に対するように，$AT B\varUpsilon \varGamma \varPhi \varDelta X$ を底面とし，$\varLambda$ を頂点とする角錐が多角形 $EOZ\varPi HP\varTheta \varSigma$ を底面とし，N を頂点とする角錐に対する。したがっていれかえて円 $AB\varGamma \varDelta$ を底面とし，$\varLambda$ を頂点とする円錐がそのうちなる，多角形 $AT B\varUpsilon \varGamma \varPhi \varDelta X$ を底面とし，$\varLambda$ を頂点とする角錐に対するように，$\varXi$ が多角形 $EOZ\varPi HP\varTheta \varSigma$ を底面とし，N を頂点とする角錐に対する。ところがこの円錐はそのうちなる角錐より大きい，なぜならそれをふくむから。それゆえ立体 $\varXi$ は多角形 $EOZ\varPi HP\varTheta \varSigma$ を底面とし，N を頂点とする角錐より大きい。ところが小さくもある。これは不可能である。ゆえに円 $AB\varGamma \varDelta$ を底面とし，$\varLambda$ を頂点とする円錐は円 $EZH\varTheta$ を底面とし，点 N を頂点とする円錐より小さい立体に対し，$B\varDelta$ が $Z\varTheta$ に対する比の 3 乗の比をもつことはない。同様にして円錐 $EZH\varTheta N$ も円錐 $AB\varGamma \varDelta \varLambda$ より小さい立体に対し，$Z\varTheta$ が $B\varDelta$ に対する比の 3 乗の比をもつことはない。

次に円錐 $AB\varGamma \varDelta \varLambda$ が円錐 $EZH\varTheta N$ より大きい立体に対しても，$B\varDelta$ が $Z\varTheta$ に対する比の 3 乗の比をもつことはないと主張する。

もし可能ならば，大きい $\varXi$ に対してもつとせよ。そうすれば逆にして立体 $\varXi$ が円錐 $AB\varGamma \varDelta \varLambda$ に対し，$Z\varTheta$ が $B\varDelta$ に対する比の 3 乗の比をもつ。ところが立体 $\varXi$ が円錐 $AB\varGamma \varDelta \varLambda$ に対するように，円錐 $EZH\varTheta N$ が円錐 $AB\varGamma \varDelta \varLambda$ より小さい立体に対する。ゆえに円錐 $EZH\varTheta N$ は円錐 $AB\varGamma \varDelta \varLambda$ より小さい立体に対し，$Z\varTheta$ が $B\varDelta$ に対する比の 3 乗の比をもつ。これは不可能なることが証明された。したがって円錐 $AB\varGamma \varDelta \varLambda$ が円錐 $EZH\varTheta N$ より大きい立体に対して $B\varDelta$ が $Z\varTheta$ に対する比の 3 乗の比をもつことはない。ところが小さいものに対してもないことが先に証明された。それゆえ円錐 $AB\varGamma \varDelta \varLambda$ は円錐 $EZH\varTheta N$ に対し，$B\varDelta$ が $Z\varTheta$ に対する比の 3 乗の比をもつ。

ところが円錐が円錐に対するように，円柱が円柱に対する．なぜなら円錐と同じ底面をもち，それと等高な円柱は円錐の3倍であるから．ゆえに円柱も円柱に対し，$B\varDelta$ が $Z\Theta$ に対する比の3乗の比をもつ．

よって相似な円錐および円柱は互いに底面の直径の3乗の比をなす．これが証明すべきことであった．

☙ 13 ❧

もし円柱が相対する面に平行な平面によって切られるならば，円柱が円柱に対するように，軸が軸に対するであろう．

円柱 $A\varDelta$ が相対する平面 AB, $\varGamma\varDelta$ に平行な平面 $H\Theta$ によって切られたとし，平面 $H\Theta$ が軸と点 K において交わるとせよ．円柱 BH が円柱 $H\varDelta$ に対するように，軸 EK が軸 KZ に対すると主張する．

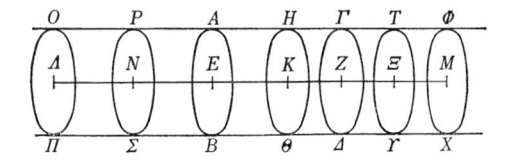

軸 EZ が両方向に点 $\varLambda$, M まで延長され，軸 EK に等しく任意個の EN, $N\varLambda$ が，ZK に等しく任意個の $Z\varXi$, $\varXi M$ が定められ，円 $O\varPi$, $\varPhi X$ を底面とする円柱 OX が考えられたとせよ．そして点 N, $\varXi$ を通って AB, $\varGamma\varDelta$ と円柱 OX の底面とに平行な平面がつくられ，N, $\varXi$ を中心として円 $P\varSigma$, $T\varUpsilon$ がつくられたとせよ．そうすれば軸 $\varLambda N$, NE, EK は互いに等しいから，円柱 $\varPi P$, PB, BH は互いに底面に比例する．ところが底面は等しい．それゆえ円柱 $\varPi P$, PB, BH は互いに等しい．そこで軸 $\varLambda N$, NE, EK は互いに等しく，円柱 $\varPi P$, PB, BH も互いに等しく，個数を等しくするから，軸 $K\varLambda$ が軸 EK の何倍であろうと，円柱 $\varPi H$ も円柱 HB の同じ倍数であろう．同じ理由で軸 MK が軸 KZ の何倍であろうと，円柱 XH も円柱 $H\varDelta$ の同じ倍数である．そしてもし軸 $K\varLambda$ が軸 KM に等しいならば，円柱 $\varPi H$ も円柱 HX に等しく，もし軸が軸より大きければ，円柱も円柱より大きく，もし小さければ，小さいであろう．軸 EK, KZ 円柱 BH, $H\varDelta$ の四つの量があり，軸 EK と円柱 BH の同数倍，すなわち軸 $\varLambda K$ と円柱 $\varPi H$ とが，および軸 KZ と円柱 $H\varDelta$ の同数倍，すなわち軸 KM と円柱 HX とがとられ，そしてもし軸 $K\varLambda$ が軸 KM より大きけれ

ば，円柱 $\varPi H$ も円柱 HX より大きく，等しければ，等しく，小さければ，小さいことが証明された．したがって軸 EK が軸 KZ に対するように，円柱 BH が円柱 $H\varDelta$ に対する．これが証明すべきことであった．

ॐ 14 ॐ

等しい底面上にある円錐および円柱は互いに高さに比例する．

　$EB, Z\varDelta$ を円 $AB, \varGamma\varDelta$ を等しい底面とする円柱とせよ．円柱 EB が円柱 $Z\varDelta$ に対するように，軸 $H\varTheta$ が軸 $K\varLambda$ に対すると主張する．
　軸 $K\varLambda$ が点 N まで延長され，$\varLambda N$ が軸 $H\varTheta$ に等しくされ，$\varLambda N$ を軸として円柱 $\varGamma M$ がつくられたと考えよ．そうすれば円柱 $EB, \varGamma M$ は同じ高さであるから，互いに底面に比例する．ところが底面は互いに等しい．それゆえ円柱 $EB, \varGamma M$ は等しい．そして円柱 ZM は相対する面に平行な平面 $\varGamma\varDelta$ によって切られたから，円柱 $\varGamma M$ が円柱 $Z\varDelta$ に対するように，軸 $\varLambda N$ が軸 $K\varLambda$ に対する．ところが円柱 $\varGamma M$ は円柱 EB に，軸 $\varLambda N$ は軸 $H\varTheta$ に等しい．ゆえに円柱 EB が円柱 $Z\varDelta$ に対するように，軸 $H\varTheta$ が軸 $K\varLambda$ に対する．ところが円柱 EB が円柱 $Z\varDelta$ に対するように，円錐 ABH が円錐 $\varGamma\varDelta K$ に対する．したがって軸 $H\varTheta$ が軸 $K\varLambda$ に対するように，円錐 ABH が円錐 $\varGamma\varDelta K$ に，円柱 EB が円柱 $Z\varDelta$ に対する．これが証明すべきことであった．

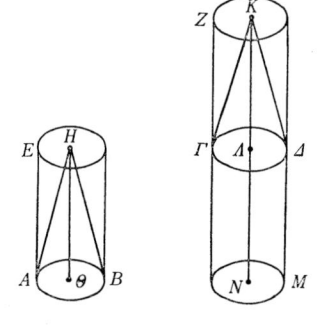

ॐ 15 ॐ

等しい円錐および円柱の底面は高さに反比例する．そして円錐および円柱の底面が高さに反比例すれば，それらは等しい．

　円 $AB\varGamma\varDelta, EZH\varTheta$ を底面，$A\varGamma, EH$ をその直径，$K\varLambda, MN$ を軸，すなわち円錐および円柱の高さとする等しい円錐および円柱があるとし，そして円柱 $A\varXi, EO$ が完結されたとせよ．円柱 $A\varXi, EO$ の底面は高さに反比例し，底面 $AB\varGamma\varDelta$ が底面 $EZH\varTheta$ に対するように，高さ MN が高さ $K\varLambda$ に対すると主張する．

高さ $ΛK$ は高さ MN に等しいかあるいは等しくないかである。まず等しいとせよ。ところが円柱 $AΞ$ も円柱 EO に等しい。ところで同じ高さの円錐および円柱は互いに底面に比例する。それゆえ底面 $ABΓΔ$ も底面 $EZHΘ$ に等しい。ゆえに逆にして底面 $ABΓΔ$ が底面 $EZHΘ$ に対するように，高さ MN が高さ $KΛ$ に対する。次に高さ $ΛK$ が高さ MN に等しくなく，MN が大きいとし，そして高さ MN から $KΛ$ に等しい $ΠN$ が引き去られ，点 $Π$ を通り円 $EZHΘ$，PO の面に平行な平面 $TΥΣ$ によって円柱 EO が切られたとし，円 $EZHΘ$ を底面とし，$NΠ$ を高さとする円柱 $EΣ$ がつくられたと考えよ。そうすれば円柱 $AΞ$ は円柱 EO に等しいから，円柱 $AΞ$ が円柱 $EΣ$ に対するように，円柱 EO が円柱 $EΣ$ に対する。ところが円柱 $AΞ$ が円柱 $EΣ$ に対するように，底面 $ABΓΔ$ が底面 $EZHΘ$ に対する，なぜなら円柱 $AΞ$，$EΣ$ は同じ高さであるから。そして円柱 EO が円柱 $EΣ$ に対するように，高さ MN が高さ $ΠN$ に対する，なぜなら円柱 EO は相対する面に平行な平面によって切られたから。したがって底面 $ABΓΔ$ が底面 $EZHΘ$ に対するように，高さ MN が高さ $ΠN$ に対する。ところが高さ $ΠN$ は高さ $KΛ$ に等しい。それゆえ底面 $ABΓΔ$ が底面 $EZHΘ$ に対するように，高さ MN が高さ $KΛ$ に対する。ゆえに円柱 $AΞ$，EO の底面は高さに反比例する。

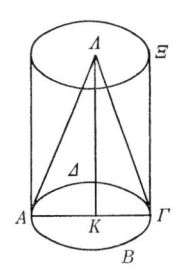

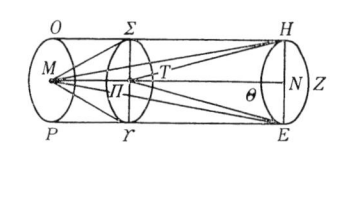

次に円柱 $AΞ$，EO の底面が高さに反比例し，底面 $ABΓΔ$ が底面 $EZHΘ$ に対するように，高さ MN が高さ $KΛ$ に対するとせよ。円柱 $AΞ$ は円柱 EO に等しいと主張する。

同じ作図がなされたとき，底面 $ABΓΔ$ が底面 $EZHΘ$ に対するように，高さ MN が高さ $KΛ$ に対し，高さ $KΛ$ は高さ $ΠN$ に等しいから，底面 $ABΓΔ$ が底面 $EZHΘ$ に対するように，高さ MN が高さ $ΠN$ に対する。ところが底面 $ABΓΔ$ が底面 $EZHΘ$ に対するように，円柱 $AΞ$ が円柱 $EΣ$ に対する，なぜなら同じ高さであるから。そして高さ MN が高さ $ΠN$ に対するように，円柱 EO が円柱 $EΣ$ に対する。それゆえ円柱 $AΞ$ が円柱 $EΣ$ に対するように，円柱 EO が円柱 $EΣ$ に対する。ゆえに円柱 $AΞ$ は円柱 EO に等しい。円錐においても同様である。これが証明すべきことであった。

16

同じ中心をもつ二つの円のうち大きい円に，等辺でかつ偶数辺の，小さい円に接しない多角形を内接させること。

$AB\Gamma\Delta$, $EZH\Theta$ を同じ中心 K をもつ二つの与えられた円とせよ。このとき大きい円 $AB\Gamma\Delta$ に，等辺でかつ偶数辺の，円 $EZH\Theta$ に接しない多角形を内接せねばならぬ。

中心 K を通り線分 $BK\Delta$ がひかれ，点 H から線分 $B\Delta$ に直角に HA がひかれ，Γ まで延長されたとせよ。そうすれば $A\Gamma$ は円 $EZH\Theta$ に接する。弧 $B A\Delta$ を2等分し，その半分を2等分し，これをたえずくりかえすと，$A\Delta$ より小さい弧を残すに至るであろう。残されたとし，それを $\Lambda\Delta$ とし，Λ から $B\Delta$ へ垂線 ΛM がひかれ，N まで延長され，$\Lambda\Delta$, ΔN が結ばれたとせよ。そうすれば $\Lambda\Delta$ は ΔN に等しい。そして ΛN は $A\Gamma$ に平行であり，$A\Gamma$ は円 $EZH\Theta$ に接するから，ΛN は円 $EZH\Theta$ に接しない。したがってなおさら $\Lambda\Delta$, ΔN は円 $EZH\Theta$ に接しない。もし線分 $\Lambda\Delta$ に等しい線分をつぎつぎに円 $AB\Gamma\Delta$ に挿入するならば，円 $AB\Gamma\Delta$ に，等辺でかつ偶数辺の，小さい円 $EZH\Theta$ に接しない多角形が内接するであろう。これが作図すべきものであった。

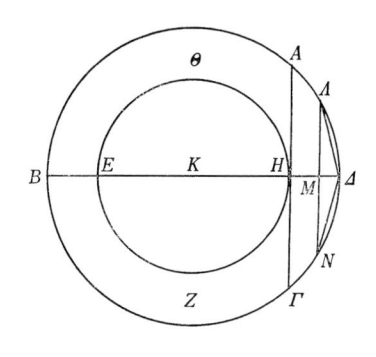

17

同じ中心をもつ二つの球のうち小さい球の表面に接しない多面体を大きい球に内接すること。

同じ中心をもつ二つの球が考えられたとせよ。このとき小さい球の表面に接しない多面体を大きい球に内接せねばならぬ。

球が中心を通る何らかの平面によって切られたとせよ。そうすれば切断面は円であろう，なぜなら直径を固定して半円が回転されるとき球が生じたのであるから。それゆえ半円をどのような位置にあると考えても，それを通って延長された平面は球の表面において円をつくる。そ

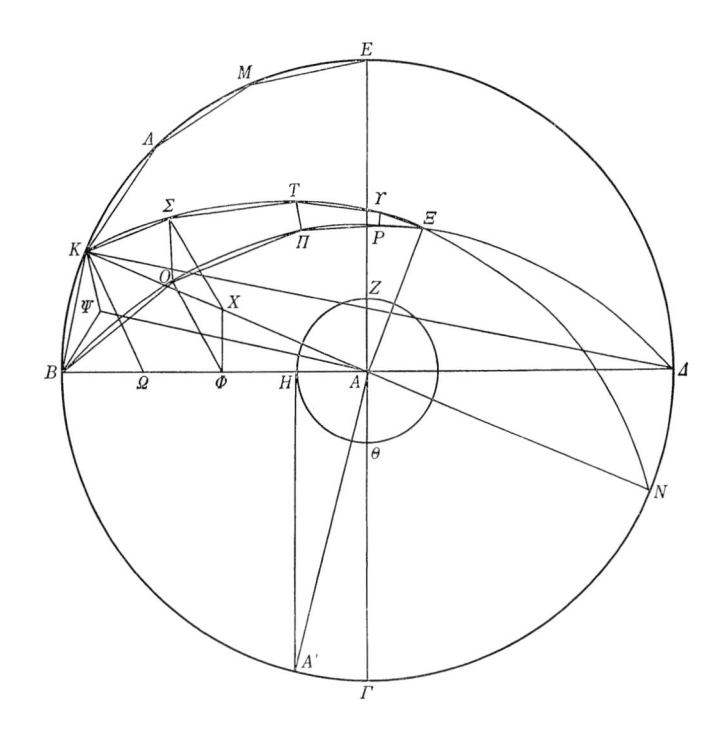

して最大であることも明らかである，なぜなら球の直径，それは明らかに半円および円の直径でもあるが，この直径は円または球の内部にひかれたすべての線分より大きいから．そこで $BΓΔE$ を大きい球の円，$ZHΘ$ を小さい球の円とし，それらの二つの直径 $BΔ$，$ΓE$ が互いに直角にひかれ，同じ中心をもつ二つの円 $BΓΔE$，$ZHΘ$ が与えられ，大きい円 $BΓΔE$ に，等辺でかつ偶数辺の，小さい円 $ZHΘ$ に接しない多角形が内接し，BK，$KΛ$，$ΛM$，ME が四分円 BE におけるその辺とされ，KA が結ばれ，N まで延長され，点 A から円 $BΓΔE$ の平面に垂直に $AΞ$ が立てられ，球の表面と $Ξ$ において交わるとし，$AΞ$ と $BΔ$，KN の双方を通る二つの平面がつくられたとせよ．そうすれば先に述べた理由により，それらは球の表面において最大の円をつくるであろう．それらをつくるとし，$BEΔ$，$KΞN$ を直径 $BΔ$，KN 上の半円とせよ．そうすれば $ΞA$ は円 $BΓΔE$ の平面に対し直角であるから，$ΞA$ を通るすべての平面も円 $BΓΔE$ の平面に対し垂直である．それゆえ半円 $BEΔ$，$KΞN$ も円 $BΓΔE$ の平面に対し垂直である．そして等しい直径 $BΔ$，KN 上にあるため，半円 $BEΔ$，$BEΔ$，$KΞN$ は等しいから，四分円 BE，$BΞ$，$KΞ$ も互いに等しい．ゆえに四分円 BE 内にある多角形の辺と同じ数の，線分 BK，$KΛ$，$ΛM$，ME に等しい線分が四分円 $BΞ$，$KΞ$ 内にもある．それらの線分が内接され，BO，$OΠ$，$ΠP$，$PΞ$ と $KΣ$，$ΣT$，$TΥ$，$ΥΞ$ とであるとし，$ΣO$，$TΠ$，

ΥP が結ばれたとし，O, Σ から円 $B\Gamma\Delta E$ の平面に垂線がひかれたとせよ．それらは平面の交線 $B\Delta$, KN 上におちるであろう，なぜなら $B\Xi\Delta$, $K\Xi N$ の平面も円 $B\Gamma\Delta E$ の平面に直角であるから．おちるものとし，それを $O\Phi$, ΣX とし，$X\Phi$ が結ばれたとせよ．そうすれば等しい半円 $B\Xi\Delta$, $K\Xi N$ において等しい線分 BO, $K\Sigma$ が切りとられ，垂線 $O\Phi$, ΣX がひかれたから，$O\Phi$ は ΣX に，$B\Phi$ は KX に等しい．ところが BA 全体も KA 全体に等しい．したがって残りの ΦA も残りの XA に等しい．それゆえ $B\Phi$ が ΦA に対するように，KX が XA に対する．ゆえに $X\Phi$ は KB に平行である．そして線分 $O\Phi$, ΣX の双方は円 $B\Gamma\Delta E$ の平面に垂直であるから，$O\Phi$ は ΣX に平行である．ところがそれらに等しいことも証明された．したがって $X\Phi$, ΣO も等しく平行である．そして $X\Phi$ は ΣO に，$X\Phi$ は KB に平行であるから，ΣO も KB に平行である．そして BO, $K\Sigma$ はそれらを結ぶ．それゆえ四辺形 $KBO\Sigma$ は一平面上にある，なぜならもし 2 線分が平行であり，それらの双方の上に任意の点がとられるならば，それらの点を結ぶ線分は平行線と同じ平面上にあるから．同じ理由で四辺形 $\Sigma O\Pi T$, $T\Pi P\Upsilon$ の双方も一平面上にある．ところが三角形 $\Upsilon P\Xi$ も一平面上にある．そこでもし点 O, Σ, Π, T, P, Υ から A へ線分が結ばれたと考えるならば，弧 $B\Xi$, $K\Xi$ の間に四辺形 $KBO\Sigma$, $\Sigma O\Pi T$, $T\Pi P\Upsilon$ と三角形 $\Upsilon P\Xi$ を底面とし，点 A を頂点とする角錐から成るある多面体がつくられるであろう．そしてもし辺 $K\Delta$, ΔM, ME のおのおのの上にも，さらに残りの三つの四分円の上にも，BK 上におけると同じ作図をなせば，これらの四辺形と三角形 $\Upsilon P\Xi$ と，それらに対応するものを底面とし，点 A を頂点とする角錐から成り，球に内接するある多面体がつくられるであろう．

この多面体は円 $ZH\Theta$ をふくむ小さい球の表面に接しないであろうと主張する．

点 A から四辺形 $KBOZ$ の平面へ垂線 $A\Psi$ がひかれ，点 Ψ において平面と交わるとし，ΨB, ΨK が結ばれたとせよ．そうすれば $A\Psi$ は四辺形 $KBO\Sigma$ の平面に垂直であるから，それと会しかつ四辺形の面上にあるすべての線分に対しても直角である．それゆえ $A\Psi$ は線分 $B\Psi$, ΨK の双方に垂直である．そして AB は AK に等しいから，AB 上の正方形も AK 上の正方形に等しい．そして Ψ における角が直角であるから，$A\Psi$, ΨB 上の正方形の和は AB 上の正方形に等しい．ところが $A\Psi$, ΨK 上の正方形の和は AK 上の正方形に等しい．それゆえ $A\Psi$, ΨB 上の正方形の和は $A\Psi$, ΨK 上の正方形の和に等しい．$A\Psi$ 上の正方形が双方から引き去られたとせよ．そうすれば残りの $B\Psi$ 上の正方形は残りの ΨK 上の正方形に等しい．それゆえ $B\Psi$ は ΨK に等しい．同様にして Ψ と O, Σ を結ぶ線分は線分 $B\Psi$, ΨK の双方に等しいことを証明しうる．ゆえに Ψ を中心とし，ΨB, ΨK の一つを半径として描かれた円は O, Σ をも通り，$KBO\Sigma$ は円のうちにある四辺形であろう．

そして KB は $X\Phi$ より大きく，$X\Phi$ は ΣO に等しいから，KB は ΣO より大きい．と

ところが KB は $K\Sigma$, BO の双方に等しい。それゆえ $K\Sigma$, BO の双方も ΣO より大きい。そして $KBO\Sigma$ は円のうちなる四辺形であり, KB, BO, $K\Sigma$ は等しく, $O\Sigma$ は小さく, $B\Psi$ は円の半径であるから, KB 上の正方形は $B\Psi$ 上の正方形の2倍より大きい。K から $B\Phi$ へ垂線 $K\Omega$ がひかれたとせよ。そうすれば $B\varDelta$ は $\varDelta\Omega$ の2倍より小さく, $B\varDelta$ が $\varDelta\Omega$ に対するように, 矩形 $\varDelta B$, $B\Omega$ が矩形 $\varDelta\Omega$, ΩB に対するから, もし $B\Omega$ 上に正方形が描かれ, $\Omega\varDelta$ 上の平行四辺形が完結されたならば, 矩形 $\varDelta B$, $B\Omega$ は矩形 $\varDelta\Omega$, ΩB の2倍より小さい。そして $K\varDelta$ が結ばれると, 矩形 $\varDelta B$, $B\Omega$ は BK 上の正方形に等しく, 矩形 $\varDelta\Omega$, ΩB は $K\Omega$ 上の正方形に等しい。ゆえに KB 上の正方形は $K\Omega$ 上の正方形の2倍より小さい。ところが KB 上の正方形は $B\Psi$ 上の正方形の2倍より大きい。したがって $K\Omega$ 上の正方形は $B\Psi$ 上の正方形より大きい。そして BA は KA に等しいから, BA 上の正方形は AK 上の正方形に等しい。そして $B\Psi$, ΨA 上の正方形の和は BA 上の正方形に等しく, $K\Omega$, ΩA 上の正方形の和は KA 上の正方形に等しい。それゆえ $B\Psi$, ΨA 上の正方形の和は $K\Omega$, ΩA 上の正方形の和に等しく, そのうち $K\Omega$ 上の正方形は $B\Psi$ 上の正方形より大きい。ゆえに残りの ΩA 上の正方形は ΨA 上の正方形より小さい。したがって $A\Psi$ は $A\Omega$ より大きい。それゆえなおさら $A\Psi$ は AH より大きい。そして $A\Psi$ は多面体の底面の一つに対して, AH は小さい球の表面に対して下された垂線である。したがって多面体は小さい球の表面に接しない。

よって同じ中心をもつ二つの球のうち小さい球の表面に接しない多面体が大きい球に内接された。これが作図すべきものであった。

系

ところでもし球 $B\varGamma\varDelta E$ 内の多面体と相似な多面体をもう一方の球に内接すると, 球 $B\varGamma\varDelta E$ 内の多面体はもう一方の球内の多面体に対し, 球 $B\varGamma\varDelta E$ の直径がもう一方の球の直径に対する3乗の比をもつ。なぜなら二つの立体が同じ個数の相似な位置にある角錐に分けられるとき, それらの角錐は相似になるであろう。ところが相似な角錐は互いに対応する辺の3乗の比をなす。それゆえ四辺形 $KBO\Sigma$ を底面とし, 点 A を頂点とする角錐はもう一方の球における相似な位置にある角錐に対し, 対応する辺が対応する辺に対する, すなわち A を中心とする球の半径 AB がもう一方の球の半径に対する比の3乗の比をもつ。同様にして A を中心とする球内のおのおのの角錐はもう一方の球内の相似な位置にある角錐のおのおのに対し, AB がもう一方の球の半径に対する比の3乗の比をもつ。そして前項の一つが後項の一つに対するように, 前項の総和が後項の総和に対する。ゆえに A を中心とする球内の多面体の全体はもう一方の球内の多面体の全体に対し, AB がもう一方の球の半径に対する, すなわち直径

$B\varDelta$ がもう一方の球の直径に対する比の 3 乗の比をもつ。

～ 18 ～

球は互いにそれぞれの直径の 3 乗の比をもつ。

球 $AB\varGamma$, $\varDelta EZ$ が考えられたとし, $B\varGamma$, EZ をそれらの直径とせよ。球 $AB\varGamma$ は球 $\varDelta EZ$ に対し, $B\varGamma$ が EZ に対する比の 3 乗の比をもつと主張する。

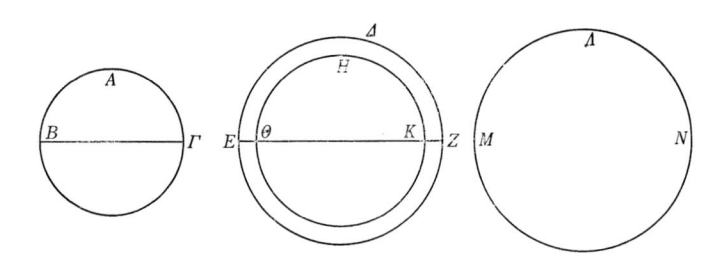

もし球 $AB\varGamma$ が球 $\varDelta EZ$ に対し, $B\varGamma$ が EZ に対する比の 3 乗の比をもたないならば, 球 $AB\varGamma$ は球 $\varDelta EZ$ より小さいものあるいは大きいものに対し, $B\varGamma$ が EZ に対する比の 3 乗の比をもつであろう。まず小さい $H\varTheta K$ に対してもつとし, $H\varTheta K$ と同じ中心をもつ $\varDelta EZ$ が考えられ, 大きい球 $\varDelta EZ$ に小さい球 $H\varTheta K$ の表面に接しない多面体が内接し, そして球 $AB\varGamma$ にも球 $\varDelta EZ$ 内の多面体に相似な多面体が内接するとせよ。そうすれば $AB\varGamma$ 内の多面体は $\varDelta EZ$ 内の多面体に対し, $B\varGamma$ が EZ に対する比の 3 乗の比をもつ。ところが球 $AB\varGamma$ も球 $H\varTheta K$ に対し, $B\varGamma$ が EZ に対する比の 3 乗の比をもつ。ゆえに球 $AB\varGamma$ が球 $H\varTheta K$ に対するように, 球 $AB\varGamma$ 内の多面体が球 $\varDelta EZ$ 内の多面体に対する。いれかえて球 $AB\varGamma$ がそのうちなる多面体に対するように, 球 $H\varTheta K$ が球 $\varDelta EZ$ 内の多面体に対する。ところが球 $AB\varGamma$ はそのうちなる多面体より大きい。したがって球 $H\varTheta K$ も球 $\varDelta EZ$ 内の多面体より大きい。ところが小さくもある, なぜならそれにふくまれるから。それゆえ球 $AB\varGamma$ は球 $\varDelta EZ$ より小さいものに対し, 直径 $B\varGamma$ が EZ に対する比の 3 乗の比をもたない。同様にして球 $\varDelta EZ$ も球 $AB\varGamma$ より小さいものに対し, EZ が $B\varGamma$ に対する比の 3 乗の比をもたないことを証明しうる。

次に球 $AB\varGamma$ は球 $\varDelta EZ$ より大きいものに対しても, $B\varGamma$ が EZ に対する比の 3 乗の比をもたないと主張する。

もし可能ならば, 大きい $\varLambda MN$ に対してもつとせよ。そうすれば逆にして球 $\varLambda MN$ は球

$AB\varGamma$ に対し，直径 EZ が直径 $B\varGamma$ に対する比の 3 乗の比をもつ．ところが $\varLambda MN$ は $\varDelta EZ$ より大きいから，先に証明されたように，球 $\varLambda MN$ が球 $AB\varGamma$ に対するように，球 $\varDelta EZ$ が球 $AB\varGamma$ より小さいものに対する．ゆえに球 $\varDelta EZ$ も球 $AB\varGamma$ より小さいものに対し，EZ が $B\varGamma$ に対する比の 3 乗の比をもつ．これは不可能になることが証明された．したがって球 $AB\varGamma$ は球 $\varDelta EZ$ より大きい球に対し，$B\varGamma$ が EZ に対する比の 3 乗の比をもたない．ところが小さいものに対してももたないことが証明された．よって球 $AB\varGamma$ は球 $\varDelta EZ$ に対し，$B\varGamma$ が EZ に対する比の 3 乗の比をもつ．これが証明すべきことであった．

第 13 巻

1

もし線分が外中比に分けられるならば，大きい部分に全体の半分を加えたものの上の正方形は半分の上の正方形の5倍である。

線分 AB が点 $\varGamma$ において外中比に分けられたとし，$A\varGamma$ を大きい部分とし，線分 $A\varDelta$ が $\varGamma A$ と一直線をなして延長され，$A\varDelta$ が AB の半分とせよ。$\varGamma\varDelta$ 上の正方形は $\varDelta A$ 上の正方形の5倍であると主張する。

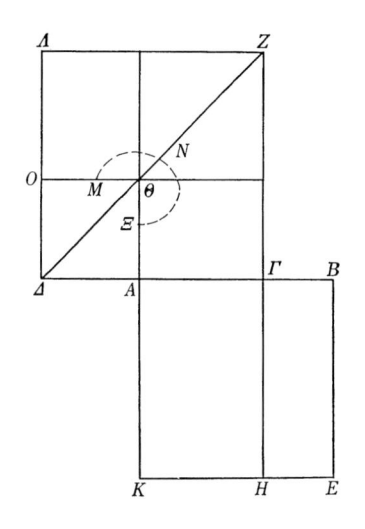

AB, $\varDelta\varGamma$ 上に正方形 AE, $\varDelta Z$ が描かれ，$\varDelta Z$ 内に作図がなされ，$Z\varGamma$ が H まで延長されたとせよ。そうすれば AB は $\varGamma$ において外中比に分けられたから，矩形 $AB\varGamma$ は $A\varGamma$ 上の正方形に等しい。そして矩形 $AB\varGamma$ は $\varGamma E$ であり，$A\varGamma$ 上の正方形は $Z\varTheta$ である。それゆえ $\varGamma E$ は $Z\varTheta$ に等しい。そして BA は $A\varDelta$ の2倍であり，BA は KA に，$A\varDelta$ は $A\varTheta$ に等しいから，KA は $A\varTheta$ の2倍である。ところが KA が $A\varTheta$ に対するように，$\varGamma K$ が $\varGamma\varTheta$ に対する。ゆえに $\varGamma K$ は $\varGamma\varTheta$ の2倍である。ところが $\varLambda\varTheta$, $\varTheta\varGamma$ の和も $\varGamma\varTheta$ の2倍である。したがって $K\varGamma$ は $\varLambda\varTheta$, $\varTheta\varGamma$ の和に等しい。ところが $\varGamma E$ が $\varTheta Z$ に等しいことも先に証明された。したがって正方形 AE 全体はグノーモーン $MN\varXi$ に等しい。そして BA は $A\varDelta$ の2倍であるから，BA 上の正方形は $A\varDelta$ 上の正方形の，すなわち AE は $\varDelta O$ の，4倍に等しい。ところが AE はグノーモーン $MN\varXi$ に等しい。それゆえグノーモーン $MN\varXi$ も AO の4倍である。ゆえに $\varDelta Z$ 全体は AO の5倍である。そして $\varDelta Z$ は $\varDelta\varGamma$ 上の正方形，AO は $\varDelta A$ 上の正方形である。したがって $\varGamma\varDelta$ 上の正方形は $\varDelta A$ 上の正方形の5倍である。

よってもし線分が外中比に分けられるならば，大きい部分に全体の半分を加えたものの上の正方形は半分の上の正方形の5倍である。

2

もし線分の上の正方形がその線分の一つの部分の上の正方形の5倍であり，この部分の2倍が外中比に分けられるならば，その大きい部分は最初の線分の残りの部分である。

線分 AB 上の正方形がその線分の部分 $A\Gamma$ 上の正方形の5倍であるとし，$\Gamma\varDelta$ が $A\Gamma$ の2倍であるとせよ。$\Gamma\varDelta$ が外中比に分けられるならば，その大きい部分は ΓB であると主張する。

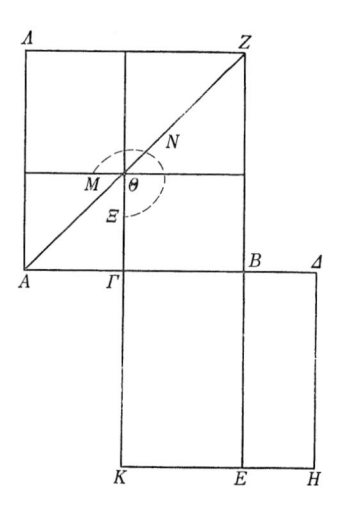

AB, $\Gamma\varDelta$ の双方の上に正方形 AZ, ΓH が描かれ，AZ 内に先の作図がなされ，BE がひかれたとせよ。そうすれば BA 上の正方形は $A\Gamma$ 上の正方形の5倍であるから，AZ は $A\Theta$ の5倍である。それゆえグノーモーン $MN\varXi$ は $A\Theta$ の4倍である。そして $\varDelta\Gamma$ は ΓA の2倍であるから，$\varDelta\Gamma$ 上の正方形は ΓA 上の正方形の，すなわち ΓH は $A\Theta$ の4倍である。ところがグノーモーン $MN\varXi$ が $A\Theta$ の4倍なることも証明された。ゆえにグノーモーン $MN\varXi$ は ΓH に等しい。そして $\varDelta\Gamma$ は ΓA の2倍であり，$\varDelta\Gamma$ は ΓK に，$A\Gamma$ は $\Gamma\Theta$ に等しいから，KB も $B\Theta$ の2倍である。ところが $\varLambda\Theta$, ΘB の和も ΘB の2倍である。したがって KB は $\varLambda\Theta$, ΘB の和に等しい。ところがグノーモーン $MN\varXi$ 全体も ΓH 全体に等しいことが証明された。それゆえ残りの ΘZ も BH に等しい。そして $\Gamma\varDelta$ は $\varDelta H$ に等しいから，BH は矩形 $\Gamma\varDelta B$ である。ところが ΘZ は ΓB 上の正方形である。ゆえに矩形 $\Gamma\varDelta B$ は ΓB 上の正方形に等しい。したがって $\varDelta\Gamma$ が ΓB に対するように，ΓB が $B\varDelta$ に対する。ところが $\varDelta\Gamma$ は ΓB より大きい。それゆえ ΓB も $B\varDelta$ より大きい。ゆえに線分 $\Gamma\varDelta$ が外中比に分けられるならば，ΓB はその大きい部分である。

よってもし線分上の正方形がその線分の一つの部分の上の正方形の5倍であり，この部分の2倍が外中比に分けられるならば，その大きい部分は最初の線分の残りの部分である。これが証明すべきことであった。

補 助 定 理

また $A\Gamma$ の2倍が $B\Gamma$ より大きいことは次のようにして証明されるべきである。

もし大きくないならば，可能ならば，$B\Gamma$ が ΓA の2倍であるとせよ。そうすれば $B\Gamma$ 上の正方形は ΓA 上の正方形の4倍である。ゆえに $B\Gamma$, ΓA 上の正方形は ΓA 上の正方形の5倍である。ところが BA 上の正方形も ΓA 上の正方形の5倍であることが仮定されている。したがって BA 上の正方形は $B\Gamma$, ΓA 上の正方形の和に等しい。これは不可能である。それゆえ ΓB は $A\Gamma$ の2倍ではない。同様にして ΓB より小さいものも ΓA の2倍でないことを証明しうる。なぜならなおさら不合理であるから。

よって $A\Gamma$ の2倍は ΓB より大きい。これが証明すべきことであった。

∽ 3 ⌒

もし線分が外中比に分けられるならば，小さい部分と，大きい部分の半分とを加えたものの上の正方形は大きい部分の半分の上の正方形の5倍である。

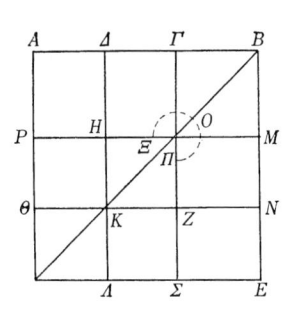

任意の線分 AB が点 Γ において外中比に分けられ，$A\Gamma$ がその大きい部分とし，$A\Gamma$ が $\varDelta$ において2等分されたとせよ。$B\varDelta$ 上の正方形が $\varDelta\Gamma$ 上の正方形の5倍であると主張する。

AB 上に正方形 AE が描かれ，先の作図が二重にくりかえされたとせよ。$A\Gamma$ は $\varDelta\Gamma$ の2倍であるから，$A\Gamma$ 上の正方形は $\varDelta\Gamma$ 上の正方形の，すなわち $P\varSigma$ は ZH の4倍である。そして矩形 $AB\Gamma$ は ΓE であるから，ΓE は $P\varSigma$ に等しい。ところが $P\varSigma$ は ZH の4倍である。それゆえ ΓE も ZH の4倍である。また $A\varDelta$ は $\varDelta\Gamma$ に等しく，$\varTheta K$ も KZ に等しい。ゆえに正方形 HZ も正方形 $\varTheta\varLambda$ に等しい。したがって HK は $K\varLambda$ に，すなわち MN は NE に等しい。それゆえ MZ も ZE に等しい。ところが MZ は ΓH に等しい。ゆえに ΓH も ZE に等しい。双方に ΓN が加えられたとせよ。そうすればグノーモーン $\varXi O\varPi$ は ΓE に等しい。ところが ΓE は HZ の4倍なることが証明された。それゆえグノーモーン $\varXi O\varPi$ も正方形 ZH の4倍である。ゆえにグノーモーン $\varXi O\varPi$ と正方形 ZH の和は ZH の5倍である。ところがグノーモーン $\varXi O\varPi$ と正方形 ZH の和は $\varDelta N$ である。そして $\varDelta N$ は $\varDelta B$ 上の正方形，HZ は $\varDelta\Gamma$ 上の正方形

である。よって $\varDelta B$ 上の正方形は $\varDelta \varGamma$ 上の正方形の5倍である。これが証明すべきことであった。

4

もし線分が外中比に分けられるならば、全体の上の正方形と小さい部分の上の正方形との和は大きい部分の上の正方形の3倍である。

AB が線分であるとし、$\varGamma$ において外中比に分けられたとし、$A\varGamma$ をその大きい部分とせよ。AB, $B\varGamma$ 上の正方形の和は $\varGamma A$ 上の正方形の3倍であると主張する。

AB 上に正方形 $A\varDelta EB$ が描かれ、先の作図がなされたとせよ。そうすれば AB は $\varGamma$ において外中比に分けられ、$A\varGamma$ がその大きい部分であるから、矩形 $AB\varGamma$ は $A\varGamma$ 上の正方形に等しい。そして矩形 $AB\varGamma$ は AK であり、$A\varGamma$ 上の正方形は $\varTheta H$ である。それゆえ AK は $\varTheta H$ に等しい。そして AZ も ZE に等しいから、双方に $\varGamma K$ が加えられたとせよ。そうすれば AK 全体は $\varGamma E$ 全体に等しい。ゆえに AK, $\varGamma E$ の和は AK の2倍である。ところが AK, $\varGamma E$ の和はグノーモーン $\varLambda MN$ と正方形 $\varGamma K$ の和である。したがってグノーモーン $\varLambda MN$ と正方形 $\varGamma K$ の和は AK の2倍である。ところが AK が $\varTheta H$ に等しいことも証明された。それゆえグノーモーン $\varLambda MN$ と正方形 $\varGamma K$, $\varTheta H$ の和は正方形 $\varTheta H$ の3倍である。そしてグノーモーン $\varLambda MN$ と正方形 $\varGamma K$, $\varTheta H$ の和は正方形 AE 全体と $\varGamma K$ との和であり、それは AB, $B\varGamma$ 上の正方形の和であり、$H\varTheta$ は $A\varGamma$ 上の正方形である。ゆえに AB, $B\varGamma$ 上の正方形の和は $A\varGamma$ 上の正方形の3倍である。これが証明すべきことであった。

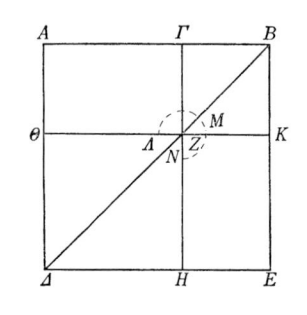

5

もし線分が外中比に分けられ、それに大きい部分に等しい線分が加えられるならば、全体の線分は外中比に分けられ、もとの線分がその大きい部分である。

線分 AB が点 $\varGamma$ において外中比に分けられたとし、$A\varGamma$ をその大きい部分とし、

$A\varDelta$ を $A\varGamma$ に等しくせよ。線分 $\varDelta B$ は A において外中比に分けられ，もとの線分 AB がその大きい部分であると主張する。

AB 上に正方形 AE が描かれ，先の作図がなされたとせよ。AB は $\varGamma$ において外中比に分けられたから，矩形 $AB\varGamma$ は $A\varGamma$ 上の正方形に等しい。そして矩形 $AB\varGamma$ は $\varGamma E$ であり，$A\varGamma$ 上の正方形は $\varGamma\varTheta$ である。それゆえ $\varGamma E$ は $\varTheta\varGamma$ に等しい。ところが $\varTheta E$ は $\varGamma E$ に等しく，$\varDelta\varTheta$ は $\varTheta\varGamma$ に等しい。したがって $\varDelta\varTheta$ も $\varTheta E$ に等しい。それゆえ $\varDelta K$ 全体は $\varDelta E$ 全体に等しい。そして $A\varDelta$ は $\varDelta\varLambda$ に等しいから，$\varDelta K$ は矩形 $B\varDelta$, $\varDelta A$ である。ところが AE は AB 上の正方形である。ゆえに矩形 $B\varDelta A$ は AB 上の正方形に等しい。したがって $\varDelta B$ が BA に対するように，BA が $A\varDelta$ に対する。ところが $\varDelta B$ は BA より大きい。ゆえに BA も $A\varDelta$ より大きい。

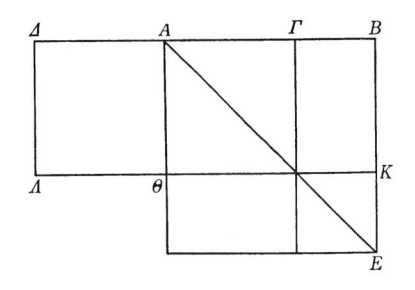

よって $\varDelta B$ は A において外中比に分けられ，AB はその大きい部分である。これが証明すべきことであった。

⋗ 6 ⋖

もし有理線分が外中比に分けられるならば，二つの部分の双方は余線分とよばれる無理線分である。

AB を有理線分とし，$\varGamma$ において外中比に分けられたとし，$A\varGamma$ をその大きい部分とせよ。$A\varGamma$, $\varGamma B$ のおのおのは余線分とよばれる無理線分であると主張する。

BA が延長され，$A\varDelta$ を BA の半分とせよ。そうすれば線分 AB は $\varGamma$ において外中比に分けられ，大きい部分 $A\varGamma$ に AB の半分である $A\varDelta$ が加えられたから，$\varGamma\varDelta$ 上の正方形は $\varDelta A$ 上の正方形の5倍である。それゆえ $\varGamma\varDelta$ 上の正方形は $\varDelta A$ 上の正方形に対して，数が数に対する比をもつ。ゆえに $\varGamma\varDelta$ 上の正方形は $\varDelta A$ 上の正方形と通約できる。ところが $\varDelta A$ 上の正方形は有理である。なぜなら $\varDelta A$ は有理線分 AB の半分であるため有理であるから。したがって $\varGamma\varDelta$ 上の正方形も有理面積である。それゆえ $\varGamma\varDelta$ も有理線分である。そして $\varGamma\varDelta$ 上の正方形は $\varDelta A$ 上の正方形に対し，平方数が平方数に対する比をもたないから，$\varGamma\varDelta$ は $\varDelta A$ と長さにおいて通約できない。ゆえに $\varGamma\varDelta$, $\varDelta A$ は平方においてのみ通約できる有理線分であ

る。したがって $A\varGamma$ は余線分である。また AB は外中比に分けられ，$A\varGamma$ はその大きい部分であるから，矩形 AB, $B\varGamma$ は $A\varGamma$ 上の正方形に等しい。それゆえ余線分 $A\varGamma$ 上の正方形に等しい矩形が有理線分 AB 上につくられると $B\varGamma$ を幅とする。ところが余線分上の正方形に等しい矩形が有理線分上につくられると第1の余線分を幅とする。ゆえに $\varGamma B$ は第1の余線分である。ところが $\varGamma A$ も余線分なることが証明された。

よってもし有理線分が外中比に分けられるならば，二つの部分の双方は余線分とよばれる無理線分である。これが証明すべきことであった。

7

もし等辺五角形の隣りあうまたは隣りあわない三つの角が等しければ，五角形は等角であろう。

等辺五角形 $AB\varGamma \varDelta E$ の，まず隣りあう三つの角 A, B, $\varGamma$ が互いに等しいとせよ。五角形 $AB\varGamma \varDelta E$ は等角であると主張する。

$A\varGamma$, BE, $Z\varDelta$ が結ばれたとせよ。そうすれば2辺 $\varGamma B$, BA は2辺 BA, AE にそれぞれ等しく，角 $\varGamma BA$ も角 BAE に等しいから，底辺 $A\varGamma$ は底辺 BE に，三角形 $AB\varGamma$ も三角形 ABE に，残りの角も残りの角に，等しい辺が対する角は等しい，すなわち角 $B\varGamma A$ は角 BEA に，角 ABE は角 $\varGamma AB$ に等しいであろう。それゆえ辺 AZ も辺 BZ に等しい。ところが $A\varGamma$ 全体が BE 全体に等しいことも先に証明された。ゆえに残りの $Z\varGamma$ も残りの ZE に等しい。ところが $\varGamma \varDelta$ も $\varDelta E$ に等しい。したがって2辺 $Z\varGamma$, $\varGamma \varDelta$ は2辺 ZE, $E\varDelta$ に等しい。そして $Z\varDelta$ はそれらの共通の底辺である。それゆえ角 $Z\varGamma \varDelta$ は角 $ZE\varDelta$ に等しい。ところが角 $B\varGamma A$ も角 AEB に等しいことが証明された。ゆえに角 $B\varGamma \varDelta$ 全体は角 $AE\varDelta$ 全体に等しい。ところが角 $B\varGamma \varDelta$ は A, B における角に等しいことが仮定されている。ゆえに角 $AE\varDelta$ も A, B における角に等しい。同様にして角 $\varGamma \varDelta E$ も A, B, $\varGamma$ における角に等しいことを証明しうる。したがって五角形 $AB\varGamma \varDelta E$ は等角である。

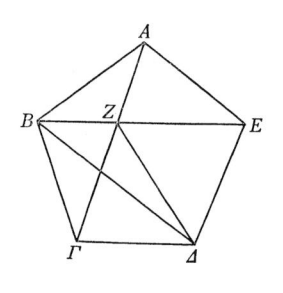

次に隣りあう角が等しいのではなく，点 A, $\varGamma$, $\varDelta$ における角が等しいとせよ。この場合も五角形 $AB\varGamma \varDelta E$ は等角であると主張する。

$B\varDelta$ が結ばれたとせよ。2辺 BA, AE は2辺 $B\varGamma$, $\varGamma \varDelta$ に等しく，等しい角をはさむから，底辺 BE は底辺 $B\varDelta$ に等しく，三角形 ABE も三角形 $B\varGamma \varDelta$ に等しく，残りの角も残

りの角に，すなわち等しい辺が対する角は等しいであろう。それゆえ角 AEB は角 $\varGamma \varDelta B$ に等しい。ところが辺 BE が辺 $B\varDelta$ に等しいから，角 $BE\varDelta$ も角 $B\varDelta E$ に等しい。ゆえに角 $AE\varDelta$ 全体は角 $\varGamma \varDelta E$ 全体に等しい。ところが角 $\varGamma \varDelta E$ は $A, \varGamma$ における角に等しいことが仮定されている。したがって角 $AE\varDelta$ も $A, \varGamma$ における角に等しい。同じ理由で角 $AB\varGamma$ も $A, \varGamma, \varDelta$ における角に等しい。ゆえに五角形 $AB\varGamma \varDelta E$ は等角である。これが証明すべきことであった。

～ 8 ～

もし等辺等角な五角形において二つの線分が隣りあう二つの角を張るならば，それらは相互に外中比に分けあい，それらの大きい部分は五角形の辺に等しい。

等辺等角な五角形 $AB\varGamma \varDelta E$ において，点 $\varTheta$ で互いに交わる線分 $A\varGamma, BE$ が隣りあう2角 A, B を張るとせよ。2線分の双方は点 $\varTheta$ において外中比に分けられ，それらの大きい部分は五角形の辺に等しいと主張する。

五角形 $AB\varGamma \varDelta E$ に円 $AB\varGamma \varDelta E$ が外接するとせよ。そうすれば2線分 EA, AB は2線分 $AB, B\varGamma$ に等しく，等しい角をはさむから，底辺 BE は底辺 $A\varGamma$ に等しく，三角形 ABE は三角形 $AB\varGamma$ に等しく，残りの角は残りの角に，すなわち等しい辺が対する角はそれぞれ等しいであろう。それゆえ角 $BA\varGamma$ は角 ABE に等しい。ゆえに角 $A\varTheta E$ は角 $BA\varTheta$ の2倍である。ところが角 $EA\varGamma$ も角 $BA\varGamma$ の2倍である，なぜなら弧 $E\varDelta \varGamma$ も弧 $\varGamma B$ の2倍であるから。したがって角 $\varTheta AE$ は角 $A\varTheta E$ に等しい。それゆえ線分 $\varTheta E$ も EA に，すなわち AB に等しい。そして線分 BA は AE に等しいから，角 ABE も AEB に等しい。ところが角 ABE は角 $BA\varTheta$ に等しいことが先に証明された。ゆえに角 BEA も $BA\varTheta$ に等しい。そして角 ABE は二つの三角形 $ABE, AB\varTheta$ に共通である。したがって残りの角 BAE は残りの角 $A\varTheta B$ に等しい。それゆえ三角形 ABE は三角形 $AB\varTheta$ に等角である。ゆえに比例し，EB が BA に対するように，AB が $B\varTheta$ に対する。ところが BA は $E\varTheta$ に等しい。したがって BE が $E\varTheta$ に対するように，$E\varTheta$ が $\varTheta B$ に対する。ところが BE は $E\varTheta$ より大きい。それゆえ $E\varTheta$ も $\varTheta B$ より大きい。ゆえに BE は $\varTheta$ において外中比に分けられ，大きい部分 $\varTheta E$ は五角形の辺に等しい。同様にして $A\varGamma$ も $\varTheta$ において外中比に分けられ，その大きい部分 $\varGamma \varTheta$ は五角形の

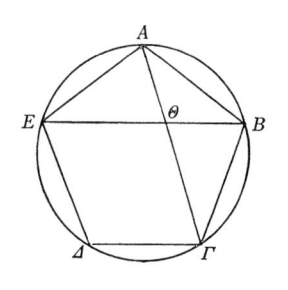

辺に等しいことを証明しうる。これが証明すべきことであった。

❦ 9 ❦

もし同一の円に内接する等辺六角形の辺と等辺十角形の辺とが加えられるならば，全体の線分は外中比に分けられ，その大きい部分は等辺六角形の辺である。

$ABΓ$ を円とし，円 $ABΓ$ に内接する図形のうち，$BΓ$ を等辺十角形の辺とし，$ΓΔ$ を等辺六角形の辺とし，それらが一直線をなすようにせよ。全体の線分 $BΔ$ は外中比に分けられ，$ΓΔ$ はその大きい部分であると主張する。

円の中心，点 E がとられ，EB, $EΓ$, $EΔ$ が結ばれ，BE が A まで延長されたとせよ。$BΓ$ は正十角形の辺であるから，弧 $AΓB$ は弧 $BΓ$ の5倍である。それゆえ弧 $AΓ$ は弧 $ΓB$ の4倍である。ところが弧 $AΓ$ が $ΓB$ に対するように，角 $AEΓ$ が角 $ΓEB$ に対する。ゆえに角 $AEΓ$ は角 $ΓEB$ の4倍である。そして角 $EBΓ$ は角 $EΓB$ に等しいから，角 $AEΓ$ は角 $EΓB$ の2倍である。そして線分 $EΓ$ は $ΓΔ$ に等しい，なぜならそれらの双方は円 $ABΓ$ に内接する等辺六角形の辺であるから。したがって角 $ΓEΔ$ も角 $ΓΔE$ に等しい。それゆえ角 $EΓB$ は角 $EΔΓ$ の2倍である。ところが角 $AEΓ$ は角 $EΓB$ の2倍であることが先に証明された。ゆえに角 $AEΓ$ は角 $EΔΓ$ の4倍である。ところが角 $AEΓ$ は角 $BEΓ$ の4倍であることも証明された。したがって角 $EΔΓ$ は角 $BEΓ$ に等しい。ところが角 $EBΔ$ は二つの三角形 $BEΓ$ と $BEΔ$ に共通である。それゆえ残りの角 $BEΔ$ も角 $EΓB$ に等しい。ゆえに三角形 $EBΔ$ は三角形 $EBΓ$ に等角である。したがって比例し，$ΔB$ が BE に対するように，EB が $BΓ$ に対する。ところが EB は $ΓΔ$ に等しい。それゆえ $BΔ$ が $ΔΓ$ に対するように，$ΔΓ$ が $ΓB$ に対する。ところが $BΔ$ は $ΔΓ$ より大きい。ゆえに $ΔΓ$ も $ΓB$ より大きい。したがって線分 $BΔ$ は外中比に分けられ，$ΔΓ$ はその大きい部分である。これが証明すべきことであった。

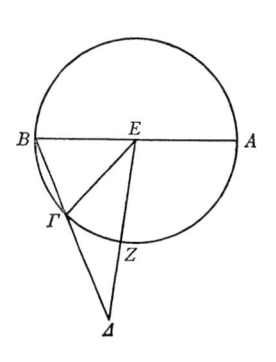

❦ 10 ❦

もし等辺五角形が円に内接するならば，その五角形の辺の上の正方形は同じ円に内接す

る等辺六角形の辺と等辺十角形の辺の上の二つの正方形の和に等しい。

$AB\varGamma\varDelta E$ を円とし，円 $AB\varGamma\varDelta E$ に等辺五角形 $AB\varGamma\varDelta E$ が内接するとせよ。五角形 $AB\varGamma\varDelta E$ の辺の上の正方形は円 $AB\varGamma\varDelta E$ に内接する等辺六角形の辺と等辺十角形の辺の上の二つの正方形の和に等しいと主張する。

円の中心，点 Z がとられ，AZ が結ばれ，点 H まで延長され，ZB が結ばれ，Z から AB へ垂線 $Z\varTheta$ がひかれ，K まで延長され，AK, KB が結ばれ，また Z から AK へ垂線 $Z\varLambda$ がひかれ，M まで延長され，KN が結ばれたとせよ。弧 $AB\varGamma H$ は弧 $AE\varDelta H$ に等しく，そのうち $AB\varGamma$ は $AE\varDelta$ に等しいから，残りの弧 $\varGamma H$ は残りの $H\varDelta$ に等しい。ところが $\varGamma\varDelta$ は等辺五角形の辺である。それゆえ $\varGamma H$ は等辺十角形の辺である。そして ZA は ZB に等しく，$Z\varTheta$ は垂線であるから，角 AZK も角 KZB に等しい。ゆえに弧 AK も KB に等しい。したがって弧 AB は弧 BK の2倍である。それゆえ線分 AK は等辺十角形の辺である。同じ理由で弧 AK も弧 KM の2倍である。そして弧 AB は弧 BK の2倍であり，弧 $\varGamma\varDelta$ は弧 AB に等しいから，弧 $\varGamma\varDelta$ も弧 BK の2倍である。ところが弧 $\varGamma\varDelta$ は弧 $\varGamma H$ の2倍でもある。ゆえに弧 $\varGamma H$ は弧 BK に等しい。ところが BK は KM の2倍である，なぜなら KA もそうであるから。したがって $\varGamma H$ も KM の2倍である。ところが弧 $\varGamma B$ も弧 BK の2倍である，なぜなら弧 $\varGamma B$ は BA に等しいから。それゆえ弧 HB 全体は BM の2倍である。ゆえに角 HZB も角 BZM の2倍である。ところが角 HZB は角 ZAB の2倍でもある，なぜなら角 ZAB は角 ABZ に等しいから。したがって角 BZN も角 ZAB に等しい。ところが角 ABZ は二つの三角形 ABZ, BZN に共通である。それゆえ残りの角 AZB は角 BNZ に等しい。ゆえに三角形 ABZ は三角形 BZN に等角である。したがって比例し，線分 AB が BZ に対するように，ZB が BN に対する。それゆえ矩形 ABN は BZ 上の正方形に等しい。また $A\varLambda$ は $\varLambda K$ に等しく，$\varLambda N$ は共通でそれらに直角であるから，底辺 KN は AN に等しい。ゆえに角 $\varLambda KN$ も角 $\varLambda AN$ に等しい。ところが角 $\varLambda AN$ は角 KBN に等しい。したがって角 $\varLambda KN$ も角 KBN に等しい。そして A における角は二つの三形形 AKB, AKN に共通である。それゆえ残りの角 AKB は角 KNA に等しい。ゆえに三角形 KBA は三角形 KNA に等角である。したがって比例し，線分 BA が AK に対するように，KA が AN に対する。それゆえ矩形 BAN は AK 上の正方形に等しい。ところが矩形 ABN も BZ 上の正方形に等しいことが先に証明された。ゆえに矩形

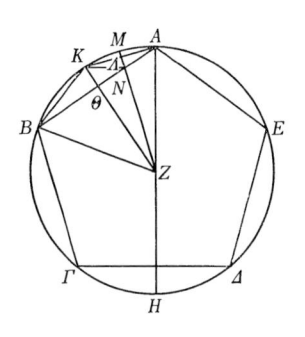

ABN と矩形 BAN との和，すなわち BA 上の正方形は BZ 上の正方形と AK 上の正方形との和に等しい。そして BA は等辺五角形の，BZ は等辺六角形の，AK は等辺十角形の辺である。

よって等辺五角形の辺の上の正方形は同じ円に内接する等辺六角形の辺と等辺十角形の辺との上の二つの正方形の和に等しい。これが証明すべきことであった。

11

もし有理線分を直径とする円に等辺五角形が内接するならば，五角形の辺は劣線分とよばれる無理線分である。

有理線分を直径とする円 $AB\Gamma\varDelta E$ に等辺五角形 $AB\Gamma\varDelta E$ が内接するとせよ。五角形の辺は劣線分とよばれる無理線分であると主張する。

円の中心，点 Z がとられ，AZ, ZB が結ばれ，点 H, Θ まで延長され，$A\Gamma$ が結ばれ，ZK が AZ の4分の1であるようにせよ。ところで AZ は有理線分である。それゆえ ZK も有理線分である。ところが BZ も有理線分である。ゆえに BK 全体は有理線分である。そして弧 $A\Gamma H$ は弧 $A\varDelta H$ に等しく，そのうち弧 $AB\Gamma$ は弧 $AE\varDelta$ に等しいから，残りの弧 ΓH は残りの弧 $H\varDelta$ に等しい。そしてもし $A\varLambda$ を結べば，$\varLambda$ における角は直角であり，$\Gamma\varDelta$ は $\Gamma\varLambda$ の2倍であると結論される。同じ理由で M における角も直角であり，$A\Gamma$ は ΓM の2倍である。そこで角 $A\varLambda\Gamma$ は角 AMZ に等しく，角 $\varLambda A\Gamma$ は二つの三角形 $A\Gamma\varLambda$, AMZ に共通であるから，残りの角 $A\Gamma\varLambda$ は残りの角 MZA に等しい。したがって三角形 $A\Gamma\varLambda$ は三角形 AMZ に等角である。それゆえ比例し，$A\Gamma$ が $\Gamma\varLambda$ に対するように，MZ が ZA に対する。そして前項の2倍がとられたとし，そうすれば $A\Gamma$ の2倍が $\Gamma\varLambda$ に対するように，MZ の2倍が ZA に対する。ところが MZ の2倍が ZA に対するように，MZ が ZA の半分に対する。ゆえに $A\Gamma$ の2倍が $\Gamma\varLambda$ に対するように，MZ が ZA の半分に対する。そして後項の半分がとられたとし，そうすれば $A\Gamma$ の2倍が $\Gamma\varLambda$ の半分に対するように，MZ が ZA の4分の1に対する。そして $\varDelta\Gamma$ は $A\Gamma$ の2倍であり，ΓM は $\Gamma\varLambda$ の半分であり，ZK は ZA の4分の1である。したがって $\varDelta\Gamma$ が ΓM に対するように，MZ が ZK に対する。合比により $\varDelta\Gamma, \Gamma M$ の和が ΓM に対するように，MK が KZ に対する。それゆえ $\varDelta\Gamma, \Gamma M$ の和の上の正方形が ΓM 上の正方形に対するように，

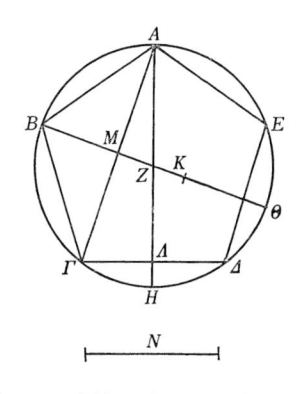

MK 上の正方形が KZ 上の正方形に対する。そして五角形の 2 辺に対する線分，たとえば $A\Gamma$ が外中比に分けられるならば，その大きい部分は五角形の辺，すなわち $\varDelta\Gamma$ に等しく，大きい部分を全体の半分に加えたものの上の正方形は全体の半分の上の正方形の 5 倍であり，ΓM は $A\Gamma$ 全体の半分であるから，一直線としての $\varDelta\Gamma M$ 上の正方形は ΓM 上の正方形の 5 倍である。ところが一直線としての $\varDelta\Gamma M$ 上の正方形が ΓM 上の正方形に対するように，MK 上の正方形が KZ 上の正方形に対することが先に証明された。ゆえに MK 上の正方形は KZ 上の正方形の 5 倍である。ところが直径が有理線分であるから，KZ 上の正方形は有理面積である。したがって MK 上の正方形も有理面積である。それゆえ MK は有理線分である。そして BZ は ZK の 4 倍であるから，BK は KZ の 5 倍である。ゆえに BK 上の正方形は KZ 上の正方形の 25 倍である。ところが MK 上の正方形は KZ 上の正方形の 5 倍である。したがって BK 上の正方形は KM 上の正方形の 5 倍である。それゆえ BK 上の正方形は KM 上の正方形に対し，平方数が平方数に対する比をもたない。ゆえに BK は KM と長さにおいて通約できない。そしてそれらの双方は有理線分である。したがって BK, KM は平方においてのみ通約できる有理線分である。ところがもし有理線分から全体と平方においてのみ通約できる有理線分が引き去られるならば，残りは余線分とよばれる無理線分である。それゆえ MB は余線分であり，MK がそれへの付加である。次に第 4 の余線分であることも主張する。BK 上の正方形から KM 上の正方形を減じた差に N 上の正方形を等しくせよ。そうすれば BK 上の正方形は KM 上の正方形より N 上の正方形だけ大きい。そして KZ は ZB と通約でき，合比により KB は ZB と通約できる。ところが BZ は $B\Theta$ と通約できる。したがって BK も $B\Theta$ と通約できる。そして BK 上の正方形は KM 上の正方形の 5 倍であるから，BK 上の正方形は KM 上の正方形に対し 5 対 1 の比をもつ。それゆえ反転比により BK 上の正方形が N 上の正方形に対して 5 対 4 の比をもつ，これは平方数が平方数に対する比ではない。ゆえに BK は N と通約できない。したがって BK 上の正方形は KM 上の正方形より BK と通約できない線分上の正方形だけ大きい。そこで BK 全体の上の正方形は付加された KM 上の正方形より BK と通約できない線分上の正方形だけ大きく，BK 全体は定められた有理線分 $B\Theta$ と通約できるから，MB は第 4 の余線分である。ところが有理線分と第 4 の余線分とによってかこまれる矩形は無理面積であり，それに等しい正方形の辺は劣線分とよばれる無理線分である。ところが $A\Theta$ が結ばれると，三角形 $AB\Theta$ は三角形 ABM に等角であり，ΘB が BA に対するように，AB が BM に対するから，AB 上の正方形は矩形 ΘBM に等しい。

よって五角形の辺 AB は劣線分とよばれる無理線分である。これが証明すべきことであった。

⁑ 12 ⁑

もし円に等辺三角形が内接するならば，三角形の辺の上の正方形は円の半径の上の正方形の3倍である．

$AB\Gamma$ を円とし，それに等辺三角形 $AB\Gamma$ が内接するとせよ．三角形 $AB\Gamma$ の1辺の上の正方形は円 $AB\Gamma$ の半径の上の正方形の3倍であると主張する．

円 $AB\Gamma$ の中心 $\varDelta$ がとられ，$A\varDelta$ が結ばれ，E まで延長され，BE が結ばれたとせよ．そうすれば三角形 $AB\Gamma$ は等辺であるから，弧 $BE\Gamma$ は円 $AB\Gamma$ の周の3分の1である．それゆえ弧 BE は円周の6分の1である．ゆえに線分 BE は六角形の辺である．したがって半径 $\varDelta E$ に等しい．そして AE は $\varDelta E$ の2倍であるから，AE 上の正方形は $E\varDelta$ 上の正方形の，すなわち BE 上の正方形の4倍である．ところが AE 上の正方形は AB, BE 上の正方形の和に等しい．それゆえ AB, BE 上の正方形の和は BE 上の正方形の4倍である．ゆえに分割比により AB 上の正方形は BE 上の正方形の3倍である．ところが BE は $\varDelta E$ に等しい．したがって AB 上の正方形は $\varDelta E$ 上の正方形の3倍である．

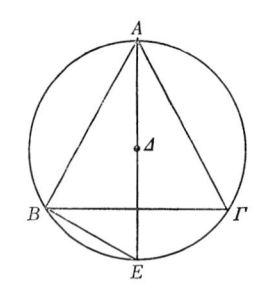

よって三角形の辺の上の正方形は半径の上の正方形の3倍である．これが証明すべきことであった．

⁑ 13 ⁑

角錐をつくり，与えられた球によってかこみ，そして球の直径上の正方形が角錐の辺の上の正方形の2分の3であることを証明すること．

与えられた球の直径 AB が定められ，点 Γ で分けられ，$A\Gamma$ が ΓB の2倍になるようにせよ．AB 上に半円 $A\varDelta B$ が描かれたとし，点 Γ から AB に直角に $\Gamma\varDelta$ がひかれ，$\varDelta A$ が結ばれたとせよ．そして $\varDelta\Gamma$ に等しい半径をもつ円 EZH が定められ，円 EZH に等辺三角形 EZH が内接するとせよ．そして円の中心，点 Θ がとられ，$E\Theta, \Theta Z, \Theta H$ が結ばれたとせよ．そして点 Θ から円 EZH の面に垂直に ΘK が立てられ，ΘK から線分 $A\Gamma$ に等しく ΘK が引き去られ，KE, KZ, KH が結ばれたとせよ．そうすれば $K\Theta$ は円 EZH の面

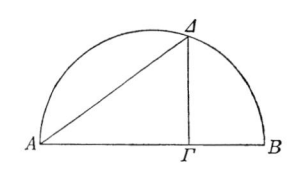

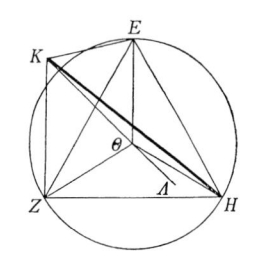

に対して垂直であるから，それと会しかつ円 EZH の面上にあるすべての直線に対して直角をなすであろう．ところが $\varTheta E, \varTheta Z, \varTheta H$ のおのおのはそれと会する．それゆえ $\varTheta K$ は $\varTheta E, \varTheta Z, \varTheta H$ のおのおのに対して垂直である．そして $A\varGamma$ は $\varTheta K$ に，$\varGamma\varDelta$ は $\varTheta E$ に等しく，直角をはさむから，底辺 $\varDelta A$ は底辺 KE に等しい．同じ理由で KZ, KH の双方も $\varDelta A$ に等しい．ゆえに3線分 KE, KZ, KH は互いに等しい．そして $A\varGamma$ は $\varGamma B$ の2倍であり，AB は $B\varGamma$ の3倍である．ところが次に証明されるように，AB が $B\varGamma$ に対するように，$A\varDelta$ 上の正方形が $A\varGamma$ 上の正方形に対する．したがって $A\varDelta$ 上の正方形は $A\varGamma$ 上の正方形の3倍である．ところが ZE 上の正方形も $E\varTheta$ 上の正方形の3倍であり，$A\varGamma$ は $E\varTheta$ に等しい．それゆえ $\varDelta A$ も EZ に等しい．ところが $\varDelta A$ は KE, KZ, KH のおのおのに等しいことが先に証明された．ゆえに EZ, ZH, HE のおのおのは KE, KZ, KH のおのおのに等しい．したがって四つの三角形 EZH, KEZ, KZH, KEH は等辺である．それゆえ四つの等辺三角形から角錐がつくられ，三角形 EZH がその底面であり，点 K が頂点である．

次にそれを与えられた球によってかこみ，そして球の直径上の正方形が角錐の辺の上の正方形の2分の3であることを証明しなければならない．

線分 $\varTheta \varLambda$ が $K\varTheta$ と一直線をなして延長され，$\varTheta \varLambda$ を $\varGamma B$ に等しくせよ．そうすれば $A\varGamma$ が $\varGamma\varDelta$ に対するように，$\varGamma\varDelta$ が $\varGamma B$ に対し，$A\varGamma$ は $K\varTheta$ に，$\varGamma\varDelta$ は $\varTheta E$ に，$\varGamma B$ は $\varTheta \varLambda$ に等しいから，$K\varTheta$ が $\varTheta E$ に対するように，$E\varTheta$ が $\varTheta \varLambda$ に対する．それゆえ矩形 $K\varTheta, \varTheta \varLambda$ は $E\varTheta$ 上の正方形に等しい．そして角 $K\varTheta E, E\varTheta \varLambda$ の双方は直角である．ゆえに $K\varLambda$ 上に描かれた半円は点 E をも通るであろう．そこでもし $K\varLambda$ を固定し，半円が回転されて，その動きはじめた同じ所にもどるならば，点 Z, H をも通るであろう．なぜならもし $Z\varLambda, \varLambda H$ が結ばれるならば，点 Z, H における角は同様に直角になるから．そして角錐は与えられた球にかこまれるであろう．なぜなら $K\varTheta$ は $A\varGamma$ に，$\varTheta \varLambda$ は $\varGamma B$ に等しくされているため，球の直径 $K\varLambda$ は与えられた球の直径 AB に等しいから．

次に球の直径上の正方形は角錐の辺の上の正方形の2分の3に等しいと主張する．

$A\varGamma$ は $\varGamma B$ の2倍であるから，AB は $B\varGamma$ の3倍である．それゆえ反転比により BA は $A\varGamma$ の2分の3倍である．ところが BA が $A\varGamma$ に対するように，BA 上の正方形が $A\varDelta$ 上の正方形に対する．ゆえに BA 上の正方形も $A\varDelta$ 上の正方形の2分の3倍である．そして BA は与えられた球の直径であり，$A\varDelta$ は角錐の辺に等しい．

よって球の直径上の正方形は角錐の辺の上の正方形の2分の3倍である。これが証明すべきことであった。

補 助 定 理

AB が $B\varGamma$ に対するように，$A\varDelta$ 上の正方形が $\varDelta\varGamma$ 上の正方形に対することを証明しなければならない。

半円の作図がなされたとし，$\varDelta B$ が結ばれ，$A\varGamma$ 上に正方形 $E\varGamma$ が描かれ，矩形 ZB が完結されたとせよ。そうすれば三角形 $\varDelta AB$ は三角形 $\varDelta A\varGamma$ に等角であるため，BA が $A\varDelta$ に対するように，$\varDelta A$ が $A\varGamma$ に対するから，矩形 BA, $A\varGamma$ は $A\varDelta$ 上の正方形に等しい。そして AB が $B\varGamma$ に対するように，EB が BZ に対し，EA は $A\varGamma$ に等しいため，EB は矩形 BA, $A\varGamma$ であり，BZ は矩形 $A\varGamma$, $\varGamma B$ であるから，したがって AB が $B\varGamma$ に対するように，矩形 BA, $A\varGamma$ が矩形 $A\varGamma$, $\varGamma B$ に対する。そして矩形 BA, $A\varGamma$ は $A\varDelta$ 上の正方形に等しく，矩形 $A\varGamma B$ は $\varDelta\varGamma$ 上の正方形に等しい。なぜなら角 $A\varDelta B$ が直角であるため，垂線 $\varDelta\varGamma$ は底辺の二つの部分 $A\varGamma$, $\varGamma B$ の比例中項であるから。したがって AB が $B\varGamma$ に対するように，$A\varDelta$ 上の正方形が $\varDelta\varGamma$ 上の正方形に対する。これが証明すべきことであった。

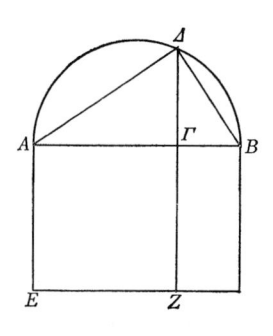

☙ 14 ❧

正八面体をつくり，先のように球によってかこみ，そして球の直径の上の正方形が正八面体の辺の上の正方形の2倍なることを証明すること。

与えられた球の直径 AB が定められ，$\varGamma$ において2等分され，AB 上に半円 $A\varDelta B$ が描かれ，$\varGamma$ から AB に直角に $\varGamma\varDelta$ がひかれ，$\varDelta B$ が結ばれ，そして辺のおのおのが $\varDelta B$ に等しい正方形 $EZH\varTheta$ が定められ，$\varTheta Z$, EH が結ばれ，点 K から正方形 $EZH\varTheta$ の面に直角に直線 $K\varLambda$ が立てられ，面の反対の方向に KM のように延長され，$K\varLambda$, KM の双方から EK, ZK, HK, $\varTheta K$ の一つに等しく $K\varLambda$, KM の双方が切りとられ，$\varLambda E$, $\varLambda Z$, $\varLambda H$, $\varLambda\varTheta$, ME, MZ, MH, $M\varTheta$ が結ばれたとせよ。そうすれば KE は $K\varTheta$ に等しく，角 $EK\varTheta$ は直角であるから，$\varTheta E$ 上の正方形は EK 上の正方形の2倍である。また $\varLambda K$ は KE に等し

く，角 $\varLambda KE$ は直角であるから，$E\varLambda$ 上の正方形は EK 上の正方形の 2 倍である。ところが $\varTheta E$ 上の正方形も EK 上の正方形の 2 倍であることが先に証明された。それゆえ $\varLambda E$ 上の正方形は $E\varTheta$ 上の正方形に等しい。ゆえに $\varLambda E$ は $E\varTheta$ に等しい。同じ理由で $\varLambda\varTheta$ も $\varTheta E$ に等しい。したがって三角形 $\varLambda E\varTheta$ は等辺である。同様にして正方形 $EZH\varTheta$ の辺を底辺とし，点 $\varDelta, M$ を頂点とする残りの三角形のおのおのも等辺である。したがって八つの等辺三角形にかこまれる正八面体がつくられた。

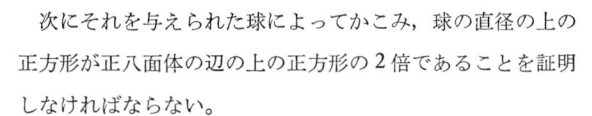

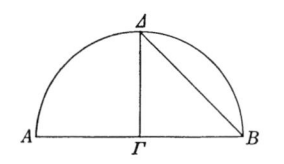

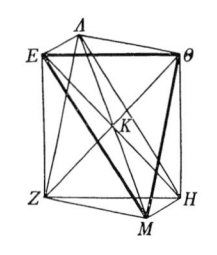

次にそれを与えられた球によってかこみ，球の直径の上の正方形が正八面体の辺の上の正方形の 2 倍であることを証明しなければならない。

3 線分 $\varLambda K, KM, KE$ は互いに等しいから，$\varLambda M$ 上に描かれた半円は E をも通るであろう。そして同じ理由でもし $\varLambda M$ を固定させ，半円が回転され，その動きはじめた同じ所にもどるならば，点 $Z, H, \varTheta$ をも通るであろう，そして正八面体は球にかこまれるであろう。次に与えられた球にかこまれるであろうことをも主張する。$\varLambda K$ は KM に等しく，KE は共通であり，直角をはさむから，底辺 $\varLambda E$ は底辺 EM に等しい。そして角 $\varLambda EM$ は半円の中にあるから直角である。それゆえ $\varLambda M$ 上の正方形は $\varLambda E$ 上の正方形の 2 倍である。また $A\varGamma$ は $\varGamma B$ に等しいから，AB は $B\varGamma$ の 2 倍である。ところが AB が $B\varGamma$ に対するように，AB 上の正方形が $B\varDelta$ 上の正方形に対する。ゆえに AB 上の正方形は $B\varDelta$ 上の正方形の 2 倍である。ところが $\varLambda M$ 上の正方形は $\varLambda E$ 上の正方形の 2 倍であることが先に証明された。そして $\varLambda E$ は $\varDelta B$ に等しくされたから，$\varDelta B$ 上の正方形は $\varLambda E$ 上の正方形に等しい。したがって AB 上の正方形も $\varLambda M$ 上の正方形に等しい。それゆえ AB は $\varLambda M$ に等しい。そして AB は与えられた球の直径である。ゆえに $\varLambda M$ は与えられた球の直径に等しい。

よって正八面体は与えられた球によってかこまれた。そして球の直径上の正方形が正八面体の辺の上の正方形の 2 倍であることがあわせて証明された。これが証明すべきことであった。

～ 15 ～

立方体をつくり，角錐の場合のように球によってかこみ，そして球の直径上の正方形が立方体の辺の上の正方形の 3 倍なることを証明すること。

与えられた球の直径 AB が定められ, 点 $\varGamma$ において $A\varGamma$ が $\varGamma B$ の 2 倍になるように分けられ, AB 上に半円 $A\varDelta B$ が描かれ, 点 $\varGamma$ から AB に垂直に $\varGamma\varDelta$ がひかれ, $\varDelta B$ が結ばれ, そして $\varDelta B$ に等しい辺をもつ正方形 $EZH\varTheta$ が定められ, $E, Z, H, \varTheta$ から正方形 $EZH\varTheta$ の面に垂直に $EK, Z\varLambda, HM, \varTheta N$ がひかれ, $EK, Z\varLambda, HM, \varTheta N$ のおのおのから $EZ, ZH, H\varTheta, \varTheta E$ の一つに等しく, $EK, Z\varLambda, HM, \varTheta N$ のおのおのが切りとられ, $K\varLambda, \varLambda M, MN, NK$ が結ばれたとせよ. そうすれば六つの等しい正方形によってかこまれる立方体 ZN がつくられた. それを与えられた球によってかこみ, そして球の直径上の正方形が立方体の辺の上の正方形の 3 倍に等しいことを証明しなければならない.

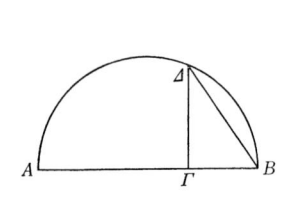

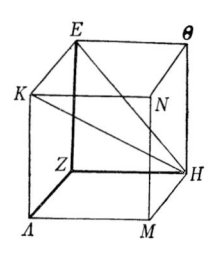

KH, EH が結ばれたとせよ. そうすれば KE が面 EH に対し, もちろん線分 EH に対しても, 垂直であるため, 角 KEH は直角であるから, KH 上に描かれる半円は点 E をも通るであろう. また HZ は $Z\varLambda, ZE$ の双方に垂直であるから, HZ は面 ZK にも垂直である. それゆえもし ZK を結べば HZ は ZK に対しても垂直であろう. そしてこのゆえにまた HK 上に描かれる半円は点 Z をも通るであろう. 同様にして立方体の残りの点をも通るであろう. そこでもし KH を固定して半円が回転され, その動きはじめた同じ所にもどるならば, 立方体は球にかこまれるであろう. 次に与えられた球にかこまれていることも主張する. HZ は ZE に等しく, 点 Z における角は直角であるから, EH 上の正方形は EZ 上の正方形の 2 倍である. ところが EZ は EK に等しい. それゆえ EH 上の正方形は EK 上の正方形の 2 倍である. ゆえに HE, EK 上の正方形の和, すなわち HK 上の正方形は EK 上の正方形の 3 倍である. そして AB は $B\varGamma$ の 3 倍であり, AB が $B\varGamma$ に対するように, AB 上の正方形が $B\varDelta$ 上の正方形に対するから, AB 上の正方形は $B\varDelta$ 上の正方形の 3 倍である. ところが HK 上の正方形も KE 上の正方形の 3 倍なることが先に証明された. そして KE は $\varDelta B$ に等しくされた. したがって KH も AB に等しい. そして AB は与えられた球の直径である. ゆえに KH も与えられた球の直径に等しい.

よって与えられた球によって立方体がかこまれた. そして球の直径上の正方形は立方体の辺の上の正方形の 3 倍なることがあわせて証明された. これが証明すべきことであった.

16

正二十面体をつくり，先の図形のように球によってかこみ，そして正二十面体の辺が劣線分とよばれる無理線分であることを証明すること。

　与えられた球の直径 AB が定められ，Γ において $A\Gamma$ が ΓB の4倍になるように分けられ，AB 上に半円 $A\varDelta B$ が描かれ，Γ から AB に直角に線分 $\Gamma\varDelta$ がひかれ，$\varDelta B$ が結ばれ，そして円 $EZH\Theta K$ が定められ，その半径が $\varDelta B$ に等しくされ，円 $EZH\Theta K$ に等辺等角な五角形 $EZH\Theta K$ を内接し，弧 $EZ, ZH, H\Theta, \Theta K, KE$ が点 Λ, M, N, Ξ, O で2等分され，$\Lambda M, MN, N\Xi, \Xi O, O\Lambda, EO$ が結ばれたとせよ。そうすれば五角形 $\Lambda MN\Xi O$ も

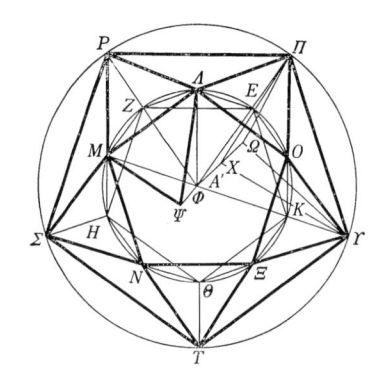

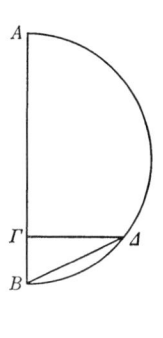

等辺であり，線分 EO は十角形の辺である。そして点 E, Z, H, Θ, K から円の面に直角に，円 $EZH\Theta K$ の半径に等しい線分 $E\Pi, ZP, H\Sigma, \Theta T, KY$ が立てられ，$\Pi P, P\Sigma$, $\Sigma T, TY, Y\Pi, \Pi\Lambda, \Lambda P, PM, M\Sigma, \Sigma N, NT, T\Xi, \Xi Y, YO, O\Pi$ が結ばれたとせよ。そうすれば $E\Pi, KY$ の双方は同一の面に対して垂直であるから，$E\Pi$ は KY に平行である。ところがそれに等しくもある。そして等しくかつ平行な線分を同じ側において結ぶ線分は等しくかつ平行である。それゆえ ΠY は EK に等しくかつ平行である。ところが EK は等辺五角形の辺である。ゆえに ΠY も円 $EZH\Theta K$ に内接する等辺五角形の辺である。同じ理由で $\Pi P, P\Sigma, \Sigma T, TY$ のおのおのも円 $EZH\Theta K$ に内接する等辺五角形の辺である。したがって五角形 $\Pi P\Sigma TY$ は等辺である。そして ΠE は等辺六角形の辺であり，EO は等辺十角形の辺であり，角 ΠEO は直角であるから，ΠO は等辺五角形の辺である，なぜなら等辺五角形の辺の上の正方形は同じ円に内接する等辺六角形の辺と等辺十角形の辺の上の二つの正方形の和に等しいから。同じ理由で OY も等辺五角形の辺である。ところが ΠY も等辺五角形の辺である。それゆえ三角形 ΠOY は等辺である。同じ理由で $\Pi\Lambda P, PM\Sigma, \Sigma NT, T\Xi Y$ のおのおのも等辺である。そ

してΠΛ, ΠΟの双方は等辺五角形の辺であることが証明され, ΛΟも等辺五角形の辺であるから, 三角形ΠΛΟは等辺である。同じ理由で三角形ΛΡΜ, ΜΣΝ, ΝΤΞ, ΞΥΟのおのおのも等辺である。円ΕΖΗΘΚの中心, 点Φがとられたとせよ。そしてΦから円の面に垂直にΦΩが立てられ, 反対側にΦΨのように延長され, 等辺六角形の辺ΦΧ, 等辺十角形の辺ΦΨ, ΧΩの双方が切りとられ, ΠΩ, ΠΧ, ΥΩ, ΕΦ, ΛΦ, ΛΨ, ΨΜが結ばれたとせよ。そうすればΦΧ, ΠΕの双方は円の面に垂直であるから, ΦΧはΠΕに平行である。しかも等しくもある。それゆえΕΦ, ΠΧは等しくかつ平行である。ところがΕΦは等辺六角形の辺である。ゆえにΠΧも等辺六角形の辺である。そしてΠΧは等辺六角形の, ΧΩは等辺十角形の辺であり, 角ΠΧΩは直角であるから, ΠΩは等辺五角形の辺である。同じ理由でΥΩも等辺五角形の辺である, なぜならもしΦΚ, ΧΥを結ぶならば, それらは等しくかつ相対し, 半径であるΦΚは等辺六角形の辺である, ゆえにΧΥも等辺六角形の辺である。ところがΧΩは等辺十角形の辺であり, 角ΥΧΩは直角である。したがってΥΩは等辺五角形の辺である。ところがΠΥも等辺五角形の辺である。それゆえ三角形ΠΥΩは等辺である。同じ理由で線分ΠΡ, ΡΣ, ΣΤ, ΤΥを底辺とし, 点Ωを頂点とする残りの三角形のおのおのも等辺である。またΦΛは等辺六角形の, ΦΨは等辺十角形の辺であり, 角ΛΦΨは直角であるから, ΛΨは等辺五角形の辺である。同じ理由でもし等辺六角形の辺であるΜΦを結べばΜΨも等辺五角形の辺であることが推論される。ところがΛΜも等辺五角形の辺である。したがって三角形ΛΜΨは等辺である。同様にしてΜΝ, ΝΞ, ΞΟ, ΟΛを底辺とし, 点Ψを頂点とする残りの三角形のおのおのも等辺であることが証明されうる。ゆえに二十の等辺三角形にかこまれる正二十面体がつくられた。

次にそれを与えられた球によってかこみ, そして正二十面体の辺が劣線分とよばれる無理線分であることを証明しなければならない。

ΦΧは等辺六角形の, ΧΩは等辺十角形の辺であるから, ΦΩはΧにおいて外中比に分けられ, ΦΧはその大きい部分である。それゆえΩΦがΦΧに対するように, ΦΧがΧΩに対する。ところがΦΧはΦΕに, ΧΩはΦΨに等しい。ゆえにΩΦがΦΕに対するように, ΕΦがΦΨに対する。そして角ΩΦΕ, ΕΦΨは直角である。したがってもし線分ΕΩを結べば, 三角形ΨΕΩ, ΦΕΩは相似であるから, 角ΨΕΩは直角である。同じ理由でΩΦがΦΧに対するように, ΦΧがΧΩに対し, ΩΦはΨΧに, ΦΧはΧΠに等しいから, ΨΧがΧΠに対するように, ΠΧがΧΩに対する。このゆえにまたもしΠΨを結べば, Πにおける角は直角であろう。それゆえΨΩ上に描かれる半円はΠをも通るであろう。そしてもしΨΩを固定し, 半円が回転されて, その動きはじめた同じ所へもどるならば, Πおよび正二十面体の残りの点をも通るであろう, そして正二十面体は球によってかこまれるであろう。次に与えられた球によってかこまれると主張する。なぜならΦΧがΑ'で2等分されたとせよ。そ

うすれば線分 $\Phi\Omega$ は X において外中比に分けられ，ΩX はその小さい部分であるから，Ω に大きい部分の半分 XA' を加えた上の正方形は大きい部分の半分の上の正方形の 5 倍である。それゆえ $\Omega A'$ 上の正方形は $A'X$ 上の正方形の 5 倍である。そして $\Omega\Psi$ は $\Omega A'$ の 2 倍であり，ΦX は $A'X$ の 2 倍である。ゆえに $\Omega\Psi$ 上の正方形は $X\Phi$ 上の正方形の 5 倍である。そして $A\Gamma$ は ΓB の 4 倍であり，AB は $B\Gamma$ の 5 倍である。ところが AB が $B\Gamma$ に対するように，AB 上の正方形は $B\Delta$ 上の正方形に対する。したがって AB 上の正方形は $B\Delta$ 上の正方形の 5 倍である。ところが $\Omega\Psi$ 上の正方形も ΦX 上の正方形の 5 倍であることが証明された。そして ΔB は ΦX に等しい，なぜならそれらの双方は円 $EZH\Theta K$ の半径に等しいから。それゆえ AB も $\Psi\Omega$ に等しい。そして AB は与えられた球の直径である。ゆえに $\Psi\Omega$ は与えられた球の直径に等しい。したがって正二十面体は与えられた球によってかこまれた。

次に正二十面体の辺が劣線分とよばれる無理線分であると主張する。なぜなら球の直径は有理線分であり，その上の正方形は円 $EZH\Theta K$ の半径の上の正方形の 5 倍であるから，円 $EZH\Theta K$ の半径も有理線分である。それゆえその直径も有理線分である。ところがもし有理線分を直径とする円に等辺な五角形を内接するならば，五角形の辺は劣線分とよばれる無理線分である。ところが五角形 $EZH\Theta K$ の辺は正二十面体の辺である。ゆえに正二十面体の辺は劣線分とよばれる無理線分である。

系

これから次のことが明らかである，すなわち球の直径の上の正方形は正二十面体がその上に描かれた円の半径の上の正方形の 5 倍であり，球の直径は同じ円に内接する六角形の辺と十角形の 2 辺との和である。これが証明すべきことであった。

17

正十二面体をつくり，先の図形のように球によってかこみ，そして正十二面体の辺が余線分とよばれる無理線分であることを証明すること。

先に述べた立方体の互いに垂直な二つの面 $AB\Gamma\Delta$，ΓBEZ が定められ，辺 AB, $B\Gamma$, $\Gamma\Delta$, ΔA, EZ, EB, $Z\Gamma$ のおのおのが H, Θ, K, Λ, M, N, Ξ において 2 等分され，HK, $\Theta\Lambda$, $M\Theta$, $N\Xi$ が結ばれ，NO, $O\Xi$, $\Theta\Pi$ のおのおのが点 P, Σ, T において外中比に分けられ，PO, $O\Sigma$, $T\Pi$ がそれらの大きい部分とされ，点 P, Σ, T から立方体の面に垂直に立方体

の外側の方向に $P\varUpsilon$, $\varSigma\varPhi$, TX が立てられ, PO, $O\varSigma$, $T\varPi$ に等しくされ, $\varUpsilon B$, BX, $X\varGamma$, $\varGamma\varPhi$, $\varPhi\varUpsilon$ が結ばれたとせよ. 五角形 $\varUpsilon BX\varGamma\varPhi$ は等辺にして一平面上にありかつ等角であると主張する. PB, $\varSigma B$, $\varPhi B$ が結ばれたとせよ. そうすれば 線分 NO は P において外中比に分けられ, PO はその大きい部分であるから, ON, NP 上の正方形の和は PO 上の正方形の3倍である. ところが ON は NB に, OP は $P\varUpsilon$ に等しい. それゆえ BN, NP 上の正方形の和は $P\varUpsilon$ 上の正方形の3倍である. ところが BP 上の正方形は BN, NP 上の正方形の和に等しい. ゆえに BP 上の正方形は $P\varUpsilon$ 上の正方形の3倍である. したがって BP, $P\varUpsilon$ 上の正方形の和は $P\varUpsilon$ 上の正方形の4倍である. ところが $B\varUpsilon$ 上の正方形は BP, $P\varUpsilon$ 上の正方形の和に等しい. それゆえ $B\varUpsilon$ 上の正方形は $\varUpsilon P$ 上の正方形の4倍である. ゆえに $B\varUpsilon$ は $P\varUpsilon$ の2倍である. ところが $\varSigma P$ も OP の, すなわち $P\varUpsilon$ の2倍であるから, $\varPhi\varUpsilon$ も $\varUpsilon P$ の2倍である. したがって $B\varUpsilon$ も $\varUpsilon\varPhi$ に等しい. 同様にして BX, $X\varGamma$, $\varGamma\varPhi$ のおのおのも $B\varUpsilon$, $\varUpsilon\varPhi$ の双方に等しいことが証明されうる. それゆえ五角形 $B\varUpsilon\varPhi\varGamma X$ は等辺である. 次に一平面上にあることも主張する. O から $P\varUpsilon$, $\varSigma\varPhi$ の双方に平行に立方体の外側の方向に $O\varPsi$ がひかれ, $\varPsi\varTheta$, $\varTheta X$ が結ばれたとせよ. $\varPsi\varTheta X$ は直線であると主張する. $\varTheta\varPi$ は T において外中比に分けられ, $\varPi T$ はその大きい部分であるから, $\varTheta\varPi$ が $\varPi T$ に対するように, $\varPi T$ が $T\varTheta$ に対する. ところが $\varTheta\varPi$ は $\varTheta O$ に, $\varPi T$ は TX, $O\varPsi$ の双方に等しい. ゆえに $\varTheta O$ が $O\varPsi$ に対するように, XT が $T\varTheta$ に対する. そして $\varTheta O$ は TX に平行である, なぜならそれらの双方は面 $B\varDelta$ に垂直であるから. ところが $T\varTheta$ は $O\varPsi$ に平行である, なぜならそれらの双方は面 BZ に垂直であるから. ところでもし $\varPsi O\varTheta$, $\varTheta TX$ のように, 2辺が2辺に比例する二つの三角形が一つの角によって結ばれ, それらの対応する辺が平行ならば, 残りの辺は一直線をなすであろう. したがって $\varPsi\varTheta$ は $\varTheta X$ と一直線をなす. そしてすべての線分は一平面上にある. ゆえに五角形 $\varUpsilon BX\varGamma\varPhi$ は一平面上にある.

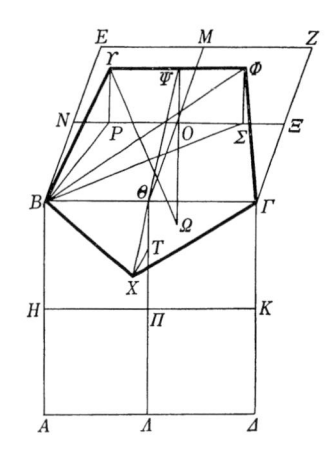

次に等角でもあると主張する.

線分 NO は P において外中比に分けられ, OP はその大きい部分であり, OP は $O\varSigma$ に等しいから, $N\varSigma$ は O において外中比に分けられ, NO はその大きい部分である. それゆえ $N\varSigma$, $\varSigma O$ 上の正方形の和は NO 上の正方形の3倍である. ところが NO は NB に, $O\varSigma$ は $\varSigma\varPhi$ に等しい. ゆえに $N\varSigma$, $\varSigma\varPhi$ 上の正方形の和は NB 上の正方形の3倍である. し

がって $\Phi\Sigma$, ΣN, NB 上の正方形の和は NB 上の正方形の4倍である。ところが ΣB 上の正方形は ΣN, NB 上の正方形の和に等しい。それゆえ $B\Sigma$, $\Sigma\Phi$ 上の正方形の和, すなわち $B\Phi$ 上の正方形は NB 上の正方形の4倍である。ゆえに ΦB は BN の2倍である。ところが $B\Gamma$ も BN の2倍である。したがって $B\Phi$ は $B\Gamma$ に等しい。そして2辺 $B\Upsilon$, $\Upsilon\Phi$ は2辺 BX, $X\Gamma$ に等しく, 底辺 $B\Phi$ は底辺 $B\Gamma$ に等しいから, 角 $B\Upsilon\Phi$ は角 $BX\Gamma$ に等しい。同様にして 角 $\Upsilon\Phi\Gamma$ も 角 $BX\Gamma$ に等しいことが証明されうる。それゆえ角 $BX\Gamma$, $B\Upsilon\Phi$, $\Upsilon\Phi\Gamma$ の三つは互いに等しい。ところでもし等辺五角形の三つの角が互いに等しければ, 五角形は等角であろう。ゆえに五角形 $B\Upsilon\Phi\Gamma X$ は等角である。ところが等辺なることも証明された。したがって五角形 $B\Upsilon\Phi\Gamma X$ は等辺にして等角であり, 立方体の1辺 $B\Gamma$ 上にある。それゆえもし立方体の12の辺のおのおのの上に同じ作図をなすならば, 12の等辺等角な五角形によってかこまれるある立体がつくられるであろう, そしてそれは正十二面体とよばれる。

次にそれを与えられた球によってかこみ, そして正十二面体の辺が余線分とよばれる無理線分であることを証明しなければならない。

ΨO が延長され, それを $\Psi\Omega$ とせよ。そうすれば $O\Omega$ は立方体の対角線と交わり, 互いに2等分しあう。なぜならこのことは第11巻の終わりから2番目の定理で証明されているから。Ω で分けあうとせよ。そうすれば Ω は立方体をかこむ球の中心であり, ΩO は立方体の辺の半分である。そこで $\Upsilon\Omega$ が結ばれたとせよ。そうすれば線分 $N\Sigma$ は O において外中比に分けられ, NO はその大きい部分であるから, $N\Sigma$, ΣO 上の正方形の和は NO 上の正方形の3倍である。ところが NO も $O\Omega$ に, ΨO も $O\Sigma$ に等しいから, $N\Sigma$ は $\Psi\Omega$ に等しい。ところが $O\Sigma$ は PO にも等しいから, $\Psi\Upsilon$ に等しい。それゆえ $\Omega\Psi$, $\Psi\Upsilon$ 上の正方形の和は NO 上の正方形の3倍である。ところが $\Upsilon\Omega$ 上の正方形は $\Omega\Psi$, $\Psi\Upsilon$ 上の正方形の和に等しい。ゆえに $\Upsilon\Omega$ 上の正方形は NO 上の正方形の3倍である。ところで立方体をかこむ球の半径の上の正方形も立方体の辺の半分の上の正方形の3倍である, なぜなら立方体をつくり, 球でかこみ, そして球の直径の上の正方形が立方体の辺の上の正方形の3倍なることを証明することは先に示されたから。ところがもし全体が全体に対しこのように関係するならば, 半分も半分に対し同じ関係にある。そして NO は立方体の辺の半分である。したがって $\Upsilon\Omega$ は立方体をかこむ球の半径に等しい。そして Ω は立方体をかこむ球の中心である。それゆえ点 Υ は球の表面にある。同様にして正十二面体の残りの角のおのおのも球の表面にあることを証明しうる。ゆえに正十二面体は与えられた球によってかこまれる。

次に正十二面体の辺が余線分とよばれる無理線分であると主張する。

NO が外中比に分けられるならば, PO はその大きい部分であり, 他方 $O\Xi$ が外中比に分

けられるならば，$O\varSigma$ がその大きい部分であるから，全体 $N\varXi$ が外中比に分けられるならば，$P\varSigma$ がその大きい部分である．かくて NO が OP に対するように，OP が PN に対し，部分はその同数倍と同じ比をもつため，2倍についても同じ関係が成りたつから，$N\varXi$ が $P\varSigma$ に対するように，$P\varSigma$ が NP，$\varSigma\varXi$ の和に対する．ところが $N\varXi$ は $P\varSigma$ より大きい．それゆえ $P\varSigma$ も NP，$\varSigma\varXi$ の和より大きい．ゆえに $N\varXi$ は外中比に分けられ，$P\varSigma$ はその大きい部分である．ところが $P\varSigma$ は $\varUpsilon\varPhi$ に等しい．したがって $N\varXi$ が外中比に分けられるならば，$\varUpsilon\varPhi$ はその大きい部分である．そして球の直径は有理線分であり，その上の正方形は立方体の辺の上の正方形の3倍であるから，立方体の辺である $N\varXi$ は有理線分である．ところでもし有理線分が外中比に分けられるならば，二つの部分の双方は余線分という無理線分である．

よって正十二面体の辺なる $\varUpsilon\varPhi$ は余線分という無理線分である．

系

これから次のことが明らかである，すなわち立方体の辺が外中比に分けられるならば，その大きい部分は正十二面体の辺である．これが証明すべきことであった．

～ 18 ～

先の五つの図形の辺を定め，それらを互いに比較すること．

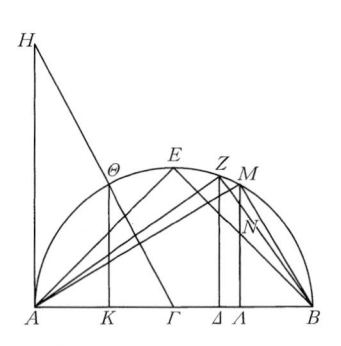

与えられた球の直径 AB が定められ，$\varGamma$ において $A\varGamma$ が $\varGamma B$ に等しくなるように分けられ，$\varDelta$ において $A\varDelta$ が $\varDelta B$ の2倍になるように分けられ，AB 上の半円 AEB が描かれ，$\varGamma$，$\varDelta$ から AB に垂直に $\varGamma E$，$\varDelta Z$ がひかれ，AZ，ZB，EB が結ばれたとせよ．そうすれば $A\varDelta$ は $\varDelta B$ の2倍であるから，AB は $B\varDelta$ の3倍である．反転比により BA は $A\varDelta$ の2分の3倍である．ところが三角形 AZB は三角形 $AZ\varDelta$ に等角であるから，BA が $A\varDelta$ に対するように，BA 上の正方形が AZ 上の正方形に対する．それゆえ BA 上の正方形は AZ 上の正方形の2分の3倍である．ところが球の直径の上の正方形も角錐の辺の上の正方形の2分の3倍である．そして AB は球の直径である．ゆえに AZ は角錐の辺に等しい．

また $A\varDelta$ は $\varDelta B$ の2倍であるから，AB は $B\varDelta$ の3倍である．ところが AB が $B\varDelta$ に対するように，AB 上の正方形は BZ 上の正方形に対する．それゆえ AB 上の正方形は BZ

上の正方形の3倍である。ところが球の直径の上の正方形も立方体の辺の上の正方形の3倍である。そして AB は球の直径である。ゆえに BZ は立方体の辺である。

そして $A\Gamma$ は ΓB に等しいから，AB は $B\Gamma$ の2倍である。ところが AB が $B\Gamma$ に対するように，AB 上の正方形が BE 上の正方形に対する。それゆえ AB 上の正方形は BE 上の正方形の2倍である。ところが球の直径の上の正方形も正八面体の辺の上の正方形の2倍である。そして AB は与えられた球の直径である。したがって BE は正八面体の辺である。

次に点 A から線分 AB に垂直に AH がひかれ，AH が AB に等しくされ，そして $H\Gamma$ が結ばれ，Θ から AB に垂線 ΘK がひかれたとせよ。そうすれば HA が AB に等しいため，HA は $A\Gamma$ の2倍であり，HA が $A\Gamma$ に対するように，ΘK が $K\Gamma$ に対するから，ΘK は $K\Gamma$ の2倍である。それゆえ ΘK 上の正方形は $K\Gamma$ 上の正方形の4倍である。ゆえに ΘK，$K\Gamma$ 上の正方形の和，すなわち $\Theta\Gamma$ 上の正方形は $K\Gamma$ 上の正方形の5倍である。ところが $\Theta\Gamma$ は ΓB に等しい。したがって $B\Gamma$ 上の正方形は ΓK 上の正方形の5倍である。そして AB は ΓB の2倍であり，そのうち $A\varDelta$ は $\varDelta B$ の2倍であるから，残りの $B\varDelta$ は残りの $\varDelta\Gamma$ の2倍である。それゆえ $B\Gamma$ は $\Gamma\varDelta$ の3倍である。ゆえに $B\Gamma$ 上の正方形は $\Gamma\varDelta$ 上の正方形の9倍である。ところが $B\Gamma$ 上の正方形は ΓK 上の正方形の5倍である。したがって ΓK 上の正方形は $\Gamma\varDelta$ 上の正方形より大きい。それゆえ ΓK は $\Gamma\varDelta$ より大きい。$\Gamma\varLambda$ が ΓK に等しくされ，$\varLambda$ から AB に垂直に $\varLambda M$ がひかれ，MB が結ばれたとせよ。そうすれば $B\Gamma$ 上の正方形は ΓK 上の正方形の5倍であり，AB は $B\Gamma$ の2倍であり，$K\varLambda$ は ΓK の2倍であるから，AB 上の正方形は $K\varLambda$ 上の正方形の5倍である。ところで球の直径上の正方形も正二十面体がその上に描かれている円の半径の上の正方形の5倍である。そして AB は球の直径である。それゆえ $K\varLambda$ は正二十面体がその上に描かれている円の半径である。ゆえに $K\varLambda$ は先に述べた円に内接する等辺六角形の辺である。そして球の直径は先に述べた円に内接する等辺六角形の辺と等辺十角形の2辺との和であり，AB は球の直径であり，$K\varLambda$ は等辺六角形の辺であり，AK は $\varLambda B$ に等しく，$AK, \varLambda B$ の双方はその上に正二十面体が描かれている円に内接する等辺十角形の辺である。そして $\varLambda B$ は等辺十角形の，$M\varLambda$ は等辺六角形の辺である。なぜなら中心から等距離にあるため $M\varLambda$ は ΘK に等しいから，$M\varLambda$ は $K\varLambda$ に等しい。そして $\Theta K, K\varLambda$ の双方は $K\Gamma$ の2倍である。したがって MB は等辺五角形の辺である。ところが等辺五角形の辺は正二十面体の辺である。ゆえに MB は正二十面体の辺である。

そして ZB は立方体の辺であるから，N において外中比に分けられ，NB をその大きい部分とせよ。そうすれば NB は正十二面体の辺である。

そして球の直径上の正方形は角錐の辺 AZ 上の正方形の2分の3倍であり，正八面体の辺 BE 上の正方形の2倍であり，立方体の辺 ZB 上の正方形の3倍であるから，球の直径上の

正方形を六つに分けた部分を，角錐の辺上の正方形は四つ，正八面体の辺上の正方形は三つ，立方体の辺上の正方形は二つもつ。それゆえ角錐の辺上の正方形は正八面体の辺上の正方形の3分の4倍であり，立方体の辺上の正方形の2倍であり，正八面体の辺上の正方形は立方体の辺上の正方形の2分の3倍である。そこで三つの図形，すなわち角錐，正八面体，立方体の辺は互いに有理数の比をなす。ところが残りの二つ，すなわち正二十面体と正十二面体の辺は相互にもいま述べたものに対しても有理数の比をなさない。なぜなら一方は劣線分，他方は余線分という無理線分であるから。

　正二十面体の辺 MB は正十二面体の辺 NB より大きいことを次のようにして証明しうる。

　三角形 $Z\varDelta B$ は三角形 ZAB に等角であるから，比例し，$\varDelta B$ が BZ に対するように，BZ が BA に対する。そして3線分が比例するから，第1が第3に対するように，第1の上の正方形が第2の上の正方形に対する。それゆえ $\varDelta B$ が BA に対するように，$\varDelta B$ 上の正方形が BZ 上の正方形に対する。逆にして AB が $B\varDelta$ に対するように，ZB 上の正方形が $B\varDelta$ 上の正方形に対する。ところが AB は $B\varDelta$ の3倍である。ゆえに ZB 上の正方形は $B\varDelta$ 上の正方形の3倍である。ところが $A\varDelta$ 上の正方形は $\varDelta B$ 上の正方形の4倍である。なぜなら $A\varDelta$ は $\varDelta B$ の2倍であるから。したがって $A\varDelta$ 上の正方形は ZB 上の正方形より大きい。それゆえ $A\varDelta$ は ZB より大きい。ゆえに $A\varLambda$ は ZB よりなおさら大きい。そして $A\varLambda$ が外中比に分けられるならば，$\varLambda K$ は六角形の，$K\varLambda$ は十角形の辺であるから，$K\varLambda$ はその大きい部分である。ところが ZB が外中比に分けられるならば，NB はその大きい部分である。したがって $K\varLambda$ は NB より大きい。ところが $K\varLambda$ は $\varLambda M$ に等しい。それゆえ $\varLambda M$ は NB より大きい。ゆえに正二十面体の辺である MB は正十二面体の辺である NB よりなおさら大きい。これが証明すべきことであった。

　次にいま述べた五つの図形以外に，等辺等角で互いに等しい図形にかこまれる他の図形はつくられないと主張する。

　三角形にせよ，あるいはどんな面にせよ，二つでは立体角はつくられない。三つの三角形によって角錐の角が，四つによって正八面体の角が，五つによって正二十面体の角がつくられる。ところが1点に結ばれる六つの等辺等角な三角形によっては立体角はつくられない。なぜなら等辺三角形の角は3分の2直角であるから，六つの角の和は4直角に等しいであろう。これは不可能である。なぜならすべての立体角は4直角より小さい角によってかこまれるから。同じ理由で立体角は六つより多くの平面角によってもつくられえない。そして立方体の角は三つの正方形によってかこまれる。ところが四つによっては不可能である。なぜなら，ふたたび4直角になるであろうから。また三つの等辺等角な五角形によって正十二面体の角がつくられる。ところが四つによっては不可能である。なぜなら等辺等角な五角形の角は直角と5分の1であ

るため，四つの角の和は4直角より大きくなるであろうから。これは不可能である。同じ不合理によって立体角は他の多角形によってもかこまれないであろう。

よって先に述べた五つの図形以外に等辺等角な図形によってかこまれる他の立体はつくられないであろう。これが証明すべきことであった。

補 助 定 理

等辺等角な五角形の角が直角と5分の1であることは次のようにして証明しなければならない。

$AB\Gamma\Delta E$ を等辺等角な五角形とし，それに円 $AB\Gamma\Delta E$ が外接し，その中心 Z がとられ，$ZA, ZB, Z\Gamma, Z\Delta, ZE$ が結ばれたとせよ。そうすればそれらは五角形の角 A, B, Γ, Δ, E を2等分する。そして Z における五つの角はその和が4直角に等しく，互いに等しいから，それらの一つ，たとえば角 AZB は直角より5分の1だけ小さい。それゆえ残りの角 ZAB, ABZ の和は直角と5分の1である。ところが角 ZAB は角 $ZB\Gamma$ に等しい。したがって五角形の角である角 $AB\Gamma$ 全体は直角と5分の1である。これが証明すべきことであった。

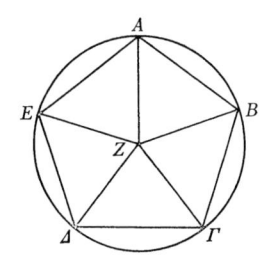

ユークリッドと『原論』の歴史

伊東俊太郎

ユークリッド──その人と著作
ユークリッド 原論 の成立
ユークリッド 原論 の伝承
ユークリッド 原論 の翻訳

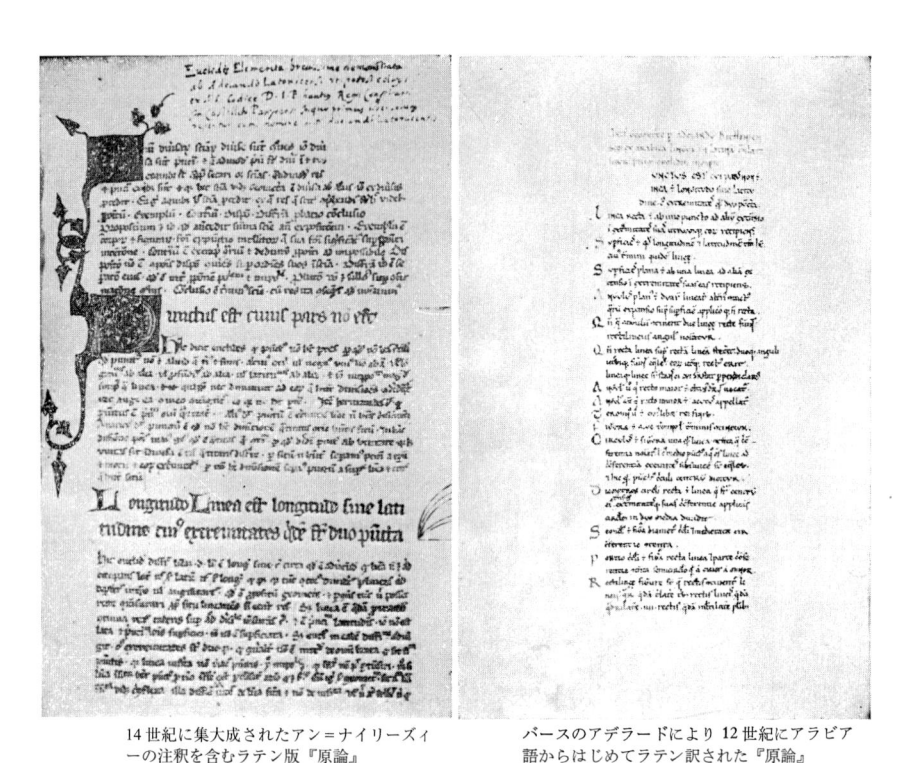

14世紀に集大成されたアン=ナイリーズィーの注釈を含むラテン版『原論』
MS. Paris, Bibl. Nat. Lat., 7215.

バースのアデラードにより12世紀にアラビア語からはじめてラテン訳された『原論』
MS. Oxford, Trin. Coll., 47.

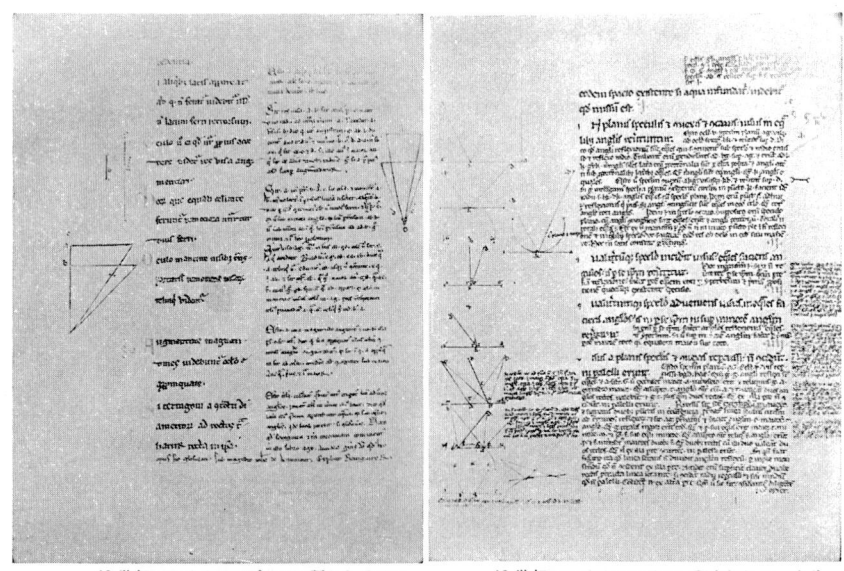

12世紀にシチリアでギリシア語からラテン訳されたユークリッドの『光学』
MS. Oxford, Corpus Christi Coll., 283.

12世紀にシチリアでラテン訳されたユークリッドの『反射光学』
MS. Oxford, Bodl. Auct., F. 5. 28.

ユークリッドと『原論』の歴史

§1 ユークリッド——その人と著作

(a) ユークリッドについて

ユークリッド (Euclid，ギリシァ語でいえばエウクレイデス Eucleidēs) の『原論』は，古来人間の論証的理性の権化として尊ばれ，合理的思考の典範として重んぜられてきた。実際史上これほどまでに読まれ，研究され，注釈されてきた数学書がほかにあるであろうか。それはたしかに「聖書」につぐ読者人口をもったといって過言ではない。イギリスにおいては最近までこれが中学校でそのまま教えられていたのであり，われわれ自身の中等教育の「幾何」で学ぶものも，このヴァリエイションにほかならない。かくしてユークリッドはわれわれにとってその名の最もよく知られている数学者である。しかしその名が広く知られているわりには，この人そのものについてはあまりにも知りうるところが少ない。もっとも古代末期から近世初期にかけて，この偉大な数学者についていろいろなことがいわれてきた。たとえばかれの生地についても，エジプトのアレクサンドリアであるとか，シチリアのゲラであるとか，パレスチナのチルスであるとか，さまざまな説があった。しかしこれらはすべて伝承の誤解や同名の別人との混同，さらには語る人のお国自慢による捏造などにもとづいており，これらの誤伝にさらに尾ひれのついたようなものを今日ではわれわれは何も信ずることはできない。

それではユークリッドについて残っている確実な証言としては，一体どのようなものがあるのであろうか。

まずかれとほぼ同時代に生きた人びとの言及としてアルキメデス (Archimēdēs, 287 ごろ〜212 B.C.) とアポロニオス (Apollōnios，前 3 世紀後半) のそれがある。アルキメデスのものは，その著『球と円柱について』($περὶ\ σφαίρας\ καὶ\ κυλίνδρου$) の第 1 巻の第 2 命題の証明のなかで「ユークリッド(の『原論』)の第 1 巻命題 2 により」($διὰ\ τὸ\ β'\ τοῦ\ α'\ τῶν\ Εὐκλείδου$)[1] と断っているのが，その唯一の言及である。またアポロニオスのものは，『円錐曲線論』($Κωνικῶν\ βιβλία$) の序文のなかでこの自著 8 巻の内容を述べながら，その第 3 巻について，「第 3 巻は立体軌跡の総合に対し有益な多くの定理を含む」とし，「これらの定理の大部分のもの，とくにその最も美しいものは今まで知られなかったものであり，これらの定理をよく認識してみて，

---

1) *Greek Mathematical Works* (ed. I. Thomas, Loeb Class. Lib.) II, p. 50.

われわれはユークリッドによって三つおよび四つの線に関する軌跡が総合されていないということを知った」[2]と述べて、ユークリッドに対する自己の優越性を誇っている。しかしこの両者とも単にユークリッドの名に言及しているのみであって、かれがどのような人であったかについては何も語っていない。このようなユークリッドの人や生涯について多少とも光を投じうる古代のソースとしては，実はつぎの三つのものしかない。

1. パッポス (Pappos, 3世紀) の『数学集成』($\Sigma v v a \gamma \omega \gamma \acute{\eta}$)
2. ストバイオス (Stobaios, 5世紀) の『精華集』($A v \theta o \lambda \acute{o} \gamma \iota o v$)
3. プロクロス (Proclos, 5世紀) の『ユークリッド原論第1巻注釈』($E \acute{\iota} \varsigma \ \tau \grave{o} \ \pi \rho \hat{\omega} \tau o v \ \tau \hat{\omega} v \ E \grave{v} \kappa \lambda \epsilon \acute{\iota} \delta o v \ \sigma \tau o \iota \chi \epsilon \acute{\iota} \omega v \ \beta \iota \beta \lambda \acute{\iota} o v$)

このうち第1のパッポスの著作においては，かれがアポロニオスのことにふれているところで，「アポロニオスはユークリッドの下にある弟子たちといっしょに，たいへん長い間アレクサンドリアで過したが，このことから，かれはあのような学問的習慣を身につけたのである」[3]と語られており，これが事実とすればユークリッドはアレクサンドリアで弟子たちを教えていたことになる。さらにパッポスはこの箇所の少し前で，ユークリッドがアリスタイオスの円錐曲線論に対する貢献を無視せず，それを卒直に認めている態度をとり上げ，「たとえいくらかでも数学を前進せしめることのできたすべての人びとに対し，ユークリッドはこのように非常に公平 ($\grave{\epsilon} \pi \iota \epsilon \iota \kappa \acute{\epsilon} \sigma \tau a \tau o \varsigma$) で好意的 ($\epsilon \grave{v} \mu \epsilon v \acute{\eta} \varsigma$) であって，アポロニオスのようにすぐ文句をつけ，それ自身は精密ではあるがやたらと自慢するというようなところがなかった。かれ（ユークリッド）は，アリスタイオスの円錐曲線による軌跡について，その証明が完全であることを求めることなく，示しうる限り書き誌した」[4]として，先駆者の業績を素直に認めるユークリッドの公平温和な人がらにふれ，アポロニオスの狷介高慢な性格と比較している。この記述には多少パッポスの主観が入っているように思われもするが，いずれにせよこれらはすべてパッポスがアポロニオスについて論じている箇所でたまたまユークリッドにふれたものであって，直接ユークリッドその人を問題としているのではない。

この点第2のストバイオスのものは，ユークリッド自身を主題としてはいるが，それも次のような逸話にすぎない。

「ユークリッドのもとで幾何学を学びはじめたある人が，その最初の定理を学んだとき，ユ

---

[2] *Op. cit.*, p. 282. "$\mathring{a} \ \kappa a \grave{\iota} \ \kappa a \tau a v o \acute{\eta} \sigma a v \tau \epsilon \varsigma \ \sigma v v \epsilon \acute{\iota} \delta o \mu \epsilon v \ \mu \grave{\eta} \ \sigma v v \tau \iota \theta \acute{\epsilon} \mu \epsilon v o v \ \acute{v} \pi \grave{o} \ E \grave{v} \kappa \lambda \epsilon \acute{\iota} \delta o v \ \tau \grave{o} v \ \grave{\epsilon} \pi \grave{\iota} \ \tau \rho \epsilon \hat{\iota} \varsigma \ \kappa a \grave{\iota} \ \tau \acute{\epsilon} \sigma \sigma a \rho a \varsigma \ \gamma \rho a \mu \mu \grave{a} \varsigma \ \tau \acute{o} \pi o v$."

[3] Pappi Alexandrini *collectionis quae supersunt* (ed. Fr. Hultsch), VII, p. 628 "$\sigma v \sigma \chi o \lambda \acute{a} \sigma a \varsigma \ \tau o \hat{\iota} \varsigma \ \acute{v} \pi \grave{o} \ E \grave{v} \kappa \lambda \epsilon \acute{\iota} \delta o v \ \mu a \theta \eta \tau a \hat{\iota} \varsigma \ \grave{\epsilon} v \ 'A \lambda \epsilon \xi a v \delta \rho \epsilon \acute{\iota} a \ \pi \lambda \epsilon \hat{\iota} \sigma \tau o v \ \chi \rho \acute{o} v o v, \ \acute{o} \theta \epsilon v \ \check{\epsilon} \sigma \chi \epsilon \ \kappa a \grave{\iota} \ \tau \grave{\eta} v \ \tau o \iota a \acute{v} \tau \eta v \ \check{\epsilon} \xi \iota v \ o \grave{v} \kappa \ \grave{a} \mu a \theta \hat{\eta}.$"

[4] Pappus, *Op. cit.*, VII, pp. 676–78.

ークリッドにたずねた。"それを学んだことによって，わたしにどんな得があるでしょうか。"するとユークリッドは奴隷をよんでいった。"かれに3オボロスの小銭をおやり，かれは学んだことから利益を得なければならないのだから。"」[5]

そこでユークリッドの生涯に関する比較的詳しい歴史的叙述としては第3のプロクロスのものだけが残る。しかしこれとても当該箇所を全部訳出してみても，次の十数行で終わってしまう程度の短いものである。

「『原論』を編纂したユークリッドは，これらの人びと（コロポンのヘルモティモスやメドゥマのピリッポス）よりもさして若くはない。かれはエウドクソスのなした多くのことをまとめ上げ，またテアイテトスのなした多くのものを完全にし，さらに先行者たちによって粗雑に証明されていたものを非難のうちどころのない厳密な論証にまで高めた。この人（ユークリッド）はプトレマイオス1世のときに生きていた。なぜなら，プトレマイオス1世のすぐあとに生まれたアルキメデスがこのユークリッドのことに言及しているからである。($\gamma\acute{\epsilon}\gamma o\nu\epsilon$ $\delta\grave{\epsilon}$ $o\tilde{\upsilon}\tau o\varsigma$ $\acute{o}$ $\grave{\alpha}\nu\acute{\eta}\rho$ $\grave{\epsilon}\pi\grave{\iota}$ $\tau o\tilde{\upsilon}$ $\pi\rho\acute{\omega}\tau o\upsilon$ $\Pi\tau o\lambda\epsilon\mu\alpha\acute{\iota}o\upsilon.$ $\kappa\alpha\grave{\iota}$ $\gamma\grave{\alpha}\rho$ $\acute{o}$ $A\rho\chi\iota\mu\acute{\eta}\delta\eta\varsigma$ $\grave{\epsilon}\pi\iota\beta\alpha\lambda\grave{\omega}\nu$ $\tau\tilde{\omega}$ $\pi\rho\acute{\omega}\tau\omega$ $\mu\nu\eta\mu o\nu\epsilon\acute{\upsilon}\epsilon\iota$ $\tau o\tilde{\upsilon}$ $E\grave{\upsilon}\kappa\lambda\epsilon\acute{\iota}\delta o\upsilon.$) そしてさらにまた次のようなことも語られているからである。すなわちプトレマイオス王がユークリッドにあるとき，幾何学において『原論』よりももっと手っ取り早い道はないかと訊(き)ねたが，そのときかれは "幾何学に王道なし" ($\mu\grave{\eta}$ $\epsilon\tilde{\iota}\nu\alpha\iota$ $\beta\alpha\sigma\iota\lambda\iota\kappa\grave{\eta}\nu$ $\grave{\alpha}\tau\rho\alpha\pi\grave{o}\nu$ $\grave{\epsilon}\pi\grave{\iota}$ $\gamma\epsilon\omega\mu\epsilon\tau\rho\acute{\iota}\alpha\nu$) と答えたというのである。したがってユークリッドはプラトンの直弟子よりも若く，エラトステネスやアルキメデスよりも年とっていることになる。($\nu\epsilon\acute{\omega}\tau\epsilon\rho o\varsigma$ $\mu\grave{\epsilon}\nu$ $o\tilde{\upsilon}\nu$ $\grave{\epsilon}\sigma\tau\iota$ $\tau\tilde{\omega}\nu$ $\pi\epsilon\rho\grave{\iota}$ $\Pi\lambda\acute{\alpha}\tau\omega\nu\alpha,$ $\pi\rho\epsilon\sigma\beta\acute{\upsilon}\tau\epsilon\rho o\varsigma$ $\delta\grave{\epsilon}$ $E\rho\alpha\tau o\sigma\theta\acute{\epsilon}\nu o\upsilon\varsigma$ $\kappa\alpha\grave{\iota}$ $A\rho\chi\iota\mu\acute{\eta}\delta o\upsilon\varsigma.$) というのはエラトステネスがどこかでいっているように，この人びと(エラトステネスとアルキメデス)は互いに同時代人であるから。」[6]

これによると，プラトンの直弟子であるエウドクソス（Eudoxos）やテアイテトス（Theaitētos）の生存年代はそれぞれ前408年ごろ～355年ごろと前414年ごろ～369年であり，これに対しアルキメデスとエラトステネス（Eratosthenēs）の年代はそれぞれ前287年ごろ～212年と前284年ごろ～204年であるから，これにプトレマイオス1世（Ptolemaios Sōtēr, 前367年ごろ～283年）の治世が前306年から前283年にかけてであることを顧慮するならば，ユークリッドの活動期はほぼ紀元前300年を下らないころと推定されよう。このようにするとユークリッドの年代は，プロクロスがいっているように，プラトンの直弟子の年代とアルキメデスの年代のちょうど中間に入り，かつプトレマイオス1世の治世とも一致する。いずれにせよ，5世紀のプロクロスでさえ，ユークリッドの大体の生存年代を，上の引用の示すように，すで

---

5) Ioannis Stobaei *eclogae physicae* (ed. Wachsmuth) ii, p. 228.
6) Procli Diadochi *in primum Euclidis elementorum librum commentarii* (ed. G. Friedlein), p. 68.

に間接的に推理するほかはなくなっているのである。したがってもちろんその詳しい生没年や生地などについては何もわからない。

プロクロスはさらにこれに続けて，「ユークリッドはその目的においてプラトン的 ($\Pi\lambda\alpha\tau\omega$-$\nu\iota\kappa\delta s$) であり，この(プラトン)哲学によく通じていた。それゆえ『原論』全体の最後 ($\tau\epsilon\lambda os$) を，いわゆる"プラトンの図形"の構成をもってしたのである。」[7] と語っている。『原論』の最後(第13巻)が"プラトンの図形"(五つの正多面体)の構成をもって終わっていることは確かであるが，しかし『原論』全体の目標がこれにあったのではないことは明らかであり，それは当時の立体幾何学の到達した最高の知識として，『原論』のうちで立体幾何をとり扱った最後の3巻の結論となっているにすぎない。したがって，このことをもってユークリッドをプラトン主義者とすることは，やや牽強付会のきみがあるし，そもそもプロクロスがユークリッドをプラトニストとしていることは，新プラトン主義者であるプロクロス自身の立場にひきつけた解釈として文字通りにはうけとれない。しかしユークリッドがプラトン哲学を奉じたか否かはしばらく措くとしても，かれがプラトンの周囲にいた数学者の強い影響を受けたことは明らかであるし，おそらくかれ自らも「アカデメイア」の門に入ってそれらの数学者の伝統をうけついだであろうことは容易に想像される。このことは『原論』の重要な実質的内容をユークリッドに先立ってつくり上げたと考えられるピリッポスやエウドクソスやテアイテトスが，みなこの「アカデモスの学園」に属したプラトンの友人であり弟子であることからうかがえる。

さて以上がギリシャ語で書かれた第1次史料から知られるユークリッドの生涯に関するすべてであるといってよいが，中世に入ると10世紀以後のアラビアに，さらに詳しいいくつかの伝承が現われてくるが，しかしこれらは時代もかなり離れているし，アラビア特有の幻想的叙述も混入しているので，史実としての信憑性は大いに希薄となる。しかし興味があるので一つだけ引用しておこう。たとえばアル＝キフティー (al-Qifṭi, 13世紀) はつぎのようにいっている。

「ナウクラテスの息子でゼナルコスの孫であるユークリッドは，幾何学の創始者とよばれ，かなり古い時代の哲学者で，生まれにおいてはギリシァ人であるが，住んだところでいえばダマスクスの人であり，出生の場所でいえばチルスの人である。かれは幾何学の知識に最も造詣深く，幾何学の基礎または原理と題するきわめてすぐれた有益な書物を編んだが，この種のものにおいてこれ以上普遍的な書物はギリシァ人の間でもそれ以前には存しなかった。否それ以後の時代においても，すべての人がかれの足跡を追っているのであり，かれの学説をはっきりと公に認めないような人はいなかったのである。それゆえ，さらにギリシァやローマやアラビ

---

7) Proclus, *Op. cit., ibid.*

アの幾何学者の少なからざる人びとがこの幾何学の著作を飾りたてる仕事を企て，この書物の注釈や注解やノートを編み，またこの著作自身の要約もつくった。そのようなわけでギリシァの哲学者たちは，かれらの学校の扉に"ユークリッドの原理を前もって知らざるものは，なんぴともわれらの学校に入るべからず"というあの例の言葉をはりつけるのが慣わしとなったのである。」[8]

まずナウクラテス (Naucrates) やゼナルコス (Zenarchos) というようなユークリッドの父や祖父の名が一体何に由来するのかはっきりしないが，他のアラビア文献ではまたこれと異なった名称が出てくるところをみると（たとえばアン＝ナディームではゼナルコスの代わりにベレニコス），これがかなり恣意的なものであることがわかるのであって，おそらく父や祖父の名を並記するアラビアの習慣から，5世紀のプロクロスさえ知っていないこれらの名前がデッチ上げられたものと思われる。さらにチルスで生まれダマスカスに住んだということも，このすぐれたギリシァの科学者を西アジアの地に結びつけようとするアラビアの伝統的やりかたの現われと考えられる（かれらのうちのあるものにとってはピュタゴラスはソロモンの弟子であり，ヒッパルコスはカルデア人であり，アルキメデスはエジプト人であった）。実際『原論』のアラビア版を編んだアッ＝トゥースィー (al-Ṭūsi) は，自分の出身であるホラーサンのトゥースをユークリッドの生地とさえしている。さらにプラトンの言葉とされている"幾何学を知らざるものは入るべからず"（$\mu\eta\delta\epsilon\iota\varsigma\ \alpha\gamma\epsilon\omega\mu\epsilon\tau\rho\eta\tau o\varsigma\ \epsilon\iota\sigma\iota\tau\omega$）が"ユークリッドの原理を知らざるものは，われらの学校に入るべからず"というように変形されていることも，アラビアの伝承の任意性を示すものといえよう。さらにまたユークリッドが"かなり古い時代の哲学者"とされていることは，中世を通じて一般になされていた混同——つまりソクラテスの弟子であった紀元前400年ごろの哲学者でプラトンの対話篇『テアイテトス』にも出てくるメガラのユークリッドとの混同を反映している。この混同はすでに古く，ローマ時代のウァレリウス・マキシムス (Velerius Mlaximus, 1世紀) にはじまり，16世紀後半にコンマンディーノ (Commandino) によってはじめて訂正されるまで，存続しつづけた。事実中世を通じ近世初頭にいたるまでの長い間，アレクサンドリアの数学者ユークリッドはメガラの哲学者ユークリッドの名の下にかくされてしまっていたのである。

また『原論』がユークリッドの著作ではなく，アポロニオスという"大工"の作品であるというアラビアのもう一つの伝承も[9]——この問題には深入しないが——明らかにヒュプシク

---

8) al-Qifṭi, *Ta'rīkh al-Ḥukamā'* (Casiri, *Bibliotheca Arabica* I, p.339 所掲のラテン訳より訳す．このラテン原文は Heiberg, *Litterargeschichtliche Studien über Euklid*, S. 2 に見られる．)
9) Ḥājji Khalifa, *Kashf al-Ẓunūn* (Flügel, *Lexicon bibliographicum* I, p.380 seq. この箇所のラテン訳文は *vide*, Heiberg, *Op. cit., ibid.*)

レス (Hypsiclēs) の『原論』第14巻への序文を誤解したもので，ここにもちろん受け入れることはできない。『原論』がユークリッド自身の著作であることは，プロクロスをはじめとするあらゆる所伝に基づいて，まったく疑いえないところである。

　結局ユークリッドについていえることは，かれが紀元前300年ごろに活躍したギリシァの数学者で，はじめはおそらくアテナイの「アカデメイア」で数学を研究し，後にアレクサンドリアに移り，そこで多くの弟子たちを教育するとともにプトレマイオス1世と交わり，『原論』という不朽の大著をはじめいくつかの重要な数学的著作を世に遺したということにつきる。

　しかしながら最近ではさらに，このようなユークリッドに関するわずかな事実が引き出されてくる史料の信憑性にすら疑いをさしはさみ，ユークリッドという人物の実在性を否定する学者も現われてきている。たとえばフランスの数学史家イタールは，さきに引用したプロクロスの文章のなかで，"アルキメデスがユークリッドのことを言及している"といわれているのは，『球と円柱について』の証明のなかで「ユークリッドの第1巻命題2より」といういわずもがなの形式的注記をさしているのであり，これはとうていアルキメデス自身のものとはなしえないとして，これからユークリッドについて何事かを推理することはできないと主張し，さらにパッポスの著作中のなかで，アポロニオスに関してユークリッドにふれた文章もフルチュに従って後代の加筆であったとする。このようにユークリッドの歴史的実在を根拠づける文献的証拠をひとつひとつ消去してゆくと同時に，『原論』自体がしばしば統一を欠き，本質的に同じ定理が異なった箇所で二度も証明されていたり，後では全然使用されない術語の定義が与えられていたりしているから，こうした『原論』のモザイク的性格はその著者が単数ではなく複数であり，ユークリッドとは現代のブルバキと同様に数学者の集団の名前ではなかったかと考える。そしてこれらの数学者は自分たちの著作を有名なメガラの哲学者ユークリッドに仮託したのかもしれない（ちょうどアレクサンドリアの錬金術の著作がデモクリトスに仮託されたように）。さきにルネサンスのコンマンディーノにいたるまで，中世を通じて数学者ユークリッドはメガラの哲学者ユークリッドと混同されていたと言ったが，実はこれは混同ではなく，数学者ユークリッドははじめから存在しないのであって，それはアレクサンドリアにおける数学の一つの学派の集団の名称 (le titre collectif d'une école mathématique) であったのだ——こうした説も提出されているのである[10]。しかしこのイタールの大胆な提案にもいろいろ問題があろう。さきに引用したアルキメデスのユークリッドに関する言及が，かれの主張するように，アルキメデス自身のものではなく後代の書き加えであることをかりに認めるとしても，アポロニオスが自著の序文でユークリッドの仕事にくらべ自己の優越性を誇っているのは明らか

---

10) Cf. Jean Itard, *Les livres arithmétiques d'Euclide*, Paris, 1961, pp. 9–12.

に彼自身のものとせねばならないだろう。しかもこの記述は時代が近いだけに迫真性があるが、そこでかれはユークリッドという個人に大いに対抗心をもやしているかにみえるのは注目される。また「アポロニオスがアレクサンドリアでユークリッドの弟子たちとともに過した」というパッポスの証言がフルチュにしたがってかりに後代の加筆だとしても、パッポスのもう一つの箇所、つまりアポロニオスに比較してユークリッドの公平温和な人がらにふれているところはどうなるのか。これはどうしても後代の付加とすることはできないと思われるが、しかもそこでも集合名詞でなく明らかにユークリッド個人の性格が語られているのである。さらに『原論』全体の統一が緊密でないということをもって、ただちにこれが一個人の著作であることを否定する根拠とはならないのであって、これはユークリッドという人が、そもそも強い個性で全体を統一するというよりも多分に編纂者的性格の持主であって、前にあったものをなるべく残すようなしかたで『原論』を編んだので部分的不統一が生じたのだと考えてもよいであろう。またプトレマイオス1世との交渉を伝えるプロクロスの伝承や、またストバイオスの伝承を否定する積極的理由もない。いずれにせよイタールのはなはだ興味ある仮説も、仔細に検討してゆくと問題が残るのであり、ただちに受け入れることはできない。筆者としてはやはりユークリッドが実在したとして、一応上述したような結論を下してさしつかえないと思う。しかしこのイタールのような疑いを起こさせるほどに、ユークリッドその人について知りうることがあまりにも希薄だということは事実である。

このようにユークリッド自身についてわれわれの知るところきわめて少ない。しかしかれの著した『原論』は厳然としてわれわれの前にあり、その全貌をあますところなく知ることができる。古代のかくも長大な数学書がなんらの欠損もなくそのまま今日に伝えられているということは、まことに希有なことに属するといわなくてはならない。そのためには、先人たちによって絶えずこれの保存と伝達の努力がなされてきたことを想起しなければならないし、またこのことはとりもなおさず後の時代におけるユークリッドの絶大な声価を物語っているといえるであろう。

(b) ユークリッドの著作

ユークリッドの主著が本書に収められている『原論』であることはいうまでもないが、このほかにかれの著作として伝えられている数多くのものがある。今かれに帰せられている著作全体を、[A] ギリシァ原典の現存するもの、[B] アラビア訳で存在しているもの、[C] ラテン訳のみで伝わっているもの、[D] 失われてしまったもの、の四つに分類して記すと次のとおりである。

[A] ギリシァ原典の現存するもの
 1. 『原論』（$Στοιχεῖα$，ラテン名 *Elementa*）
 2. 『デドメナ』（$Δεδομένα$，ラテン名 *Data*）
 3. 『光学』（$Ὀπτικά$，ラテン名 *Optica*）
 4. 『反射光学』（$Κατοπτρικά$，ラテン名 *Catoptrica*）
 5. 『音楽原論』（$Αἱ κατὰ μουσικὴν στοιχειώσεις$）
  α．『カノーンの分割』（$Κατατομὴ κανόνος$，ラテン名 *Sectio canonis*）
  β．『ハルモニア論入門』（$Εἰσαγωγὴ ἁρμονική$，ラテン名 *Introductio harmonica*）
 6. 『天文現象論』（$Φαινόμενα$，ラテン名 *Phaenomena*）

[B] アラビア訳で存在しているもの
 7. 『図形分割論』（$Περὶ διαιρεσέων$）
 8. 『天秤について』（アラビア名 *Fī'l-mīzān*）

[C] ラテン訳のみで伝わっているもの
 9. 『重さと軽さについて』（ラテン名 *De ponderoso et levi*）

[D] 失われてしまったもの
 10. 『誤謬推理論』（$Ψευδάρια$，ラテン名 *Pseudaria*）
 11. 『ポリスマタ』（$Πορίσματα$，ラテン名 *Porismata*）
 12. 『曲面軌跡論』（$Τόποι πρὸς ἐπιφανείᾳ$）
 13. 『円錐曲線論』（$Κωνικά$，ラテン名 *Conica*）

これらのユークリッドの著作とされているもののおのおのについて，上にあげた順序で，その内容や特質を次にみておくことにする。

[A]　ギリシァ原典の現存するもの

1.『原　　論』

ユークリッドの主著で最も有名なもの。他の著作が専門家の間でしか注目を惹（ひ）かなかったのに反し，『原論』は広く人口に膾炙し，古来「原論の著者」（$στοιχειώτης$）といえば，ユークリッドのことであった。この書は「ストイケイア」（$στοιχεῖα$）または「ストイケイオーシス」（$στοιχείωσις$—ストイケイアの教説）とよばれているが，「ストイケイア」とは何かといえば，

それはもともとアルファベッドの"字母"を意味する「ストイケイオン」($\sigma\tau o\iota\chi\varepsilon\tilde{\iota}o\nu$) という言葉の複数であり，またこの複数形は一般にものがそれから成り立つ"要素"を意味する。ユークリッドのこの著作が「ストイケイア」といわれた理由をプロクロスは次のように説明している。

「ちょうど文字の発音に，われわれが"ストイケイア"の名でよんでいる最も単純で不可分割な第1原理 ($\alpha\rho\chi\alpha\grave{\iota}\ \pi\rho\tilde{\omega}\tau\alpha\iota$=字母) があり，すべての単語や言葉がそれから成っているように，すべての幾何学には若干の指導的 ($\pi\rho o\eta\gamma o\acute{\upsilon}\mu\varepsilon\nu\alpha$) な定理があり，それから導出されてくるものに対し原理 ($\alpha\rho\chi\eta$) という関係をもち，すべてにゆきわたって多くの個々の場合の証明を提供する。それゆえにそれら（の定理）を"ストイケイア"とよぶのである。」[1]

つまりすべての言葉が字母からなるように，すべての幾何学的命題はある種の原理的命題を基礎としており，これから証明される。そのような基本的命題（ストイケイア）をとり扱ったものが『原論』であるというわけである。

この『原論』が全13巻のものであったことはマリノスやピロポノスの証言によってもまちがいないところである。世にしばしば『原論』の第14巻および第15巻といわれているものは，ユークリッド自身の著作ではなく，正多面体の問題をとり扱った第14巻は2世紀のヒュプシクレス（Hypsiclēs）のつけ加えたものであり，第15巻は6世紀のミレトスのイシドロス（Isidōros）の弟子の手になるものといわれ，このほうはその内容の質もずっとおちている。

『原論』全13巻の内容は「平面幾何学」（I-IV, VI）と「数論」（V, VII-X）と「立体幾何学」（XI-XIII）に大別できるが，それぞれの巻の特質については後の「解説」の項を参照されたい。ただここで問題になるのは『原論』における「数論」の位置である。プロクロスは「ユークリッドによって"平面幾何学"と"立体幾何学"に関する『原論』が編集された」[2]と語っているが"数論"についてはふれておらず，またこの書をしばしばはっきりと『幾何学原論』($\Sigma\tau o\iota\chi\varepsilon\acute{\iota}\omega\sigma\iota\varsigma\ \gamma\varepsilon\omega\mu\varepsilon\tau\rho\iota\kappa\acute{\eta}$) という名でよんでいるし，ユークリッドの『デドメナ』の注釈を書いたマリノスも「ユークリッドは『幾何学原論』($\sigma\tau o\iota\chi\varepsilon\tilde{\iota}\alpha\ \gamma\varepsilon\omega\mu\varepsilon\tau\rho\acute{\iota}\alpha\varsigma$) 全13巻を編んだ」[3]といっている。してみるとユークリッドやその後の注釈者にとって，『原論』はやはり「幾何学」の書であって，「数論」はこれへの付論と考えられていたようにも思われる。実際このようにみると，第5巻の比例の理論は第6巻におけるこれの幾何学的図形への適用のための準備と考えられるし，第10巻に含まれている非通約量，無理量の理論は第13巻におけるプラトン

---

1) Proclus, *In Primum Euclidis elementorum librum commentarii* (ed. G. Friedlein), p.72.
2) Proclus, *Op. cit.*, p.74.
3) Marinus, *Praefatio ad data* (ed. C. Hardy), p.14. Cf. Heiberg, *Litterargeschichtliche Studien über Euklid*, S. 28.

の正多面体の考察にとっての不可欠の前提となり,さらに第7巻から第9巻にわたる数論的考察は,この第10巻のためへの準備ととれないことはないであろう.しかし実質的にみれば『原論』の「数論」の部分は「幾何学」の部分への付論とするにはあまりにもそれ自身重要なものではある.

最後に『原論』におけるユークリッドの叙述方法は,一定の方式にしたがっているので,それについて簡単にふれておこう.そこではまず作図さるべき問題または証明さるべき命題が述べられる ($πρότασις$). ついでこのうちの条件にあたる部分が具体的な記号を付して——たとえば三角形 $ABΓ$ 云々というように——定式化され ($ἔκθεσις$), この記号づけにそった図形が実際に描かれ ($κατασκευή$), さらに帰結がこの具体的記号を伴って述べられる ($διορισμός$). それから定義,公準,公理および以前に証明された命題のみを用いて厳密な証明が行なわれ ($ἀπόδειξις$), それに結論が続き ($συμπέρασμα$), 最後は作図の場合は「これを作図すべきであった」($ὅπερ ἔδει ποιῆσαι$), 定理の場合は「これを証明すべきであった」($ὅπερ ἔδει δεῖξαι$), という言葉で終わっている.

この『原論』のギリシャ原典はハイベルクとメンゲ (J. L. Heiberg—H. Menge) の編集した『ユークリッド全集』(*Euclidis Opera Omnia*, Leipzig, 1883-1916) の第1巻から第5巻までに古代の注 (scholia) とともに収録されている.またヒース (Th. L, Heath) の *Euclid in Greek, Book I*, Cambridge, 1921 は『原論』第1巻のギリシャ原文を収め,序論と注釈がついている.なお最近スタマティスの編集するハイベルクの『原論』の新版の出版計画があり,すでにその第1巻が世に出されている. *Euclidis Elementa*, Vol. I (Libri I-IV cum appendicibus), post I. L. Heiberg edidit E. S. Stamatis, Leipzig, 1969.

この書のラテン訳やアラビア訳については§3 (b), ルネサンス以降のさまざまな版については§3 (c), 英訳その他の近代語への翻訳については§4をそれぞれ参照されたい.

2. 『デドメナ』

この書はやはり平面幾何学の問題をとり扱っており,ユークリッドの著作のなかで『原論』と最も密接な関係をもっている.その命題がすべて「かくかくのものが一位置,大きさ,形において一与えられるならば,かくかくのものもまた与えられる ($δεδομένον ἐστίν$, datum est)」という形式をとっているゆえに『デドメナ』($Δεδομένα$),『ダタ』(*Data*) という書名が生じた.

パッポスがその『数学集成』のなかで「解析の宝庫」の冒頭に掲げている重要な著作で,15 の定義と 94 の命題からなる.命題の証明はこれらの定義と『原論』の命題だけを前提として一歩一歩厳密に行なわれており,明らかにユークリッドの真作である.次に定義1—6と命題 I を例として訳出しておく.

定　義

1. 空間，線，角は，それらに等しいものを割り当てることができるとき，量において与えられるという。

2. 比は，それに等しいものを割り当てることができるとき，与えられるという。

3. 直線図形は，その角のおのおのが与えられ，また辺相互の比が与えられるときに，形において与えられるという。

4. 点，線，角は，それが常に同じ場所を保持するとき，場所において与えられるという。

5. 円は，その中心よりの直線（半径）が与えられるときに，量において与えられるという。

6. 円は，その中心が位置において与えられ，かつ中心よりの直線（半径）が量において与えられるときに，位置と量において与えられるという。

命　題

I. 与えられた量の相互の比もまた与えられる。

A と B とが与えられた量とせよ。そうすると A の B に対する比も与えられるとわたくしはいう。

量 A が与えられているゆえに，それに等しいものを割り当てることができる。それが割り当てたとして Γ とする。さらに量 B が与えられているのであるから，それに等しいものを割り当てることができる。それが割り当てられたとし Δ とする。量 A と量 Γ とは相等しく，量 B と量 Δ とは相等しいゆえ，A の Γ に対する比は B の Δ に対する比に等しい。置換によって A の B に対する比は Γ の Δ に対する比に等しい。それゆえ A の B に対する比は与えられる。なんとなればこれに等しい比，つまり Γ の Δ に対する比が割り当てられたからである。

$$\frac{\quad A \quad}{\quad \Gamma \quad} \qquad \frac{\quad B \quad}{\quad \Delta \quad}$$

さてこの書の意義については，カントルはこれを『原論』を学び終えたものがふたたびはじめるときの練習問題（Übungssätze zur Wiederauffrischung der Elemente）としているが[4]，これだけでは十分に的を射たものとはいえない。この書は実はギリシァ数学の一つの重要な方

---

[4] Moritz B. Cantor, *Vorlesung über die Geschichte der Mathematik*, Vol. I, Leipzig, 3 Aufl., 1907, S. 284.

法であった「解析」($\dot{\alpha}\nu\dot{\alpha}\lambda\nu\sigma\iota\varsigma$) の過程において不可欠なものであったのである。ユークリッドの体系ではすべて総合的に，証明が原理より結論の方向にむかって書かれているが，しかし実際の問題解決はパッポスが示しているように解析的に行なわれた。つまりそれは問題が解けたと仮定して，そこから逆に必要な前提をさかのぼってあらかじめ認められた原理にいたる方法であるが，この解析の過程で『デドメナ』でとり扱われている「与えられたもの」に到達すれば，もはやそれ以上原理にまでさかのぼる必要がないわけである。『デドメナ』の諸命題はこのような解析の過程を短縮するために大いに役立つものとして，『原論』を学び終えたものが独力で新しい問題の解決に向かう場合の必要な武器であったと思われる。それゆえパッポスは上に述べたように「解析の宝庫」($\tau \acute{o} \pi o \varsigma\ \dot{\alpha}\nu\alpha\lambda\nu\acute{o}\mu\varepsilon\nu o\varsigma$) に属する書物の筆頭にこの書をあげているのであり[5]，マリノスも「この書の知識は解析的方法に必須 ($\dot{\alpha}\nu\alpha\gamma\kappa\alpha\iota o\tau \acute{\alpha}\tau\eta$) である」[6]としているのである。

原典テキストは前にあげたハイベルク＝メンゲの『ユークリッド全集』の第6巻にマリノスの注釈および古代の注を含めて収録されている。この書にはイスハーク＝サービトのアラビア訳とこのアラビア訳に基づくクレモナのゲラルドのラテン訳が存在したが，後者は失われた。しかし12世紀にギリシァ語から直接ラテン訳されたもののマニュスクリプトが四つ——MS. Oxford, Bodl. Auct. F. 5, 28, MS. Paris, Bibl. Nat. lat. 16648, MS. Dresden, Sächs. Landesbibl. D 686, および MS. Berlin, Staatbibl. Preuß. Kulturbesitz Q 510——存在しており，下記の拙著においてこの四つの写本から校訂されたラテン・テキストがはじめて編まれた。

Shuntaro Ito, *The Medieval Latin Translation of the Data of Euclid*, University of Tokyo Press & Birkhaüser, 1980.（『伊東俊太郎著作集』第12巻所収）．

近代語訳についてはまず17世紀のシムソンの有名な英訳があるが，これは時代も古くその拠ったテキストも改悪されたテオン版であるうえ，シムソン自身の解釈により内容が大幅に変更されているので今日では使用できない。上掲の拙著において，筆者はこの新しく編んだラテン・テキストに基づく英訳を対訳の形で与えておいたが，これはこのラテン訳がテオン改訂以前のよいギリシァ原典に基づく忠実な訳なので，結果として筆者の英訳も原典に忠実なものになっていると思う。新しい英訳は今のところこれしかない。仏訳については18世紀のペイラールのものがある。これは稀覯本であったがつい最近復刻版が出されたので入手しやすくなった。これは J. イタールの序文を付して

---

5) Pappus, *Collectionis quae supersunt* (ed. Hultsch), p, 634. 因みにここに $\tau \acute{o}\pi o\varsigma$ というのは "宝庫" の意味であって，単なる "場所" ではない。パッポスの『数学集成』の第4巻のはじめに出てくる $\tau \acute{o}\pi o\varsigma\ \dot{\alpha}\sigma\tau\rho o\nu o\acute{\nu}\mu\varepsilon\nu o\varsigma$ が "天文学の宝庫" であるのと同様である。したがってコンマンディーノの "locus resolutus" やヴェル・エークの仏訳 "lieu résolu" は正しくないであろう。

6) Marinus, *Praefatio ad Data* (ed. C. Hardy), p. 13. Cf. Heiberg, *Op. cit.*, S. 39.

Les œuvres d'Euclide traduites littéralement par F. Peyrard, Paris, 1966

として『原論』の仏訳といっしょに出版されている。また最近ハイベルク版に基づく独訳も世に出された。

C. Thaer, *Die Data von Euklid*, Springer, 1962

3.『光 学』

この書名の「オプティカ」('οπτικά) という言葉は「オプシス」(ὄψις) に由来しており，「オプシス」とは目から直線的に投射されて対象に当たり視覚を生じる"視線"のことであるから，これは対象から目に入射してくる光線の学としての「光学」ではなく，むしろ正確にはこのような「オプシス」を論ずるものとして「視論」とでも訳すべきものかもしれない。これがユークリッドの真作であることは，伝えられた手写本の内容のくずれなどから長い間疑われてきたが，ハイベルクがフィレンツェでより古い整った形のマニュスクリプトを見いだして以来，真作であることが認められるようになった。これは七つの定義(内容的にはむしろ公準)と60の命題からなるが，今その定義と命題 II をを訳出して例示しておこう。

定 義

次のことがらが仮定されよ。
1. 眼から発出する直線は，ある大きさの量の上にひろがって進行する。
2. 視線によって包まれる図形は円錐であり，その頂点は眼にあり，その底は見られるものの限界である。
3. 視線がそこにおちるものは見られ，視線がそこにおちないものは見られない。
4. より大きな視角で見られたものはより大きく見え，より小さな視角で見られたものはより小さく見え，等しい視角で見られたものは等しく見える。
5. より高い視線によって見られたものはより高く見え，より低い視線によって見られたものはより低く見える。
6. 同様に，より右側の視線によって見られたものはより右側に見え，より左側の視線によって見られたものはより左側に見える。
7. より多くの視角で見られたものは，より正確に(=はっきりと)見られる。

命 題

II. 等しい大きさのものがある距離におかれているとき，より近くにおかれているもののほうが，より正確に見られる。

B を眼とし，$\Gamma\varDelta$, $K\varLambda$ を見られるものとせよ。そしてこの両者は相等しく平行であると考えねばならず，また $\Gamma\varDelta$ がより近くにあるとせよ。視線 $B\Gamma$, $B\varDelta$, BK, $B\varLambda$ が投射されたとせよ。その場合われわれは眼から K, $\varLambda$ におちた視線は点 Γ, $\varDelta$ を通過するとはいわないであろう。なぜならもしそうなら三角形 $B\varDelta\varLambda K\Gamma B$ において $K\varLambda$ は $\Gamma\varDelta$ より大きいことになってしまうであろう。しかるにこの両者は等しいと仮定されたのである。それゆえ $\Gamma\varDelta$ は $K\varLambda$ よりも，より多くの視角の下に見られることになる。ゆえに $\Gamma\varDelta$ は $K\varLambda$ よりも，より正確に見られる。なんとなれば，より多くの視角で見られたものは，より正確に見られるからである。

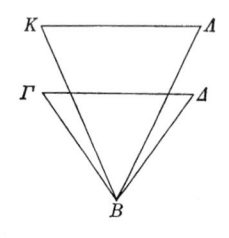

　ギリシァ原文はハイベルク＝メンゲの『ユークリッド全集』第7巻のなかに古注と「テオン版の光学」 *Opticorum recensio Theonis* を付して収録されている。イスハーク＝サービトのアラビア訳とこれに基づくラテン訳が残っている。さらにギリシァ語から直接ラテン訳されたものもあり，この後者の訳については最近筆者とハーヴァード大学のマードックにより，それが『デドメナ』をラテン訳した訳者と同一の人の手になるものであることが確認された[7]。ハイベルクのテキスト中のラテン訳はすなわちこの訳にほかならない。

　近代語訳としてはヴェル・エークの仏訳がある。

Paul Ver Eecke, *Euclide, L'optique et la catoptrique*, Paris, 1959

4. 『反射光学』

　この著作は光線が（というよりも上に述べた意味で視線がというべきだが）いろいろな反射面（＝鏡面）にぶつかったときに生ずる現象をとり扱ったもので，六つの定義と30の命題からなっている。プロクロスはこれをユークリッドの著作としているが，内容の証明がややルーズなことや用語法上の問題からして『光学』とは異なり，ユークリッドの真作であることが疑われている。たとえユークリッドが『反射光学』の一書を著したとしても，それは早く散佚してしまい，現在伝わっているものは，テオンが後代の命題をつけ加えて編集したものであるらしく，それをプロクロスが無造作にユークリッドのものとしてしまったのであろう。次に定義

---

7) Cf. *Op. cit.*, pp. 38–41.
　伊東俊太郎, "12世紀におけるユークリッド Data のラテン訳について", 『西洋古典学研究』, XIII (1965).

（実質的には公準）の部分だけを訳出しておく。

定 義

1. 視線は直線であり，そのすべての中間のものは両端と一直線上にある。

2. 見られるものはすべて直線に沿って見られる。

3. 鏡面が平面上におかれており，見られるものが平面上に垂直に一定の高さにある場合，つぎのような比が成り立つ。すなわち見るものの高さと平面上に垂直にひかれた（見られるものの）高さとの比は，鏡と見るものとの間の（平面上の）直線と，鏡と垂直な長さとの間にある直線との比に等しい。

4. 平面鏡において，見られるものからひかれた垂線がおちてゆく場所に（見るものの視線が）おかれるならば，見られるものはもはや見えなくなる。

5. 凹面鏡において，見られるものから球の中心にひかれた直線が通過する場所に（見るものの視線が）入れられるならば，見られるものはもはや見えなくなる。凸面鏡においても同じことが起こる。

6. あるものが水槽のうちにおかれ見えなくなるような距離をとったとき，その同じ距離のままで水が入れられると，なかにおかれたものが見えてくるであろう。

ギリシァ原典はハイベルク＝メンゲの『ユークリッド全集』の第7巻に古注とともに収められている。これについても12世紀に『デドメナ』と『光学』をラテン訳したシチリアの一学究によるギリシァ語からラテン訳が存在する[8]。近代語訳については上にあげたヴェル・エークの仏訳がある。今では，多くの中世写本の批判的研究に基づいてつくられ高橋憲一のラテン訳テクストとその英訳，および優れた研究が出版されている。

Ken'ichi Takahashi, *The Medieval Latin Traditions of Euclid's Catoptrica*, Kyushu University Press, 1991.

5. 『音楽原論』

『音楽原論』の名の下に二つの著作がユークリッドに帰せられている。それは前にあげたように『カノーンの分割』と『ハルモニア論入門』である。前者は20の命題を含み，ピタゴラス派の音楽論で数学的であり，その文体も命題の叙述様式もユークリッド的であって真作と認めてよいであろう。もっともメンゲはこれをもとのユークリッドの『音楽原理』($μουσικη$

---

[8] Cf. Shuntaro Ito, *Op. cit.* pp. 106-107.

$\sigma\tau o\iota\chi\epsilon\hat{\iota}\alpha$）という著作から，後代の人が編纂したものとしている．これに反し後者は 12 の節から成っているが明らかにユークリッドのものではなく，その内容も第 1 のものと相反する非ピタゴラス的なものを含んでおり，アリストクセノスの弟子のクレオネイデス（Kleoneidēs）の著作とされている．これについてはこの両論文を編集したヤンの次の研究がある．

　　Karl von Jan, *Die Harmonik des Aristoxenianers Kleonides,* Landsberg, 1870

ギリシァ語のテキストは両者ともハイベルク＝メンゲの『ユークリッド全集』の第 8 巻に収められている．

6. 『天文現象論』

　これは天文学の書物で，天象の出没を球面幾何学的にとり扱ったものであり，18 の命題からなる．エウドクソスの「同心天球説」を改良しようとしたアウトリュコス（Autolycos）の『運動天球論』（$\Pi\epsilon\rho\grave{\iota}\ \kappa\iota\nu o\upsilon\mu\acute{\epsilon}\nu\eta\varsigma\ \sigma\varphi\alpha\acute{\iota}\rho\alpha\varsigma$）に基づいているが，それよりずっと進歩したものであり，ユークリッドの真作と考えられる．当時の数学的天文学の水準を示すものとしてきわめて興味あるものであるが，まだ十分な研究がなされていない．ハイベルクの『ユークリッドの文献史研究』（*Litterargeschichtliche Studien über Euklid,* Leipzig, 1882）に本書のやや詳しい分析がある．

　テキストはハイベルク＝メンゲの『ユークリッド全集』の第 8 巻に上記「音楽論」とともに収められている．

　以上がギリシァ原典で現存するユークリッドの（ないしはかれに帰せられている）著作のすべてであるが，次にはアラビア訳で残っているものについて述べる．

[B]　アラビア語で存在しているもの

7. 『図形分割論』

　『原論』と『デドメナ』のほかに残存している書物で純粋に平面幾何学の問題をとり扱っているのは，この書だけである．ユークリッドが『図形の分割についての書』（$\Pi\epsilon\rho\grave{\iota}\ \delta\iota\alpha\iota\rho\epsilon\sigma\acute{\epsilon}\omega\nu\ \beta\iota\beta\lambda\acute{\iota}o\nu$）という著作を書いたということはプロクロスの記述からもわかる[9]．しかしこの書はその後ギリシァ語では失われ，当初はアブダルバーキー（Abdalbāqi al-Bagdādi, 11～12 世紀）のアラビア訳からのラテン訳を通してわれわれに伝えられた．この論文を最初に発見した

---

[9] Proclus, *Op. cit.*, p. 69「この人（ユークリッド）には，（『原論』の）ほかに他の多くの驚くべきほど正確で正しい認識の理論に満ちた数学的著作がある．それは『光学』と『反射光学』であり，さらに『音楽原論』であり，さらには『図形分割論』である．」

のはイギリスのジョン・ディー（John Dee）で，これをイタリアのコンマンディーノに送り，両者により1570年に公表された[10]。このラテン訳はクレモナのゲラルドの手になるものと思われるが，しかしこのもととなったアラビア訳はユークリッド自身のものよりは大分くずれてしまった後代のテキストに基づいているので，ユークリッドの断片以上のものを含むものではなかった。しかし19世紀に入ってヴェプケ（F. Woepcke）がパリにおいてこの書のアラビア訳の手写本を見つけ，1851年にそれを公刊したが[11]，これははっきりとユークリッド自身のものに基づくものであって，プロクロスの語っているものと完全に一致し，これによってはじめてこの書の真の全貌が明らかにされた。ピサのレオナルド（Leonardo Pisano）の『実用幾何学』（*Practica geometriae*, 1220）にはこの「図形の分割」がとり扱われているが，それはおそらくこのアラビア訳からきているものと思われる。

この書は36の命題から成っているが，証明のほうは四つしか残っていない。その目標とするところは，一般に「与えられた図形を一つまたはそれ以上の直線で，等しい部分，または定められた比をもつ部分に分けること」というふうに定式化しうる。ここで分割される図形は，三角形，平行四辺形，菱形，四辺形，円弧，円などであるが，いま例として命題28とその証明をあげておこう。

命題28．円弧と，与えられた角をなす二直線とによって限られた与えられた図形を，二つの等しい部分に分割すること。

ABEC を与えられた図形とし，*D* を *BC* の中点，*DE* は *BC* に対し垂直とせよ。*A*, *D* を結ぶ。そうすると折線 *ADE* は明らかに図形を二つの等しい部分に分割する。*A*, *E* を結び *DF* を *AE* に平行に引き，*AB* と交わる点を *F* とする。*E*, *F* を結ぶ。
DF と *AE* は平行だから，三角形 *AFE* と三角形 *ADE* の面積は相等しい。それぞれに面積 *AEC* を加えよ。面積 *AFEC* と面積 *ADEC* とは相等しい。それゆえ *EF* は与えられた図形 *ABEC* を2等分している。

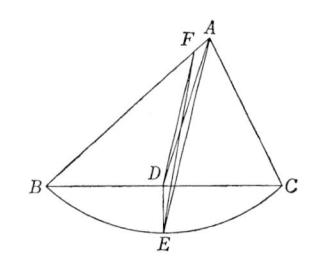

---

10) *De superficierum divisionibus liber Machometo Bagdadino adscriptus, nunc primum Ioannis Dee Londinensis et Federici Commandini Urbinatis opere in lucem editus*, Pisauri, 1570.

11) F. Woepcke, "Notice sur des traductions arabes de deux ouvrages perdus d'Euclide", *Journal Asiatique*, Ser. 4, Vol 18 (1851).

この証明のしかたはまったく整然としておりユークリッド的であり，かつ『原論』の定理も前提し使用しているゆえ，真作と認められる。

この書の内容の再建についてはオフテルディンガーの研究があり，テキストはヴェプケとレオナルドに基づいてアーチバルドが編んだものがある。

L. F. Ofterdinger, *Beiträge zur Wiederherstellung der Schrift des Euklids über die Teilung der Figuren,* Ulm, 1853

R. C. Archibald, *Euclid's Book on the Division of Figures,* Cambridge, 1915

なお，ハイベルク＝メンゲの『全集』第8巻にもヴェプケの仏訳が載せられている。

8. 『天秤について』

アラビア語で残っているもう一つの著作として，「釣合いの理論」を論じ槓杆の原理を特殊な場合に証明した『天秤について』(*Fī'l-mīzān*) がある。これはアン＝ナディーム (al-Nadīm) の『諸学総覧』(*Fihrist*) には載っていないが，アラビアの伝承においてしばしばユークリッドに帰せられていたものである。このアラビア語のマニュスクリプトもやはりヴェプケがパリで発見し1851年に公刊した[12]。しかしこれをユークリッドの真作とすることには議論があり，ヴェプケ自身もハイベルクもこれに対し否定的である。そのおもな理由はギリシアの著作家がこのようなユークリッドの著作について何も言及していないということであるが，これは何ら最終的な結論を与えるものではない。クラーゲットによれば，このテキストはギリシア語から訳されたことはまちがいなく，かつそのギリシア語のテキストにはユークリッドの名が書かれていたことも大いにありうるとしている。実際すでにヴェプケも指摘しているように，中世に大いに流布したラテン版の『天秤について』(*De canonio*) という書物には「槓杆の原理はユークリッドによってもアルキメデスによってもまた他の人びとによっても証明された」[13]とあり，しかもこのラテン版『天秤について』はアラビア訳からではなく，ギリシア語から直接訳されたものと思われ，それゆえギリシア語でこのラテン訳の『天秤について』のもとを書いた著者（アレクサンドリア派に属する一人と思われる）は，すでに槓杆の原理がユークリッドにより証明されたことを知っていたわけで，この証言は時代が近いだけに信憑性がある。ヴェプケが本書をユークリッドにではなく，9世紀のアラビアのバヌー・ムーサー (Banū Mūsā) の兄弟に帰しているのは，マニュスクリプトのなかの "li Banū Mūsā" というアラビア語を，この著作が「バヌー・ムーサーの兄弟に帰される」と解釈しているからであるが，これはまた

---

12) F. Woepcke, *Op. cit.*, pp. 217-32.

13) "sicut demonstrandum est ab Euclide et Archimede et aliis" *The Medieval Science of Weights* (ed. Moody & Clagett), Madison, 1960, p. 66.

「バヌー・ムーサーの兄弟に属する」(つまりかれらの所有物である) とも読みうるのであって，必ずしもかれらをこの書の著者とする必要はない。

その内容は一つの定義と二つの公理およびそれに基づいて証明された四つの命題からなる。このうちの第4命題こそ「槓杆の原理」を特殊な場合について非常に巧妙なしかたで証明したもので，アルキメデスの一般的証明の先駆となるものである。この証明の緻密さからいっても，これをユークリッドに帰することに何らの困難もないとすれば，ある人びとがユークリッドとアルキメデスをあまりに鮮明に分ちすぎて，前者が一つの時代の終わりで，後者がもう一つの時代の始まりであるなどといっている謬見は改められねばならない。総じてユークリッドをアルキメデスと対立させることは正しいことではなく，むしろ両者は同一の時代の共通の精神的ふんい気をもった科学者とすべきであろう。次に第4命題とその巧妙な証明をみておこう。

7．［命題4］ 天秤の桿が等しくない二つの部分に分けられ，その軸（支点）はその分割点にあり，二つの重さがとられ，この両者の重さの比は分けられた腕の長さの比に等しいようにし，軽いほうの重さが長いほうの腕の端につるされ，重いほうの重さが短いほうの腕の端につるされたとすると，桿は重さにおいて釣り合い，水平面に平行である。

桿 AB が点 C において二つの等しくない部分に分けられ，二つの重さが点 A, B につるされ，A の重さの B の重さに対する比が距離 CB の CA に対する比に等しいとする。そのときわたくしは，二つの重さ A, B は桿 AB を水平面に平行に保つという。

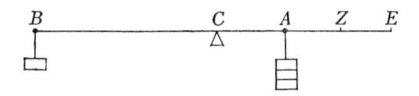

［証明の要約］ まず CA を E まで延長し $CB=CE$ とする。そして今かりに $CB=3CA$ とする。AE の中点を Z とすれば，$CA=AZ=ZE$。さて C を支点として E に重さ B をつるせば，公理1（等しい距離にある等しい重さは釣り合う）により釣り合う。支点 C に重さ B に等しい重さ C をつるしても，この釣り合いは乱されない。つぎに重さ C を点 A に移し，E につるした B の重さを点 Z に移しても，命題3（1つの重さを，支点から与えられた距離だけ遠ざけても，同じ重さを同じ距離だけ支点に近づければ，釣り合いは乱されない）によってやはり釣り合う。そこで同じ重さをまた C につるし，これを点 A に移しても点 Z にある同じ重さを A に移せば，同様に釣り合いは保たれる。この場合重さ A の重さの B の重さに対する比（3：1）は腕の長さ CB の CA に対する比（3：1）に等しくなる。

このとき桿の釣り合いが保たれているのであるから，これが証明さるべきことであった。

　テキストは Marshall Clagett, *The Science of Mechanics in the Middle Ages,* Madison, 1959, pp. 24-28 にある。

[C]　ラテン訳のみで伝わっているもの

9.　『重さと軽さについて』

　アラビアの伝承——たとえば『諸学総覧』（*Fihrist*）では，ユークリッドが『重さと軽さ』（al-thiql w'al-khiffa）という書物を残したといっており，とくにこれを真作としている[14]。サービト（Thābit ibn Qurra）が訳したこの書のアラビア訳のマニュスクリプトはいまだ発見されていないが，このアラビア訳に基づいたと思われるラテン版『ユークリッドの重さと軽さについての書』（*Liber Euclidis de ponderoso et levi*）は，中世においてかなり広く流布していたようで多くの写本が存在しているが，近くはクルツェ（M. Curtze）がドレスデンでこの新しいマニュスクリプトを発見し，1900年に公刊した[15]。

　この著作がもとギリシャ語からきていることは，図の記号が *a, b, g, d, e, z, h, t* のようにギリシャ語のアルファベット順になっていることからもわかり，したがってこれはアラビア人の著作ではなく，ギリシャ人の手になるものであることは明らかである。しかしそれが果たしてユークリッド自身のものであるかどうかは，近代の学者の間で議論がある。サートンもヒースも——かれらは名ざしてはいないがハイベルクに従っている——ユークリッドのものとすることに否定的である。その根拠はここには比重（正確には密度）の概念が使用されているが，それはアルキメデス以前にはなかったからであるという。しかしこの議論はムッディもいっているように決定的なものではない。なぜならこれはアルキメデスが比重の概念を提出した最初の人であるというそれ自身何ら証明されていない前提に立っており，ユークリッドのようなそれ以前の人にはありえないという独断に立脚しているからである。さらにこの小著がアリストテレスの動力学の法則を前提としているということも，これがユークリッドの著作ではないとするもう一つの根拠としては薄弱である。ユークリッドの時代——それはアリストテレスの弟子ストラトンの時代であることを想起されたい——にはアリストテレスの動力学しかなかったのであるから，ユークリッドがこのような動力学的問題を公理から出発して組み立てようとしたとき，この分野でのアリストテレスの仕事に手がかりを求めることは十分ありうるであろう。しかしもちろんそれだからといって，これがユークリッドの真作であるということにはならな

---

14) Heinrich Suter, "Das Mathematiker-Verzeichnis im Fihrist des Ibn Ja'kub an-Nadim", *Abhandlungen zur Geschichte der Mathematik*, Vol. X (1900), S. 17.

15) *Bibliotheca Mathematica*, Dritte Folge, Bd. I (1900), SS. 51-4.

い。筆者の考えでは，この公理系は不統一でよく整頓されていないのみならず，命題の証明もユークリッドの他の著作と比べて緻密でない。しかしこのような公理系を組み立ててそれから論理的に演繹しようとするしかたはユークリッド的である。それゆえこの書はユークリッド自身の手になるものではないが，かれの影響下にあるアレクサンドリア学派のものであるといってよいであろう。

この小著は九つの仮定（suppositiones）と五つないし六つの命題から成っている。その目的とするところは，媒質を通して自由に落下する物体に適用されるアリストテレスの運動法則に明瞭な解釈を与えることである。ここではアリストテレスの運動方程式 $V=K(P/M)$［V：速さ，P：運動体の動力，M：媒体の抵抗，K：比例常数］に対し，動力 P や抵抗 R が，はっきりとその運動体の密度，媒体の密度というふうにとらえられている（ピサ時代のガリレオと同様）ことは注目される。次に仮定だけを訳出しておく。

仮　　　定

1. 大きさの等しい物体とは，等しい空間を満たすものである。
2. 等しくない空間を満たすものは，大きさにおいて異なるといわれる。
3. 物体において大きい（grandia）といわれるものは，空間において広い（ampla）といわれる。
4. 物体が同じ空気や水のなかで等しい空間を等しい時間で運動するとすれば，その物体は力（virtus）において相等しい。
5. 異なった時間に等しい空間を通過するものは，強さ（fortitudo）において相異なる。
6. 力においてより大きなものは，時間においてより少ない。
7. 物体は，その等しい大きさがもつ力が相等しいとき，同じ種類のものである。
8. 大きさにおいて等しい物体が，同じ空気や水に関して力において異なるとき，その物体は種類を異にしている。
9. より密度の大きいもの（solidius）は，より力が強い。（fortius）

テキストは E. A. Moody & M. Clagett (ed.), *The Medieval Science of Weights*, Madison, 1960, pp. 26-31 にある。

以上［B］，［C］で述べたものがギリシア原典以外の形でわれわれに伝えられているユークリッドに帰せられる著作であるが，次にかれの失われた著作についてみてみよう。

[D] 失われてしまったもの

10. 『誤謬推理論』

本書は人間の思考を方法的に誤謬推理から守るために書かれたもので，プロクロスはこれについて次のようにいっている。

「多くのものは真理に基づき正しい知識の原理に由来するかに見えながら，実は人をして原理より逸脱せしめ，かなりすぐれた人をすら欺くものであるゆえ，かれ（ユークリッド）はこれらの真と偽とを区別する判断力を養うための方法を与えた。この方法を用いて，われわれはこの理論を学びはじめた人を誤謬推理の発見に向かって訓練し，欺れないようにすることができるであろう。このような手段をわれわれに得させるこの書を，かれは『誤謬推理論』（$\Psi ευδάρια$）と名づけ，いろいろな種類の誤謬推理を順次かぞえ上げてゆき，個々の場合についてわれわれの知性をあらゆる定理で練(きた)え上げ，虚偽と真理を並べて見せ，誤謬の反駁を実例で示した。この書は浄化的（$καθαρτικός$）であり，演習的（$γυμναστικός$）である。これに反し『原論』は，異論の余地のない完全なしかたで幾何学の領域における真の認識の理論そのものへと導くものである。」[16]

ハイベルクやヒースは，この書が『原論』と対照させられているのでやはり幾何学的内容をもつものと考えているが，プロクロスの文脈からはなんらそのような制限はくみとれず，もっと一般的な誤謬推理論であったと考えてよいのではなかろうか。むしろアリストテレスの『詭弁反駁』（Sophistici elenchi）などと比べてみたら面白いであろうような内容のものと思われるが，しかし原物がすでに失われてしまっている以上，何ともいえない。

11. 『ポリスマタ』

パッポスの『数学集成』にはこの書の抜萃が載せられているが，その謎めいた性格のゆえにユークリッドの著作中これほど後の学者の論議の対象となったものはない。そもそも「ポリスマタ」（$πορίσματα$）とはプロクロスにしたがえば二つの意味がある。その第1は定理から付帯的に得られてくる命題，つまり"系"を意味するが，ここで問題となっているのはこのものではなく，第2の意味の「ポリスマタ」である。

「ポリスマタとは，求められており発見（$εὕρεσις$）を必要としているが，端的な産出（$γένεσις$）や理論的考察（$θεωρία$）を必要としていないものの謂である。たとえば"二等辺三角形の両底角は相等しい"というのは理論的考察（証明）をせねばならず，このようにして

---

16) Proclus, *Op. cit.*, p. 70.

存在する事物の知識が得られる。ところが角を二つに分割すること，三角形を構成すること，あるいは切りとったりつけ加えたりすること——これらすべてのことはあるものをつくること（ποίησις）を要求する。与えられた円の中心を見いだすこと，二つの与えられた通約可能量の最大公約量を見いだすことなどは，ある意味で問題（προβλήματα）と定理（θεωρήματα）の中間にあるものである。なんとなればこれらの場合においては，求められたるものの産出でも単なる理論的考察でもなく，それらの発見があるのであるから。というのは求められたものを眼下にもたらし，眼の前に示さねばならないからである。ユークリッドがそれについて3巻の書をまとめた"ポリスマタ"とはこのようなものである。」[17]

これによると「ポリスマタ」とは「すでに存在しているものをある操作により認識にもたらすことが要求されているもの」ということになり，この意味で「定理」と「問題」の中間にあるといわれる。ただし定理はすでに存在が仮定されているものについて理論的考察をするが，その存在を見いだす方法を述べる必要はないし，これに反し問題（作図題）はある存在をつくり出す方法を与えねばならないが，その存在はあらかじめ仮定されていない。「ポリスマタ」のこのような中間的位置が明らかにされたとしても，なぜこのようなものが数学的に重要であるかは依然として不明である。とくにパッポスはこの『ポリスマタ』を「より重要な諸問題の解析のためにきわめて巧妙に工夫された集成」[18]といい，ある学者は「ユークリッドの著作中最も程度の高い重要なもの」（ヒース）と推測しているが，シムソンからシャールにいたる数多くの研究にもかかわらず，この書の謎は解けていない。パッポスの『数学集成』に引用されている断片から，この数学的内容を有意義に再構成する試みは，なお今日の残された課題といえる。

研究としては次のシャールのものがいまだに基本的である。

Michel Chasle, *Les trois livres de porismes d' Euclide,* Paris, 1860

またパッポスに保存されている断片は，ハイベルク＝メンゲの『ユークリッド全集』第8巻237-274ページに収録されている。

12. 『曲面軌跡論』

『ポリスマタ』が数多くの論議の対象になったのに反し，『曲面軌跡論』は従来あまり論ぜられることがなかった。最初にこの書の内容にふれたのはミッシェル・シャールであるが，かれはこれを二次曲線の回転面とその切断を論じたものとした[19]。それはアルキメデスの書物か

---

17) Proclus, *Op. cit.,* pp. 301-2.
18) Pappus, *Op. cit.,* p. 648.
19) Michel Chasle, *Aperçu historique sur le développement des méthodes en géométrie,* Brussel, 1837, pp. 273-274.

ら間接的に推測したものであるが、今日では受け入れることはできない。

プロクロスはある箇所で、軌跡を「線の軌跡」（τόπος γραμμῆς）と「面の軌跡」（τόπος ἐπιφανείας）に分け、さらに前者を「平面の軌跡」（τόπος ἐπίπεδος）、つまり直線や円となる軌跡と「立体の軌跡」（τόπος στερεός）、つまり円錐曲線となる軌跡に分けている[20]。これによると「面の軌跡」とは、一次元の線状の軌跡に対し二次元的にひろがった面の軌跡を意味するようにとれるが、しかしパッポスの『数学集成』に言及されているこの書のわずかの内容から推測すると、ここでの「曲面の軌跡」とは結局円柱や円錐の表面上に描かれる円錐曲線の軌跡のことをさしているようである。この書が円錐曲線をとり扱っていることは、パッポスが『曲面軌跡論』の第2の補助定理として、つぎのような円錐曲線の性質を述べていることによっても明らかである。

「与えられた点からの距離が与えられた直線からの距離と一定の比をなしているような点の軌跡は円錐曲線である。その場合その比が1より大きいか、それに等しいか、それより小さいかにより、その円錐曲線は楕円、放物線、双曲線となる」[21]

パッポスの『数学集成』に含まれている本書に関する断片はハイベルク=メンゲの『ユークリッド全集』第8巻274-281ページにある。

13. 『円錐曲線論』

パッポスは「ユークリッドの円錐曲線論4巻（τὰ βιβλία δ´ κωνικῶν）に、アポロニオスはさらに4巻を加え、8巻の円錐曲線の書（η´ κωνικῶν τεύχη）として完成した」[22]と語っており、これによってユークリッドがアポロニオスに先立って『円錐曲線論』を書いたことは明らかであるが、その内容はアポロニオスの『円錐曲線論』の最初の3巻とほぼ同じものであったであろう。というのはアポロニオスは第4巻以後の主題についてしかはっきりとかれのオリジナリティを主張していないからである。しかしアポロニオスの一層すぐれた同種の書物によってユークリッドのものはすぐに忘れ去られることになった。さらにパッポスは「ユークリッドはアリスタイオスが円錐曲線においてなしとげていたものを価値あるものとして受け入れた」[23]といっているが、かれの『円錐曲線論』も『原論』と同様、多くの先行者たち（アリスタイオスやメナイクモスら）の命題を集めて総合したものであったと思われる。アルキメデスが『放物線の方形化』のなかで『円錐曲線原理』（τὰ κωνικὰ στοιχεῖα）において証明されているもの

---

20) Proclus, *Op. cit.*, p. 384.
21) Pappus, *Op. cit.*, p. 1006.
22) Pappus, *Op. cit.*, p. 672.
23) Pappus, *Op. cit.*, p. 676.

として引用しているのは，おそらくユークリッドのこの著作のことであろう。

これに関係する断片はハイベルク＝メンゲ『ユークリッド全集』第 8 巻の 282-284 ページにある。

§2 ユークリッド『原論』の成立

ユークリッドその人についての史料がとぼしいように，その主著『原論』の成立の事情を直接明らかにしてくれるような文献もほとんどない。『原論』自体がいきなり「定義」からはじまり，この書の形成の過程がどのようなものであったかについて全くふれていないし，ギリシァの同時代的な記録もすべて失われてしまっている。しかし『原論』の内容となっているほとんどのものが，ユークリッドの独創ではなく，それに先立つ時代の数学的研究から得られたものであることは今日では確実である。すでに 16 世紀のペトルム・ラムス（Petrus Ramus）はユークリッドを「発見者」(inventor) ではなく「編集者」(compositor) としていた。それでは一体ユークリッド以前の数学の発展はどのようなものであったであろうか。それをわれわれに伝えてくれている唯一の文献はこれまたプロクロスの『原論第 1 巻注釈』であって，これはアリストテレスの弟子エウデモス（Eudēmos）の失われた『幾何学史』の一部を，紀元前 1 世紀のゲミノス（Geminos）が引用していたものに基づいて，ユークリッドにいたるまでの幾何学の歴史を簡潔にたどっており，きわめて貴重である。以下少し長くなるが，その箇所はすべて訳出しておくだけの価値がある。

「現代における学術の起源を考察すべきであるなら，多くの人びとが語っているように，幾何学は最初エジプト人により発明され，土地を測量することから生じたのであるとわれわれはいう。なぜならこの土地の測量は，ナイル河の増水が各人に所属している（土地の）境界を消してしまうゆえに，かれらにとって必要なものだったのである。この幾何学やその他の学問の発明が，必要から生じたことは何も驚くべきことではない。なんとなれば生成するものはすべて，不完全なものから完全なものへと進んでいくからである。それゆえ感覚（αἴσθησις）から合理的推論（λογισμός）へ，さらにこれから純粋な知性（νοῦς）へと移行が生じるのはもっともなことである。そんなわけで，数の正確な知識がフェニキヤ人において貿易や通商のためにはじまったように，幾何学は上述したことが原因となってエジプトにおいて発明されたのである。タレスははじめてエジプトにやってきて，この学問をギリシァにもたらし，かれ自身も多くのことを発見したが，ある人びとにはより一般的なしかたで，他の人びとにはより感覚的なしかたで多くのことの原理を後継者たちに教えこんだ。かれの後には，詩人ステシコロスの兄弟であるマメルコスがおり，幾何学の研究に専心した人として知られている。エリスの

ヒピアスもかれ（マメルコス）が幾何学において名声を得たと語っている。かれらについて，ピュタゴラスがこの幾何学の研究を一つの自由教養（$\pi\alpha\iota\delta\varepsilon\iota\alpha\ \varepsilon\lambda\varepsilon\upsilon\theta\varepsilon\rho\alpha$）の形に変換し，高所から（$\check{\alpha}\nu\omega\theta\varepsilon\nu$）この学問の諸原理を考察し，非質料的なしかたで（$\dot{\alpha}\dot{\upsilon}\lambda\omega\varsigma$）純粋に知的に（$\nu o\varepsilon\rho\hat{\omega}\varsigma$）諸定理を研究した。無理量の問題と世界図形（$\tau\grave{\alpha}\ \tau\hat{\omega}\nu\ \kappa o\sigma\mu\iota\kappa\hat{\omega}\nu\ \sigma\chi\acute{\eta}\mu\alpha\tau\alpha$ ＝ 正多面体）の構成を発見したのは実にかれである。かれののちクラゾメナイのアナクサゴラスとアナクサゴラスよりも少し若いキオスのオイノピデスが幾何学に関する多くのことを研究したが，プラトンも『競争者たち』（$o\acute{\iota}\ \dot{\alpha}\nu\tau\varepsilon\rho\alpha\sigma\tau\alpha\acute{\iota}$）のなかで，数学において名声を得た人びととしてかれらのことに言及した。かれらに続いて，月形の方形化の発見者であるキオスのヒポクラテスとキュレネのテオドロスが幾何学に関して有名になった。実際ヒポクラテスは『原論』を編んだといわれる人びとのうちの最初の人である。かれらより後に生まれたプラトンは幾何学やその他の数学的学科に関する情熱によって，これらの学問にきわめて大きな進歩をもたらした。かれは自己の著作を数学的議論で満たし，いたるところで哲学にたずさわるものにこの学問に対する尊敬をひき起こしたことは明らかである。そのころにタソスのレオダマスとタラスのアルキュタスおよびアテナイのテアイテトスがいた。これらの人びとによって定理はその数を増し，いっそう学問的な体系にまで進んだ。レオダマスより若いネオクレイデスとネオクレイデスの弟子レオンとは，前代の知識に多くのものをつけ加えた。その結果レオンは『原論』を編んだが，それは証明されている命題の豊富さと有益さによってきわめて注目さるべきものであったし，さらにかれは探究されている問題がどのようなときに解決可能であり，どのようなときに不可能であるかを定める条件（$\delta\iota o\rho\iota\sigma\mu o\iota$）をも見いだした。レオンより少しばかり若いクニドスのエウドクソスはプラトンの弟子たちの友人であったが，かれはいわゆる一般的定理（$\tau\grave{\alpha}\ \kappa\alpha\theta\acute{o}\lambda o\upsilon\ \kappa\alpha\lambda o\acute{\upsilon}\mu\varepsilon\nu\alpha\ \theta\varepsilon\omega\rho\acute{\eta}\mu\alpha\tau\alpha$）というものの数を増大させた最初の人であり，かれは既存の三つの比例（算術的，幾何的，調和的）にさらに三つの比例をつけ加えた。かれはまたプラトンにはじまる分割（$\tau o\mu\acute{\eta}$）の問題を数多く提出し，その問題（の解決）のために解析（$\dot{\alpha}\nu\alpha\lambda\acute{\upsilon}\sigma\varepsilon\iota\varsigma$）の方法を用いた。それからプラトンの友人の一人であるヘラクレイアのアミュクラス，エウドクソスの弟子でありプラトンとも結びついているメナイクモス，メナイクモスの兄弟のデイノストラトスらは，さらに幾何学全般をいっそう完全なものにした。マグネシアのテウディオスは数学においてもまた他の哲学の部門でもすぐれているという評判であった。実際かれは『原論』を見事に編集し，多くの特殊なものをより一般的なものにした。さらにキュジコスのアテナイオスも同じ時代の人で，他の諸学問におけると同様，とくに幾何学において著名であった。これらの人びとはアカデメイアにおいていっしょに過し，研究をともにしたのである。コロポンのヘルモティモスはエウドクソスやテアイテトスによってあらかじめ提出されていたものを大いに前進させ，多くの原理を発見し，軌跡論の一部を書いた。プラトンの弟子である

メドゥマのピリッポスは，プラトンの勧めで数学の門に入りかれの指導によって研究を進めたが，プラトン哲学に貢献すると思うものはなんでも自分に問題として課した。それゆえ歴史を書いた人びとはこの学問（幾何学）の成熟の過程を，このピリッポスまで導いてくる。『原論』を編んだエウクレイデスはかれら（ヘルモティスやピリッポス）よりもそれほど若くはない。」[1]

このようにタレスからユークリッドにいたるほぼ250年の間に，きわめて多彩で急速な数学的発展があったことがうかがえるのであり，『原論』についてもユークリッドに先立って少なくとも3人の人がこれを編集していることがわかる。すなわちキオスのヒポクラテス（Hippocratēs）とレオン（Leōn）とマグネシアのテウディオス（Theudios）がそれであるが，これらの人びと書物はおそらくユークリッドの『原論』の内容の多くを先取していたと思われるが，いまは失われてしまっているのでその詳細はわからない。

しかし19世紀後半以来，あらゆる残存史料からこのユークリッドの『原論』の先史を再建しようとする努力がはじまり，まずブレットシュナイダーはシンプリキオスの保存しているキオスのヒポクラテスの論文の断片を手がかりとして，前5世紀中葉の幾何学の状態を照明することに成功し，ユークリッドに150年も先立つこの時代にすでに『原論』において典型的に見られるような厳密な論証的数学が存在していることを確認したが[2]，ハンケルはこの成果を受けつぎ，さらに当時のギリシァ数学の再構成に努めた[3]。他方ソイテンは『原論』に見られる「幾何的代数」の意味を解明してピュタゴラス学派との結びつきを明らかにし[4]，さらにノイゲバウアーはこのピュタゴラス派の「幾何的代数」をバビロニアの代数と比較して，『原論』とオリエントの数学的伝統との関係を明らかにした[5]※。またハイベルクはアリストテレスの著作中に言及されている多くの幾何学の命題を分析し，これと『原論』の内容を比較することによってユークリッド前史に多くの光を投げかけたが[6]，最近ではフォン・フリッツによりふたたびユークリッドをアリストテレスから解きほぐそうとする試みがなされている[7]。さらに

---

1) Proclus, *In primum Euclidis elementorum librum commentarii* (ed. Friedlein), pp. 64-68.
2) Karl A. Bretschneider, *Die Geometrie und die Geometer vor Euklid,* Leipzig, 1870.
3) Hermann Hankel, *Zur Geschichte der Mathematik im Altertum und im Mittelalter,* Leipzig, 1874 (Olms Nachdruck, 1965).
4) Hieronymus G. Zeuthen, *Geschichte der Mathematik im Altertum und im Mittelalter,* Kopenhagen, 1896.
5) Otto Neugebauer, "Zur geometrischen Algebra", *Quellen und Studien zur Geschichte der Mathematik, Astronomie und Physik,* Abteilung B, Bd. 3 (1934).
6) Johan L. Heiberg, "Mathematisches zur Aristoteles", *Abhandlungen zur Geschichte der mathematischen Wissenschaften,* Bd. 18 (1904).
7) Kurt von Fritz, "Die APXAI in der griechischen Mathematik", *Archiv für Begriffsgeschichte,* Bd. I (1955).

『原論』の定義，公準，公理などの起源について，これをエレア学派との関係から考察し，ギリシァにおける論証的数学の成立の事情を見事に解明したサボーの一連の画期的論文も発表された[8]。さらに数論的な部分についてベッカーやヴァン・デル・ウァルデンのすぐれた論文がピタゴラス学派の先駆的業績とそれの『原論』への関係を明らかにした[9]。そのうちとくに「比例論」についてはベックマンの[10]，「無理量論」についてはフォン・フリッツの力作[11]が世に出されている。

※「幾何的代数」についての筆者の最近の見解については，「幾何的代数は存在したか」『伊東俊太郎著作集』第2巻（麗澤大学出版会），pp. 326-338 参照。

このような多くの学者の努力によって『原論』の形成史もしだいに明らかとなってきた。『原論』全13巻の内容は大別して「平面幾何学」（I-IV, VI）と「数論」（V, VII-X）と「立体幾何学」（XI-XIII）の部分に分けると，まず「平面幾何学」の部分ではバビロニアやエジプトにおける長期にわたる個別的知識の推積があり，これがギリシァに伝えられ，とくにパルメニデスをはじめとするエレア学派と接触により厳密な公理論的論証数学として形成され，ピュタゴラス学派の研究により第1-2巻の内容は先取されていたと思われる。第3巻の円論はキオスのヒポクラテスのころにはほとんど整理され，第4巻の内容もしだいに完成されていったであろう。決定的に新しいのは第5巻の比例論で，これはアルキメデスの証言にしたがって明らかにエウドクソスの創始にかかわり，おそらくユークリッド以前の『原論』にはなかったものであろう。第7-9巻の「数論」の部分はやはりピュタゴラス学派によってほとんどでき上っていたようで，ユークリッドはそれをそのまま受けただけであろう。おそらく似た内容がレオンやテウディオスの『原論』にも載せられていたものと思われる。しかし第10巻の無理量論はテアイテトスによってもたらされた新しいものである。「立体幾何学」の部分については，これもピュタゴラス学派の先駆的仕事があり，とくに第13巻にはテアイテトスの貢献が著しく，第12巻の「取り尽し法」はエウドクソスの考えだしたものによっている。しかしこれらの詳しいことについては，各巻についての中村博士のすぐれた「解説」を参照していただくことにしてここでは立

---

8) Árpád Szabó, "Anfänge des euklidischen Axiomensystems", *Archive for History of Exact Sciences,* Vol. I, No. 1 (1960) etc. 詳しくは末尾の文献表参照.

9) Oskar Becker, "Die Lehre von Geraden und Ungeraden im Neunten Buch der Euklidischen Elemente", *Quellen und Studien,* Abteilung B, Bd. 3 (1934).
B. L. van der Waerden, "Die Arithmetik der Pythagoreer", *Mathematische Annalen,* 120 (1947/49).

10) Friedhelm Beckmann, "Neue Gesichtspunkte zum 5. Buch Euklids", *Archive for History of Exact Sciences,* Vol. 4, No. 1-2 (1967).

11) Kurt von Fritz, "The Discovery of Incommensurability by Hippasos of Metapontum", *Annals of Mathematics,* Vol. 48 (1945).

ち入らない。

　このようにユークリッドはそれ以前の数学の成果をたくみに総合し，体系化することに成功したが，しばしばまた過去の伝統をそのまま無批判に受け入れる編集者の性格をも露呈している。たとえばユークリッドの『原論』ではけっして用いられてない概念の定義——すなわち長方形 ($ετερόμηκες$)，菱形 ($ρόμβος$)，長斜方形 ($ρομβοειδές$) などの定義をそのままとり入れているし，また第5巻で一般量の比例に関する命題をすでに証明しておきながら，第7巻で数に関してまったく同じ比例の命題をもう一度証明している（数は一般量の特別な場合にすぎないのに）ことなどは，すでに存在していた書物にあったものを無造作にそのままもってきている証拠といえよう。しかしかれ自身の貢献も数多くあったであろうことは，プロクロスが「かれはエウドクソスの多くのものをまとめ上げ，またテアイテトスの多くのものを完成し，さらに先行者たちによって粗雑に証明されていたものを，非難のうちどころのない厳密な論証にまで高めた」[12] といっていることからもわかるし，その見事な総合に加えて，証明の厳密性やむだのない簡潔性，体系の有機性や包括性など——そのようなさまざまな性格において「ユークリッドの『原論』は他のものにぬきんでていた」[13] ので，それは先行者たちの著作をすべて忘れさせてしまうほどに，幾何学の王者として後世に君臨することとなったのである。

§3　ユークリッド『原論』の伝承

(a) 古代における伝承

　ユークリッドの『原論』が世に出されるや，アルキメデスやアポロニオスがそのうちの多くの命題を巻数と番号だけを示して周知のものとして使用していることは，その時代に本書がいかに急速な普及を見たかを示している。とくに後者のアポロニオスは早速『一般論』（$ή$ $καθόλου$ $πραγματεία$）という書物を書いてその改良を試みている。プロクロスの『注釈』のなかでも，いよいよ命題の解説をはじめるにあたって，「さて今やわれわれは『原論』の著者によって証明されたものの解明に向かおう。古代人により本書に対して書かれた注釈のよりよいものを選び，かつかれらのとめどもない長談義は切りつめながら」[1] といっていることからも，当時すでに数多くの「注釈者たち」（$οί$ $έξηγηταί$）がいたことがわかる。かれらのすべてについて知ることはもとより不可能であるが，『原論』に対する古代の注釈者，研究者，校訂

---

12)　Proclus, *Op. cit.*, p. 68.
13)　Proclus, *Op. cit.*, p. 74.
 1)　Proclus, *In primum Euclidis elementorum librum commentarii* (ed. Friedlein), p. 200.

者として有名な人びととして，ポセイドニオス（研究），ゲミノス（研究），プトレマイオス（研究），ヘロン（注釈），ポルピュリオス（注釈），パッポス（注釈），テオン（改訂），プロクロス（注釈），シンプリキオス（注釈）らがあげられる．以下かれらについて簡単に見ておこう．

1. ポセイドニオス（Poseidōnios, 前135ごろ～51）

ストア派の哲学者．キケロの師．一書をものしてエピクロス派のゼノンの『原論』に対する反対を駁した．また第5公準については平行線の新しい定義を与え，「同一平面上において近づくこともなく遠ざかることもなく，一方の点から他方の点にひかれた垂直線を常に等しく保つものが平行である」として，この定義を用いて平行線の公準を証明しようとしたといわれる [2]．

2. ゲミノス（Geminos, 前1世紀前半）

やはりストア派の学者で，ポセイドニオスの弟子．『数学の理論』（Ἡ μαθημάτων θεωρία）または『数学の分類について』（Περὶ τῆς τῶν μαθημάτων τάξεως）という書物を書き，『原論』の定義，公準，公理その他についてさまざまな考察を行なったことが，プロクロスのいろいろな箇所から知られる [3]．とくにエピクロス派や懐疑派の人びとがその感覚主義によって，『原論』の「定義」のなかに見られるひろがりのない点や幅のない線といったような数学的概念に対して行なった反対——たとえばひろがりのない点からどうしてひろがりのある線ができるか——に反駁し，線は点の「流れ」だとしてこれらの数学的対象の理念性を擁護しているのは注目される．

3. プトレマイオス（Ptolemaios, 2世紀）

『アルマゲスト』を著したアレクサンドリアの有名な天文学者，数学者．いまは失われた平行線公準に関するの一書を著し，この公準なしにすませようとしたといわれる．そのやり方はプロクロスによると，まず『原論』第1巻の命題28, 29を平行線公準を用いずに証明し，この命題29から逆に第5公準を証明した [4]．この証明は今日からみると明らかに平行線公準と等価なものを前提しており正しくないが，いわゆる「平行線問題」のハシリとして興味がある．

4. ヘロン（Hērōn, 3世紀）

アレクサンドリアで活躍した数学者，技術者．通常「機械学者ヘロン」（Ἥρων ὁ μηχανικός）の名で知られている．かれが『原論』についてかなり体系的な注釈を書いたであろうことはプ

---

2) Cf, Proclus, *Op. cit.*, p. 176, 200 seq.
3) Cf, Proclus, *Op. cit.*, p. 176, 178, 182, 185, 192 etc.
4) Proclus, *Op. cit.*, pp. 365-7.

ロクロスの記述からもわかるのであるが，しかしこのことをはっきりいっているのはアラビアの伝承である。『諸学総覧』（*Fihrist*）のユークリッドの項には「ヘロンはこの書（『原論』）の注釈を書き，その難問を解こうと努めた」[5]とあり，さらにヘロンの項では「かれはユークリッドにおける難解な箇所を説明する一書を著した」[6]と記されている。しかしこの書は失われてしまったので，その内容の詳細はわからなかったが，19世紀に入りアラビアのアン＝ナイリーズィー（10世紀）による『原論』I-VI巻に対する注釈のマニュスクリプトがライデンで発見され，このなかにヘロンの引用が豊富に見いだされた。さらにこのアラビアの注釈書のラテン訳（クレモナのゲラルドによる）の手写本がクルツェにより発見され，それはハイベルク＝メンゲの『ユークリッド全集』の補遺に収められている（次節の（b）中世における伝承I，4を参照）。これら三つの史料により（プロクロスとアン＝ナイリーズィーの二つの版）によりヘロンの注釈の内容も相当はっきりとわかってきたが，それによるとこれはかなり専門的なすぐれた注釈であったと考えられる。

5. ポルピュリオス（Porphyrios, 232-305 ごろ）

有名な『アリストテレス論理学入門』を書いた新プラトン主義の哲学者。プロティノスの弟子。かれがユークリッドの命題をよく分析していることはプロクロスの引用からもうかがえるが，アラビアの『諸学総覧』によれば「かれは『原論』について一書を書いた」[7]としている。それはおそらくスイダスが言及している『原理について』（$\Pi\varepsilon\rho\grave{\iota}\ \mathring{\alpha}\rho\chi\tilde{\omega}\nu$）という書物のことであろうが，その内容はプロクロスがふれていること（I, 18とI, 20の別証など）以上には何もわからない[8]。

6. パッポス（Pappos, 3-4 世紀）

『数学集成』を書いてギリシァ数学の難問の解説を試みたアレクサンドリアの数学者。かれの『集成』はユークリッドの他の著作——『ポリスマタ』『曲面軌跡論』『円錐曲線論』などに多くの光を投ずる貴重な史料であるが，かれがまた『原論』の注釈を書いたことは，『デデメナ』の古注に「パッポスがユークリッドの第4巻に対するかれの注釈のはじめでいっているように」[9]とあることや，アラビアの『諸学総覧』に「パッポスはユークリッドの第10巻に対

---

5) H. Suter, "Das Mathematiker-Verzeichnis im Fihrist des Ibn Ja'kub an-Nadim", *Abhandlungen zur Geschichte der Mathematik,* Bd. VI (1892), S. 16.
6) H. Suter, *Op. cit.,* S. 22.
7) H. Suter, *Op. cit.,* pp. 9-10.
8) Proclus, *Op. cit.,* p. 297, 298, 352.
9) *Euclidis Opera Omnia,* Vol. 6, P. 262.

する注釈を2部に分けて書いた」[10]といわれていることからも確実なこととされていたが，実際このパッポスの『原論』第10巻に対する注釈のアラビア訳の断片がヴェプケによりパリで発見され，——MS Paris, Bibl. Nat. No. 952. 2 (supplément arabe)——1856年に発表された。しかしプロクロスの引用やエウトキウスの言及によると，パッポスは単に第10巻だけではなく，他の巻についてもかなり完全な注釈を書いたようであり，その内容はヘロンのもの同様に専門的なすぐれたものであったと想像される。

8. プロクロス (Proclos, 410-485)

新プラトン学派の最大の学者。両親が小アジアのリュキアのクサントス出身であったのでしばしば「リュキアのプロクロス」とよばれている。コンスタンチノポリスに生まれ，若いときアレクサンドリアにおいてオリュンピオドロスなどの教育を受け，後にアテナイで活躍したが，やがてシュリアノスのあとを継いでアテナイにおける新プラトン派の学校の学頭となり，したがってまた「後継者プロクロス」(Proclus Diadochus) ともいわれている。現存するかれの『原論』第1巻に対する『注釈』はあまりにも有名である。実際いままで述べてきた古代の注釈家たちのことについても，そのほとんどはこの書のうちに言及されているのであり，まさに『原論』の歴史を研究しようとするものにとって残されている唯一の貴重なドキュメントである。それはエウデモスの『幾何学史』，ゲミノスの『数学の理論』，ヘロン，ポルピュリオス，パッポスの『注釈』，アポロニオスの初等幾何学に関する書，ポセイドニオス，プトレマイオスの数学書，またカルポスの天文書，さらにはプラトン，アリストテレス，プロティノスの哲学書などを駆使して，古代数学の全貌をわれわれの前に借し気もなくかいま見せてくれている。ここにあげた古代の数学書がすべて消失してしまっているのを見れば，かれのこの書における引用はまことに珍重すべきものといわなくてはならない。この『注釈』の内容は，まず数学的科学一般についての「序説第1部」にはじまり，さらに幾何学と『原論』に関する「序説第2部」がおかれ，つぎに『原論』の「定義」に対する注釈，「公準，公理」に対する注釈がつづき，最後は第1巻のおのおのの命題に対する詳細な注釈で終わっているが，どの1ページをひもといても，『原論』および古代数学史に対する貴重な証言でないものはない。

最近，フリートラインが1873年に校訂出版したギリシャ原典のテキストがオルムスによって復刻されたので，この稀覯本も容易にわれわれの手にしうるところとなった。

Procli Diadochi in primum Euclidis elementorum librum commentarii, ex recognitione Godofredi Friedlein, Olms, 1967.

---

10) H. Suter, *Op. cit.,* S. 22.

この書にはヴェル・エークの仏訳がある。

Paul Ver Eecke, *Proclus de Lycie, Les commentaires sur le premier libre des éléments d'Euclide,* Paris Blanchard, 1948

また最近次の英語版も世に出された。

Proclus, *A Commentary on the First Book of Euclid's Elements.* Ed. by G. R. Morrow, Princeton, 1970.

9. シンプリキオス（Simplicios, 6 世紀前半）

新プラトン主義の哲学者で、アリストテレスのさまざまな著作の注釈を書いたことで有名。しかしアラビアの伝承はかれが「幾何学への入門となるユークリッドのはじめの部分に対する注釈」を書いたとしている[11]。実際『原論』の定義、公準、公理に対する注釈は、**4.** のヘロンのところで述べたアン゠ナイリーズィーの注釈のうちに保存されている。また筆者が 14 世紀の一写本から校訂した注釈づきの『原論』のラテン版にも、アン゠ナイリーズィーによったものと思われるシンプリキオスの注釈が Sabelichius の名で数多く見いだされる。このテキストの一部は下記論文においてすでに発表されているから、興味のある方は参照されたい。

伊東俊太郎、"14 世紀におけるユークリッド「エレメンタ」の一写本―― MS Paris Bibliothèque Nationale latin 7215 について"『東京大学教養学部人文科学紀要』第 37 輯、哲学 XIII、1965.『伊東俊太郎著作集』第 1 巻、麗澤大学出版会、2009 に所収。

10. テオン（Theōn fl. 390 ごろ）

最後に、その後のユークリッド伝承史にとって最も重要な出来事を述べておかねばならない。それはこのアレクサンドリアの数学者テオンによる、ユークリッドの『原論』『デドメナ』『光学』の改訂である。この改訂はユークリッドのテキストをいっそうわかりやすくポピュラーなものにしようとする意図の下になされたのであるが、結果としてはかれのかなり恣意的な改竄（ざん）によって『原論』の原型はいちじるしく歪められ、くずされることとなった。しかしこのテオン版は一般に非常に普及したので、残存したマニュスクリプトはほとんどこれである。そのためルネサンス以降上梓された『原論』のテキストや翻訳はすべてこのテオン版によっていたのであり、この事態は 1808 年にフランスのペイラール（F. Peyrard）がはじめて非テオン版のマニュスクリプトを発見して「原ユークリッド」への復帰の第一歩を踏みだすまで続いた。すなわち 4 世紀以降は『原論』のテキストに大きなくずれが生じ、ルネサンスから 19 世紀

---

11) H. Suter, *Op. cit.,* S. 21.

初頭まで，ユークリッドはこの歪曲されたテオン版によって知られていたということである．

(b) 中世における伝承——アラビアとラテン世界

古代ギリシァにおけるユークリッド『原論』の伝承の問題については，以上のように史料もとぼしく（詳しいものはプロクロスのみ），その少ない史料に基づく研究もほぼしつくされたといってよいが，これの中世における伝承の問題については事情がまったく異なる．そこではまだ発見されていないマニュスクリプトが無数にあることが予想され，また発見されたものについてもまだ十分にそのパレオグラフィー（古文書）が読まれていない．しかし近時そのアラビア的伝統については，ズーター[12]，クラムロート[13]，シュタインシュナイダー[14]らの諸研究が多くの光を投じてきたし，そのラテン的伝統についてはハスキンズの先駆的研究[15]に続いて，最近とくにクラーゲットとその一派の人びとにより[16]事態が急速に明らかにされ，このギリシァ科学の最大の古典の中世における伝達とそれを核とするいわゆる"暗黒時代"——このよび名は正しくない——の科学的活動もしだいに明るみに出されるようになった．

さて，ラテン世界で最初にユークリッドの『原論』にふれているのはキケロであるが，しかしかれの時代にユークリッドが翻訳されていたという証拠はない．3世紀のケンソリヌス（Censorinus）に帰せられている『原論』のラテン訳とは，定義，公準，公理しか含んでいない．最初の本格的なラテン訳を試みたのはボエティウス（Boethius，470ごろ～526）とされているが，これはカッシオドルスの『自由学科論』（De artibus ac disciplinis liberalium literarum）における証言による[17]．実際「ボエティウスのユークリッド」と称せられるものの断片がわれわれに伝えられてはいるが，それは『原論』の定義，公準，公理のほか若干の命題を含むのみで，内容も杜撰であり，果たしてボエティウスのものかどうかも疑わしい．しかしこのいわ

---

12) H. Suter, "Die Mathematiker und Astronomer der Araber und ihre Werke", *Abhandlungen zur Geschichte der Mathematik,* Bd. X (1900).

13) M. Klamroth, "Über arabischen Eukleides", *Zeitschrift der Morgenländischen Gesellschaft,* Bd. XXXV (1935).

14) M. Steinschneider, *Die arabischen Übersetzungen aus Griechischen,* Neue Aufl., Graz, 1960.

15) Ch. H. Haskins, *Studies in the History of Medieval Science,* Cambridge-Mass., 1924.

16) M. Clagett, "The Medieval Latin Translation from the Arabic of the Elements of Euclid", *Isis,* Vol. XLIV (1953).
M. Clagett, "King Alfred and the Elements", *Isis,* Vol. XLV (1954).
G. D. Goldat, *The Early Medieval Tradition of Euclid's Elements,* Wisconsin Ph. D. Thesis, 1956.
St. Martin van Ryzin, *The Arabic-Latin Tradition of Euclid's Elements in the Twelfth Century,* Wisconsin D. Ph. Thesis, 1960.

17) Cassiodorus, *Variae* (ed. Mommsen) p. 40「ユークリッドは同じく偉大なボエティウスによって，われわれのためにラテン語に訳された」

ゆるボエティウスの断片のもととなった粗いラテン語の部分訳がその前に存在していたかもしれない。この「ボエティウスの原論」の断片とその系統については次のビュブノフの書物を参照されたい。

N. Bubnov, *Gerberti postea Silvestri II papae Opera Mathematica,* Berlin, 1899（Olms 1963）.

中世におけるユークリッド『原論』の伝統

I アラビアの伝統

1. al-Ḥajjāj の翻訳（8-9世紀）
   a. al-Hārūni 版
   b. al-Ma'mūni 版
2. Isḥāq ibn Ḥunain の翻訳（9世紀）
3. Thābit ibn Qurra の改訂（9世紀）
4. al-Nairīzi の注釈（10世紀）
5. al-Dimishqi の翻訳（10世紀）
6. Nazif ibn Yumn の翻訳（10世紀）
7. ibn Abdalbāqi の注釈（12世紀）
8. al-Ṭūsi の編集（13世紀）

II アラビアの伝統

1. Adelard の翻訳（12世紀）
   a. Adelard I
   b. Adelard II
   c. Adelard III
2. Carinthia の Hermann の翻訳（12世紀）
3. Cremona の Gherardo の翻訳（12世紀）
4. Gherardo による al-Nairīzi の注釈の翻訳
5. Gherardo による ibn Abdalbāqi の注釈の翻訳
6. Campanus 版（13世紀）
7. 14世紀版

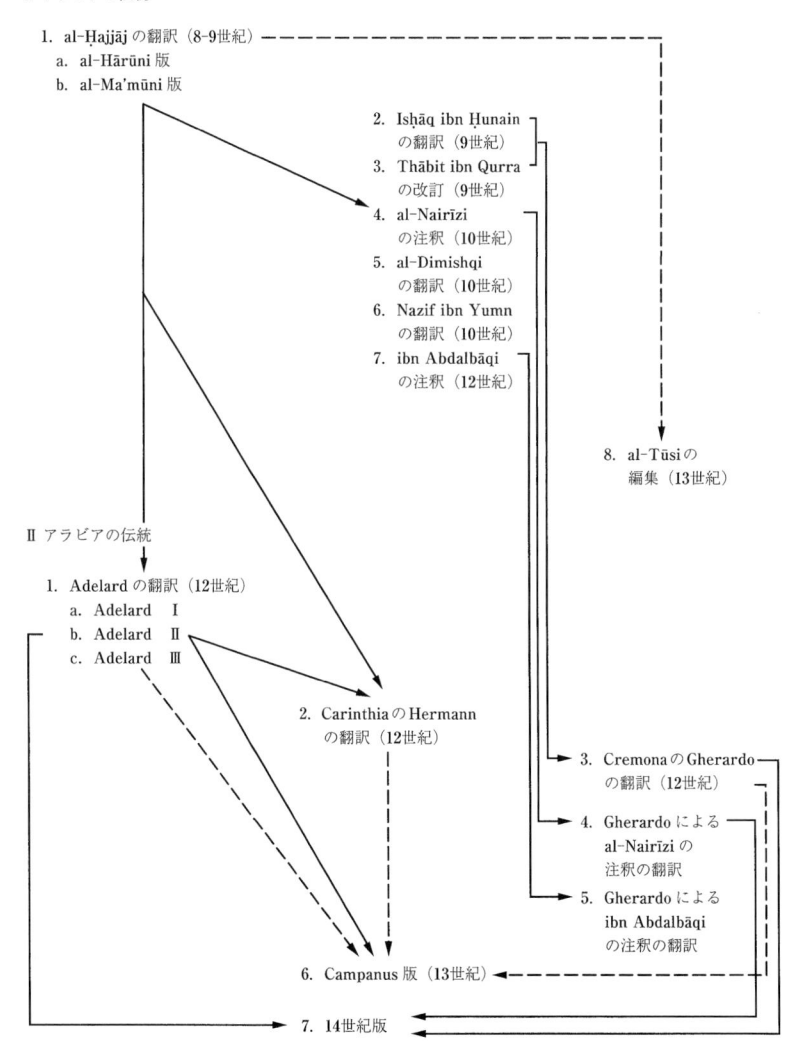

したがって，十分な意味で『原論』の中世における伝承史は 8 世紀以後のアラビア時代にはじまり，これが 12 世紀以降のラテン世界に受け継がれていくのである。まずはじめに最近の「中世ユークリッド」研究によって明らかとなった系統的な連関を全体的に図示しておき，次にこの個々のものについて簡単にふれておくことにする。

I．アラビアの伝統

1．アル＝ハッジャージ（al-Ḥajjāj, c. 786-833）

詳しくは al-Ḥajjāj ibn Yūsuf ibn Maṭar はイスラム初期の代表的数学者で，『原論』をギリシァ語からアラビア訳した人として知られている最初の人物である。かれはアラビアン・ナイトの王ハールーン・アッ＝ラシード（Hārūn al-Rashid）の宰相となったギリシァ文化の愛好者バルマク家のヤヒヤー（Yaḥyā ibn Khālid）のすすめにより，この『原論』の翻訳を完成した。これはハールーン帝に捧げられたので al-Hārūnī 版という。かれはその後ハールーンの子アル＝マムーン（al-Ma'mūn）のためにもこの改訂版を捧げたが，これは al-Ma'mūnī 版といい，こちらのほうが簡約化されているが内容はよいとされている[18]。後者のうち 6 巻がライデンにマニュスクリプトで残存しており（MS Cadex Leidensis 399, 1），その一部はベシュトルンとハイベルクによりラテン訳を付して出版された。

Euclidis Elementa ex interpretatione al-Hadschdschadschii cum commentariis al-Nairizii, Part. I-III (ed. Besthorn & Heiberg), Copenhagen, 1893-1910.

2．イスハーク・イブン・フナイン（Isḥāq ibn Ḥunain, † 910）

詳しくは Abū Ya'qūb Isḥāq ibn Ḥunain ibn Isḥāq al-'Ibādi はアラビアの最大の翻訳家として有名なフナイン・イブン・イスハークの息子で，父の翻訳活動を助けると同時に自らはとくにギリシァの数学，精密科学の翻訳に力を注いだ。『諸学総覧』によるとかれはアル＝ハッジャージの『原論』の翻訳に満足せず，新しく手にしたいっそうよいギリシァ写本に基づいて新訳を試みたといわれているが，しかしその訳は現在伝えられていない。今日われわれが見ることができるのは，つぎのサービトによるこの改訂版である。

3．サービト・イブン・クッラ（Thābit ibn Qurra, 834 ごろ〜 901）

フナイン・イブン・イスハークと並んでアラビアにおけるギリシァ科学の最も多産的な翻

---

[18] Cf. H. Suter, "Das Mathematiker-Verzeichnis in Fihrist des Ibn Ja'kub an-Nadim", *Abhandlungen zur Geschichte der Mathematik*, Bd. VL (1892), S. 16.

訳家。上記イスハークの『原論』の翻訳をギリシァ原典と比較対照して厳密に改訂した。このイスハーク＝サービトの『原論』のマニュスクリプトは現在オクスフォードの Bodleian Library に所蔵されている（MS Oxford, Bodl. 279 & 280）。この写本は I-XIII 巻全部の訳のみならずヒュプシクレスの XVI, XV 巻のアラビア訳（イブン・ルーカーによる）も含んでいる。詳しくは下記論文参照。

M. Klamroth, "Über arabischen Eukleides", *Zeitschrift der Deutschen Morgenländischen Gesellschaft*, Bd. XXXV (1935).

4. アン＝ナイリーズィー（al-Nairizi, † c. 922）

Abū al-'Abbās al-Faḍl ibn Ḥātim al-Nairizi は、アン＝ナディームの『諸学総覧』によると『原論』のすぐれた注釈を書いたといわれるが[19]、実際 I-VI 巻に関するかれの注が 1. のアル・ハッジャージの項で述べたライデン写本のなかに残っており、これもベシュトルン＝ハイベルクの上述のテキストのなかに含まれている。なお、クレモナのゲラルドによるかれの I-X 巻に対する注釈のラテン訳がクルツェにより MS Cracow 569 に基づいて校訂され、ハイベルク＝メンゲの『ユークリッド全集』の補遺として出版されている。

Supplementum ad Euclidis Opera Omnia (ed. M. Curtze), Leipzig, 1899.

アン＝ナイリーズィーの注釈は失われたヘロン、シンプリキオスの『原論』に対する注を保存している点でも重要である。

5. アッ＝ディミシュキー（al-Dimishqi, fl. 914）

医者としても著名な Abū 'Uthmān Sa'id ibn Ya'qūb al-Dimishqi は『諸学総覧』によると、『原論』第 10 巻を含むいくつかの巻を翻訳したと伝えられるが、しかしこれは現在残っていない。かれはまたパッポスの『原論』第 10 巻に対する注釈をアラビア訳したが、このマニュスクリプトはヴェプケによりパリで発見された（MS. Paris, Bibl. Nat. 2457, No.30）。このパッポスの注は原文が失われているので貴重である。

6. ナズィーフ・イブン・ユムン（Nazif ibn Yumn, † c. 990）

かれもまた医者であるが『諸学総覧』によると[20]、かれは『原論』第 10 巻のギリシァ写本を見つけたが、その内容が巷間に流布しているアラビア訳（おそらくイスハーク＝サービト版）とかなり異なっているのを見いだし、新訳を試みたといわれる。かれの訳の断片は今日 MS.

---

19) M. Steinschneider, *Op. cit.*, S. 86.
20) H. Suter, *Op. cit.*, SS. 16-17.

Paris, Bibl. Nat. 2457, No.18 & 34 に保存されている。

7. イブン・アブダルバーキー (ibn Abdalbāqi, † 1141)

Abū Muḥammad ibn Abdalbāqi al-Bagdādi もまた『原論』第10巻のすぐれた注釈を書いたといわれるが，このラテン訳（クレモナのゲラルドによる）が 4. のアン＝ナイリーズィーの項で述べたクラカウ写本に含まれており，クルツェの『ユークリッド全集補遺』に収められている。

8. アッ＝トゥースィー (al-Ṭūsi, 1201-1274)

詳しくは Abū Ja'far Muḥammad ibn al-Ḥasan Naṣiraddin al-Ṭūsi は，13世紀におけるアラビア最大の天文学者，数学者である。かれも『原論』の新版をつくったが，これは純粋な翻訳というよりも，むしろ既存の訳を用いながら新たに編集し直したものであり，かなりかれ自身の考えが入っている。これには「大版」(editio major) と「小版」(editio minor) があり，この「大版」のほうの写本は現在フィレンツェにのみ残っている (MS Flor. Pal. 272 & 313)。これに反し縮刷本の「小版」はかなりよく流布したらしく，ロンドン，パリ，ベルリン，ミュンヘン，イスタンブールなどに数多く見いだされる。

結局『原論』のアラビア版は，アル＝ハッジャージ，イスハーク＝サービトおよびアッ＝トゥースィーの三つの系統のものに大別されよう。その他注釈の類にいたっては，上に述べたもののほかに al-Karābīsi, al-Māhāni, al-Khāzini, Abu'l-Wafā', al-Kindi, al-Fārābi, al-Haitham などその数はきわめて多いが，これらに一々言及する繁を避けて主要なもののみをとって系譜の骨組を示した。

II. ラテンの伝統

1. バースのアデラード (Adelardus Bathoniensis, fl. c. 1100)

バース生まれのブリタンニアの学者で，アラビア科学の西欧への移入に最も力を尽した人物。南イタリア，シチリア，シリア，パレスチナなどを旅行し，アラビア語から多くのギリシァ科学文献をラテン訳したが，なかんずく『原論』全巻をはじめてラテン訳したことで著名。従来このアデラードのユークリッドと称されていたものは単純に一つのものと考えられてきたがクラーゲットの詳細な研究により三つの種類のものがあることがわかり，今日では Adelard I, II, III と区別されている。I は明らかに「翻訳」であり，これはアル＝ハッジャージのテキストからきたことが，Wa dhālika mā arādnā an nubaiyinu = Hoc est quod demonstrare intendimus のようなアル＝ハッジャージ特有のいいまわしの直訳が見られることからわかる。この翻訳全体は一つの写本にまとまっていないが，MS Oxford, Trinity College 47; MS Paris, Bibl. Nat. lat. 16201; MS London, Brit. Mus. Burney 275; MS Oxford, Bodl. D'Orville 70 に含まれているものをつなぎあわせることにより全体を回復することができる。II は I からの「抜萃」であり，最も流布したゆえにこれまで「アデラードのエレメンタ」といわれてきたのはむしろこれである。マニュスクリプトも現在 20 以上も知られている。III は II に基づいてアデラード自身が「編集」したもので，ユークリッドにない序文がついたりプロクロスからとられた種々の数学的概念の定義などがとり入れられて相当自由な様式で編まれている。写本は MS Oxford, Balliol College 257 をはじめとしてかなり多く存在している。詳しくはクラーゲットの下記の論文参照。

Marshall Clagett, "The Medieval Latin Translation from the Arabic of the *Elements* of Euclid, with Special Emphasis on the Versions of Adelard of Bath", *Isis,* Vol. 44（1953）.

2. カリンティアのヘルマン（Hermannus de Carinthia, 12 世紀）

アデラードについで，『原論』のアラビア語からの第二のラテン訳をつくったこのスラブ族出身のカリンティアのヘルマンである。その成立年代はアデラードよりやや あとと考えられる。このラテン訳もアル＝ハッジャージのテキストをもとにしたと判断されるが，アデラードとは，独立にアラビア原典に拠ったことはアデラード訳には見られないアラビア語の音訳が数多く見られることからもわかる。しかし，命題などについては Adelard II のものをそのままとっている。かれの『原論』の翻訳は第 12 巻までを含んでいるが，その写本は一つしか見つかっていない（MS Paris, Bibl. Nat. lat. 16646）。

3. クレモナのゲラルド（Gherardo Cremonese, † 1187）

イタリアのクレモナに生まれ，スペインのトレードに移って数多くのギリシャおよびアラビアの科学書をアラビア語からラテン訳した 12 世紀ルネサンスの代表的人物。かれが『原論』の翻訳をなしたことはその「伝記」からも知られていたが，このラテン訳のマニュスクリプトは長い間発見されなかった。しかし 1901 年から 1904 年にかけてビョルンボがヴァチカン（MS Vat. Reg. lat. 1268）をはじめ，パリ（MS Paris, Bibl. Nat. lat. 7216），ブルーニュ（MS Boulougne, Bonien 196）などで発見した写本を総合してこの翻訳全部を回復した。

A. Björnbo, "Gherard von Cremonas Übersetzung von Alkwarizmis Algebra und von Euklids Elementen", *Bibliotheca Mathematica,* Dritte Folge, Bd. 6（1905）.

かれの訳はアデラードやヘルマンのものとは異なり，アル＝ハッジャージではなくイスハー

ク＝サービトのアラビア訳からきており，ギリシァ原典にずっと近いよい訳である。

4. ゲラルドによるアン＝ナイリーズィーの注釈の翻訳

クルツェによりクラカウで発見されたもの（MS. Cracow 569）。前述したようにハイベルク＝メンゲの『ユークリッド全集補遺』として出版されている。

5. ゲラルドによるイブン・アブダルバーキーの注釈の翻訳

このラテン訳も上記のクルツェの『補遺』の終わりの部分に含まれている。これがアブダルバーキーの注釈の訳であることの議論については，*Bibliotheca Mathematica*, Dritte Folge, 4 (1903) および 7 (1907) におけるズーター（H. Suter）の論文参照。

6. ヨハンネス・カンパヌス（Johannes Campanus, fl. c. 1260）

ロージャー・ベイコンによって「当代の卓越した数学者」とよばれたカンパヌスは『原論』のラテン版を編んだが，これは 1482 年ラートドルトにより最初の『原論』の活字本として世に出されて以来，きわめて有名になった。このカンパヌスのテキストの成立については，19 世紀以来いわゆる「カンパヌス問題」として学者の間で議論がたたかわされてきたが（カントル，クルツェ，ワイセンボルンの論争），今日ではかれのラテン版『原論』はアラビア語からの新訳ではなく，アデラードなどの既存の訳からの編述であるとされている。命題の部分が Adelard II によることは確実であるが，証明その他はゲラルド，ヘルマンなどに基づくようであるが，この辺のところはまだ十分明らかにされていない。

7. 14 世紀版

14 世紀に入ると既存の訳を総合してラテン版『原論』を集大成しようとする動きが生ずるが，その一例として，1962 年に筆者によって読まれたパリ写本（MS Paris, Bibl. Bibl. Nat. lat. 7375）がある。これは序文のみならず長大な注釈がついた珍しいものであるが，研究の結果「序文」の後半にゲラルドのものを利用し，「命題」の部分は Adelard II に基づき，問題の「注釈」はゲラルドによって訳されたアン＝ナイリーズィーのものにかよっていることがわかった（図表参照）。しかしこのような三つのラテン・ユークリッドの伝統を，自己の意見を加えながら巧みに総合したこの編述者の名はわからない。これについては下記の拙稿参照。

伊東俊太郎，"14 世紀におけるユークリッド「エレメンタ」の一写本"，『東京大学教養学部人文科学科紀要』第 37 輯，哲学 XIII 1965（『伊東俊太郎著作集』第 1 巻所収）。

なお 14 世紀に属する『原論』のマニュスクリプトについては，このほか MS London, Brit.

Mus. Sloane 285; MS Oxford Bodl. D'Orville 70 などが知られているが、これらはいずれもまだ研究されていない。

またつい最近、12世紀にギリシァ語から直接ラテン訳されたと思われる『原論』全巻の写本が見いだされた (MS Paris, Bibl Nat. lat. 7375)。従来中世においてギリシァ語から直接ラテン訳された『原論』として知られていたものは、中世初期のケンソリヌスやボエティウスのわずかな断片だけであるから、この発見は驚くべきことである。これについては、拙著『十二世紀ルネサンス』講談社学術文庫, 2006 を参照 (『伊東俊太郎著作集』第 10 巻所収)。

(c) 近代における伝承——ラートドルトからハイベルクまで

1450年に印刷術が発明され、中世における手写本による伝承の時代は去り、いろいろなユークリッド『原論』が印刷に付されることとなった。いまその一々をたどることはできないが、その重要なもののみを選んでここに記しておこう。

1. ラートドルト版 (1482)

これが活字に印刷された最初の『原論』である。内容は上述したカンパヌスのラテン版 15 巻にほかならない。印刷者 Erhard Ratdolt (1443 ごろ〜1528) はアウグスブルクの芸術家の家に生まれ、故郷で印刷術を学び、1475年にヴェネツィアに出て有名な印刷所を開き、本書を出版した。1486年にアウグスブルクにもどり、1516年までそこで印刷業を続けたといわれる。かれがモチェニーゴなる人物に捧げた本書の献辞のなかで述べているところによれば、当時ヴェネツィアでは毎日のように古代や近代の書物が出版されていたが、数学の書物はほとんど出版されていないのを遺憾に思い、図版の印刷に特別な工夫をこらして『原論』の出版に成功したという。この版の頭書はつぎのとおりである (タイトル・ページはない)。

Preclarssimum opus elementorum Euclidis megarensis una cum commentis Campani perspicacissimi in artem geometriam.

2. ザンベルティ版 (1505)

これはイタリア人 Bartolomeo Zamberti (1473〜?) による『原論』全 13 巻のギリシァ語からの最初のラテン訳の出版であり、やはりヴェネツィアで世に出された。ザンベルティはカンパヌスのラテン訳がアラビア語の音訳などを含む誤りの多い"野蛮"な訳であることを遺憾とし、7年かけてこれをギリシァ原語からラテン訳したといわれるが、その使ったギリシァ原本のマニュスクリプトはまだ同定されていない。しかし下の表題からもわかるようにそれがテオン版によっていたことは明らかである。

Euclidis megarensis philosophi platonici mathematicarum disciplinarum Janitoris, habent in hoc volumine quicumque ad mathematicam substantiam aspirant, elementorum libros XIII cum expositione Theonis insignis mathematici.

3. グリュナエウス版 (1533) ——editio princeps

これは印刷された最初のギリシァ語の『原論』であり，バーゼルで出されたので別名バーゼル版ともいわれる。編者 Simon Grynaeus († 1541) はウィーン，ハイデルベルク，チュービンゲンなどで学び，バーゼルで主として神学を教えた学者であるが，これを編纂するのに当たって，かれはフランスのヴェネツィア駐在大使ラザール・バイーフとフランスの医者でギリシァ学者であったジャン・リュエルから，かれの友人にもたらされた二つのマニュスクリプトを使用し，かつザンベルティ版を参照している。この二つの写本は現在では MS Venetus Marcianus 301 と MS Paris Bibl. Nat. gr. 2343 であることが明らかにされているが，両者ともテオン版の悪いものであるので，結果としてこの editio princeps の内容もよくない。しかしこれはその後長く『原論』のギリシァ語テキストの基礎となったもので重要である。プロクロスの『注釈』を含んでいるわが国ではめずらしいこの稀覯本を中村幸四郎氏が所蔵しておられる。表題はつぎのとおり。

$$Εὐκλείδου\ Στοιχείων\ βιβλ.\ IE.$$
$$ἐκ\ τῶν\ Θεῶνος\ συνουσίων.$$
$$εἰς\ τοῦ\ αὐτοῦ\ τὸ\ πρῶτον,\ ἐξηγημάτων\ Πρόκλου\ βιβλ.\ \bar{δ}.$$

4. コンマンデイーノ版 (1572)

これは後世に大きな影響を及ぼした最も重要な『原論』のラテン版でピサで出版された。訳者 Federico Commandino (1509-1572) はアルキメデスのラテン訳も試みたイタリアのすぐれた数学者。これはそれ以前のどの訳よりも正確であったのみならず，古代の注や自己のすぐれたノートをもつけ加えている。ギリシァ原典としては上記グリュナエウスのバーゼル版のほかに二，三のいまだ同定されていないマニュスクリプトを使用したようである。表題はつぎのとおりである。

Euclidis elementorum libri XV, una cum scholiis antiquiis. A Federico Commandino Urbinate nuper in latinum conversi, commentariisque quibusdam illustrati.

5. クラヴィウス版 (1574)

これもコンマンディーノのものと並んで有名なラテン版であり，ローマで出版された。著者

Christopher Clavius (1537-1621) はイエズス会の最高学府「ローマ学院」の学頭となった当代一流の碩学。しかしこの書は単なる翻訳というよりも，先行者たちの注釈やノートをあつめクラヴィウス自身の批判や改良を加えた一種の編述書である。表題はつぎのとおり。

Euclidis elementorum libri XV. Accessit XVI de solidorum regularium comparatione. Omnes perspicuis demonstrationibus, accuratisque scholiis illustrati. Auctore Christophoro Clavio.

6. グレゴリー版 (1703)

これはハイベルク＝メンゲの *Euclidis Opera Omnia* が出される以前の唯一の「ユークリッド全集」で，『原論』のほかにそれまで知られていたユークリッドの著作のギリシャ語のテキストとそのラテン訳を含む。オクスフォードから出版されたのでオクスフォード版ともいわれている。編者 David Gregory (1661-1708) はオクスフォード大学の天文学教授で，『原論』については，ギリシャ原文は主としてグリュナエウスのバーゼル版により，ラテン訳はコンマンディーノのものに従って編んだ。その表題は次のとおり。

Εὐκλείδου τὰ σωζόμενα. Euclidis quae supersunt omnia. Ex recensione Davidis Gregorii M.D. Astronomiae Professoris Saviliani et R.S.S. Oxoniae.

7. ペイラール版 (1814-1818)

グリュナエウスの editio princeps からグレゴリー版にいたるまでずっと保たれてきたテオン版の伝統を破り，テオンの改訂以前のより古いマニュスクリプトに基づいて，ユークリッドをもとの正しい形に戻そうとする重要な第一歩が，このペイラール版によって踏みだされた。編者 François Peyrard (1760-1822) は，1808 年にナポレオンがイタリアの図書館から写本を選んでパリに送らせたとき，モンジュとベルトレがヴァチカンから送ってきた『原論』を含む二つのマニュスクリプト——MS Vat. 190 と 1038——に注目し，とくにこの前者はテオンの改訂以前のより古いテキストを伝えていることを発見して，この読み方の多くを採用しながらグレゴリー版を訂正しつつ，『原論』および『デドメナ』のギリシャ語テキストを編み，ラテン訳と仏訳を添えて3巻にまとめパリで出版した。この書の表題はつぎのとおりである。

Euclidis quae supersunt. Les oeuvres d'Euclide, en Grec, en Latin et en Français d'après un manuscrit très ancien, qui était resté inconnu jusqu'à nos jours, Par F.Peyrard. Ouvrage approuvé par l'institut de France.

その後，MS Vat. 190 のほかに MS Wien 103 をも顧慮したハイベルク以前の最良のギリシャ

語テキストである，E. F. August の手になるアウグスト版（1826-1829）なども世に出されたが，しかしそれらはいずれもグレゴリー版やバーゼル版に頼ることをやめ，あらためて上述の MS Vat. 190 を基準としてまったく新しいテキストをつくるというところにまでは進まなかった。これをなして「原ユークリッド」再建の決定的な大業をなしとげたのが，次のハイベルク版である。

8. ハイベルク版（1883-1916）

ハイベルク＝メンゲによる『ユークリッド全集』の編纂は，ユークリッド伝承史における圧巻たる真の記念碑的事業であった。編者 Johan L. Heiberg (1854-1928) はデンマークのすぐれた古典文献学者であり，1895 年まではコペンハーゲンの高等学校の校長を勤め，1896 年以降コペンハーゲン大学の古典学教授となったが，すでに学位論文に「アルキメデス問題」(Quaestiones Archimedeae) をとり上げて以来，古代ギリシァの精密科学の原典批判的研究に打ちこみ，1880 年からその翌年にかけて『アルキメデス全集』(*Archimedis Opera Omnia*) 3 巻を世に出したが，さらにペイラールによる原ユークリッドの回復がいまだ不十分であることを遺憾とし，弟子のメンゲの協力を得て，それまで史料から考えうる最良のユークリッドのテキストを編むべく決意し，その画期的な『ユークリッド全集』を完成し，ラテン訳も付して Teubner から出版した。I. L. Heiberg & H. Menge (eds.), *Euclidis Opera Omnia*. 8 vols. & 1 suppl., Leipzig, 1883-1916.

いまその内容全体をみてみると次のとおりである。

巻　　数	編　　者	内　　　　容	出版年
第1巻―第5巻	ハイベルク	『原論』とその古注	1883
第6巻	メ ン ゲ	『デドメナ』，マリノスの序文，古注	1896
第7巻	ハイベルク	『光学』とそのテオン版，『反射光学』，古注	1895
第8巻	メ ン ゲ	『天文現象論』，『音楽原論』，断片，古注	1916
補　　遺	クルツェ	『アン＝ナイリーズィーの注釈のラテン訳』『アブダルバーキーの注釈のラテン訳』	1899

このうち『原論』の編纂にあたっては，まずペイラールが使用した唯一の非テオン版のヴァチカン写本，

1. MS Roma, Vat. 190 （10 世紀）

を新たにテキストの基礎となる底本として定め，これに無数のテオン版のマニュスクリプトのなかから慎重考慮の末最良のものとして次の三つのもの――オクスフォード，フィレンツェ，ウィーンの写本――を副底本として選択した。

2. MS Oxford, Bodl. D'Orville 301（9世紀）
3. MS Firenze, Laurentian. XXVIII 3（10世紀）
4. MS Wien, Philos. Gr. No. 103（11-12世紀）

以上の四つがテキスト校訂にあたって常に参照された写本であるが，これにさらに次の二つの写本が適宜利用された。

5. MS Bologna Bibl. Communal., 18-19（11世紀）
6. MS Paris, Bibl. Nat. Gr. 2466（12世紀）

この七つの写本のほかにプロクロスやヘロンの注釈をも顧慮して綿密な文献学的考証を通して編まれたのが，ハイベルク版『原論』であって，これはテキストの基本をはじめてテオンの改訂以前に戻し，4世紀以降における内容のくずれを全面的に正して，「原ユークリッド」回復に成功した画期的な業績である。その後のいかなるユークリッド研究もすべて，このハイベルクのテキストを基礎として行なわれてきているのであり，本書に収められている『原論』の邦訳もこのハイベルク版のギリシャ語テキストに基づいている。編者 Heiberg はデンマーク人であるから，この名前の表記はハイベアとすべきところであるが，本書ではドイツ語流の発音ハイベルクをとっている。

§4　ユークリッド『原論』の翻訳

『原論』はまさしく論証的理性の原型であり，それはギリシャの合理主義を受け継いだ近代西欧文明のいわば知的根幹であるという面をもっていたから，はやくから西欧においてこの近代語訳が試みられた。次におもなヨーロッパ語への翻訳について述べるが，そこではまずそれぞれはじめに初訳をあげ，ついでそれ以後の最も主要な翻訳（とくに最新のものを含め）にふれるにとどめる。

1. イタリア訳

1543年に有名な数学者タルタリア（N. Tartaglia）の初訳が出る。これはギリシャ語原典によったのではなく，カンパヌスとザンベルティのラテン訳によっている。1565年に第2版，1586年に第3版が出されている。第2版の表題は次のとおり。

Euclide Megarense philosopho, solo introduttore delle scientie mathematiche, diligentemente rassettato, et alla integrità ridotto, per il degno professare di tal scientie Nicolo Tartalea Brisciano.

最新のイタリア訳はエンリケスの次のものである。

Federigo Enriques, *Ghi Elememti d'Euclide e la critica antica e moderna*, 4 vols, Bologna, 1925-1937.

その後，フラジェぜらの訳が出版された。従ってエンリケスのものは最新とはいえない。

Gli Elementi di Euclide, A cura di Frajese, Attilio e Maccioni, Lamberto, Torino, 1970.

2. ドイツ訳

1558 年にショイベル（J. Scheubel）による「数論」の部分 VII-IX 巻の初訳が出る。これもラテン訳からきている。

Das sibend acht und neunt buch des hochberümbten Mathematici Euclidis Megarensis, durch Magistrum Johann Scheybl aus dem latein ins teutsch gebracht.

1562 年にはクシュランダー（Xylander, 本名 William Holtzmann）の「平面幾何学」の部分 I-IV 巻の初訳が出る。これはギリシァ語から訳された。

Die sechs erste Bücher Euclidis vom aufang oder grund der Geometrj, aus Griechischer Sprach in die Teutsch gebracht aigentlich erklärt.

最新のものは「オストワルト科学古典叢書」に収められているテールの訳である。

Clemens Thaer, *Die Elemente. Nach Heibergs Text aus Griechisch übersetzt und herausgegeben,* 5 vols, Leipzig, 1933-1937.

3. フランス訳

1564-1566 年にペトルス・ラムスの友人フォルカデール（P. Forcadel）の手になる初版が出た。ただしこれは第 1 巻から第 9 巻までしか含んでいない。

1615 年にはアンリオン（D. Henrion）の全 15 巻の訳が出て広く流布した。

Les quinz livres de Elément d'Euclide, Paris, 1615.

最も新しいものは，いまだ 1807 年に出たペイラールの仏訳である。これは最近イタールの序文を付して復刻された。

Les œuvres d'Euclide, traduites littéralement par F. Peyrard. Nouveau tirage augmenté d'une importante Introduction par Jean Itard, Paris Blanchard, 1966.

またヴィトラクの新訳が出版された。

Les Éléments, Traduction et commentaires par Bernard Vitrac, 4 Tomes, Paris, 1990-2001.

4. 英　訳

1570 年にビリングスリ（H. Billingsley）の初訳がジョン・ディーの序文を付して出版され

た．訳者ビリングスリははじめケンブリッジとオクスフォードに学んだが，その後ロンドンで小間物商をいとなみ産をなし，1596 年にはロンドン市長に選ばれた名士である．当時まだユークリッドが母国語に訳されていない怠惰を深く慨よ，これを忠実に英訳することに力を注いだ．それは『原論』全 15 巻のほかにカンダラ (Candalla) の付した第 16 巻 (!) を含み，プロクロスからディーにいたるまでの多くの重要な注釈もつけ加えている．

The Elements of Geometrie of the most ancient philosopher Euclide of Megara, faithfully (now first) translated into English toung, by H.Billingsley, Citizen of London.

1756 年には英国において『原論』の地位を不動のものとしたシムソン (R. Simson) の訳が出る．これはテオンの誤りを正すと称して自己の解釈を加えたもので，忠実な訳というよりも，シムソンのパラフレイズと称すべきものであるが，英訳の『原論』としては最も有名で版を重ねた．ただし VII-X, XIII の諸巻は含まれていない．

The Elements of Euclid, viz the first six Books together with the eleventh and twelfth. In this Edition the Errors by which Theon or others have long ago vitiated these Books are corrected and some of Euclid's Demonstrations are restored.

最新のものは 1908 年に初版を出した著名なヒースの訳である．この第 2 版 (1925 年) がドーヴァーの廉価版に収められたので入手しやすくなった．

Thomas L. Heath, *The Thirteen Books of Euclid's Elements, translated from the Text of Heiberg*, 3 vols, New York (Dover), 1956.

5. オランダ訳

1606 年にヤン・ピーテルスゾーン (Jan Pieterszoon) の初訳が出た．これはさきのクシュランダーの独訳からの重訳で I-VI 巻のみを含む．

最も新しいのはディクステルホイスによる次のものである．

E. J. Dijksterhuis, *De Elememten van Euclides*, 2 vols, Groningen, 1929-1930.

その他 1576 年にはスペイン訳 (R. Çamorano)，1608 年には中国訳 (利瑪竇 Matteo Ricci)，1739 年にはロシア訳 (I. Astaroff)，1744 年にはスウェーデン訳 (M. Strömer)，1745 年にはデンマーク訳 (E. G. Ziegenbalg) の初訳がそれぞれ出されている．

最後に邦訳について言えば，もっとも古いものとしては明治 6 年 (1873) の
山田昌邦『幾何学』
で，「原論」第 1 巻の大部分を英訳から邦訳している．

ついで，明治 8〜11 年の

　山本正至・川北朝鄰訳『幾何学原礎』

がある。これはアメリカのクラーク「格拉克」(E. W. Clark) が静岡学問所において英語で口述した『原論』第 6 巻までを翻訳したものである。これはさきの 4. で挙げたシムソンの英訳に基づくものであることが，分ってきている。

　次に明治 17 年 (1884) の

　長沢亀之助訳，川北朝鄰校閲『宥克立』

が挙げられよう。しかしこれは

　I. Todhunter, *Elements of Euclid* (1862)

を訳したもので，このトドハンターの「ユークリッド」は 4. で挙げたシムソンのパラフレイズに基づいて，さらにこれを中学校用に編集し直したものであるから，この邦訳がユークリッドそのものからは大きく隔った内容をもつものであることは言うまでもない。その後いく人かの人によってユークリッドの著作そのものの邦訳が試みられたようであるが，それらはいずれも日の目をみずに終わった。

　昭和 38 年 (1963) に出された

　田中正夫著『ユークリッドの本』理想社

も正確には翻訳書ではなく，『原論』I-IV 巻の内容を著者が論理的順序に従って配列整理した編述書である。著者は「あとがき」でこの書の完全な邦訳が出されることを強く希望しておられる。

　したがって中村幸四郎氏がそのすぐれた先駆的な著作

　『ユークリッド』弘文堂　昭和 25 年 (1950)

において，『原論』第 1 巻の定義，公理，公準，命題の全部および証明の一部をすでに訳出されていたことを除けば，本書がギリシァ語原典からする『原論』の最初の邦訳であり，しかも今度は全 13 巻の完訳がはじめて世に出されることになったのである。

　現在，東京大学出版会より『エウクレイデス全集』(全 5 巻，片山千佳子，斎藤憲，鈴木孝典，高橋憲一，三浦伸夫訳・解説) の出版が進行中であり，その第 1 巻，第 4 巻がすでに出されている。第 1 巻原論 I—IV (斎藤，三浦訳・解説)，2008。第 4 巻デドメナ／オプティカ／カトプトリカ (高橋，斎藤訳・解説)，2010。

文 献 表

1. Allmann, G. J.: *Greek Geometry from Thales to Euclid,* London, 1889.
2. Beckmann, Friedhelm: "Neue Gesichtspunkte zum 5. Buch Euklids" *Archive for History of Exact Sciences,* Vol. No. 1-2 (1967).
3. Becker, Oskar: "Eudoxos-Studien 1-IV", *Quellen und Studien zur Geschichte, der Mathematik, Astronomie und Physik,* Abteilung B, Bd. 2 & 3 (1933-1934).
4. Becker, Oskar: "Die Lehre von Geraden und Ungeraden im Neuten Buch der Euklidischen Elemente", *Quellen und Studien,* Abt. B, Bd. 3 (1934).
5. Becker, Oskar: *Die Grundlagen der Mathematik in der geschichtlichen Entwicklung,* München, 1954.
6. Becker, Oskar: *Das Mathematische Denken der Antike,* Göttingen, 1957.
7. Becker, Oskar (ed.): *Zur Geschichte der griechischen Mathematik,* Darmstadt, 1965.
8. Bretschneider, Karl A.: *Die Geometrie und die Geometer vor Euklid, ein historischer Versuch,* Leipzig, 1870.
9. Busard. H. L. L : *The Translation of the Elements of Euclid from the Arabic into Latin by Hermann of Carinthia (?) Books VII-XII,* Amsterdam, 1977.
10. Cajori, Florian : *A History of Elementary Mathematics.* Revised and enlarged edition, New York, 1917 (小倉金之助補訳『カジョリ初等数学史』上, 下, 共立出版, 1970).
11. Cantor, Moritz B. : *Vorlesungen über Geschichte der Mathematik,* Bd. I, Leipzig, 1894.
12. Clagett, Marshall : "The Medieval Latin Translations from the Arabic of the Elements of Euclid, with Special Emphasis on the Versions of Bath of Adelard", *Isis,* Vol. XLIV (1953).
13. Clagett, Marshall : "King Alfred and the Elements", *Isis,* Vol. XLV (1954).
14. Clagett, Marshall : *Greek Science in Antiquity,* New York, 1955.
15. Clagett, Marshall : "Euclid's Elements in the Middle Ages", Lectures given at Dumbarton Oakes College, Washington, 1959.
16. Goldat, George D. : *The Early Medieval Tradition of Euclid's Elements* (Ph. D. Thesis), Madison, 1956.
17. Gow, James : *A Short History of Greek Mathematics,* New York, 1923.
18. Hankel, Hermann : *Zur Geschichte der Mathematik im Altertum und Mittelalter,* Leipzig, 1874 (Olms 1965).
19. Heath, Thomas L. : *The Thirteen Books of Euclid's Elements.* 3 vols, 2nd ed., Cambridge. 1925 (Dover 1956).
20. Heath, Thomas L. : *A History of Greek Mathematics,* Vol. I, Oxford. 1927.
21. Heath, Thomas L. : *A Manual of Greek Mathematics,* Oxford, 1931 (Dover 1963).
    [ヒース著・平田寛他訳『ギリシァ数学史 I , II』, 共立出版, 1959 - 60.]
22. Heiberg, Johan L. : *Litterargeschichtliche Studien über Eukiid,* Leipzig, 1882.
23. Heiberg, Johan L. : "Mathematisches zu Aristoteles", *Abhandlungen zur Geschichte der mathematischen Wissenschaften,* Bd. 18 (1904).
24. Heiberg, Johan L. : *Geschichte der Mathematik und Naturwissenschaften im Altertum,* München, 1925.
25. Heller, Siegfried : "Die Entdeckung der stetigen Teilung durch die Pythagoreer", *Abhandlungen der Deutschen Akademie der Wissenschaften zu Berlin, Klasse für Mathematik, Physik und Technik.* No. 6 (1958) [7. に収録されている].

26. Hofmann, J. E. : *Geschichte der Mathematik,* I, Berlin, 1953.
27. Hutsch, Friedrich : "Eukleides", Pauly-Wissowas *Die Realencyclopäddie der classischen Altertumswissenschaften,* Vol. VI, Pt. I, Stuttgart, 1907.
28. Itard, Jean : *Les livres arithmétiques d'Euclide,* Paris, 1961.
29. Ito, Shuntaro : *The Medieval Latin Translation of the Data of Euclid,* Tokyo & Basel, 1980.
30. 伊東俊太郎："12世紀におけるユークリッド *Data* のラテン訳について",『西洋古典学研究』XIII (1965).(『伊東俊太郎著作集』第1巻所収).
31. 伊東俊太郎："14世紀におけるユークリッド *Elementa* の一写本――MS Paris, Bibl. Nat. Iat. 7215 について",『東京大学教養学部人文科学紀要』, 第37輯 (1965).
32. 伊東俊太郎："純粋数学の起源――ユークリッド『幾何学原理』の成立に則して",『思想』, No. 513 (3/1967).(『伊東俊太郎著作集』第1巻所収).
33. 弥永昌吉・伊東俊太郎・佐藤 徹:『数学の歴史I, ギリシャの数学』, 共立出版, 1979.
34. Klamroth, M. : "Über arabischen Eukleides", *Zeitschrift der Deutschen Morgenländischen Gesellschaft,* Bd. XXXV (1935).
35. 近藤洋逸:『新幾何学思想史』, 三一書房, 1966.
36. Loria, Gino : *Le scienze esatte nell'antica Grecia,* Mailand, 1914.
37. Michel, Paul-Henri : *De Pythagore à Euclide,* Paris, 1950.
38. Mueller, Jan : *Philosophy of Mathematics and Deductive Structure in Euclid's Elements,* Cambridge, Mass., 1981.
39. 村田全・茂木勇『数学の思想』, (NHKブック 42), 1966.
40. 村田全:『数学史散策』, ダイヤモンド社, 1974.
41. 中村幸四郎:『ユークリッド原論の背景』, 玉川大学出版部, 1978.
42. 中村幸四郎:『数学史』, 啓林館, 1962.
43. Nesselmann, G.H.F. : *Die Algebra der Griechen,* Berlin, 1842.
44. Neugebauer, Otto : "Zur geometrischen Algebra", *Quellen und Studien,* Abteilung B, Bd. 3 (1934).
45. Neugebauer, Otto : *Vorgriechische Mathematik,* Berlin, 1934. 2 Ausl., 1969.
46. Plooij, E. B. : *Euclid's conception of ratio as critisized by Arabian commentators* (Ph. D. Thesis), Leiden, 1950.
47. Reidemeister, K. : *Das exakte Denken der Griechen,* Hamburg, 1949.
48. Rey. Abel : *L'apogée de la science technique, greque, L'essor de la mathématique,* Paris, 1948.
49. Sachs, Eva : *De Theaeteto mathematico,* (Ph. D. Thesis), Berlin, 1914.
50. Sachs, Eva : "Die fünf Platonischen Körper", *Philologische Untersuchungen,* Heft 24 (1917).
51. Sarton, George : *Introduction to the History of Science,* Vol. I, Baltimore, 1927.
52. Sarton, George : *Ancient Science and Modern Civilisation,* New York, 1954.
53. 下村寅太郎:『科学史の哲学』, 弘文堂, 1941.
54. Steele. Arthur D. : Über die Rolle von Zirkel und Lineal in der griechischen Mathematik, *Quellen und Studien,* Abt. B, Bd. 3 (1934)[7. に収録されている].
55. Szabó, Árpád : "Wie ist die Mathematik zu einer deduktiven Wissenschaft geworden?", *Acta Antiqua Academiae Scientiarum Hungaricae,* Tomus IV (1956).
56. Szabó, Árpád : "Die Grundlagen in der frühgriechischen Mathematik", *Studi Italiani di Filologia Classica,* Vol. XXX, Fasc. 1 (1958).
57. Szabó, Árpád : "The Transformation of Mathematics into Deductive Science and the Beginnings of its Foundation on Definitions and Axioms", *Scripta Mathematica,* Vol. XXVII, No. 1-2 (1960).
58. Szabó, Árpád : "Anfange des Euklidischen Axiomensystems", *Archive for History of Exact*

Sciences, Vol. I, No. 1 (1960) [7. に収録されている].
59. Szabó, Árpád: "Der älteste Versuch einer definitorisch-axiomatischen Grundlegung der Mathematik", *Osiris,* Vol. XIV (1962).
60. Szabó, Árpád: "Αναλογία" *Acta Antiqua Academiae,* Tomus X. Fasc. 1-3 (1962).
61. Szabó, Árpád: "Der Ursprung des Euklidischen Verfahrens" *Mathematische Annalen,* 150 (1963).
62. Szabó, Árpád: "Ein Beleg für die voreuklidischen Proportionenlehre? Aristoteles: *Topik θ.* 3, p. 158 b 29-35" *Archiv für Begriffsgeschichte* Bd. 9 (1964).
63. Szabó, Árpád: "Die frühgriechische Proportionenlehre im Spiegel ihrer Terminologie", *Archive for History of Exact Sciences.* Vol. II, No. 3 (1965).
64. Szabó, Árpád: "Theaitetos und das Problem der Irrationalität in der griechischen Mathematikgeschichte", *Acta Antiqua Academiae,* Tomus XIII, Fasc. 3-4 (1966).
65. Szabó, Árpád: "The Origins of Euclidean Axiomatics" Lectures delivered at London University, 1966.
66. Szabó, Árpád: *Anfänge der griechischen Mathematik,* München-Wien, 1969 [サボー著・中村幸四郎・中村清・村田全訳『ギリシア数学の起源』玉川大学出版, 1978]
67. Tannery, Paul: La géométrie grecque : comment son histoire nous est parvenue et ce que nous en savons, Paris, 1887.
68. Theisen, W. R : *The Medieval Tradition of Euclid" Optics* (Ph. D. Thesis), Madison, 1972.
69. Tannery, Paul : "Les continuateurs d'Euclide", *Bulletin des sciences mathématiques,* Tom. XI (1887).
70. Toeplitz, Otto : "Das Verhältnis von Mathematik und Ideenlehre bei Plato", *Quellen und Studien,* Abt. B, Bd. 1 (1931) [7. に収録されている].
71. van der Waerden, B. L. : "Die Arithmetik der Pythagoreer 1-II", *Mathematische Annalen,* 120 (1947/49) [7. に収録されている].
72. van der Waerden, B. L. : *Ontwakende Wetenschap,* Groningen, 1950 (英訳 1954, 独訳 1956). [ヴァン・デル・ヴァルデン著・村田全・佐藤勝造訳『数学の黎明』みすず書房, 1984]
73. van Ryzin, St. Martin : The Arabic-Latin Tradition of Euclld's Elements in the Twelfth Century (Ph. D. Thesis), Madison, 1960.
74. von Fritz, Kurt : "The Discovery of Incommensurability by Hippasos of Metapontum", *Annals of Mathematics,* Vol. 48 (1945).
75. von Fritz, Kurt : "Die APXAI in der griechischen Mathematik", *Archiv für Begriffsgeschicnte,* Bd. I (1955).
76. Weissenborn, H. : *Die Übersetzungen des Euklid durch Campano und Zamberti,* Halle, 1882.
77. Zeuthen, H. G. : "Die geometrische Konstruktion als "Existenzbeweis" in der antiken Geometrie", *Mathematische Annalen,* 47 (1896).
78. Zeuthen, H. G. : *Geschichte der Mathematik im Altertum und im Mittelalter,* Kopenhagen, 1896.
79. Zeuthen, H. G. : "Sur les livres arithmetiques d'Euclide", *Bulletin de l'acadeémie des sciences de Denmark,* No. 5 (1910).
80. Zeuthen, H. G. : "Sur les definitions d'Euclide", *Scientica,* Tom. XXIX (1918).

以後出版された邦語の重要な文献として，次の二著がある。
　　斎藤　憲『ユークリッド『原論』の成立』東京大学出版会，1997．
　　斎藤　憲『ユークリッド『原論』とは何か』岩波書店，2008．

『原論』の解説

中村幸四郎

はじめに
定義・公準・公理
命　題
『原論』の論理
『原論』の内容
　　1　第 1 巻から第 4 巻
　　2　第 5 巻比例の理論
　　3　第 6 巻
　　4　第 7 巻から第 9 巻数論
　　5　第10巻無理量論
　　6　第11巻から第13巻

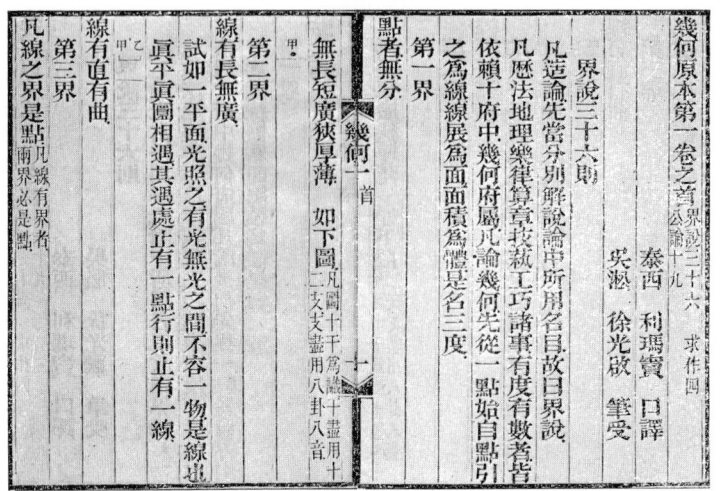

```
幾何原本第一卷之首 界說三十六 求作四
                      界說三十六 公論十九
泰西   利瑪竇 口譯
吳淞   徐光啓 筆受

界說三十六則

凡造論先當分別解說論中所用名目故日界說
凡歷法地理樂律算章技藝工巧諸事有度有數者皆
依賴十府中幾何府屬凡論幾何先從一點始自點引
之爲線線展爲面面積爲體是名三度

第一界
點者無分
 凡圖十干寫數十盡用十
 〔幾何一首〕二支文盡用八卦八音

第二界
線有長無廣
 如下圖

試如一平面光照之有光無光之間不容一物是線也
眞平眞圓相遇其遇處止有一點行則止有一線

第三界
線有直有曲

凡線之界是點 凡線有界者必是點
```

マテオ・リッチ (利瑪竇 Matteo Ricci 1552-1610) は，はじめて中国 (当時は明) に伝道したイタリヤ・イエズス会の伝道士であるが，多くの漢文の著述もあり，多くの影響を与えた。この書『幾何原本』(1605) はリッチがローマ学院の数学者クラビウス (Ch. Clavius 1537-1612) 編のユークリッド『原論』の最初の6巻を口述したものである。この写真は1865年 (清，同治4年) に残りの巻の新訳を補って複刻されたものである。資料としての価値は別として，はじめての漢訳として注意すべきものである。

グリュナエウス版 (1533) に収められて同時に印刷されたプロクロス「ユークリッド『原論』第1巻の注釈」の第2巻の首部。

グリュナエウス版 (1533) に収められたプロクロス「ユークリッド『原論』第1巻の注釈」の第2章第20ページ。この上部の数行にユークリッドの記述が見られる。

『原論』の解説

§1. はじめに

ユークリッドという人については，伊東俊太郎氏の「ユークリッドと『原論』の歴史」(本書所収 §1 (a)) に詳しく述べられてあるから，ここではくり返しこれに言及することはしない。ここではできるだけ簡明に原論の数学史と数学的内容とを解説しようと思う。

『原論』という訳語は以前に中村が『ユークリッド』[1]という小冊子において，あえてはじめて使った言葉である。従来は「幾何原論」，「幾何原本」，「幾何原理」などの訳語が行なわれていたが，『原論』全13巻の内容が，たんに図形の学である幾何学にとどまらず，そのなかには一般量の比例論，数の理論，無理量論などがそのまま含まれているので，あえて幾何という言葉を使わず，たんに『原論』とよぶことにしたのである。

このたび，はじめて全巻が日本語に訳された本書においても，われわれはこの『原論』という言葉で本書をよぶことにした。

『原論』は13巻から成る著作であるが，その内容を表記すれば，次のようになる。

	第1巻	第2巻	第3巻	第4巻	第5巻	第6巻	第7巻	第8巻	第9巻	第10巻	第11巻	第12巻	第13巻
定義	23個	2	11	7	18	4	22	0	0	第1群 4 第2群 6 第3群 6	29	0	0
公準	5個	0	0	0	0	0	0	0	0	0	0	0	0
公理	5個	0	0	0	0	0	0	0	0	0	0	0	0
命題	48個	14	37	16	25	33	39	27	36	115	39	18	18
内容概略	平面図形	平面図形（幾何学的代数）	平面図形（円論）	平面図形（内接・外接多角形）	一般量論（比例の理論）	図形への比例理論の応用	数論	数論	数論 無記号整数論	無理量論	立体図形	求積論（取尽しの方法）	正多面体

§2. 定義・公準・公理

もともと，『原論』の原語 $\Sigma\tau o\iota\chi\varepsilon\tilde{\iota}\alpha$ にはアルファベットという意味があり，アルファベットがそれを用いることによって，すべての言葉を書き表わすことができるのと同様に，幾何学の命題がこのストイケイアに基づいて，すべて証明され，組織立てられるというものであると転

---

[1] ユークリッド，中村幸四郎著，弘文堂 (1950)．近く改稿再刊の予定．

義したと解することができる。実際,原論そのものの組立てにおいても,命題(後出)の証明ということは,その重要な事がらであって,証明された命題をつみ重ねて,一つの組織・体系を構成するということが,原論が学問あるいは理性的なものの考え方の典型として高く評価されるところである。この意味において原論は一つのたいせつな文化財であるということができよう。

原論が現存する他のギリシァ数学の代表的諸著作と異なる特徴は,アルキメデス,アポルロニオスの著作がいずれもその成立の事情,その内容の特徴などをみずから説明を加えている序文をもつのに対して,原論にはまったくこれがなく,たんにそれにとどまらず,およそ説明あるいは解釈というものが全巻を通じてないことである。原論は開巻第1,定義,公準,公理が提示され,定義・公準・公理・命題という証明のシステムが意識的に明確に守られているが,これらに対しても何ら説明的辞句あるいは文章は見当らない。

しかし,この定義,公準,公理の概念を現代において用いられているように解して,原論を読んでいくことは歴史的事実に対する方法的な誤りというべきである。ギリシァにおいて,これらの用語がどのように理解され用いられていたか。この一見きわめて単純かつ平凡に思われることが,実際には最近の15年間にようやく始まってきた原論の新しい一つの精密な研究方法の契機となるところなのである。すなわち,原論中の基本用語に着目しそれの意味や用法を詳細に文献学的に追求する方法がこれである。この研究方法によって従来よりも,いっそう的確にギリシァにおける理論数学の形成を跡付けることも可能である一つの有力な手段を与えることとなったのである。これはハンガリーの数学史家 Árpád Szabó が,1953年以来[2],ギリシァ弁証法の歴史の研究からはじめられた,精密な諸研究に基づいて,1960年に発表された研究「ユークリッド公理系の始源」[3] は最近の数学史研究のもっともすぐれた業績の一つに数えられる。

本書の底本としたハイベルク版の『原論』には,その第1巻のはじめに23個の定義とともに,5個の公準,および5個の公理がある。ハイベルクのテキストでは,定義はホロイ ($ὅροι$),公準はアイテーマタ ($αἰτήματα$),公理はコイナイ・エンノイアイ ($κοιναὶ ἔννοιαι$) [直訳すれば共通概念 (communes animi conceptiones)] というギリシァ語である。古い用法を知るために,これとプロクロス「注釈」[4] における対応を比べてみれば

---

2) Árpád Szabó: Beiträge zur Geschichte der griechischen Dialektik. Acta ant. acad. sci. hungaricae. t. 1. (1953) 377–410.

3) Árpád Szabó: Anfänge des euklidischen Axiomensystems. Archive for Hist. of Exact Sciences. vol. 1. (1960) 37–106. 後に O. Becker: Zur Geschichte der griechischen Mathematik. Wissenschaftliche Buchgesellschaft. Darmstadt 1965 に収録。

4) Procli Diadochi in primum Euclidis elementorum librum commentarii (ed. G. Friedlein). これには Paul Ver Eecke: Proclus de Lycie. Les commentaires sur le premier livre des éléments d'Euclide. Blanchard 1948. というきわめてすぐれた仏訳がある。

	定　　義	公　　準	公　　理
原論 (Heiberg 版)	ὅροι （ホロイ）	αἰτήματα （アイテーマタ）	κοιναὶ ἔννοιαι （コイナイエンノイアイ）
Proclos 注釈	ὑποθέσεις （ヒュポテセイス）	αἰτήματα （アイテーマタ）	ἀξιώματα （アクシオーマタ）

のようになっている。コイナイ・エンノイアイという言葉は，数学史家 P. Tannery がかなり以前に指摘しているように，もっと後期のストア学派の用語で，「すべての人間に共通な観念」という意味をもっている。これはその内容からいって，原論にある証明をしない命題を表現するのに適しているために，後代になって導入されたと思われるものである。他方，アクシオーマ（複数アクシオーマタ）はユークリッド以前の時代から知られている言葉で，証明をしない命題という意味で，ユークリッドより前に生存したアリストテレスも常用した言葉である。とくにアリストテレスは数学者の「アクシオーマタ」に言及し，「等しいものが等しいものから引き去られると残りは等しい」という公理を例示している明らかな文献的事実がある。このことから原論でも古くは，コイナイ・エンノイアイがアクシオーマタとよばれていたと推定するのに難くない。そして，アクシオーマタという言葉には仮定とか意見とかいう主観的な意味が，すでにアリストテレスの時代にはあったから，もっと後代になると何人も疑う余地のない公理に対しては，上に述べた主観的要素を含むアクシオーマタの代わりに，ストア派の用語である「コイナイ・エンイノアイ」を使うようになったとすることができよう。

　実に，原論のはじめに出てくる定義（ヒュポテセイス），要請（アイテーマタ）および公理（アクシオーマタ）は理論的な数学構成のための基本原理であるが，プロクロスが「注釈」のなかではっきりと述べているように，むしろ一つの基本原理をこの三つのものに分析したのであるということができる。

　公理の意味とその用語の変遷は上に略述したとおりであるが，さらに定義（ヒュポテセイスあるいはホロイ）と公準（アイテーマタ）の意義について述べることにしよう。

　もともとこの三つの用語はギリシァの理論数学の形成の初期には必ずしも明確に区別されたものではなかったと思われる。理論形成の反省が深く鋭くなるに従ってしだいにその区別が明らかにされてきたということができる。

　Szabó の研究に従えば，ヒュポテシス（複数ヒュポテセイス）は「下に」（ヒュポ ὑπό）という副詞と「おく」（τίθημι）という動詞の結合からできたもので，「下におかれたもの」すなわち基礎におかれた前提，仮定という意味である。後代の定義の意味に慣れた人々にとっては一見不可解のように思われるかもしれないが，「ヒュポテシス」は数学においてはそれ自身証明されない根本前提を総括するものである。

　しかもギリシァにおいてこの方法は，あえて不思議なものではなく，対話の相手にあること

を認めさせ，それを前提として結論を導くというギリシャ弁証論が存在したことは，よく知られているが，ユークリッドよりも前の時代に理論的数学が形成されたとき，この方法を数学が弁証論(ディアレクティケ)から摂取したのであるということができる。

公準と訳されているアイテーマ(複数形アイテーマタ)も請う，要求する，要請するという意味の動詞アイテーオ（$αἰτέω$）から導かれた名詞である。19世紀のすぐれた数学史家ソイテン(H. G. Zeuthen)はアイテーマを「数学的存在を，それの証明なしに承認することを求める主張」と意味づけをし，また最近亡くなったベッカー (O. Becker) もこれに類似した説明をしている[5]。これは数学史の問題としては広く承認されている見解であるが，アイテーマそのものは，ギリシャの弁証論において，対話の対者が自明なこととしては承認することをあえてしえないものを，それの承認を要請するという場合に用いられることに一致する。

最後にアクシオーマタ（公理），も，ヒュポテシスやアイテーマと同様に弁証論的なものであり，前二者と同様に，「請う。要求する」という動詞 $ἀξιόω$ から出たものである。数学に用いられるアクシオーマタは，前二者に比して，その自明性の程度がいっそう高く，かつ証明なしに承認しやすいものであるが，当時の数学者がつくり上げた数学的構成を，ゼノン一派の反論から守るため，あえて万人に証明なしに承認しうるこれらの命題の承認を要請したものであると考えることができる[6]。

§3. 命 題

『原論』において，定義・公準・公理に基づく証明の対象となるものが命題（$πρότασις$）であるが，これは作図題——解およびその正しいことの証明を求める——と定理とにわかれる。

例 1. 『原論』1 命題 1

与えられに有限な直線(線分)の上に等辺三角形をつくること。………(1)

与えられた線分を AB とせよ。かくて直線 AB 上に等辺三角形をつくることが定められる。………(2)

中心 A，半径 AB をもって円 $BΓΔ$ がえがかれ，また中心 B，半径 BA をもって円 $AΓE$ がえがかれ，そしてこれらの円が互いに交わる点 $Γ$ から，点 A, B に直線 $ΓA, ΓB$ が結ばれたとせよ。………(3)

そうすれば，点 A は円 $ΓΔB$ の中心であるから，$AΓ$ は AB に等しい。また，点 B は

---

5) O. Becker. Das mathematische Denken der Antike. (1957) S. 19.
6) なおこれに関しては伊東俊太郎氏の論文「純粋数学の起原」『思想』1967年3月号参照．

円 $\varGamma AE$ の中心であるから，$B\varGamma$ は BA に等しい。そして $\varGamma A$ が AB に等しいこともさきに証明された。それゆえ，$\varGamma A$, $\varGamma B$ の双方は AB に等しい。ところで，同一のものに等しいものは互いに等しい。ゆえに $\varGamma A$ は $\varGamma B$ に等しい。したがって，3直線 $\varGamma A$, AB, $B\varGamma$ は互いに等しい。よって三角形 $AB\varGamma$ は等辺である。しかも与えられた有限直線 AB 上につくられている。これが作図すべきものであった。………(4)

(1) の部分で作図題が一般の形で述べられる。これを命題 ($\pi\rho\acute{o}\tau\alpha\sigma\iota\varsigma$) という。(2) の部分で記号をつけた特殊な形で同じ作図すべきものが具体的に述べられる。これを特述 ($\check{\varepsilon}\kappa\theta\varepsilon\sigma\iota\varsigma$) という。(3) において作図の方法が具体的に述べられる。これを作図 ($\kappa\alpha\tau\alpha\sigma\kappa\varepsilon\upsilon\acute{\eta}$) という。(4) においてその作図が正しいことの証明 ($\grave{\alpha}\pi\acute{o}\delta\varepsilon\iota\xi\iota\varsigma$) が述べられ，最後に「これが作図すべきものであった」($\ddot{o}\pi\varepsilon\rho$ $\check{\varepsilon}\delta\varepsilon\iota$ $\pi o\iota\tilde{\eta}\sigma\alpha\iota$) という結論 ($\sigma\upsilon\mu\pi\acute{\varepsilon}\rho\alpha\sigma\mu\alpha$) が述べられてある。これは結論としては省略形であって，(1) の命題本文を完全にくり返し，そのあとに，この文章をつけるのが本来のものである。

また作図の場合には，いろいろの場合の生じること，あるいは作図ができなくなる場合などの吟味 ($\delta\iota o\rho\iota\sigma\mu\acute{o}\varsigma$) が加えられることもある[7]。

例 2. 『原論』1 命題 15

もし2直線が交わるならば，対頂角を互いに等しくする。………(1)[命題]

2直線 AB, $\varGamma\varDelta$ が点 E において互いに交わるとせよ。角 $AE\varGamma$ は角 $\varDelta EB$ に，角 $\varGamma EB$ は角 $AE\varDelta$ に等しいことを主張する。………(2)[特述]

直線 AE は直線 $\varGamma\varDelta$ の上に立ち，角 $\varGamma EA$, $AE\varDelta$ をつくるから，角 $\varGamma EA$, $AE\varGamma$ の和は2直角に等しい（命題13による）。また $\varDelta E$ は直線 AB の上に立ち，角 $AE\varDelta$, $\varDelta EB$ をつくるから，角 $AE\varDelta$, $\varDelta EB$ の和は2直角に等しい。そして角 $\varGamma EA$, $AE\varDelta$ の和が2直角に等しいことは前に証明された。それゆえ，角 $\varGamma EA$, $AE\varDelta$ の和は角 $AE\varDelta$, $\varDelta EB$ の和に等しい。双方から角 $AE\varDelta$ が引き去られたとせよ。したがって，残りの角 $\varGamma EA$ は残りの角 $BE\varDelta$ に等しい。同様にして角 $\varGamma EB$, $\varDelta EA$ が等しいことも証明される。………(3)[証明]

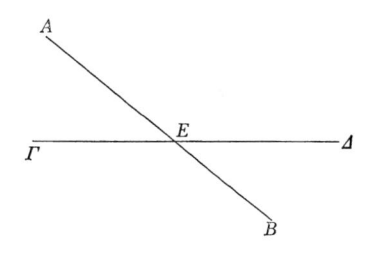

よって，もし2直線が交わるならば，対頂角を互いに等しくする。これが証明すべきことであった。($\ddot{o}\pi\varepsilon\rho$ $\check{\varepsilon}\delta\varepsilon\iota$ $\delta\varepsilon\tilde{\iota}\xi\alpha\iota$)………(4)[結論]

---

7) 命題，特述，作図，証明，結論，吟味という細分は Proclos（前出の注釈）が与えたものである。

この $ὅπερ\ ἔδει\ δεῖξαι$ はラテン語に訳されて，quod erat demonstrandum となり，よく知られた略語 Q.E.D. のもととなっている。そしてこの結びの文章における $δεῖξαι$ は動詞 $δείκνυμι$ から出たものであるが，この動詞は，「示す」あるいは「あることを具体的に指摘する」という意味である。しかし，ユークリッドにおいては古典的論理がすでに完全にでき上っていたから，$δείκνυμι$ はユークリッドにおいては厳密な論理的証明という意味に解するのが正しいであろう。

§4. 『原論』の論理

いうまでもなく原論における論理はきわめて厳密であって，今日のいわゆる古典的述語論理の範囲を完全に被っている。ここに取り上げた例 1, 2 においても，すでに述語論理における三段論法がその推論のなかに見いだされる。

すなわち，例 1 では

(1) 同一のものに等しいものは相等しい	(1) $\forall x, \forall y, \forall z\{(x=z \wedge y=z) \to x=y\}$	(1) $\forall x, \forall y, \forall z\{A(x, y, z) \to B(x, y)\}$
(2) ΓA, ΓB の双方は AB に等しい	(2) $\Gamma A = AB$, $\Gamma B = AB$	(2) $\exists a, \exists b, \exists c\{A(a, b, c)\}$
(3) ゆえに ΓA は ΓB に等しい	(3) $\therefore\ \Gamma A = \Gamma B$	(3) $\therefore\ B(a, b)$

例 2 においても，これとまったく同様の推論が使われていることは，容易にこれを取り出すことができる。これは述語論理における，いわゆる三段論法の典型的な形 modus ponens にほかならない。

原論の証明を形成する推論は，たんにこのような直接証明だけにはとどまるものではない。きわめて多くの命題の証明において間接証明すなわち背理法が適用されていることはとくに注意すべきことである。

背理法という推論は，ある命題 A の真であることを証明する代わりに，A の否定命題 $\neg A$ をつくり，これが真であるという仮定から矛盾が導き出されること，すなわち

$$\neg A \to \wedge \quad (\wedge\ \text{は矛盾命題})$$

を証明することである。$\neg A \to \wedge$ ならば $\neg\neg A$ すなわち A が真であることは，論理学において，適当な公理を基礎において証明されることである。

背理法という推論は，ユークリッドよりも約 2 世紀以前に，パルメニデスによってはじめられたエレア派の哲学における論法の一つであり，これが紀元前 5 世紀のギリシァにおける理論数学の形成に主要な役割をもつことは，Árpád Szabó の研究の示すところである[8]。

---

8) Árpád Szabó. *Op. cit.* (1960) および A. Szabó: The Origine of Euclidian Axiomatics. London Lectures delivered in November 1966. Ed. by B. Burgoyne. (Mineograph. ed.).

とくに，『原論』の第7,8,9巻はその形成がかなり原論よりも古いことが，現在は明らかとなっているが，Jean Itard が示すように，とくにこの部分には背理法の適用が多く見られる。

一例として，前出の第7,8,9巻とともにその成立が古い『原論』X 付録 27 (Heiberg 版) の命題を取り上げてみよう。

命　題

すべての正方形において対角線が辺と長さにおいて通約不可能であることを証明すること。

$AB\varGamma\varDelta$ を正方形とし $A\varGamma$ をその対角線とせよ。$\varGamma A, AB$ が長さにおいて通約不可能なことを主張する。

$\varGamma A = d$, $AB = a$ とし，d, a が通約不可能であることを主張する。

何となれば，それが可能であるとして，通約可能であるとして見よ ($E\vec{\iota}\,\gamma\grave{\alpha}\rho\,\delta\acute{\upsilon}\nu\alpha\tau\acute{o}\nu,\,\xi\sigma\tau\omega\,\sigma\acute{\upsilon}\mu\mu\varepsilon\tau\rho\acute{o}\varsigma.$)。そうすると同じ数が偶数であると同様に奇数となることを主張する。

明らかに [現代式の記号で書けば]
$$d^2 = 2a^2$$
である。仮定から $d:a$ は 数:数 の比となる。これを
$$d:a = \delta:\gamma$$
とし，かつ δ, γ は同じ比をもつうちの最小数とする。このとき $\delta \neq 1$ (単位) である。もし $\delta = 1$ とすれば $d > a$ と上の比例とから $\delta > \gamma$ (ある数)，したがって $\delta > 1$。これは矛盾 ($\check{\alpha}\tau o\pi o\nu$) である。

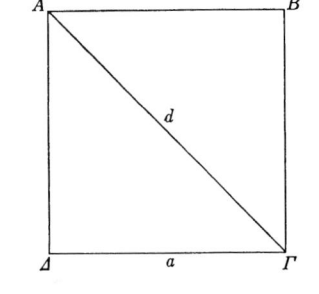

したがって $\delta \neq 1$, それゆえ δ はある数 (整数) である。

一方 $d:a = \delta:\gamma$ から $d^2:a^2 = \delta^2:\gamma^2$, しかるに $d^2 = 2a^2$ であるから
$$\delta^2 = 2\gamma^2$$
したがって δ^2 は偶数，これから δ 自身が偶数となる。もし δ が奇数とすれば，その平方もまた奇数となるからである。かつ δ, γ が最小数ということから δ, γ は互いに素，したがって δ が偶数であるから，γ は奇数である。

δ が偶数であるから $\delta = 2\varepsilon$ とおき，上の式に入れれば
$$\gamma^2 = 2\varepsilon^2$$
となり，γ^2 が，したがって γ が偶数となる。したがって γ は偶数であると同時に奇数である。これは不可能 ($\dot{\alpha}\delta\acute{\upsilon}\nu\alpha\tau o\nu$) である。すなわち，$\varGamma A$ と AB とが通約不可能である。これが証明すべきことであった。

この推論のなかには，命題 A とその否定命題 $\neg A$ とが同時に成り立つこと $A \wedge \neg A$ が

矛盾 ($\dot{a}\delta\acute{v}\nu a\tau o\nu$) として認められていると共に，背理法を用いるときの典型的な語法

$$E\grave{\iota}\ \gamma\acute{a}\rho\ \delta\acute{v}\nu a\tau o\nu,\ \check{\epsilon}\sigma\tau\omega\cdots\cdots$$

(何となれば，それが可能だとして，……とせよ)

という形，および背理法から導かれる矛盾の特殊な場合の用語 $\check{a}\tau o\pi o\nu$ および $\dot{a}\delta\acute{v}\nu a\tau o\nu$ がはっきりと出現している。このような諸点をとらえて，原論において，背理法という論法が確立している証拠とするのである。

サボーの理論に従うならば[9]，紀元前5世紀の数学者たち——ピタゴラス学派の人々——は，同時代に存在していたパルメニデスのエレア哲学の推論法を数学に移し入れ，それと同時にエレア哲学の反経験的，反説明的傾向をも数学に移し入れて，数学の論証方法を確立して，ここに理論数学の形成をなしとげたということができる。

直観的・経験的な立場からは，量の通約不可能性というような問題は生起しえないし，また論理的厳密を重視する数学の特徴をも発展させえないであろう。数学が，前5世紀のギリシァにおいて，はじめて理論的数学として形成された当初から，仮定的・演繹的 (hypothetisch-synthetisch) な特徴をもっていたことは，きわめて意味深いものがあるといえよう。

§5.『原論』の内容 (その1)，第1巻から第4巻

(a) 第1巻

以下，第1巻の命題を考察しよう。命題は作図問題と定理とから成り立っている。そして第1巻の命題はこれを三つの群に区別することができる。

第1群(命題 1-26)　角と三角形とに関すること。

第2群(命題 27-32)　平行線に関連のあるもの。

第3群(命題 33-48)　平行四辺形の性質に基づく諸命題。注意すべきことは平行四辺形の定義は，第1巻の定義のなかにはなく，命題33から35にかけて定義なしに「パラレログランマ」という用語が出現することである。いわゆるピタゴラスの定理 (命題47) の証明は，現在でも中学校の教科書のなかに，そのままの形で出てくるものである。この定理に示された直角三角形の性質は，ユークリッドよりもさらにはるかに古くバビロニアの数学ですでに正確に知られていたところであり，また古代シナにおいてもよく知られたところである。ただ，この性質の完全な証明は，「ギリシァ人の奇蹟」といわれる，ギリシァにおいて形成された証明的数学のなかで，はじめて問題となり，そして完成されたというべきである。

[9) *Op. cit.* (1960), (1966).

(b) 第2巻

この巻は方形(直角平行四辺形)に関することと，ギリシァ特有のグノーモン($\gamma\nu\dot{\omega}\mu o\nu$)という図形を定義する二つの定義と14個の命題とから成る小編である。命題12および13はピタゴラスの定理をそれぞれ鈍角，および鋭角の場合に拡張したものである。そして第2巻もこの定理を頂点として，これに向かって論理的な組織立てがなされている。主として方形，正方形についての面積の変形が取り扱われていて，第1巻の第3群のつづきのような外見を呈している。

しかしその内容は一般量の和・差・積を取り扱い，かつこれらの量の平方根を問題にしており，現在の2次方程式に相当する問題にも及んでいる。このような代数的な内容をもつことは，早くから指摘されていたが，これをはっきりと，代数式で書き表わしたのは，Nesselmann の著作，『ギリシァの代数学』(Die Algebra der Griechen. 1848. p. 154.) 以来のことであり，「幾何学的代数」(geometric algebra) という特定の名を与え，さらにその内容を詳細にしらべ，ギリシァの円錐曲線論を取り扱う統一的な方法として定立したのは Zeuthen のきわめてすぐれた数学史研究[10]であった。さらに O. Neugebauer は論文[11]をはじめその著書[12]においてバビロニアの代数学の2次の問題を探求し，かつこれとギリシァの幾何学的代数との関連を明らかにした。

これによって，現在では，第2巻の内容はバビロニア代数学のギリシァにおける理論化と考えられ，「幾何学代数」が一つの確かな数学史的概念として定立されたのである。

その内容を Heiberg のラテン訳注に従って現代記号で書き表わしてみると次のようになる。

1. $a(b+c+d+\cdots\cdots) = ab+ac+ad+\cdots\cdots$
2. $(a+b)a+(a+b)b = (a+b)^2$
3. $(a+b)a = a^2+ab$
4. $(a+b)^2 = a^2+b^2+2ab$
5. $ab+\left\{\dfrac{1}{2}(a+b)-b\right\}^2 = \left\{\dfrac{1}{2}(a+b)\right\}^2$, あるいは $(\alpha+\beta)(\alpha-\beta)+\beta^2 = \alpha^2$
6. $(2a+b)b+a^2 = 2(a+b)a+b^2$, あるいは $(\alpha+\beta)(\beta-\alpha)+\alpha^2 = \beta^2$
7. $(a+b)^2+a^2 = 2(a+b)a+b^2$, あるいは $\alpha^2+\beta^2 = 2\alpha\beta+(\alpha-\beta)^2$

---

[10] 古代円錐曲線論 (Die Lehre von den Kegelschnitten im Altertum. Kopenhagen 1886. 写真複刻 Olms 版, 1965).
[11] Zur geometrischen Algebra. Quellen und Studien Bd. 3 (1934) Abt. B. 245–259.
[12] Vorgriechische Mathematik. Berlin 1934 や Exact Sciences in Antiquity. Providence (1957).

8. $4(a+b)a+b^2 = \{(a+b)+a\}^2$　あるいは　$4\alpha\beta+(\alpha-\beta)^2 = (\alpha+\beta)^2$

9. $a^2+b^2 = 2\left[\left\{\dfrac{1}{2}(a+b)\right\}^2 + \left\{\dfrac{1}{2}(a+b)-b\right\}^2\right]$　あるいは　$(\alpha+\beta)^2+(\alpha-\beta)^2 = 2(\alpha^2+\beta^2)$

10. $(2a+b)^2+b^2 = 2\{a^2+(a+b)^2\}$　あるいは　$(\alpha+\beta)^2+(\beta-\alpha)^2 = 2(\alpha^2+\beta^2)$

そして命題 11 と 14 とは，次の 2 次方程式を解くことに相当している．

11. $x^2+ax = a^2$

14. $x^2 = ab$

　命題 11 は「与えられた直線を 2 分し，全体と一つの部分とによってかこまれる方形を残りの部分の上の正方形に等しくすること」である．原論には今日のいわゆる線分に相当する用語はなく，全部，直線という語が使われている．そしてこの作図は周知の中末比(黄金分割)にほかならない．

　細分直線の一つを x とすれば，この命題は
$$a(a-x) = x^2, \text{ すなわち } x^2+ax = a^2$$
を満足する x を求めることにほかならない．

　命題 14 が $x^2 = a \cdot b$ を満足する x を求めることは，きわめて容易にわかることである．

　けれども，これらの事実からただちにギリシャに 2 次方程式が存在したと解するのは速断である．ギリシャ数学には，今日の代数記号に相当するものが存在しなかった．代数記号の完全な成立は 17 世紀のデカルトを待たなければならない．

11. $x^2+ax = a^2$ はまた $x(x+a) = a^2$ であり，$x+a = y$ とおけば，この命題は
$$y-x = a, \quad xy = a^2$$
すなわち，差と積とが与えられた二つの線分を求めることにほかならぬ．これは

$$u-v = 2a, \quad uv = F \tag{A}$$

の特別の場合である．これに関係して

$$u+v = 2a, \quad uv = F \tag{B}$$

$$u+v = s, \quad u^2+v^2 = F \tag{C}$$

$$u-v = d, \quad u^2+v^2 = F \tag{D}$$

は，これを表現する記号は存在しなかったとはいえ，おのおのの場合を解きうる方針は，はっきりとバビロニアの代数学で知られていたところである．(A), (B) には『原論』第 6 巻の命題 28, 29 が対応するものである．また第 2 巻命題 5 は

$$ab+\left(\dfrac{a-b}{2}\right)^2 = \left(\dfrac{a+b}{2}\right)^2$$

と書けるから，上の (A) の場合に $u+v$ を求める手段を与える．これと $u-v=2a$ とから u, v が確定する．

また，第 2 巻命題 6 は

$$\left(\frac{a-b}{2}\right)^2 = \left(\frac{a+b}{2}\right)^2 - ab, \quad \text{かつ} \quad \left(\frac{a+b}{2}\right)^2 \geqq ab$$

と書けるから，(B) の場合に $u-v$ を求める手段を与える．これと $u+v=2a$ とから，u, v が確定する．

第 2 巻命題 9, 10 から

$$u^2+v^2 = 2\left\{\left(\frac{u+v}{2}\right)^2 + \left(\frac{u-v}{2}\right)^2\right\}$$

これは (C), (D) に関連してそれぞれ $u-v$, $u+v$ を与える．したがってそれぞれの場合に u, v が定まる．

このようにして，バビロニアの代数学はギリシァの幾何学的代数に深く関連している．バビロニアの数学には証明というものがなかった．したがって，『原論』第 2 巻がバビロニア代数の知識を理論的に整理したものと考えることは，けっして無理のない見解というべきである．

ギリシァの数学者は，われわれが 2 次方程式を必要とする場合に，これに対応する中末比（黄金分割）の作図，あるいはその一般化とみなされる第 6 巻命題 28, 29 の作図（面積設定の作図 Flächenanlegung）を利用したということができる．

(c) 第 3 巻

この巻は円論であって 11 個の定義と 37 個の命題を含んでいる．与えられた円の中心を求める作図（命題 1）からはじまり，(1) 円の中心に関すること（命題 2, 7, 8），(2) 円の形に関連すること（命題 2, 7, 8），(3) 二つの円の相互関係（命題 5, 6），(4) 円の弦に関すること（命題 4, 5），(5) 円の接線の作図とその性質（命題 16–19），(6) 円弧関係の命題群（命題 20–34），このなかに円周角定理 (21)，円に内接する四辺形の定理 (22)，円の接線と接点をとおる弦のなす角とその弦の上の円周角の定理 (32)，与えられた角を含む円弧の作図 (33, 34)，方べき定理とその逆 (35, 36, 37)．

(d) 第 4 巻

この巻は定義 7 個と命題 16 個から成る小編である．内接および外接多角形論が収録されてある．

「与えられた円に円の直径よりも大きくない与えられた直線に等しい直線をはめこむこと」

(命題1)からはじまり,「与えられた三角形に等角な三角形を円に内接すること」(命題2),与えられた三角形に円を内接させる(命題4), 内接正方形(命題6), 外接正方形(命題7), 正方形に円を外接,または内接させる問題(命題8,9), 正五角形の問題(命題11-14), 内接正六角形の作図(命題15),円に内接する正十五角形の作図(命題16)に終わっている。

第1巻から第4巻までの内容は,明らかにユークリッド以前のものであり,とくに第4巻の内容はピタゴラス学派の数学者によって知られていたものである[13]。

ユークリッドの原論よりも前にどれほどの数学に関する知識が蓄積されていたか。プロクロスの「注釈」のなかにも,すでにユークリッド以前にストイケイアが編まれていたことが記されている。Heiberg はユークリッドよりやや古いアリストテレスの諸著作のなかに, 多くの数学の定理が既知のものとして引用されていることに着目し,これがテウディオスのストイケイアに基づく定義や定理であると推定し,アリストテレスの著作中から数学的な文章・用語を抽出し,これをユークリッドの原論のそれと詳しく比較することを試みている[14]。古代数学の研究には,たんに数学的内容だけにとどまらずそれを表現する言語の文献学的・言語学的方法もまた必須のものであることを示す一例といえよう。

§6. 『原論』の内容 (その2), 第5巻 比例の理論

第5巻は比例論である。すなわちここで取り扱われているのは一般の量であって, 一般量の比例論である。原論ではこの場所に, 何らの理由の解説もなく, またその方法がそれ以前のものに比してどれだけ進んでいるかなどの説明もなしに, ただ突然に, まったく突然に, この原論の価値を不朽ならしめる比例論が提出されている。

前にあげたプロクロスの「注釈」には,「ユークリッドは……エウドクソスの多くの定理を編集し,……反対の余地のない完全な証明を与えた」ことが述べられているが,この比例論はエウドクソスに基づくものである。

エウドクソスについては「アポロドロスの年代記」によれば,かれの最盛期は紀元前368年ごろとされている。かれは紀元前400年ごろに生まれ,53歳で亡くなっている。かれはアルキュタスに数学を学び,ピリスティオンに医学を学んだ。かれはたんに数学者,医学者であるばかりではなく,すぐれた天文学者でもあり,プラトンと同時代のきわめて優秀な学者であった。

『原論』第5巻は18個の定義と25個の命題から成る。われわれはここでは,Heiberg のラテン語訳,Zeuthen の上述の著作にならいその内容を現代記号で書き替えることにする。

---

[13] Heiberg 版全集 V, p. 272.
[14] Heiberg. Mathematisches zu Aristoteles. Abh. zur Geschichte d. math. Wissenschaften. XVIII (1904), 1-49.

いま量を表わすのに $a, b, c, \ldots$ などの小文字を，整数を表わすのに $A, B, C, \ldots$ などの大文字を使うことにしよう。また量 a が量 b よりも大きいことを記号 $a>b$ で，量 a を N 個加え合わせたものを Na で，量 a が b に等しいことを $a=b$ で示すこととする。このような準備ののちに，まず幾つかの定義を書き表わしてみれば，つぎのようになる。

定義 1. 量 a が量 b の約量であるとは適当な整数 N が存在して $Na=b$ となることである。

定義 2. 量 a が量 b の倍量であるとは，適当な整数 M が存在して $a=Mb$ となることである。

定義 4. 二つの量が互いに比をもつとは，必要ならば一方の量を適当に加合してこれを他の量よりも大きくすることができることである。

すなわち，$a<b$ である場合には適当な N が存在して $Na>b$ とすることができることにほかならない。この性質はアルキメデスがその諸著作のなかでしばしば使ったので，「アルキメデスの公理」とよばれているものであるが，実は，エウドクソスまでさかのぼることができるものである。ここには定義と公理との混用が見られる。しかし，前に述べたサボーの文献学的考察に従えば，不可思議なことではない。

そして，つぎに第5巻のなかでもっとも著しい比の相等の定義がくる。すなわち

定義 5. 量の比 $a:b$ が $c:d$ に等しいとは，次の条件が成り立つことである。すなわち任意の整数 M, N に対して
$$Ma > Nb \quad \text{ならば} \quad Mc > Nd$$
$$Ma = Nb \quad \text{ならば} \quad Mc = Nd$$
$$Ma < Nb \quad \text{ならば} \quad Mc < Nd$$

定義 7. 量の比 $a:b$ が $c:d$ よりも大きいとは，適当な整数 M, N が存在して
$$Ma > Nb \quad \text{かつ} \quad Mc \leq Nd$$

となることである。

25個の命題は，現代式の記号を使えば次のように書かれる。

1. $Ma + Mb + Mc + \cdots = M(a+b+c+\cdots)$
2. $La + Ma + Na + \cdots = (L+M+N+\cdots)a$
3. $M(Na) = MNa$
4. $a:b = c:d \Rightarrow Ma:Nb = Mc:Nd$
5. $Ma - Mb = M(a-b)$
6. $Ma - Na = (M-N)a$

7. $a=b \Rightarrow a:c=b:c$ かつ $c:a=c:b$
8. $a>b \Rightarrow a:c>b:c$ かつ $c:b>c:a$
9. (7) の逆
10. (8) の逆
11. $a:b=c:d, \ c:d=e:f \Rightarrow a:b=e:f$
12. $a:b=c:d, \ c:d=e:f \Rightarrow a:b=(a+c+e):(b+d+f)$
13. $a:b=c:d, \ c:d>e:f \Rightarrow a:b>e:f$
14. $a:b=c:d \Rightarrow a \gtreqless c$ に従って $b \gtreqless d$
15. $a:b=Ma:Mb$
16. $a:b=c:d \Rightarrow a:c=b:d$
17. $a:b=c:d \Rightarrow (a-b):b=(c-d):d$
18. $a:b=c:d \Rightarrow (a+b):b=(c+d):d$
19. $a:b=c:d \Rightarrow a:b=(a-c):(b-d)$
20. $a:b=d:e, \ b:c=e:f \Rightarrow a \gtreqless c$ に従って $d \gtreqless f$
21. $a:b=e:f, \ b:c=d:e \Rightarrow a \gtreqless c$ に従って $d \gtreqless f$
22. $a:b=d:e, \ b:c=e:f \Rightarrow a:c=d:f$
23. $a:b=e:f, \ b:c=d:e \Rightarrow a:c=d:f$
24. $a:c=d:f, \ b:c=e:f \Rightarrow (a+b):c=(d+e):f$
25. $a:b=c:d$ で, a が最大, d が最小 $\Rightarrow a+b>b+c$

　この第5巻の比例論が現在きわめて重要視される理由は, この理論が量が通約量, 不可通約量の如何にかかわらず, 成り立つことによるのである. これは第2巻の幾何学的代数に対してもあてはまることであって, この両理論が一般量に対して成り立つ関係であることは, まことに著しい事実というべきである.

　そしてこの不可通約量は, ちょうど, われわれの数学における無理数に対応するものである. ここに一つ注意すべき事実が存在する. すなわち, ギリシァにおける不可通約量の発見の歴史が, 数学史の問題となってきたのは, 実に19世紀の末期における P. Tannery (1884), およびこれに影響されたと思われる H. Vogt (1910) の研究以来のことである. これは19世紀において R. Dedekind の著名な論文, 「連続性と無理数」(1872)[15] において, 実数およびその連続性の概念が論理的に正確に確立してからのことであった. 実際, 最近 J. Itard によって

---

15) R. Dedekind: Stetigkeit und irrationale Zahlen (1872). 河野伊三郎氏の邦訳 (岩波文庫) がある.

複刻された，Heiberg テキストの基礎になっているヴァティカン写本 No. 190 の仏訳[16]に Itard 氏がつけた序文のなかには，はっきりと「第5巻の比例論は1870年ごろ，デデキントによって再発見され，デデキントを通じて，数学者の興味を改めて新しくした」と記されている．

量の通約および不可通約は，『原論』第10巻で定義として出現する．この箇所で，これに関してやや詳しく述べることにしようと思う．ここでは，このエッドクソスに基づく比例の理論が，量の通約，不可通約に関係せず，一般量について成立するものであるということを強調するだけにとどめよう．現在の数学史の知識では，不可通約量の発見が，果たしてギリシャ数学に，当時の考えに則しても，真に基礎的危機をもたらしたものであるかどうか．その文献的証拠は何であるか．かえって幾多の疑問が生じてくる．不可通約量はギリシャ理論数学のすぐれた創造であることは確かである．しかし，危機説は19世紀の実数理論の過去への投影に由来する一つの幻影にすぎぬかもしれない．これには，もっと詳細な文献学的な実証的な再考慮が必要であるように思われる．

§7. 『原論』の内容（その3），第6巻

この巻は第5巻で打ちたてた一般量の比例理論を，当時すでによく知られていた図形の比例関係の諸性質にあてはめて，組織立てたものということができる．

相似直線図形の定義からはじまる4個の定義と33個の命題から成立している．

「同じ高さの三角形（の面積）はその底辺に比例する．同じ高さの平行四辺形（の面積）はその底辺に比例する」（命題1），

「三角形の1辺に平行な直線は他の2辺を等しい比にわかつ．およびその逆」（命題2），

「三角形の一つの角の二等分線はそれが対辺と交わってつくる二つの線分をその角をはさむ2辺の比に分つ．およびその逆」（命題3），

「直角三角形の直角頂から対辺に下した垂線はもとの三角形をこれに相似な二つの三角形に分つ」（命題8）．

これらの定理の証明は第5巻の方法を応用するので，かなり複雑となる．

命題 4, 5, 6 は二つの三角形が相似となるための条件であり，「三つの線分を与えて第4比例項を求めること」（命題12），「二つの線分を与えて比例中項をつくること」（命題13）を経て，命題18-22の相似直線図形の性質が論じられ，命題20「相似三角形の面積の比は対応辺の比の2乗に等しい」命題23「角の等しい二つの平行四辺形の面積の比は辺の比の2乗に等しい」

---

16) Les Oeuvres d'Euclide. Trad. litteralment par F. Peyrard. Nouv. tirage par M. Jean Itard. Paris 1966.

という命題には 比例の理論からの結果としての「比の積」という概念が出現する（第5巻定義9. 参照）。

また，命題27-29はいわゆる「面積設定の作図」(Flächenanlegung, Application of area) で，与えられた線分の上に1辺をもち，与えられた直線図形に等積で，その不足または超過分が与えられた平行四辺形に相似となるような平行四辺形の作図である。『原論』第1巻命題46は，この面積作図の最初の定理である。これらの定理を応用することによって，ギリシャ数学はわれわれの意味で2次方程式が正実根をもつ場合を全部完全に解くことが可能になる。さらに，命題31はピタゴラスの定理の一つの拡張であり，最後の命題33はこの巻の命題1を円の場合に拡張したものにほかならない。

§8. 『原論』の内容（その4），第7巻から第9巻　数論

ふつう，ユークリッドの『原論』は幾何学の書であるとの通念がある。これは『原論』のうちの図形に関連のある巻だけがとくに取り出され出版されたこともあり，またはじめの数巻の図形の部分が，数学教育の材料に使われたことがあったために，これから出てきたものであろう。しかし，『原論』第7巻から第9巻まではもちろんのこと，原論のうちで，もっとも大部かつ難解な部分とされている第10巻のごときは，図形の理論ではなく，第7巻から第9巻までは数論であり，第10巻は第2巻，第5巻に引き続いた量論とくに，無理量の詳細な理論である。

とくに，第7巻から第9巻までは主として整数を取り扱う部分である。

また，ギリシャ数学はその初期には，幾何学よりも数論が優位であった時代が存在したことを示す資料が残存している。紀元前5世紀に生存した，ピタゴラス学派の学者であったアルキュタスに帰せられる次の断片がある。

「そして数論は学問として 他の種々の技術より非常にすぐれたものである。とくに幾何学よりもすぐれている。数論は幾何学よりももっと明瞭にやれるからである……そして幾何学で証明ができないときでも，数論ならばできることもある……」[17]

最近，ヴァン・デル・ウァルデン[18]，イタール[19]らのすぐれた著作も出ていて，従来はあまり解明されていなかったこの部門も著しく知識がはっきりしてきたのである。

(a) 第7巻

この巻は「単位とはそれによって，存在するもののおのおのが一とよばれるものである」（定

---

17) Diels-Kranz. Die Fragmente der Vorsokratiker. Frg. B4.
18) B. L. van der Waerden. Erwachende Wissenschaft. 1956.
19) J. Itard: Les livres arithmetiques d'Euclide. 1961.

義 1),「数とは単位の集まったものである」(定義 2) からはじまり, 約数, 倍数, 偶数, 奇数, 素数, 互いに素である数, 合成数, 2数の積など 22 個の定義がある. そのうちとくに

定義 21.「第 1 の数が第 2 の数の, 第 3 の数が第 4 の数の同じ倍数であるか, 同じ約数であるか, または同じ約数和であるとき, それらの数は比例する.」(Ἀριθμοὶ ἀνάλογόν εἰσιν, ὅταν ὁ πρῶτος τοῦ δευτέρου καὶ ὁ τρίτος τοῦ τετάρτου ἰσάκις ἢ πολλαπλάσιος ἢ τὸ αὐτὸ μέρος ἢ τὰ αὐτὰ μέρη ὦσιν.)

という定義は,『原論』第 5 巻にある比例の定義よりも以前の形に属するといえよう. 現代の記号で書けば, 次のように表わされる.

a, b, c, d を四つの数とするとき, 適当な整数 m, n が存在して,

$$ma = b \quad ならば \quad mc = d,$$
$$a = nb \quad ならば \quad c = nd,$$
$$ma = nb \quad ならば \quad mc = nd$$

が成り立つとき, $a:b=c:d$ である. 第 5 巻の比の等しいことの定義(実は等比の公理)に比べて, はるかに簡単であることがわかる. これはたかだか, われわれの言葉でいえば, 有理数までの範囲での比の相等の定義であって, 不可通約量, すなわちわれわれの無理数の比にはあてはまらない.

この巻はまず,「二つの数を与えたときそれの最大公約数を求めること」(命題 1, 2, 3) からはじまる. このなかに現在「ユークリッド方式」という名で知られている最大公約数の計算法が出てくる. 次に数の比例理論(命題 4–19)が述べられる. しかしここで数を表わすのに使われるしかたは, わずかに線分が用いられるだけで, ほかには代数記号はまったく出現しない. Nesselmann は前出の著作のなかでこれを logistica lineare とよんでいるが, 今日線型代数といえば別の数学の意味であるから, われわれはこれを無記号数論 (symbollos arithmetic) とよぶことにする. 命題を現代記号で書き替えたものは, 本文の脚注にそれぞれ書き加えたとおりである. たとえば「もし四つの数が比例するならば, 第 1 と第 4 の積は第 2 と第 3 の積に等しい. およびその逆」(命題 19) はわれわれの記号では

$$a:b=c:d \rightleftarrows ad=bc$$

と書ける. いかにわれわれが日ごろ使っている記号法がすぐれたものであることがわかると共に, 無記号のまま, 整然と進められたギリシァ数論がかなりの困難を伴ったことも想像に難くない. たとえば無記号の数論では, その言語表現のみに依存するということから, 任意個数というものをそのままには取り扱う手段を欠いている. したがって, このためには $n=2, 3, 4$ などの特別な場合をとり, 証明を行ない, そして任意個数の場合に定理が成り立つことを推測しておくこと以外にはできない. このような方法を「準一般的」(quasi-general) な方法とい

い，H. Freudenthal の命名したものである。

たとえば，第7巻では命題 5, 6, 9, 10 などにおいてその実例が見られるが，これは第8，第9の両巻にも多く見られるものであって，無記号的数論の特長の一つともいうことができよう。

命題 20–22 は今日の分数を既約分数に帰着させることに相当する定理である。

命題 23–28 は互いに素である2数間の関係を述べ，命題 29–32 は素数の性質を論じる。さらに命題 34–36 では2数の最小公倍数を求めることが述べられている。

(b) 第8巻と第9巻

第8巻と第9巻の前半は主として等比数列とこれに関連する事がらが述べられてある。第7巻には定義があるが，この2巻には定義はなく，第8巻には27個の命題がある。

紀元前5世紀に生存したアルキュタスは，比例中項について，等差，等比および調和の3種の区別を立てたことが知られている。すなわち

音楽には3種の比例中項がある。その第1は等差中項，第2は等比中項，第3は調和中項である。ここで等差的とは，三つの項があって，それが順々に同じ数だけ増している場合をいう。すなわち，第2項と第3項との差は，第1項と第2項との差に等しい。この数列では，大きいほうの2項の比は，小さいほうの2項の比よりも小さい。等比的とは，第1項と第2項との比が，第2項の第3項に対する比に等しいときをいう。大きいほうの2項の比は小さいほうの2項の比に等しい。調和的とはつぎの場合である。すなわち，第1項の逆数と第2項の逆数との差が，第2項の逆数と第3項の逆数との差に等しいときである。この数列では大きいほうの2項の比は，小さいほうの2項よりも大きい[20]。

第8巻における順次に比例する数(等比数列)の理論，相似数の理論は，大部分アルキュタスに帰せられるものといってよいであろう。実際，この巻の中心問題は，「二つの数 a, b の間に，一つあるいは多くの数を入れ，そして順次に比例するようにすることができる条件は何か。」ということであって，これはこの巻の命題 9, 10 によって解決されている。すなわち

「二つの数が互いに素であり，それらの間に順次に比例する数が入るならば，幾つの数が順次に比例してそれらの間に入ろうと，同じ個数の数が順次に比例してもとの2数の双方と単位との間に入るであろう」(命題9)。

命題 10 は命題 9 の逆である。すなわち，この問題は a, b に対してそれぞれ p および q が存在して

---

[20] K. Freeman. Ancilla to the Pre-Socratic Philosophers. pp. 79–80.

$$1, p, p^2 \cdots\cdots, p^n = a$$
$$1, q, q^2 \cdots\cdots, q^n = b$$

となることが必要かつ十分であるということにほかならない。

　もちろん，無記号数論では $n=3$ の場合に，「準一般的」に証明されてある。

　この巻の他の命題は上述の中心定理を $n=2, n=3$ の場合に，a, b に種々な特殊条件を加えたものとして，まとめることが可能であるが，実際の本文の記述は，必ずしもこのようには整頓されておらず，命題そのものの配列にも多少ごたごたした点が見いだされる。これは van der Waerden によれば，アルキュタスが有能な多面性のある数学・音楽の学者であるが，その論理が必ずしも明快でないという特徴に帰している[21]。

　第9巻は前に述べたように定義はなく，36個の命題から成る。はじめの19個の命題（命題1-19）は第8巻の続きの，順次に比例する数列に関連する事がらである。

　そして命題20は今日，ユークリッドの素数定理といわれる次の定理である。

　「素数の個数には限りがない。直訳すれば，いかなる定められた個数の素数よりも多い素数が存在する。」

　原論ではこれをどのような形で証明しているか。

　「定められた個数の素数を a, b, c とせよ。a, b, c よりも多い素数が存在することを主張する。a, b, c で整除される最小の数 abc をとり，これに1を加えよ。$abc+1$ という数は素数であるか素数でないかのいずれかである。

　第1にこれが素数とすれば，a, b, c よりも多い素数 $a, b, c, abc+1$ があることになる。

　$abc+1$ が素数でないとすれば，それは素数 p で整除されなければならない［第7巻命題31］。この素数 p は a, b, c のどれとも等しくはない。もしそのいずれか一つに等しいとすれば，p は abc と同時に $abc+1$ を整除するから，その差である1を整除しなければならないであろう。ゆえに p は a, b, c のどれかと等しくなく，かつ p は素数である。したがって，定められた個数の a, b, c よりも多い素数 a, b, c, p が見いだされた。これが証明さるべきことであった。」

　いうまでもなく，原証明をすこし現代的に書き替えたものであるが，ここにも，「背理法」および「準一般的」な論法が使われていることが注意される。

　この推論のなかには，述語論理の限定演算子に相当するものが出現する。いま「x が素数である」ことを $P(x)$ と書くことにすれば，すなわち $abc+1$ が素数でない場合に

$$\exists p ; P(p)$$

が成り立つ。

---

21) van der Waerden. *Op. cit.* 247-255.

命題21から34の14個の命題は前後とは関係がなく，あたかも一まとめに挿入されたと思われる，偶数・奇数の定理群である。この部分が一連のまとまった小組織をなしていることを見いだし，これを取り出したのは，O. Becker の研究[22]の結果である。これは確かにユークリッドよりも古い時代のものであり，原論の形成される以前に存在した一つの組織立てられた理論の実例である。実際，ギリシァの大哲学者プラトン(紀元前4世紀)は数論といえば，この偶数・奇数論を意味したくらいであった。また，ユークリッドよりも約半世期前のアリストテレスは

「もし対角線（正方形の）が辺と共約ならば，同じ数が同時に奇数であり，かつ偶数である。」
(分析論前書 I 23, 41 a 26-7)

と述べており，偶数・奇数の理論が既知であることを示している。

第9巻の最後の二つの命題は等比級数の和に関することである。すなわち

命題35. 「もし任意個の数が順次に比例し，第2項と末項からそれぞれ初項に等しい数が引き去られるならば，第2項と初項との差が初項に対するように，末項と初項との差が末項より前のすべての項の和に対するであろう。」

もちろんここでは準一般的論法で証明してあるが，いま現代記号で書いてみれば，この命題は次のように表わされる。初項を a とする等比数列を

$$a, ar, ar^2, \ldots\ldots, ar^{n-1}, ar^n$$

とするとき，この命題は

$$\lceil (ar-a):a = (ar^n-a):(a+ar+\ldots\ldots+ar^{n-1}) \rfloor$$

となる。これからわれわれが常用する総和の公式

$$a+ar+ar^2+\ldots\ldots+ar^{n-1} = a\frac{r^n-1}{r-1}$$

を導くことは容易である。

そして第9巻の最後の命題は

命題36. 「単位からはじまり，1対2の比をなす任意個の数が定められ，それらの総和が素数となるようにされ，そして全体が最後の数に掛けられてある数をつくるならば，その積は完全数である。」

いま「完全数とは自分自身の約数の和に等しい数である。」(第7巻定義23)であるから，われわれの記号で書けば次のようになる。

「$1+2+2^2+\ldots\ldots+2^n$ が素数ならば，$(1+2+2^2+\ldots\ldots+2^n) \cdot 2^n$ が完全数である」

---

[22] O. Becker: Die Lehre vom Geraden und Ungeraden im Neunten Buch der Euklidishen Elemente. Quellen und Studien zur Gesch. d. Math. B. Bd. 3. (1936), 533–553.

そして $1+2+\cdots\cdots+2^n = 2^{n+1}-1$ であるから,

$$2(2^2-1),\ 2^2(2^3-1),\ 2^4(2^5-1),\ 2^6(2^7-1)$$

が,完全数であることは容易にわかる。これにつづく完全数は $2^{12}(2^{13}-1)$ である。

命題36は命題35を用いずに,偶数・奇数論の命題群 (21-24) に基づいて証明可能なことは O. Becker の上述の研究のなかで示されている。

§9. 『原論』の内容 (その5), 第10巻 無理量論

(a) 概 説

『原論』第10巻は J. Itard が,「着実な準備をしないでこの巻を読むことの無謀は危険」(Danger! Ne s'aventurer dans la lecture de ce livre qu'après une solide préparation.) と注意しているように,『原論』全巻中もっとも多くの命題115個を含む巨大な部分である。この巻の内容・表現の複雑さのゆえに,この巻を読むことのむずかしさは古くから知られているところである。これは主として記号のない表現に基づく見通しの悪さからくることではないかと思われる。しかしこの巻の命題群はよくしらべてみると,意外にもきわめて整合的な組立てをもっているのである。それは秩序よく展開されている。たとえば,次頁の表のような分類も可能である。

(b) 『原論』第10巻の内容

第1群の定義 1-4. ここでは通約可能 ($σύμμετρος$, commensurabile (羅)) な量と通約不可能 ($ἀσύμμετρος$, incommensurabile) な量, 長さにおいて,また平方において通約可能な線分と通約不可能な線分, また有理 ($ῥητός$) な線分, 無理 ($ἄλογος$) な線分, 有理面積と無理面積の概念がはじめて, ここで出現する。しかし線分 a, b の通約, 不可通約をいうときに, 同時にその平方 a^2, b^2 の通約, 不可通約をあわせて考えることは, かなり以前から用いられていたものであった。

これが4個の定義として述べられていることは,本文の示すとおりである。

命題 1-35. ここでは,基本的準備的な性質が述べられる。とくに

命題1は「不等な二つの量が与えられるとき,大きい量からその半分よりも大きい量をひき,その残りからその半分よりも大きい量をひく。この手続きをくり返してゆけば,最初に与えられた小さいほうよりも小さい量が残されるようになる」というのであるが,この命題は第5巻の定義4に基づいて証明される。しかしこの定理が主要な役割を演ずるのは,第10巻ではなく,第12巻であって,そこではくり返しこの定理が適用される。証明の近代記号を用い

たものは，その場所で述べることにする．

以下で記述を簡単にするため，2量 a, b が通約可能を記号 $a \cap b$ で，通約不可能を $a \pitchfork b$，また平方においてのみ通約可能を記号 $a \cap^2 b$ で，その否定を $\pitchfork^2$ で表わすことにする．

命題19には有理面積の定義が出る．すなわち

「長さにおいて通約可能な有理線分にかこまれた方形の面積は**有理面積**である」

というのがこれである．

命題21. a, b は有理線分で，$a \cap^2 b$ であるとき，a, b のかこむ方形の面積は**無理面積**で，$x^2 = a \cdot b$ から定められる辺 x は無理線分であり，これを**中項線分**($\mu\acute{\varepsilon}\delta\eta$, media (羅)) という．

命題24. a, b は中項線分で，$a \cap^2 b$ のとき，a, b でかこまれた方形の面積は**中項面積**である．

命題27-32はいろいろな性質をもつ有理線分，あるいは中項線分を求める作図であり，

命題33-35はそれぞれ条件

 33. $a \pitchfork^2 b$, $a^2 + b^2$ 有理面積, $a \cdot b$ 中項面積

 34. $a \pitchfork^2 b$, $a^2 + b^2$ 中項面積, $a \cdot b$ 有理面積

 35. $a \pitchfork^2 b$, $a^2 + b^2$ 中項面積, $a \cdot b$ 中項面積, $(a^2 + b^2) \pitchfork ab$

を満たす線分の作図であるが，いいかえれば，これらの条件を満たす線分が，どれも存在することを示すことにほかならない．

以下命題36-72は命題73-110にそれぞれ1対1に対照をなす著しい部分で，前者は2線分の和としての無理線分，後者は2線分の差としての無理線分の詳しい分類を含む部分である．もっとも原論では，線分 $a + b = u$，と $b = v$ を考え，a を b の余線分というのであるが，ここでは $a = u - v$ であるから差として，和に対照させることにした．ここは表記するほうがいっそう簡明である．

命題	条件	$a+b$ の名称	命題	条件	$u-v$ の名称
36.	a, b 有理線分; $a \cap^2 b$	二項線分	73.	u, v 有理線分; $u \cap^2 v$	余線分
37.	a, b 中項線分; $a \cap^2 b$ $a \cdot b$ 有理面積	第1双中項線分	74.	u, v 中項線分; $u \cap^2 v$ $u \cdot v$ 有理面積	第1中項余線分
38.	a, b 中項線分; $a \cap^2 b$ $a \cdot b$ 中項面積	第2双中項線分	75.	u, v 中項線分; $u \cap^2 v$ $u \cdot v$ 中項面積	第2中項余線分
39.	$a \pitchfork b$, $a^2 + b^2$ 有理面積; $a \cdot b$ 中項面積	優線分	76.	u, v 中項線分; $u^2 + v^2$ 有理面積; uv 中項面積	劣線分
40.	$a \pitchfork b$, $a^2 + b^2$ 中項面積; $a \cdot b$ 有理面積	$\sqrt{(中項面積) + (有理面積)}$	77.	$u \pitchfork v$; $u^2 + v^2$ 中項面積; $2uv$ 有理面積	$\sqrt{(中項面積) \sim (有理面積)}$
41.	$a \pitchfork b$, $a^2 + b^2$ 中項面積; $a \cdot b$ 中項面積; $ab \pitchfork (a^2 + b^2)$	$\sqrt{(二つの中項面積の和)}$	78.	$u \pitchfork v$ $u^2 + v^2$ 中項面積; $2uv$ 有理面積; $(u^2 + v^2) \pitchfork 2uv$	$\sqrt{(二つの中項面積の差)}$

命題42-47は無理線分がただ一通りのしかたで和 $a + b$ に分解されることの証明であり，命題79-84は無理線分 $u - v$ がただ一通りのしかたで差 $u - v$ に分けられることの証明である．

さらに，第 1 ないし第 6 の 2 項線分とこれに対照的な 第 1 ないし第 6 の余線分に関しては，それぞれ命題 47 の次と命題 84 の次に，第 2 群および第 3 群の定義がある。すなわち e を任意の与えられた有理線分，2 項線分 $a+b(a>b)$ があるとき，また e を任意の与えられた有理線分，$a+b=u, b=v$ とするとき：

第 2 群 の 定 義 (二項線分)	第 3 群 の 定 義 (余線分)
(1) $\sqrt{a^2-b^2} \cap a, a \cap e; a+b$ を第 1 二項線分	(1) $\sqrt{u^2-v^2} \cap u, u \cap e;\quad u-v$ を第 1 余線分
(2) $\sqrt{a^2-b^2} \cap a, b \cap e; a+b$ を第 2 二項線分	(2) $\sqrt{u^2-v^2} \cap u, v \cap e;\quad u-v$ を第 2 余線分
(3) $\sqrt{a^2-b^2} \cap a, a \pitchfork e, b \pitchfork e;$ 第 3 二項線分	(3) $\sqrt{u^2-v^2} \cap u, u \pitchfork e, v \pitchfork e; u-v$ を第 3 余線分
(4) $\sqrt{a^2-b^2} \pitchfork a, a \cap e; a+b$ を第 4 二項線分	(4) $\sqrt{u^2-v^2} \pitchfork u, u \cap e;\quad u-v$ を第 4 余線分
(5) $\sqrt{a^2-b^2} \pitchfork a, b \cap e; a+b$ を第 5 二項線分	(5) $\sqrt{u^2-v^2} \pitchfork u, v \cap e;\quad u-v$ を第 5 余線分
(6) $\sqrt{a^2-b^2} \pitchfork a, a \pitchfork e, b \pitchfork e;$ 第 6 二項線分	(6) $\sqrt{u^2-v^2} \pitchfork u, u \pitchfork e, v \pitchfork e; u-v$ を第 6 余線分

命題 48–53 は第 1 ないし第 6 の二項線分が存在することを示す作図題であり，これに対応して命題 85–90 は第 1 ないし第 6 の余線分が存在することを示す作図問題である。さらに命題 54–59 は第 1 ないし第 6 の二項線分を用いて 命題 36–41 に示された線分の和に関する 6 種の無理線分をつくることである。これに対応して命題 91–96 は線分の差に関する 6 種の無理線分を第 1 ないし第 6 の余線分を用いてつくることを示している。すなわち

54. $\sqrt{(有理線分) \times (第1二項線分)} = $ 二項線分	91. $\sqrt{(有理線分) \times (第1余線分)} = $ 余線分
55. $\sqrt{(有理線分) \times (第2二項線分)}$ $= $ 第 1 双中項線分	92. $\sqrt{(有理線分) \times (第2余線分)}$ $= $ 第 1 中項余線分
56. $\sqrt{(有理線分) \times (第3二項線分)}$ $= $ 第 2 双中項線分	93. $\sqrt{(有理線分) \times (第3余線分)}$ $= $ 第 2 中項余線分
57. $\sqrt{(有理線分) \times (第4二項線分)} = $ 優線分	94. $\sqrt{(有理線分) \times (第4余線分)} = $ 劣線分
58. $\sqrt{(有理線分) \times (第5二項線分)}$ $= \sqrt{(有理面積)+(中項面積)}$	95. $\sqrt{(有理線分) \times (第5余線分)}$ $= \sqrt{(中項積面) \sim (有理面積)}$
59. $\sqrt{(有理線分) \times (第6二項線分)}$ $= \sqrt{二つの二項面積の和}$	96. $\sqrt{(有理線分) \times (第6余線分)}$ $= \sqrt{(中項面積の差)}$

和に関する 6 種の無理線分の 通約可能性に関する性質 (命題 66–72) とこれに対応する差に関する無理線分の通約可能性に関する性質 (命題 103–110) を論じたのち，

命題 111. 余線分は二項線分とは異なる。

という定理が述べられる。そしてこの定理の注として，余線分とこれにつづく (5 種の) 無理線分とは，中項線分とも異なること，また余線分につづく無理線分は互いに異なっていることを指摘する。そして結論として，全部で 13 種の無理線分，すなわち

1. 中項線分 ($\mu\acute{\varepsilon}\sigma\eta$)

2. 二項線分 ($\dot{\eta}$ ἐκ δύο ὀνομάτων)

3. 第1双中項線分 ($\dot{\eta}$ ἐκ δύο μέσων πρώτη)

4. 第2双中項線分 ($\dot{\eta}$ ἐκ δύο μέσων δευτέρα)

5. 優線分 (μείζων)

6. 有理面積と中項面積の和に等しい正方形の辺 (ῥητὸν καὶ μέσον δυναμένη)

7. 二つの中項面積の和に等しい正方形の辺 (δύο μέσα δυναμένη)

8. 余線分 (ἀποτομή)

9. 第1余線分――中項線分の第1余線分 (μέσης ἀποτομὴ πρώτη)

10. 第2余線分――中項線分の第2余線分 (μέσης ἀποτομὴ δευτέρα)

11. 劣線分 (ἐλάσσων)

12. 中項面積と有理面積の差に等しい正方形の辺 ($\dot{\eta}$ μετὰ ῥητοῦ μέσον τὸ ὅλον ποιοῦσα)

13. 二つの中項面積の差に等しい正方形の辺 ($\dot{\eta}$ μετὰ μέσου μέσον τὸ ὅλον ποιοῦσα)

そして最後の命題は

命題 115. 中項線分から無数の無理線分が生じ，それらはどれもそれ以前のどれとも異なる。という定理で終わっている。

(c) 幾何学的代数による統一的な導出

第10巻の述べ方は，必ずしも見通しのよいものとはいえない．この章では一般に，現在用いられている記号法を許すならば，

$$\sqrt{\sqrt{a} \pm \sqrt{b}}$$

という形で書き表わされる無理量の一般理論を考察するのが目的である．しかし，根号はギリシァの数学には存在せず，まして二重根号はなおさらのことである．第10巻は第13巻と共にテアイテトス (Theaitetos)[23] のつくったものといわれる．したがって，第10巻の考察に先立って，第13巻の正五角形，正十角形，正二十面体，正十二面体の辺の長さとして出てくる無理量を前置するほうが，かえって，第10巻の一般理論の理解を容易にするくらいである．実際，この第10巻の無理量論は，第13巻に現われる実際の問題を整備して得られた一つの一般理論であると考えることができる．

いままでは，第10巻の理論を解説する場合に，あまりに，この根号，あるいは二重根号を念頭におくあまり，かえって複雑な記述となったり，あるいはギリシァ数学には存在しなかっ

---

[23] これには問題があり，いわゆる Theaitetos-Problem というまだ完全には確立しない部分がある．詳細は Szabó: Theaitetos und das Problem der Irrationalität in der griechischen Mathematik-Geschichte. Acta antiqua acedemiae scientiarum hungaricae. t. XIV. 302–358. (1966) 参照．

た，少なくともユークリッドの原論の素材となった数学には存在しなかった，4次の代数方程式を持ち出すこともあったが，それはけっして歴史的な方法とは言い得なかった。

『原論』第2巻を幾何学的代数と考え直し，これを応用してソイテンはアポロニオスの円錐曲線論をきわめて見通しのよいものとすることができた。これはソイテンの古代円錐曲線論[24]における大きな功績であった。ここで，われわれはこの方法を『原論』第10巻の解明に応用したヴァン・デル・ウァルデンの方法[25]をも参照しつつ，次の議論を進めようと思う。

このために $u+v$ および $a+b(a>b)$ をともに二項線分とするとき，
$$(u+v)^2 = e(a+b) \tag{1}$$
が成り立つための必要かつ十分な条件を求めてみよう。ここで e は任意にとった単位線分とする。

(1) の左辺を展開すれば u^2+v^2+2uv であり，$a+b$ の分解は一意であるから (命題42)，
$$u^2+v^2 = e \cdot a, \quad 2uv = e \cdot b \tag{2}$$
が成り立つ。この u, v を求めることは，命題33-35に相当する。いま条件
$$ea = c^2, \quad eb = cd \tag{3}$$
によって，補助線分 c, d を導入すれば，(2) から
$$u^2+v^2 = c^2, \quad uv = \frac{cd}{2} \tag{4}$$
u, v を直接求める代わりに c を仲介として x, y を導入する。すなわち $u^2 = xc, v^2 = yc$ とおけば (4) から
$$x+y = c, \quad xy = \left(\frac{d}{2}\right)^2 \tag{5}$$
が得られ，これは幾何学的代数の基本形の一つである。
これから x, y は
$$\frac{c}{2} \pm \frac{\sqrt{c^2-d^2}}{2}$$
で与えられる。
$$w = \frac{\sqrt{c^2-d^2}}{2}$$
とおけば x, y は
$$\frac{c}{2} \pm w$$

---

[24] H. G. Zeuthen: Lehre von den Kegelschnitten im Altertum. Olms 版 (1966).
[25] B. L. van der Waerden: Erwachende Wissenschaft (1956). S. 275-281.

として与えられる．(3) と $u^2=xc$, $v^2=yc$ から $u+v$ が二項線分となる条件を求めてみる．定義（命題 36）から，

$u\cap^2 v$, すなわち u^2, v^2 は共通の面積単位 e^2 をもつ．

したがって $$u^2+v^2 = ae, \quad u^2-v^2 = e\sqrt{a^2-b^2} \tag{6}$$

から，$u+v$ が二項線分ならば，条件

(i) $a\cap e$ (ii) $\sqrt{a^2-b^2}\cap a$

が成り立つ．これから次の六つの場合が考えられる．

(I) $\begin{cases}
(1)\ \sqrt{a^2-b^2}\cap a,\ a\cap e\ (\text{したがって}\ b\not\cap e) & [a+b\ \text{が第 1 二項線分}]\\
(2)\ \sqrt{a^2-b^2}\cap a,\ b\cap e\ (\text{したがって}\ a\not\cap e) & [a+b\ \text{が第 2 二項線分}]\\
(3)\ \sqrt{a^2-b^2}\cap a,\ a\not\cap e,\ b\not\cap e & [a+b\ \text{が第 3 二項線分}]\\
(4)\ \sqrt{a^2-b^2}\not\cap a,\ a\cap e\ (\text{したがって}\ b\not\cap e) & [a+b\ \text{が第 4 二項線分}]\\
(5)\ \sqrt{a^2-b^2}\not\cap a,\ b\cap e\ (\text{したがって}\ a\not\cap e) & [a+b\ \text{が第 5 二項線分}]\\
(6)\ \sqrt{a^2-b^2}\not\cap a,\ a\not\cap e,\ b\not\cap c & [a+b\ \text{が第 6 二項線分}]
\end{cases}$

これはまったく第 2 群の定義に対応するものである．

条件を a, b で表わさず，u, v で表わせば，条件 (i) と (ii)；前出の (6) から u^2+v^2 が u^2-v^2 と通約可能，したがって u^2, v^2 が通約可能となる．線分，面積の有理，無理の定義を思い起こせば次のように u^2, v^2, u^2+v^2, uv について分類が可能となる．

(II) $\begin{cases}
(1)\ u\cap^2 v,\ u^2+v^2\ \text{有理面積},\ uv\ \text{無理面積}\\
(2)\ u\cap^2 v,\ u^2+v^2\ \text{無理面積},\ uv\ \text{有理面積}\\
(3)\ u\cap^2 v,\ u^2+v^2\ \text{無理面積},\ uv\ \text{無理面積}\\
(4)\ u\not\cap^2 v,\ u^2+v^2\ \text{有理面積},\ uv\ \text{無理面積}\\
(5)\ u\not\cap^2 v,\ u^2+v^2\ \text{無理面積},\ uv\ \text{有理面積}\\
(6)\ u\not\cap^2 v,\ u^2+v^2\ \text{中項面積},\ uv\ \text{中項面積},\ uv\not\cap(u^2+v^2)
\end{cases}$

これは命題 36-41 に対応する分類であるが，上の関係から容易に得られる．そして前の場合と同様の名を与えることができる．たとえば上の (4) のことを優線分という．

差 $u-v$ の場合もまったく同じようにして場合分けをすることができる．結果は I とまったく同様のものが $a+b=u$, $b=v$ とするときの，u, v に対して導出できる．これに対応して上記 II に対応する 6 個の場合を出すことも容易である．たとえば II (4) に相当して

$u\not\cap^2 v$, u^2+v^2 有理面積，uv 無理面積のとき $u-v$ を劣線分という．

(d) 文　献

『原論』第 10 巻はそれだけ単独に詳しく研究されている部分である．そのうちあまり知られ

ていないが，たいせつな意味をもっているものを列挙するのにとどめておこう。

(1) C. H. F. Nesselmann: Die Algebra der Griechen. Berlin 1842. とくに第5章。
(2) I. L. Heiberg: Litteraturgeschichtliche Studien über Euklid. Leipzig 1886.
(3) H. G. Zeuthen: Geschichte der Mathematik im Altertum und Mittelalter. Kopenhagen 1896.
(4) Heinrich Vogt: Die Entdeckungsgeschichte des Irrationalen nach Plato und anderen Quellen des 4. Jahrhunderts. Bibliotheca mathematica. 3. Folge, Bd. 10. Leipzig 1910.
(5) William Thomson, Gustav Junge: The commentary of Pappus on book X of Euclid's Elements. Cambridge 1930.
(6) G. Bergsträßer: Pappos' Kommentar zum Zehnten Buch von Euklid's Elementen. Beiträge zu Text und Übersetzung. Der Islam Bd. 21. Berlin u. Leipzig 1933.
(7) Theodor Peters. Euklid Elemente Buch X. Kant-Studien Bd. 40 (1935), u. Bd. 41 (1936). これは注釈がとくに注意に値する。
(8) B. L. van der Waerden. Erwachende Wissenschaft. Basel u. Stuttgart (1956).
(9) Erich Frank: Plato und die sogenannten Pythagoreer. Darmstadt 1962 (再版)。
(10) Oskar Becker: Zur Geschichte der griechischen Mathematik. Darmstadt 1965 (再版)。
(11) Árpád Szabó: Theaitetos und das Problem der Irrationalität in der griechischen Mathematikgeschichte. Acta antiqua academiae scientiarum hungaricae. t. XIV 302–358 (1966).

無理量，すなわち通約不可能な量の発見史をここで展開するのは，原論の解説から逸脱することともなるので，文献をあげておくのにとどめた。これは近い将来出版されるはずの中村著『ユークリッド研究』のなかで詳論しようと思う。

§10. 『原論』の内容，第11巻から第13巻

(a) 第11巻

この巻は29個の定義と39個の命題からなる部分で，次の2巻と共に原論における立体幾何学に相当する部分である。第12巻と第13巻とには定義がない。とくに，第11巻は平面図形の場合の第1巻と第6巻に相当する内容であって，

命題 1. 直線の一部分が一つの平面上にあれば，全直線がこの平面上にある(原文：直線のある部分が基準平面上に，ある[他の]部分がその平面外にあることはできない)。

という命題からはじまって，直線と平面との垂直に関する定理群(命題4–6, 8, 11–14)，同一平面上にない平行な直線に関する定理群(命題9, 10, 15)，平行な平面(命題14，命題16)，垂直な平面(命題18, 19)に関する定理，立体角(命題20–23, 26)の諸性質が述べられる。命題29から最後の命題39にいたるまでは，立方体をも含めて平行六面体の性質が論ぜられる。簡単な体積の性質，すなわち平行六面体の体積の性質(命題29–31)ののち，命題32は「二つの平行六面体について高さが同じならば，その体積は底面に比例する」であり，また命題33は「二つの平行六面体の体積は辺の比の3乗に比例する」というものであり，そして最後の命題39

は「底面が等積な平行四辺形と三角形であり，高さが同じ柱体は等積である」という定理である。

最後に原論では，球は半円をその直径を軸として回転した回転体として定義されている（定義14）。これは球を一定点から等距離な点から成る曲面という定義とは異なり，立体は一般に内容を含んだ3次元のものであり，曲面はその立体の表皮のようなものとして，その定義はあまりはっきりしておらない。このようなところに，今日の数学とのちがいが見られる。

(b) 第12巻 取尽しの方法

この巻には定義はなく18個の命題を含む部分である。そのうち次の6個の命題に，いわゆる取尽しの方法といわれる古代数学における特徴的な方法が用いられていることがたいせつである。「取尽しの方法」(methodus exaustionibus) という特定の名は近世になってつけられたものであって，またしばしば「古代人の方法」(méthode des anciens) という語も17世紀には用いられている。

原論でこの方法が用いられているのは

命題 2. 二つの円の面積は直径の上の正方形に比例する。
命題 5. 相等しい高さの三角錐の体積は底の三角形の面積に比例する。
命題 10. 円錐は同底同高の円柱の体積の3分の1である。
命題 11. 同じ高さの円錐（または円柱）の体積は底の面積に比例する。
命題 12. 相似な円錐（円柱）の体積は底面の直径の3乗に比例する。
命題 13. 球の体積はその直径の3乗に比例する。

の6個の命題である。

取尽しの方法の基礎になるのは『原論』第10巻命題1と，第5巻における定義4である。『原論』第5巻定義4は次のようなものである。

「何倍かされて，互いにほかより大きくなりうる2量は互いに比をもつといわれる。」

現代の表現では次のようになる。すなわち

「a, b を与えられた任意の量（ただし $a>b$）とするとき，適当な自然数 N が存在して

$$(N+1)b > a$$

とすることができる。」

これは，ふつう「アルキメデスの公理」とよばれるものであるが，もともとエウドクソス(Eudoxos)に基づくことが現在では知られているので，「エウドクソス・アルキメデスの公理」ともいわれるものである。古代数学において，定義も公理もともに仮定という意味の $\delta\pi\delta\theta\epsilon\sigma\iota\varsigma$ (hypothesis) という語で表わされるくらいであるから，現代の目から見た定義と公理との混用

は古代の意味では不思議なことではない。さてこの公理(定義)を仮定して、『原論』第10巻の命題1

「不等な二つの量が与えられるとき，大きい量からその半分よりも大きい量をひき，その残りからその半分よりも大きい量をひく。この手続きをくり返してゆけば，最初に与えられた小さいほうよも小さい量が残されるようになる。」

を証明しようと思う。

a が与えられたとき，x_1 を $\frac{a}{2}$ よりも大なる量とし，$a-x_1$ をつくる。残り $a-x_1$ から $x_2-x_1 > \frac{a-x_1}{2}$ なる x_2-x_1 をひき $a-x_2$ をつくる。

N を前述のエウドクソス・アルキメデスの公理から定まる自然数とし，上の手続きをくり返し

$a-x_{N-1}$ から，$x_N-x_{N-1}\left(>\frac{a-x_{N-1}}{2}\right)$ なる x_N-x_{N-1} をひき $a-x_N$ をつくる。このとき $a-x_N < b$ とすることができる。

公理に基づく N について

$$(N+1)b > a \qquad (1)$$

$x_1 > \frac{a}{2}$ として

$$a-x_1 < a - \frac{a}{2} < (N+1)b - \frac{(N+1)b}{N+1}$$

これから

$$a-x_1 < Nb \qquad (2)$$

つぎに $x_2-x_1 > \frac{1}{2}(a-x_1)$ とすれば

$$(a-x_1)-(x_1-x_2) < a-x_1-\frac{a-x_1}{2} < (Nb)-\left(\frac{Nb}{N}\right) = (N-1)b \qquad (3)$$

$$\vdots$$

$$x_N-x_{N-1} > \frac{a-x_{N-1}}{2}$$

とすれば

$$(a-x_{N-1})-(x_N-x_{N-1}) < (a-x_{N-1})-\frac{a-x_N}{2} < 2b-b = b$$

すなわち，自然数 N が存在して $a-x_N < b$ が成り立つ。　　　　　　　　　　［証明終り］

さて，取尽しの方法の応用の例として

『原論』第12巻命題2「円(の面積)は直径の上の正方形(の面積)に比例する。」

の証明を原典の真意をそこなわずに現代式に書き表わしてみよう。K, K' を二つの円の面積とするとき，$K:K'=d^2:d'^2$ を証明しよう。ここで d, d' は両円の直径である。これを証明するのに，つぎのような手段をとる。

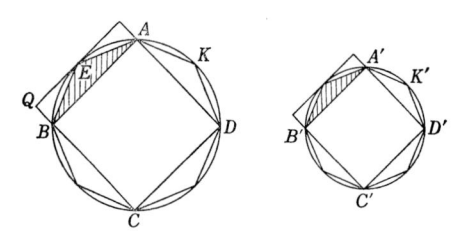

K に内接する正方形，正八角形，正十六角形，…… をそれぞれ

$$X_1, X_2, X_3, \ldots, X_n, \ldots$$

とし，これに対応して円 K' において

$$Y_1, Y_2, Y_3, \ldots, Y_n, \ldots$$

をつくる。X_i, Y_i が同時にその正多角形の面積をも表わすことにすれば

$$\left.\begin{array}{l} X_1 < X_2 < \cdots < X_n \\ Y_1 < Y_2 < \cdots < Y_n \end{array}\right\} \tag{1}$$

が成り立つ。

円 K において $\widehat{AB}$ などの中点をとって正八角形をつくるとき

$$\triangle AEB < 弓形\ AB < AB\ を辺とする方形\ Q,$$

そして $Q = 2\triangle AEB$ であるから

$$\triangle AEB < 弓形\ AB < 2\triangle AEB,$$

したがって $\triangle AEB > \frac{1}{2}$ 弓形 AB，そのうえ

$$\triangle AEB = \frac{1}{4}(X_2 - X_1), \quad 弓形\ AB = \frac{1}{4}(K - X_1)$$

ただし K は円 K の面積をも表わすとする。これから

$$X_2 - X_1 > \frac{1}{2}(K - X_1)$$

同様に一般に任意の n に対して

$$\left.\begin{array}{l} X_n - X_{n-1} > \frac{1}{2}(K - X_{n-1}) \\ Y_n - Y_{n-1} > \frac{1}{2}(K' - X_{n-1}) \end{array}\right\} \tag{2}$$

それから容易に証明されるように
$$X_n : Y_n = d^2 : d'^2 \tag{3}$$

原論における幾何学的方法をもってしては，この取尽しの方法の原則が正確に把握されているにかかわらず，それを一般的に言い表わすことができない．したがって，命題2から命題13にいたる各命題においても，それぞれ各命題固有の工夫をこらさなければならない．これは幾何学的方法の特徴であるとともに，一般理論を追求するためには，むしろ弱点となるところであるといえよう．

いずれにせよ命題2は，これを整理してみれば，条件 (1), (2), (3) に基づいて
$$円\ K\ の面積 : 円\ K'\ の面積 = d^2 : d'^2$$
を証明することにあるのである．

以下では，各命題に共通な一般的方法——取尽しの方法といわれる——を取り出してみようと思う．そこで

一般的定理 二つの量 K, K' が与えられているとき，これに対して二つの増加量列
$$\left.\begin{array}{l} X_1 < X_2 < \cdots\cdots < X_n < \cdots\cdots < K \\ Y_1 < Y_2 < \cdots\cdots < Y_n < \cdots\cdots < K' \end{array}\right\} \tag{4}$$
がつくられかつこれらの量の列 $\{X_n\}, \{Y_n\}$ は次の条件を満足するとする．
$$\left.\begin{array}{l} X_n - X_{n-1} > \dfrac{1}{2}(K - X_{n-1}) \\ Y_n - Y_{n-1} > \dfrac{1}{2}(K' - Y_{n-1}) \end{array}\right\} \tag{5}$$
$$X_n : Y_n = A : B \tag{6}$$

仮定 (4), (5), (6) から $K : K' = A : B$ を証明するのが，われわれの問題である．ここに補助定理として『原論』第10巻命題1が役立つ．

さて，条件 (4), (5), (6) のもとに
$$A : B = K : K' \tag{7}$$
を証明する代わりに，背理法を用い，(7) が成り立たないとする．したがって，第4比例項
$$A : B = K : V \tag{8}$$
を求めることができる．そしてこの V について

(i) $V < K'$　　(ii) $V > K'$　　(iii) $V = K'$

の少なくとも一つが成り立つはずである．

[第1] $V < K'$ であるとせよ．仮定から
$$X_n : Y_n = A : B = K : V \quad (V < K') \tag{9}$$

しかるに上に述べた補助定理に基づき，自然数 N が存在して
$$K' - Y_N < K' - V$$
とすることができる。これから
$$Y_N > V \tag{10}$$
これと (9) とから
$$X_N > K \tag{11}$$
これは条件 (4) に反する。したがって $V < K'$ は成り立たない。

[第 2] $V > K'$ であるとせよ。このとき第 4 比例項 U を
$$V : K = K' : U \tag{12}$$
によって定めることができる。このとき仮定 $K' < V$ から
$$U < K \tag{13}$$
が出る。条件 (4) を使うことによって適当な自然数 N が存在して
$$K - X_N < K - U$$
したがって
$$X_n > U \tag{14}$$
とすることができる。さて比例式
$$Y_n : X_n = B : A = V : K = K' : U$$
と (14) とから
$$Y_N > K'$$
これは (4) に反する。したがって $V > K'$ とすることはできない。これから
$$V = K'$$
したがって
$$A : B = K : K'$$
が証明される。

これがいわゆる取尽しの方法の骨子であるが，明らかにここにはいわゆる極限への移行は少しも見いだすことができない。しばしばこの方法がギリシァ数学の極限論法といわれているけれども，その根拠はどこにも見ることができない。

上の一般定理は

[第 1] 条件 (4), (5), (6) に分析されること。

[第 2] その結果，『原論』第 10 巻命題 1 がたいせつな補助定理として適用される。

[第 3] そして結論を導く場合に，第 4 比例項として求められる量 V, U について背理法が適用される。

『原論』の求積法において本質的なことは，面積や体積がすでに存在するものとして仮定されている点である。そして取尽しの方法も，それらの量の存在を証明することにはならない。一般に，ギリシァ数学においては，作図法以外には存在定理というものは存在しない。しかし作図法をもって，ただちに存在証明とみなすことも，一概に安易に認めてよいものかどうか，もうすこし慎重でなければならないところである。

(c) 第 13 巻　正多面体論

ここには定義はなく，18 個の命題だけを含む部分である。

命題 1 から命題 6 までは，一般量の間の関係，有理線分，余線分(無理線分)の二，三の性質を述べている。

命題 7 から命題 18 までは図形に関することである。正多面体――とくに正十二面体と正二十面体では，その面を構成する正多角形は，それぞれ正五角形，正三角形であるので，その辺の無理線分としての性質が述べられる（命題 7-12）。しかし，原論には現在あるような代数記号はまったく欠除しているから，たとえば

命題 12. 円に内接する正三角形の辺の 2 乗は円の半径の 2 乗の 3 倍である。

これは $s_3 = \sqrt{3}\,r$ という関係にほかならない。しかし記号法のないために，正五角形の辺については，次のような表現をとらなければならない。すなわち

命題 11. 有理線分を直径とする円に内接する正五角形の辺は劣線分である。

劣線分は第 10 巻で述べたとおり，差としての無理線分の種類の一つであって，直径に関連した数値としては与えられていない。

この種の関係は正多面体の場合にも見られる。すなわち

命題 13. 球の直径の 2 乗は球に内接する正四面体の辺の 2 乗の 2 分の 3 である。

すなわち　　$k_4 = 2\sqrt{\dfrac{2}{3}}\,r$ 　（r は球の半径）

命題 14. 球の直径の 2 乗は内接する正八面体の辺の 2 乗の 2 倍である。

すなわち　　$k_8 = \sqrt{2}\,r$ 　（r は球の半径）

命題 15. 球の直径の 2 乗は内接する立方体の辺の 2 乗の 3 倍である。

すなわち　　$k_6 = \dfrac{2}{\sqrt{3}}\,r$ 　（r は球の半径）

しかし，正二十面体と正十二面体については，それぞれ劣線分であること（命題 16），余線分であること（命題 17）という言い表わしにとどまらざるをえない。

実際，球の半径を r とするとき，それぞれ

$$k_{20} = \frac{\sqrt{10-2\sqrt{5}}}{\sqrt{5}} r = \frac{1}{5}\sqrt{5+2\sqrt{5}}\, r - \frac{1}{5}\sqrt{5-2\sqrt{5}}\, r \quad (劣線分)$$

$$k_{12} = \frac{\sqrt{15}}{3} r - \frac{\sqrt{3}}{3} r \quad (余線分)[26]$$

であって,劣線分,余線分の定義にかなうことは,容易に験証することができる。

　数値の計算がないことは,原論の特徴の一つである。したがって,円周率,曲線の長さなどは原論には見いだされないものに属する。この第13巻は第10巻と共に,プラトンと同時代のきわめてすぐれた数学者の一人,テアイテトス (Theaitetos) の業績に帰せられる。この部分も幾何的代数を予備の知識としないでは,読むのにけっして容易な部分ではない。幾何学的代数を用い,補助の線分を導入することによって,問題をいわゆる2次の範囲に限定することが可能となる。これが原論における幾何学的代数の主要な意味であるともいえよう。

---

[26] h_4, h_6, h_8, h_{12}, h_{20} の数値の計算については Th. L. Heath: The Thirteen Books of Euclid's Elements. vol. III. pp. 440–511. Cambridge Univ. Press. Dover Ed. 1956. 参照.

『原論』内容集約

池田 美恵
中村幸四郎

原語解説

池田 美恵

『原論』内容集約

第1巻 三角形，平行線，平行四辺形，正方形

定義 1—23. 点，線，直線，面，平面，平面角，直線角，垂線，直角，鈍角，鋭角，境界，図形，円，円の中心，直径，半円，直線図形，三辺形（等辺三角形，二等辺三角形，不等辺三角形，直角三角形，鈍角三角形，鋭角三角形），四辺形（正方形，矩形，菱形，長斜方形，トラペジオン），多辺形，平行線 ………………………………………… 1

公準 1—5. ……………………………………………………………………………… 2

公理 1—9. ……………………………………………………………………………… 2

命題 1—48. ………………………………………………………………………… 1—34

  1. 与えられた線分上に正三角形をつくること ……………………………………… 3
  2. 与えられた点において与えられた線分に等しい線分をつくること …………… 3
  3. 不等な2線分が与えられ，大きいほうから小さいほうに等しい線分を切り取ること ……………………………………………………………………………… 4
  4. 2辺と狭角の等しい二つの三角形は相等しい ………………………………… 4
  5. 二等辺三角形の底角は相等しい。底辺の下側の角も相等しい ……………… 5
  6. 5の逆 ……………………………………………………………………………… 6
  7. 同一底辺上に同じ側に等しい辺をもつ二つの三角形はつくられない ……… 7
  8. 3辺のそれぞれ等しい二つの三角形は相等しい ……………………………… 7
  9. 与えられた角を2等分すること ………………………………………………… 8
 10. 与えられた線分を2等分すること ……………………………………………… 9
 11. 与えられた直線に，その上の与えられた点から直角に直線をひくこと …… 9
 12. 与えられた無限直線にその上にない与えられた点から垂線を下すこと … 10
 13. 一直線上の二つの接角の和は2直角に等しい ……………………………… 10
 14. 13の逆 …………………………………………………………………………… 11
 15. 対頂角は等しい ………………………………………………………………… 12
 16. 三角形の外角は内対角の一つより大きい …………………………………… 12
 17. 三角形の2角の和は2直角より小さい ……………………………………… 13

18. 三角形の大きい辺は大きい角に対する …………………………………………	13
19. 18 の逆 ………………………………………………………………………………	14
20. 三角形の 2 辺の和は第 3 辺より大きい …………………………………………	14
21. 三角形の内部に同一底辺上に立つ三角形がつくられれば，後者の残りの 2 辺の和は前者の残りの 2 辺の和より小さいが，より大きい角をはさむ …………	15
22. 与えられた 3 線分から三角形をつくること ……………………………………	16
23. 与えられた線分上にその上の点において与えられた角に等しい角をつくること……	17
24. 2 辺をそれぞれ等しくする二つの三角形のうち，等しい辺にはさまれる角が大きいほうが大きい対辺をもつ ………………………………………………………	17
25. 24 の逆 ………………………………………………………………………………	18
26. 2 角と 1 辺を等しくする二つの三角形は相等しい ……………………………	19
27. 錯角が等しければ 2 直線は平行である …………………………………………	20
28. 外角が同側の内対角に等しいか または同側内角の和が 2 直角に等しければ，2 直線は平行である ………………………………………………………………	21
29. 27, 28 の逆 …………………………………………………………………………	21
30. 同じ直線に平行な 2 直線は互いに平行である …………………………………	22
31. 与えられた点を通り与えられた直線に平行線をひくこと ……………………	23
32. 三角形の外角は内対角の和に等しく，内角の和は 2 直角である ……………	23
33. 等しく平行な 2 線分を同じ側で結ぶ 2 線分も等しく平行である ……………	24
34. 平行四辺形の対角線はこれを 2 等分し，対辺，対角は等しい ………………	24
35. 同底で同じ平行線の間にある平行四辺形は相等しい …………………………	25
36. 等底で同じ平行線の間にある平行四辺形は相等しい …………………………	26
37. 同底で同じ平行線の間にある三角形は相等しい ………………………………	26
38. 等底で同じ平行線の間にある三角形は相等しい ………………………………	27
39. 37 の逆 ………………………………………………………………………………	28
40. 38 の逆 ………………………………………………………………………………	28
41. 同底で同じ平行線の間にある平行四辺形は三角形の 2 倍である ……………	29
42. 与えられた直線角のなかに与えられた三角形に等しい平行四辺形をつくること……	29
43. 平行四辺形の対角線をはさむ二つの補形は等しい ……………………………	30
44. 与えられた線分上に与えられた直線角のなかに与えられた三角形に等しい平行四辺形をつくること ………………………………………………………………	31
45. 与えられた直線角のなかに与えられた直線図形に等しい平行四辺形をつくること …	31

46. 与えられた線分上に正方形を描くこと ………………………………… 32
47. 直角三角形の斜辺の上の正方形は 他の 2 辺の上の 正方形の和に等しい。（ピタゴラスの定理） ………………………………………………………… 33
48. 47 の逆 …………………………………………………………………… 34

第 2 巻　面 積 の 変 形

定義 1, 2. 直角平行四辺形（矩形），グノーモーン ………………… 35
命題 1—14. ……………………………………………………… 35—48
1. a, b, c, d を線分とするとき，$a(b+c+d)=ab+ac+ad$ ……………… 35
2. $b+c=a$ ならば $ab+ac=a^2$ ……………………………………… 36
3. $(a+b)a=a^2+ab$ …………………………………………………… 36
4. $(a+b)^2=a^2+b^2+2ab$ …………………………………………… 37
5. $ab+\left(\dfrac{a+b}{2}-b\right)^2=\left(\dfrac{a+b}{2}\right)^2$ …………………………………… 38
6. $(2a+b)b+a^2=(a+b)^2$ …………………………………………… 39
7. $(a+b)^2+a^2=2(a+b)a+b^2$ ……………………………………… 40
8. $4(a+b)a+b^2=[(a+b)+a]^2$ ……………………………………… 41
9. $a^2+b^2=2\left[\left(\dfrac{a+b}{2}\right)^2+\left(\dfrac{a+b}{2}-b\right)^2\right]$ ………………………… 42
10. $(2a+b)^2+b^2=2[a^2+(a+b)^2]$ ………………………………… 43
11. 与えられた線分を a とし $x^2=a(a-x)$ を満足する線分 x を求めること ………………………………………………………… 45
12. 鈍角三角形の鈍角 α の対辺を a，鈍角をはさむ 2 辺を b, c とするとき，$a^2=b^2+c^2+2b(-c\cos\alpha)$ ……………………………………… 46
13. 鋭角三角形の鋭角 β の対辺を b，鋭角をはさむ 2 辺を a, c とするとき，$b^2=a^2+c^2-2a(c\cos\beta)$ …………………………………… 47
14. 与えられた 直線図形に 等しい 正方形をつくること。$x^2=a\cdot b$ を満足する線分 x を求めること ………………………………………… 47

第 3 巻　円

定義 1—11. 円の相等，接線，円の相接，中心から弦への距離，切片，切片の角，切

   片内の角，底弧，扇形，切片の相似 ………………………………… 49

命題 1—37. ……………………………………………………… 49—78
 1. 円の中心を見いだすこと ……………………………………………… 49
 2. 円周上の 2 点を結ぶ直線は円の内部を通る ………………………… 50
 3. 円の中心を通る弦が中心を通らない弦を 2 等分するなら，それを直角に切る ……… 51
 4. 円の中心を通らない弦が交わるなら，互いに 2 等分しない ………… 51
 5. 相交わる 2 円は同じ中心をもたない ………………………………… 52
 6. 相接する 2 円は同じ中心をもたない ………………………………… 53
 7. 直径上の中心でない 1 点から円周にひかれた線分の長さについて ……… 53
 8. 円外の 1 点から円周にひかれた線分の長さについて ………………… 54
 9. 円内の 1 点から円周へ二つより多い等しい線分がひかれるなら，その点は円の中心である ……… 56
 10. 2 円は二つより多くの点で交わらない ……………………………… 56
 11. 内接する 2 円の中心を結ぶ直線は延長されて接点を通る ………… 57
 12. 外接する 2 円の中心を結ぶ直線は接点を通る ……………………… 58
 13. 2 円の接点はただ一つしかない ……………………………………… 58
 14. 等しい弦は中心から等距離にある。およびその逆 ………………… 59
 15. 弦のうち直径はもっとも大きく，また中心に近い弦は遠い弦より大きい ……… 60
 16. 直径の端からそれに直角にひかれた直線は円の外部におち，この直線と弧との間に他の直線はひかれない。また半円の角はすべての鋭角より大きい …… 61
 17. 与えられた点から円に接線をひくこと ……………………………… 62
 18. 中心と接点とを結ぶ直線は接線に垂直である ……………………… 63
 19. 18 の逆 ………………………………………………………………… 64
 20. 同じ弧の上に立つ中心角は円周角の 2 倍である …………………… 64
 21. 同じ切片内の角は相等しい …………………………………………… 65
 22. 円に内接する四辺形の対角の和は 2 直角である …………………… 65
 23. 同一線分上に同側に二つの相似で不等な切片はつくられない …… 66
 24. 等しい線分上の相似な切片は相等しい ……………………………… 66
 25. 与えられた切片を含む円を描くこと ………………………………… 67
 26. 等しい円において等しい角は等しい弧の上に立つ ………………… 68
 27. 26 の逆 ………………………………………………………………… 68
 28. 等しい円において等しい弦は等しい弧を切り取る ………………… 69

29. 28 の逆 ………………………………………………………………… 70
30. 与えられた弧を 2 等分すること ……………………………………… 70
31. 半円の角は直角であり，半円より大きい切片内の角は直角より小さく，半円より小さい切片内の角は直角より大きい。また半円より大きい切片の角は直角より大きく，半円より小さい切片の角は直角より小さい …………………… 71
32. 円の弦と接線とのなす角は反対側の切片内の角に等しい ………………… 72
33. 与えられた線分上に与えられた角に等しい角を含む円の切片をつくること ……… 73
34. 与えられた円から与えられた角に等しい角を含む切片を切り取ること ……… 74
35. 二つの弦が相交わるなら，一方の弦の 2 部分にかこまれた方形は他方の弦の 2 部分にかこまれた方形に等しい ……………………………………… 75
36. 円外の 1 点から円を切る線分がひかれたとき，その線分の全体と円外の部分とにかこまれた方形は，その点から円にひかれた接線の上の正方形に等しい ……… 76
37. 36 の逆 ……………………………………………………………… 78

第 4 巻　円の内接，外接

定義 1—7. 直線図形の直線図形への内接，外接，直線図形の円への内接，外接，円の直線図形への内接，外接，円に線分を挿入すること …………………… 79

命題 1—16. ……………………………………………………… 79—92

1. 与えられた円に与えられた長さの線分を挿入すること ………………… 79
2. 与えられた円に与えられた三角形に等角な三角形を内接すること ……… 80
3. 与えられた円に与えられた三角形に等角な三角形を外接すること ……… 81
4. 与えられた三角形に円を内接すること ………………………………… 81
5. 与えられた三角形に円を外接すること ………………………………… 82
6. 与えられた円に正方形を内接すること ………………………………… 83
7. 与えられた円に正方形を外接すること ………………………………… 84
8. 与えられた正方形に円を内接すること ………………………………… 85
9. 与えられた正方形に円を外接すること ………………………………… 85
10. 底角が頂角の 2 倍である二等辺三角形をつくること …………………… 86
11. 与えられた円に正五角形を内接すること ……………………………… 87
12. 与えられた円に正五角形を外接すること ……………………………… 88

13. 与えられた正五角形に円を内接すること ……………………………………… 89
14. 与えられた正五角形に円を外接すること ……………………………………… 90
15. 与えられた円に正六角形を内接すること ……………………………………… 91
16. 与えられた円に正十五角形を内接および外接すること。また与えられた正十五角形に円を内接および外接すること ………………………………………… 92

第5巻 比　　例　　論

定義 1—18. 約量，倍量，比，比例，比の大小，2乗比，3乗比，錯比，逆比，比の複合，比の分割，比の反転，等間隔比，乱比例 ……………………………… 93

命題 1—25. ……………………………………………………………………… 94—116

1. $Ma+Mb+Mc+\cdots = M(a+b+c+\cdots)$, M は自然数 ……………… 94
2. $\dfrac{Ma+Na}{a} = \dfrac{Mb+Nb}{b}$, M, N は自然数 …………………………… 95
3. $\dfrac{N \cdot Ma}{a} = \dfrac{N \cdot Mb}{b}$, M, N は自然数 ……………………………… 95
4. $a:b=c:d$ ならば, $Ma:Nb=Mc:Nd$, M, N は自然数 ……………… 96
5. $Ma-Mb=M(a-b)$, M は自然数 ……………………………………… 97
6. $\dfrac{Ma-Na}{a} = \dfrac{Mb-Nb}{b}$, M, N は自然数 ……………………………… 98
7. $a=b$ ならば, $a:c=b:c$ かつ $c:a=c:b$ …………………………… 99
8. $a>b$ ならば, $a:c>b:c$ かつ $c:a<c:b$ ………………………… 100
9. $a:c=b:c$ または $c:a=c:b$ ならば, $a=b$ ………………………… 101
10. $a:c>b:c$ ならば, $a>b$ ……………………………………………… 102
11. $a:b=c:d$ かつ $c:d=e:f$ ならば, $a:b=e:f$ …………………… 103
12. $a:a'=b:b'=c:c'\cdots$ ならば, $a:a'=(a+b+c+\cdots):(a'+b'+c'+\cdots)$ … 104
13. $a:b=c:d$ かつ $c:d>e:f$ ならば, $a:b>e:f$ …………………… 105
14. $a:b=c:d$ ならば, $a \gtreqless c$ に応じて, $b \gtreqless d$ ………………………… 106
15. $a:b=Ma:Mb$, M は自然数 ……………………………………… 106
16. $a:b=c:d$ ならば, $a:c=b:d$ ……………………………………… 107
17. $a:b=c:d$ ならば, $(a-b):b=(c-d):d$ ………………………… 108
18. $a:b=c:d$ ならば, $(a+b):b=(c+d):d$ ………………………… 109
19. $a:b=c:d$ ならば, $(a-c):(b-d)=a:b$ ………………………… 110

20.	$a:b=d:e$, $b:c=e:f$ ならば, $a \gtreqless c$ に応じて, $d \gtreqless f$ ·······················	110
21.	$a:b=e:f$, $b:c=d:e$ ならば, $a \gtreqless c$ に応じて, $d \gtreqless f$ ·······················	111
22.	$a:b=e:f$, $b:c=f:g$, $c:d=g:h$ ならば, $a:d=e:h$ ······················	112
23.	$a:b=e:f$, $b:c=d:e$ ならば, $a:c=d:f$ ······························	113
24.	$a:b=c:d$, $e:b=f:d$ ならば, $(a+e):b=(c+f):d$ ························	114
25.	$a:b=c:d$, a が最大, d が最小ならば, $a+d>b+c$ ·······················	115

第6巻　比例論の幾何学への応用

定義 1—5. 図形の相似，外中比，高さ ·· 117
命題 1—33. ··· 117—148

1. 等高な三角形および平行四辺形はそれぞれ底辺に比例する ······················· 117
2. 三角形の1辺に平行な直線は他の2辺を比例的に分ける。およびその逆 ········· 118
3. 三角形の1角の2等分線は底辺を残りの2辺の比に分ける。およびその逆 ········· 119
4. 互いに等角な二つの三角形の等角をはさむ辺は比例する ························· 120
5. 4の逆 ··· 121
6. 1角が等しく，等しい角をはさむ辺が比例する二つの三角形は互いに等角である ··· 122
7. 1角が等しく，もう一つの角をはさむ辺が比例し，残りの角の双方が共に直角より小さいか，共に小さくないならば，二つの三角形は互いに等角である ············ 123
8. 直角三角形の直角の頂点から底辺にひかれた垂線の上の三角形は全体に対し，かつ互いに相似である ·· 124
9. 与えられた線分から指定された部分を切り取ること ······························· 125
10. 与えられた線分を与えられた比に分けること ······································ 126
11. 与えられた2線分に対し第3の比例項を見いだすこと ···························· 127
12. 与えられた3線分に対し第4の比例項を見いだすこと ···························· 127
13. 与えられた2線分の比例中項を見いだすこと ····································· 128
14. 互いに等しくかつ等角な 二つの平行四辺形の 等しい 角をはさむ辺は 逆比例する。およびその逆 ··· 128
15. 等しくかつ1角を等しくする二つの三角形の等角をはさむ辺は逆比例する。およびその逆 ··· 129
16. 4線分が比例するなら，外項にかこまれた矩形は内項にかこまれた矩形に等し

　　　　い。およびその逆 ………………………………………………………… 130
17. 3線分が 比例するなら， 外項にかこまれた矩形は中項の上の 正方形に等しい。
　　　　およびその逆 …………………………………………………………… 131
18. 与えられた線分上に与えられた直線図形に相似でかつ相似な位置にある直線図
　　　　形をつくること ………………………………………………………… 132
19. 相似な三角形は対応する辺の比の 2 乗の比をもつ ……………………… 133
20. 相似な多角形は同数の相似なしかも全体と同じ比をもつ三角形に分けられ，多
　　　　角形は互いに辺の 2 乗の比をもつ …………………………………… 134
21. 同じ直線図形に相似な図形は互いに相似である ………………………… 136
22. 4 線分が比例すれば， それらの上の相似でかつ相似な位置にある直線図形は比
　　　　例する。およびその逆 ………………………………………………… 136
23. 互いに等角な二つの平行四辺形は辺の比の積の比をもつ ……………… 138
24. 平行四辺形の対角線をはさむ二つの平行四辺形は全体に対しても互いにも相似
　　　　である ………………………………………………………………… 139
25. 与えられた直線図形に相似で別の与えられた直線図形に等しい図形をつくるこ
　　　　と ………………………………………………………………………… 140
26. 平行四辺形から全体に相似でかつ相似な位置にあり，全体と共通な角をもつ平
　　　　行四辺形が切り取られるならば，それは全体と同一な対角線をはさんでいる ……… 141
27. 与えられた線分 $A\Gamma$ 上に描かれ，その半分 ΓB 上の平行四辺形に相似でかつ
　　　　相似な位置にある平行四辺形だけ欠けている平行四辺形のうち，$A\Gamma$ 上のもの
　　　　が最大である …………………………………………………………… 141
28. 与えられた線分上に，与えられた直線図形に等しく与えられた平行四辺形に相
　　　　似平行四辺形だけ欠けている平行四辺形をつくること ……………… 142
29. 与えられた線分上に，与えられた直線図形に等しく与えられた平行四辺形に相
　　　　似平行四辺形だけはみだす平行四辺形をつくること ………………… 144
30. 与えられた線分を外中比に分けること。(黄金分割) …………………… 145
31. 直角三角形の斜辺の上の図形は直角をはさむ 2 辺の上の相似でかつ相似な位置
　　　　にある図形の和に等しい。(ピタゴラスの定理の拡張) ……………… 145
32. 2 辺が比例する二つの三角形が一つの角によって結ばれ，対応する辺が平行な
　　　　らば，残りの辺は一直線をなす ………………………………………… 146
33. 等しい 2 円において中心角も円周角も底弧に比例する ………………… 147

第7巻 数　　論

定義 1—23. 単位，数，約数，約数和，倍数，偶数，奇数，偶数倍の偶数，偶数倍の奇数，奇数倍の奇数，素数，互いに素である数，合成数，互いに素でない数，数の積，平面数，立体数，平方数，立方数，数の比例，相似な平面および立体数，完全数 ……… 149

命題 1—39. …………………………………………………………………… 150—177

1. 不等な2数の大きいほうから小さいほうを次々にひいてゆき，1が残るまで残された数が前の数を割り切らなければ，最初の2数は互いに素である ………… 150
2. 2数の最大公約数を見いだすこと ………………………………… 151
3. 3数の最大公約数を見いだすこと ………………………………… 152
4. 小さい数は大きい数の約数か約数和である …………………… 153
5. $b=ma, d=mc$ ならば，$b+d=m(a+c)$ ………………… 153
6. $b=\dfrac{m}{n}a, d=\dfrac{m}{n}c$ ならば，$b+d=\dfrac{m}{n}(a+c)$ ………… 154
7. $b=na, d=nc$ ならば，$b-d=n(a-c)$ …………………… 155
8. $b=\dfrac{m}{n}a, d=\dfrac{m}{n}c$ ならば，$b-d=\dfrac{m}{n}(a-c)$ ………… 156
9. $b=na, d=nc, a=\dfrac{p}{q}c$ ならば，$b=\dfrac{p}{q}d$ ………… 156
10. $a=\dfrac{p}{q}b, c=\dfrac{p}{q}d, a=\dfrac{m}{n}c$ ならば，$b=\dfrac{m}{n}d$ ……… 157
11. $a:b=c:d$ ならば，$(a-c):(b-d)=a:b$ ……………… 158
12. $a:a'=b:b'=c:c'=\cdots\cdots$ ならば，$(a+b+c+\cdots\cdots):(a'+b'+c'+\cdots\cdots)=a:b$ ……… 158
13. $a:b=c:d$ ならば，$a:c=b:d$ ……………………………… 159
14. $a:b=d:e, b:c=e:f$ ならば，$a:c=d:f$ ……………… 159
15. $1:a=b:c$ ならば，$1:b=a:c$ ……………………………… 160
16. $ab=ba$ ……………………………………………………………… 161
17. $b:c=ab:ac$ ………………………………………………………… 161
18. $a:b=ac:bc$ ………………………………………………………… 162
19. $a:b=c:d$ ならば，$ad=bc$ およびその逆 …………………… 162
20. $a:b=c:d$ で，a,b がこの関係を満足する最小数とすれば，自然数 $n\geqq1$ があって $c=na, d=nb$ となる ……………………………………………………… 163
21. 互いに素である2数はそれらと同じ比をもつ2数のうち最小である ………… 164
22. 21の逆 ……………………………………………………………… 165

23. a, mb が互いに素であれば，b, a は互いに素である ································· 165
24. a, b が共に c に対して素であれば，ab も c に素である ························ 166
25. a, b が互いに素であれば，a^2, b は互いに素である ······························· 167
26. a, b が共に c, d の双方に素であれば，ab, cd は互いに素である ················ 167
27. a, b が互いに素であれば，a^2 と b^2，および a^3 と b^3 も互いに素である ············ 168
28. a, b が互いに素であれば，$a+b$ は a, b の双方に素である。およびその逆········ 168
29. 素数はそれの倍数以外のすべての数に素である ······································ 169
30. 素数 c が ab を割り切るならば，c は a か b を割り切る ···························· 169
31. すべての合成数は素数によって割り切られる ·· 170
32. すべての数は素数であるか素数によって割り切られる ····························· 171
33. 同じ比をもつ任意個の数のうち最小のものを見いだすこと ······················· 171
34. 2数の最小公倍数を見いだすこと ·· 172
35. 2数の最小公倍数は他の公倍数を割り切る ··· 174
36. 3数の最小公倍数を見いだすこと ·· 174
37. b が a を割り切るならば，a は $\frac{1}{b}a$ なる約数をもつ ································ 175
38. 37の逆 ·· 176
39. 与えられた数個の約数をもつ最小の数を見いだすこと。(命題34 VII のくり返し)··· 176

第8巻　数　　論（続き）

命題 1—27. ··· 179—201

1. $a : b = b : c = \cdots\cdots = m : n$ であり，かつ a, n が互いに素であれば，これらの数は同じ比をもつ数のすべての組のうち最小である ···························· 179
2. 与えられた比をなして順次に比例するきめられた個数の数のうち最小の組を見いだすこと ·· 179
3. 1 の逆 ·· 181
4. $a : b$, $c : d$, $e : f$ なる比において，順次に比例する最小の数 n, o, m, p を見いだすこと ·· 182
5. $a = cd$, $b = ef$ ならば，$a : b = (c : e) \times (d : f)$ ·· 184
6. $a : b = b : c = c : d \cdots\cdots$ において，a が b を割り切らなければ，どの数もどの数をも割り切らない ·· 184

7. $a:b=b:c=c:d$ において，a が d を割り切るならば，a は b をも割り切る 185
8. $a:b=e:f$ であり，c,d があって $a:c=c:d=d:b$ ならば，$e:m=m:n=n:f$ となるような数 m,n が存在する 186
9. a が b に素であり，かつ $a:c=d=d:b$ ならば，同じ個数の数が 1 と a，および 1 と b との間にも入る 187
10. 9 の逆 188
11. $a^2:ab=ab:b^2$ であり，$a^2:b^2=(a:b)^2$ である 189
12. $a^3:a^2b=a^2b:ab^2=ab^2:b^3$ であり，かつ $a^3:b^3=(a:b)^3$ である 190
13. $a:b=b:c$ ならば，$a^2:b^2=b^2:c^2$，かつ $a^3:b^3=b^3:c^3$ 191
14. a^2 が b^2 を割り切るならば，a も b を割り切る。およびその逆 192
15. a^3 が b^3 を割り切るならば，a も b を割り切る。およびその逆 193
16. a^2 が b^2 を割り切らないならば，a も b を割り切らない。およびその逆 ... 193
17. a^3 が b^3 を割り切らないならば，a も b を割り切らない。およびその逆 ... 194
18. $a:b=c:d$ ならば，ab,cd の間には $ab:G=G:cd$ なる数 G がある。そして $ab:cd=(a:c)^2$ 194
19. $A=abc$, $B=def$, $a:b=d:e$, $b:c=e:f$ ならば，A,B の間に二つの数 M,N があって，$A:M=M:N=N:B=a:d$ かつ $abc:def=(a:d)^3$ 195
20. 18 の逆 197
21. 19 の逆 198
22. $a:b=b:c$，かつ a が平方数ならば，c も平方数である 199
23. $a:b=b:c=c:d$，かつ a が立方数ならば，d も立方数である 199
24. $a:b=c^2:d^2$ で a が平方数ならば，b も平方数である 200
25. $a:b=c^3:d^3$ で a が立方数ならば，b も立方数である 200
26. a,b が相似な平面数ならば，$a:b=c^2:d^2$ 201
27. a,b が相似な立体数ならば，$a:b=c^3:d^3$ 201

第 9 巻　数　　　論（続き）

命題 1—36. .... 203—226
1. a,b が相似な平面数ならば，ab は平方数である 203
2. 1 の逆 203
3. a^3a^3 は立方数である 204

4. a^3b^3 は立方数である …………………………………………………………… 204
5. a^3b が立方数ならば，b は立方数である ………………………………… 205
6. a^2 が立方数ならば，a は立方数である …………………………………… 205
7. a が合成数，$ab=c$ とすれば，c は立体数である ……………………… 206
8. $1, a_1, a_2, a_3, \cdots\cdots$ が連比例するならば，$a_2, a_4, a_6, \cdots\cdots$ は平方数であり，$a_3, a_6,$ $a_9, \cdots\cdots$ は立方数であり，$a_6, a_{12}, \cdots\cdots$ は平方数でかつ立方数である ………… 206
9. $1, a_1, a_2, a_3, \cdots\cdots$ が連比例し，a_1 が平方数ならば，$a_2, a_3, \cdots\cdots$ は平方数であり，a_1 が立方数ならば，これは立方数である………………………………… 207
10. $1, a_1, a_2, a_3, \cdots\cdots$ が連比例し，a_1 が平方数でないならば，$a_2, a_4, a_6, \cdots\cdots$ 以外は平方数でなく，a_1 が立方数でないならば，$a_3, a_6, a_9, \cdots\cdots$ 以外は立方数でない … 208
11. $1, a_1, a_2, \cdots\cdots, a_m, \cdots\cdots, a_n, \cdots\cdots$ が連比例するならば，$\dfrac{a_n}{a_m} = a_{n-m}$ ……………… 210
12. $1, a_1, a_2, \cdots\cdots, a_n$ が連比例し，a_n が素数 P で割り切れるならば，a_1 も P に割り切られる …………………………………………………………………… 210
13. $1, a_1, a_2, \cdots\cdots, a_n$ が連比例し，a_1 が素数ならば，a_n はこの数の列以外の数では割り切られない ……………………………………………………………… 212
14. a が素数 $b, c, \cdots\cdots, k$ で割り切れる最小数ならば，a はこれら以外の素数では割り切られない ……………………………………………………………… 213
15. a, b, c が連比例し，同じ比をもつ数のうちで最小であれば，$a+b$ は c と，$b+c$ は a と，$c+a$ は b と互いに素である …………………………………… 214
16. a, b が互いに素であれば，$a:b=b:x$ となる数 x は存在しない ……………… 215
17. $a_1, a_2, a_3, \cdots\cdots, a_n$ が連比例し，a_1, a_n が互いに素ならば，$a_1:a_2=a_n:x$ なる x は存在しない ……………………………………………………………… 215
18. a, b が与えられたとき，第3の比例項が可能な条件 ……………………… 216
19. a, b, c が与えられたとき，第4の比例項が可能な条件 …………………… 217
20. 素数の個数は無限である ……………………………………………………… 218
21. 偶数個の偶数の和は偶数である ……………………………………………… 219
22. 偶数個の奇数の和は偶数である ……………………………………………… 219
23. 奇数個の奇数の和は奇数である ……………………………………………… 219
24. 偶数と偶数の差は偶数である ………………………………………………… 220
25. 偶数と奇数の差は奇数である ………………………………………………… 220
26. 奇数と奇数の差は偶数である ………………………………………………… 220
27. 奇数と偶数の差は奇数である ………………………………………………… 220

28. 偶数と奇数の積は偶数である ……………………………………………… 221
29. 奇数と奇数の積は奇数である ……………………………………………… 221
30. a が奇数，b が偶数で，a が b を割り切るならば，a は $\frac{b}{2}$ をも割り切る ……… 221
31. a が奇数で a,b が互いに素であれば，$a,2b$ も互いに素である…………… 222
32. $2, 2^2, 2^3, \cdots\cdots$ はすべて偶数倍の偶数である ……………………………… 222
33. $\frac{a}{2}$ が奇数ならば，a は偶数倍の奇数である ………………………………… 223
34. a が $2, 2^2, 2^3, \cdots\cdots$ の一つでなく，かつ $\frac{a}{2}$ が奇数でもなければ，a は偶数倍の偶数であると共に，偶数倍の奇数である ……………………………… 223
35. $a_1, a_2, a_3, \cdots\cdots, a_n, a_{n+1}$ が連比例すれば，
    $(a_2-a_1):a_1=(a_{n+1}-a_1):(a_1+a_2+\cdots\cdots+a_n)$ …………………… 224
36. $1+2+2^2+\cdots\cdots+2^{n-1}(=S_n)$ が素数ならば，$S_n \cdot 2^{n-1}$ は完全数である ………… 225

第10巻　無　理　量　論

定義 I　1—4．通約可能な量と不可能な量，長さにおいてまたは平方において通約可能な線分と不可能な線分，有理線分と無理線分，有理面積と無理面積 ……………… 227
命題 1—47．基本的諸性質 ……………………………………………… 227—270
1. 不等な2量が与えられ，大きいほうからその半分より大きい量（もしくは半分）をひいてゆけば，最初に与えられた小さいほうよりも小さい量が残されるにいたる ……………………………………………………………………… 227
2. 不等な2量の大きいほうから小さいほうを次々にひいて，残された量がすぐ前の量を割り切ることがないならば，この2量は通約できない ……………… 228
3. 通約可能な2量の最大公約量を見いだすこと ……………………………… 229
4. 通約可能な3量の最大公約量を見いだすこと ……………………………… 230
5. 通約可能な量は整数比をもつ ……………………………………………… 231
6. 5の逆 ……………………………………………………………………… 232
7. 通約不可能な量は整数比をもたない ………………………………………… 233
8. 7の逆 ……………………………………………………………………… 233
9. （∩ は通約可能，⋔ は通約不可能，∩² は平方においてのみ通約可能を表わすとする）
   $a \cap b$ ならば，$a^2:b^2$ は平方数：平方数である。およびその逆。また $a \pitchfork b$ ならば，$a^2:b^2$ は平方数：平方数でない …………………………………… 234

10. 線分 a が与えられたとき，$a \cap {}^2b$ なる b と $a \pitchfork b$ なる b を見いだすこと ………… 236
11. $a:b=c:d$ で，$a \cap b$ ならば，$c \cap d$ であり，$a \pitchfork b$ ならば，$c \pitchfork d$ である ………… 236
12. $a \cap c$, $b \cap c$ ならば，$a \cap b$ である ……………………………………………… 237
13. $a \cap b$, $a \pitchfork c$ ならば，$b \pitchfork c$ である ……………………………………… 238
14. $a:b=c:d$ で $\sqrt{a^2-b^2} \cap a$ ならば，$\sqrt{c^2-d^2} \cap c$ であり，$\sqrt{a^2-b^2} \pitchfork a$ ならば，$\sqrt{c^2-d^2} \pitchfork c$ である ………………………………………………………… 239
15. $a \cap b$ ならば，$a+b \cap a$, $a+b \cap b$ である。およびその逆 …… 240
16. $a \pitchfork b$ ならば，$a+b \pitchfork a$, $a+b \pitchfork b$ である。およびその逆 …… 240
17. $x(a-x)=\dfrac{b^2}{4}$ で，$(a-x) \cap x$ ならば，$\sqrt{a^2-b^2} \cap a$ である。およびその逆 …… 242
18. $x(a-x)=\dfrac{b^2}{4}$ で，$(a-x) \pitchfork x$ ならば，$\sqrt{a^2-b^2} \pitchfork a$ である。およびその逆 …… 243
19. a, b を $a \cap b$ である有理線分とするとき，矩形 $a \cdot b$ の面積は有理面積である …… 245
20. 19 の逆 ……………………………………………………………………… 245
21. a, b を $a \cap {}^2b$ である有理線分とするとき，矩形 $a \cdot b$ の面積は無理面積である。また $x^2 = a \cdot b$ から定められる線分 x は無理線分であり，この線分 x を中項線分という ……………………………………………………………… 246
22. m を中項線分，a を有理線分とする。$a \cdot x = m^2$ によって定められる線分 x は有理線分であり，かつ $a \pitchfork x$ である ……………………………………… 247
23. 中項線分と通約できる線分は中項線分である …………………………… 248
24. 長さにおいて通約できる中項線分にかこまれた矩形は中項面積である …… 249
25. 平方においてのみ通約できる中項線分にかこまれた矩形は有理面積か中項面積である …………………………………………………………………… 249
26. 二つの中項面積の差は有理面積ではない ……………………………… 250
27. 条件 $a \cap {}^2b$, $ab=$有理面積を満たす二つの中項線分 a, b を見いだすこと ………… 251
28. 条件 $a \cap {}^2b$, $ab=$中項面積を満たす二つの中項線分 a, b を見いだすこと ………… 252
29. 条件 $a>b$, $a \cap {}^2b$, $a \cap \sqrt{a^2-b^2}$ を満たす二つの有理線分 a, b を見いだすこと …… 254
30. 条件 $a>b$, $a \cap {}^2b$, $a \pitchfork \sqrt{a^2-b^2}$ を満たす二つの有理線分 a, b を見いだすこと …… 255
31. 条件 $a>b$, $a \cap {}^2b$, $a \cdot b$ が有理面積，$a \cap \sqrt{a^2-b^2}$ なる二つの中項線分 a, b を見いだすこと …………………………………………………………… 256
32. 条件 $a>b$, $a \cap {}^2b$, $a \cdot b$ が中項面積，$a \cap \sqrt{a^2-b^2}$ を満たす二つの中項線分 a, b を見いだすこと ……………………………………………………… 257
33. 条件 $a \pitchfork {}^2b$, a^2+b^2 が有理面積，$a \cdot b$ が中項面積を満たす二つの線分 a, b を

　　　　　見いだすこと ………………………………………………………………… 258
　34. 条件 $a \pitchfork^2 b$, a^2+b^2 が中項面積, $a \cdot b$ が有理面積なる二つの線分 a, b を見い
　　　　　だすこと …………………………………………………………………… 259
　35. 条件 $a \pitchfork^2 b$, a^2+b^2 が中項面積, $a \cdot b$ が中項面積, $a \cdot b \pitchfork a^2+b^2$ を満たす二つ
　　　　　の線分 a, b を見いだすこと ………………………………………………… 260

命題 36—41. 2 線分の和としての無理線分 ……………………………… 261—265
　36. a, b が有理線分で $a \cap^2 b$ ならば, $a+b$ は無理線分で, これを二項線分とよぶ …… 261
　37. a, b が中項線分で $a \cap^2 b$, $a \cdot b$ が有理面積ならば, $a+b$ は無理線分で, これ
　　　　　を第 1 の双中項線分とよぶ ……………………………………………… 261
　38. a, b が中項線分で $a \cap^2 b$, $a \cdot b$ が中項面積ならば, $a+b$ は無理線分で, これ
　　　　　を第 2 の双中項線分とよぶ ……………………………………………… 262
　39. $a \pitchfork b$, a^2+b^2 が有理面積, $a \cdot b$ が中項面積ならば, $a+b$ は無理線分で, これ
　　　　　を優線分とよぶ …………………………………………………………… 263
　40. $a \pitchfork b$, a^2+b^2 が中項面積, $a \cdot b$ が有理面積ならば, $a+b$ は無理線分で, これ
　　　　　を中項面積と有理面積の和に等しい正方形の辺とよぶ ……………… 263
　41. $a \pitchfork b$, a^2+b^2 が中項面積, $a \cdot b$ が中項面積, かつ $ab \pitchfork (a^2+b^2)$ ならば, $a+b$
　　　　　は無理線分で, これを二つの中項面積の和に等しい正方形の辺とよぶ ……………… 264

命題 42—47. 分解の唯一性
　　　　　二項線分, 第 1 の双中項線分, 第 2 の双中項線分, 優線分, 中項面積と有理面
　　　　　積の和に等しい正方形の辺, 二つの中項面積の和に等しい正方形の辺はいずれ
　　　　　もただ一つの点でその二つの項に分けられる …………………………… 265—270

定義 II　1—6. 第 1 ないし第 6 の二項線分 ……………………………………… 270

命題 48—84. ……………………………………………………………………… 271—306
　48—53. 第 1 ないし第 6 の二項線分を見いだすこと ……………………… 271—277
　54. √有理線分×第 1 の二項線分は二項線分である。ここで $\sqrt{}$ は根号内の 2
　　　　　線分の定める面積をもつ正方形の 1 辺を表わす。以下同様 ………… 277
　55. √有理線分×第 2 の二項線分は第 1 の双中項線分である ……………………… 278
　56. √有理線分×第 3 の二項線分は第 2 の双中項線分である ……………………… 280
　57. √有理線分×第 4 の二項線分は優線分である ………………………………… 280
　58. √有理線分×第 5 の二項線分は中項面積と有理面積の和に等しい正方形の辺で
　　　　　ある ……………………………………………………………………… 281
　59. √有理線分×第 6 の二項線分は二つの中項面積の和に等しい正方形の辺である …… 282

60—65. 54—59 の逆	283—289
66. 二項線分と長さにおいて通約可能な線分は同順位の二項線分である	289
67. 双中項線分と長さにおいて通約可能な線分は同順位の双中項線分である	290
68. 優線分と長さにおいて通約可能な線分は優線分である	291
69. 中項面積と有理面積の和に等しい正方形の辺と,長さにおいて通約可能な線分は,中項面積と有理面積の和に等しい正方形の辺である	292
70. 二つの中項面積の和に等しい正方形の辺と,長さにおいて通約可能な線分は,二つの中項面積の和に等しい正方形の辺である	292
71. $\sqrt{\text{有理面積}+\text{中項面積}}$ は二項線分,第 1 の双中項線分,優線分,中項面積と有理面積の和に等しい正方形の辺,のいずれかである	293
72. $\sqrt{\text{通約不可能な二つの中項面積の和}}$ は第 2 の双中項線分であるか,二つの中項面積の和に等しい正方形の辺である	295
73—78. 2 線分の差としての無理線分	296—300
73. $a+b$, b が有理線分で $a+b \cap {}^2 b$ ならば,a は無理線分で,これを余線分とよぶ。$a+b=u$, $b=v$ とすれば,$a=u-v$ となり,2 線分の差ということが,いっそう明らかになる	296
74. $a+b$, b が中項線分で $(a+b)b$ が有理面積,$a+b \cap {}^2 b$ ならば,a は無理線分で,これを第 1 の中項余線分とよぶ	297
75. $a+b$, b が中項線分で $(a+b)b$ が中項面積,$a+b \cap {}^2 b$ ならば,a は無理線分で,これを第 2 の中項余線分とよぶ	297
76. $a+b \pitchfork b$, $(a+b)^2+b^2$ が有理面積で $(a+b)b$ が中項面積ならば,a は無理線分で,これを劣線分とよぶ	298
77. $a+b \pitchfork b$, $(a+b)^2+b^2$ が中項面積,$2(a+b)b$ が有理面積ならば,a は無理線分で,これを中項面積と有理面積の差に等しい正方形の辺とよぶ	299
78. $a+b \pitchfork b$, $(a+b)^2+b^2$ が中項面積,$2(a+b)b$ が中項面積,$(a+b)^2+b^2 \pitchfork 2(a+b)b$ ならば,a は無理線分で,これを二つの中項面積の差に等しい正方形の辺とよぶ	299
79. a が余線分ならば,$a+b \cap {}^2 b$ なるただ一つの有理線分 b がある	301
80. a が第 1 の中項余線分ならば,$a+b \cap {}^2 b$ で,$(a+b)b$ が有理面積なるただ一つの中項線分 b がある	301
81. a が第 2 の中項余線分ならば,$a+b \cap {}^2 b$ で,$(a+b)b$ が中項面積なるただ一つの中項線分 b がある	302
82. a が劣線分ならば,$a+b \pitchfork b$, $(a+b)^2+b^2$ が有理面積,$(a+b)b$ が中項面積な	

るただ一つの線分 b がある ……………………………………………… 303

83. a が中項面積と有理面積の差に等しい正方形の辺ならば，$a+b \pitchfork b$, $(a+b)^2+b^2$ が中項面積，$2(a+b)b$ が有理面積であるただ一つの線分 b がある ……… 304

84. a が二つの中項面積の差に等しい正方形の辺ならば，$a+b \pitchfork b$ で $(a+b)^2+b^2$ が中項面積，$2(a+b)b$ が中項面積，$\{(a+b)^2+b^2\} \pitchfork 2(a+b)b$ であるただ一つの線分 b がある ……………………………………………… 305

定義 III　1—6. 第1ないし第6の余線分 ……………………………………… 306

命題 85—115. ……………………………………………………………… 307—342

85—90. 第1ないし第6の余線分を見いだすこと ……………………… 307—312

91. $\sqrt{\text{有理線分} \times \text{第1の余線分}}$ は余線分である ……………………… 313

92. $\sqrt{\text{有理線分} \times \text{第2の余線分}}$ は第1の中項余線分である …………… 314

93. $\sqrt{\text{有理線分} \times \text{第3の余線分}}$ は第2の中項余線分である …………… 316

94. $\sqrt{\text{有理線分} \times \text{第4の余線分}}$ は劣線分である …………………… 317

95. $\sqrt{\text{有理線分} \times \text{第5の余線分}}$ は中項面積と有理面積の差に等しい正方形の辺である ……………………………………………………………… 319

96. $\sqrt{\text{有理線分} \times \text{第6の余線分}}$ は二つの中項面積の差に等しい正方形の辺である ……… 320

97—102. 91—96 の逆 …………………………………………………… 322—329

103. 余線分と長さにおいて通約可能な線分は同順位の余線分である ……………… 329

104. 中項余線分と長さにおいて通約可能な線分は同順位の中項余線分である ……… 330

105. 劣線分と長さにおいて通約可能な線分は劣線分である …………………… 331

106. 中項面積と有理面積の差に等しい正方形の辺と，長さにおいて通約可能な線分は，中項面積と有理面積の差に等しい正方形の辺である ………………… 332

107. 二つの中項面積の差に等しい正方形の辺と，長さにおいて通約可能な線分は，二つの中項面積の差に等しい正方形の辺である ……………………… 332

108. $\sqrt{\text{有理面積} \sim \text{中項面積}}$ は余線分であるか，劣線分である。ただし～は差をあらわす ……………………………………………………………… 333

109. $\sqrt{\text{中項面積} \sim \text{有理面積}}$ は第1の中項余線分であるか，中項面積と有理面積の差に等しい正方形の辺である ……………………………………… 334

110. $\sqrt{\text{通約不可能な二つの中項面積の差}}$ は第2の中項余線分であるか，二つの中項面積の差に等しい正方形の辺である ……………………………… 335

111. 余線分は二項線分と同じではない。したがって13種の無理線分がある。すなわち中項線分 (21)，2 線分の和としての無理線分 6 種 (36—41)，2 線分の差と

しての無理線分6種 (73—78) ……………………………………………… 336

112. $\dfrac{(有理線分)^2}{二項線分}$ は余線分であり，これらの二項線分と余線分とは同順位で，それらの二項は通約可能でかつ同じ比となす ……………………………… 337

113. $\dfrac{(有理線分)^2}{余線分}$ は二項線分であり，これらの余線分と二項線分とは同順位で，それらの二項は通約可能でかつ同じ比をなす ……………………………… 339

114. 112, 113 の逆 …………………………………………………………… 340

115. 中項線分から無数の無理線分が生じる ……………………………… 341

第11巻　線と面，面と面，立体角，平行六面体，立方体，角柱

定義 1—28. 立体，線分と平面との直交，平面と平面との直交，線分の平面に対する傾き，平面の平面に対する傾き，同じ傾きをなす平面，平行な平面，相似な立体，立体角，角錐，角柱，球，球の軸，中心，直径，円錐 (直角円錐，鈍角円錐，鋭角円錐)，円錐の軸，底面，円柱，円柱の軸，底面，相似な円錐と円柱，立方体，正八面体，正二十面体，正十二面体 ……………………… 343

命題 1—39. …………………………………………………………… 344—379

1. 直線は同一平面上にある ……………………………………………… 344
2. 相交わる2直線は同一平面上にあり，またすべて三角形は一平面上にある ……… 345
3. 相交わる2平面の交線は直線である …………………………………… 346
4. 相交わる2直線にその交点から垂直に立てられた直線はそれらを通る平面に対しても垂直である ……………………………………………………… 346
5. 相交わる3直線にその交点から垂直に直線がたてられるならば，3直線は一平面上にある ……………………………………………………………… 347
6. 2直線が同一平面に対して垂直なら，それらは平行である …………… 348
7. 平行な2直線の双方の上の任意の点を結ぶ直線は平行線と同じ平面上にある …… 349
8. 6の逆 ……………………………………………………………………… 349
9. 同一直線に平行でそれと同一平面上にない2直線は互いに平行である …… 350
10. 相交わる2直線が同一平面上にない相交わる2直線に平行なら，それらは等しい角をはさむ ………………………………………………………… 351
11. 与えられた面へ面外の与えられた点から垂線をひくこと ……………… 351

12. 与えられた面にその上の与えられた点から垂線を立てること ………… 352
13. 同一平面に対し同一の点から二つの垂線を同側に立てることはできない ………… 353
14. 同一の直線が2平面に直角であれば，2平面は平行である ………… 353
15. 相交わる2直線が同一平面上にない相交わる2直線に平行であるなら，それらを通る二つの面も平行である ………… 354
16. 平行な2平面に1平面が交わってできる二つの交線は平行である ………… 355
17. 平行な平面は2直線を同じ比に切る ………… 355
18. ある平面に直角な直線を通るすべての平面はもとの平面に直角である ………… 356
19. ある平面に直角な相交わる2平面の交線も，もとの平面に直角である ………… 357
20. 立体角をかこむ三つの平面角のどの二つの和も残りの角より大きい ………… 357
21. 立体角をかこむ平面角の和は4直角より小さい ………… 358
22. 三つの平面角のどの2角の和も残りの角より大きく，角をはさむ線分が等しければ，等しい線分を結ぶ線分から三角形をつくりうる ………… 359
23. どの2角の和も残りの角より大きい三つの平面角から立体角をつくること ………… 360
24. 平行六面体の相対する面は等しくかつ平行四辺形である ………… 362
25. 平行六面体の相対する面に平行な平面は六面体を底面の比に切る ………… 363
26. 与えられた直線上の点において与えられた立体角に等しい立体角をつくること …… 364
27. 与えられた直線上に与えられた平行六面体に相似で相似の位置にある平行六面体をつくること ………… 365
28. 平行六面体の相対する面の対角線に沿った平面は六面体を2等分する ………… 366
29. 同底等高で辺の端が同一直線上にある平行六面体は等しい ………… 367
30. 同底等高の平行六面体は等しい ………… 367
31. 等底等高の平行六面体は等しい ………… 368
32. 等高の平行六面体は底面に比例する ………… 370
33. 相似な平行六面体は対応する辺の3乗の比なす ………… 370
34. 等しい平行六面体の底面は高さに反比例する。およびその逆 ………… 372
35. 同一平面上の二つの等角の頂点から角の辺と等しい角をはさむ面外の線分が立てられたとき，その上の点からもとの平面へ下された垂線の足ともとの角の頂点とを結ぶ線分は面外に立てられた線分と等しい角をなす ………… 374
36. 比例する3線分からなる平行六面体はそれと等角な，中項の上の等辺平行六面体に等しい ………… 376
37. 比例する4線分の上の相似で相似な位置にある平行六面体は比例する。および

その逆 ··· 377
38. 立方体の対面の辺の2等分点を通る2平面の交線と立方体の対角線とは互いに
　　　2等分しあう ··· 378
39. 三角形とその2倍の平行四辺形とを底面とする二つの等高な角柱は相等しい ········ 379

第12巻　円の面積，角錐，角柱，円錐，円柱，球の体積

命題 1—18. ·· 381—409
  1. 円の相似な多角形は直径の2乗に比例する ··· 381
  2. 円の面積は直径の2乗に比例する ·· 382
  3. 三角錐は，等しく相互にも全体に対しても相似である二つの角錐と二つの等し
  　　い角柱とに分かれる。そして二つの角柱の和は全体の角錐の半分より大きい ······· 384
  4. 等高の二つの角錐が上の命題のように分けられると，角錐内の角柱の和は底面
  　　に比例する ·· 386
  5. 等高な三角錐は底面に比例する ·· 388
  6. 等高な多角錐は底面に比例する ·· 389
  7. 三角柱は三つの等しい三角錐に分けられる ··· 390
  8. 相似な三角錐は対応する辺の3乗の比をもつ ······································· 391
  9. 等しい三角錐の底面は高さに反比例する。およびその逆 ···························· 392
  10. 円錐は同底等高の円柱の $\frac{1}{3}$ である ·· 394
  11. 等高の円錐および円柱は底面に比例する ··· 396
  12. 相似な円錐および円柱は底面の直径の3乗の比をもつ ····························· 398
  13. 円柱が対面に平行な平面によって切られるならば，こうしてできた円柱は軸に
  　　比例する ·· 401
  14. 等底の円錐および円柱は高さに比例する ··· 402
  15. 等しい円錐および円柱の底面は高さに反比例する。およびその逆 ················· 402
  16. 二つの同心円の小さい円に接しない等辺で偶数辺の多角形を大きい円に内接す
  　　ること ··· 404
  17. 二つの同心球の小さい球に接しない多面体を大きい球に内接すること ············ 404
  18. 球は直径の3乗に比例する ·· 408

第13巻 線分の分割，正多角形の辺，五つの正多面体

命題 1—18. ………………………………………………………… 411—435

1. $a:b=(a+b):a$ ならば，$\left(a+\dfrac{a+b}{2}\right)^2=5\left(\dfrac{a+b}{2}\right)^2$ …………… 411
2. 1 の逆 ………………………………………………………………… 412
3. $a:b=(a+b):a$ ならば，$\left(b+\dfrac{a}{2}\right)^2=5\left(\dfrac{a}{2}\right)^2$ ………………… 413
4. $a:b=(a+b):a$ ならば，$(a+b)^2+b^2=3a^2$ ………………… 414
5. $a:b=(a+b):a$ ならば，$(2a+b):(a+b)=(a+b):a$ ……… 414
6. $a:b=(a+b):a$ で $a+b$ が有理線分ならば，a,b は余線分である ………… 415
7. 等辺五角形の隣りあうまたは隣りあわない三角が等しければ，五角形は等角である ……………………………………………………………… 416
8. 等辺，等角な五角形において隣りあう 2 角をはる線分は相互に外中比に分けあい，その大きい部分は五角形の辺に等しい ……………………………… 417
9. 円に内接する正六角形の辺と正十角形の辺は外中比の 2 項に相当する ……… 418
10. 円に内接する正五角形の辺の 2 乗は正六角形の辺の 2 乗と正十角形の辺の 2 乗との和に等しい ……………………………………………………… 418
11. 有理線分を直径とする円に内接する正五角形の辺は劣線分である ………… 420
12. 円に内接する正三角形の辺の 2 乗は円の半径の 2 乗の 3 倍である ………… 422
13. 球の直径の 2 乗は球に内接する正四面体の辺の 2 乗の $\dfrac{3}{2}$ である ………… 422
14. 球の直径の 2 乗は内接する正八面体の辺の 2 乗の 2 倍である ……………… 424
15. 球の直径の 2 乗は内接する正六面体の辺の 2 乗の 3 倍である ……………… 425
16. 球に内接する正二十面体を作図すること，およびその辺が劣線分であることの証明 ……………………………………………………………… 427
17. 球に内接する正十二面体を作図すること，およびその辺が余線分であることの証明 ……………………………………………………………… 429
18. 上記の五つの正多面体の辺の比較，および正多面体はこの五つに限られることの証明 ……………………………………………………………… 432

原 語 解 説

$\check{\alpha}\gamma\varepsilon\iota\nu$　ひく　　$\check{\alpha}.\ \varepsilon\dot{\upsilon}\theta\varepsilon\tilde{\iota}\alpha\nu$　直線をひく

$\alpha\check{\iota}\tau\eta\mu\alpha$　公準（要請）

$\check{\alpha}\kappa\rho o\varsigma$　端，比の外項：$\dot{o}\ \check{\alpha}\kappa\rho o\varsigma\ \kappa\alpha\grave{\iota}\ \mu\acute{\varepsilon}\sigma o\varsigma\ \lambda\acute{o}\gamma o\varsigma$　外中比（6巻定義3）

$\check{\alpha}\lambda o\gamma o\varsigma$　無理の：与えられた線分と長さでも平方でも通約できない線分が無理線分であり（10巻定義3）与えられた線分上の正方形と通約できない面積が無理面積である（10巻定義4）無理線分は次の13種に分けられる。

(a)　$\mu\acute{\varepsilon}\sigma\eta$　中項線分（10巻21）

(b)　2線分の和の形で表わされるもの。これはさらに以下の6種に分けられる。（10巻36〜41）

　1. $\dot{\varepsilon}\kappa\ \delta\acute{\upsilon}o\ \dot{o}\nu o\mu\acute{\alpha}\tau\omega\nu$　二項線分
　2. $\dot{\varepsilon}\kappa\ \delta\acute{\upsilon}o\ \mu\acute{\varepsilon}\sigma\omega\nu\ \pi\rho\acute{\omega}\tau\eta$　第1の双中項線分
　3. $\dot{\varepsilon}\kappa\ \delta\acute{\upsilon}o\ \mu\acute{\varepsilon}\sigma\omega\nu\ \delta\varepsilon\upsilon\tau\acute{\varepsilon}\rho\alpha$　第2の双中項線分
　4. $\mu\varepsilon\acute{\iota}\zeta\omega\nu$　優線分
　5. $\rho\eta\tau\grave{o}\nu\ \kappa\alpha\grave{\iota}\ \mu\acute{\varepsilon}\sigma o\nu\ \delta\upsilon\nu\alpha\mu\acute{\varepsilon}\nu\eta$　中項面積と有理面積との和に等しい正方形の辺
　6. $\delta\acute{\upsilon}o\ \mu\acute{\varepsilon}\sigma\alpha\ \delta\upsilon\nu\alpha\mu\acute{\varepsilon}\nu\eta$　二つの中項面積の和に等しい正方形の辺

(c)　2線分の差の形で表わされるもの。これはさらに次の6種に分けられる。1〜6は(b)の1〜6に対応する。（10巻73〜78）

　1. $\dot{\alpha}\pi o\tau o\mu\acute{\eta}$　余線分
　2. $\mu\acute{\varepsilon}\sigma\eta\varsigma\ \dot{\alpha}\pi o\tau o\mu\grave{\eta}\ \pi\rho\acute{\omega}\tau\eta$　第1の中項余線分
　3. $\mu\acute{\varepsilon}\sigma\eta\varsigma\ \dot{\alpha}\pi o\tau o\mu\grave{\eta}\ \delta\varepsilon\upsilon\tau\acute{\varepsilon}\rho\alpha$　第2の中項余線分
　4. $\dot{\varepsilon}\lambda\acute{\alpha}\sigma\sigma\omega\nu$　劣線分
　5. $\mu\varepsilon\tau\grave{\alpha}\ \rho\eta\tau o\tilde{\upsilon}\ \mu\acute{\varepsilon}\sigma o\nu\ \tau\grave{o}\ \ddot{o}\lambda o\nu\ \pi o\iota o\tilde{\upsilon}\sigma\alpha$　中項面積と有理面積との差に等しい正方形の辺
　6. $\mu\varepsilon\tau\grave{\alpha}\ \mu\acute{\varepsilon}\sigma o\upsilon\ \mu\acute{\varepsilon}\sigma o\nu\ \tau\grave{o}\ \ddot{o}\lambda o\nu\ \pi o\iota o\tilde{\upsilon}\sigma\alpha$　二つの中項面積の差に等しい正方形の辺

$\dot{\alpha}\mu\beta\lambda\acute{\upsilon}\varsigma,\ \dot{\alpha}\mu\beta\lambda\varepsilon\tilde{\iota}\alpha\ \gamma\omega\nu\acute{\iota}\alpha$　鈍角

$\dot{\alpha}\mu\beta\lambda\upsilon\gamma\acute{\omega}\nu\iota o\varsigma$　鈍角の

$\dot{\alpha}\nu\alpha\gamma\rho\acute{\alpha}\phi\varepsilon\iota\nu$　の上に描く　　$\dot{\alpha}.\ \dot{\alpha}\pi\grave{o}\ \tau\tilde{\eta}\varsigma\ \varGamma B\ \tau\varepsilon\tau\rho\acute{\alpha}\gamma\omega\nu o\nu\ \tau\grave{o}\ \varGamma\varDelta EB$　$\varGamma B$上に正方形$\varGamma\varDelta EB$を描く

ἀναλογία　比例

ἀνάλογον　比例して　　κατὰ τὸ συνεχὲς ἀνάλογον または ἑξῆς ἀνάλογον　順次に比例して，これは普通には $a:b=b:c=c:d$……　なる比をなすことをいうが 8 巻 4 においては $a:b$, $c:d$, $e:f$ なるそれぞれ異なった比をなして比例する場合をいっている： μέση ἀνάλογον εὐθεῖα　比例中項線分： μέσος ἀνάλογον ἀριθμός　比例中項数

ἀνάπαλιν　逆にして　　ἀνάπαλιν λόγος　逆比 (⑤ 巻定義 13)

ἀναπληροῦν　完結する　　ἀ. τὰ ἐπὶ τῶν EZ, ZH, HΘ, ΘE εὐθειῶν παραλληλόγραμμα　線分 EZ, ZH, HΘ, ΘE 上の平行四辺形を完結する

ἀναστρέφειν　反転する　　ἀναστροφὴ λόγου　比の反転 (⑤ 巻定義 16)

ἀνθυφαιρεῖν　次々に引き去る　　δύο μεγεθῶν ἀνίσων ἀνθυφαιρουμένου ἀεὶ τοῦ ἐλάσσονος ἀπὸ τοῦ μείζονος　二つの不等な量の大きいほうから常に小さいほうが次々に引き去られて

ἄνισος　不等な

ἀνιστάναι　立てる　　τῷ δοθέντι ἐπιπέδῳ ἀπὸ τοῦ πρὸς αὐτῷ δοθέντος σημείου πρὸς ὀρθὰς εὐθεῖαν ἀ.　与えられた面にその上の与えられた点から垂線を立てる

ἀντιπάσχειν　逆比例する

ἄξων　球，円柱，円錐の軸

ἄπειρος　無限な

ἀπεναντίον　対して　　ἀπεναντίον πλευραί　対辺： ἐντὸς καὶ ἀπεναντίον γωνία　内対角

ἀπλατής　幅のない

ἀποκαθιστάναι　もどす　　ἡμικυκλίου μενούσης τῆς διαμέτρου περιενεχθὲν τὸ ἡμικύκλιον εἰς τὸ αὐτὸ πάλιν ἀποκατασταθῇ, ὅθεν ἤρξατο φέρεσθαι　半円の直径を固定して半円を回転させ動きはじめたもとの位置にもどす

ἀπολαμβάνειν　切り取る

ἀπότμημα　切り取られた部分

ἀποτομή　余線分，無理線分の一種 (10 巻 73)

ἀποτομὴ πρώτη (δευτέρα, τρίτη, τετάρτη, πέμπτη, ἕκτη)　第 1 (第 2～第 6) の余線分 (10 巻定義 III)

ἅπτεσθαι　会する　　ἁπτομένη τοῦ κύκλου καὶ ἐκβαλλομένη οὐ τέμνει τὸ κύκλον　円と会し延長されて円を切らない直線： 交わる　δύο εὐθεῖαι ἁπτόμεναι ἀλλήλων　相交わる二直線： 接する　ἡ τοῦ κύκλου περιφέρεια ἑκάστης πλευρᾶς τοῦ, εἰς ὃ ἐγγράφεται, ἅπτηται.　円周が 円がそれに 内接する図形の 各辺に接する： の上にある　ἑκάστη τῶν τοῦ ἐγγραφομένου σχήματος γωνιῶν ἑκάστης πλευρᾶς τοῦ, εἰς ὃ ἐγγράφεται, ἅπτηται.　内接

する図形のおのおのの角が内接される図形のおのおのの辺の上にある

ἄρτιος (ἀριθμός) 偶数: ἀρτιάκις ἄρτιος 偶数倍の偶数: ἀρτιάκις περισσός 偶数倍の奇数

ἀσύμμετρος 通約できない: εὐθεῖα ἀσύμμετρος μήκει 長さにおいて通約できない線分: εὐθεῖα ἀσύμμετρος δυνάμει 平方において通約できない線分

ἀσύμπτωτος 交わらない

ἄτμητος 分けられていない

ἄτοπος 不合理な

ἀφαιρεῖν 切り取る，引き去る ἀπὸ τοῦ δοθέντος κύκλου τμῆμα ἀ. 与えられた円から切片を切り取る

ἀφή 接点，交点

βάθος 高さ

βαίνειν 立つ αἱ ἐπ' ἴσων περιφερειῶν βεβηκυῖαι γωνίαι 等しい弧の上に立つ角

βάσις 底辺，底面

γίγνεσθαι, ὁ γενόμενος ἐξ αὐτῶν それらの積

γνώμων グノーモーン (2 巻定義 2) 右図の斜線の部分

γραμμή 線

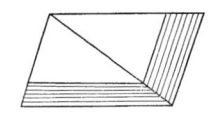

γράφειν 描く

γωνία 角 ἐπίπεδος γ. 平面角: εὐθύγραμμος γ. 直線角: ἐφεξῆς γ. 接角: ὀρθὴ γ. 直角: ἀμβλεῖα γ. 鈍角: ὀξεῖα γ. 鋭角: στερεὰ γ. 立体角: 角を表わすには角をはさむ 2 辺によって ἡ ὑπὸ τῶν AB, BΓ περιεχομένη γ. 略して ἡ ὑπὸ (τῶν) ABΓ というか，頂点によって ἡ πρὸς τῷ A γ. という。立体角は頂点によって ἡ πρὸς τῷ A στερεὰ γ. という。詳しくは立体角をかこむ三つの平面角によって ἡ πρὸς τῷ A περιεχομένη ὑπὸ τῶν BAΓ, ΔAE, ZAH γωνιῶν という。

δεικνύναι 証明する: ὅπερ ἔδει δεῖξαι これが証明すべきことであった。証明の最後に用いられるきまり文句

δεκάγωνον 十角形

δι' ἴσου λόγος 等間隔比 (5 巻定義 17)

διάγειν 直線をひく ἀπὸ τοῦ Z εἰς τὸν κύκλον δ. τις εὐθεῖα Z から円へ直線がひかれる: 延長する δ. ἐπὶ τὸ M M まで延長する

διαιρεῖν　分ける　　διελόντι　分割比により

διαίρεσις　分割，区分点：　διαίρεσις λόγου　比の分割(10巻定義15)

διαλείπειν　間をおく　　οἱ ἐν διαλείποντες πάντες　一つおきのすべて

διάμετρος　直径，対角線

διάστημα　距離，半径

διδόναι　与える

διπλάσιος　2倍の

διπλασίων　2倍の：　διπλασίων λόγος　2乗比

δίχα τέμνειν　2等分する

διχοτομία　2等分点

δύναμις, δυνάμει　平方において　　ἀσύμμετρός ἐστιν ἡ Α τῇ Ε δυνάμει．Α は Ε と平方において 通約できない，すなわち線分 Α 上の正方形は線分 Ε 上の正方形と共通の尺度で割り切られない

δύνασθαι　正方形において等しい　　αἱ δυνάμεναι αὐτά　それらに等しい正方形の辺

δυνατόν　可能な

δωδεκάεδρον　正十二面体

ἐγγράφειν　内接する

εἶδος　図形

εἰκοσάεδρον　正二十面体

ἐκ δύο μέσων πρώτη (δευτέρα)　第1(第2)の双中項線分(10巻 37, 38)

ἐκ δύο ὀνομάτων　二項線分

ἐκ τοῦ κέντρου　半径

ἐκβάλλειν　延長する

ἐκτιθέναι　指定する

ἐκτός　外に　　ἐκτὸς γωνία　外角

ἐλάσσων　より小さい：　劣線分(10巻 76)

ἐλλείπειν　欠ける：与えられた線分上に与えられた面積に等しい面積の図形を描くことを παραβάλλειν といい，線分よりはみ出すことを ὑπερβάλλειν，足りないことを ἐλλείπειν という．παρὰ τὴν δοθεῖσαν εὐθεῖαν τῷ δοθέντι εὐθυγράμμῳ ἴσον παραλληλόγραμμον παραβαλεῖν ἐλλεῖπον εἴδει παραλληλογράμμῳ ὁμοίῳ τῷ δοθέντι　与えられた線分上に与えられた直線図形に等しく与えられた平行四辺形に相似な平行四辺形だけ欠けている平行四

辺形をつくる

ἐμπεριέχειν　含む　　ἡ πυραμὶς ἡ ἀνασταθεῖσα ἀπὸ τοῦ περὶ τὸν κύκλον τετραγώνου τὸν κῶνον ἐμπεριέχει. 円に外接する正方形上の角錐は円錐を含む

ἐμπίπτειν　の間に入る　　οἱ Γ, Δ εἰς τοὺς Α, Β μεταξὺ κατὰ τὸ συνεχὲς ἀνάλογον ἐ. (2数) A, B の間に順次に比例して Γ, Δ が入る：交わる　　εἰς δύο εὐθείας εὐθεῖα ἐ. 2直線に1直線が交わる

ἐναλλάξ　いれかえて：ἐναλλὰξ γωνία. 錯角：ἐναλλὰξ λόγος　錯比

ἐναρμόζειν　挿入する　　εὐθεῖα εἰς κύκλον ἐναρμόζεσθαι　線分が円に挿入される

ἐντός　内に　　ἐντὸς γωνία　内角：ἐντὸς καὶ ἀπεναντίον γ. 内対角：ἐντὸς καὶ ἐπὶ τὰ αὐτὰ μέρη γ. 同側内角

ἑξάγωνον　六角形

ἑξῆς　順次に

ἐπαφή　接点

ἕπεσθαι, τὸ ἑπόμενον　比の後項

ἐπιζευγνύναι　結ぶ　　ἀπὸ τοῦ Γ……ἐπὶ τὰ Α, Β ἐπεζεύχθωσαν εὐθεῖαι αἱ ΓΑ, ΓΒ. Γ から A, B へ線分 ΓΑ, ΓΒ が結ばれたとせよ

ἐπίπεδος　平面：ἐπίπεδος γωνία　平面角：ἐπίπεδος ἀριθμός　平面数：ὑποκείμενος ἐπίπεδος 基準平面

ἐπιφάνεια　面, 平面, 表面

ἔσχατος, τὸ ἔσχατον　比の末項

ἑτερόμηκες　矩形

εὐθεῖα (γραμμή)　直線, 線分, 弦　　πεπερασμένη εὐθεῖα　有限直線　　εὐθεῖα ἄπειρος　無限直線

εὐθύγραμμος, εὐθύγραμμος γωνία　直線角：σχῆμα εὐθύγραμμον　直線図形

εὑρίσκειν　見いだす

ἐφάπτεσθαι (ἐπάπτεσθαι)　接する：ἡ ἐφαπτομένη　接線

ἐφαρμόζειν　重なる, 重ねる　　ἐφαρμοσάσης τῆς ΑΒ ἐπὶ τὴν ΔΕ　ΔΕ に ΑΒ を重ねて

ἐφεξῆς, ἐφεξῆς γωνίαι　接角

ἐφιστάναι　立てる, 立つ　　εὐθεῖα ἡ ΑΒ ἐπ' εὐθεῖαν τὴν ΓΒΕ ἐφέστηκεν. 線分 ΑΒ が線分 ΓΒΕ 上に立った

ἡγεῖσθαι, τὸ ἡγούμενον　比の前項

$\dot{\eta}\mu\iota\kappa\dot{\upsilon}\kappa\lambda\iota o\nu$　半円

$\dot{\iota}\sigma\dot{\alpha}\kappa\iota\varsigma\ \pi o\lambda\lambda\alpha\pi\lambda\dot{\alpha}\sigma\iota o\varsigma$　同数倍
$\dot{\iota}\sigma o\gamma\dot{\omega}\nu\iota o\nu$　等角の，二つ以上の図形が対応する角を等しくするという意味と一つの多角形が等しい角をもつという意味とある。
$\dot{\iota}\sigma\dot{o}\pi\lambda\epsilon\upsilon\rho o\varsigma$　等辺の
$\dot{\iota}\sigma o\pi\lambda\eta\vartheta\dot{\eta}\varsigma$　同じ個数の
$\dot{\iota}\sigma o\varsigma$　等しい，二つの図形を重ねあわすことができるという意味で等しい場合と面積や体積が等しいという場合とある：$\delta\iota'\ \dot{\iota}\sigma o\upsilon$　等しい間隔をおいて：$\delta\iota'\ \dot{\iota}\sigma o\upsilon\ \lambda\dot{o}\gamma o\varsigma$　等間隔比 (5 巻定義 17)：$\dot{\iota}\sigma o\nu\ \dot{\alpha}\pi\dot{\epsilon}\chi\epsilon\iota\nu$　等距離にある
$\dot{\iota}\sigma o\sigma\kappa\epsilon\lambda\dot{\eta}\varsigma$　二等辺の
$\dot{\iota}\sigma o\ddot{\upsilon}\psi\dot{\eta}\varsigma$　等高の
$\dot{\iota}\sigma\tau\dot{\alpha}\nu\alpha\iota$　立てる，立つ

$\kappa\dot{\alpha}\vartheta\epsilon\tau o\varsigma$　垂線
$\kappa\alpha\vartheta\dot{o}\lambda o\upsilon$　一般に
$\kappa\alpha\tau\alpha\gamma\rho\dot{\alpha}\phi\epsilon\iota\nu$　作図する
$\kappa\alpha\tau\alpha\gamma\rho\alpha\phi\dot{\eta}$　作図
$\kappa\alpha\tau\alpha\lambda\epsilon\dot{\iota}\pi\epsilon\iota\nu$　残す
$\kappa\alpha\tau\dot{\alpha}\lambda\lambda\eta\lambda\alpha$　同順に
$\kappa\alpha\tau\alpha\mu\epsilon\tau\rho\epsilon\hat{\iota}\nu$　割り切る
$\kappa\alpha\tau\alpha\sigma\kappa\epsilon\upsilon\dot{\alpha}\zeta\epsilon\iota\nu$　作図する
$\kappa\dot{\epsilon}\nu\tau\rho o\nu$　中心：$\dot{\eta}\ \dot{\epsilon}\kappa\ \tau o\hat{\upsilon}\ \kappa\dot{\epsilon}\nu\tau\rho o\upsilon$　半径
$\kappa\lambda\hat{\alpha}\nu$　線分を折りまげる
$\kappa\lambda\dot{\iota}\nu\epsilon\sigma\vartheta\alpha\iota$　傾きをなす　$\dot{\epsilon}\pi\dot{\iota}\pi\epsilon\delta o\nu\ \pi\rho\dot{o}\varsigma\ \dot{\epsilon}\pi\dot{\iota}\pi\epsilon\delta o\nu\ \kappa\epsilon\kappa\lambda\dot{\iota}\sigma\vartheta\alpha\iota$　面が面に対してある傾きをなす
$\kappa\lambda\dot{\iota}\sigma\iota\varsigma$　傾き，傾角
$\kappa o\hat{\iota}\lambda o\varsigma$　凹形の
$\kappa o\iota\nu\dot{o}\varsigma$　共通な：$\kappa o\iota\nu\dot{\eta}\ \dot{\epsilon}\nu\nu o\iota\alpha$　公理(共通概念)：$\kappa o\iota\nu\dot{\eta}\ \tau o\mu\dot{\eta}$　交点，交線
$\kappa o\rho\upsilon\phi\dot{\eta}$　頂点：$\kappa\alpha\tau\dot{\alpha}\ \kappa o\rho\upsilon\phi\dot{\eta}\nu\ \gamma\omega\nu\dot{\iota}\alpha$　対頂角
$\kappa\dot{\upsilon}\beta o\varsigma$　立方体
$\kappa\dot{\upsilon}\kappa\lambda o\varsigma$　円
$\kappa\dot{\upsilon}\lambda\iota\nu\delta\rho o\varsigma$　円柱

κυρτός 凸形の

κῶνος 円錐

λαμβάνειν とる εἰλήφθω ἐπὶ τῆς ΒΔ τυχὸν σημεῖον τὸ Ζ. 線分 ΒΔ 上に任意の点 Ζ が取られたとせよ

λῆμμα 補助定理

λόγος 比

μέγεθος 量

μείζων より大きい：優線分(10 巻 39)

μέρος 部分，方向，側，約量，約数   μέρη 約数和。μέρη は μέρος の複数形

μέσος 比の中項，内項：μέσος ἀνάλογον ἀριθμός 比例中項数：μέση ἀνάλογον εὐθεῖα 比例中項線分：μέση 中項線分(10 巻 21)：μέσον 中項面積(10 巻 23 系)

μετά 和 τὸ ΑΕΚ τρίγωνον μετὰ τοῦ ΚΗΓ 三角形 ΑΕΚ と ΚΗΓ との和：あと ὁ μετὰ τὴν μονάδα 単位の次の数

μεταλαμβάνειν いっしょにとる παντὸς τριγώνου αἱ δύο πλευραὶ τῆς λοιπῆς μείζονές εἰσι πάντῃ μεταλαμβανόμεναι. 三角形のどの 2 辺がいっしょにとられてもその和は残りの 1 辺より大きい

μετέωρος 面外の

μετρεῖν 割り切る

μέτρον 尺度：κοινὸν μέτρον 公約量，公約数：μέγιστον κοινὸν μέτρον 最大公約数

μῆκος 長さ

μονάς 単位

ὀκτάεδρον 正八面体

ὁμογενής 同種の

ὁμοιοπληθής 同じ個数の

ὅμοιος 相似の：ὅμοιος καὶ ὁμοίως ἀναγραφόμενος 相似でかつ相似な位置に描かれた

ὁμοιότης 相似

ὁμόλογος 対応する τῶν ἰσογωνίων τριγώνων ὁμόλογοί εἰσιν αἱ ὑπὸ τὰς ἴσας γωνίας ὑποτείνουσαι. 等角な 二つの 三角形の 等しい 角を張る辺は 対応する：同じ比をもつ τὰ ὅμοια πολύγωνα εἴς τε ὅμοια τρίγωνα διαιρεῖται καὶ εἰς ἴσα τὸ πλῆθος καὶ ὁμόλογα τοῖς ὅλοις．相似な多角形が同数の相似なしかも全体と同じ比をもつ三角形に分けられる

ὁμοταγής　相似な位置にある

ὁμώνυμος　同じ名の

ὄνομα　項：　ἡ ἐκ δύο ὀνομάτων　二項線分(10 巻 36)

ὀξύς, ὀξεῖα γωνία　鋭角

ὀξυγώνιος　鋭角の

ὅπερ ἔδει δεῖξαι　これが証明すべきことであった

ὅπερ ἔδει ποιῆσαι　これが作図すべきものであった

ὀρθός, ὀρθὴ γωνία　直角

ὀρθογώνιος　直角の

ὀρθογώνιον　矩形　広義には正方形をも含むが狭義には含まない．矩形を示すには τὸ ὑπὸ τῶν AB, BΓ περιεχόμενον ὀρθογώνιον といい，略して τὸ ὑπὸ (τῶν) ABΓ ともいう．

ὅρος　定義，境界，比例の項

παραβάλλειν　与えられた線分上にある面積に等しい平行四辺形をつくる　παρὰ τὴν δοθεῖσαν εὐθεῖαν τὴν AB τῷ δοθέντι τριγώνῳ τῷ Γ ἴσον παραλληλόγραμμον παραβαλεῖν 与えられた線分 AB 上に与えられた三角形 Γ に等しい平行四辺形をつくる

παραλλάττειν　ずれる　αἱ BA, AΓ πλευραὶ ἐπὶ τὰς EΔ, ΔZ οὐκ ἐφαρμόσουσιν ἀλλὰ παραλλάξουσιν ὡς αἱ EH, HZ. 辺 BA, AΓ が EΔ, ΔZ 上に重ならないで EH, HZ のようにずれるであろう．

παραλληλεπίπεδον　平行六面体

παραλληλόγραμμον　平行四辺形　　παραλληλόγραμμον ὀρθογώνιον　直角平行四辺形（矩形）

παράλληλος　平行な

παραπλήρωμα　平行四辺形の補形

παρακεῖσθαι　παραβάλλειν の受動形

παρεμπίπτειν　の間にひかれる　εἰς τὸν μεταξὺ τόπον τῆς τε ἐφαπτομένης καὶ τῆς περιφερείας εὐθεῖα οὐ παρεμπεσεῖται. 接線と弧との間にはいかなる直線もひかれないであろう

πεντάγωνον　五角形

πεντεκαιδεκάγωνον　十五角形

περαίνω　限る　　πεπερασμένη εὐθεῖα　有限直線：完結する

πέρας　端

περατοῦν　限る

περιάγειν　回転させる

περιέχειν　面積をかこむ，角をはさむ

περιγράφειν　外接する

περιλαμβάνειν　かこむ　πυραμίδα συστήσασθαι καὶ σφαίρᾳ περιλαβεῖν τῇ δοθείσῃ　角錐をつくり与えられた球でかこむ

περιλείπεσθαι　残される

περισσάκις ἄρτιος　奇数倍の偶数：　περισσάκις περισσός　奇数倍の奇数

περισσός　奇数

περιφέρεια (κύκλου)　円周，弧

περιφέρειν　回転させる

πηλικότης　大いさ

πλάτος　幅

πλευρά　辺

πλῆθος　個数　πλῆθος πεπερασμένον, πλῆθος ὡρισμένον　有限個の：　πλῆθος ἄπειρον　無限個の

πολλαπλασιάζειν　倍する，かける　ὁ Α τὸν Β πολλαπλασιάσας τὸν Δ πεποίηκεν. ΑはΒにかけてΔをつくった。すなわちΒ×Α=Δ

πολλαπλάσιον　倍量：　ἰσάκις πολλαπλάσια　同数倍の量

πολύγωνον　多角形

πολύεδρον　多面体

πολύπλευρον　多辺形

πόρισμα　系

πρίσμα　角柱

προσαναγράφειν　完結する　τοῦ ΑΒΓ τμήματος π. τὸν κύκλον　切片ΑΒΓを含む完全な円を描く

προσεκβάλλειν　延長する

προσευρεῖν　見いだす

προσκεῖσθαι　προστιθέναι の取動形　κοινὴ προσκείσθω ἡ ὑπὸ ΕΒΔ　双方に角ΕΒΔが加えられるとせよ

προσπίπτειν　直線がひかれる

προστιθέναι　加える

πρῶτος　第1の　τὸ πρῶτον　比の初項：　素数　πρῶτοι πρὸς ἀλλήλους　互いに素である

$\pi\nu\rho\alpha\mu\iota\varsigma$　角錐

$\rho\eta\tau\delta\varsigma$　有理の　　$\rho\eta\tau\delta\nu$　有理面積　　$\rho\eta\tau\eta$　有理線分　　$\rho\eta\tau\delta\nu$ $\kappa\alpha\iota$ $\mu\epsilon\sigma\nu$ $\delta\nu\nu\alpha\mu\epsilon\nu\eta$　中項面積と有理面積との和に等しい正方形の辺(10巻40)：　$\mu\epsilon\tau\alpha$ $\rho\eta\tau\nu\upsilon$ $\mu\epsilon\sigma\nu$ $\tau\delta$ $\delta\lambda\nu$ $\pi\omicron\iota\omicron\upsilon\sigma\alpha$　中項面積と有理面積との差に等しい正方形の辺(10巻77)

$\rho\omicron\mu\beta\omicron\epsilon\iota\delta\epsilon\varsigma$　長斜方形

$\rho\delta\mu\beta\omicron\varsigma$　菱形

$\sigma\eta\mu\epsilon\tilde{\iota}\omicron\nu$　点

$\sigma\kappa\alpha\lambda\eta\nu\delta\varsigma$　不等辺の

$\sigma\tau\epsilon\rho\epsilon\delta\nu$, 立体, 六面体　　$\sigma\tau\epsilon\rho\epsilon\delta\nu$ $\pi\alpha\rho\alpha\lambda\lambda\eta\lambda\epsilon\pi\iota\pi\epsilon\delta\omicron\nu$　平行六面体：　$\sigma\tau\epsilon\rho\epsilon\alpha$ $\gamma\omega\nu\iota\alpha$　立体角

$\sigma\tau\rho\epsilon\phi\epsilon\iota\nu$　回転させる

$\sigma\nu\gamma\kappa\epsilon\tilde{\iota}\sigma\vartheta\alpha\iota$　　$\sigma\nu\nu\tau\iota\vartheta\epsilon\nu\alpha\iota$ の受動形, 加えられる　　δ $\sigma\nu\gamma\kappa\epsilon\iota\mu\epsilon\nu\omicron\varsigma$ $\epsilon\xi$ $\alpha\vec{\upsilon}\tau\tilde{\omega}\nu$　それらの和：二つの比の積がつくられる　　δ $\sigma\nu\gamma\kappa\epsilon\iota\mu\epsilon\nu\omicron\varsigma$ $\lambda\delta\gamma\omicron\varsigma$ $\epsilon\kappa$ $\tau\tilde{\omega}\nu$ $\pi\lambda\epsilon\nu\rho\tilde{\omega}\nu$　辺の比の積の比

$\sigma\nu\gamma\kappa\rho\iota\nu\epsilon\iota\nu$　比較する

$\sigma\nu\mu\beta\acute{\alpha}\lambda\lambda\epsilon\iota\nu$　会する, 交わる

$\sigma\acute{\nu}\mu\mu\epsilon\tau\rho\omicron\varsigma$　通約できる：　$\sigma\acute{\nu}\mu\mu\epsilon\tau\rho\omicron\varsigma$ $\mu\eta\kappa\epsilon\iota$　長さにおいて通約できる：　$\sigma\acute{\nu}\mu\mu\epsilon\tau\rho\omicron\varsigma$ $\delta\nu\nu\acute{\alpha}\mu\epsilon\iota$　平方において通約できる

$\sigma\nu\mu\pi\acute{\iota}\pi\tau\epsilon\iota\nu$　会する, 交わる

$\sigma\nu\mu\pi\lambda\eta\rho\omicron\tilde{\nu}\nu$　完結する

$\sigma\nu\nu\alpha\mu\phi\delta\tau\epsilon\rho\omicron\iota$　和　　$\sigma\nu\nu\alpha\mu\phi\delta\tau\epsilon\rho\alpha$ $\tau\grave{\alpha}$ $\varDelta, M$　$\varDelta, M$ の和　　$\sigma\nu\nu\alpha\mu\phi\delta\tau\epsilon\rho\omicron\varsigma$ δ $A, \varDelta$ のように単数形も用いる

$\sigma\nu\nu\alpha\phi\eta$　接点

$\sigma\nu\nu\epsilon\chi\eta\varsigma$　連続的な

$\sigma\acute{\nu}\nu\vartheta\epsilon\sigma\iota\varsigma$ $\lambda\delta\gamma\omicron\nu$　比の複合(5巻定義14)

$\sigma\acute{\nu}\nu\vartheta\epsilon\tau\omicron\varsigma$　合成された　　$\sigma\acute{\nu}\nu\vartheta\epsilon\tau\omicron\varsigma$ $\alpha\rho\iota\vartheta\mu\delta\varsigma$　合成数(7巻定義14)：　$\sigma\acute{\nu}\nu\vartheta\epsilon\tau\omicron\iota$ $\pi\rho\delta\varsigma$ $\alpha\lambda\lambda\eta\lambda\omicron\nu\varsigma$ $\alpha\rho\iota\vartheta\mu\omicron\iota$　互いに合成である(素でない)数(7巻定義15)

$\sigma\nu\nu\iota\sigma\tau\acute{\alpha}\nu\alpha\iota$　角, 線分をつくる。特殊な場合として与えられた線分上に1点で交わる2線分を立てて三角形をつくることを意味する。　$\epsilon\pi\grave{\iota}$ $\tau\tilde{\eta}\varsigma$ $\alpha\vec{\upsilon}\tau\tilde{\eta}\varsigma$ $\epsilon\vec{\upsilon}\vartheta\epsilon\iota\alpha\varsigma$ $\tau\tilde{\eta}\varsigma$ AB $\delta\nu\omicron$ $\tau\alpha\tilde{\iota}\varsigma$ $\alpha\vec{\upsilon}\tau\alpha\tilde{\iota}\varsigma$ $\epsilon\vec{\upsilon}\vartheta\epsilon\iota\alpha\iota\varsigma$ $\tau\alpha\tilde{\iota}\varsigma$ $A\varGamma, \varGamma B$ $\alpha\lambda\lambda\alpha\iota$ $\delta\nu\omicron$ $\epsilon\vec{\upsilon}\vartheta\epsilon\tilde{\iota}\alpha\iota$ $\alpha\tilde{\iota}$ $A\varDelta, \varDelta B$ $\tilde{\iota}\sigma\alpha\iota$ $\epsilon\kappa\alpha\tau\epsilon\rho\alpha$ $\epsilon\kappa\alpha\tau\epsilon\rho\alpha$ $\omicron\vec{\upsilon}$ $\sigma\nu\sigma\tau\alpha\vartheta\eta\sigma\omicron\nu\tau\alpha\iota$. 同一線分 AB 上に $\varGamma$ で交わる2線分 $A\varGamma, \varGamma B$ とそれぞれ等しく点 $\varDelta$ で交わる他の2線分 $A\varDelta, \varDelta B$ はつくられえない

$\sigma\varphi\alpha\hat{\iota}\rho\alpha$　球

$\sigma\chi\hat{\eta}\mu\alpha$　図形

$\tau\acute{\alpha}\xi\iota\varsigma$　順序

$\tau\acute{\varepsilon}\lambda\varepsilon\iota o\varsigma\ \dot{\alpha}\rho\iota\vartheta\mu\acute{o}\varsigma$　完全数(7巻定義23)

$\tau\acute{\varepsilon}\mu\nu\varepsilon\iota\nu$　切る，分ける，交わる

$\tau\varepsilon\tau\alpha\rho\alpha\gamma\mu\acute{\varepsilon}\nu\eta\ \dot{\alpha}\nu\alpha\lambda o\gamma\acute{\iota}\alpha$　乱比例

$\tau\varepsilon\tau\rho\acute{\alpha}\gamma\omega\nu o\nu$　正方形

$\tau\varepsilon\tau\rho\acute{\alpha}\pi\lambda\varepsilon\upsilon\rho o\nu$　四辺形

$\tau\iota\vartheta\acute{\varepsilon}\nu\alpha\iota$　おく，つくる　　受動形 $\kappa\varepsilon\hat{\iota}\sigma\vartheta\alpha\iota$

$\tau\mu\hat{\eta}\mu\alpha$　部分：$\tau\mu\hat{\eta}\mu\alpha\ \kappa\acute{\upsilon}\kappa\lambda o\upsilon$　円の切片：$\tau\mu\acute{\eta}\mu\alpha\tau o\varsigma\ \gamma\omega\nu\acute{\iota}\alpha$　切片の角：$\dot{\varepsilon}\nu\ \tau\mu\acute{\eta}\mu\alpha\tau\iota\ \gamma\omega\nu\acute{\iota}\alpha$ 切片内の角　　切片の角とは弦と弧とにはさまれた角，切片内の角とは切片の弧の上の1点から弦の両端にひかれた2線分にはさまれる角をいう。

$\tau o\mu\varepsilon\acute{\upsilon}\varsigma$　扇形

$\tau o\mu\acute{\eta}$　区分点，交点，交線

$\tau\rho\alpha\pi\acute{\varepsilon}\zeta\iota o\nu$　トラペジオン(正方形，矩形，菱形，長斜方形以外の四辺形)

$\tau\rho\acute{\iota}\gamma\omega\nu o\nu$　三角形

$\tau\rho\iota\pi\lambda\alpha\sigma\acute{\iota}\omega\nu$　3乗の

$\tau\rho\acute{\iota}\pi\lambda\varepsilon\upsilon\rho o\nu$　三辺形

$\dot{\upsilon}\pi\varepsilon\rho\beta\acute{\alpha}\lambda\lambda\varepsilon\iota\nu$　より大きい，はみ出す　　$\pi\alpha\rho\grave{\alpha}\ \tau\grave{\eta}\nu\ \delta o\vartheta\varepsilon\hat{\iota}\sigma\alpha\nu\ \varepsilon\dot{\upsilon}\vartheta\varepsilon\hat{\iota}\alpha\nu\ \tau\hat{\omega}\ \delta o\vartheta\acute{\varepsilon}\nu\tau\iota\ \varepsilon\dot{\upsilon}\vartheta\upsilon\gamma\rho\acute{\alpha}\mu\mu\omega$ $\check{\iota}\sigma o\nu\ \pi\alpha\rho\alpha\lambda\lambda\eta\lambda\acute{o}\gamma\rho\alpha\mu\mu o\nu\ \pi\alpha\rho\alpha\beta\alpha\lambda\varepsilon\hat{\iota}\nu\ \dot{\upsilon}\pi\varepsilon\rho\beta\acute{\alpha}\lambda\lambda o\nu\ \varepsilon\check{\iota}\delta\varepsilon\iota\ \pi\alpha\rho\alpha\lambda\lambda\eta\lambda o\gamma\rho\acute{\alpha}\mu\mu\omega\ \dot{o}\mu o\acute{\iota}\omega\ \tau\hat{\omega}\ \delta o\vartheta\acute{\varepsilon}\nu\tau\iota$. 与えられた線分上に与えられた直線図形に等しく与えられた平行四辺形に相似な平行四辺形だけはみ出す平行四辺形をつくること

$\dot{\upsilon}\pi\varepsilon\rho\beta o\lambda\acute{\eta}$　より大きい分，大きいほうから小さいほうをひいた差

$\dot{\upsilon}\pi\varepsilon\rho\acute{\varepsilon}\chi\varepsilon\iota\nu$　まさる，より大きい

$\dot{\upsilon}\pi\varepsilon\rho o\chi\acute{\eta}$　より大きい分，大きいほうから小さいほうをひいた差

$\dot{\upsilon}\pi o\lambda\varepsilon\acute{\iota}\pi\varepsilon\iota\nu$　残す

$\dot{\upsilon}\pi o\kappa\varepsilon\acute{\iota}\mu\varepsilon\nu o\nu\ \dot{\varepsilon}\pi\acute{\iota}\pi\varepsilon\delta o\nu$　基準平面

$\dot{\upsilon}\pi o\tau\iota\vartheta\acute{\varepsilon}\nu\alpha\iota$　仮定する

$\dot{\upsilon}\pi o\tau\varepsilon\acute{\iota}\nu\varepsilon\iota\nu$　対する　　$\dot{\eta}\ \mu\varepsilon\acute{\iota}\zeta\omega\nu\ \pi\lambda\varepsilon\upsilon\rho\grave{\alpha}\ (\dot{\upsilon}\pi o)\ \tau\grave{\eta}\nu\ \mu\varepsilon\acute{\iota}\zeta o\nu\alpha\ \gamma\omega\nu\acute{\iota}\alpha\nu\ \dot{\upsilon}$. 大きい辺は大きい角に対する：$\dot{\eta}\ \tau\grave{\eta}\nu\ \dot{o}\rho\vartheta\grave{\eta}\nu\ \gamma\omega\nu\acute{\iota}\alpha\nu\ \dot{\upsilon}\pi o\tau\varepsilon\acute{\iota}\nu o\upsilon\sigma\alpha$　斜辺

ὕψος　高さ

χωρίον　面積

ψαύειν　接する

索　引

ア

アイリヒ・フランク　515
アウグスト　480
アウトリュコス　452
アーチバルド　454
アッ＝ディミシュキー　473
アッ＝トゥースィー　441, 474
アテナイオス（キュジコスの）　462
アデラード　475, 476
アデラード（バースの）　474
アナクサゴラス　462
アブダルバーキー　452, 476
アポロニオス　437, 438, 441, 442, 443, 460, 465, 468, 490, 513
アミュクラス（ヘラクレイアの）　462
アリスタイオス　438, 460
アリストクセノス　452
アリストテレス　456, 457, 458, 463, 468, 469, 491, 500, 508
アル＝ハッジャージ　472, 473, 475
アル＝マムーン　472
アル＝キフティー　440
アルキメデス　437, 439, 441, 442, 454, 455, 464, 465, 478, 490
アルキュタス　462, 504, 506, 507
アン＝ナイリーズィー　467, 469, 473, 476
アン＝ナディーム　441, 454, 473
アンリオン　482

イ

池田美恵　序
イシドロス（ミレトスの）　445
イスハーク・イブン・ブナイン　448, 450, 472, 473, 475
イタード　503, 504, 509
イタール　442, 448
伊東俊太郎　450, 464, 469, 476, 489, 492
イブン・アブダルバーキー　474, 476
イブン・ルーカー　473

ウ

ウァレリウス・マキシムス　441
ヴァン・デル・ワルデン（ヴェルデン）　463, 504, 507, 513, 515
ヴィトラク　482
ウイリアム・トムソン　515
ヴェプケ　453, 454, 468, 473
ヴェル・エーク　448, 450, 451, 469

エ

エウクレイデス　437
エウデモス　461, 468
エウトキュス　468
エウドクソス　439, 440, 452, 462, 464, 465, 500, 516
エラトステネス　439
エレア　464
エンリケス　481

オ

オイノピデス　462
オフテルディンガー　454

カ

カッシオドルス　470
片山千佳子　484
ガリレオ　457
カルポス　468
川北朝鄰　484

カンダラ　　483
カントル　　447, 476
カンパヌス（ヨハンネス）　　476, 477, 481

キ

キケロ　　466, 470

ク

クシュランダー　　482, 483
功力金二郎　　序
クラヴィウス　　479
クラーゲット　　454, 470, 474, 475
クラーク　　484
クラムロート　　470
グリュナエウス　　478, 479
クルツェ　　456, 473, 474, 476, 480
クレオネイデス　　452
グレゴリー　　479

ケ

ゲミノス　　461, 466, 468
ゲラルド　　476
ゲラルド（クレモナの）　　448, 453, 467, 473, 475
ケンソリヌス　　470, 477

コ

コンマンディーノ　　441, 442, 448, 453, 478, 479

サ

サートン　　456
サービト・イブン・クッラ　　448, 450, 456, 472, 473, 474, 476
斎藤憲　　484
サボー　　464, 490, 491, 494, 496, 512, 515
ザンベルティ　　477, 481

シ

シムソン　　448, 459, 483
シャール　　459
シュタインシュナイダー　　470

ショイベル　　482
シンプリキオス　　463, 466, 469

ス

スイダス　　467
ズーダー　　470
鈴木孝典　　484
スタマティス　　446
ステシコロス　　461
ストバイオス　　438

セ

ゼノン　　492

タ

髙橋憲一　　451, 484
田中正夫　　484
タルタリア　　481
タレス　　461
タンネリー　　491, 502

ツ

ツォイテン（ソイテン）　　463, 492, 497, 513, 515

テ

テアイテトス　　439, 440, 462, 464, 465, 512, 522
ディー（ジョン）　　453, 483
ディクステルホイス　　483
デイノストラトス　　462
ディールス・クランツ　　504
テウディオス　　500
テウディオス（マグネシアの）　　462, 463
テオドロス（キュレネの）　　462
テオドール・ペタース　　515
テオン　　450, 466, 481, 483
デカルト　　498
デデキント　　502
寺阪英孝　　序
テール　　482

ト

トドハンター　484

ナ

長沢亀之助　484
中村幸四郎　464, 478, 484, 489
ナズィーフ・イブン・ユムン　473
ナポレオン　479

ネ

ネオクレイデス　462
ネッセルマン　497, 505, 515

ノ

ノイゲバウワー　463, 497

ハ

ハイベルク（ハイベア）　446, 448, 449, 450, 451, 452, 454, 456, 458, 460, 463, 467, 472, 473, 476, 477, 479, 480, 481
ハスキンズ　470
パッポス　438, 442, 443, 446, 448, 458, 459, 460, 466, 467, 468, 473
バヌー・ムーサー　454
バルメニデス　464, 494
ハールーン・アッ＝ラシード　472
ハンケル　463

ヒ

ヒース　446, 456, 458, 459, 522
ピュタゴラス　441, 462, 463, 464
ヒッパルコス　441
ビーテルスゾーン　483
ヒピアス（エリスの）　462
ヒポクラテス（キオスの）　462, 463, 464
ヒュプシクレス　441, 445, 473
ビュブノフ　471
ビョルンボ　475
ピリッポス　440
ピリッポス（メドゥマの）　439, 463

ビリングスリ　482

フ

フォークト　502, 515
フォルカデール　482
フォン・フリッツ　463, 464
プトレマイオス　466, 468
プトレマイオス1世　439, 442, 443
フナイン・イブン・イスハーク　472
フラジェゼ　482
プラトン　439, 440, 445, 462, 468, 500
フリートライン　468
フリーマン　506
フルチュ　443
ブルバキ　442
ブレットシュナイダー　463
フロイデンタール　506
プロクロス　438, 439, 440, 441, 442, 443, 445, 450, 452, 453, 458, 460, 466, 467, 468, 470, 475, 478, 481, 483, 490, 491, 493, 500
プロティノス　467, 468

ヘ

ベイコン（ロージャー）　476
ペイラール　448, 469, 479, 480, 482
ベシュトルン　472, 473
ベッカー　464, 492, 508, 509, 515
ベックマン　464
ペトルム・ラムス　461
ベルクステーサー　515
ベルトレ　479
ヘルマン（カリンティアの）　475
ヘルモティモス（コロポンの）　439, 462
ヘロン　466, 467, 468, 481

ホ

ボエティウス　470, 477
ポセイドニオス　466, 468
ポルピュリオス　466, 467, 468

マ

利瑪竇（マテオ・リッチ）　483
マードック　450
マメルコス　461
マリノス　445, 448

ミ

三浦伸夫　484

ム

ムッディ　456

メ

メナイクモス　460, 462
メンゲ　446, 448, 450, 451, 452, 454, 467, 480

モ

モンジュ　479

ヤ

山田昌邦　483
山本正至　484

ヤン　452

ユ

ユークリッド（エウクレイデス）　437, 438, 439, 440, 441, 442, 443, 444, 445, 446, 448, 449, 450, 451, 452, 453, 454, 455, 456, 457, 458, 459, 460, 461, 463, 464, 465, 467, 469, 470, 474, 476, 477, 479, 480, 481, 489, 491, 494, 496, 500, 508
ユークリッド（メガラの）　441
ユンゲ　515

ラ

ラートドルト　476, 477
ラムス（ペトルス）　482

レ

レオダマス（タソスの）　462
レオナルド（ピサの）　453
レオン　462, 463

ワ

ワイセンボルン　476

Memorandum

Memorandum

――― 訳・解説者紹介 ―――

中村幸四郎（なかむらこうしろう）

1901年　東京に生まれる
1926年　東京大学理学部卒業
専　攻　数学史，数学基礎論
元　　　大阪大学名誉教授，兵庫医科
　　　　大学名誉教授，文学博士
　　　　（1986年逝去）
主要著書
　位相幾何学（岩波書店），位相幾何学
　概論（共立出版），幾何学基礎論（共
　立出版），ユークリッド（弘文堂），
　数学史（共立出版），数学史（啓林館）

寺阪英孝（てらさかひでたか）

1904年　東京に生まれる
1928年　東京大学理学部卒業
専　攻　幾何学
元　　　大阪大学名誉教授，理学博士
　　　　（1996年逝去）
主要著書
　初等幾何学（全書）（岩波書店），射
　影幾何学の基礎（共立出版），綜合初
　等幾何学（共立出版），結び目理論入
　門（共訳）（岩波書店），ヒルベルト
　幾何学の基礎・クライン　エルラン
　ゲンプログラム（共訳）（共立出版）

伊東俊太郎（いとうしゅんたろう）

1930年　東京に生まれる
1953年　東京大学文学部哲学科卒業
1964年　Ph.D.（ウイスコンシン大学・
　　　　科学史）
専　攻　科学史・科学哲学・比較文明
　　　　学
現　在　東京大学名誉教授，国際日本
　　　　文化研究センター名誉教授，
　　　　麗澤大学名誉教授
主要著書
　近代科学の源流（中央公論），文明に
　おける科学（勁草書房），科学と現実
　（中央公論），ガリレオ（講談社），比
　較文明（東大出版会），文明の誕生（講
　談社），比較文明と日本（中央公論），
　12世紀ルネサンス（岩波書店），数学
　史（共著）（筑摩書房），中世の数学
　（編著）（共立出版），ギリシャの数学
　（共著）（共立出版），伊東俊太郎著作
　集・全12巻（麗澤大学出版会）

池田美恵（いけだみえ）

東京教育大学哲学選科修了
専　攻　哲学
元　　　筑波大学助教授
　　　　（1997年逝去）
主要訳書
　アリストテレス弁論術（筑摩書房）
　プラトンのパイドン（新潮社）
　プラトン法律（共訳）（岩波書店）

ユークリッド原論　[追補版]

Euclid's Elements

検印廃止

NDC 414.1　　　　　　　　　　　　　© 2011

1971年 7月30日　初版 1刷発行	
1993年10月20日　初版12刷発行	訳・解説者　中村幸四郎
1996年 6月25日　縮刷版 1刷発行	寺阪英孝
2009年 1月15日　縮刷版10刷発行	伊東俊太郎
2011年 5月30日　追補版 1刷発行	池田美恵
2025年 5月10日　追補版 9刷発行	発行者　　　南條光章

東京都文京区小日向4丁目6番19号

印刷者　平河工業社
　　　　東京都新宿区新小川町3丁目9番

発行所　東京都文京区小日向4丁目6番19号
　　　　電話　東京 3947局 2511番（代表）
　　　　〒112-0006　振替 00110-2-57035番

共立出版株式会社

印刷・（株）平河工業社　製本・加藤製本　Printed in Japan

一般社団法人
自然科学書協会
会員

ISBN 978-4-320-01965-2

◆色彩効果の図解と本文の簡潔な解説により数学の諸概念を一目瞭然化！

ドイツ Deutscher Taschenbuch Verlag 社の『dtv-Atlas事典シリーズ』は，見開き2ページで1つのテーマが完結するように構成されている。右ページに本文の簡潔で分り易い解説を記載し，かつ左ページにそのテーマの中心的な話題を図像化して表現し，本文と図解の相乗効果で理解をより深められるように工夫されている。これは，他の類書には見られない『dtv-Atlas 事典シリーズ』に共通する最大の特徴と言える。本書は，このシリーズの『dtv-Atlas Mathematik』と『dtv-Atlas Schulmathematik』の日本語翻訳版。

カラー図解 数学事典

Fritz Reinhardt・Heinrich Soeder [著]
Gerd Falk [図作]
浪川幸彦・成木勇夫・長岡昇勇・林 芳樹 [訳]

数学の最も重要な分野の諸概念を網羅的に収録し，その概観を分り易く提供。数学を理解するためには，繰り返し熟考し，計算し，図を書く必要があるが，本書のカラー図解ページはその助けとなる。

【主要目次】 まえがき／記号の索引／序章／数理論理学／集合論／関係と構造／数系の構成／代数学／数論／幾何学／解析幾何学／位相空間論／代数的位相幾何学／グラフ理論／実解析学の基礎／微分法／積分法／関数解析学／微分方程式論／微分幾何学／複素関数論／組合せ論／確率論と統計学／線形計画法／参考文献／索引／著者紹介／訳者あとがき／訳者紹介

■菊判・ソフト上製本・508頁・定価6,050円(税込)■

カラー図解 学校数学事典

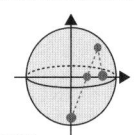

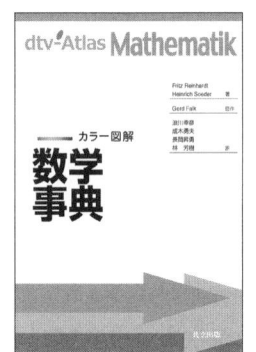

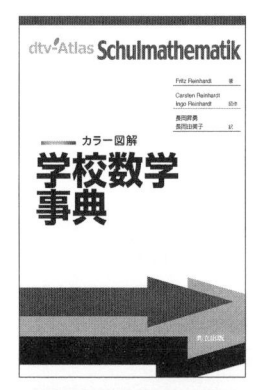

Fritz Reinhardt [著]
Carsten Reinhardt・Ingo Reinhardt [図作]
長岡昇勇・長岡由美子 [訳]

『カラー図解 数学事典』の姉妹編として，日本の中学・高校・大学初年級に相当するドイツ・ギムナジウム第5学年から13学年で学ぶ学校数学の基礎概念を1冊に編纂。定義は青で印刷し，定理や重要な結果は緑色で網掛けし，幾何学では彩色がより効果を上げている。

【主要目次】 まえがき／記号一覧／図表頁凡例／短縮形一覧／学校数学の単元分野／集合論の表現／数集合／方程式と不等式／対応と関数／極限値概念／微分計算と積分計算／平面幾何学／空間幾何学／解析幾何学とベクトル計算／推測統計学／論理学／公式集／参考文献／索引／著者紹介／訳者あとがき／訳者紹介

■菊判・ソフト上製本・296頁・定価4,400円(税込)■

www.kyoritsu-pub.co.jp　　共立出版　　(価格は変更される場合がございます)